Microsoft

Inside Windows
Debugging

Windows
编程调试技术内幕

［印度］塔里克·索拉米（Tarik Soulami）◎著
曹军◎译

人民邮电出版社
北京

图书在版编目（CIP）数据

Windows编程调试技术内幕 /（印）塔里克·索拉米 (Tarik Soulami) 著；曹军译. -- 北京：人民邮电出版社，2021.4
  ISBN 978-7-115-50148-6

Ⅰ. ①W… Ⅱ. ①塔… ②曹… Ⅲ. ①Windows操作系统—程序设计 Ⅳ. ①TP316.7

中国版本图书馆CIP数据核字(2018)第287912号

版 权 声 明

Authorized translation from the English language edition, entitled Inside Windows Debugging, 1st Edition by Tarik Soulami, published by Pearson Education,Inc, publishing as Microsoft Press, Copyright © 2012.
All rights reserved. No part of this book may be reproduced or transmitted in any form or by any means, electronic or mechanical, including photocopying, recording or by any information storage retrieval system, without permission from Pearson Education, Inc.
CHINESE SIMPLIFIED language edition published by POSTS AND TELECOMMUNICATIONS PRESS, Copyright ©2021.

本书中文简体版由 Pearson Education,Inc 授权人民邮电出版社有限公司出版。未经出版者书面许可，不得以任何方式或任何手段复制和抄袭本书内容。
本书封面贴有 Pearson Education（培生教育出版集团）激光防伪标签，无标签者不得销售。
版权所有，侵权必究。

- ◆ 著 ［印度］塔里克·索拉米（Tarik Soulami）
  译 曹 军
  责任编辑 吴晋瑜
  责任印制 王 郁 焦志炜
- ◆ 人民邮电出版社出版发行 北京市丰台区成寿寺路 11 号
  邮编 100164 电子邮件 315@ptpress.com.cn
  网址 https://www.ptpress.com.cn
  保定市中画美凯印刷有限公司印刷
- ◆ 开本：787×1092 1/16
  印张：28.5
  字数：741 千字 2021 年 4 月第 1 版
  印数：1 – 2 400 册 2021 年 4 月河北第 1 次印刷

著作权合同登记号 图字：01-2012-5785 号

定价：129.90 元
读者服务热线：(010)81055410 印装质量热线：(010)81055316
反盗版热线：(010)81055315
广告经营许可证：京东市监广登字 20170147 号

内容提要

这是一本介绍 Windows 编程调试技术的书。本书简述了 Windows 开发框架和操作系统中的层。在用调试和跟踪工具发现数据意义时,这些基础知识非常重要。本书还谈到了"调试的乐趣和好处",描述了 Windows 操作系统中调试器的架构,并介绍了一些可扩展的策略,以帮助你充分利用 Windows 的调试器。本书还展示了 WinDbg 调试器的用法,通过分析代码和操作系统之间的重要相互作用来帮助你更好地了解系统内核。最后,本书就"观察和分析软件的行为"展开讨论,介绍了 Windows 事件跟踪(ETW)技术,并说明了在调试和分析调查中利用 ETW 技术的方法。

本书适合程序员、安全人员、软件测试人员阅读,也可以作为高等院校相关专业的教学用书和机构的培训用书。

推荐序

和许多人一样,我坚信运用工具更有助于理解系统究竟是如何工作的。事实上,我的职业生涯就是从性能工具开发开始的。我的老板那时说过很多话,有一句是我最喜欢的:"优秀的团队需要优秀的人,优秀的人需要优秀的工具"。作为一名管理者,我优先奉行这一观点,力求让许多顶级工程师能从事工具开发,并一直鼓励用工具来培训工程师们,以助力他们的成长。

Tarik 写这本书的目的是帮助他人提升效率、扩展知识和增加信心。作为一个终身热爱工具和学习且拥有超过 15 年 Windows 从业经验的人,我很荣幸且非常乐意为这本有见地的书作序。

数十年来,Windows 团队一直坚持不懈地提高平台核心能力,以使之更适合于日益多样化的硬件配置和软件栈。这种艰苦的工作已见成效,Windows 现在已成为全球开发者、消费者和企业使用的卓越平台。凭借超过 10 亿的 PC 和用户,Windows 成了服务器和客户端计算平台的市场领头羊。各种类型的 Windows 运行在小型移动设备、嵌入式智能系统、一致/非一致(NUMA)内存架构、XBOX 游戏控制台、单 CPU 系统和拥有数百个处理器的系统中。Windows 具备故障转移和虚拟化(hypervisor 和虚拟机)管理的集群配置能力,显然也适用于云计算。

平台的巨大成功和多样化伴随着巨大的技术挑战及其多样性。微软数千名工程师以及几十乃至数十万微软以外的人员,参与了多样化解决方案和配置的构建、调试和故障排除工作。要理解大量不同类型的问题,基础工具、技术和思路都是必不可少的。

为此,Tarik 做了一件有意义的事情,他详细阐述了 Windows 整套关键基础工具的工作细节。在介绍这些工具的过程中,Tarik 拓展了你在操作系统概念、架构、优势和局限方面的知识。随着对概念的理解和工具的操作,你应能解决所有类型的性能和调试挑战。我相信 Tarik 的这本书会受到从初学者到专家的广泛欢迎。

Michael Fortin,博士
杰出工程师,Windows 基础设施团队
微软公司

前言

软件编程让人兴奋的一面是,实现相同编程目标可以有多种方法。不过,这也给工程师们在就每一种场景寻找最优的设计方案时带来了独特的挑战。经验扮演了很重要的角色,我们需要通过循序渐进的学习来不断地丰富它,从而避免已发生过的错误。但可悲的是,经验又是多变的。我接触过许多这样的工程师,他们虽然在某个领域花费了很长一段时间,但仅仅停留在重复的日常任务层面,仍然缺乏对工作原理的深入了解。但有些工程师,他们仅工作了几年,便能够出色地完成各自领域的工作。

本书利用微软专家进行 Windows 开发的两把"瑞士军刀"——WinDbg 和 Xperf,针对未来软件开发可能面临的主要问题有条不紊地介绍了一些技术。本书着重讲解系统功能和组件为什么这样工作,而不是简单地介绍它们如何工作或做了什么。本书据此帮助你加快学习进度并减少新问题。其中很重要的部分是帮助大家学会如何与已知的解决方案进行比对学习。

软件工程生来就是一门实践学科。(甚至可以说这是一门艺术。)虽然它无法代替真正的经验,但无疑能与其他持续性的学科密切相连。事实上,这种思维方法在软件工程中应用的效果更好,因为所有行为能得到合理的解释。毕竟软件工程涉及的都是代码(不管软件中的代码是你自己写的还是别人写的),而这些代码都是可以被跟踪和理解的。

虽然本书将 Windows 操作系统中的一些架构内容作为调试和跟踪实验的一部分,但是其主要目的不在于介绍技术细节,而是想引起你对这些内容的关注和重视。我希望能展示如何利用该方法来解决本书中提及的一些有趣的问题。当然,你还可以基于该书介绍的各主题继续系统地学习,扩展自己的调试和跟踪分析技术。

虽然本书在配套的源代码中给出了一些很好的编码示例,这它并不是真正意义上的教授本地(native)或托管(managed)代码编程的图书。因为它需要利用调试和跟踪技术来由内向外地介绍如何探索系统。本书可能会更多地吸引那些渴望了解系统内部结构的工程师,而不是那些想快速学习如何使用特定技术的人。然而,我相信,本书传达的方法和理念不论是在技术还是在专业知识水平上都是适用的。事实上,与大多数人的认识相反,技术所涉及的级别越高,就越难把握现象的幕后情况。当错误不可避免并且需要利用调试技术来挽救时,我们就需要运用更多的专业知识来调查故障。例如在纯 C 中,调用 malloc 只是个函数调用。在 C++中,调用 new 关键字被编译器转换为调用 new 操作函数来为对象分配内存,该操作在构造对象的代码之后(然后通过编译器发出可能初始化虚指针和引用基类的构造函数,构造数据成员对象,最后调用用户提供的构造函数代码作为目标类)。在 C# (.NET)中,事情变得更加容易,因为单行调用 new 关键字可能涉及在运行时编译新代码、由.NET 执行引擎进行安全检查、装载目标类型定义的模块、跟踪对象引用与垃圾收集等。

读者对象

本书的目标你是那些渴望使工作上升到一个新水平的软件工程师。可以这么说,他们通过使用调试和跟踪工具能够完美地掌握 Windows 平台开发的技术。

你应该基本掌握 C / C++ 和 C# 编程语言。了解 Win32 和 .NET 平台的基础知识对于阅读很有帮助，但不是必需的要求，因为本书会在讲解更高级主题之前介绍一些基本概念。

内容结构

本书内容分为以下三部分。

- 第一部分简单描述了 Windows 开发框架和支持它们的操作系统层。这些基础知识在使用调试和跟踪工具发现数据意义时是非常重要的。
- 第二部分描述了 Windows 操作系统中调试器的架构，还介绍了一些可扩展的策略，这些有助于你充分利用 Windows 的调试器。这部分还展示了如何使用 WinDbg 调试器，通过分析代码和操作系统之间重要的相互作用来更好地了解系统内核。
- 第三部分延续了这一主题，介绍了 Windows 事件跟踪（ETW）技术，并说明如何在调试和分析调查中利用它。

本书最后的两个附录概括了最常见的调试任务以及如何利用 WinDbg 去实现它们。

本书约定

本书使用以下约定信息（见表 1），旨在使信息可读且易于遵循。

表 1   本书约定信息

约定	意义
侧边栏	给出一个给定主题可能有帮助的附加信息
注意	给出正文讨论内容的相关有用说明
内嵌代码	是出现在段落中的代码
代码块	以不同的字体显示，以帮助你很容易地区分代码和文本。重要的声明以粗体显示
调试器清单	以不同的字体显示，并且加粗重要的命令来突出它们。这些清单还经常以标准的调试命令 vertarget 的输出开始，用来显示进行实验的操作系统版本和 CPU 架构
函数名称	有时引用 WinDbg 符号名。例如，kernel32!CreateFileW 是指 kernel32.dll 模块导出的 CreateFileW Win32 API（"W"为 Unicode 的意思）

系统要求

你需要用以下硬件和软件来完成本书中的实验和代码样本。

- **操作系统**   Windows Vista 或更高版本。强烈推荐 Windows 7（或 Windows Server 2008 R2）。
- **硬件**   支持 Windows 7 操作系统需求的任何计算机。除了实时内核态调试实验，还需要第二台计算机充当内核态调试机，这通常用于内核态调试。

> **注意**：目标和主机不需要真正地隔离到不同的物理主机上。常见的内核态调试配置——详见第 2 章——运行在进行实验的目标机器上。Windows Server 2008 R2 物理主机上的 Windows 7 虚拟操作系统，在宿主系统上运行调试器。

- **硬盘** 1GB 的可用硬盘空间用来下载和保存 Windows 软件开发工具包（SDK）和驱动程序开发工具包（DDK）的 ISO 映像。40 MB 的可用硬盘空间用来下载并编译本书配套源代码。额外的 3 GB 用来安装 Visual Studio 2010。
- **软件** 下列工具是本书在介绍调试和跟踪例子时要涉及的。
  - Windows 7 SDK 的 7.1 版本可以从微软官方网站的下载中心下载。Windows 调试器（WinDbg）和 Windows 性能工具包（Xperf）都是该 SDK 的一部分。
  - 应用程序验证器工具也可以从微软官方网站的下载中心进行下载。
  - 系统内核开发人员工具套件可以从微软官方网站进行下载。
  - Visual Studio 2010 可以是任何版本（包括免费的、精简版）。其中，Visual Studio 旗舰版是首选，因为它引入了一些在其他版本中没有的先进特征，如静态代码分析和性能分析。微软提供的 Visual Studio 免费试用版期限为 90 天。
  - Windows 7 的驱动程序开发工具包（DDK）用于编译本书配套的源代码，可以从微软官方网站的下载中心下载。

安装代码示例

请按照以下步骤在计算机上安装代码示例，这样就可以使用它们完成本书所提供的实验和示例。

1. 将下载的压缩文件 Inside_Windows_Debugging_Samples.zip 解压缩到一个名为\Book\Code 的文件夹中。

> **警告**：选择样本下载地址时，不要使用带有空格的目录名称。DDK 构建环境将在"编译代码示例"部分进行简要描述，如果使用带空格的目录名称会造成编译失败。建议使用\Book\Code 作为源代码根目录，因为这是在主文本引用程序时所假定的使用位置。源代码的样本是按照章的形式进行组织的，因此需要在这个根路径下为每一章创建一个文件夹。

2. 如果出现提示，就查看显示的最终用户许可协议。如果接受条款，就选择"接受"选项，然后单击"下一步"按钮。

> **注意**：如果许可协议没有出现，你可以在与下载 Inside_Windows_Debugging_Samples.zip 文件相同的地方访问它。

运行代码示例

代码示例是按章组织的，书中正文通过各自的目录路径位置对其引用，以帮助你轻松找到它们。一些示例程序需要本地管理员权限。在 Windows Vista 和更高版本的系统中，命令提示符下必须在权限提升后启动以获取充分的管理权限，即使当用户账号属于本地内置的管理员安全组。例如，要在 Windows 7 中做到这一点，需要在 Windows 的"开始"菜单中右击命令行提示符菜单项，并选择 Run as administrator（以管理员身份运行）选项，如图 1 所示。

图 1　选择 Run as administrator 选项

编译代码示例

本书正文实验中使用的支持程序分为 3 类。

- **C++示例**　这些程序的二进制文件被故意从下载的 ZIP 文件中省略。当你在本地编译这些代码示例时，WinDbg 会自动定位它们的符号和源代码文件。因此，本书前几章介绍的实验将只在这样的配置下"工作"，而无须在 WinDbg 中指定源代码和符号的明确位置。将本地 C++代码样本一起编译的步骤会在本节后面介绍。
- **C#（.NET）示例**　为方便起见，编译后的.NET 程序包含在下载的 ZIP 文件中。由于 WinDbg 不支持源代码级.NET 调试，你可以原样使用它们，那样不会丢失太多内容；但如果你喜欢，也可以按照说明重新编译它们。
- **JavaScript 和 Visual Basic 示例**　这些脚本由相应的脚本引擎解释，不需要编译。

编译.NET 代码示例

编译本书配套的.NET 代码示例需要安装微软.NET Framework 4.0 或更高版本。虽然这个版本默认在 Windows 7 中没有安装，但.NET Framework 4.0 会被其他许多依赖的程序安装，例如 Visual Studio 2010。你还可以从微软官方网站的下载中心下载和安装单机版。

本书配套的每个 C#代码示例在同一目录下都有一个帮手编译脚本。此脚本直接使用.NET 4.0 C#编译器且容易调用，如下面的命令所示：

```
C:\book\code\chapter_04\LoadException>compile.bat
```

如果此脚本无法找到 C# 编译器，需要确认是否将.NET 4.0 安装到了脚本希望的默认目录中。如果.NET 4.0 存在但安装在系统的位置，则需要修改脚本并提供路径。

编译 C / C++代码示例

你可以使用 Windows 7 驱动程序开发工具包（DDK）构建工具编译本书配套的 C/ C++代码示例。强烈建议你在开始本书之前完成这些步骤，因为你需要使用代码示例来完成本书后续的那些实验。具体步骤如下。

1．从微软官方网站的下载中心下载 Windows 7 DDK ISO 镜像，并将其保存到本地硬盘中。如果网速很慢，请预留足够的下载时间。DDK ISO 文件的大小超过 600 MB，如图 2 所示。

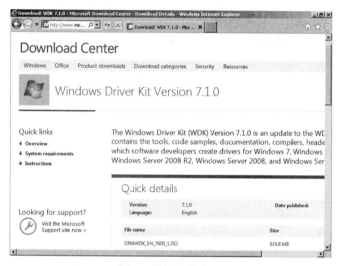

图 2　微软下载中心

2．DDK ISO 镜像下载完成后，将保存的 ISO 文件挂接到一个驱动器号。有几个免费的工具用于在 Windows 上安装 ISO 镜像。你可以在网上找到 Virtual Clone Drive——这是个不错的免费软件，在 Windows Vista 和 Windows 7 下都可以很好地运行。安装这个免费软件后，可以右击 ISO 文件并挂载它，如图 3 所示。

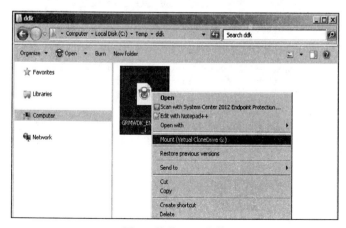

图 3　挂载 ISO 文件

3．双击新创建的驱动器，以启动 DDK 安装程序，如图 4 所示。

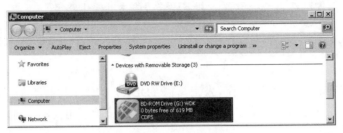

图 4　启动 DDK 安装程序

4．选择 DDK 中的 Full Development Environment 组件，如图 5 所示。

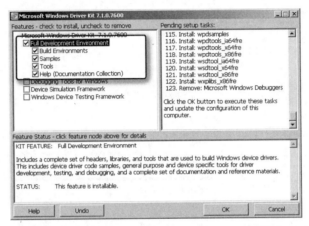

图 5　选择 Full Development Environment 组件

5．然后，将组件安装到 C：\DDK\7600.16835.1 路径下，如图 6 所示。这一步将需要几分钟的时间才能完成。

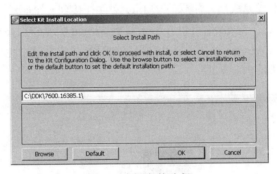

图 6　选择安装路径

6．现在，可以右击安装的驱动器盘符并选择 Unmount 选项，以卸载 DDK 驱动器。这就完成了 Windows DDK 构建工具的安装，如图 7 所示。

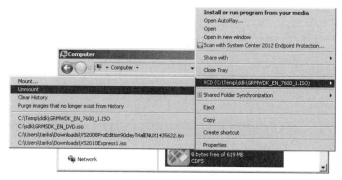

图 7　卸载 DDK 驱动器

7. 要构建 x86 二进制文件，先启动命令提示符窗口，然后输入下面的命令：

`C:\DDK\7600.16385.1>bin\setenv.bat  c:\DDK\7600.16385.1`

8. 然后，你可以立即构建所有的本地代码示例。简单定位到提取配套源代码的根目录，并执行下面的命令。大约只需要一分钟就能将本书配套的全部 C/C++ 源代码构建完毕。

`C:\book\code>bcz`

致谢

感谢 Vance Morrison 帮我审查书稿。自从我加入微软以来，Vance 一直是我的榜样。他批判性的观点极其有助于提高我的写作质量。我只希望本书质量能接近他的高标准。

还要感谢 Silviu Calinoiu 和 Shawn Farkas 详细审查各章内容。他们对细节的注重和精准的反馈对我很有帮助。

Kalin Toshev 提供了宝贵的技术反馈。正是他对测试驱动软件开发的坚定奉献精神启发我写这本书。

Ajay Bhave、Cristian Levcovici 和 Rico Mariani 为改进本书中用到的素材提供了一些思路。没有他们的帮助和指导，这本书肯定不会达到现在的技术高度。

特别感谢 Michael Fortin 写的前言，以及 Windows 基础团队全体同仁在本书写作过程中给予我的支持。

最后，感谢我的家人！他们是我生命中的重要组成部分。谨以本书献给我的父母，感谢他们为我提供了实现梦想的机会，并且一如既往地给予我爱和支持。

资源与支持

本书由异步社区出品，社区（https://www.epubit.com/）为您提供相关资源和后续服务。

提交勘误

作者和编辑尽最大努力来确保书中内容的准确性，但难免会存在疏漏。欢迎您将发现的问题反馈给我们，帮助我们提升图书的质量。

如果您发现错误，请登录异步社区，按书名搜索，进入本书页面，单击"提交勘误"，输入勘误信息，单击"提交"按钮即可。本书的作者和编辑会对您提交的勘误进行审核，确认并接受后，将赠予您异步社区的 100 积分（积分可用于在异步社区兑换优惠券、样书或奖品）。

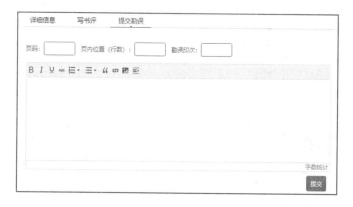

扫码关注本书

扫描下方二维码，您将会在异步社区微信服务号中看到本书信息及相关的服务提示。

与我们联系

我们的联系邮箱是 contact@epubit.com.cn。

如果您对本书有任何疑问或建议，请发邮件给我们，并请在邮件标题中注明本书书名，以便我们更高效地做出反馈。

如果您有兴趣出版图书、录制教学视频，或者参与图书翻译、技术审校等工作，可以发邮件给我们；有意出版图书的作者也可以到异步社区在线投稿（直接访问www.epubit.com/selfpublish/submission 即可）。

如果您来自学校、培训机构或企业，想批量购买本书或异步社区出版的其他图书，也可以发邮件给我们。

如果您在网上发现有针对异步社区出品图书的各种形式的盗版行为，包括对图书全部或部分内容的非授权传播，请您将怀疑有侵权行为的链接发邮件给我们。您的这一举动是对作者权益的保护，也是我们持续为您提供有价值的内容的动力之源。

关于异步社区和异步图书

"异步社区"是人民邮电出版社旗下 IT 专业图书社区，致力于出版精品 IT 图书和相关学习产品，为作译者提供优质出版服务。异步社区创办于 2015 年 8 月，提供大量精品 IT 图书和电子书，以及高品质技术文章和视频课程。更多详情请访问异步社区官网 https://www.epubit.com。

"异步图书"是由异步社区编辑团队策划出版的精品 IT 专业图书的品牌，依托于人民邮电出版社近 40 年的计算机图书出版积累和专业编辑团队，相关图书在封面上印有异步图书的 LOGO。异步图书的出版领域包括软件开发、大数据、人工智能、测试、前端、网络技术等。

异步社区

微信服务号

目录

第一部分 背景

第1章 Windows 软件开发 3
1.1 Windows 发展过程 3
1.1.1 Windows 版本历史 3
1.1.2 支持的 CPU 架构 4
1.1.3 Windows 版本特性 5
1.1.4 Windows 服务术语 5
1.2 Windows 架构 6
1.2.1 内核态与用户态 6
1.2.2 用户态系统进程 7
1.2.3 用户态应用进程 8
1.2.4 低级别的 Windows 通信机制 11
1.3 Windows 开发人员接口 13
1.3.1 开发人员文档资源 13
1.3.2 WDM、KMDF 和 UMDF 14
1.3.3 NTDLL 和 USER32 层 14
1.3.4 Win32 API 层 15
1.3.5 COM 层 15
1.3.6 CLR（.NET）层 20
1.4 微软开发工具 22
1.4.1 Windows 驱动程序开发工具包（WDK） 23
1.4.2 Windows 软件开发工具包 23
1.5 小结 23

第二部分 调试的乐趣和好处

第2章 入门 27
2.1 调试工具介绍 27
2.1.1 获取 Windows 调试器软件包 27
2.1.2 获取 Visual Studio 调试器 31
2.1.3 WinDbg 和 Visual Studio 调试器对比 31

2.2 用户态调试 ··· 32
2.2.1 使用 WinDbg 调试你的第一个程序 ································ 32
2.2.2 列举局部变量和函数参数值 ·· 39
2.2.3 WinDbg 中的源码级调试 ·· 43
2.2.4 符号文件、服务器和本地缓存 ···································· 44
2.2.5 WinDbg 符号离线缓存 ·· 45
2.2.6 WinDbg 中符号解析问题的故障排除 ··························· 46
2.2.7 名称修饰注意事项 ·· 46
2.2.8 获取 WinDbg 命令的帮助 ··· 48
2.3 内核态调试 ··· 49
2.3.1 你的第一个（实时）内核态调试会话 ·························· 50
2.3.2 使用物理机建立一个内核态调试环境 ·························· 55
2.3.3 使用虚拟机设置内核态调试环境 ································ 60
2.3.4 诊断主机/目标机通信问题 ··· 62
2.3.5 理解 KD 中断序列 ·· 63
2.3.6 在内核态调试器中控制目标机 ···································· 64
2.3.7 在内核态调试器中设置代码断点 ································ 66
2.3.8 获取 WinDbg 内核态调试命令的帮助 ·························· 68
2.4 小结 ·· 68
第 3 章 Windows 调试器是如何工作的 ································ 70
3.1 用户态调试 ··· 70
3.1.1 架构概述 ··· 70
3.1.2 Win32 调试 API ··· 71
3.1.3 调试事件和异常 ·· 72
3.1.4 中断序列 ··· 75
3.1.5 设置代码断点 ·· 76
3.1.6 观察 WinDbg 中的代码断点插入 ································ 77
3.2 内核态调试 ··· 81
3.2.1 架构概述 ··· 81
3.2.2 设置代码断点 ·· 82
3.2.3 单步执行目标 ·· 82
3.2.4 切换当前进程上下文 ··· 83
3.3 托管代码调试 ··· 84
3.3.1 架构概述 ··· 85
3.3.2 SOS Windows 调试器扩展 ·· 87
3.4 脚本调试 ··· 92
3.4.1 架构概述 ··· 92
3.4.2 在 Visual Studio 中调试脚本 ······································· 93
3.5 远程调试 ··· 95
3.5.1 架构概述 ··· 95
3.5.2 WinDbg 中的远程调试 ·· 96

3.5.3　Visual Studio 中的远程调试 99
　3.6　小结 101
第 4 章　事后调试 102
　4.1　实时调试 102
　　　4.1.1　你的第一个实时调试实验 102
　　　4.1.2　实时调试是如何工作的 105
　　　4.1.3　使用 Visual Studio 作为实时调试器 108
　　　4.1.4　运行时断言和实时调试 113
　　　4.1.5　会话 0 中实时调试 113
　4.2　转储调试 114
　　　4.2.1　用户态转储文件自动生成 114
　　　4.2.2　使用 WinDbg 调试器分析崩溃转储文件 117
　　　4.2.3　使用 Visual Studio 分析崩溃转储文件 123
　　　4.2.4　手动生成转储文件 124
　　　4.2.5　"时间旅行"调试 125
　　　4.2.6　内核态事后调试 126
　4.3　小结 128
第 5 章　基础扩展 130
　5.1　非侵入式调试 130
　5.2　数据断点 132
　　　5.2.1　深度分析用户态和内核态数据断点 133
　　　5.2.2　清除内核态数据断点 135
　　　5.2.3　执行数据断点与代码断点 136
　　　5.2.4　用户态调试器数据断点操作：C++全局对象和 C 运行时库 137
　　　5.2.5　内核态调试器数据断点操作：等待进程退出 139
　　　5.2.6　高级例子：谁在修改注册表值 141
　5.3　调试器脚本 145
　　　5.3.1　使用调试器脚本重放命令 145
　　　5.3.2　调试器伪寄存器 146
　　　5.3.3　在调试器脚本中解析 C++模板名称 148
　　　5.3.4　脚本实践：在内核调试器中列举 Windows 服务进程 149
　5.4　WOW64 调试 150
　　　5.4.1　WOW64 环境 150
　　　5.4.2　WOW64 进程调试 151
　5.5　Windows 调试钩子（GFLAGS） 154
　　　5.5.1　系统级与进程相关的 NT 全局标志 154
　　　5.5.2　GFLAGS 工具 155
　　　5.5.3　调试器扩展命令!gflag 157
　　　5.5.4　用户态调试器对 NT 全局标志值的影响 159
　　　5.5.5　映像文件执行选项钩子 159
　5.6　小结 159

第6章 代码分析工具 161
6.1 静态代码分析 161
6.1.1 使用 VC++静态代码分析捕获你的第一个崩溃错误 161
6.1.2 SAL 注释 164
6.1.3 其他静态分析工具 167
6.2 运行时代码分析 169
6.2.1 使用应用程序验证器工具捕获你的第一个错误 170
6.2.2 幕后花絮：操作系统中支持的校验器 172
6.2.3 调试扩展命令!avrf 176
6.2.4 应用程序校验器作为质量保证工具 179
6.3 小结 179

第7章 专家调试技巧 181
7.1 基本技巧 181
7.1.1 等待一个调试器附加到目标 182
7.1.2 加载 DLL 时中断 184
7.1.3 调试进程启动 188
7.1.4 调试子进程 194
7.2 更多有用的技巧 203
7.2.1 调试错误代码故障 203
7.2.2 在第一次异常通知时中断 209
7.2.3 冻结线程 210
7.3 内核态调试技巧 212
7.3.1 在用户态进程创建时中断 212
7.3.2 调试用户态进程启动 215
7.3.3 加载 DLL 时中断 216
7.3.4 未处理 SEH 异常时中断 217
7.3.5 冻结线程 218
7.4 小结 220

第8章 常见调试场景·第1部分 222
8.1 调试非法访问 222
8.1.1 理解内存非法访问 222
8.1.2 调试扩展命令!analyze 223
8.2 调试堆破坏 225
8.2.1 调试本地堆破坏 225
8.2.2 调试托管（GC）堆破坏 233
8.3 调试栈破坏 241
8.3.1 基于栈的缓冲区溢出 242
8.3.2 在栈破坏分析中使用数据断点 243
8.3.3 重构损坏栈的调用帧 244
8.4 调试栈溢出 246
8.4.1 理解栈溢出 246

  8.4.2 调试命令 kf ··· 247
8.5 调试句柄泄露 ··· 248
  8.5.1 句柄泄露例子 ··· 249
  8.5.2 调试扩展命令!htrace ··· 250
8.6 调试用户态内存泄露 ··· 254
  8.6.1 使用应用程序验证器工具检测资源泄露 ···································· 254
  8.6.2 使用 UMDH 工具分析内存泄露 ··· 257
  8.6.3 扩展策略：栈跟踪数据库的自定义引用 ···································· 260
8.7 调试内核态内存泄露 ··· 262
  8.7.1 内核内存基础知识 ·· 262
  8.7.2 使用 Pool Tagging 调查内核态泄露 ·· 263
8.8 小结 ·· 266

第 9 章 常见调试场景·第 2 部分 ··· 268
9.1 调试资源竞争 ··· 268
  9.1.1 共享状态一致性错误 ·· 269
  9.1.2 共享状态生命周期管理错误 ·· 273
  9.1.3 DLL 模块生命周期管理错误 ·· 281
9.2 调试死锁 ··· 284
  9.2.1 （锁顺序）Lock-Ordering 死锁 ··· 285
  9.2.2 逻辑死锁 ·· 288
9.3 调试访问检查问题 ··· 292
  9.3.1 基本的 NT 安全模型 ·· 292
  9.3.2 Windows Vista 的改进 ·· 297
  9.3.3 结束 ·· 300
9.4 小结 ·· 301

第 10 章 调试系统内部机制 ··· 302
10.1 Windows 控制台子系统 ·· 302
  10.1.1 printf 背后的魔力 ·· 302
  10.1.2 Windows UI 事件的处理 ·· 309
  10.1.3 Ctrl+C 信号的处理 ·· 309
10.2 系统调用剖析 ·· 314
  10.2.1 用户态一侧的系统调用 ·· 315
  10.2.2 转换到内核态 ·· 317
  10.2.3 内核态一侧的系统调用 ·· 318
10.3 小结 ·· 319

第三部分 观察和分析软件的行为

第 11 章 Xperf 介绍 ··· 323
11.1 获取 Xperf ·· 323

11.2 你的第一个 Xperf 调查 327
   11.2.1 制定一个调查策略 328
   11.2.2 收集场景的 ETW 跟踪 328
   11.2.3 分析收集到的 ETW 跟踪 329
11.3 Xperf 的优点和局限性 339
11.4 小结 339

第 12 章 ETW 内幕 341
12.1 ETW 架构 341
   12.1.1 ETW 设计原则 342
   12.1.2 ETW 组件 342
   12.1.3 特殊的 NT 内核日志记录会话 343
   12.1.4 使用 Xperf 配置 ETW 会话 344
12.2 Windows 系统现有的 ETW 检测 347
   12.2.1 Windows 内核中的检测 347
   12.2.2 其他 Windows 组件中的检测 350
12.3 理解 ETW 的 Stack-Walk 事件 355
   12.3.1 启用和查看内核提供者事件的栈跟踪 355
   12.3.2 启用和查看用户提供者事件的栈跟踪 358
   12.3.3 诊断 ETW 栈跟踪问题 359
12.4 在你的代码中添加 ETW 记录 363
   12.4.1 ETW 事件剖析 364
   12.4.2 使用 ETW Win32 API 记录事件 367
12.5 在 ETW 中跟踪引导过程 370
   12.5.1 在引导过程中记录内核提供者事件 371
   12.5.2 在引导过程中记录用户提供者事件 373
12.6 小结 375

第 13 章 常见的跟踪场景 376
13.1 分析阻塞时间 376
   13.1.1 ETW 的 CSwitch 和 ReadyThread 事件 377
   13.1.2 使用 Visual Studio 2010 实施等待分析 379
   13.1.3 使用 Xperf 实施等待分析 384
13.2 分析内存使用 389
   13.2.1 分析目标进程中高级别的内存使用 390
   13.2.2 分析 NT 堆内存使用 391
   13.2.3 分析 GC 堆(.NET)内存使用 395
13.3 跟踪作为一个调试辅助 403
   13.3.1 跟踪错误代码失败 403
   13.3.2 跟踪系统内部机制 407
13.4 小结 413

附录 A   WinDbg 用户态调试快速启动 415
附录 B   Windows 内核态调试快速启动 428

第一部分
背景

□ 第 1 章 Windows 软件开发

一位我所尊敬的老师曾给我讲了这样一个故事：他某天晚上回家时，妻子一脸沮丧地跟他说，她珍爱的结婚戒指掉进了浴室排水管，这件事把她彻底难住了。他的妻子当时认为戒指肯定已被冲走了，同时对排水塞以外的情况就像黑盒子一样毫无所知。我的老师了解的管道知识比他的妻子丰富些，他知道那些称为"汇陷阱"的 J 形结构管道正好位于水槽下方。这些"陷阱"用于存储一点点水，以防下水道的臭气逸入生活空间。但除此以外，这些"陷阱"还可用于"捕获"物体，以免它们快速掉进下水道。结果证明，那枚戒指确实还在"陷阱"中，我的老师轻松地找回了它。

我的老师之所以给我讲这个故事，是为了说明软件工程方面一个很类似的道理：如果仅把代码中用到的 API 和框架作为黑盒子，或许短时间内还过得去，但当需要排查自己代码以外的失败原因时，必然会经历某些非常焦虑的时刻，哪怕解决方案就在你眼前——就像"戒指丢失"那样。

本书第一部分简要探讨程序如何与微软 Windows 操作系统进行交互，并说明为什么了解（至少粗略了解）各子系统的作用及其相互关联是非常有用的；同时探讨了一些由微软推出的开发框架，并分析框架之间以及框架与操作系统（OS）开发人员接口之间的相对位置；最后引入 Windows 软件开发工具包（SDK），以及 Windows 调试器（WinDbg）和 Windows 性能分析工具包（Xperf）——准确来说，后两者被誉为专业 Windows 开发人员使用的"瑞士军刀"。

这部分知识将为你学习本书后续内容奠定基础，进而帮助你用调试和跟踪方法开发出更好的 Windows 软件。

第 1 章
Windows 软件开发

本章内容

- Windows 发展过程
- Windows 架构
- Windows 开发人员接口
- 微软开发工具
- 小结

1.1 Windows 发展过程

虽然本书主要聚焦在 Vista 之后的 Windows 系统版本,但回顾 Windows 历史版本还是很有用的,因为几个版本系列的内在架构从根本上都可追溯到 Windows NT(New Technology)操作系统。Windows NT 最初于 20 世纪 80 年代末设计和开发,然后持续发展,直到其内核最终成为所有客户端和服务器版本的 Windows 操作系统。

1.1.1 Windows 版本历史

Windows XP 是 Windows 版本历史上的一个重要里程碑,它同时提供了企业版(服务器)和用户版(客户端)Windows 统一的代码库。尽管 Windows XP 是一个客户端版本(其服务器版本是 Windows Server 2003),但它继承了 Windows 95/98/ME(消费类操作系统,起源于 MS-DOS 和 Windows 3.1 操作系统)和 Windows NT 4/Windows 2000 的技术,首次综合了 Windows NT 操作系统的内核功能和强大架构,其中许多特色在 Windows 95 和 98 中赢得了消费者和开发人员的喜爱(友好的用户设计、美观的图形界面、即插即用模式、丰富的 Win32 和 DirectX API 集合等)。

尽管服务器版和客户端版的 Windows 现在共享同一个内核,但它们在特色和组件方面仍有许多差异。(例如,只有服务器版 Windows 支持多用户同时远程桌面连接。)自 2001 年 Windows XP 发布以来,Windows Server 就延续了可粗略映射到对应客户端版 Windows 的发布周期。例如,Windows Server 2003 中,很大程度上共享了 Windows XP 中的新内核和 API 功能。类似地,于 2009 年年底发布的 Windows Server 2008 R2 代表了 Windows 7 的服务器版(不要与 Windows 2008 相混淆,它是 Windows Vista 的服务器版)。

图 1-1 显示了 Windows 系列操作系统的演变过程,给出了各版本大致的发布日期。

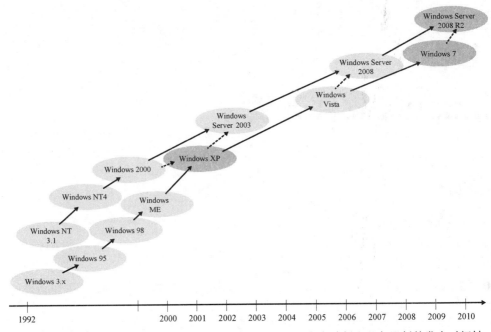

图 1-1　20 世纪 90 年代初以来 Windows 操作系统的主要客户端版和服务器版的发布时间轴

1.1.2　支持的 CPU 架构

Windows 曾被移植到许多 CPU 架构上，例如，Windows NT 一直支持 Alpha 和 MIPS 处理器，直到 Windows NT 4 出现。Windows NT 3.51 还支持 Power PC（另一类 RISC 系列处理器，用在许多嵌入式设备上，例如微软的 Xbox 360）。但是，Windows 随后将支持的 CPU 范围收窄到 3 类：x86（32 位系列处理器，其指令集由 Intel 设计）、x64（也称 AMD-64，参照实际情况，该架构最初由 AMD 推出，尽管英特尔现在也发布了实现上述指令集的处理器）和 ia64（另一种 64 位指令集，由英特尔与惠普合作联合设计）。

微软于 2001 年年底首先发布了 ia64 版 Windows XP，接着于 2005 年发布了 x64 版。微软后来放弃了对包括 Windows XP 在内的 ia64 版客户端系统的支持。当 2009 年年底 Windows Server 2008 R2 和 Windows 7 发布时，x86、x64 和 ia64 架构仍支持 Windows Server 2003 和 Windows XP。尽管 x86 和 x64 在目前的 Windows 架构中用得更广泛，但需注意的是，Windows Server 已不再支持 x86，只支持 64 位架构。此外，微软于 2011 年年初就宣布未来新发布的 Windows 系统将能够运行在 ARM 上（x86 和 x64 以外的 CPU 类型）。ARM 使用的精简指令集广泛用在嵌入式设备、智能手机和平板设备中，这很大程度上归功于其对电池电量的高效使用。

在调试跟踪时，了解所用 Windows 对应的底层 CPU 架构非常重要，因为需要经常使用符合 CPU 架构的本地工具。此外，有时也需要了解在调试器中分析的反汇编代码，这些代码因 CPU 不同而各异。这是本书中列出的许多调试器同时标注了其挂靠的底层 CPU 架构的原因之一，这样就容易在正确的目标平台上进行任何你想要的反汇编检查。

例如，下面列出的内容中，命令 vertarget 显示 Windows 7 AMD64（x64）操作系统。在第 2 章，你还可以看到关于该命令和其他命令更多的信息，因此现在不必担心如何使用它。

```
lkd> $ Multi-processor (2 processors or cores) Windows 7 x64 system
lkd> vertarget
Windows 7 Kernel Version 7600 MP (2 procs) Free x64
Built by: 7600.16385.amd64fre.win7_rtm.090713-1255
```

由于 x86 和 x64 使用广泛，且在 x64 计算机上可以执行 x86 程序，因此本书中的实验将大多在 x86 架构上进行。无论你使用哪种目标架构，都可以遵循本书中描述的方法。虽然自 20 世纪 80 年代创建之初，x86 就一直是 Windows 首选的平台，但 64 位处理器越发受欢迎，如今家用计算机和笔记本电脑很多都安装了 x64 版本的 Windows 系统。

1.1.3　Windows 版本特性

1.1.2 节中的调试命令 vertarget 输出将目标计算机的 Windows 版本显示为"Free"（又称零售）版。这是微软提供给最终用户支持的处理器架构的唯一版本。同时，还有一种称为"checked"（又称调试）的版本，如果 MSDN 订阅者想测试通过这种版本构建的 Windows 系统软件，可从微软获取相关信息。注意，checked 版本主要是用于帮助驱动程序开发人员。

你是否还记得，当想要重新编译配套的 C++示例代码时，本书推荐使用驱动程序开发工具包（DDK）构建环境。

正如当时解释的那样，在启动 DDK 构建环境时，你还可以指定想要的目标执行环境（Windows 7 的 DDK 中默认是 x86）。其实这就是 Windows 中内置于微软的调试功能，因为 Windows 的开发人员也使用 DDK 提供的相同编译环境来编译 Windows 源代码。例如，下面的命令通过定制编译特性启动了一个将源代码编译为 x64 执行代码的 DDK 构建环境。这通常会关闭一些编译器优化并定义调试版本的宏（如 DBG 预处理器变量），并打开"调试"代码的部分，包括断言（如 NT_ASSERT 宏）。

```
C:\DDK\7600.16385.1>bin\setenv.bat c:\DDK\7600.16385.1 chk x64
```

当然，其实你并不需要一个运行调试过的二进制文件的 Windows 版本，"发布"版本和"调试"版本二进制文件之间的主要区别在于——代码中的断言仅发生在"调试"版本中。Windows 本身的"调试"特性的优点在于系统中的代码也包含许多额外的断言，可以指出在代码实现中的问题，如果你正在开发一个驱动程序，这通常会是非常有用的。当然，Windows 这个版本的缺点就是它的运行速度比"发布"版本要慢得多。同时，为了可以在条件满足时忽略断言，你必须在一个内核态调试器中运行它，否则这些断言可能会得不到处理，甚至如果它们出现在运行于内核态的代码中，还会导致计算机崩溃和重启。

1.1.4　Windows 服务术语

每个主要的 Windows 版本都会有几个公开的预发行版本，以供用户预览这些发布版本的功能。这些预发行版本按照时间顺序排列，通常称为 Alpha、Beta1、Beta2 和 RC 或候选版本，但有几个 Windows 发布要么跳过一些版本，要么采用不同的名字。这些预发行版本也提供了一个让微软与用户交流的机会，并在 Windows 发布之前正式收集反馈。本书把预发行版本简称为 RTM。

从 vertarget 命令所显示的信息中，你还能看到 Windows 的主要版本。本书还会给出许多类似的调试清单。例如，下面的清单显示了目标机运行的是 Windows 7 RTM，其中的 2009 年 7 月 13

日（在下面的输出的"090713"的子串）是微软构建这个特定版本 Windows 的时间。

```
lkd> vertarget
Windows 7 Kernel Version 7600 MP (2 procs) Free x64
Built by: 7600.16385.amd64fre.win7_rtm.090713-1255
```

除了每个 Windows 操作系统主要的客户端和服务器版本，微软在这些版本之间有一些通过自动更新渠道进行的服务更新，如下所示。

- **服务包**（Service Pack）　这些版本通常在 RTM 出现了几年后，编译所有小的更新（以及有时由用户请求的新功能）到单个封装中，并能够在消费者和企业中通用。它们通常使用"SP"缩写，缩写后跟着服务包号。例如，SP1 是 RTM 之后的第 1 个服务包，SP2 是第二个，以此类推。

  服务包被认为是主要版本，并伴随 RTM 版本过程进行同样严格的发布。事实上，许多 Windows 服务包在正式向公众发布之前也有一个或多个候选版本（Release Candidate，RC）。Windows 主要版本的服务包的数量通常是由客户需求和自上次服务包累计的更改量共同确定的。例如，Windows NT4 有 6 个服务包，而 Windows Vista 中有 3 个。

- **GDR 更新**　常规分发版本（General Distribution Release，GDR）更新是为了解决有广泛影响或安全隐患的 bug。更新频率视需要而定，但这些更新通常每隔几个星期发布一次。这些更新（修补程序）还累积到服务包发布。

  例如，下面的输出提示目标调试机运行的是 Windows 7 SP1 版本。还要注意的是 kernel32.dll，它就是安装在此计算机中最初的 Windows 7 SP1 以后来自 GDR 的更新。

```
0:000> vertarget
Windows 7 Version 7601 (Service Pack 1) MP (2 procs) Free x86 compatible
kernel32.dll version: 6.1.7601.17651 (win7sp1_gdr.110715-1504)
```

1.2　Windows 架构

自 20 世纪 80 年代末 Windows NT 操作系统诞生以来，Windows 操作系统的基本设计很大程度上没有改变，包括与运行在内核态的执行程序和一组支持用户态帮助管理额外的系统设备的进程（smss.exe、csrss.exe、winlogon.exe 等）。Windows 的新版本带来了一些新的组件和 API，但要了解它们如何适应架构栈，往往先要了解"它们是如何与操作系统的这些核心部件相互作用"。

1.2.1　内核态与用户态

内核态是一种处理器的执行模式，有访问所有系统存储器（包括用户态内存）和无限制地使用所有 CPU 指令的权限。该 CPU 模式通过访问受保护的内存或 I/O 端口来使 Windows 操作系统能够防止用户态应用程序导致的系统不稳定。

应用软件通常运行在用户态且允许在内核态仅通过称为系统调用的机制执行代码。当应用程序要调用运行在内核态的操作系统代码提供的系统服务时，它会发出一个特定的 CPU 指令来切换调用线程到内核态。当服务调用完其在内核态的执行后，操作系统切换线程上下文回到用户态，然后，进行系统调用的应用程序能够继续在用户态下执行。

第三方供应商可以通过实现和安装签名的驱动程序使他们的代码在内核态下直接运行。请注意，在 OS 内核和驱动程序共享相同的地址空间的意义上，Windows 是单片系统，因此执行在内核态中的代码都能获得 Windows 操作系统核心拥有的不受限制访问存储器和硬件的权限。事实上，操作系统的若干部分（NT 文件系统中，TCP/IP 的若干部分网络堆栈等）也被实现为驱动，而不是由内核二进制本身提供。

Windows 操作系统使用以下分层结构进行其内核态操作。

- **内核层**　实现核心低级别 OS 服务，如线程调度、多处理器同步和中断/异常调度。该内核还包含了一组例程，为用户态的应用程序提供较高级别的语义。
- **执行层**　Windows 由相同的"内核"模块（NTOSKRNL）托管，并执行基本服务，如进程/线程管理和 I/O 调度。执行层提供公开文档化的功能，可以从内核态组件调用（如驱动）。这也提供了从用户态调用的功能，被称为系统服务调用。在用户态下调用系统服务典型的入口是 ntdll.dll 模块。（这是具有系统调用 CPU 指令的模块！）在这些系统服务调用过程中，执行层允许用户态进程通过称为对象句柄的间接的抽象来引用它实现的对象（进程、线程、事件等），其中，执行层保持使用每个进程的句柄表。
- **硬件抽象层**　HAL（hal.dll）是一个可加载的内核态模块，它将内核层、执行层和驱动从硬件的具体差异中隔离出来。硬件抽象层在内核层的最底部，并处理关键的硬件差异，使高层次组件（如第三方设备驱动程序）可以写成一个平台无关的方式。
- **窗口和图形子系统**　Win32 界面和图形服务由一个扩展内核（Win32k.sys 模块）实现，提供界面应用程序公开系统服务。这些服务在用户态下典型的切入点是 user32.dll 模块。

图 1-2 给出了 Windows 操作系统分层结构的架构示意图。

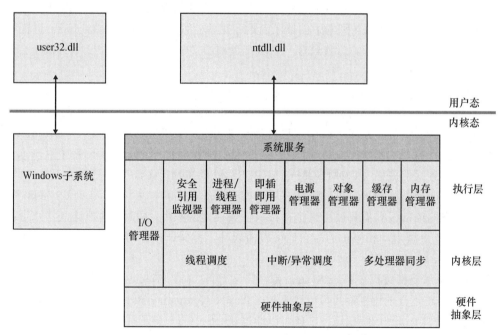

图 1-2　Windows 操作系统中的内核态层和服务

1.2.2　用户态系统进程

Windows 操作系统的几个核心设施（登录、注销、用户认证等）主要是在用户态而不是内核态下执行的。一组固定的用户态系统进程补充了从内核态提供出来的 OS 功能。下面列举了几个属于这一类的重要进程。

- **smss.exe** 用户会话代表资源和安全边界，并提供键盘、鼠标和物理显示的虚拟化视图，支持并发用户登录同一个操作系统。这些会话背后的状态由内核态的虚拟存储空间（通常称为会话空间）进行跟踪。在用户态下，会话管理器子系统进程（smss.exe）用于启动和管理这些用户会话。

  在 Windows 启动过程中，一个"领导"smss.exe 实例被创建。smss.exe 创建自身的一个临时副本作为新的会话，然后这个新的会话启动与其对应的 winlogon.exe 和 csrss.exe 实例。虽然有自身的领导会话管理器使用拷贝初始化，在客户端系统中新会话不提供任何实际优点，多个 smss.exe 同时运行可以为将 Windows Server 系统作为终端服务器的多用户提供更快的登录速度。

- **winlogon.exe** Windows 登录进程，负责管理用户登录和注销。尤其是当用户按下 Ctrl+Alt + Del 组合键时，这个进程将启动显示登录界面的进程。这个进程也在用户进行身份验证后负责创建显示用户熟悉的 Windows 桌面的任务，每一个会话都有自己的 winlogon.exe 进程的实例。

- **csrss.exe** 客户端/服务器运行时的子系统进程，负责用户态 Win32 子系统的部分（win32k.sys 中是内核态的部分），还将控制台应用程序的 UI 消息循环到 Windows 7，每个用户会话都有它自己的这个进程的实例。

- **lsass.exe** 本地安全授权子系统进程，winlogon.exe 用它在登录序列中进行用户账户的身份验证。认证成功后，LSASS 产生代表用户的安全权限，然后将其用于创建新的 explorer 进程。从 shell 脚本中创造了新的子进程，然后继承最初的 explorer 进程中的安全性令牌的访问令牌。总共只有一个这个进程的实例，它运行在非交互的系统会话（称为会话 0）中。

- **services.exe** 这个系统进程称为 NT 服务控制管理器（SCM），并在会话 0（非交互的系统会话）运行。它负责启动一类名为 Windows 服务的特殊的用户态进程。这些进程通常由 OS 或第三方应用程序来进行后台任务使用，不需要用户交互。Windows 服务的示例包括后台处理程序打印服务（后台处理程序）、任务调度服务（附表）、COM 激活服务（也被称为 COM SCM——RPCSS 和 DCOMLAUNCH）和 Windows 时间服务（W32Time）。这些进程可以选择在用户态视窗的最高特权上运行（LocalSystem 账户），所以它们经常根据需要被用来执行特权任务模式的应用。同时，由于这些特殊进程总是由 SCM 进程启动和停止的，它们可按需启动，并保证在任何时间至多只有一个活动实例运行。

所有上述系统支持进程在 LocalSystem 账户下运行，这是在 Windows 系统中的最高特权账户。与此专用账户身份运行的进程称为可信计算基（Trusted Computing Base，TCB）的一部分，因为一旦用户代码以那个级别的特权运行，就可以通过在 OS 中的安全子系统绕过任何检查。

1.2.3 用户态应用进程

每一个用户态进程（除了前面提到的 smss.exe 进程）都关联了一个用户会话。这些用户态进程是内存地址空间的分界线。然而，就 Windows 调度而言，最根本的调度单元仍然是执行线程，进程只是这些线程的容器。用户态进程（更具体地，它们托管的线程）也会经常在内核态执行大量代码，认识到这一点是很重要的。

虽然应用程序代码可能会在用户态下运行，但它往往也会调用进入系统服务（通过 API 层向下调用到 ntdll.dll 或 user32.dll 来完成系统调用转换），最终将操作转换到内核态。这就是为什么通常可以将软件（无论是用户态软件还是内核驱动）视为 Windows 系统的扩展，同时你也可以理解它是如何与操作系统提供的服务进行交互的。

进程可以按顺序放置在称为作业对象的容器中。这些执行对象在将一组进程作为一个独立单元管理方面是很有用的。不同于线程和进程，尽管作业对象具有独特的优势并提供了有用的语义，但在学习 Windows 体系结构时却经常被忽视。图 1-3 显示了这些基础对象之间的关系。

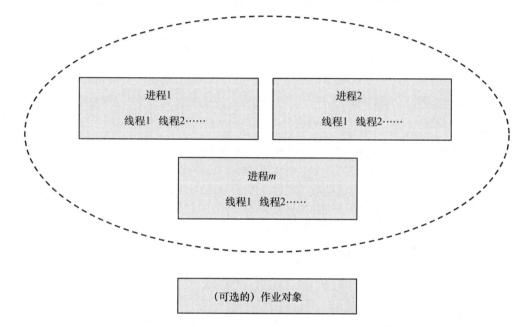

图 1-3　Windows 中的线程、进程和作业对象之间的关系

作业对象可以用来为一组进程提供通用的执行设置和其他功能，以便控制其中的成员进程或其用户界面功能使用的资源（例如，被作业及其进程消耗的大量内存）。

作业对象有一个很有用的特点：可以通过对它们的配置，实现在用户态作业句柄关闭时（无论是直接调用 API KERNEL32!CloseHandle，还是当进程内核对象销毁时内核从进程句柄表中去除该句柄）终止进程。为提供一个实用的例子，后文给出的 C++程序展示了如何利用由 Windows 可执行程序导出作业对象结构。在一个 C++用户态应用程序中，通过作业对象启动子进程（工作进程），并使其在生命周期中与父进程同步。这对工作进程而言是非常有用的。

它唯一的目的是在其父进程上下文中提供请求服务，在这种情况下，至关重要的不是泄露工作进程句柄，而应该是父进程意外结束。（反过来说更加直白，父进程可以调用 Win32 API kernel32!WaitForSingleObject，等待工作进程结束时就能监控到子进程句柄变为了信号态。）

要推进这个实验，请参考本书前面的内容，其中介绍了如何一步一步编译构建配套源码的操作。

```cpp
// C:\book\code\chapter_01\WorkerProcess>main.cpp
//
class CMainApp
{
public:
    static
    HRESULT
    MainHR()
    {
        HANDLE hProcess, hPrimaryThread;
        CHandle shProcess, shPrimaryThread;
        CHandle shWorkerJob;
        DWORD dwExitCode;
        JOBOBJECT_EXTENDED_LIMIT_INFORMATION exLimitInfo = {0};
        CStringW shCommandLine = L"notepad.exe";

        ChkProlog();

        //
        // Create the job object, set its processes to terminate on
        // handle close (similar to an explicit call to TerminateJobObject),
        // and then add the current process to the job.
        //
        shWorkerJob.Attach(CreateJobObject(NULL, NULL));
        ChkWin32(shWorkerJob);

        exLimitInfo.BasicLimitInformation.LimitFlags =
            JOB_OBJECT_LIMIT_KILL_ON_JOB_CLOSE;
        ChkWin32(SetInformationJobObject(
            shWorkerJob,
            JobObjectExtendedLimitInformation,
            &exLimitInfo,
            sizeof(exLimitInfo)));

        ChkWin32(AssignProcessToJobObject(
            shWorkerJob,
            ::GetCurrentProcess()));

        //
        // Now launch the new child process (job membership is inherited by default)
        //
        wprintf(L"Launching child process (notepad.exe) ...\n");
        ChkHr(LaunchProcess(
            shCommandLine.GetBuffer(),
            0,
            &hProcess,
            &hPrimaryThread));
        shProcess.Attach(hProcess);
        shPrimaryThread.Attach(hPrimaryThread);

        //
        // Wait for the worker process to exit
        //
        switch (WaitForSingleObject(shProcess, INFINITE))
        {
            case WAIT_OBJECT_0:
```

```
                ChkWin32(::GetExitCodeProcess(shProcess, &dwExitCode));
                wprintf(L" Child process exited with exit code %d.\n", dwExitCode);
                break;
            default:
                ChkReturn(E_FAIL);
        }

        ChkNoCleanup();
    }
};
```

这里需要重点观察的是，父进程在子进程创建前就被赋予了新的作业对象，故工作进程自动继承了这个作业对象。这更意味着没有时间窗口，其中的新进程不是作为作业对象的一部分而存在的。你会发现，如果终止父进程（例如，使用快捷键 Ctrl+C），工作进程（本例中是 notepad.exe）也会同时终止，这正是我们所期望的行为。

```
C:\book\code\chapter_01\WorkerProcess>objfre_win7_x86\i386\workerprocess.exe
Launching child process (notepad.exe) ...
^C
```

1.2.4 低级别的 Windows 通信机制

对于内核和用户态中的代码执行，以及在用户态下每个进程地址空间范围内的代码执行，Windows 系统都提供了若干机制来支持组件之间的通信。

从用户态调用内核态代码

从用户态组件调用内核态代码最基本的方法是本章前面提到的**系统调用**机制。这种机制依赖于 CPU 的本机支持，以便在受控和安全的方式下实现转换。

系统调用机制的一个固有缺陷是，它依赖众所周知的执行服务例程中的硬编码表来分派从用户态下的客户端代码到内核态下的预定目标服务程序的请求。然而，在驱动形式下，这不能很好地实现内核扩展。对于这些情况，Windows 支持另一种机制——I/O 控制命令（IOCTL），以实现用户态代码与内核态驱动程序之间的通信。这是通过通用 API kernel32!DeviceIoControl 完成的，该 API 采用用户定义的 IOCTL 标识符作为它的一个参数，也作为请求分派到的设备对象句柄。到内核态的转换仍然是在 NTDLL 层执行的（ntdll!NtDeviceIoControlFile），并且在内部也使用了系统调用机制。因此，可以将 IOCTL 方法看作一个建立在操作系统和 CPU 提供的原始系统调用服务之上的、更高级的用户/内核通信协议。

I/O 控制命令在内部是由 Windows 执行体的 I/O 管理器组件来处理的，后者构建了所谓的 I/O 请求包（IRP），然后发送到由用户态的调用者请求的设备对象。Windows 执行体中的 IRP 处理使用层次化模型，该模型中设备具有相关联的驱动程序栈来处理这些请求。当 IRP 被发送到一个顶层设备对象时，它会从顶部开始遍历设备栈，经过设备栈中的每一个驱动，要么给进程一个处理机会，要么忽略该命令。事实上，在内核态中也会使用 IRP 发送命令到其他驱动程序，以便相同的 IRP 模型用于内核驱动程序之间的通信。图 1-4 描述了这一架构。

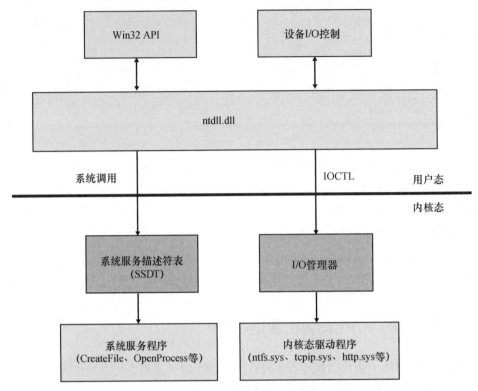

图 1-4 用户态到内核态的通信机制

从内核态调用用户态代码

内核态中运行的代码可以无限制地访问整个虚拟地址空间（包括用户和内核部分），因此，内核态理论上可以调用用户态运行的任意代码。然而，要做到这一点，需要先选择一个运行代码的线程，将 CPU 模式转换回用户态，并设置用户态线程的上下文来反射这个调用参数。但幸运的是，只有微软编写的系统代码才真正需要与用户态的随机线程进行通信。此外，编写的驱动程序需要回调到用户态——这只发生在用户态线程发起的设备 IOCTL 初始化上下文中。

在特定的用户态线程上下文中，系统执行代码的标准方式是向线程发送异步过程调用（Asynchronous Procedure Call，APC）。例如，线程在 Windows 中究竟是如何挂起的，内核发送一个 APC 到目标线程，让线程执行函数来等待内部线程信号对象，这就会导致线程挂起。系统还可以在其他很多场景使用 APC，例如在 I/O 完成以及线程池回调例程中等。

进程间通信

用户态进程和内核态代码之间以及用户态进程之间通信的另一种方式，是使用高级本地过程调用（Advanced Local Procedure Call，ALPC）机制。ALPC 是在 Windows Vista 时期引入的，它是对 LPC 机制的一个大的修正。LPC 是 Windows 早期版本中在很多地方用到的一个支持低级别组件间通信的一种基础功能。

ALPC 基于一个简单的想法：首先，服务器进程打开一个内核端口对象来接收消息；其次，客户端可以连接到该端口（如果服务器允许连接的话），进而开始向服务器发送消息。客户端还能够等待服务器从 ALPC 端口对象相关的内部队列中取出并处理消息。

对用户/用户 ALPC 而言，这提供了一个基本的低级别进程间通信信道。对内核/用户 ALPC 信道而言，这从本质上为用户态应用程序调用内核态代码（无论是驱动程序或内核模块本身）提供了另一种（间接的）方式，反之亦然。这种通信的一个例子是用户态系统进程 lsass.exe 与内核态中的安全引用监视器之间建立的信道，该信道用于从执行体向 lsass.exe 发送认证消息，如图 1-5 所示。

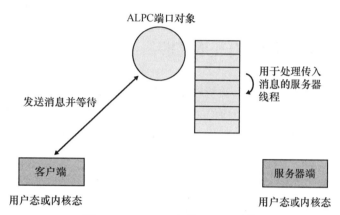

图 1-5　Windows 中的 ALPC 通信

ALPC 模式的通信广泛应用于操作系统中，在本书中涉及最多的是实现低级别的通信协议，为本地用户态调试器使用，以便在调试过程中接收各种调试事件。ALPC 也用于构建更高级别的通信协议，如本地 RPC，这反过来又用于 COM 模型中的传输协议，以通过适当的参数封装传递来实现进程间的方法调用。

1.3　Windows 开发人员接口

开发人员可以通过构建内核驱动程序或用户应用程序的方式来扩展 Windows 系统提供的服务。本节将探讨一些让构建扩展成为可能的关键层次和 API。

1.3.1　开发人员文档资源

微软文档化了一些开发人员构建应用程序时可以用到的 API。这些公开的接口和内部（私有）实现细节的差异，是微软在过去 20 年中持续努力建立的一个生态系统。在这个生态系统中，公共接口由新发布的 Windows 继承，这为应用程序开发人员提供了信心——他们现在开发的应用程序在将来能继续运行在新版操作系统中。客观地说，这个工程化要求是 Windows 目前如此受开发人员和最终用户赞誉的原因之一。

微软将其发布的所有接口和 API 文档放在 Microsoft Developer Network（MSDN）官方网站上。当编写软件时，你可以只使用官方支持的 API，这样当微软发布新版本操作系统时你的软件不至于出问题。即使在同一版本系统的服务包中，未文档化的 API 也往往会消失或重命名，因此千万不要在你的软件中依赖它们，除非你已经做好在新的 Windows 更新安装后软件突然停止工作时应对用户愤怒的准备。当然，这并不是说你不应该对内部实现细节感兴趣。事实上，调试程序时了解一些细节往往很重要,这有助于你更有效地分析其行为,从长远来看这也反过来有助于你编写更好、更可靠的软件。

除了为开发人员提供由微软编写的 API 文档,MSDN 网站还包含在更高层次上描述功能和领域的诸多文章。尤其是,它提供了一类特殊的文章,称为"知识库文章"(Knowledge Base Article,KB 文章),由微软的客户支持团队发布,记录一些工作中已知问题的解决方法。一般而言,要查看代码中使用的 API 文档或试图学习使用操作系统新功能,你应该首选 MSDN 网站。

1.3.2 WDM、KMDF 和 UMDF

通过实现内核驱动程序,开发人员能够以内核态权限执行代码以及扩展操作系统的功能。尽管大多数开发人员永远不需要编写内核驱动,但理解 Windows 为支持内核扩展而使用的分层插件模型仍然很有用,因为这方面的知识有时能帮助你在内核态调试检查过程中有效分析内核态调用栈。

驱动程序扩展通常需要处理与硬件设备的通信——之前是不支持的,如前所述,用户态代码是不允许直接访问 I/O 端口的。此外,驱动程序有时被用来实现或扩展系统功能。例如,Sysinternals 套件中的许多工具——包括进程监视工具(它会安装一个过滤驱动并监控系统资源访问)——执行它们实现功能时在内部完成了驱动安装。

编写驱动程序有很多方法,但在 Windows 上实现它们的主要模型是 Windows 驱动程序模型(Windows Driver Model,WDM)。由于这个模型对开发人员的要求很多,涉及处理所有同 I/O 管理器及系统其他部分之间的交互,会导致经常出现许多必须由所有驱动开发人员共同实现的重复样本代码,因此引入了内核驱动框架(Kernel-Mode Driver Framework,KMDF)来简化内核驱动编写任务。请记住,KMDF 并不是替代 WDM,而是一个可以帮助你更轻松编写符合 WDM 要求驱动程序的框架。一般来说,应该使用 KMDF 编写驱动程序,除非你找到一个很好的理由不这样做,例如要写非 WDM 驱动。这种情况下,涉及需要写网络、SCSI 或视频驱动程序时,可以说都有它们自己的开发场景,要求你编写所谓的"小端口"驱动程序以便插入它们相应的端口驱动。

部分硬件驱动程序也可以完全运行在用户态下(虽然不直接访问内核内存空间或 I/O 端口)。这些驱动程序可以使用微软提供的另一个框架来开发,即用户态驱动程序框架(User-Mode Driver Framework,UMDF)。要获取关于不同驱动模型及其结构的更多信息,可以在 MSDN 网站找到丰富的资源。如果需要编写或调试 Windows 驱动程序,OSR 网站也是值得访问的。

1.3.3 NTDLL 和 USER32 层

正如前文所提到的,NTDLL 和 USER32 层分别包含执行服务程序和 Win32 子系统(win32k.sys)内核部分的入口点。

NTDLL 模块包含了数以百计的执行服务存根(NTDLL!NtSetEvent、NTDLL!NtReadFile 及其他)。其中,大多数服务存根并没有 MSDN 文档,但少数存根入口点被普遍认为对第三方系统软件是有用的,因此有相应的文档。系统模块 ntdll.dll 还承载一些低级别的系统功能,如模块加载(ntdll!Ldr*例程)、Win32 子系统进程通信函数(ntdll!Csr*例程),以及一些运行时库函数(ntdll!Rtl*例程)外在功能,如 Windows 堆管理器和 Win32 关键节实现。

在 Win32 API 中,NTDLL 模块被许多其他 DLL 使用,以过渡到内核态并调用执行服务程序。

类似地，USER32 DLL 也被 Windows 图形架构栈（DirectX、GDI32 等）用作过渡到内核态的通道，所以它能与图形处理单元（Graphics Processing Unit，GPU）硬件进行通信。

1.3.4　Win32 API 层

Win32 API 层可能是 Windows 开发新手最需要学习的一层，因为它是连接系统公开服务的官方公共接口。Win32 API 函数都记录在 MSDN 文档中，连同其预期的参数和可能的返回码。即使用更高级的开发框架或 API 集合编写代码，正如大多数人现在做的那样，重视这一层次提供的功能，以及由 Win32 API 和 Windows 执行程序公开的原始功能，将帮助你更好地判断某个框架相对其他框架的优点和缺陷。

Win32 API 层包含了大量的功能，从创建线程/进程、屏幕绘图等基本服务到更高级的功能（如加密）。Win32 API 架构底部最基本的一些服务由 kernel32.dll 模块公开。其他广泛使用的 Win32 模块有 advapi32.dll（一般实用函数）、user32.dll（Windows 和用户对象函数）以及 gdi32.dll（图形函数）。在 Windows 7 中，Win32 DLL 模块分层，使得较低级别的基本函数不允许向上调用分层堆栈中更高级别的模块。这种分层工程原则上有助于防止模块之间的循环依赖，并减少由 Win32 API 引入新 DLL 对进程地址空间的性能带来的影响。这就是为什么你会看到 kernel32.dll 模块公开导出的许多 API 都只是简单地转移调用更低级别 DLL 模块 kernelbase.dll 中的实现代码，当试图在调试器中设置系统断点时就会知道这一点是非常有用的。这种层次化的结构如图 1-6 所示。

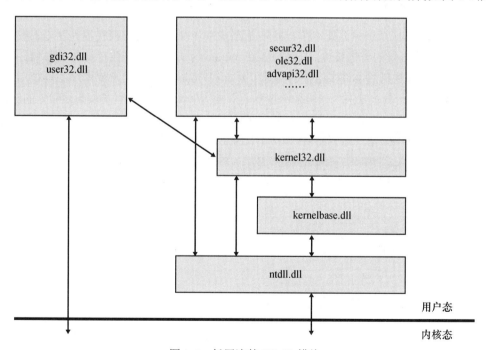

图 1-6　低层次的 Win32 模块

1.3.5　COM 层

组件对象模型（Component Object Model，COM）是由微软于 20 世纪 90 年代中期推出的用户态框架，可使开发人员能够用不同的程序开发语言编写可重用的面向对象的组件。如果你是COM 新手，用于上手并理解其模型的最好资源是"组件对象模型规范"（Component Object Model Specification）文档。该文档可以在网上找到。虽然这是一个比较老的（大约 1995 年）和相对长的文件，但提供了很好的 COM 二进制规范概述以及很多至今仍然适用的东西。

随着时间的推移，术语"COM"含义已演变成许多与以前不太相同但相关的技术，具体包含如下内容。

- 标签"COM"最初被设计用来描述对象模型本身。该对象模型的关键部分是标准的IUnknown 和 IClassFactory 接口、从内部 COM 实现类接口（公开约定）分析的思想，以及询问服务对象实现其支持的规范（IUnknown::QueryInterface）的能力。从纯形式而言，这个模型是微软为开发生态系统做出的最大贡献之一，至今还对基于该模型派生的各种技术有深远影响。
- 进程间通信协议与注册允许各组件相互通信，且客户端应用程序不必知道服务器组件的具体位置。这使得 COM 客户端可以透明地使用在本地进程（DLL）或外部进程（EXE）中的服务器，以及位于远程计算机上的服务器。COM 与分布式 COM（DCOM，或跨计算机 COM）的区别往往只是理论上的，而且大部分内部构件都是这两种技术之间共享的。
- 建立在 COM 对象模型之上的协议规范允许主机与由不同语言编写的对象进行通信，重点包括 OLE 自动化和 ActiveX 技术。

Windows 系统中的 COM

COM 在 Windows 系统中无处不在。虽然微软.NET Framework 已经在很大程度上取代 COM 成为 Windows 应用开发的首选技术，但 COM 在 Windows 开发领域产生了持久的影响。COM 远非消亡的技术，因为它仍然是许多组件的基础（例如，Windows 外壳用户界面广泛地使用 COM），甚至包括 Windows 开发领域中一些最新的技术。即便 Windows 上没有安装其他额外的应用，你仍然会发现成千上万的 COM 类标识符（COM Class Identifier，CLSID），它们用于描述 COM 注册目录中已有的 COM 类型（服务器），如图 1-7 所示。

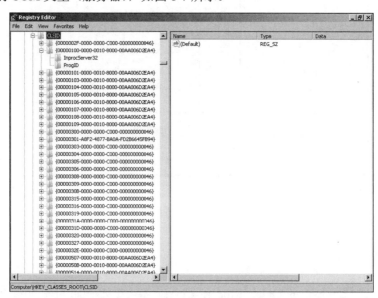

图 1-7 Windows 注册表中的 COM CLSID

微软为了开发其即将发布的 Windows 中可触摸的 COM，让 Windows 运行时（Windows runtime，WinRT）应用程序也使用了 COM 作为核心二进制兼容层。如果你真的想深谙 Windows 作为一个开发平台的复杂性，就需要了解 COM 许多方面的知识。此外，它的设计模式和编程模型有自己的教学价值。即使你永远不会编写 COM 对象（服务器），所写的程序和脚本也经常使用 COM 对象，无论直接或者通过 API 间接调用。因此，了解 COM 是如何工作的在此类调用的调试场景中尤为有用。

在编写或使用 COM 服务器时，COM 开发人员经常要与语言级的功能和工具交互。然而，调试 COM 故障也需要了解系统如何实现 COM 规范等方面的知识。在这个意义上，COM 领域有几个不同的方面需要了解，这些知识在 COM 调试审查过程会起作用。

- **COM "库"** 它本质上是微软 COM 二进制规范的系统实现。COM 库主要包括 COM 运行时代码和 Win32 API（CoInitialize、CoCreateInstance 以及其他 API）。它们被作为系统模块 OLE32.DLL 的一部分。运行时代码还使用了两个共同由 COM 服务控制管理器（COM SCM）引用的 Windows 服务。它们是运行在 NetworkService 权限的 RpcSs 服务和运行在 LocalSystem 权限的 DComLaunch 服务。
- **COM 语言工具** 它们是源代码级编译器和工具，以支持 COM 的二进制规范。这包括接口定义语言（Interface Definition Language，IDL）编译器（MIDL），它允许在 C/C++ 程序中使用 COM 类和接口；还包括二进制类型库导入和导出工具，它允许在 COM 中跨语言协作。请注意，这些工具并不在操作系统中发布，而是作为开发工具的一部分发布，例如 Windows SDK。
- **COM 框架** 这些框架式使得开发人员更容易编写符合 COM 二进制规范的 COM 组件。一个例子是微软 C++ 活动模板库（Active Template Library，ATL）。

编写 COM 服务器

COM 规范在编写 COM 对象及其托管模块方面对开发人员有几个要求。使用 C++ 继承编写 COM 对象，最起码要声明其 IDL 文件中的接口和实现标准的 IUnknown COM 接口——该接口允许对象引用计数以及客户端与服务器之间的协商约定。类工厂对象是一个 COM 类型支持对象，它实现了 COM 接口 IclassFactory，但并不需要发布到注册表中，创建其对象实例还是必须写入每个 CLSID。

在所有这些之上，开发人员还必须实现托管模块（DLL 或 EXE），这样也符合 COM 规范的所有其他要求。以 DLL 模块为例，C 风格的函数（DllGetClassObject）必须导出给 COM 库使用，该函数返回一个指向模块托管 CLSID 类厂的指针。对于一个可执行模块，COM 不能简单地调用导出函数，因此 OLE32!CoRegisterClassObjects 必须由服务器执行模块自身在启动时调用，以公布其托管的 COM 类厂，使 COM 意识到它们的存在。然而，对于 COM DLL 模块的另一个要求是实现其活动对象的引用计数，并导出 C 风格函数（DllCanUnloadNow），以便 COM 库了解何时能安全地卸载有问题的模块。

微软意识到，向 C++ COM 开发人员引进活动模板库（ATL）以帮助简化用 C++ 语言编写 COM 服务器模块和对象是个很高的要求。虽然大多数基于 Windows 的 C++ COM 开发人员使用 ATL 实现其 COM 服务器，但请记住，你也可以不使用 ATL 编写 COM 对象及其托管模块（如果你想这么做）。事实上，ATL 配套了模板类的源代码，这样你就可以学习这些现成的头文件，并了解 ATL 是如何实现 COM 之上的功能，这些功能由操作系统中的 COM 库提供。正如你所看到的源码那样，ATL 实现了大量繁重工作和模板代码，使你不必关注这些就可以集中精力编写自己的业务逻辑代码，而没有太大必要关注由 COM 模型管道造成的负担。

> **在 COM 服务器中管理模块生命周期**
>
> 为给出一个实用场景以便让你对 ATL 提供的功能类型有更好的感受，需要考虑 COM 服务器生命周期管理问题。正如前面提到的，COM 服务器实现引用计数以确定它们托管的服务器模块（DLL 或 EXE）可以安全地卸载。例如，在 COM ATL 库中，每当在 COM 模块（CatlDllModule）中创建一个新的 COM 对象时，一个全局整数变量（每个模块一个）就增加 1，该变量由当前模块实现并记录活动对象的数目。这个特殊的引用计数常被称为 COM 模块的锁计数。当对某对象的最后引用释放时，该锁计数减 1。此外，客户端也允许通过调用 IClassFactory 标准 COM 接口（由 ATL 中的 CComClassFactory 类实现）LockServer 方法在服务器设置一个锁（即将其全局锁计数加 1）。
>
> 对 DLL COM 服务器来说，这本质上是提供了一个 COM 模块引用计数的简单实现，当其 DllCanUnloadNow 函数被调用时，模块能够清楚知道客户端对它的引用数（锁计数），并且在计数减少到 0 时向 COM 库报告可以根据需求自由卸载该 DLL 了。主机进程可随时通过调用 COM 运行时函数 ole32!CoFreeUnusedLibraries 强制执行清理工作，该函数内部调用了进程内 DLL COM 服务器模块导出的 DllCanUnloadNow 函数，这些模块在客户端进程加载并在卸载时返回 TRUE。
>
> 锁计数也可以由 COM EXE 服务器使用。例如就 ATL 而言，COM EXE 模块（CAtlExeModule）使用一个额外的线程定期检查其锁计数，并且在其锁计数减少到 0 后会择机结束进程。你可以在 ATL 实现头文件中看到这一逻辑，例如下面显示的 MonitorShutdown 回调。
>
> ```
> //
> // c:\ddk\7600.16385.1\inc\atl71>atlbase.h
> //
> void MonitorShutdown() throw()
> {
>     while (1)
>     {
>         ::WaitForSingleObject(m_hEventShutdown, INFINITE);
>         DWORD dwWait = 0;
>         do {
>             m_bActivity = false;
>             dwWait = ::WaitForSingleObject(m_hEventShutdown, m_dwTimeOut);
>         } while (dwWait == WAIT_OBJECT_0);
>
>         if (!m_bActivity && m_nLockCnt == 0)
>         {
>             ::CoSuspendClassObjects();
>             if (m_nLockCnt == 0)
>                 break;
>         }
>     }
>     ::CloseHandle(m_hEventShutdown);
>     ::PostThreadMessage(m_dwMainThreadID, WM_QUIT, 0, 0);
> }
> ```

> 需要注意的是，COM 作为操作系统组件和平台，将实现模块引用计数的工作留给了编写 COM 服务的开发人员。但幸运的是，微软许多编写 ATL 框架的优秀同事考虑到了这一点，使得用该框架编写 COM 服务器的 Windows 开发人员都能受益。

使用 COM 对象

COM 客户端和服务器之间的通信要经过如下两个步骤。

- **COM 激活**　这是通信的第一步，由 COM 库定位所请求 CLSID 的类工厂。通过首先询问 COM 注册目录查找承载 COM 服务器的实现模块来完成。COM 客户端代码通过调用 Win32 API ole32!CoCreateInstance 或 ole32!CoGetClassObject 启动这一步。请注意，ole32!CoCreateInstance 仅仅是一个方便的封装，它先调用 ole32!CoGetClassObject 以获得类工厂，然后调用由类工厂对象实现的 IClassFactory::CreateInstance 方法来最终创建目标 COM 服务器的新实例。
- **方法调用**　COM 激活步骤之后，会返回一个代理或直接指向 COM 类对象的指针，然后客户端可以查询由对象公开的接口并直接调用公开的方法。

当你的代码使用 COM 对象时，理解它的关键点是 COM SCM 在 COM 激活阶段后台潜在参与了为 COM 对象及其对应的类工厂实例化托管模块。这样做的原因是，COM 客户端在不同的上下文中有时需要激活进程外服务器，例如，如果 COM 服务器对象需要以更高权限或不同用户会话运行在进程中，就需要一个运行在更高权限（DComLaunch 服务）的代理进程参与进来。另一个原因是，Windows RPCSS 服务还处理跨计算机的 COM 激活请求（即 DCOM），并实现了一个在某种程度上对 COM 客户端和服务器完全透明的通信信道。在针对 COM 激活故障的调试审查过程中理解这种参与非常重要。然而，一旦 COM 激活序列得到所请求的类工厂，COM 客户端就能够直接调用 COM 方法，这些方法由 COM 服务器公开且没有 COM SCM 的任何参与。图 1-8 汇总了这些步骤和 COM 激活序列期间涉及的关键组件。

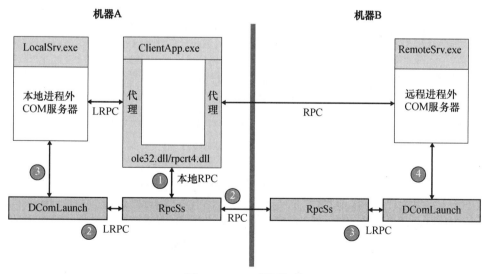

图 1-8　COM 激活组件

正如本节前面所提到的那样，COM 模型的好处是客户端不需要知道 COM 服务器具体在哪里实现，甚至不需要知道它是用什么语言（C++、微软 Visual Basic、Delphi 或其他）编写的（前提是能够访问一个类型库或描述它要使用的 COM 类型的直接虚表的布局）。客户端需要知道的唯一的事情就是 COM 对象的 CLSID（一个 GUID），用它可以查询所支持的接口和调用所需的方法。系统中的 COM 为客户端/服务器通信提供了必要的"胶水"，前提是 COM 服务器是遵循 COM 模型编写的。特别地，COM 支持使用相同的编程模型访问以下 COM 服务器类型。

- **进程内 COM 服务器**　托管 DLL 模块加载到客户端进程地址空间，并且该对象通过 COM 激活过程返回一个指针调用。这个指针可以是一个直接的虚拟指针或者一个代理，这取决于调用 COM 服务器的方法之前是否需要调用 COM 运行时来提供额外的保障措施（如线程安全）。
- **本地/远程进程外 COM 服务器**　对于本地进程外 COM 服务器，本地 RPC 可作为底层的进程间通信协议，将 ALPC 作为实际低级别的基础。对于远程 COM 服务器（DCOM），该 RPC 通信协议用于支持计算机间通信。在这两种情况下，从 COM 激活过程返回到客户端应用程序的代理内存指针实现所有要求 COM 透明远程完成的承诺内容，如图 1-9 所示。

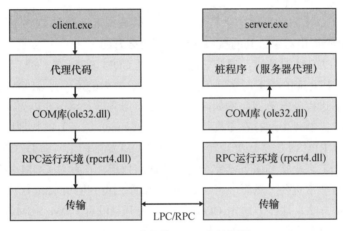

图 1-9　进程外 COM 方法调用

1.3.6　CLR（.NET）层

.NET 框架和 COM 组件一样是用户态下面向对象的开发平台，支持程序员使用多种语言（如 C#、Microsoft Visual Basic .NET、C++/CLI 等）编写程序。.NET 做了很大改善，如.NET 程序运行在一个可控的执行引擎环境中。该环境提供各种实用功能，如利用存储碎片自动回收功能来实现类型安全和自动内存管理。该执行引擎环境称为通用语言运行时（Common Language Runtime，CLR）平台，是.NET 平台的核心。对该层知识的掌握有助于调试多种.NET 类库和各种语言（如 ASP.NET、WCF、WinForms、WPF、Silverlight 等）编写的应用程序。

CLR 运行环境通过一组本地 DLL 来实现把.NET 可执行程序载入其地址空间，核心执行引擎 DLL 决定何时加载有依赖关系的其他 DLL。由于.NET 程序依赖 CLR 运行，.NET 模块（也称为组件）是托管的，而不是在常规用户态下执行非托管的本地模块。相同用户态进程可以使托管和非托管模块交互，该技术将在本章后续内容中进行详细阐述。

.NET 程序不直接编译成原生汇编代码，而是编译成与平台无关的微软.NET 中间语言（通常称为 MSIL，或简单 IL）。程序运行时通过.NET 即时编译器（Just-in-Time .NET compiler）或者 JIT 把 IL 转化为汇编代码。

.NET 并行版本控制

由于新版本的 DLL 引入了新功能而导致之前正确开发的程序不能运行，并且没有标准强制约束一个程序发布时绑定调用正确版本的 DLL。这就是众所周知的"DLL hell"问题，是在引入.NET 框架之前困扰软件开发的主要问题之一。COM 通过确保二进制的兼容性使该问题得到一定程度的解决——COM 服务器可清楚地记录 DLL 版本以允许 COM 客户端查询可以正确运行的版本，间接地解决了该问题。

.NET 框架通过采用强制约束绑定和版本控制的方法使.NET 程序总是调用对应版本的 CLR，程序被编译为目标版本上运行，或者调用程序配置文件制定的版本，从而使问题得到进一步的解决。也就是说，新版本和旧版本的.NET 框架可同时安装而不是替换旧版本。唯一的例外是安装到 system32 目录下（在 64 位系统中，32 位程序安装到 SysWow64 文件目录）的 mscoree.dll 动态连接库，该 DLL 用来匹配计算机中最新的.NET 框架版本。该 DLL 能正常工作依赖于新版本 mscoree.dll 向后兼容 CLR 的早期版本。例如计算机中同时安装.NET 4.0 和 2.0，在 system32 目录下的 mscoree.dll 模块为 CLR 4.0 版发布的。

.NET 可执行程序加载顺序

各个.NET 编译器产生的 IL 组件遵循标准的 Windows PE（Portable Executable，可移植的可执行文件）格式，从操作系统加载器的角度看，IL 只是特殊的本地映像。只是在 PE 头中进行标记，以表示为托管的二进制代码，需要通过.NET CLR 来处理。当位于 ntdll.dll 的 Windows 系统程序加载器检测到可执行 PE 映像中存在 CLR 头时，程序控制权立即转移至本地 CLR 入口点（mscoree!_CorExeMain），然后寻找调用映像中受控的 IL 入口点。

> **注意**：为了支持较早版本的操作系统（更具体地说，如 Windows 98 / ME 以及 Windows 2000 和 Windows XP 早期的服务包），该类操作系统发布时还没有引入.NET 框架，因此不识别 CLR 头。托管的 PE 映像必须有一个常规的原生程序入口，包含一个小的桩程序（JMP 指令）跳转至如上所说的（mscoree!_CorExeMain，如图 1-10 所示）CLR 入口点。幸运的是，支持.NET 的 Windows 版本现在本地可装载托管代码模块，所以这个桩程序将不是必需的。

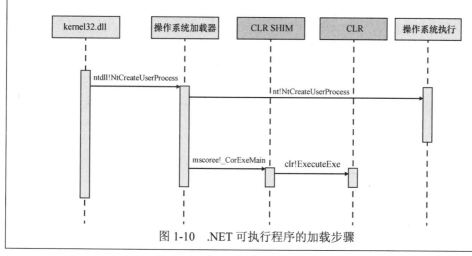

图 1-10 .NET 可执行程序的加载步骤

需要注意的是，操作系统加载器并不知道调用哪个版本的 CLR 加载托管映像，这里需要由 mscoree.dll 确定加载正确版本的 CLR。例如，对于 CLR v2 的程序，执行引擎的 DLL 加载器为 mscoree.dll 中的 mscorwks.dll，而 CLR v4 的执行引擎为驻留其内的 clr.dll 模块。一旦加载和执行，CLR 将控制并负责运行执行引擎环境。根据需要调用 JIT 编译器转换 IL 为汇编语言，确保类型安全和自动内存管理（利用垃圾收集功能），支持多个本地线程和程序运行等。CLR 还负责加载应用程序 IL 所引用对象的托管组件，包括实现一些最基本类型管理的核心库（如.NET mscorlib.dll 组件）。

托管代码和非托管代码之间的交互

第一版.NET 框架于 2002 年年初发布时，它需要具备执行现有非托管代码（原生代码）的功能（包括 C 风格的 Win32 API 和 COM 对象），以确保 Windows 开发人员可以无缝过渡到托管代码。值得庆幸的是，开发人员可以通过 CLR 的 P/Invoke 和 COM Interop 两个机制来实现托管代码和非托管代码之间的交互。P/Invoke（.NET 的 DllImport 方法属性）用于调用 C 风格的非托管 API，如 Win32 API 等。COM Interop（.NET 的 ComImport 类属性）用于调用现有的传统 COM 对象中的非托管代码。

托管/非托管代码交互实现上存在一些技术上的挑战，其中最大的挑战为 CLR 用来自动内存管理的存储碎片回收机制。需要它来管理托管堆中的对象，这样就能定期清理僵尸（无根）对象，借此减少堆碎片。在同一进程的地址空间调用非托管代码需要与非托管调用共享托管程序的存储空间（如以函数参数的形式共享）。由于 CLR 执行存储碎片回收时可以自由移动托管对象，并且完全不知道非托管代码也在使用要移动的共享托管对象，可能导致非托管代码访问无效的内存地址。CLR 执行引擎通过在托管代码向非托管代码转换时调度函数参数和在内存中固定托管对象来解决该问题。

相反地，可以使用 CLR 的 COM Interop 功能实现非托管应用程序调用.NET 开发的托管代码。一个 C/C++非托管代码可以通过使用.NET 类型库来调用其发布的托管类型（使用.NET 的 ComVisible 特性），使得非托管的 COM 语言可以使用其他语言定义的类型。.NET 框架有一个 regasm.exe 工具可以用来生成.NET 类型库中的 COM 类型。.NET 框架和 Windows 软件开发工具包也有一款 tlbexp.exe 工具同样具备相同功能。

因为 mscoree.dll 是激活 COM 组件时第一个 CLR 的非托管入口点，所以它在 COM Interop 反向调用场景中起关键作用。该 DLL 加载正确的 CLR 执行引擎版本，用来加载非托管代码调用的托管的 COM 类型，使得 COM 库提供的扩展功能不需要了解托管代码的复杂性。在本地应用程序初始化注册 COM 过程中，通过调用 mscoree.dll 的导出函数 DllGetClassObject 实现。如果使用 regasm.exe 生成 C# COM 类型的类型库，mscoree.dll 同样也被注册为.NET DLL 集合所有托管的 COM 类 InProcServer32。然后，CLR 的 mscoree.dll 调用 CLR 执行引擎使用托管 COM 类型。

1.4 微软开发工具

微软通常发布工具（编译器、库等）支持开发人员编写代码，这些发布的工具称为开发套件。例如，支持 Windows Phone 应用程序开发的软件开发工具包（SDK），.NET SDK 包含各种工具支持编写和签署.NET 框架代码，Xbox 开发套件（XDK）支持游戏开发等。.NET 和 Windows Phone 的软件开发等一系列开发套件可以免费从微软下载中心下载。

微软 Windows 团队还发布了两个重要的软件开发套件。该套件包含许多将在本书中使用的工具。其中一个为 Windows 驱动程序开发工具包（DDK），包含本书所有配套源代码的编译环境；另一个为 Windows 软件开发工具包（SDK），包含 Windows 调试器和 Windows 性能工具包。这两个开发工具包均可从微软下载中心免费下载。

1.4.1　Windows 驱动程序开发工具包（WDK）

每个版本的 Windows 系统都有对应的驱动程序开发工具包提供给 Windows 驱动程序开发人员，包含编写 WDM、KMDF 和 UMDF 等驱动程序所需的头文件、库文件、生成驱动文件的工具以及一些示例代码。

DDK 最有用的功能之一是有一个成熟的编译和开发环境，该环境不仅可以用于驱动程序开发，还可以用于 C/C++程序开发。它包含 C/C++编译器和其他代码开发框架，包括 STL（标准 C++模板库）和 ATL（编译 COM 服务的活动模板库）模板库和各自的头文件。

ATL 提供的 C++源代码示例支持智能指针、基本字符串和集合操作（数组、哈希表等）。虽然微软 Visual Studio 套件也配有 ATL，但是本书配套源代码使用 DDK 作为编译环境，从而使你在没有 Visual Studio 的情况下也能对本书提供的案例进行学习和检验。

1.4.2　Windows 软件开发工具包

另一个重要的开发套件为支持各版本的 Windows 系统 SDK。微软有时候会针对一个版本的操作系统发布多个版本的 SDK，例如版本 7.0 和 7.1 的 SDK 均针对 Windows 7 操作系统。SDK 7.1 相比之前的版本做了很多改进，并包含本书将要用到的多个工具。

Windows SDK 给出了许多有用的文档和例子，用来指导编写 Windows 应用程序，还包含编译 Windows 应用程序所必需的公开（官方）头文件、重要的库文件。此外，Windows SDK 有本书要使用的调试器和跟踪工具——Windows 调试器安装包和 Windows 性能工具包。

本书的后续章节将一步一步介绍如何获取并安装这些 SDK 工具，并在需要时对以上工具进行详细介绍。

1.5　小结

本章介绍了一些常用的术语，同时也对 Windows 体系结构和软件开发领域的一些重要层次（内核、执行体、NTDLL、Win32、COM/.NET）进行了简短、基本和快速的介绍。当你阅读本书其余部分时，以下几点也值得记住。

- 服务器和客户端版本的 Windows 有一个共同的内核并遵循相近的发布计划，所以重要的是要知道每个服务器版本及其副版的客户端版本。例如，在这本书中指出，当某种内核功能在 Windows 7 中添加时，也意味着 Windows Server 2008 R2 的内核具有相同的功能。

- 当执行调试和跟踪实验时，知道操作系统（x86 或 x64）的 CPU 架构始终是很重要的。
- 当学习一个新的 API 集合或平台功能时，你应该尝试在脑海中拼凑一个架构图，并明确该功能在系统层次和开发框架中的哪个位置相对合适。这在你以后需要调试、跟踪使用这些功能的软件代码时会很方便。
- 在分析开发框架并考虑是否使用它们构建软件时，你也应该试着了解它们在内置操作系统服务之上是如何实现的，以及它们提供了什么样的附加功能。这能够帮助你明智地确定什么框架最适合你的情况，以及依赖它是否值得你既定的生产利益。

本章中所讨论的许多概念将在实际调试和跟踪时重新提到。如果你像我一样，就会发现这些主题开始变得离目标很近，所以，一旦开始使用调试和跟踪习惯，你需要确信自己充分了解理论背景。因此，当开展书中的调试和跟踪研究时，请你重新查看本章的内容。

第二部分
调试的乐趣和好处

- 第 2 章　入门
- 第 3 章　Windows 调试器是如何工作的
- 第 4 章　事后调试
- 第 5 章　基础扩展
- 第 6 章　代码分析工具
- 第 7 章　专家调试技巧
- 第 8 章　常见调试场景·第 1 部分
- 第 9 章　常见调试场景·第 2 部分
- 第 10 章　调试系统内部机制

　　调试器是软件开发者的必备武器，它在软件开发的每一步都是有用的，而不仅是在错误出现之后。在典型的以测试为驱动的开发方法中，软件开发者从原型阶段开始就划分为可独立测试的单元代码，同时，单元测试过程中使用调试器进行所有代码分支测试，最后再将它们集成到更复杂的解决方案中。

　　第 2 章通过各种实用的调试实验来介绍调试器用法，而不是直接列出可用的调试命令。如果你不完全理解某个特定的调试实验也不要气馁，请继续阅读本章的其余部分。你将发现用法示例会在许多例子和实验中出现。此外，请一定阅读附录中的重要概念和命令。

　　第 3 章提供了对基本调试机制以及操作系统相关实现细节的深入了解。第 4 章提供了对两个基础话题的深入阐述——实时调试（Just-In-Time，JIT）和转储调试，本书的这一部分还提供了防止与调试常见问题的实用方法。第 6 章展示了如何开展静态和运行时代码分析，以在开发周期的早期阶段捕捉错误。第 8 章和第 9 章介绍了与可靠性、安全性相关的几种常见缺陷以及软件中的并发缺陷。这一部分还详细介绍了通用调试技术，以便开发人员用这些技术进行调试，并使代码摆脱代价高的问题。

　　在深入探索代码和操作系统的关系方面，调试器是个很好的工具。但要以这种方式使用调试器，你必须掌握更多的技巧。如果你想有效地使用 Windows 调试器，至少需阅读完第 5 章和第 7 章以获得必要的背景信息。然后，你应该阅读第 10 章中关于调试器特殊用途的内容。一旦开始坚持使用这些方法，你就能提升到新的水平，即能把 Windows 作为一个熟练使用的开发平台。

第 2 章
入门

本章内容
- 调试工具介绍
- 用户态调试
- 内核态调试
- 小结

本章将介绍 Windows 软件开发中常见的微软调试工具，即 Windows 调试器（WinDbg）和 Microsoft Visual Studio 调试器，着重介绍 WinDbg。同时，本章还将介绍如何设置环境，以使你能跟上本书后续章节给出的那些调试实验。

本章简要介绍如何使用 WinDbg 进行用户态调试。虽然在调试自己开发的程序时你可能倾向于使用和开发环境相同的 Visual Studio 调试器，但当在现场环境进行调试检查或需要对不是自己写的代码（例如，没有源码的第三方应用程序或者 Windows 系统自身的组件）进行调试跟踪时，使用 Windows 调试器会更加方便。

最后，以一节内核态调试的内容结束本章。请记住，内核态调试只对内核或驱动程序开发有用。幸好，我们大多不需要编写内核态软件，而且本书的大部分示例和实验是为用户态应用程序开发者提供的。话虽如此，但即便调试用户态程序，某些时候内核态调试也是更好的选择，尤其是当你需要检查多个部分时。在某种程度上，你可以把内核态调试想象成一个系统范围内的调试环境。当然，事实上它也给你提供了访问内核态内存的额外支持。

2.1 调试工具介绍

本节将告诉你如何安装 Windows 调试工具集和微软 Visual Studio 套件的某个试用版。由于这部分内容主要介绍 Windows 调试器，你可以使用 Windows 调试器完成后面大多数实验，等到需要使用 Visual Studio 时再下载。如果你的上网速度很慢，这就特别有用，因为 Visual Studio 下载文件相当大。

2.1.1 获取 Windows 调试器软件包

Windows 调试器是免费的。它们曾经作为一个独立的安装程序（MSI），但现在捆绑在

Windows 7 的软件开发工具包（SDK）中。因此，安装正确版本的调试器是一个值得详细讨论的话题。

安装 Windows 调试器

1. 下载 Windows 7 SDK，并将其保存到本地硬盘，如图 2-1 所示。你需要 7.1 版本（标识为"Microsoft Windows SDK for Windows 7 and .NET Framework 4"），可从微软官方网站中获取。Windows 7 支持的每个 CPU 架构（x86、ia64 和 x64）都有对应的 ISO 文件，但你只需要下载其中一个，因为每个 ISO 镜像都包括了与支持的 CPU 架构对应的调试器 MSI 安装程序，如图 2-1 所示。如果你的上网速度很慢，你就需要预留充足的时间进行下载，通常该文件大小超过 500MB。

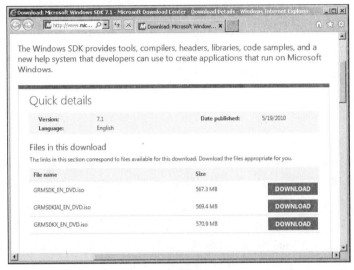

图 2-1　CPU 架构对应的 ISO 文件

2. 下载完成后，将保存的 SDK ISO 文件安装到某个分区。可以使用免费虚拟光驱软件挂载 DDK ISO 文件，配置环境以便能构建本书配套源代码中的 C/C++ 示例。当免费虚拟光驱软件安装完成后，你就可以右击下载的 SDK ISO 文件并挂载该镜像，如图 2-2 所示。

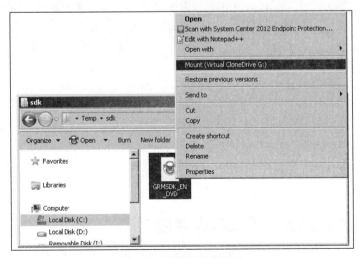

图 2-2　挂载驱动器盘符

3. 右击新挂载后的驱动器盘符,并打开其根目录,如图 2-3 所示。不要双击该驱动器盘符,因为这将启动默认的动作,即安装完整的 Windows 7 SDK,如图 2-4 所示。

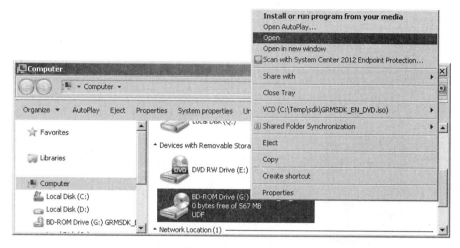

图 2-3 打开根目录

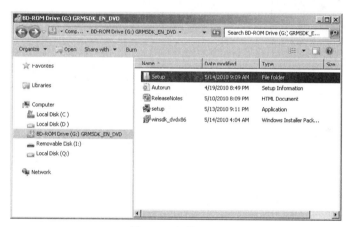

图 2-4 安装 SDK

4. 在 Setup 子目录中,可以看到支持的 3 类 CPU 架构对应的 Windows 调试器,如图 2-5 所示。

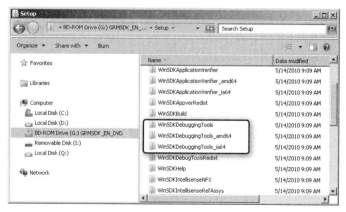

图 2-5 Setup 子目录

5. 从 WinSDKDebuggingTools 目录安装 x86 版本调试器，无论 Windows 系统是 32 位还是 64 位的，如图 2-6 所示。从本章起，你需要进行用户态的实验，因为这些实验都使用 x86 代码示例，并能同时运行在 32 位和 64 位 Windows 中。此外，如果你有 64 位计算机的话，可以在安装 x86 版本调试器的同时安装 64 位版本调试器。内核态调试实验将在 x64 版本上开展，因此这些实验要求 WinDbg 调试器版本要与本机平台对应。

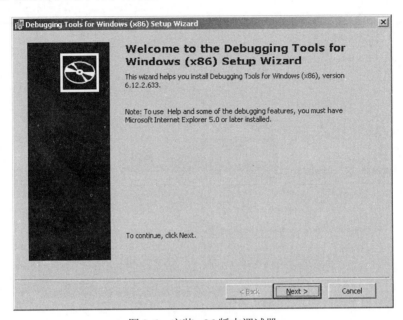

图 2-6　安装 x86 版本调试器

MSI 调试器的安装只需要几秒就可以完成，并将特定架构的 windbg.exe 调试器二进制文件安装到 Program Files（默认条件下）文件夹下。该软件包还包含其他命令行调试器，如用户态 cdb.exe 和 ntsd.exe 调试器，以及内核态 kd.exe 调试器。此外，还包括几种有用的应用程序，如用于枚举用户态进程的工具 tlist.exe 和用于强制终止系统上运行进程的工具 kill.exe。

```
C:\Program Files\Debugging Tools for Windows (x86)>dir /b *.exe
...
cdb.exe
convertstore.exe
...
kd.exe
kill.exe
list.exe
...
tlist.exe
umdh.exe
usbview.exe
vmdemux.exe
windbg.exe
```

6. 现在 windbg.exe 调试器已经安装到目标位置，就可以卸载 SDK 盘符了。尽管现在 SDK 盘符暂时对 windbg.exe 调试器没什么作用，但请保存该 SDK ISO 文件以备将来使用——等到第 3 章介绍 Windows 性能工具包（Xperf）时还会用到它。

2.1.2　获取 Visual Studio 调试器

正如前面所提到的，如果你的计算机上已经安装了完整版 Visual Studio 2010，或者上网速度很慢，宁可等到下一次需要 Visual Studio 的实验时再下载，就可以跳过这一节，因为 Visual Studio 试用版文件很大。

不同于 Windows 调试器，Visual Studio 是一个商业套件，需要从微软获取所有版本的序列号，除了名为 Visual Studio Express 的免费精简版外。但是，你也可以用 Visual Studio 90 天免费试用的旗舰版来完成本书中的代码实验。尽管 Visual Studio Express 是完整版 Visual Studio 的备用，但这个精简版缺少了重要的调试特点。建议使用 Visual Studio 的 90 天试用版来完成本书中的 Visual Studio 调试实验。

安装 Visual Studio 2010 旗舰版（试用版）

可以通过两种方式获得 Visual Studio 2010 旗舰版试用版。由于这两种情况都需要下载 3 GB 大小的文件，因此若网速慢，这会是一个很漫长的过程。

- 可以从微软官方网站的下载中心下载安装。
- 从微软官方网站的下载中心下载 Visual Studio2010 旗舰版试用版 ISO 映像，然后在本地进行安装。

2.1.3　WinDbg 和 Visual Studio 调试器对比

与 Visual Studio 相比，WinDbg 的一个缺陷是它不支持对.NET 程序的源码级托管代码调试。除了.NET 调试外，Visual Studio 还支持原生代码调试，以及混合模式调试（在一个进程中同时调试托管和非托管代码）。此外，Visual Studio 调试器还支持多种编程语言，包括原生 C/C++、托管代码语言（C#、微软的 Visual Basic.NET 等），以及脚本语言（VBScript 或 JScript）。表 2-1 总结了 WinDbg 中和 Visual Studio 2010 调试器中的一些高级功能。

表 2-1　　　　　　　　　　　　　　微软调试器对比

	WinDbg	Visual Studio 2010
图形用户界面	√	√
内核态调试	√	×
用户态调试	√	√
托管代码调试	√（但是没有源码级调试支持）	√
SQL 调试	×	√
脚本调试	×	√

另一个比较两类调试器的方法是考虑它们最有效的应用场景。WinDbg 调试器很适用于现场环境的调试审查，而 Visual Studio 为代码开发过程提供了最佳的调试体验。当你开始编程时，虽然节省一点代码编写和步进调试的时间看起来不是什么大不了的事，但与我共事过的一些优秀工程师总愿意花时间来优化这些环节，寻求将时间减少到只需单击一个按钮（Visual Studio 中的 F5

快捷键）就能完成，无论后期生成设置有多复杂（将二进制文件复制到测试机，在目标宿主进程中运行 DLL 等）。在项目开发早期，这样做可以消除测试-驱动类开发的一大障碍，让你能更有效地补充和步进调试代码，而无须明显增加开发过程时间。因此，Visual Studio 调试器在开发和调试过程使用是最合适的，而 WinDbg 用于支持编码完成之后的调试审查。

2.2 用户态调试

本节将讲述如何使用 WinDbg 完成一些基本调试任务，还介绍一些常用的调试命令，这些调试命令将贯穿本书中的许多实验。

2.2.1 使用 WinDbg 调试你的第一个程序

现在可以开始使用 WinDbg 调试用户态应用程序。切实了解这一系统调试器优点的做法是，先用它来试着调试你自己的代码，然后用它步进调试一个 Win32 API 调用，并查看其内部是如何实现的。

调试你自己的代码

为了解如何使用 WinDbg 调试一个简单的 C++ 程序，采用本书配套源码中的"Hello World！"代码示例，通过 DDK 命令窗口将它编译为 x86 模块。有关如何编译配套源码中的原生 C／C++ 程序的更多信息，请参阅前言中描述的步骤。

本实验采用 x86 版 windbg.exe 调试器，你也可以用它来调试 64 位 Windows 上运行的 x86 程序。可以通过以下命令在 WinDbg 调试器控制下直接启动之前的 C++ 程序。

```
C:\book\code\chapter_02\HelloWorld>"c:\Program Files\Debugging Tools for Windows
(x86)\windbg.exe" objfre_win7_x86\i386\HelloWorld.exe
```

请注意，你在初始调试屏幕上看到的文字看起来可能与图 2-7 中的文本略有不同，虽然界面上看起来应该很相似。

如果你是新手，当看到调试器界面中这些内容时起初可能会有点迷茫，不确定下一步该怎么做。当使用 Visual Studio 时，如果你对单步调试自己的代码感兴趣的话，按 F10 快捷键后调试器会启动程序并在其入口点停下。但在 WinDbg 中，执行程序的停止要早得多，在 NTDLL 的 OS 加载代码刚完成进程初始化后就停下了。这样有一些好处，但也迫使你多执行几步再到达程序入口点。

WinDbg 命令窗口中的文本框以 0:000>语法开头，如下面的程序所示。在这里输入你的调试命令。让程序执行到代码入口点的最简单方法，是使用函数符号名（区分大小写）和 bp 命令（bp HelloWorld!wmain）设置断点，然后按 F5 快捷键（或 g 命令）让程序继续执行。这些步骤在下面列出并在图 2-8 中显示，其中粗体文本行表示调试器命令窗口中输入的命令（不带前缀），常规文本行表示命令的输出。以$开始的行表示插入的调试注释以注解 WinDbg 中使用的命令，而以省略号（...）开始的行则用于指示缩略了的调试命令输出。

```
0:000> vercommand
command line: '"c:\Program Files\Debugging Tools for Windows (x86)\windbg.exe"
```

2.2 用户态调试

```
objfre_win7_x86\i386\HelloWorld.exe'
0:000> $ set a breakpoint at the program's main function
0:000> bp HelloWorld!wmain
0:000> $ Let the target program continue its execution
0:000> g
...
Breakpoint 0 hit
HelloWorld!wmain:
...
```

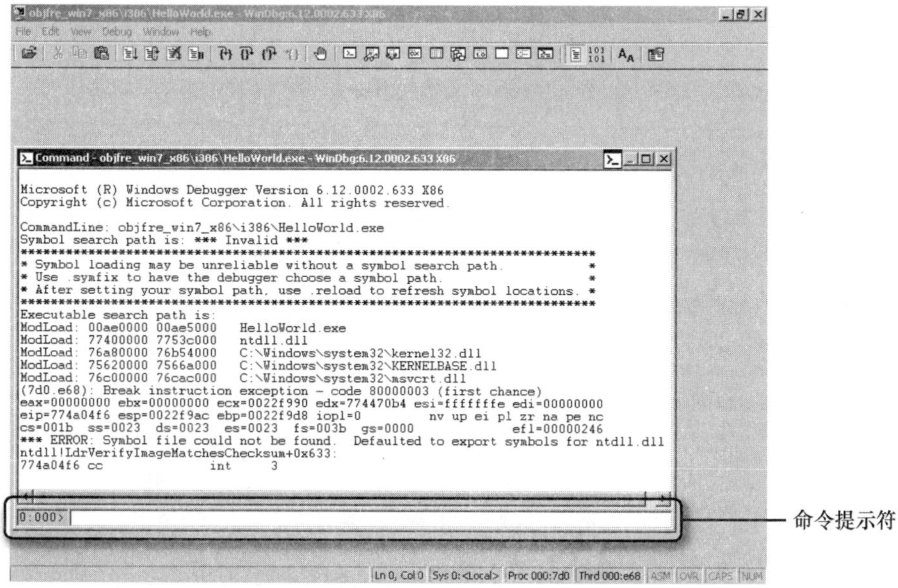

图 2-7　在 WinDbg 中编译与加载 "Hello World" 程序

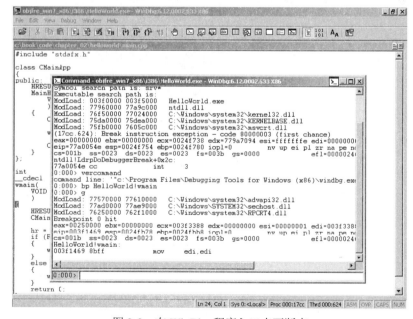

图 2-8　在 WinDbg 程序入口点下断点

请注意，当程序到达 wmain 断点时 WinDbg 是如何自动加载这个程序源代码的。为了让调试器能正确解析源文件，我们通常还需要使用.srcpath 命令来设置源路径或使用.srcpath+命令附加到现有的源路径。在这种情况下不需要这么做，因为正在调试的代码是在同一台计算机上编译的，调试器可以自动找到代码的源文件。

在 WinDbg 窗口区域中现在应该有两个窗口——一个是命令窗口；一个是源代码窗口。如果你刚会使用 WinDbg 的用户界面，下一个（相对次要）挑战便是设置窗口排列使之最适合自己。本书使用的设置是缩减命令窗口，你可以很容易地通过命令窗口的 Dock 菜单来实现，如图 2-9 所示。

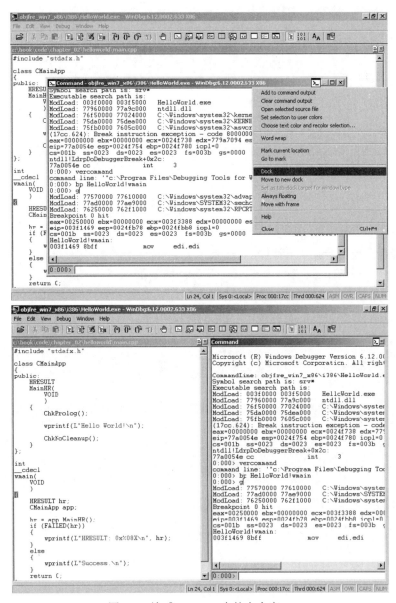

图 2-9　缩减 WinDbg 中的命令窗口

前面的命令用于向左或向右缩减屏幕窗口。请注意，现在有一个命令提示符窗口可以输入调试命令，以及一个源窗口可以查看即将被执行的源码行。就像在 Visual Studio 下，也可以按 F10 快捷键单步跳过一个函数调用和按 F11 快捷键跟进去。你可以通过 View 菜单下的操作添加更多窗口，但是一旦熟悉了直接用调试命令访问每个视图输出,你会发现只使用命令窗口和源代码窗口就足够了。例如,在命令窗口中键入 r 相当于打开 View\Registers;键入 dv 相当于打开 View\Locals。示例如下:

```
0:000> $ Dump the local variables of the current function
0:000> $ Notice that the compiler optimized the two local variables (hr, app) out
0:000> dv
0:000> $ Display the values of all the CPU registers
0:000> r
eax=00250000 ebx=00000000 ecx=003f3388 edx=00000000 esi=00000001 edi=003f3388
eip=003f1469 esp=0024fb78 ebp=0024fbb8 iopl=0         nv up ei pl zr na pe nc
cs=001b  ss=0023  ds=0023  es=0023  fs=003b  gs=0000             efl=00000246
HelloWorld!wmain:
003f1469 8bff            mov     edi,edi
```

> **在 WinDbg 中缩减窗口**
>
> WinDbg 用户界面存在的一个使人烦恼的问题是,它偶尔会自动缩减新开的窗口,例如那些通过 View 菜单启动的窗口。如果你遇到这样一种情况:你宁可回到默认的窗口布局也不要太讲究的用户界面,就可以通过 File\Delete Workspaces 菜单操作删除被调试进程所保存的工作区。如果你不满意所有会话窗口布局,但又无法直接关闭程序,可以手动删除[HKEY_CURRENT_USER\Software\Microsoft\Windbg\Workspaces]注册表项。重新启动 WinDbg.exe,就会回到初始默认状态。请注意,这也将删除其他工作区数据,如保存的断点,所以在关闭工作区之前确定是否要保存其他工作区数据。

现在,可以通过以下两种方式之一终止调试会话。
- 关闭调试器窗口,或者在调试器命令提示符下键入 q,这同时也终止了目标进程。
- 在调试器的命令提示符下键入 qd(即"quit and detach")。这将退出调试,但不会终止目标进程。前面这个调试会话的效果是,目标进程退出之前打印"Hello World!"消息,如果替换成使用 q 命令,进程在打印消息之前就已经退出。

```
0:000> $ Terminate the session but let the target process continue running
0:000> qd
```

当被问及是否喜欢用调试器来保存工作区时,回答"是"或"否"取决于你是否想要调试器保存调试会话设置(如永久断点或界面窗口布局),以用于同一目标进程启动的新的调试会话。

调试系统代码

现在你已经了解了如何使用 WinDbg 的调试步骤来跟踪一个简单代码示例,是时候尝试调试不开源的系统代码了。在开发人员编写的代码及其调用的系统代码之间的无缝转换能力,是 WinDbg 被选作 Windows 系统级调试器的原因之一。

本实验以 notepad.exe 文本编辑器为例说明如何设置系统断点。在以前的实验中,程序被 WinDbg.exe 命令行直接启动,但也可以使用 WinDbg.exe 在程序启动后开始调试。第二种方法称为将调试器"附加(Attaching)"到一个程序。这一点很容易实现,只需要在 WinDbg.exe 用户界面中按 F6 快捷键,就会弹出一个对话框,允许你选择想要附加的用户态程序。

为了能跟上本节中描述的实验，你需要同时使用 x86 版的 notepad.exe 和 WinDbg.exe 调试器。如果你的代码运行在 64 位的 Windows 上，可以使用%WINDIR%\SysWow64 下的 32 位 notepad.exe，而不是 system32 下的 64 位 notepad.exe。一旦启动了 notepad.exe，在 WinDbg.exe 中按 F6 快捷键附加到新进程，该进程应该出现在附加对话框的底部附近，因为新进程往往被列在进程列表的末尾。（当然，进程 ID 可能与图 2-10 所示的有所不同。）

```
C:\Program Files\Debugging Tools for Windows (x86)>windbg.exe
```

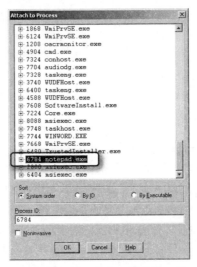

图 2-10　WinDbg 中附加到一个存在的进程（按 F6 快捷键）

单击 OK 按钮后，会再次看到一个命令行提示符窗口，可以输入调试命令，正如在本章之前的"Hello World!"实验一样。现在就有了一个在调试器中暂停的 notepad.exe，你可以做一些设置，例如添加一个断点，以便在用 notepad.exe 打开一个新文件（使用 File\Open 对话框）时能中断到调试器中，查看究竟哪个 API 被调用来显示新对话框。但是为了做到这一点，需要调试器指向符号文件。如果没有适当的符号，将无法列出 notepad.exe 模块中存在的函数名，进而无法找到断点的虚拟地址。特别地，WinDbg.exe 中用于列举获取已加载模块符号的"x"实用命令将失败，并警告找不到目标模块符号，如下面的调试输出所示。

```
0:001> x notepad!*open*
*** ERROR: Module load completed but symbols could not be loaded for C:\Windows\system32\notepad.exe
```

本章之前的实验中，WinDbg.exe 主要用于步进调试代码，主程序符号文件（HelloWorld.pdb）通过 WinDbg 自动加载，原因是在与可执行程序相同的路径下可以找到它，C++链接器在构建过程中会将主程序符号文件放在那里。但在本例中，notepad.exe 的符号文件并没有在 Windows 系统中给出。替代的做法是，针对其发布的产品，微软通过符号服务器为开发者提供相应的符号，该服务器是一个为公开发布的产品提供所有符号文件的在线知识库。为了设置 WinDbg 中的调试符号搜索路径指向微软在线符号服务器，你可以使用调试命令 .symfix 为所有已加载模块重装（.reload）符号（包括 notepad.exe 主模块及其依赖的系统 DLL 模块）。

```
0:001> .symfix
0:001> .reload
```

```
Reloading current modules
.......................................................
```

然而，x 命令在第一次使用时不能携带通配符，必须让目标进程执行并再次中断回到调试器（x notepad!*命令列出了某个模块的所有符号，如果没有这一额外步骤，它的输出将大得让进程无法有效处理）。所以，可以输入 g 命令和使用 WinDbg 界面上的 Debug\Break 菜单操作，让目标进程运行一圈后中断回调试器中。

```
0:001> $ Use Debug\Break after hitting 'g' to break back again into the debugger
0:001> g
(86c.e18): Break instruction exception - code 80000003 (first chance)
...
ntdll!DbgBreakPoint:
774340f0 cc                   int     3
0:001> x notepad!*open*
0011401c notepad!CLSID_FileOpenDialog = <no type information>
00111248 notepad!_imp__OpenClipboard = <no type information>
0011c30c notepad!szOpenCaption = <no type information>
00113f21 notepad!InvokeOpenDialog = <no type information>
00113bcd notepad!ShowOpenSaveDialog = <no type information>
...
```

正如你在上面看到的输出显示，有一个函数名（以粗体显示）强烈暗示 File\Open 对话框打开时该函数可能被调用。你可以设置一个断点，并在每次从 notepad.exe 用户界面打开新文件时看到它都会停在断点处。

```
0:001> bp notepad!ShowOpenSaveDialog
0:001> $ Use File\Open... in the notepad.exe UI after you hit 'g'...
0:001> g
Breakpoint 0 hit
...
notepad!ShowOpenSaveDialog:
```

现在可以通过调试命令 k 来列举断点命中时的栈跟踪，该命令是 WinDbg 中最重要的调试命令之一。

```
0:000> k
ChildEBP RetAddr
0026f564 00113fdb notepad!ShowOpenSaveDialog
0026f590 00113ef0 notepad!InvokeOpenDialog+0xba
0026f608 001117f7 notepad!NPCommand+0x147
0026f624 769cc4e7 notepad!NPWndProc+0x49f
0026f650 769cc5e7 USER32!InternalCallWinProc+0x23
0026f6c8 769ccc19 USER32!UserCallWinProcCheckWow+0x14b
0026f728 769ccc70 USER32!DispatchMessageWorker+0x35e
0026f738 001114d7 USER32!DispatchMessageW+0xf
0026f76c 001116ec notepad!WinMain+0xdd
0026f7fc 76aced6c notepad!_initterm_e+0x1a1
0026f808 774637f5 kernel32!BaseThreadInitThunk+0xe
0026f848 774637c8 ntdll!__RtlUserThreadStart+0x70
0026f860 00000000 ntdll!_RtlUserThreadStart+0x1b
```

当再次键入 g 命令时，你会看到一个新的 File\Open 对话框显示在屏幕上。如果你想中断回调试器，而该对话框仍处于活动状态（再次使用 WinDbg 界面上的 Debug\Break 菜单操作），就会看到调试器上下文正处于一个新的线程,由显示在命令提示符的线程号前缀所显示(这里列出的是 015,但是你实际做实验所看到的线程号可能会有所不同)。

```
0:015> $ current thread number is no longer thread #0
```

使用~调试命令,该命令在 WinDbg 的用户态调试器中可以让你看到所有正在调试进程中的活动线程。你会发现进程中的几个新线程。

```
0:015> ~
   0  Id: 86c.1eb0 Suspend: 1 Teb: 7ffdf000 Unfrozen
   1  Id: 86c.124c Suspend: 1 Teb: 7ffde000 Unfrozen
   2  Id: 86c.1a4c Suspend: 1 Teb: 7ffdc000 Unfrozen
...
  14  Id: 86c.1c78 Suspend: 1 Teb: 7ffad000 Unfrozen
. 15  Id: 86c.dcc Suspend: 1 Teb: 7ffac000 Unfrozen
```

在 WinDbg 用户态调试器中,~命令与 s 后缀组合使用可以改变(切换)当前线程上下文。这让你可以将当前线程上下文切换到主 UI 线程(线程号 0 表示进程中的第一个线程),列出它的栈跟踪,并看到对话框正在等待用户输入。

```
0:015> $ Switch over to thread #0 (main UI thread)
0:015> ~0s
0:000> k
ChildEBP RetAddr
0026f298 77446a04 ntdll!KiFastSystemCallRet
0026f29c 75626a36 ntdll!ZwWaitForMultipleObjects+0xc
0026f338 76acbd1e KERNELBASE!WaitForMultipleObjectsEx+0x100
0026f380 769c62f9 kernel32!WaitForMultipleObjectsExImplementation+0xe0
0026f3d4 73e31717 USER32!RealMsgWaitForMultipleObjectsEx+0x13c
0026f3f4 73e317b8 DUser!CoreSC::Wait+0x59
0026f41c 73e31757 DUser!CoreSC::WaitMessage+0x54
0026f42c 769c66ed DUser!MphWaitMessageEx+0x2b
0026f448 77446fee USER32!_ClientWaitMessageExMPH+0x1e
0026f464 769c66c9 ntdll!KiUserCallbackDispatcher+0x2e
0026f468 769e382a USER32!NtUserWaitMessage+0xc
0026f49c 769e3b27 USER32!DialogBox2+0x207
0026f4c0 769e3b76 USER32!InternalDialogBox+0xcb
0026f4e0 769e3b9a USER32!DialogBoxIndirectParamAorW+0x37
0026f500 76b8597b USER32!DialogBoxIndirectParamW+0x1b
0026f54c 00113c2f COMDLG32!CFileOpenSave::Show+0x181
0026f564 00113fdb notepad!ShowOpenSaveDialog+0x62
...
0:000> $ You can also use * to list the call stacks of all the other threads in the process
0:000> ~*k
```

现在你已经完成第一个系统调试实验并可以关闭调试会话了,并已经了解了关于 notepad.exe 中的 File\Open 对话框是如何实现的重要细节。你可以从之前调用栈中的函数了解,notepad.exe 在内部通过 COMDLG32 系统 DLL 使用公共控件,COMDLG32 依次使用 USER32 系统 DLL 中较低级的 Win32 API 以等待用户输入(USER32!NtUserWaitMessage)。另外请注意,用户态 WinDbg 调试器能够枚举函数调用直到系统调用(NTDLL!KiFastSystemCallRet),但并不显示"围墙"的另一边(该调用的内核态)发生了什么,这凸显了用户态调试的一个重要限制。但是在这种特殊情况下,并不难猜测另一边发生了什么,你可以合理地假设线程被切换出并且等待被内核态

Windows 子系统（win32k.sys）发出的新输入事件唤醒。你可以在本章后面使用一个内核态调试会话确认该过程，而不需要太多的猜测。

2.2.2 列举局部变量和函数参数值

在调试器中遇到断点时，通常你想要做的第一件事就是查看当前线程的调用栈，看看哪一个函数调用出现了问题。这正是之前实验所做的内容，当时使用的调试命令是 k。接下来需要回答的另一个逻辑问题是函数被调用时传递的局部变量和参数的值。

列举代码的参数和局部变量

调试代码时，调试命令 kP 除用于显示当前线程的栈跟踪外，也会尽量显示调用栈上每个函数的参数，这在多数情况下都能很好地实现。它显示的数据值准确与否取决于几个因素，包括代码是否自由构建、核查以及它编译的 CPU 架构。在 x86 条件下尤为如此。为提供实际的展示，你可以使用第 1 章中的作业对象 C++示例。

WinDbg 启动程序后，在创建进程的 Win32 API（KERNEL32!CreateProcessW）设置一个断点，程序调用该 API 创建其工作进程，如下列内容所示。

```
0:000> vercommand
command line: '"c:\Program Files\Debugging Tools for Windows (x86)\windbg.exe"
C:\book\code\chapter_01\WorkerProcess\objfre_win7_x86\i386\workerprocess.exe'
0:000> .symfix
0:000> .reload
0:000> bp kernel32!CreateProcessW
0:000> g
...
Breakpoint 0 hit
kernel32!CreateProcessW:
0:000> kP
ChildEBP RetAddr
0012f9c0 00621c06 kernel32!CreateProcessW
0012fa4c 00621eb6 workerprocess!CMainApp::LaunchProcess(
            wchar_t * pwszCommandLine = 0x00176fa8 "notepad.exe",
            unsigned long dwCreationFlags = 0,
            void ** phProcess = 0x0012faec,
            void ** phPrimaryThread = 0x0012fae4)+0x47
[C:\book\code\chapter_01\workerprocess\main.cpp @ 94]
0012fafc 00621f69 workerprocess!CMainApp::MainHR(void)+0xc1
0012fb08 00622701 workerprocess!wmain(void)+0x5
0012fb4c 7633ed6c workerprocess!__wmainCRTStartup(void)+0x102
...
```

请注意，kP 命令紧挨调用栈的每个函数都显示其参数。如果要显示更高级函数的局部变量，也可以用 k 命令的 kn 形式，它显示调用栈中每个函数的栈帧号，并通过调试命令.frame 切换到合适的帧。然后，dv（"dump local variables"）和 dt（"dump type"）命令分别在这个帧上下文执行并显示函数局部变量值。

```
0:000> kn
 # ChildEBP RetAddr
00 0012f9c0 00621c06 kernel32!CreateProcessW
```

```
01 0012fa4c 00621eb6 workerprocess!CMainApp::LaunchProcess+0x47
02 0012fafc 00621f69 workerprocess!CMainApp::MainHR+0xc1
03 0012fb08 00622701 workerprocess!wmain+0x5
04 0012fb4c 7633ed6c workerprocess!__wmainCRTStartup+0x102
0:000> .frame 1
01 0012fa4c 00621eb6 workerprocess!CMainApp::LaunchProcess+0x47
[C:\book\code\chapter_01\workerprocess\main.cpp @ 94]
0:000> dv
pwszCommandLine = 0x00176fa8 "notepad.exe"
dwCreationFlags = 0
      phProcess = 0x0012faec
phPrimaryThread = 0x0012fae4
             si = struct _STARTUPINFOW
             pi = struct _PROCESS_INFORMATION
0:000> $ dt can be used to display the value of local variables that have complex types
0:000> dt pi
Local var @ 0x12fa3c Type _PROCESS_INFORMATION
   +0x000 hProcess        : (null)
   +0x004 hThread         : (null)
   +0x008 dwProcessId     : 0
   +0x00c dwThreadId      : 0
```

这些都是非常好的消息。但是，你会发现 kP 命令没有显示 Win32 函数 kernel32!CreateProcessW 调用自身的参数。此外，如果尝试使用与 Win32 API 调用框架相同的 dv 命令，将无法转储局部变量。这是因为操作系统（OS）二进制文件的符号包含的信息量并没有你自己编写的代码那样多。结果如下：

```
0:000> $ Switch back to frame #0 again (kernel32!CreateProcessW)
0:000> .frame 0
00 0012f9c0 00621c06 kernel32!CreateProcessW
0:000> dv
Unable to enumerate locals, HRESULT 0x80004005
Private symbols (symbols.pri) are required for locals.
```

列举系统代码的参数与局部变量

幸运的是，即便你经常工作在缺乏系统符号支持的条件下，但仍能通过栈指针（x86 上的 ESP 寄存器或 x64 上的 RSP 寄存器）找到系统 API 调用的局部变量和参数，或者保存栈上的栈帧指针。本节将告诉你如何一步步地开展这些人工分析。

举个例子，你可以使用该技术找到 Win32 API CreateProcess 的调用参数，但不能通过简单使用 dv 命令来实现。如果你发现自己需要阅读多次才能充分理解的话，也不用担心，现在可以放心地跳过这段内容，直到读完本章剩余内容后再加以回顾。不过，该技术在几个用户态和内核态系统代码调试实验中都会用到，所以你最终还是需要掌握它。

要理解为什么这种技术能起作用，首先要记住 C/C++编译器关于汇编代码的函数调用约定。大多数 Win32 函数使用 __stdcall 调用约定，栈用于将参数从调用者传递到被调函数，被调函数恢复堆栈指针。例外的情况是那些带有可变参数的 Win32 函数（如 C 运行库 printf 函数），它们使用的调用约定是 __cdecl 而不是 __stdcall。这么做的原因是调用者在特殊情况下知道传递给被调函数的参数个数，因此在函数调用完成后能够恢复堆栈指针位置。

对于 x86 平台上的 __stdcall 调用约定，调用者将参数按照反向顺序压入堆栈，返回地址在控制权转移到被调函数之前也保存在堆栈中。然后，被调函数通常还会在进入函数入口点之前设置所谓的帧指针，这通过保存栈指针位置到一个特殊的寄存器（EBP）中来实现，并在栈上为局部变量预留部分空间。帧指针使得编译器能很容易地访问函数的局部变量和参数，这是通过使用保存在帧指针寄存器中的内存地址及其相对偏移来实现的。顺便说一句，这也意味着有可能遵循帧指针链找到调用堆栈上所有函数的参数和局部变量，如图 2-11 所示。

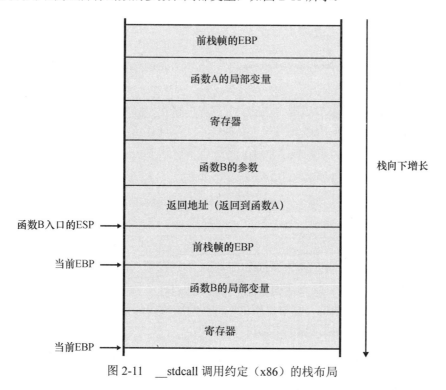

图 2-11　__stdcall 调用约定（x86）的栈布局

现在你了解了这样的原理，可以尝试遍历栈并提取传递给 Win32 API CreateProcess 的调用参数，这与其他大多数使用 __stdcall 调用约定 Win32 API 相似。在本例中，你掌握了调用者代码并知道传递的参数，但即便你不具备相关知识也可以。事实证明，调试命令 k 能在一定程度上遍历当前线程栈，并显示调用栈上保存的每帧的帧指针，其中第一列标记为 ChildEBP。

```
0:000> k
ChildEBP RetAddr
0012f9c0 00621c06 kernel32!CreateProcessW
0012fa4c 00621eb6 workerprocess!CMainApp::LaunchProcess+0x47
0012fafc 00621f69 workerprocess!CMainApp::MainHR+0xc1
0012fb08 00622701 workerprocess!wmain+0x5
0012fb4c 7633ed6c workerprocess!__wmainCRTStartup+0x102
```

断点命中时，EBP 寄存器尚未更新为指向当前函数的栈帧。请注意，EBP 寄存器的当前值仍然包含调用函数帧指针，可以用以前的 k 命令输出进行匹配。当然，由于环境不同，你在做实验的计算机上看到的实际值会有所不同，但应该能按照本节中的描述去匹配它们。

```
0:000> r
eax=0012f9f8 ebx=00000000 ecx=00000000 edx=00000000 esi=00000000 edi=0012fa4c
eip=762f204d esp=0012f9c4 ebp=0012fa4c ...
```

如果这里使用 u（"反汇编"）命令来列出后面即将执行的反汇编代码，例如下面列的那样，别名"."用来方便引用存储在指令指针寄存器（EIP）的当前地址，你会看到后面 3 条指令将之前的 EBP 值压入堆栈（将 ESP 向下移动一格），然后将 EBP 寄存器设成栈指针（ESP）的值，从而确立了新的帧指针。

```
0:000> u .
kernel32!CreateProcessW:
762f204d 8bff           mov     edi,edi
762f204f 55             push    ebp
762f2050 8bec           mov     ebp,esp
...
```

一旦按 F11 快捷键，或者等价地使用调试命令 t 执行 3 个指令命令，你最后会得到包含当前帧指针的 EBP，就像在断点命中时使用 k 命令那样——这会在接下来说明。请特别注意，当你使用 k 命令时，调试器足够灵活来提前进行这个简单操作，并最终（正确地）为你显示帧指针。

```
0:000> t
0:000> t
0:000> t
0:000> r ebp
ebp=0012f9c0
```

现在 EBP 的值准确对应图 2-11 中所描绘的状态。你现在可以使用 dd 命令，将内存以 DWORD（4 字节）值序列进行转储，以显示 EBP 寄存器指向的内存之后的数值。这里的内存按顺序保存 EBP（先前帧指针）和返回地址，然后以相反的顺序表示传递到 Win32 API CreateProcess 的调用（__stdcall 约定）参数（下面调试输出中的粗体显示）。

```
0:000> dd 0012f9c0
0012f9c0 0012fa4c 00621c06 00000000 00176fa8
0012f9d0 00000000 00000000 00000000 00000000
0012f9e0 00000000 00000000 0012f9f8 0012fa3c
...
```

在 MSDN 网站上的 CreateProcessW API 文档中，你会看到它含有 10 个参数，第二个参数是由 API 调用来启动命令行串。你现在可以使用调试命令 du（"转储为 Unicode 字符串"）以及前面从 dd 命令获得的值（同样，在不同计算机上该数值会有所不同）查看所指向内存的内容，如下所示。

```
0:000> du 00176fa8
00176fa8  "notepad.exe"
```

请注意你是怎样使用这种不依赖调试器的 kP 命令的方法提取参数的。该命令完全不能显示系统 API 调用帧。这一步是这个系统调试实验的结尾。

```
0:000> $ Quit the debugging session
0:000> q
```

你也可以使用同样的技术来找到调用栈上每个函数的局部变量——不仅是第一个。只要局部变量存放在栈中，并且知道它们的出现顺序和各自的类型，你就能做到这一点，但你需要在保存帧指针之前而不是之后查看内存。

最后请注意，这项有用的技术对于其他调用约定来说是复杂的。例如__fastcall 约定，其参数可能保存在寄存器而不是堆栈中，从而导致更难向后遍历堆栈查找参数。在 x64 上的二进制文件编译的情况也类似，因为开头 4 个参数通常保存在寄存器中而不在堆栈中。

2.2.3　WinDbg 中的源码级调试

在 windbg.exe 中单步调试代码时，调试器会确定当前的调试模式（"源代码"或"汇编"），尝试正确判断再次中断回调试器中之前需要跳过多少汇编指令。这在源代码级调试中很方便，因为代码跟踪有迹可循。然而在某些情况下，切换到汇编模式的单步调试可能比较有用，即使你正在调试自己的代码。一个例子是尝试跟踪 C/C++ 预处理器的宏汇编扩展。在 WinDbg 中，你可以在 Debug 菜单中取消选择源码模式选项，也可以使用调试命令 l 快速切换两种（汇编与源代码）调试模式，正如下面的调试会话所示。

```
0:000> vercommand
command line: '"c:\Program Files\Debugging Tools for Windows (x86)\windbg.exe"
c:\book\code\chapter_02\HelloWorld\objfre_win7_x86\i386\HelloWorld.exe'
0:000> bp HelloWorld!wmain
0:000> g
...
Breakpoint 0 hit
0:000> $ The debugger is currently in source-level debugging mode
0:000> l-
Source options are 1:
    1/t - Step/trace by source line
0:000> $ Switch to assembly mode. F10 now only executes one assembly instruction
0:000> l-t
Source options are 0:
    None
0:000> $ F10 shortcut
0:000> p
eax=00090000 ebx=00000000 ecx=00293388 edx=00000000 esi=00000001 edi=00293388
eip=0029146b esp=0008ff04 ebp=0008ff44 iopl=0         nv up ei pl zr na pe nc
cs=001b  ss=0023  ds=0023  es=0023  fs=003b  gs=0000             efl=00000246
HelloWorld!wmain+0x2:
0029146b 55              push    ebp
```

事实上，调试命令 l 比 Debug\Source Mode WinDbg 用户界面更通用，因为除了源码模式（t）外它还支持 3 个模式（l、s 和 o），正如下面的调试会话所示。

```
0:000> $ Re-enable source mode (no assembly lines shown at debugger prompt)
0:000> l+*
Source options are ffffffff:
    1/t - Step/trace by source line
    2/l - List source line at prompt
    4/s - List source code at prompt
    8/o - Only show source code at prompt
0:000> $ F10 shortcut
0:000> p
>   28:     hr = app.MainHR();
0:000> $ Go back to assembly mode again
0:000> l-*
Source options are 0:
    None
```

```
0:000> $ Continue debugging, if needed, and then quit the debugging session
0:000> q
```

2.2.4 符号文件、服务器和本地缓存

当构建 C/C++可执行映像时，链接器会生成一个扩展名为.pdb（程序数据库）的文件，该文件包含映像的符号。虽然旧的编译器还保留映像的一些调试信息，或者存.dbg 符号文件中，但大多数新版的微软编译器/连接器是将所有调试信息生成在一个独立的.pdb 符号文件中。微软.NET 中间语言（MSIL）二进制文件也有相关联的.pdb 符号文件，但在这种情况下，它们的作用大多仅限于源代码级调试支持。

公共与私有符号

.pdb 符号文件包含关键的调试信息，如函数名和它们相应内存地址的映射、映像中声明的类型、源码行信息等。构建软件时，应该时常生成和归档 pdb 符号，尤其是对最终发布的版本。这并不意味着你需要在产品发布时跳过那些私有符号，但将每个发布版本的软件 pdb 归档，能让你对产品未来可能遇到的任何问题进行调试。微软在其所有发布的产品中严格遵循这一工程实践方法。

默认情况下，由 C/C++链接器生成的符号文件包含大量的信息，可能比大多数软件厂商公开的信息要多。因此，post-build 处理（使用如 binplace.exe 实用程序之类的工具）步骤通常被用于从 pdb 文件剥离私有符号信息，并产生所谓的公共符号。这些精简的符号不能用于源代码级调试，因为它们不包含源文件或行号信息，也不包括可帮助显示函数参数、局部变量的信息，或者局部变量的类型信息。尽管如此，它们仍包含足够的信息来支持关键的调试场景。事实上，在本章之前的实验中，你已经成功使用了微软公共符号文件，以在系统中进行代码调试。

微软符号服务器

微软提供了 Windows 二进制文件的公共符号，可以让开发人员据此了解自己的代码和操作系统服务、特性和 API 之间的相互作用（作为系统的一部分）。本书自始至终都使用 Windows 操作系统的公共符号。当想了解系统组件时，除了全局和静态变量名，这些系统符号是非常有用的，因为它们包含二进制文件函数符号名与相应虚拟内存地址之间的映射关系。

> 注意：虽然 Microsoft 公共符号不包含任何类型信息，但一个例外是在 ntdll.dll 中和 NT（内核二进制文件）模块中包含了少量类型信息。要启用公共调试扩展命令，如！heap 扩展命令，即使是基础数据结构发生细微变化（如服务包发布）也要起作用，这些公共扩展中用到的几种类型信息事实上留在了公共符号文件中。这些特殊类型（NTDLL!_PEB，NT!_EPROCESS，NT!_ETHREAD，NT!_KTHREAD 以及其他）和它们的字段可以使用 WinDbg 调试命令 dt（"转储类型"）查看，就像你自己代码中的其余部分。

微软为已发布产品维护了在线公共服务库。Windows 和 Visual Studio 调试器都支持二进制文件调试时在服务器上进行符号查看。这是一个奇妙的功能，对于正构建和使用的二进制文件，省去了手动查看符号的麻烦。

2.2.5　WinDbg 符号离线缓存

Windows 调试器还保留着一个可以在线下载的本地符号缓存，以便在将来映像文件被重用时加速符号查找。符号下载后的本地路径称为符号缓存路径。

你已经看到了方便的调试命令——.symfix 帮助，该命令在调试器中设置符号搜索路径为微软公共符号服务器，这样就不用去记网址了。

```
0:000> vercommand
command-line: '"c:\Program Files\Debugging Tools for Windows (x86)\windbg.exe"
c:\Windows\system32\notepad.exe'
0:000> .symfix
0:000> $ Notice that the debugger symbols path now points to the Microsoft public server
0:000> .sympath
Symbol search path is: srv*
Expanded Symbol search path is: cache*c:\Program Files\Debugging Tools for Windows (x86)\
sym;SRV*http://msdl.microsoft.com/download/symbols
```

当使用.symfix 命令时，调试器默认情况下挑选其安装目录下的 sym 子目录作为符号缓存路径，但修改.symfix 命令设置的默认符号路径为不受管理账户限制的其他路径也是个不错的想法（尽管不是绝对必要的），如下面列出的调试输出内容。通过.sympath 命令，你可以指定明确的缓存路径，即把该路径插入 SRV 之后的*标记之间，如下所示。

```
0:000> $ Change the local symbols path (path in between the * signs)
0:000> .sympath SRV*c:\LocalSymbolCache*http://msdl.microsoft.com/download/symbols
0:000> $ Reload symbols for all the loaded modules
0:000> .reload
0:000> $ List all the loaded modules in the process
0:000> lm
start    end       module name
00180000 001b0000  notepad      (deferred)
...
```

正如 lm 命令的输出那样——列出了目标进程中已加载的所有模块，WinDbg 延迟加载符号文件直到它真正需要加载时。然而，强制让调试器立即找到符号有时是有用的，可以确定特定模块的符号是否在符号搜索路径上。.reload 命令的/f 选项可用于此目的，该选项可以附带一个具体的模块名称，否则将强制重载所有已加载模块的符号。

```
0:000> $ Force the debugger to locate the PDB file corresponding to notepad.exe
0:000> .reload /f notepad.exe
0:000> lm
start    end       module name
00c80000 00cb0000  notepad      (pdb symbols)   c:\LocalSymbolCache\notepad.pdb\
E325F5195AE94FAEB58D25C9DF8C0CFD2\notepad.pdb
...
0:000> $ Now force the debugger to locate PDB files for all loaded modules
0:000> .reload /f
Reloading current modules....................
0:000> $ Continue debugging, if needed, and then quit the debugging session
0:000> q
```

你还可以使用独立的实用工具 symchk.exe（作为 Windows 调试器的一部分）从互联网的符号服务器下载符号到本地路径，构建高速缓存以用于加快对符号的访问速度。这么做是有用的，尤其是在你打算在断网模式下使用该计算机或者知道可能无法接入互联网下载符号的情况下。

例如，可以使用下面的命令，从 Microsoft 公共符号服务器预下载 system32 目录下所有的二进制文件的符号，并把它们放在 C:\LocalSymbolCache 目录。但是要注意，为 system32 下所有二进制文件进行本地缓存的预填充可能需要很长的时间才能完成（即使在高速的网络连接条件下），也将会下载一些你可能永远不会用到的二进制文件符号。例如，在 Windows 7 实验机上，该命令会导致本地符号缓存文件夹大于 1GB，所以在急迫决定要本地缓存所有 Widnows 符号之前，你要确保不介意缓存文件大小。

```
C:\Program Files\Debugging Tools for Windows (x86)>symchk.exe /r c:\Windows\system32 /s
srv*C:\LocalSymbolCache*http://msdl.microsoft.com/download/symbols
...
SYMCHK: PASSED + IGNORED files = 14833
```

2.2.6　WinDbg 中符号解析问题的故障排除

在调试过程中会遇到一个常见问题——符号不匹配，原因可能是无法在调试器符号搜索路径上找到匹配的 PDB 符号文件，或者是没有符号能匹配当前版本的二进制文件。当处理这个问题时，你会发现一个命令有用，即 !sym noisy 命令。它会增加额外的记录到调试器窗口，让你确切地知道调试器引擎是如何检索 PDB 文件的。当不再需要这个详细的日志记录时，你可以输入 !sym quiet 再次回到正常（安静）模式，正如下面的调试会话所示。

```
0:000> vercommand
command-line: '"c:\Program Files\Debugging Tools for Windows (x86)\windbg.exe"
c:\Windows\system32\notepad.exe'
0:000> $ Turn on verbose symbol lookup
0:000> !sym noisy
noisy mode - symbol prompts on
0:000> .symfix
0:000> .reload
Reloading current modules..................
DBGHELP: ntdll - public symbols
        c:\Program Files\Debugging Tools for Windows (x86)\sym\ntdll.pdb\120028FA453F4CD5A6A404
EC37396A582\ntdll.pdb
0:000> $ Return to quiet mode and continue debugging...
0:000> !sym quiet
0:000> $ Quit the debugging session
0:000> q
```

2.2.7　名称修饰注意事项

C++支持具有相同函数名的多个函数重载，仅通过它们的参数类型进行区分。当出现多个重载符号时，C/C++链接器会将与参数顺序及类型相关的修饰符添加到函数符号名中，以消除理解上的歧义。符号修饰本质上是 C/C++链接器区分具有不同调用约定或需重载函数的方法，这些函数名称相同但特征不同。

幸运的是，x 命令支持通配符，这使得名称修饰成了一个 WinDbg 中可能永远不会处理的问题。你可以首先使用 x 命令列出一个函数的所有重载（通过其简单的名称），然后在调试器中用十六进制的函数地址设置断点。通过私有符号（代码），x 命令实际上还会在符号名旁边显示参数类型信息，所以让你很容易选择正确的重载。这就是为什么 WinDbg 默认情况下始终显示未修饰的符号名。

其他调试器，如 Visual Studio，并没有那么友好，要求你在设置系统断点时使用修饰符名称。在 WinDbg 中，.symopt 命令在必要时能被用于显示明确修饰符名称。例如，你可以使用这个命令查看到 .NET4.0 执行引擎 DLL 的入口点修饰名为 CLR!_Dll-Main@12。这里使用的调试器-z 命令选项用于 DLL 模块加载及其符号检查（都是它自己内部完成），该选项也用于在事后调试中加载崩溃转储。

```
"C:\Program Files\Debugging Tools for Windows (x86)\windbg.exe"
-z C:\Windows\Microsoft.NET\Framework\v4.0.30319\clr.dll
...
0:000> .symfix
0:000> .reload
0:000> $ Notice the SYMOPT_UNDNAME (undecorated name) option is set by default
0:000> .symopt
Symbol options are 0x30237:
  0x00000001 - SYMOPT_CASE_INSENSITIVE
  0x00000002 - SYMOPT_UNDNAME
  0x00000004 - SYMOPT_DEFERRED_LOADS
  0x00000010 - SYMOPT_LOAD_LINES
  0x00000020 - SYMOPT_OMAP_FIND_NEAREST
  0x00000200 - SYMOPT_FAIL_CRITICAL_ERRORS
  0x00010000 - SYMOPT_AUTO_PUBLICS
  0x00020000 - SYMOPT_NO_IMAGE_SEARCH
0:000> $ Notice the x command displays non-decorated symbol names
0:000> x clr!*dllmain*
...
6b9bdbd8 clr!DllMain = <no type information>
0:000> $ Disable the SYMOPT_UNDNAME flag now...
0:000> .symopt- 2
Symbol options are 0x30235:
  0x00000001 - SYMOPT_CASE_INSENSITIVE
  0x00000004 - SYMOPT_DEFERRED_LOADS
  0x00000010 - SYMOPT_LOAD_LINES
  0x00000020 - SYMOPT_OMAP_FIND_NEAREST
  0x00000200 - SYMOPT_FAIL_CRITICAL_ERRORS
  0x00010000 - SYMOPT_AUTO_PUBLICS
  0x00020000 - SYMOPT_NO_IMAGE_SEARCH
0:000> $ Notice the x command now displays the fully decorated names
0:000> x clr!*dllmain*
...
6b9bdbd8 clr!_DllMain@12 = <no type information>
0:000> $ Switch back to the original mode
0:000> .symopt+ 2
0:000> $ Quit the debugger now...
0:000> q
```

需要注意的是，Visual Studio 调试器认为 C/C++函数符号名是修饰（不模糊）的形式，即使在没有歧义或者没有重载的时候。在 Visual Studio 中尝试为没有源代码的函数设置本地断点时，你应该记住这一点，这个例子中，需要手动设置断点。例如，在 Visual Studio 调试器中，如果你想要停在 clr.dll 模块的 DLL 入口点，应该在 clr!_DllMain@12 而不是在 CLR!DllMain 设置断点。

2.2.8 获取 WinDbg 命令的帮助

WinDbg 调试器带有一个集成的帮助文件，你可以按 F1 快捷键启动帮助文件，如图 2-12 所示，其包含各种调试命令的基本文档以及一些涉及常见调试技术的内容。

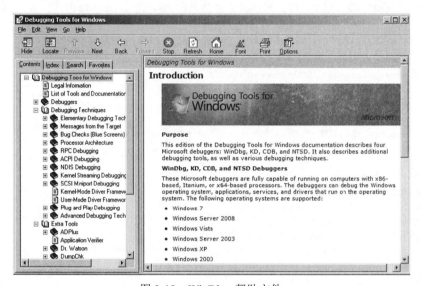

图 2-12 WinDbg 帮助文件

你也可以使用.hh 命令来直接获得特定调试命令的帮助，例如，.hh.symfix 在描述.symfix 命令的页面直接启动帮助。本章不会详尽涵盖所有可用的调试命令，因为你将在书中实际用到其中很多命令，那样能更有效地记住它们的使用方法。你也可以参考附录 A 简要了解最常见的调试任务和命令。

但最重要的是要理解 WinDbg 调试器中 3 类主要的命令。

- **常规内置命令**，如 k（显示当前线程调用栈），r（显示寄存器值）和 dd（转储内存为 DWORD 值）。这些命令用于调试目标进程。
- **点命令**，如.tlist（列出调试器计算机上运行的用户态进程）和.restart（重新启动目标程序）。这些命令被用于控制调试器。你可以使用调试命令.help 来获取一系列可用的点命令。

```
0:000> .help
...
    .srcfix [<path extra>] - fix source search path
    .srcpath [<dir>[;...]] - set source search path
    .srcpath+ [<dir>[;...]] - append source search path
    .symfix [<localsym>] - fix symbol search path
    .sympath [<dir>[;...]] - set symbol search path
    .sympath+ [<dir>[;...]] - append symbol search path
...
    .tlist - list running processes
```

```
...
0:000> $ Extra help for a specific dot command
0:000> .hh .tlist
```

- **扩展（"bang"）的命令**，如!gle（显示保存线程环境块中的最后一个错误）、!token（显示当前线程的安全访问令牌）和!handle（显示用户态的句柄信息）。这些命令通过调试器扩展来执行，以扩展本地调试器功能。你可以使用调试命令.chain 来查看默认启用加载的扩展 DLL，然后使用!extension_name.help 命令查看其中每个 DLL 支持的命令。附加的扩展 DLL 可以通过.load 命令加载。一个扩展的例子是 sos.dll 托管代码调试器扩展，这将在第 3 章中详细介绍。

```
0:000> .chain
Extension DLL chain:
    dbghelp: image 6.12.0002.633, API 6.1.6, built Mon Feb 01 12:08:26 2010
        [path: c:\Program Files\Debugging Tools for Windows (x86)\dbghelp.dll]
    ext: image 6.12.0002.633, API 1.0.0, built Mon Feb 01 12:08:31 2010
        [path: c:\Program Files\Debugging Tools for Windows (x86)\winext\ext.dll]
    exts: image 6.12.0002.633, API 1.0.0, built Mon Feb 01 12:08:24 2010
        [path: c:\Program Files\Debugging Tools for Windows (x86)\WINXP\exts.dll]
    uext: image 6.12.0002.633, API 1.0.0, built Mon Feb 01 12:08:23 2010
        [path: c:\Program Files\Debugging Tools for Windows (x86)\winext\uext.dll]
    ntsdexts: image 6.1.7650.0, API 1.0.0, built Mon Feb 01 12:08:08 2010
        [path: c:\Program Files\Debugging Tools for Windows (x86)\WINXP\ntsdexts.dll]
0:000> $ Commands exposed by the exts.dll extension
0:000> !exts.help
acl <address> [flags]           - Displays the ACL
token [-n|-?] <handle|addr>     - Displays TOKEN
...
0:000> $ Extra help for a specific extension command
0:000> .hh !acl
```

2.3 内核态调试

在调试内核态代码时，你显然需要用到内核态调试（Kernel-mode Debugging，KD），因为用户态调试器不允许访问内核态内存。然而，内核态调试器不仅是一个内核代码调试器，也可以作为用户态进程的一个系统调试器。你将在本书中看到几种场景，其中使用内核态调试器来分析用户态的系统组件，这足以证明它比用户态调试器更适合手头的任务，特别是，它让你观察系统中多个组件或进程之间的相互作用。例如，调试 Windows 管理规范（Windows Management Instrumentation，WMI）故障可能需要跟进几个进程，如 WMI 服务（Windows 的 Winmgmt 服务，以 LocalSystem 权限驻留运行在 svchost.exe 进程实例），WMI 主机进程（wmiprvse.exe），或客户端进程 RPC 运行时。在这种情况下，使用一个内核态调试器更方便，尤其是在你对相关组件之间的相互作用更熟悉之后。一旦了解了启用的组件并决定放大其中一个时，你可以使用用户态调试器，这样就不必担心系统中的其他进程正在做什么，只专注于某个特定进程即可。

表 2-2 总结了一些用户态调试器和内核态调试器支持的能力以及让这两类调试相得益彰的方法。

表 2-2　　　　　　　　　　Windows 中用户态调试器和内核态调试器的能力

	用户态调试器	内核态调试器
范围	限制为正在调试的进程及其子进程	目标机器中的所有进程
栈跟踪	只是用户态帧	用户态帧和内核态帧
内核态内存和执行对象	不能直接访问。单独通过句柄和 ntdll.dll 层实现和内核对象互动	完全访问
用户态内存	可以访问进程的所有内存，被调出（paged-out）的内存将根据需求通过内核调入（paged-in）	只能访问在内核态调试器中断时已被调入（paged-in）的内存

但是，内核态调试的主要障碍之一是它的初始设置通常需要在额外的计算机上运行调试器。需要第二个计算机的原因是内核态调试允许整个系统的调试（包括任何用户态调试）。这样就需要外部参考帧来进行这种低级调试。此外，除了连接被虚拟，物理电缆也需要用来连接两台计算机。

本节介绍如何构建一个基本的内核态调试环境，让你可以最大程度地学习本书。与许多开发者想象的相反，一旦跨过这个初始设置障碍，你会发现内核态调试并不是天生就比用户态调试困难。

2.3.1　你的第一个（实时）内核态调试会话

在构建一个真正的内核态调试环境之前，我们先来介绍一个更简单的、不需要第二个计算机的内核态调试方案。更具体地说，操控内核态内存（读取和编辑全局变量值、列出运行的进程等）可以直接在同一台计算机上利用实时内核态调试完成。

内核态调试会话中的"被调试机"通常称为目标机，而（内核）调试器所在的计算机称为主机调试机。在实时内核态调试中，主机和目标机是相同的。

你可以参照本书中许多使用实时内核态调试的实验，一个关键的限制是你无法用这种方法实施更深入的调试任务，例如设置代码断点。尽管有这种限制，首次涉及内核态调试时，本书也将以一个实时现场内核态调试会话开始，同时将介绍一些基本的内核态调试命令。

你需要做的第一件事是配置目标计算机，使之允许内核态调试。这样做最简单的方法是使用 Windows 自带的工具 msconfig.exe 设置。这是一次性设置，需要系统重新启动后重新配置才会生效。

启用（目标）机的内核态调试

1．启动 msconfig.exe。该工具将可以方便地自动提升，如果作为管理员运行或作为普通用户运行，则要求一个管理员口令。

2．在 Boot 选项卡单击 Advanced options 按钮。在新的对话框中，选择 Debug 复选框并保持其他选项不变，如图 2-13 所示。因为这里不需要其他选项，至少在第一次实时内核态调试实验时不需要。

3．提示重启计算机时单击 OK 按钮。

因为在 Windows 中启用内核态调试需要重启计算机，执行一次这个步骤往往是明智的，使每台测试机初始化设置的一部分，以防将来你需要给它们安装内核态调试器。操作系统在实际检测到内核态调试器之后才开始产生调试事件，所以这一步设置不会影响到目标的执行，直到你明确地给它附加了主机调试器。

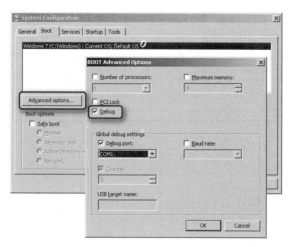

图 2-13　设置 Boot 选项卡

> **注意**：msconfig.exe 工具也可以运行在安全模式下。安全模式是一个操作系统启动选项，它允许你启动一个最小的操作系统，纠正可能导致无法成功启动到桌面的配置错误或崩溃错误。通过 Windows 重新启动时按 F8 快捷键来完成安全模式的进入，它会弹出一个启动菜单以允许你选择启动到安全模式。上述引导菜单也有一个选项，允许你直接在计算机上启用内核态调试，但该选项不如 msconfig.exe 灵活，因为它不会让你设置内核态调试连接属性。（连接波特率固定为 19 200，枚举的最高串口总被使用。举个例子，当有两个串口时，COM2 被使用。）

一旦目标机启用内核态调试并且已经至少重启了一次计算机，你就要准备使用 WinDbg 的实时内核态调试选项。

启动实时内核态调试会话

1. 要开始一个新的实时内核态调试会话，你需要从提升到管理员权限的命令提示符下启动 windbg.exe。如果你只是从 Windows Explorer 界面启动 windbg.exe，它不会提示你提升权限，但当你试图开始实时调试会话时，你会得到一个错误信息。关于如何启动一个提升到管理员权限的命令提示符，请参考前言中的相关内容。

2. 你还需要实时内核态调试使用 WinDbg.exe 的本机特性，如果在 64 位 Windows 上运行，将无法使用 x86 版调试器开展 x64 位 Windows 系统上的实时内核态调试。这就是本章开始推荐你在安装过程中装上 x86 和 x64 调试器 MSI 的原因。

3. 在提升的新 windbg.exe 实例，通过 File\Kernel 操作菜单或 Ctrl+ K 快捷方式启动一个实时内核态调试会话，然后单击 Local 选项卡，如图 2-14 所示。

4. 单击 OK 按钮时，会出现熟悉的 windbg 的命令提示符，它在实时内核态调试情况下以 "lkd>" 前缀开头。你可以通过相同的.symfix/.reload 命令重新设置调试符号搜索路径，使之指向微软公共符号服务器，该命令在之前介绍 WinDbg 用户态调试中用过。其他几个 WinDbg 命令（k、r、dd 等）都同时适用于用户态和内核态调试，当然也有附加的特定 kd 命令。

```
lkd> .symfix
lkd> .reload
Loading Kernel Symbols...............................
```

```
Loading User Symbols
Loading unloaded module list...............
```

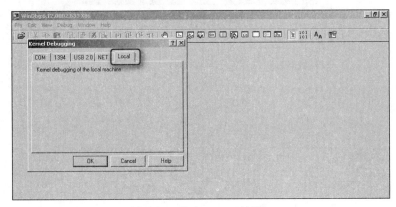

图 2-14　单击 Local 选项卡

为了展示实时内核态调试的功能，这里将用它来执行相同的 notepad.exe 系统调试实验（该实验在本章前面用于介绍 WinDbg 的用户态调试命令），否则你现在就能检查内核态的系统调用。

当 windbg.exe 实时内核态调试会话仍在运行时，在同一计算机上启动一个新的 notepad.exe 实例，并打开 Open 对话框，如图 2-15 所示。

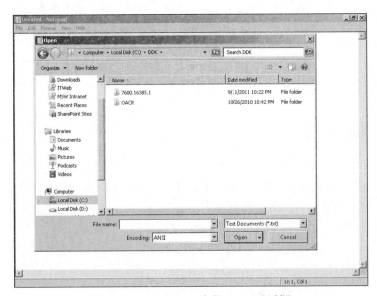

图 2-15　notepad.exe 中的 Open 对话框

请记住，notepad.exe 进程中第一个线程的栈跟踪（主 UI 线程）在本章前面的用户态调试器中使用 k 命令时出现过，停止在系统中调用边界（ntdll.dll 层）。使用实时内核态调试，你现在可以看到边界的另一边！

你可以使用内核态调试器扩展命令 !process 查找 notepad.exe 执行进程对象以及第一个线程对象的地址。关于这两个内核态调试基本命令的更多细节，请你参考附录 B，其中包含了两个命令的详细说明及其不同选项。请注意，由于环境不同，在开展实验时，调试会话显示的地址将与这里显示的不同。例如，你应该将第一个命令（在下面的清单中以粗体文字显示）获得的进程地址结合下面的命令来使用。此外，为了有更好的可读性，一些命令的输出被截断。

```
lkd> $ Look up all instances of notepad.exe on the system
lkd> !process 0 0 notepad.exe
PROCESS 84f80268  SessionId: 1 Cid: 14d0 Peb: 7ffdf000 ParentCid: 0f34
    DirBase: 7d8abc40  ObjectTable: b13104f0  HandleCount: 56.
        Image: notepad.exe
lkd> $ Display the process instance information and the threads that it contains
lkd> !process 84f80268 2
...
        THREAD a35bf030  Cid 14d0.1384  Teb: 7ffde000 Win32Thread: ffa33318 WAIT: (UserRequest)
UserMode Non-Alertable
            8500b6a8  SynchronizationEvent
            84c941a8  SynchronizationEvent
        THREAD 89d29268  Cid 14d0.0560  Teb: 7ffdd000 Win32Thread: ffa2d008 WAIT:(UserRequest)
UserMode Non-Alertable
            9f1f07d8  SynchronizationEvent
            84bf2530  SynchronizationEvent
...
```

现在，你可以使用扩展命令!thread 以及在前一步骤刚刚得到的线程对象地址来转储进程中第一个线程（主 UI 线程）的栈跟踪。但是，这里有一个陷阱。默认情况下，你只会看到线程的内核态栈。这样，你能看到内核态栈但看不到用户态栈（用户态栈在本章前面用户态调试时看到过）。

```
lkd> !thread 0xa35bf030
THREAD a35bf030  Cid 14d0.1384  Teb: 7ffde000 Win32Thread: ffa33318 WAIT: (UserRequest) UserMode
Non-Alertable
    8500b6a8  SynchronizationEvent
    84c941a8  SynchronizationEvent
ChildEBP RetAddr Args to Child
9872c760 82ab865d a35bf030 82b67f08 82b64d20 nt!KiSwapContext+0x26 (FPO: [Uses EBP] [0,0,4])
9872c798 82ab74b7 84c941a8 a35bf030 a35bf12c nt!KiSwapThread+0x266
9872c7c0 82ab3484 a35bf030 a35bf0f0 00000000 nt!KiCommitThreadWait+0x1df
9872c93c 82c63828 00000002 9872ca74 00000001 nt!KeWaitForMultipleObjects+0x535
9872cbc8 82c63595 00000002 9872cbfc 00000001 nt!ObpWaitForMultipleObjects+0x262
9872cd18 82a781fa 00000002 001ef5c4 00000001 nt!NtWaitForMultipleObjects+0xcd
9872cd18 779570b4 00000002 001ef5c4 00000001 nt!KiFastCallEntry+0x12a
001ef610 00000000 00000000 00000000 00000000 ntdll!KiFastSystemCallRet (FPO: [0,0,0])
```

所幸的是，你可以两全其美——通过使用.process/r（代表"重载符号"）强制内核态调试器加载用户态栈符号。你现在终于能看到这个线程的完整栈跟踪了。你也可以使用内核态调试扩展命令!object 来查看正在守护的事件对象（也可以从!thread 命令的输出获得），如下面所显示的内容。

```
lkd> .process /r /p 0x84f80268
Implicit process is now 84f80268
Loading User Symbols
.............................................................
lkd> !thread 0xa35bf030
THREAD a35bf030  Cid 14d0.1384  Teb: 7ffde000 Win32Thread: ffa33318 WAIT: (UserRequest) UserMode
Non-Alertable
    8500b6a8  SynchronizationEvent
    84c941a8  SynchronizationEvent
...
Owning Process            84f80268       Image:         notepad.exe
...
```

```
ChildEBP RetAddr  Args to Child
98b2c760 82ab865d a35bf030 82b67f08 82b64d20 nt!KiSwapContext+0x26
98b2c798 82ab74b7 84c941a8 a35bf030 a35bf12c nt!KiSwapThread+0x266
98b2c7c0 82ab3484 a35bf030 a35bf0f0 00000000 nt!KiCommitThreadWait+0x1df
98b2c93c 82c63828 00000002 98b2ca74 00000001 nt!KeWaitForMultipleObjects+0x535
98b2cbc8 82c63595 00000002 98b2cbfc 00000001 nt!ObpWaitForMultipleObjects+0x262
98b2cd18 82a781fa 00000002 001ef5c4 00000001 nt!NtWaitForMultipleObjects+0xcd
98b2cd18 779570b4 00000002 001ef5c4 00000001 nt!KiFastCallEntry+0x12a
001ef570 77956a04 75c76a36 00000002 001ef5c4 ntdll!KiFastSystemCallRet
001ef574 75c76a36 00000002 001ef5c4 00000001 ntdll!ZwWaitForMultipleObjects+0xc
001ef610 7778bd1e 001ef5c4 001ef638 00000000 KERNELBASE!WaitForMultipleObjectsEx+0x100
001ef658 776862f9 00000002 7ffdf000 00000000 kernel32!WaitForMultipleObjectsExImplementation+0xe0
001ef6ac 73b81717 00000034 001ef6e0 ffffffff USER32!RealMsgWaitForMultipleObjectsEx+0x13c
001ef6cc 73b817b8 000024ff ffffffff 00000000 DUser!CoreSC::Wait+0x59
001ef6f4 73b81757 000024ff 00000000 001ef720 DUser!CoreSC::WaitMessage+0x54
001ef704 776866ed 000024ff 00000000 00000001 DUser!MphWaitMessageEx+0x2b
001ef720 77956fee 001ef738 00000008 001ef990 USER32!_ClientWaitMessageExMPH+0x1e
001ef73c 776866c9 776a382a 000703c6 00000000 ntdll!KiUserCallbackDispatcher+0x2e
001ef740 776a382a 000703c6 00000000 00000001 USER32!NtUserWaitMessage+0xc
001ef774 776a3b27 00080358 000703c6 00000000 USER32!DialogBox2+0x207
001ef798 776a3b76 77280000 003c5670 000703c6 USER32!InternalDialogBox+0xcb
001ef7b8 776a3b9a 77280000 003c5670 000703c6 USER32!DialogBoxIndirectParamAorW+0x37
001ef7d8 7728597b 77280000 003c5670 000703c6 USER32!DialogBoxIndirectParamW+0x1b
001ef824 009a3c2f 003c5670 000703c6 00000000 COMDLG32!CFileOpenSave::Show+0x181
001ef83c 009a3fdb 000703c6 003c5034 00001808 notepad!ShowOpenSaveDialog+0x62
...
lkd> !object 8500b6a8
Object: 8500b6a8  Type: (84ab5e38) Event
    ObjectHeader: 8500b690 (new version)
    HandleCount: 1  PointerCount: 2
```

> **注意**：线程调用栈的内核态端从所谓的 nt 模块引用函数。WinDbg 调试器会自动重命名第一个模块（内核模块）为 nt，这样就可以在内核中使用 nt!FunctionName 标记引用函数，而不用担心实际是哪个模块包含已加载的内核代码——ntoskrnl.exe 或 ntkrnlpa.exe 用于单处理器的计算机，ntkrnlmp.exe 或 ntkrpamp.exe 用于多处理器计算机。
>
> 可以通过调试命令 lm 找到你计算机上实际使用的内核二进制模块，该命令还附带了一个模块名参数（m 选项）。
>
> ```
> lkd> $ Display module information (lm) in verbose mode (v) for the nt module
> lkd> lmv m nt
> start    end      module name
> 82c04000 83016000 nt      (pdb symbols)  c:\Program Files\Debugging Tools for Windows (x86)\sym\ntkrpamp.pdb\2A68384474C44E648D1A1A25FBF1E5D52\ntkrpamp.pdb
>     Loaded symbol image file: ntkrpamp.exe...
>     FileDescription: NT Kernel & System
> ...
> ```
>
> 早在 DOS 年代，所有的内核模块必须有一个简短的 DoS 8.3 名称，故应为每一个有意义的内核模块选一个有创意的名字。如果能以别名 nt 引用内核模块，你就不必弄清楚实际在计算机上使用的内核二进制模块名。

尽管当你不能够连接第二个主机调试机器时,实时内核态调试可作为一种有用的非入侵式内核态调试方法,但它不允许设置活动断点。虽然可以预料该限制,但它仍是一个不幸,因为如果允许你在目标机本身关键的系统代码路径设置活动断点的话,系统将会死锁并需要硬性重启。(因为那些代码路径可能需要运行服务调试器进程,该进程应该用于处理断点。)

```
lkd> $ Setting active code breakpoints is not supported during live kernel debugging.
lkd> bp
     ^ Operation not supported by current debuggee error in 'bp'
lkd> $ Can't actively control the target, either. The target isn't frozen to begin with.
lkd> g
     ^ No runnable debuggees error in 'g'
lkd> $ Terminate this live kernel debugging session now...
lkd> q
```

例如,在前面这个实验中,该缺陷意味着虽然你能够发现线程在等待的事件对象,但却不能够设置一个断点并观察它们何时变为信号态——这样你可以找到最终负责解除等待的线程和组件。对于这种更具入侵性的调试,你需要建立一个完整的内核态调试环境。该环境具有专门的主机调试机器,当然这也是下一节的主题。

2.3.2 使用物理机建立一个内核态调试环境

要建立一个真正的内核态调试环境,你需要两台机器。一台机器(目标机)需要用 msconfig.exe 启用内核态调试,另一台计算机(主机调试器)需要安装 Windows 调试器。需要注意的是,两台机器不必运行相同版本的 Windows 系统,也不需要支持相同的处理器系列或体系结构。此外,除非目标机器是运行在主机调试机器中的一个虚拟操作系统,否则你还需要一根电缆以物理连接两台机器。

KD 布线选项

虽然 WinDbg.exe 的内核态调试对话框(按 Ctrl+K 组合键)具有网络选项卡选项(NET 选项卡),这似乎表明它可能通过网络来连接目标和调试器主机,但在 Windows 7 及更早版本系统中并不支持基于网络的内核态调试。2011 年 9 月,在美国加利福尼亚州阿纳海姆举行 Windows 开发者预览会议期间,微软展示了基于以太网线缆的内核态调试。这是个非常受欢迎的新增功能,即便在以后的 Windows 版本中,也会让内核态调试更容易理解和接触。然而,该功能无法在 Windows 7 中提供,启用调试器主机到目标机器之间的内核态调试通信有 3 个布线选项。

- **COM 串口线** 这是最基本的配置,并且从很早版本的 Windows 就已经支持。9 针的直通 COM 串口电缆比较便宜(通常成本只有几美元),如图 2-16 所示,而且也很容易实现。然而,串行连接仅有最高 115 200(bit/s)的波特率,这意味着传输大量的内存数据会特别慢,例如在保存完整的内核内存转储时。此外,当前大多数笔记本电脑不再有串口,该布线选项将不会在此情况下启用。

图 2-16　9 针的直通 COM 串口电缆

- **USB 2.0 调试线缆**　在 Windows Vista 中增加了对该通信信道的支持。尽管已看到这个选项的工作相对较好，但仍建议你把它作为最后一招，在你已尝尽了其他所有选项并发现它们都不兼容你的现有硬件时使用这种线缆。这样做主要有两个原因：首先，USB 2.0 的内核态调试需要专用类型的线缆，线缆中间内嵌了特殊的装置，如图 2-17 所示。常规的主机到主机 USB 电缆将无法适用，而特殊的调试线缆相当昂贵，耗资高达 100 美元。因此购买内核态调试连接线缆需要付出高昂的代价。其次，USB 2.0 内核态调试需要相当烦琐的设置。例如，你需要找到第一个 USB 端口并用线缆连接到它，因为这是适用于 USB 2.0 KD 连接的唯一端口。由于没有自动化的方式来知道哪个 USB 端口是第一端口，上述方法往往是令人沮丧的试错设置过程。Windows 调试器软件包包含了一个名为 usbview.exe 的工具，你可以用它来发现是否选择了正确的端口，但这仍然是一个试错的操作。

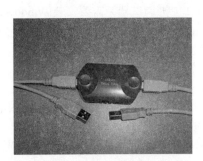

图 2-17　专用类型的线缆

- **1394（FireWire）线缆**　这是最适合 Windows 7 的物理布线选项。从 Windows XP 就开始支持此线缆，比 KD 通信中的 COM 串口布线方案更快。虽然笔记本电脑制造商有时会省略（不露出）IEEE 1394 端口以节省制造成本，但很多 Windows 7 的机器有 1394 端口。它们通常挨着 USB 端口，标记为"1394"或者独特的符号。该符号包括一个圆形以及围绕它的 3 个棒形。FireWire 线缆也便宜，很容易在任何零售计算机硬件商店或网上找到。为逐步实现本节的其余部分，我会使用以不到 5 美元的零售价购买的 FireWire 线缆。你一定要检查机器上 1394 端口的类型，这样就不会购买不适合你的主机/目标机器暴露端口的线缆。笔记本电脑通常有 4 针（小）1394 端口，而台式计算机通常有 6 针（大）1394 端口（见图 2-18）。就我而言，我购买了 4 针/4 针的 FireWire 线缆，用于连接两台运行 Windows 7 的笔记本电脑。如果目标是一台笔记本电脑而主机是台式计算机或反之，你可能需要一个 4 针/6 针线缆，这种线缆也很容易找到而且价格便宜。

2.3 内核态调试

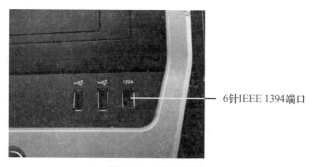

图 2-18　1394 端口

在 1394 端口启动 KD 的步骤指南

一旦获得了必要的连接线，通过 1394 启用内核态调试就相对简单了（假设你的机器也导出了 1394 端口，并可以通过连接线缆使用）。以下过程将引导你完成在 1394 端口启动 KD 所需的步骤。

通过 1394 启动内核态调试会话

1. 在本章前面部分，启用实时内核态调试时，所设置的 msconfig 引导选项高级对话框中的内核态调试端口为其默认值，这通常是 COM1（表示机器上的第一个串行 COM 端口）。现在，你需要设置这个值为 1394。选择值为 1 的通道（这仅仅是连接到目标的主机数字标识），如图 2-19 所示。

图 2-19　选择 1 通道

2. 单击 OK 按钮后，重启计算机以提交更改。
3. 重启后，将 1394 线缆挂接到两台机器对应的 1394 端口，以实现调试器主机到目标机的连接。
4. 这里不需要对 KD 连接的目标机一侧做任何更多更改。在调试器主机上启动提升到管理员权限的命令提示符，然后在该命令窗口中运行 windbg.exe。你必须以完全的管理员权限启动主机调试器——至少 KD 第一次运行时，因为调试器将尝试安装驱动程序，否则它会失败。
5. 使用组合键 Ctrl+K，弹出 windbg 界面中的 Kernel Debugging 对话框，就像你在实时内核态调试实验中一样。单击 1394 选项卡，将 Channel 文本框中的值改为 1，如图 2-20 所示，这样就可以匹配步骤 1 中在目标机上设置的 msconfig.exe 值。

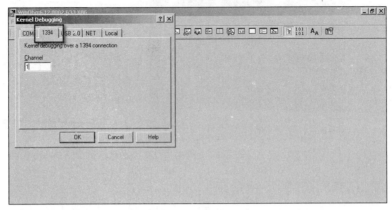

图 2-20　设置 1394 选项卡

6．现在可以看到在 WinDbg 的命令行窗口中显示以下文字。如果界面上出现一个错误提示而不是这样的文字，请仔细检查步骤 3 和步骤 4，并确保线缆是否正确挂接到 1394 端口，同时检查是否从提升到管理权限的命令提示符下启动 WinDbg。

```
Using 1394 for debugging
Checking 1394 debug driver version.
Could not find C:\Windows\system32\drivers\1394kdbg.sys.
Attempting 1394 debug driver installation now.
Driver installation successful.
Retrying 1394 channel open.
Opened \\.\DBG1394_INSTANCE01
Timer Resolution set to 1000 usec.
Waiting to reconnect...
```

7．请注意上面输出中以粗体显示的代码，这表明你第一次尝试在调试器主机上使用 1394 的调试，WinDbg 会自动安装新的驱动程序来处理 1394 KD 通信。这只发生一次，但有时需花费长达一分钟的时间，所以单击 Install 按钮，如图 2-21 所示。如果调试器看起来卡住了，请勿惊慌。

8．现在你可以使用 Debug\Break 菜单操作（或按组合键 Ctrl+Break）来请求中断到主机内核态调试器中。如果内核态调试连接工作正常，可以看到主窗口中的如下调试输出，如图 2-22 所示。

```
*****************************************************************
*   You are seeing this message because you pressed either      *
*       CTRL+C (if you run kd.exe) or,                          *
*       CTRL+BREAK (if you run WinDBG),                         *
*                                                               *
*              THIS IS NOT A BUG OR A SYSTEM CRASH              *
*                                                               *
* If you did not intend to break into the debugger, press the "g" key, then *
* press the "Enter" key now.  This message might immediately reappear. If it *
* does, press "g" and "Enter" again.                            *
*****************************************************************
1: kd> .symfix
1: kd> .reload
```

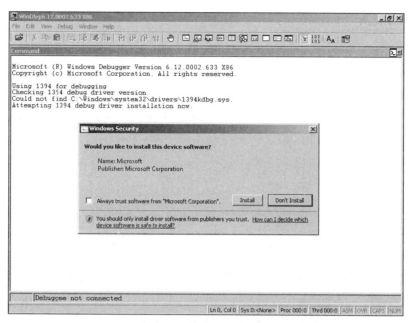

图 2-21　单击 Install 按钮

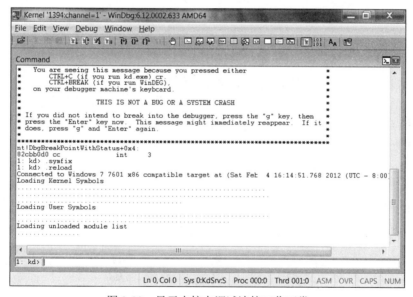

图 2-22　显示内核态调试连接工作正常

执行 Debug\Break 菜单操作后，你可以通过前面这些消息验证是否创建了一个 KD 工作连接。如果看到这则消息，恭喜你已经成功安装了第一个完整的 KD 环境！

目标机此时应被冻结（例如，尝试移动鼠标并发现它没有反应），且只有在主机调试器命令窗口中执行调试命令 g 之后才能畅通。因此，不要释放主机调试器实例，直到首先让目标机自由并通过 g 命令允许其继续执行。

```
0: kd> $ Make sure to let the target machine "go" before dismissing the host debugger
0: kd> g
```

如果在退出主机调试器之前未能键入 g，目标机将继续冻结，但仍然可以从这种情况中恢复。需要做的就是启动一个新的 WinDbg 实例，再连接到目标作为主机内核态调试器，并在终止新的内核态调试会话之前发出 g 命令。

还要注意内核态调试器的命令前缀（1:kd>）。其中，1 表示目标机多处理器的第二个 CPU，而不是实时内核态调试器前缀（lkd>）或普通线程序号前缀（0：000>）——后者显示在用户态调试会话中。基于调试器显示内容，你会发现贯穿本书都可以轻松使用这一线索识别调试会话的类型。

2.3.3 使用虚拟机设置内核态调试环境

正如前面提到的，软件工程师实验和充分利用内核态调试功能的一个主要障碍有时是一个简单的事实，即它需要两台机器——主机和目标机。这很难通过家用设置实现，例如，当只有一个机器可用时。

幸运的是，即便内核态调试依赖于两台机器，但调试机器并不一定要是物理机。事实上，我最喜欢的内核态调试环境是目标（测试）机作为运行在主开发计算机上的虚拟机。如今，虚拟化解决方案（VMWare、微软 Hyper-V 和其他）大多支持模拟串行 COM 端口，使用命名管道实现主系统和虚拟系统之间的通信，就避免了使用物理线缆（或其他线缆）连接主机和目标机。当你想要使用不止一个测试机进行内核态调试时，这种方法将十分方便。

微软虚拟机管理技术

如果你有能力购买 Windows Server 2008 R2 的授权，建议使用此版本的 Windows。除了 Windows 服务器的其他一些好处，这个版本还支持基于管理程序的虚拟化技术（称为 Hyper-V），前提是你的机器硬件达到相应的硬件要求——最重要的是，要有一个适用的 CPU 模型（例如所有的英特尔至强处理器）。经微软证实，Hyper–V 还可以在 64 位客户端版 Windows 中获取，开发人员可以期待在下一版本 Windows 中会有更多内核态调试功能方面的好消息。

微软虚拟机管理技术依赖于 AMD-V（有时被其前期代码名 Pacifica 引用）中新的虚拟化扩展和 Intel-VT 系列处理器来实现 CPU 虚拟化以及虚拟机管理功能。所以，你的计算机需要来自上述处理器家族中的 x64 CPU 以使用 Hyper-V 技术。当安装 Hyper –V 服务器角色后，管理程序引导驱动（hvboot.sys）被启用，并在接下来的引导顺序中负责加载与主机 CPU 类型（AMD-V 的 hvax64 和 Intel-VT hvix64）对应的管理程序。然后原始的 Windows Server 2008 R2 系统设置主分区，支持的系统版本对应的新虚拟机可以作为管理程序之上的子分区安装。每个虚拟操作系统都有自己的虚拟 CPU 及其虚拟指令集，这就是为什么 Hyper-V 通常被归类为硬件辅助虚拟化技术，这与其他在软件中实现的 CPU 虚拟化技术相反。

在虚拟 COM 端口配置内核态调试

截至写本书前，Windows XP、Windows Server 2003、Windows Vista、Windows Server 2008、Windows 7 和 Windows Server 2008 R2 对应的最新服务包都可以作为子分区（虚拟机）安装。图 2-23 显示了在一个物理 Windows Server 2008 R2 系统中运行两个虚拟机的配置情况。

2.3 内核态调试

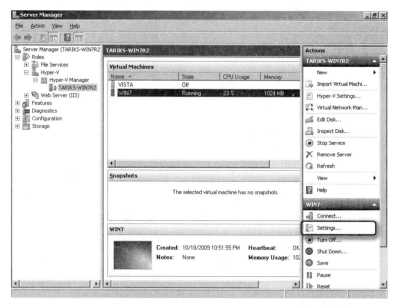

图 2-23　Windows 2008 R2 中的 Hyper-V 服务器角色界面

在虚拟 COM 端口启动内核态调试会话

1. 按照本章前面的描述启用虚拟机内核态调试。使用 msconfig.exe 中默认的 COM1 调试端口配置。

2. 在 Hyper-V 配置界面中使用虚拟机设置选项，以使用命名管道模拟 COM1 串口。需要重启虚拟系统以使这一新的配置生效，如图 2-24 所示。

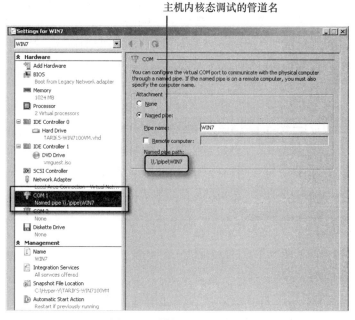

图 2-24　模拟 COM1 串口

3. 启动主机系统中的调试器。按 Ctrl + K 组合键选择内核态调试传输。单击 COM 选项卡，选中 Pipe 复选框。在 Port 文本框中输入的管道名称，这时该名称将显示在前面的 Hyper-V 设置对话框中，如图 2-25 所示。

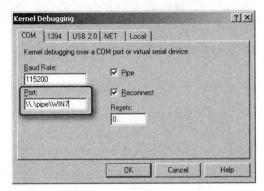

图 2-25 设置 COM 选项卡

如果有多个虚拟机，则可以在主机系统中并发启动多个 windbg.exe，并同时调试多个虚拟机。

使用虚拟机测试的好处

在内核态调试会话中使用虚拟机作为目标机的一个好处是，系统由于侵入式调试实验而卡住时容易重启或关闭。这个优点可以非常方便，尤其是当你远程工作，没有物理访问到主机或目标机时。例如，如果使用远程桌面连接到主机（开发机），当一个虚拟机（目标测试机）出人意料地发生了内核错误检查时，你也不会失去访问权限。即使在这样一种极端的情况下，你也可以容易地从开发机（通常情况下，更稳定）内部重启虚拟的目标测试机。所有你需要做的就是保持主机调试器机器的远程桌面连接。

然而，许多虚拟化解决方案另一个很棒的特性是其快照功能，包括保存快照和快速恢复虚拟机状态到快照设定时的情形。例如，在微软的 Hyper-V 解决方案中，可以很容易地通过 Action\Snapshot 菜单操作实现这一点。这在调试复杂的场景时往往是有用的，因为它可以让你在遇到意想不到的失败时回到过去（例如，如果在测试设备驱动程序的过程中碰到了一个崩溃错误），或者如果你只是想要设置新的断点跟踪不同的代码路径时，无须从头开始重新运行整个场景。

2.3.4 诊断主机/目标机通信问题

当你试图附加一个主机内核态调试器实例到目标机时可能无法中断成功，其中的原因有很多。这种情况下，你会被卡住而无法继续工作，调试器中显示的警示信息如下：

```
Waiting for pipe \\.\pipe\WIM7
Waiting to reconnect...
```

出现前面这种情况的原因是主机/目标机通信所用的虚拟管道名称输入有误。这里还有一些附加步骤可以帮助诊断这些问题。

- 确保目标机之前已使用 msconfig.exe 进行了配置，其当前引导选项正确地体现你想用于内核态调试会话的布线设置（COM、IEEE 1394 等）。
- 确保你在应用了这些设置后已至少重启一次机器。
- 如果你正在使用物理线缆通信，请确保它们正确连接到主机和目标机对应的端口。

- 如果你正在使用物理 COM 串行线缆通信，确保内核态调试器附加选项的波特率（在 windbg.exe 中按 Ctrl + K 组合键）与你在目标机上使用 msconfig.exe 设置的调试启动配置相匹配。
- 如果你正使用命名管道模拟 COM 串行端口通信调试虚拟目标机，确保附加到内核态调试器（windbg.exe 中按 Ctrl+K 组合键）的管道名称的准确性，并与虚拟机中的设置值匹配。

内核态调试器还支持一个有用的跟踪模式，实现从主机调试器发送到目标机的数据包被记录到调试器屏幕。当出现目标机停止响应或当主机/目标机之间的线缆连接中断等情况时，这可能是有用的。这种跟踪模式可以通过在 windbg.exe 中按 Ctrl+Alt+D 组合键开启或关闭。

2.3.5 理解 KD 中断序列

现在你将看到关于内核态调试"中断"序列如何工作的一个快速概览。当出现尝试启动内核态调试会话却被"等待重新连接"消息卡住等不利情况时，这个过程就很容易理解了。

在目标机上使用 msconfig.exe 启用内核态调试并重启机器后，接下来操作系统的引导加载程序会引导和加载适当 KD 传输扩展模块的过程中检查机器的调试选项——当使用 COM 串口线缆时是 kdcom.dll，使用 IEEE 1394 线缆时是 kd1394.dll，使用 USB 2.0 调试线缆时是 kdusb.dll。这发生在引导顺序的非常早期，操作系统的加载程序几乎同时加载硬件抽象层（hal.dll）和内核映像本身。

当启用 KD 调试后，目标机的 Windows 内核不断轮询来自主机调试器的中断消息。这一点可以在每次中断后的栈跟踪中立即观察到，这里 nt! KdCheckForDebugBreak 栈帧（下面列表中的粗体代码）表示检测主机调试器中断信号的内部内核例程。当检测到这样的请求时，目标系统会暂停机器上所有的处理器，然后进入调试器中断状态。请注意，下面列出的 nt !KeUpdateSystem-TimeAssist 栈跟踪的任何函数都无关紧要，因为时钟中断服务例程（Interrupt Service Routine，ISR）运行在一个高级别的中断请求（Interrupt Request Level，IRQL），并会中断此时可能发生的任何运行栈。

```
****************************************************************
*                                                              *
*   You are seeing this message because you pressed either     *
*       CTRL+C (if you run kd.exe) or,                         *
*       CTRL+BREAK (if you run WinDBG),                        *
*                                                              *
****************************************************************
0: kd> .symfix
0: kd> .reload
0: kd> k
ChildEBP RetAddr
975bbb98 8267538f nt!RtlpBreakWithStatusInstruction
975bbba0 82675361 nt!KdCheckForDebugBreak+0x22
975bbbd0 826751ef nt!KeUpdateRunTime+0x164
975bbc28 8267a577 nt!KeUpdateSystemTime+0x613
975bbc28 826910a3 nt!KeUpdateSystemTimeAssist+0x13
974fbb90 8282ef07 hal!HalpRequestIpiSpecifyVector+0x80
974fbba4 828d2d59 hal!HalRequestIpi+0x17
974fbbb8 828d2b2e nt!KiIpiSend+0x31
974fbc34 828d365d nt!KiDeferredReadyThread+0x7e2
...
0: kd> !irql
Debugger saved IRQL for processor 0x0 -- 28 (CLOCK2_LEVEL)
```

图 2-26 显示了主机和目标机之间内核态调试会话的这种不断轮询状态。

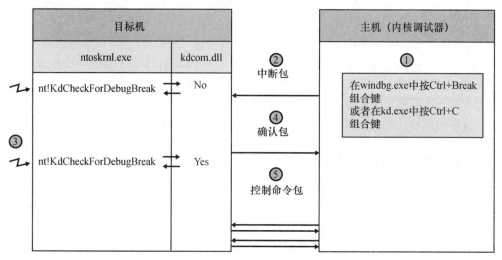

图 2-26　主机和目标机之间的通信（内核态调试）

在内核态调试中使用的分组传输协议有一个有趣的推论，x86 主机调试器将自动检测目标机上安装的操作系统架构，可以调试 x86 或 x64 的目标机。相比之下，在用户态调试中，你不能使用 x86 调试器来调试 x64 二进制文件。（反之往往是可能的。换句话说，安装在 x64 Windows 机器上的 x64 调试器可以调试 x64 以及运行在 WOW64 模式下的 x86 二进制文件。）

2.3.6　在内核态调试器中控制目标机

正如本章前面介绍实时内核态调试时所述，这种方法的主要缺陷之一是不能执行侵入式调试操作，如设置一个活动断点。在介绍系统调试（用户态和实时内核态调试）所用的 notepad.exe 实验中，可以通过使用实时内核态调试看到一个线程完整的栈跟踪（包括内核和用户态），但仍然无法弄清楚线程等待的对象在何时何处会变为信号态。

现在，你已经有了一个完整的内核态调试环境，终于可以不用猜测地回答这个问题。为此，首先在目标机上运行一个新的 notepad.exe 实例，打开 Open 对话框，如图 2-27 所示。

当 Open 对话框在目标系统桌面上仍然为活动状态时，使用 Debug\Break 菜单在主机内核调试器内发出中断请求。你可以再次找到 notepad.exe 主 UI 线程的栈跟踪和事件对象地址，事件对象通过与之前的实时内核态调试相同的步骤进行等待。

```
0: kd> .symfix
0: kd> .reload
0: kd> !process 0 0 notepad.exe
PROCESS 85f52a70 SessionId: 1 Cid: 17e0 Peb: 7ffd3000 ParentCid: 063c
    Image: notepad.exe
0: kd> .process /r /p 85f52a70
0: kd> !process 85f52a70 2
PROCESS 85f52a70 SessionId: 1 Cid: 17e0 Peb: 7ffd3000 ParentCid: 063c
    Image: notepad.exe
        THREAD 87322c10 Cid 17e0.04fc Teb: 7ffdf000 Win32Thread: fe91a188
...
0: kd> !thread 87322c10
```

```
   THREAD 87322c10  Cid 17e0.04fc  Teb: 7ffdf000 Win32Thread: fe91a188 WAIT: (UserRequest)
UserMode
   Non-Alertable
      8670e460  SynchronizationEvent
      859470f0  SynchronizationEvent
ChildEBP RetAddr Args to Child
9a823760 8287e65d 87322c10 8292df08 8292ad20 nt!KiSwapContext+0x26
9a823798 8287d4b7 859470f0 87322c10 87322d0c nt!KiSwapThread+0x266
9a8237c0 82879484 87322c10 87322cd0 00000000 nt!KiCommitThreadWait+0x1df
9a82393c 82a29828 00000002 9a823a74 00000001 nt!KeWaitForMultipleObjects+0x535
9a823bc8 82a29595 00000002 9a823bfc 00000001 nt!ObpWaitForMultipleObjects+0x262
9a823d18 8283e1fa 00000002 0015fa50 00000001 nt!NtWaitForMultipleObjects+0xcd
...
0015fc88 006c3c2f 04a70da8 00070270 00000000 COMDLG32!CFileOpenSave::Show+0x181
0015fca0 006c3fdb 00070270 0209eb04 00001808 notepad!ShowOpenSaveDialog+0x62
...
```

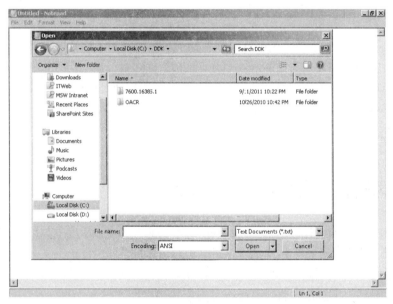

图 2-27　中断之前目标机上的 notepad.exe 进程实例

到目前为止，还没有什么与之前实时内核态调试实验相比更新的东西。然而，现在你也可以设置断点来找出主 UI 线程正在等待的事件何时变为信号态，且很快就会看到。使用前面清单中的事件对象地址，可以看到它目前处于非信号态。请注意使用 dt（"转储类型"）命令 -r 选项，它可以让调试器递归转储目标对象中的字段。

```
0: kd> dt -r nt!_KEVENT 859470f0
   +0x000 Header           : _DISPATCHER_HEADER
      +0x000 Type          : 0x1 '' ...
      +0x004 SignalState   : 0n0    ...
```

可以使用数据断点监控信号（Signal）字段的写访问，它被设置为 1 时事件对象变为信号态。数据断点（使用 ba 命令设置）与常规的代码断点略有不同（使用 bp 命令设置）。你将在第 5 章中看到更多关于它们的介绍。为了理解这个特殊的实验，需要了解这些数据断点提供了一种中断方法，无论当内存地址是在被执行、读取或写入到处理器中时（"访问中断"）。

```
0: kd> ba w4 859470f0+4
0: kd> g
Breakpoint 0 hit
1: kd> k
ChildEBP RetAddr
8a460b44 9534682a nt!KeSetEvent+0x7d
8a460b60 9533bd4e win32k!SetWakeBit+0xfa
8a460b8c 9533bae0 win32k!_PostMessageExtended+0x1aa
8a460ba8 9532f297 win32k!_PostMessage+0x18
8a460bc8 952c5dba win32k!_PostMessageCheckIL+0x6b
8a460c50 952c90fd win32k!xxxSendBSMtoDesktop+0x254
8a460c94 952d11ca win32k!xxxSendMessageBSM+0x7f
8a460cfc 952ce5f2 win32k!xxxUserPowerEventCalloutWorker+0x1c2
8a460d18 95352a65 win32k!xxxUserPowerCalloutWorker+0x2d
8a460d28 8283e1fa win32k!NtUserCallNoParam+0x1b
8a460d28 76f270b4 nt!KiFastCallEntry+0x12a
0049fc30 750a19e4 ntdll!KiFastSystemCallRet
...
```

请注意事件对象实际上是由 win32k.sys 变为信号态的。不必诧异，本书前面的章节介绍了 win32k.sys 是 Windows GUI 子系统的内核部分，在那里输入事件启动实时调试并被分配到活动桌面的 UI 线程。现在你了解了事件是如何变为信号态的，可以通过调试命令 bd 禁止之前设置的数据断点，以便让目标机继续执行而不会被连续中断回到主机调试器。

```
0: kd> bd 0
0: kd> g
```

2.3.7 在内核态调试器中设置代码断点

在内核态调试器中设置代码断点（使用 bp 命令）的方式很大程度上与用户态下相同，但有些曲折！因为断点内存地址总是在调试器中断时相对目标机当前进程上下文来解释的，在设置该进程断点前，首先需要切换到目标进程，但在用户态调试器中设置代码断点时就不存在这个问题，因为上下文在这种情况下总是在调试进程的上下文中。

在用户态内存中设置代码断点

内核态调试器有全局作用域，所以中断时，当前进程很可能不是你感兴趣的那个。往往机器处于闲置状态时，考虑中的进程将会是系统（NT 内核）"进程"。

```
0: kd> !process -1 0
PROCESS 85652b78 SessionId: none  Cid: 0004    Peb: 00000000 ParentCid: 0000
    DirBase: 00185000 ObjectTable: 89201ca0 HandleCount: 673.
    Image: System
```

例如，回到先前的实验，为了在 notepad.exe 进程中设置代码断点，首先需要转换到该进程。可以通过使用 .process 命令的 /i（"i" 表示侵入上下文切换）选项并键入 g 命令实现这一点。然后调试器从中断回来，但此时当前的活动进程已是 notepad.exe。下面的代码展示了这个序列。

```
0: kd> !process 0 0 notepad.exe
PROCESS 85f52a70 SessionId: 1  Cid: 17e0    Peb: 7ffd3000 ParentCid: 063c
    Image: notepad.exe
```

```
0: kd> .process /i 85f52a70
You need to continue execution (press 'g' <enter>) for the context
to be switched. When the debugger breaks in again, you will be in
the new process context.
0: kd> g
Break instruction exception - code 80000003 (first chance)
nt!RtlpBreakWithStatusInstruction:
8287b0d0 cc                  int         3
1: kd> !process -1 0
PROCESS 85f52a70 SessionId: 1 Cid: 17e0 Peb: 7ffd3000 ParentCid: 063c
    Image: notepad.exe
```

现在,你已在正确的进程上下文中,可以使用 bp 命令设置代码断点。例如,下面的清单列出了当前进程(notepad.exe)用户态栈中的符号重载情况,并添加一个用户态测试断点。该断点应该在进程主界面窗口消息循环每次接收 UI 事件时触发。因为这个断点也会在目标机上其他 GUI 进程触发,bp 命令的调试选项/p 会用来进一步限制其只在 notepad.exe 进程范围内。

```
1: kd> .reload /user
Loading User Symbols...........................
1: kd> x user32!*getmessage*
77076703            USER32!GetMessagePos = <no type information>
7705cde8            USER32!GetMessageW = <no type information>
7705650b            USER32!NtUserRealInternalGetMessage = <no type information>
...
1: kd> bp /p 85f52a70 USER32!GetMessageW
1: kd> g
Breakpoint 0 hit
USER32!GetMessageW:
1: kd> !process -1 0
PROCESS 85f52a70 SessionId: 1 Cid: 17e0   Peb: 7ffd3000 ParentCid: 063c
    Image: notepad.exe
```

这个断点应该会触发多次——事实上,在目标机上 notepad.exe 界面每次收到一个新的 GUI 消息时都会中断。所以,完成这个实验后,应确保清除这些消息。

```
1: kd> bc *
1: kd> g
```

在内核态内存中设置代码断点

由于无论活动进程上下文如何,内核内存都是相同的,你可以设置内核函数断点,而无须首先在内核态调试器中执行一个侵入式的进程上下文切换。在这个意义上,在内核态内存中设置代码断点也是一个单步过程,类似于在用户态调试器设置代码断点。

例如,下面的代码显示了如何设置一个系统断点,并在每次某进程试图打开注册表键时就会命中。请注意,这里不需要先切换用户态下特定的进程上下文。刚刚设置了全局内核内存断点,无论哪个进程执行,该系统调用都会触发断点。

```
0: kd> x nt!Nt*Key
...
82a69f67            nt!NtEnumerateValueKey = <no type information>
82a4c6e8            nt!NtOpenKey = <no type information>
82a67b01            nt!NtEnumerateKey = <no type information>
82a0b4a3            nt!NtSetValueKey = <no type information>
```

```
82a4cd54              nt!NtQueryKey = <no type information>
829ec987              nt!NtDeleteKey = <no type information>
82a9cdfb              nt!NtRenameKey = <no type information>
...
0: kd> bp nt!NtOpenKey
0: kd> g
Breakpoint 0 hit
0: kd> !process -1 0
PROCESS 856a88a8 SessionId: 0  Cid: 0d54    Peb: 7ffdf000  ParentCid: 02e0
    Image: WmiPrvSE.exe
0: kd> g
Breakpoint 0 hit
0: kd> !process -1 0
PROCESS 86cead40 SessionId: 0 Cid: 0458    Peb: 7ffdd000  ParentCid: 0250
    Image: svchost.exe
0: kd> .reload /user
0: kd> k
ChildEBP RetAddr
a1e6fd20 8285d1fa nt!NtOpenKey
a1e6fd20 776a70b4 nt!KiFastCallEntry+0x12a
0b83fd14 776a5d14 ntdll!KiFastSystemCallRet
0b83fd18 75c1dd39 ntdll!ZwOpenKey+0xc
0b83fd44 75c0b3cc kernel32!LocalOpenLocalMachine+0x38
0b83fd68 75c1d067 kernel32!MapPredefinedHandleInternal+0xa3
0b83fdc8 75c1cf92 kernel32!RegOpenKeyExInternalW+0x110
0b83fde8 6bb51511 kernel32!RegOpenKeyExW+0x21
...
0: kd> bl
 0 e 82a4c6e8 0001 (0001) nt!NtOpenKey
0: kd> $ Disable the breakpoint at the end of your experiment
0: kd> bd 0
0: kd> g
```

2.3.8 获取 WinDbg 内核态调试命令的帮助

正如用户态调试的情况一样，按快捷键 F1（或 .hh 命令）可以找到各种内核态调试命令的帮助信息。你还可以参考附录 B，了解最常见的内核态调试任务及其所使用的命令。Windows 调试器安装包还包括一个文档（kernel_debugging_tutorial.doc），它在某种程度上描述了内核态调试细节，因此你可能也需要仔细阅读其中的信息。

如果你是内核态调试的新手，请记住未来的几章将包含一些涉及实际场景的 WinDbg 内核态调试，这使得一些概念会更加形象化。你也可能想等到在需要尝试这些实验之前再查询更高级的文档，以便了解到内核态调试信息中的更多内容，并在个人调试任务中得到最大帮助。

2.4 小结

在本章中，你了解了 Windows 用户态和内核态调试的几个重要方面，也执行了一些实用的实验。随着第一个重要动手实验的完成，我们归纳一下值得回顾的几个要点。

- Visual Studio 是一个伟大的集成环境，在以测试为驱动的典型开发中，允许对作为程序调试迭代部分增加的代码进行无缝调试。它也是源代码级 .NET 和脚本所选择的调试器。

- 在开发环境或者安装了无源代码二进制文件的测试机上，Windows 调试器是伟大的，特别适合处理代码与其调用的系统 API 之间的转换。如果你对此感兴趣，可以研究这些交互。
- 内核态调试不仅仅供驱动或内核开发人员使用。本书之所以强调这个方法，是希望作为用户态调试的一个补充，因为它是一个伟大的系统级调试工具，也可以作为用户态进程的全局调试器，当研究系统内部或调试涉及多用户态进程场景时，这是很有用的。
- 实时内核态调试是一个用于查看和操作内核内存的充分选项。它不需要第二台机器，所以也很容易设置。然而，实时内核态调试不允许开发者设置活动断点或执行其他侵入式内核态调试任务。
- 真正的内核态调试可以通过使用虚拟机或使用一个连接线缆及第二台调试器主机来实现。Windows 7 可用的布线选项有 1394（FireWire）、COM 串行线缆或 USB 2.0 线缆 3 类。这个特别顺序中的优先级取决于你的计算机支持的端口。如果你能构建一个虚拟机内核态调试环境并完全避免电缆，就可以尝试一下内核态调试设置的简单性和虚拟化解决方案提供的其他测试优势（快照、重启等）。
- 在本书提供的调试实验中，虽然用户态和实时内核态调试为主要选项，但少量案例研究仍需要依靠真实的内核态调试。重要的是，你要准备一个可用以完成这些实验的环境。如果你还没有建立起一个内核态调试器（使用物理机或虚拟目标机器），现在就正好回去参考并遵守本章中提供的步骤指示，并在继续其他章节之前让环境工作起来。

第 3 章将深入这些主题，介绍如何使用 Windows 调试器，还将介绍调试器的一些基本机制，以帮助你可以更好地理解并利用每个调试选项所能完成的工作。

第 3 章
Windows 调试器是如何工作的

本章内容
- 用户态调试
- 内核态调试
- 托管代码调试
- 脚本调试
- 远程调试
- 小结

本章将介绍在微软 Windows 系统中不同类型的调试器是如何工作的。如果你了解了这些架构基础，就会发现许多调试器概念和行为突然变得有意义了。例如，本章会介绍为什么某些调试器命令和功能只工作在用户态或内核态调试下。本章还将深入托管代码调试的体系结构，探究.NET 源代码级调试尚未被 Windows 调试器支持的原因。

继续上述讨论，本章将结合.NET 调试进一步了解脚本调试的体系结构。随着 HTML5 和 JavaScript 成为丰富客户端用户接口越来越普遍的开发技术，脚本调试在未来可能会获得 Windows 开发人员更多的关注。本章还将介绍远程调试和驱动其架构的关键概念。

3.1 用户态调试

用户态调试器使你能够检查正在调试的目标进程内存并控制其执行流程。特别是，你希望能设置断点和单步调试目标代码，以便每次调试一条指令或一个源代码行。这些基本需求推动了 Windows 本地用户态调试架构的设计。

3.1.1 架构概述

为支持用户态调试下的目标控制，Windows 操作系统有一个基于以下原则的体系结构。
- 当重要调试事件（如新模块加载和异常）发生在正被用户态调试的进程上下文时，操作系统会生成代表目标的消息通知并发送给调试器进程，让它有机会处理或忽略这些通知。每个通知期间，目标进程阻塞并等待，直到调试器完成对其响应才恢复执行。
- 为了让这种架构工作，本地调试器进程也必须实现握手，可以这么说，有一个专用线程用来接收和响应由目标进程产生的调试事件。
- 两个用户态程序之间的通信是基于一个调试端口内核对象的（由目标进程拥有），目标是将其调试事件通知排队，以等待调试器处理它们。

这个通用的进程间通信模型足以处理在用户态调试会话下控制目标的所有需求，假设调试器具备响应代码断点或单步执行事件的能力，如图 3-1 所示。

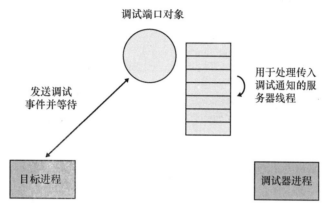

图 3-1　Windows 本地用户态调试架构

用户态的其他高级需求是调试器要能够检查与修改目标进程的虚拟地址空间。这是必要的，例如，能够插入代码断点或遍历堆栈，并列出目标进程所含线程的执行调用帧。

Windows 在 Win32 API 层提供了功能以满足这些需求，允许任何用户态进程读取和写入另一进程的内存——只要它有足够的特权。这种系统-控制访问解释了为什么你只能访问自己的进程，除非你是运行在已提升的用户账户控制（UAC）上下文的管理员——有全部的权限（尤其是包括特殊的 SeDebugPrivilege）。如果你有这些权限，就可以调试系统中的其他任何用户的进程，包括 LocalSystem 进程。

3.1.2　Win32 调试 API

调试器程序可以实现其功能，并通过使用系统公开的 API 来遵循前一节中描述的概念模型。表 3-1 总结了用于 Windows 用户态调试器完成其需求的主要 Win32 API 函数。

表 3-1　　　　　支持 Windows 用户态调试器的 Win32 API

需求	Win32 API 函数	WinDbg 命令
在用户态调试器的控制下直接启动一个目标进程	CreateProcess 并使用 dwCreationFlags： ■　DEBUG_PROCESS ■　DEBUG_ONLY_THIS_PROCESS	用户界面的 Ctrl+E 组合键或者 windbg.exe target.exe
动态附加一个用户态调试器到一个现有的进程	OpenProces 并使用至少下列 dwDesiredAccess 标志： ■　PROCESS_VM_READ ■　PROCESS_VM_WRITE ■　PROCESS_VM_OPERATION DebugActiveProcess 并使用上一步获得句柄	用户界面的 F6 快捷键或者 windbg.exe -pn target.exe 或者 windbg.exe –p [PID]

续表

需求	Win32 API 函数	WinDbg 命令
停止目标进程调试但是不终结目标进程	DebugActiveProcessStop	qd（quit and detach，退出并解挂）
中断到调试器中来检查目标	DebugBreakProcess	用户界面的 Ctrl+Break 组合键或者 Debug\Break 菜单操作
等待新的调试事件	WaitForDebugEvent	N/A
在接收到要处理的调试事件后继续目标执行	ContinueDebugEvent	N/A
检查和编辑目标进程的虚拟地址空间	ReadProcessMemory WriteProcessMemory	内存转储（dd、db 等待） 内存（ed、eb 等待） 插入代码断点（bp） 转储线程的栈跟踪（k、kP、kn 等待）

利用这些 Win32 API，用户态调试器可以在线程中写入代码，以用来处理从目标循环接收的调试事件，就像下列清单中显示的那样（伪代码）。

```
//
// Main User-Mode Debugger Loop
//
CreateProcess("target.exe",..., DEBUG_PROCESS, ...);
while (1)
{
    WaitForDebugEvent(&event, ...);
    switch (event)
    {
        case ModuleLoad:
            Handle/Ignore;
            break;
        case TerminateProcess:
            Handle/Ignore;
            break;
        case Exception (code breakpoint, single step, etc...):
            Handle/Ignore;
            break;
    }
    ContinueDebugEvent(...);
}
```

当调试器循环调用 Win32 API 函数 WaitForDebugEvent 来检查是否有一个新的调试事件到达时，这个调用在内部转换到内核态，以从目标进程的调试端口对象获取事件（nt!_EPROCESS 执行对象中的 DebugPort 字段）。如果发现队列是空的，调用将会阻塞并等待一个新的调试事件发布到端口对象。在事件被调试器处理后，会调用 Win32 API 函数 ContinueDebugEvent 以让目标进程继续执行。

3.1.3 调试事件和异常

当一个进程被调试时，操作系统生成多种类型的调试事件。例如，每个模块的加载会产生事件，当新 DLL 被映射到目标进程地址空间时会让用户态调试器知道。类似地，目标进程创建子进程时也会产生一个事件，允许用户态调试会话处理来自子进程的调试事件，如果它想这么做的话。

当目标进程上下文发生任何异常时，调试事件也会类似地产生。很快你就会看到，代码断点和单步都是通过迫使在目标进程上下文中抛出异常来实现的，这意味着那些事件也会被用户态调试器处理，就像处理其他调试事件一样。为了更好地理解这类调试事件，你需要快速了解一下 Windows 的异常处理。

.NET、C++和 SEH 异常

Windows 中存在两类异常：一类是语言或框架级异常，如 C++或.NET 异常；另一类是操作系统级的异常，又称为结构化异常处理（Structured Exception Handling，SEH）异常。微软 Visual C++和.NET 通用语言运行时（Common Language Runtime，CLR）平台内部都使用 SEH 异常实现对它们特定的应用级异常处理机制的支持。

反过来，SEH 异常可以分为两类：硬件异常的抛出是为了响应处理器中断（无效的内存访问，整数被零除等）；软件异常是由显式 Win32 API RaiseException 调用触发。硬件异常是 Windows 用户态调试器中尤为重要的功能，因为它们也用于实现断点和单步调试目标，这是任何调试器的两个基本功能。

在 Visual C / C++语言级别，关键字 throw 用于抛出 C++异常，由编译器翻译成 C 运行时库的一个调用实现，并最终调用 API RaiseException。此外，它还定义了 3 个关键词（__try、__except 和__finally）以允许利用 SEH 异常的优点并构建（因此是 SEH 的名称）代码，这样就可以建立代码块来处理或忽略从代码块中产生的 SEH 异常。尽管 Visual C++语言支持，但重要的是要认识到，SEH 是一个 Windows 操作系统概念，可以在任何语言中使用它，只要编译器支持它。

与 C++异常可产生为任意类型不同，SEH 异常处理只有一种类型：无符号整数。每个 SEH 异常，无论是由硬件还是软件触发，在 Windows 中都使用一个整数标识符表示，即异常代码，它指示引发异常的错误类型（被零除、访问违例等）。可以在软件开发工具包（Software Development Kit，SDK）头文件 winnt.h 中找到由操作系统定义的许多异常代码。此外，应用程序也可以自由定义自己的用户异常代码，这正是 C++和.NET 运行时为它们的异常所做的。

表 3-2 列出了一些常见的异常状态码多用于调试分析中。

表 3-2　　　　常见的 Windows SEH 异常状态码及其描述

异常状态码	描述
STATUS_ACCESS_VIOLATION (0xC0000005)	无效的内存访问
STATUS_INTEGER_DIVIDE_BY_ZERO (0xC0000094)	算术除零操作
STATUS_INTEGER_OVERFLOW (0xC0000095)	算术整数溢出
STATUS_STACK_OVERFLOW (0xC00000FD)	栈溢出（运行到栈空间之外）
STATUS_BREAKPOINT (0x80000003)	响应 CPU 中断抛出的调试中断（x86 和 x64 的#3 中断）
STATUS_SINGLE_STEP (0x80000004)	响应 CPU 单步中断抛出的调试中断（x86 和 x64 的#1 中断）

用户态调试器中的 SEH 异常处理

当一个异常出现在正被调试的进程中时，在目标进程中定义的任何用户异常处理代码有机会响应该异常之前，用户态调试器会被 ntdll.dll 中的操作系统异常调度代码通知。如果调试器选择不处理第一次异常通知（First-Chance Exception notification），异常调度序列会更进一步，然后目标线程就有机会处理它想处理的异常。如果 SEH 异常没有被目标线程处理，那么系统会发送另一个调试事件，即第二次异常通知（Second-Chance Exception notification），通知用户态调试器目标进程中出现了一个未处理的异常。

图 3-2 总结了这个操作系统异常调度序列，特别是当用户态调试器连接到目标进程时。

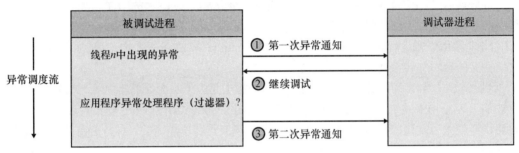

图 3-2　SEH 异常与调试事件通知

第一次异常通知是用户态调试器处理异常的好时机，这对目标进程中的代码而言应该是不可见的，包括代码断点、单步调试事件和中断信号。后续章节会更加详细地描述这些重要机制。

第一次异常通知时，用户异常默认只是简单地记录到调试器命令窗口，用户态调试器总是停止目标进程以响应第二次异常通知。未处理的异常总是令人担忧，因为如果没有调试器附加它们，会导致目标进程的消亡，这就是为什么异常出现时用户态调试器会中断下来让你分析它们。通过配套源代码中的以下程序，你可以在实践中看到此序列是如何工作的——它抛出一个 C++ 异常字符串类型。

```
//
// C:\book\code\chapter_03\BasicException>main.cpp
//
int
__cdecl
wmain()
{
    throw "This program raised an error";
    return 0;
}
```

在 WinDbg 用户态调试器下运行这个程序时，你会看到调试器从目标接收两次通知：第一次通知在调试器命令窗口记录，而第二次通知导致调试器中断，见下面的调试器清单。还要注意的是，用于抛出 C++ 异常的关键字 throw 是如何最终翻译成 C 运行时库（下面清单中的 msvcrt!_CxxThrowException 函数调用）的，后者最后调用 Win32 API RaiseException 来抛出带有定制 C++ 异常代码的 SEH 异常。

```
0:000> vercommand
command line: '"c:\Program Files\Debugging Tools for Windows (x86)\windbg.exe"
```

```
c:\book\code\chapter_03\BasicException\objfre_win7_x86\i386\BasicException.exe'
0:000> .symfix
0:000> .reload
0:000> g
(aa8.1fc0): C++ EH exception - code e06d7363 (first chance)
(aa8.1fc0): C++ EH exception - code e06d7363 (!!! second chance !!!)
...
KERNELBASE!RaiseException+0x58:
75dad36f c9              leave
0:000> k
ChildEBP RetAddr
000ffb60 75fd359c KERNELBASE!RaiseException+0x58
000ffb98 00cb1204 msvcrt!_CxxThrowException+0x48
000ffbac 00cb136d BasicException!wmain+0x1b
[c:\book\code\chapter_03\basicexception\main.cpp @ 7]
000ffbf0 76f9ed6c BasicException!__wmainCRTStartup+0x102
000ffbfc 779c377b kernel32!BaseThreadInitThunk+0xe
000ffc3c 779c374e ntdll!__RtlUserThreadStart+0x70
000ffc54 00000000 ntdll!_RtlUserThreadStart+0x1b
0:000> $ Quit the debugging session
0:000> q
```

3.1.4 中断序列

用户态调试器可以在任何时间点干预和冻结其目标进程的执行，这样用户就可以检查目标进程，这个操作被称为中断到调试器中。这是通过使用 API DebugBreakProcess 来实现的，该 API 内部注入远程线程到目标进程的地址空间。这种"闯入"线程会执行一个 CPU 中断指令（int 3）。为响应这个中断，系统会在中断线程上下文抛出一个 SEH 异常。如前一节所示，系统会向用户态调试器进程发送第一次通知，允许它处理这个特殊的调试中断异常（代码 0 x80000003 或者 STATUS_BREAKPOINT），并通过挂起目标进程中所有线程来完成中断。

这就是为什么中断操作之后用户态调试器中的当前线程上下文会是这个特殊的线程，在调试自己的目标进程时并不会将其识别为"你的"线程。为实际看看这个中断线程，在 WinDbg 用户态调试器下启动一个新的 notepad.exe 实例，如下面的清单所示。如果是在 64 位 Windows 上运行的这个实验，还可以使用 32 位版本 notepad.exe（位于 x64 系统的%windir%\SysWow64 目录下）准确完成这个实验。

```
0:000> vercommand
command line: '"c:\Program Files\Debugging Tools for Windows (x86)\windbg.exe" notepad.exe'
0:000> .symfix
0:000> .reload
Reloading current modules........................
0:000> ~
   0 Id: 1d90.1678 Suspend: 1 Teb: 7ffde000 Unfrozen
0:000> g
```

使用 Debug\Break 菜单操作中断到调试器中，你会发现当前线程上下文不再是线程# 0（notepad.exe 中的主界面线程），而是一个新线程。你可以从调用栈（使用 k 命令获得）上的函数名（ntdll!DbgUiRemoteBreakin）推断出这是调试器注入目标地址空间的远程线程以响应中断请求。

```
(1938.1fb0): Break instruction exception - code 80000003 (first chance)
...
ntdll!DbgBreakPoint:
7799410c cc              int     3
0:001> ~
   0  Id: 1d90.1678 Suspend: 1 Teb: 7ffde000 Unfrozen
.  1  Id: 1d90.17f0 Suspend: 1 Teb: 7ffdd000 Unfrozen
0:001> k
ChildEBP RetAddr
00a4fecc 779ef161 ntdll!DbgBreakPoint
00a4fefc 75e9ed6c ntdll!DbgUiRemoteBreakin+0x3c
00a4ff08 779b37f5 kernel32!BaseThreadInitThunk+0xe
00a4ff48 779b37c8 ntdll!__RtlUserThreadStart+0x70
00a4ff60 00000000 ntdll!_RtlUserThreadStart+0x1b
```

此外，通过使用调试器命令 uf 对当前函数的反汇编表明，在调试器收到第一次异常处理通知之前，该线程执行一个 CPU 中断指令 int 3。

```
0:001> uf .
ntdll!DbgBreakPoint:
7799410c cc              int     3
7799410d c3              ret
```

为查看目标进程中的实际线程，你可以使用 k~* 命令来列出每个线程的调用堆栈，还可以使用 s 命令改变（"切换"）调试器当前线程的上下文到其他线程，见下面的清单。

```
0:001> $ Switch over to thread #0 in the target
0:001> ~0s
0:000> k
ChildEBP RetAddr
0019f8e8 760fcde0 ntdll!KiFastSystemCallRet
0019f8ec 760fce13 USER32!NtUserGetMessage+0xc
0019f908 0085148a USER32!GetMessageW+0x33
0019f948 008516ec notepad!WinMain+0xe6
0019f9d8 76f9ed6c notepad!_initterm_e+0x1a1
0019f9e4 779c377b kernel32!BaseThreadInitThunk+0xe
0019fa24 779c374e ntdll!__RtlUserThreadStart+0x70
0019fa3c 00000000 ntdll!_RtlUserThreadStart+0x1b
0:001> $ Terminate this debugging session...
0:001> q
```

3.1.5　设置代码断点

代码断点也使用 int 3 指令实现。这与中断情况不同，调试中断指令在远程中断线程上下文中执行，代码断点则通过直接覆盖目标内存（用户对代码断点的设置点）位置来实现。

调试器程序保存跟踪每个代码断点的初始指令，以便在断点触发时可以在调试中断指令的位置替代它们，这发生在用户可以在调试器内检查目标进程之前。int 3 指令事实上是插入目标进程以实现代码断点，这完全对调试程序的用户透明，它也应该这样。

这个计划听起来简单、直接，但有一个问题：断点触发后，调试器如何能在目标进程恢复（使用 g 命令）执行之前插入 int 3 指令？当然，调试器不能在目标恢复执行之前简单地插入调试中断指令，因为待执行的下一个指令应该是来自目标进程的原始指令而不是 int 3 指令。调试器解决这一困难的方式与支持单步调试的方式相同，都是通过使用 x86 和 x64 处理器中 EFLAGS 寄存器的 TF（"陷阱标志"）位来迫使目标线程每次执行一条指令。这种单步标志会导致 CPU 在执行每条指令后发起一个中断（int 1），从而允许断点线程在调试器立即获取机会处理新的单步 SEH 异常之前执行原始目标指令。这些异常通过再次恢复调试中断指令，以及通过重置 TF 标志，以便再次禁用 CPU 单步模式。

3.1.6 观察 WinDbg 中的代码断点插入

为了总结这一节所涉及的知识，你应尝试一个有趣的实验，在该实验中将会调试用户态 WinDbg 调试器！在掌握了本节的背景信息和熟悉使用现有的 WinDbg 命令基础上，便拥有了足够的工具来确认当用户添加了新的代码断点时 WinDbg 具体完成的工作，而不必只相信本书。

为了开始这个实验，我们在 windbg.exe 中运行 notepad.exe。该实验会再一次使用 x86 版本的 notepad.exe 和 windbg.exe，但对 x64 Windows 也是同样适用的。

```
0:000> vercommand
command line: '"c:\Program Files\Debugging Tools for Windows (x86)\windbg.exe" notepad.exe'
0:000> .symfix
0:000> .reload
```

在函数 user32!GetMessageW 设置一个断点。该函数在用户对 notepad.exe 界面上有任何交互都会触发。图 3-3 表示第一个 WinDbg 调试器实例。

```
0:000> bp user32!GetMessageW
```

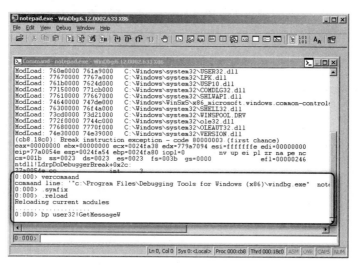

图 3-3　第一个 WinDbg 调试器实例

在使用 g 命令让目标 notepad.exe 继续执行之前，启动一个新的 windbg.exe 调试器实例，并让其安全上下文与第一个相同。按 F6 快捷键将这个新实例附到第一个 windbg.exe 进程，如图 3-4 所示。这允许跟踪当 notepad.exe 进程执行被第一个调试器实例阻塞后发生的事情。

78 第 3 章 Windows 调试器是如何工作的

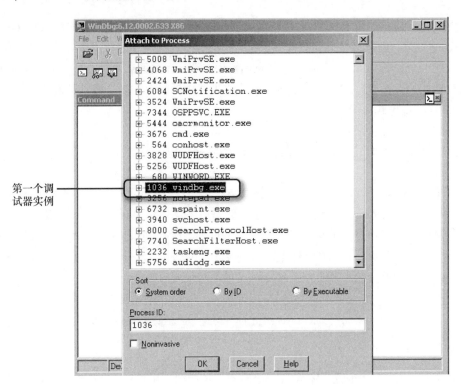

第一个调试器实例

图 3-4 调试调试器：第二个 WinDbg 调试器实例

在这个新的 WinDbg 实例中，在 API kernel32!WriteProcessMemory 设置一个断点。正如本章前面所提到的，这是用户态调试器用于编辑其目标进程虚拟内存的 Win32 API。

```
0:002> $ Second WinDbg Session
0:002> .symfix
0:002> .reload
0:002> x kernel32!*writeprocessmemory*
75e51928 kernel32!_imp__WriteProcessMemory = <no type information>
75e520e3 kernel32!WriteProcessMemory = <no type information>
75eb959f kernel32!WriteProcessMemoryStub = <no type information>
0:002> bp kernel32!WriteProcessMemory
0:002> g
```

现在已合理设置了断点，请回到第一个 windbg.exe 实例并运行 g 命令让 notepad.exe 继续执行。

```
0:000> $ First WinDbg Session
0:000> g
```

注意，立即能在第二个 windbg.exe 实例中触发断点，这符合你在本章已经学会的内容，因为第一个调试器试图将 int 3 指令插入 notepad.exe 进程地址空间（对应于前面添加的 USER32!GetMessageW 断点）。

```
Breakpoint 0 hit
kernel32!WriteProcessMemory:
...
0:001> $ Second WinDbg Session
```

```
0:001> k
ChildEBP RetAddr
0092edf4 58b84448 kernel32!WriteProcessMemory
0092ee2c 58adb384 dbgeng!BaseX86MachineInfo::InsertBreakpointInstruction+0x128
0092ee7c 58ad38ee dbgeng!LiveUserTargetInfo::InsertCodeBreakpoint+0x64
0092eeb8 58ad62f7 dbgeng!CodeBreakpoint::Insert+0xae
0092f764 58b67719 dbgeng!InsertBreakpoints+0x8c7
0092f7e8 58b66678 dbgeng!PrepareForExecution+0x5d9
0092f7fc 58afa539 dbgeng!PrepareForWait+0x28
0092f840 58afaa60 dbgeng!RawWaitForEvent+0x19
0092f858 00ebb6cf dbgeng!DebugClient::WaitForEvent+0xb0
0092f874 75e9ed6c windbg!EngineLoop+0x13f
0092f880 779b37f5 kernel32!BaseThreadInitThunk+0xe
0092f8c0 779b37c8 ntdll!__RtlUserThreadStart+0x70
0092f8d8 00000000 ntdll!_RtlUserThreadStart+0x1b
```

还可以使用第 2 章中描述的技术，检查前面调用堆栈中 API WriteProcessMemory 的参数，其栈指针和保存的帧指针值用来从当前线程的堆栈获取每个调用的参数。请记住_stdcall 调用约定，堆栈指针寄存器的值会指向断点时的返回地址，紧随其后的是函数调用的参数。这意味着在以下清单中的第二个 DWORD 值代表 Win32 API 调用的第一个参数。注意，你实际看到的值会有所不同，但可以通过这里描述的相同步骤来获得这个 API 调用的函数参数。

```
0:001> $ Second WinDbg Session
0:001> dd esp
0092edd4 58ce14a2 00000120 7630cde8 58d1b5d8
0092ede4 00000001 0092edf0 00000000 0092ee2c
...
```

通过 MSDN 网站上关于 WriteProcessMemory Win32 API 的描述文档，你会看到它需要 5 个参数。

```
BOOL
WINAPI
WriteProcessMemory(
    __in HANDLE hProcess,
    __in LPVOID lpBaseAddress,
    __in_bcount(nSize) LPCVOID lpBuffer,
    __in SIZE_T nSize,
    __out_opt SIZE_T * lpNumberOfBytesWritten
    );
```

第一个参数是调试器试图写入的用户态中目标进程对象（hProcess）句柄。可以使用包含 dd 命令的调试扩展命令 !handle 获取该值，以确认它的确在 notepad.exe 进程内。

!handle 命令还会给出该句柄引用的进程 ID（PID），也可以通过使用方便的 .tlist 调试命令在 Windows 任务管理器界面中确认它就是 notepad.exe 的 PID，如下面的清单所示。

```
0:001> $ Second WinDbg Session
0:001> !handle 120 f
Handle 120
  Type          Process
  GrantedAccess 0x12167b:
        ReadControl,Synch
        Terminate,CreateThread,VMOp,VMRead,VMWrite,DupHandle,SetInfo,QueryInfo
```

```
                Object Specific Information
                    Process Id   5964
                    Parent Process  3736
0:001> .tlist notepad*
0n5964 notepad.exe
```

下一个参数（LpBaseAddress）是调试器试图覆盖的地址。使用调试器命令 u 反汇编位于该地址的代码，可以看到这第二个参数确实指向 API USER32!GetMessageW，即所请求代码断点的目标位置。

```
0:001> $ Second WinDbg Session
0:001> u 0x7630cde8
USER32!GetMessageW:
7630cde8 8bff                mov     edi,edi
7630cdea 55                  push    ebp
7630cdeb 8bec                mov     ebp,esp
7630cded 8b5510              mov     edx,dword ptr [ebp+10h]
...
```

最后，第三个参数（lpBuffer）是一个指向缓冲区的指针，调试器试图写入该内存位置。这是一个单字节缓冲区（从之前的清单，由第四个参数的 nSize 值指示），代表 int 3 指令。在 x86 和 x64 平台上，这个指令使用单字节 0xcc 进行编码，可以通过使用调试命令 u（"un-assemble"）或 db（"转储内存为字节序列"）查看该内存位置的内容。

```
0:001> $ Second WinDbg Session
0:001> u 58d1b5d8
dbgeng!g_X86Int3:
58d1b5d8 cc                  int     3
0:001> db 58d1b5d8
58d1b5d8 cc 00 00 00 00 00 00 00-00 00 00 00 00 00 00 00 ................
...
```

如果利用相同的断点继续这个实验，并在第二个 windbg.exe 实例再次键入 g，可以分析 WriteProcessMemory 断点的下一个触发，并确认来自 user32!GetMessageW 函数（本例中是 0x8b）的初始字节在 user32!GetMessageW 断点触发后秘密恢复，这正好在用户可以通过调试器界面发布命令之前，如下面的清单所示。

```
0:001> $ Second WinDbg Session
0:001> g
Breakpoint 0 hit
0:001> k
ChildEBP RetAddr
0092f128 58b84542 kernel32!WriteProcessMemory
0092f160 58adb6a9 dbgeng!BaseX86MachineInfo::RemoveBreakpointInstruction+0xa2
0092f1a4 58ad3bcd dbgeng!LiveUserTargetInfo::RemoveCodeBreakpoint+0x59
0092f1ec 58ad6c0a dbgeng!CodeBreakpoint::Remove+0x11d
...
0:001> dd esp
0092f108 58ce14a2 00000120 7630cde8 00680cc4
0092f118 00000001 0092f124 00479ed8 0000000b
...
0:001> db 00680cc4
00680cc4 8b 00 00 00 00 00 00 00-00 00 00 00 00 00 00 00 ................
```

```
...
0:001> $ Terminate both debugging sessions now
0:001> q
```

3.2 内核态调试

内核态调试的高级要求与用户态调试类似,包括控制目标(中断、单步、设置断点等),对其内存地址空间操作等能力。不同的是,在内核态调试情况下,目标是正被调试的整个系统。

3.2.1 架构概述

就像在用户态调试的情况下,Windows 操作系统还设计了一个架构来满足内核态调试器的系统级需求。在用户态调试情况下,这个支持框架构建在操作系统内核,调试端口执行对象提供了调试器和目标进程之间的跨进程通信通道的关键部分。在内核态调试情况下,内核本身正被调试,所以通信通道的支持建立在架构栈之下。这通过在调试过程中的硬件抽象层(HAL)扩展实现内核态调试主机和目标机之间通信通道的底层传输。

可以使用不同的传输介质来实施内核态调试,其中每个都实现在其自己的传输 DLL 扩展中。例如,在 Windows 7 中,kdcom.dll 用于串行线缆,kd1394.dll 用于火线线缆,kdusb.dll 用于 USB 2.0 调试线缆。这些模块扩展在引导过程初期由 HAL 加载,那时目标已启用支持内核态调试。由于这些模块在架构栈中的位置很低,它们不能依赖更高级系统内核组件,那些组件可能还未被完全加载或者正在被调试过程中。出于这个原因,KD 传输扩展是轻量级的,并尽可能在底层直接与硬件交互,而没有依赖任何额外的设备驱动程序,如图 3-5 所示。

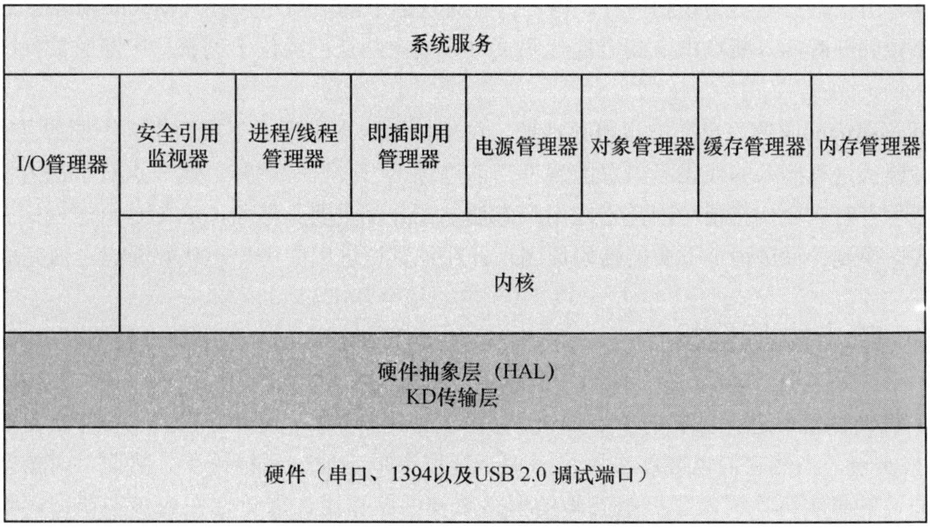

系统服务							
I/O管理器	安全引用监视器	进程/线程管理器	即插即用管理器	电源管理器	对象管理器	缓存管理器	内存管理器
内核							
硬件抽象层(HAL) KD传输层							
硬件(串口、1394以及USB 2.0 调试端口)							

图 3-5 目标系统中的 KD 传输层

如果再次忽视调试命令是如何从内核态调试器传输到目标的,那么目标内核处理由内核态调试器发送命令的概念模式与用户态调试器循环处理调试事件非常相似。

- 操作系统内核定期向传输层(作为时钟中断服务程序的一部分)检查来自主机调试器的

中断数据包。当发现一个新数据包时，内核进入中断循环，等待接收主机内核态调试器发出的额外命令。
- 当目标机系统停止时，中断循环会检查由主机内核态调试器发出的任何新命令。这使得内核态调试器可以读寄存器的值，检查或修改目标系统内存，并在目标冻结期间执行许多其他的检查或控制命令。这些发送/接收握手不断重复，直到主机内核态调试器决定离开中断状态，同时目标要求退出调试器中断模式并继续其正常执行。
- 除了明确中断请求，内核也可以进入中断循环以响应目标机抛出的异常，调试器可以干预并做出回应。这个通用的异常处理再次用于在目标系统内核态调试期间实现单步和设置代码断点。

3.2.2 设置代码断点

了解内核态调试期间代码断点是如何实现的非常重要，这样你就可以理解使用主机内核态调试器设置的断点无法命中时的情况。用户态和内核态调试设置代码断点的内部实现有许多相似之处，但也有几个重要的差异。

就像在用户态调试的情况下那样，也可以通过改写目标虚拟内存地址来插入代码断点，这利用了调试中断 CPU 指令（int 3）。目标机命中插入的断点时，会出现一个 CPU 中断并且系统中断处理被调用。用户态和内核态调试之间的差异性在于如何处理分配到主机调试器的异常事件。在内核态调试的情况下，目标操作系统会停止，进入中断发送/接收循环，并通过将初始字节写回进入中断状态前断点代码的位置，以让主机调试器能处理断点。

内核态调试代码断点与用户态调试断点的另一个区别是，它们可能引用已经从目标机磁盘换出的内存。在这种情况下，目标会通过将代码断点注册为"owed"来简单处理源于主机调试器的断点命令。当代码页随后加载到内存，内核内存管理器中的页面错误处理器（nt!MmAccessFault）会进行干预并同时插入断点指令到全局代码页中，就像断点已经位于调试器中断时被换出的内存中一样。

最后，因为相同的用户态虚拟内存地址，可根据用户态进程上下文而指向不同的私有代码，在内核态调试过程插入的代码断点总能参考当前进程上下文进行解释。这一点对于在内核态调试方面的新手有时候会被忽视，因为它在用户态调试中并不重要。然而，这却是总在内核态调试器中侵入式切换到目标进程上下文的准确原因，并在设置该进程中用户态代码断点之前完成。

3.2.3 单步执行目标

在主机调试器中进行目标的单步调试，你可以使用与用户态下相同的单步 CPU 支持和中断（int 1）来实现，当然它们也能够在用户态调试环境中单步调试目标进程。然而，内核态调试器具有全局性的事实再次引入了一些有趣的值得重视的副作用，能让你在内核态调试实验中更好地应对它们。

当尝试在主机内核态调试器中单步调试目标时，你会发现最实用的区别是有时候执行似乎会跳转到系统的其他随机代码并从当前线程上下文中消失。当正调试在某个函数调用而线程配额（quantum）到期时，且系统决定安排处理器运行另一线程时，上述情况就会发生。当上述情况发生时，看起来好像正在调试的代码跳转到了随机的位置。实际上发生的情况是，原线程切换出来了，新的线程正在处理器上运行。

在单步调试一个导致线程进入等待状态（例如 Sleep 调用）的长函数或 Win32 API 调用时，这都经常发生。幸运的是，当主机内核态调试器单步执行时，目标系统不仅启用 CPU 跟踪标志，还巧妙发现下一次调用并在每次单独执行的内存位置插入一个额外的调试中断指令。这意味着通过让目标机器再次运行（使用 g 命令）后，似乎它已经跳转到一个不相关的代码位置，从原线程（一旦其等待满足条件并线程被安排再次运行）中断回到下一个调用时，它允许继续单步执行在上下文切换检查之间的线程。

3.2.4 切换当前进程上下文

有两种方法可以解决内核态调试会话中目标机上用户态进程栈的符号问题。第一种办法已经在第 2 章中用过了，即简单切换主机调试器的当前进程视图并为该进程重新加载用户态符号。这种方法的主要优点是它也适用于实时内核态调试，当在一个调试器中断过程中需要观察多用户态处理时，这已证明是有用的。在接下来的实时内核态调试会话中，.process 命令与/r（"重新加载用户符号"）和/p（"目标进程"）选项一起用来展示这个重要的方法。确保开启了一个新的 notepad.exe 实例，并在执行那些命令时使用粗体文本，因为那些值很可能与下面清单中的不同。

```
lkd> !process 0 0 notepad.exe
PROCESS 874fa030 SessionId: 1   Cid: 14ac      Peb: 7ffdf000 ParentCid: 1348
    Image: notepad.exe
lkd> .process /r /p 874fa030
Implicit process is now 874fa030
Loading User Symbols.......................
lkd> !process 874fa030 7
PROCESS 874fa030 SessionId: 1 Cid: 14ac Peb: 7ffdf000 ParentCid: 1348
    Image: notepad.exe
        THREAD 86f6fd48 Cid 14ac.2020 Teb: 7ffde000 Win32Thread: ffb91dd8 WAIT ...
           85685be8 SynchronizationEvent
        ChildEBP RetAddr Args to Child
        9a99fb10 8287e65d 86f6fd48 807c9308 807c6120 nt!KiSwapContext+0x26
        9a99fb48 8287d4b7 86f6fe08 86f6fd48 85685be8 nt!KiSwapThread+0x266
        9a99fb70 828770cf 86f6fd48 86f6fe08 00000000 nt!KiCommitThreadWait+0x1df
        9a99fbe8 9534959a 85685be8 0000000d 00000001 nt!KeWaitForSingleObject+0x393
        9a99fc44 953493a7 000025ff 00000000 00000001 win32k!xxxRealSleepThread+0x1d7
        9a99fc60 95346414 000025ff 00000000 00000001 win32k!xxxSleepThread+0x2d
        9a99fcb8 95349966 9a99fce8 000025ff 00000000 win32k!xxxRealInternalGetMessage+0x4b2
        9a99fd1c 8283e1fa 000afb80 00000000 00000000 win32k!NtUserGetMessage+0x3f
        9a99fd1c 76f270b4 000afb80 00000000 00000000 nt!KiFastCallEntry+0x12a
        000afb3c 7705cde0 7705ce13 000afb80 00000000 ntdll!KiFastSystemCallRet
        000afb40 7705ce13 000afb80 00000000 00000000 USER32!NtUserGetMessage+0xc
        000afb5c 0055148a 000afb80 00000000 00000000 USER32!GetMessageW+0x33
        000afb9c 005516ec 00550000 00000000 0012237f notepad!WinMain+0xe6
...
```

在主机调试器中切换进程视图的第二种方法是，使用带/i 选项的.process 命令在目标机上执行一个侵入式的进程上下文切换。这种方法在需要在用户态代码位置设置断点时特别有用，因为它们总是相对目标机的当前进程进行上下文解释（见第 2 章）。这种方法需要在目标机退出调试器中断模式并运行完成请求。

当目标执行流程由主机调试器放行后,内核一侧解除对处理器的冻结并退出中断循环。然后,它还安排了一个高优先级的工作项来过渡到主机调试器请求的新进程上下文。

```
1: kd> !process 0 0 notepad.exe
PROCESS 874fa030 SessionId: 1 Cid: 14ac    Peb: 7ffdf000 ParentCid: 1348
    Image: notepad.exe
1: kd> .process /i 874fa030
You need to continue execution (press 'g' <enter>) for the context
to be switched. When the debugger breaks in again, you will be in
the new process context.
1: kd> g
Break instruction exception - code 80000003 (first chance)
```

该工作项诱使之前的调试中断运行在一个借用的系统线程——此线程运行在被请求进程的上下文中。主机调试器会在其任何线程有机会从原始中断处继续过去执行之前再次中断回来。也可以确认当前线程的上下文是否为一个内核线程,而不是来自用户态进程本身的线程。请注意,该线程的确是属于系统(内核)进程,系统进程 PID 总是 4,在运行 !thread 命令时会有客户端线程 ID 返回。

```
0: kd> !thread
THREAD 856e94c0 Cid 0004.0038 Teb: 00000000 Win32Thread: 00000000 RUNNING on processor 0
ChildEBP RetAddr Args to Child
8a524c0c 82b30124 00000007 8293b2f0 856e94c0 nt!RtlpBreakWithStatusInstruction
8a524d00 8287da6b 00000000 00000000 856e94c0 nt!ExpDebuggerWorker+0x1fa
8a524d50 82a08fda 00000001 a158a474 00000000 nt!ExpWorkerThread+0x10d
8a524d90 828b11d9 8287d95e 00000001 00000000 nt!PspSystemThreadStartup+0x9e
00000000 00000000 00000000 00000000 00000000 nt!KiThreadStartup+0x19
```

然而,这个系统线程附加到了请求的目标进程,可以使用内核态调试扩展命令 !process 确认这一点,参数 –1 表示想显示当前进程上下文。

```
0: kd> !process -1 0
PROCESS 874fa030 SessionId: 1 Cid: 14ac Peb: 7ffdf000 ParentCid: 1348
    Image: notepad.exe
```

在主机调试器中断状态下,输入的用户态代码断点将会相对这个进程上下文中处理,就像预料中的那样。

3.3　托管代码调试

如前面第 2 章所述,Windows 调试器一个不幸的限制是它们不支持.NET 应用程序的源代码级调试。这并不意味着不能使用 WinDbg 调试托管代码,而只是意味着不会有源代码级调试的便利,如单步和源码行断点。这就好像在调试系统代码时没有源代码一样,因为针对本地系统调试的许多重要命令甚至不适用于托管代码,例如使用 k 命令显示调用堆栈,也使得使用 WinDbg 调试托管代码变得更糟。幸运的是,至少有一个解决方案,即微软配套在.NET Framework 中名为 SOS 的 WinDbg 扩展。这个有用的扩展将在本节后面详细介绍。

由于这个限制,Microsoft Visual Studio 环境仍然是首选的.NET 调试器。为了更好地理解为什么 Windows 调试器在这方面有所欠缺,我们有必要先讨论 Visual Studio 和.NET 通用语言运行时

（Common Language Runtime，CLR）平台使用的架构，以实现它们对托管代码调试的支持和理解它们配合起来提供本地/托管无缝调试经验的方式。就像本书中其他的.NET 相关讨论，架构针对的是.NET Framework 4.0 版本。

3.3.1 架构概述

当设计一个能支持微软中间语言（Microsoft Intermediate Language，MSIL）.NET 代码调试的架构时，遇到的第一个挑战是这些代码会被 CLR 的实时编译器翻译成机器指令。由于性能原因，上述运行时代码生成得很慢，直到某个方法实际调用后才完成。需要特别强调的是，这意味着为了插入代码断点，调试器需要一直等到相关代码被加载到内存，以使得它可以在内存中编辑代码，并在合适位置插入断点指令。操作系统产生的本地调试事件本身并不足以支持这种类型的 MSIL 调试，因为只有 CLR 知道.NET 方法什么时候被编译或者托管类对象在内存中如何表示。

鉴于这些原因，CLR 为调试器设计了一个基础设施，以在专门线程（作为每个.NET 进程的一部分运行，并且很清楚其内部 CLR 数据结构）的帮助下检查和控制托管目标。这个线程被称为调试器运行时控制器线程，它运行在一个连续循环以等待来自调试器进程的消息。即使是在中断状态，托管的目标进程也未被整体冻结，因为该线程必须持续运行以服务于调试命令。.NET 应用程序都有这个额外的调试器线程，甚至在它们并未被托管代码调试器进行活动调试时也是如此。为确认这个事实，你可以使用下面来自配套源代码的"Hello World！" C#示例。

```
C:\book\code\chapter_03\HelloWorld>test.exe
Hello World!
Press any key to continue...
```

现在可以使用第 2 章中所述的步骤，开始实时内核态调试会话和非侵入地观察托管进程活动时包含的线程。请注意调试器运行时控制器线程(下面清单中的 clr!DebuggerRCThread:ThreadProc 线程函数）的存在，即使是在.NET 进程未被用户态调试器调试时。

```
lkd> .symfix
lkd> .reload
lkd> !process 0 0 test.exe
PROCESS 85520c88 SessionId: 1 Cid: 07b8    Peb: 7ffdf000 ParentCid: 0e5c
    Image: test.exe
lkd> .process /r /p 85520c88
lkd> !process 85520c88 7
PROCESS 85520c88 SessionId: 1 Cid: 07b8    Peb: 7ffdf000 ParentCid: 0e5c
    Image: test.exe
...
    THREAD 9532ed20 Cid 07b8.1e5c  ...
      828d74b0 SynchronizationEvent
      885f5cb8 SynchronizationEvent
      86a0e808 SynchronizationEvent
...
    0116f7fc 5d6bb4d8 00000003 0116f824 00000000 KERNEL32!WaitForMultipleObjects+0x18
    0116f860 5d6bb416 d6ab8654 00000000 00000000 clr!DebuggerRCThread::MainLoop+0xd9
    0116f890 5d6bb351 d6ab8678 00000000 00000000 clr!DebuggerRCThread::ThreadProc+0xca
    0116f8bc 76f9ed6c 00000000 0116f908 779c377b clr!DebuggerRCThread::ThreadProcStatic+0x83
    0116f8c8 779c377b 00000000 6cb23a74 00000000 KERNEL32!BaseThreadInitThunk+0xe
    0116f908 779c374e 5d6bb30c 00000000 00000000 ntdll!__RtlUserThreadStart+0x70
```

```
0116f920 00000000 5d6bb30c 00000000 00000000 ntdll!_RtlUserThreadStart+0x1b
lkd> q
```

由于对这个辅助线程的依赖，托管代码调试模式通常被称为进程内调试（in-process debugging），与本地代码用户态调试器使用的进程外调试（out-of-process debugging）架构形成对照，后者不需要来自目标进程的动态配合。托管代码调试器由 CLR 定义，用以与运行时控制器线程交互的约定，是由一组在.NET Framework 动态库 mscordbi.dll 中实现 COM 接口来表示的。因为这个约定以一组 COM 接口形式公开，可以用 C/C++编写托管代码调试器，当然用其他任何.NET 语言也可以，这里 COM 互操作设施可用于使用在该 DLL 中实现的 CLR 调试器对象。

Visual Studio 调试器同样是基于这个 CLR 调试基础设施的，它也用来实现其对托管代码的调试支持。用于在调试器中服务用户操作的组件以高级别出现，如图 3-6 所示。调试器前端界面处理用户输入的任何命令，并将其转发到调试器的后端引擎，后端引擎轮流在内部使用来自 mscordbi.dll 的 CLR 调试器 COM 对象，以与托管目标进程的运行时控制器线程通信。这些组件对象实现调试器与目标进程之间的私有通信通道相关的所有内部细节。

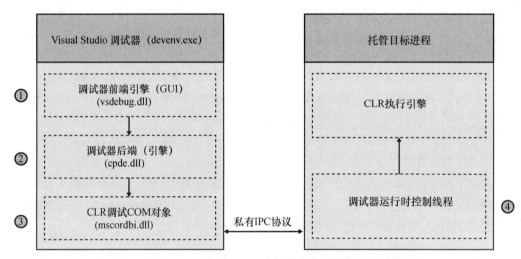

图 3-6　Visual Studio 与 CLR 中的进程内托管代码调试架构

这种架构有一个很大的优势，即通过更高级的约定和托管代码调试器同 CLR 调试器控制器线程之间的通信通道，使调试器摆脱了 CLR 执行引擎数据结构内部错综复杂的细节。这意味着这些数据结构的布局可以改变而不破坏调试器的功能。

不幸的是，这种架构也有几个缺点。首先，这个模型并不适合崩溃转储调试，因为目标不是在那种情况下运行，所以当调试内存崩溃转储文件时，调试器不能依靠一个活动的调试器辅助线程来执行其操作。其次，操作系统并不知道应用程序正通过私有的进程间通信通道进行调试。直到.NET 4.0 版本，Visual Studio 托管应用程序调试在附加了主机内核态调试器的机器上都是完全不工作的。由于操作系统不知道托管进程正被调试，托管调试抛出的异常会被内核态调试器不正确地捕获到。官方将这个问题的解决方法记录在知识库（Knowledge Base，KB）文章中，但它很难令人满意，因为它建议完全禁用内核态调试器。幸运的是，这个问题在 Visual Studio 2010 中解决了——至少对于为.NET 4.0 编译的托管代码——因为调试器现在也作为常规的本地用户态调试器附加到目标进程调试端口。然而，进程内托管调试架构仍然是主要的实时托管代码调试通道。

表 3-3 包含了进程内与进程外托管调试模式的比较分析。

表 3-3　　　　　　　　　　进程内与进程外托管调试模式

	优点	缺点
进程内调试	■ 容易访问 CLR 数据结构 ■ 更快的单步执行	■ 与内核态调试很难整合 ■ 不用于崩溃转储调试工作
进程外调试	■ 支持崩溃转储调试 ■ 与本地调试自然融合 ■ 没有阻止内核态调试的副作用	调试器与 CLR 执行引擎的数据结构很难同步

由于进程外调试的好处，CLR 和 Visual Studio 未来可能将继续朝着托管代码调试的架构前进。这一趋势从.NET4.0 和 Visual Studio 2010 就已经开始了，进程外架构现在用于支持托管进程的崩溃转储调试。

3.3.2　SOS Windows 调试器扩展

当调试一个.NET 目标程序时，许多 WinDbg 命令不能成功执行本地调试功能。例如，k 命令不能显示调用堆栈上托管函数的名称，dv 命令也不能显示这些函数的局部变量值。要理解其原因，需记住 MSIL 模块是动态编译的，所以动态生成的代码地址对符号而言是完全未知的，但 Windows 调试器依靠的正是将地址映射到它们支持的符号名称。即使当 MSIL 映像预编译为本地映像——一个称为 NGEN 的进程——生成的本地映像实际上是机器相关，并且不会拥有对应的符号文件。.NET Framework 动态库程序集属于第二种类型，因为它们通常被 NGEN 到机器上，这些机器安装它们来改善所有相关应用程序的性能。

SOS 是如何工作的

为了解决 Windows 调试器对托管代码调试本地支持的缺失问题，.NET Framework 提供了调试器扩展模块 sos.dll。这个扩展在早期版本的.NET Framework 中具有双重作用，因为它也是唯一支持执行.NET 代码崩溃转储调试的方式，Visual Studio 只在其 2010 版本才开始支持托管代码的进程外调试。

这个调试器扩展作为 CLR 代码库的一部分构建，所以它能细致了解 CLR 数据结构的内在布局，允许它直接读取目标进程虚拟地址空间，并解析它所需的 CLR 执行引擎结构。这些功能使得它支持进程外托管代码调试。当使用 SOS 时，你将至少能够显示托管的调用栈，在托管代码中设置断点，查找局部变量的值，转储变量到方法调用，并执行大多数检查和控制你在本地代码调试中使用的调试操作——仅仅是不如源代码级调试便利而已。

托管代码调试器只会在源代码级调试中使用.NET 模块符号（源代码行、本地函数变量名等）。即使托管程序中没有符号文件，还可以做许多在本地代码调试中（符号是绝对重要的）无法做到的事情。这是因为 MSIL 映像还携带了元数据，这些元数据描述了其宿主类的类型信息，允许任何带有解析这些信息内部知识的组件使用它来显示调用栈中的函数名称转储局部变量（尽管它们没有名称）的值，或者查找函数调用的参数。这正是 SOS Windows 调试器扩展启用进程外托管代码调试的方法——即使没有符号文件或任何来自 CLR 调试器运行时控制器线程的附加帮助。

使用 SOS 调试你的第一个 .NET 程序

为提供一个关于在 WinDbg 中如何使用 SOS 调试 .NET 程序的实用说明，现在我们用它调试本书配套源代码中的下列 C#程序，你需要针对目标 CLR 4.0 版本编译。

```
//
// C:\book\code\chapter_03\HelloWorld>main.cs
//
public class Test
{
    public static void Main()
    {
        Console.WriteLine("Hello World!");
        Console.WriteLine("Press any key to continue...");
        Console.ReadLine();
        Console.ReadLine("Exiting...");
    }
}
```

每个版本的 CLR 都有自己的 SOS 扩展 DLL 拷贝，它们可以理解 CLR 内部数据结构并能对其解码，因此必须总是加载正在调试的目标进程使用的 CLR 版本伴随的 SOS 扩展版本。此外，SOS 命令只有在 CLR 执行引擎被加载之后才工作，因此你需要等待它的模块加载事件发生。这发生在.NET 目标启动的早期，因为 CLR 基础动态库（mscoree.dll）控制着 CLR 执行引擎动态库，它在 CLR 版本 4（.NET 4.x）中是 clr.dll，在 CLR 版本 2（.NET2.x 和.NET3.x）中是 mscorwks.dll。可以在调试器中通过使用 sxe ld 命令获取这个模块的加载事件通知，如下面的清单所示。

```
0:000> vercommand
command line: '"c:\Program Files\Debugging Tools for Windows (x86)\windbg.exe"
c:\book\code\chapter_03\HelloWorld\test.exe'
0:000> .symfix
0:000> .reload
0:000> sxe ld clr.dll
0:000> g
ModLoad: 5fad0000 6013e000   C:\Windows\Microsoft.NET\Framework\v4.0.30319\clr.dll
ntdll!KiFastSystemCallRet:
779970b4 c3              ret
0:000> .lastevent
Last event: 1e30.c20: Load module C:\Windows\Microsoft.NET\Framework\v4.0.30319\clr.dll at
5fad0000
```

在执行引擎动态库加载后，可以在任何托管代码有机会在目标进程中运行之前加载 SOS 扩展模块。当加载 SOS 扩展动态库时，你会发现一个有用的命令是.loadby 调试器命令。这条命令的作用就像更基础的.load 命令，但它会查找相同路径（从那里加载第二个模块参数）下的扩展模块。通过指定 CLR 执行引擎动态库模块名称。你肯定会从相同位置加载 sos.dll 扩展，这样它就匹配目标的准确 CLR 版本。一个有用的 SOS 命令是!eeversion，它显示目标进程中当前 CLR 的版本。

```
0:000> .loadby sos clr
0:000> !eeversion
4.0.30319.239 retail
0:000> g
```

3.3 托管代码调试

现在，这个程序在 ReadLine 方法等待用户的输入。如果此时使用 Debug\Break 菜单操作中断进入调试器，将会看到 k 命令无法正确显示来自 .NET 进程主线程托管代码栈帧中的函数名。（请注意栈帧中非常大的偏移，该偏移是相对 .NET Framework 程序 mscorlib.dll 中的本地映像 mscorlib_ni 而言的，这是符号缺失或未解析的象征。）非托管帧仍会被正确解码。

```
0:004> ~0s
0:000> k
ChildEBP RetAddr
0017e998 77996464 ntdll!KiFastSystemCallRet
0017e99c 75ea4b6e ntdll!ZwRequestWaitReplyPort+0xc
0017e9bc 75eb2833 KERNEL32!ConsoleClientCallServer+0x88
0017eab8 75efc978 KERNEL32!ReadConsoleInternal+0x1ac
0017eb40 75ebb974 KERNEL32!ReadConsoleA+0x40
0017eb88 5efc1c8b KERNEL32!ReadFileImplementation+0x75
0017ec08 5f637cc8 mscorlib_ni+0x2c1c8b
0017ec30 5f637f60 mscorlib_ni+0x937cc8
0017ec58 5ef78bfb mscorlib_ni+0x937f60
0017ec74 5ef5560a mscorlib_ni+0x278bfb
0017ec94 5f63e6f5 mscorlib_ni+0x25560a
0017eca4 5f52a7aa mscorlib_ni+0x93e6f5
0017ecb4 5fad21bb mscorlib_ni+0x82a7aa
0017ecc4 5faf4be2 clr!CallDescrWorker+0x33
0017ed40 5faf4d84 clr!CallDescrWorkerWithHandler+0x8e
0017ee7c 5faf4db9 clr!MethodDesc::CallDescr+0x194
0017ee98 5faf4dd9 clr!MethodDesc::CallTargetWorker+0x21
0017eeb0 5fc273c2 clr!MethodDescCallSite::Call_RetArgSlot+0x1c
0017f014 5fc274d0 clr!ClassLoader::RunMain+0x24c
0017f27c 5fc272e4 clr!Assembly::ExecuteMainMethod+0xc1
0017f760 5fc276d9 clr!SystemDomain::ExecuteMainMethod+0x4ec
0017f7b4 5fc275da clr!ExecuteEXE+0x58
...
```

幸运的是，SOS 调试器扩展中的 !clrstack 命令允许查看在线程调用栈中的托管帧。

```
0:000> !clrstack
OS Thread Id: 0xe48 (0)
Child SP IP      Call Site
0017eba8 779970b4 [InlinedCallFrame: 0017eba8]
0017eba4 5efc1c8b DomainNeutralILStubClass.IL_STUB_PInvoke(Microsoft.Win32.SafeHandles.
SafeFileHandle, Byte*, Int32, Int32 ByRef, IntPtr)
0017eba8 5f637cc8 [InlinedCallFrame: 0017eba8] System.IO.__ConsoleStream.ReadFile(Microsoft.
Win32.SafeHandles.SafeFileHandle, Byte*, Int32, Int32 ByRef, IntPtr)
0017ec1c 5f637cc8 System.IO.__ConsoleStream.ReadFileNative(Microsoft.Win32.SafeHandles.
SafeFileHandle, Byte[], Int32, Int32, Int32, Int32 ByRef)
0017ec48 5f637f60 System.IO.__ConsoleStream.Read(Byte[], Int32, Int32)
0017ec68 5ef78bfb System.IO.StreamReader.ReadBuffer()
0017ec7c 5ef5560a System.IO.StreamReader.ReadLine()
0017ec9c 5f63e6f5 System.IO.TextReader+SyncTextReader.ReadLine()
0017ecac 5f52a7aa System.Console.ReadLine()
0017ecb4 0043009f Test.Main() [c:\book\code\chapter_03\HelloWorld\main.cs @ 9]
0017eee4 5fad21bb [GCFrame: 0017eee4]
```

调试命令 k 的堆栈跟踪输出中的 mscorlib_ni.dll 模块是 NGEN 映像（"ni"），它与 MSIL 映像 mscorlib.dll 相对应。可以把这些模块只看作为了 SOS 调试的 MSIL 源。特别地，可以通过使用

SOS 扩展命令!bpmd 为 MSIL 或 NGEN 映像中的托管代码函数设置断点。

例如，可以在 WriteLine 方法设置一个断点，该方法将会被下一行源代码执行。这个.NET 方法定义在 mscorlib.dll（或者这种情况下的 mscorlib_ni.dll NGEN 版本）中的 System.Console 类。!bpmd 命令将目标模块名作为第二个参数（没有扩展），将.NET 模块完整的限定名称作为第二个参数，如以下清单所示。

```
0:004> !bpmd mscorlib_ni System.Console.WriteLine
Found 19 methods in module 5ed01000...
MethodDesc = 5ed885a4
Setting breakpoint: bp 5EFAD4FC [System.Console.WriteLine()]
MethodDesc = 5ed885b0
Setting breakpoint: bp 5F52A770 [System.Console.WriteLine(Boolean)]
MethodDesc = 5ed885bc
...
Adding pending breakpoints...
0:004> g
```

这个命令会为 WriteLine 方法的所有重载（按前面的情况是有其中的 19 个）添加断点。如果在目标进程的活动命令提示窗口中按回车键，就会注意到调试器命中了下一个断点。

```
Breakpoint 13 hit
mscorlib_ni+0x2570ac:
5ef570ac 55              push    ebp
```

此时可以再次使用!clrstack 命令查看当前堆栈跟踪。该命令的-a 选项还允许查看栈上托管帧的参数。

```
0:000> !clrstack -a
OS Thread Id: 0x18e0 (0)
Child SP IP       Call Site
0018f260 5ef570ac System.Console.WriteLine(System.String)
    PARAMETERS:
        value (<CLR reg>) = 0x01fdb24c
0018f264 004600ab Test.Main()
*** WARNING: Unable to verify checksum for test.exe
 [c:\book\code\chapter_03\HelloWorld\main.cs @ 10]
0018f490 5fad21bb [GCFrame: 0018f490]
```

请注意，这个命令的作用还是如何显示.NET 字符串对象地址，后者会传递到 WriteLine 方法，可以使用 SOS 调试器扩展命令!do（"转储对象"）进行转储。

```
0:000> !do 0x01fdb24c
Name:          System.String
MethodTable: 5f01f92c
EEClass:       5ed58ba0
Size:          34(0x22) bytes
String:        Exiting...
Fields:
      MT    Field   Offset           Type VT    Attr    Value Name
5f0228f8  4000103        4     System.Int32  1 instance    10 m_stringLength
5f021d48  4000104        8     System.Char   1 instance    45 m_firstChar
5f01f92c  4000105        8     System.String 0   shared   static Empty
     >> Domain:Value 002a1270:01fd1228 <<
```

注意：!clrstack 命令不显示调用栈上的非托管函数，尽管通常在整个栈跟踪中通过!clrstack 和常规的 k 回溯命令的组合可以很容易地看到托管调用，这应该给出了所有你需要了解的当前正在执行的代码。注意，SOS 也有!dumpstack 命令来试图完成上述合并，但其输出更加繁杂。

SOS 扩展还有其他一些有用的命令，可以使用它们来检查.NET 程序，包括 u（反汇编）命令的变种，除了非托管地址，它也能解码托管函数调用的地址。例如，在前面的断点情况下（WriteLine 方法），可以使用此命令来获取当前函数的反汇编。

```
0:000> !u .
preJIT generated code
System.Console.WriteLine(System.String)
Begin 5ef570ac, size 1a
>>> 5ef570ac 55               push    ebp
5ef570ad 8bec                 mov     ebp,esp
5ef570af 56                   push    esi
5ef570b0 8bf1                 mov     esi,ecx
5ef570b2 e819000000           call    mscorlib_ni+0x2570d0 (5ef570d0) (System.Console.get_Out(), 
mdToken: 060008fd)
...
```

相比之下，请注意常规的 u 命令会不友好地显示函数本身或 get_Out（也是个托管方法，内部封装了相同的函数）调用名称。

```
0:000> u .
mscorlib_ni+0x2570ac:
5ef570ac 55               push    ebp
5ef570ad 8bec             mov     ebp,esp
5ef570af 56               push    esi
5ef570b0 8bf1             mov     esi,ecx
5ef570b2 e819000000       call    mscorlib_ni+0x2570d0 (5ef570d0)
```

如果你想在实验中尝试更多的 SOS 调试器命令，那么可以找到一个这些命令的清单和一个简要的使用总结，这通过 WinDbg 调试器中的!help 命令来实现。

```
0:000> !help
-------------------------------------------------------------------------------
SOS is a debugger extension DLL designed to aid in the debugging of managed
programs.  Functions are listed by category, then roughly in order of
importance.  Shortcut names for popular functions are listed in parenthesis.
Type "!help <functionname>" for detailed info on that function.
...
0:000> $ Terminate this debugging session now...
0:000> q
```

表 3-4 回顾了这个实验中介绍的基本的 SOS 扩展命令。

表 3-4   基本的 SOS 扩展命令

命令	用途
!eeversion	显示目标 CLR（执行引擎）版本
!bpmd	使用托管.NET 方法设置一个断点
!do (or !dumpobj)	转储托管对象字段

命令	用途
!clrstack !clrstack -a	显示当前调用堆栈的托管帧。可选的-a 选项还可以用于显示调用栈函数的参数。但是这些值是最佳猜测的扩展，因为它们并不总是准确的
!u	显示托管函数的反汇编

尽管可以使用 SOS 扩展实现很多关键的调试任务，Windows 调试器中的托管代码调试实验仍有许多不足之处。当调试所编写的托管代码时，Windows 调试器显然不是首选，但 SOS 仍然是一个不错的选择。特别是如果不能在目标机上安装 Visual Studio，或正在进行没有源代码的调试，这时使用 WinDbg 会是个不错的选择。

3.4 脚本调试

Visual Studio 还支持源代码级的脚本语言调试，如 VBScript 或 JScript。这是从内部实现的，与托管代码调试一样依赖进程内规范。CLR 使用进程内调试模型的原因之一，是 2002 年当它首次向公众发布时，脚本调试已经成功使用了多年（自 20 世纪 90 年代中期）。在这两种情况下，调试器都需要脚本宿主或 CLR 执行引擎的协作，以支持目标进程的源代码级调试。

3.4.1 架构概述

为了理解脚本调试是如何工作的，有必要首先解释一些关于脚本语言在 Windows 中如何执行的基本概念。这个体系结构的关键是活动脚本规范。这个规范由微软在 20 世纪 90 年代引入并定义一组 COM 接口，以允许实现它们的脚本语言在任何符合条件的主机应用程序中被托管。在 Windows 中，VBScript 和 JScript（微软的 JavaScript 实现）是活动脚本语言，其实现完全符合规范。

活动脚本规范定义了一个语言处理引擎，当脚本需要被解释时，活动脚本宿主会使用该引擎。活动脚本引擎的示例是 vbscript.dll 和 jscript.dll，它们都由 Windows 提供并位于 system32 目录下。活动脚本宿主的示例包括 Internet 信息服务（Internet Information Service，IIS）、Web 服务器（嵌入 ASP 或 ASPweb 页面的服务器端脚本）、Internet Explorer（网页中的客户端脚本）以及 Windows 脚本宿主（cscript.exe 或 wscript.exe），它们都由 Windows 发布，能用于从命令行提示符下执行脚本。还有第三方活动脚本引擎来支持其他脚本语言，包括 Perl 和 Python。

此外，活动脚本规范还为调试器在操作中利用宿主的优点定义了一个约定（又一组 COM 接口）。支持调试的活动脚本宿主（即实现所需的 COM 接口）被称为智能宿主。所有最新版的 Internet Explorer、IIS 和 Windows 脚本宿主都能实现这些接口的智能宿主，这是"魔术"的核心，支持 Visual Studio 调试这些进程中的任何脚本。进程调试管理器（Process Debug Manager，PDM）组件（pdm.dll）由 Visual Studio 调试器配套提供，使脚本引擎不必了解错综复杂的脚本调试。在许多方面，PDM 组件具有与 CLR 运行时调试器控制线程和 mscordbi.dll 托管调试服务相同的目的，如图 3-7 所示。

活动脚本调试与托管代码调试的一个不同点是，智能宿主通常默认不公开它们的调试服务，而在 CLR 中总有一个调试器线程运行在托管代码进程中。以 Internet Explorer 为例，首先需要启用宿主进程中的脚本调试，这通过清除 Tools\Internet Options\Advanced 选项卡中的 Disable Script

Debugging 选项来实现，如图 3-8 所示。

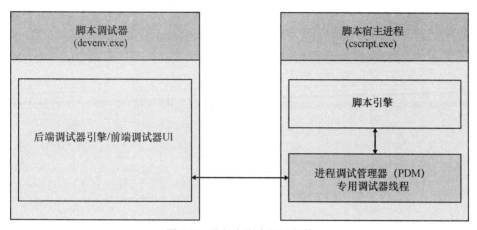

图 3-7　进程内脚本调试架构

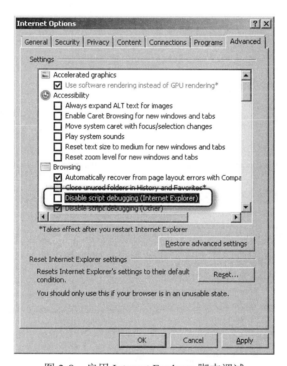

图 3-8　启用 Internet Explorer 脚本调试

按照同样的方式，如果你也想调试执行脚本，需要显式地通过//X 选项启用 Windows 脚本宿主（cscript.exe 或者 wscript.exe）中的脚本调试。IISweb 服务器管理器还可以通过一个用户界面选项启用服务器端脚本调试。

3.4.2　在 Visual Studio 中调试脚本

下列示例脚本来自本书配套源代码，只显示其开始时间和退出控制台之前的参数列表。它是一个很好的例子，该例子展示了如何使用//X 选项来启用 cscript.exe 进程支持的脚本调试，并在

Visual Studio 中单步执行控制台脚本。

```
//
// C:\book\code\chapter_03\script>test.js
//
var g_argv = new Array();

//
// store command-line parameters and call the main function
//
for (var i=0; i < WScript.Arguments.length; i++)
{
    g_argv.push(WScript.Arguments(i));
}

WScript.Quit(main(g_argv));

function main(argv)
{
    WScript.Echo("Script started at " + new Date());
    if (g_argv.length > 0)
    {
        WScript.Echo("Arguments: " + g_argv);
    }
}
```

特别要注意的是下列命令中//X 选项下的双斜杠，双斜杠用于区别 cscript.exe 和 wscript.exe 执行脚本时的选项。

```
C:\Windows\system32\cscript.exe //X C:\book\code\chapter_03\script\test.js 1 2
Microsoft (R) Windows Script Host Version 5.8
Copyright (C) Microsoft Corporation. All rights reserved.
...
```

在安装了 Visual Studio 2010 的机器上运行前面的命令时，你会看到图 3-9 所示的对话框。如果从一个提升到管理员权限的命令提示符下启动脚本，可能会得到另一个允许 UAC 提升的对话框，前提是 Visual Studio 调试器也需要在这种提升权限后的情况下运行。

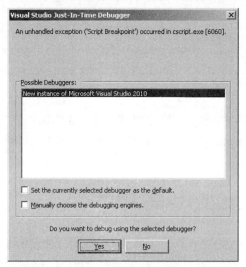

图 3-9　使用 Visual Studio 附加到一个脚本

然后，就可以使用 Visual Studio 调试器单步执行（使用 F10 和 F11 快捷键）脚本并调试它（通过源代码级信息），就像调试任何本地代码或托管代码的应用程序一样，如图 3-10 所示。

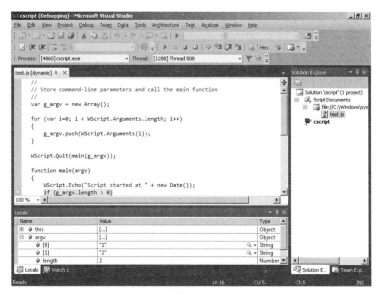

图 3-10　使用 Visual Studio 2010 进行源代码级脚本调试

3.5　远程调试

远程调试是一个方便的功能，允许使用运行在网络中不同机器上的调试器实例远程控制目标。本节将深入分析该功能是如何由 Windows 调试器程序实现的，并介绍如何在 WinDbg 和 Visual Studio 调试器中使用它。

3.5.1　架构概述

在高级别上，有两种用于支持远程调试的概念模型——远程会话和远程插桩。在这两种模型下，目标进程都需要运行在相同的机器上，以执行远程调试器输入的命令。在远程会话模型下，调试器会话完全在目标机上，远程调试器实例只是充当一个"无声的"客户端发送命令到本地调试器实例。在远程插桩模型下，调试器会话是远程运行的，运行在目标机本地的是"插桩"代理进程，充当了一个网关来获取进出目标的信息。

如果需要多个工程师之间的协作来调查某个故障，就要用到远程会话。在这种情况下，在样本目标机上运行一个本地调试器实例，然后开发人员可以开始从各自机器上远程键入命令来查看那个故障，甚至留下注释并查看彼此的调试结果和命令输入。WinDbg 支持这种非常有用的远程调试形式，如图 3-11 所示。

当在远程计算机设置调试环境很重要，或者由于在目标机不能完全安装调试环境或符号及资源不能从目标机直接访问时，需要用到远程插桩。Windows 和 Visual Studio 调试器都支持这种形式的远程调试，尽管这个架构在 Visual Studio 调试器中更有用（事实上，远端插桩是 Visual Studio 唯一支持的远程调试类型）。这是因为在目标机安装一个完整的 Visual Studio 调试环境器是很繁重的,无论是它所需要的磁盘空间还是它需要占用的时间,往往都是生产环境无法满足的。相比之下,Visual Studio 远程调试组件(包括远程插桩处理)就更轻松,如果在目标机上需要安装它时能够节约很多时间。

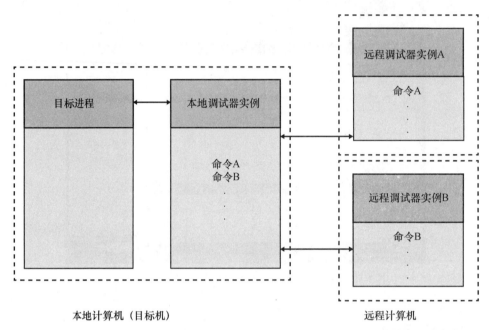

图 3-11　使用远程会话的远程调试

图 3-12 显示了第二种形式的远程调试。

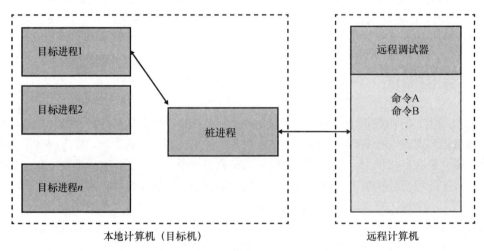

图 3-12　使用远程插桩的远程调试

3.5.2　WinDbg 中的远程调试

如前所述,WinDbg 既支持远程会话,又支持远程插桩。本节将介绍在 WinDbg 远程调试中它们的安装使用步骤。

远程会话

开始一个 WinDbg 远程调试会话很简单。只需要使用调试器命令.server，具体操作如下所示。

在 WinDbg 中使用远程会话

1. 在控制目标进程的本地 WinDbg 实例中使用.server 命令启动一个 TCP／IP 远程会话，如下面的清单所示。这个例子使用端口 4445，但使用其他任何未工作的端口也都可行。使用不带参数的.server 命令可给出它的使用方法。

```
0:000> vercommand
command line: '"c:\Program Files\Debugging Tools for Windows (x86)\windbg.exe"
notepad.exe'
0:000> $ .server without any arguments displays the usage...
0:000> .server
Usage: .server tcp:port=<Socket>   OR   .server npipe:pipe=<PipeName>
0:000> $ Open a remote debugging server session using port 4445
0:000> .server tcp:port=4445
Server started.  Client can connect with any of these command lines
0: <debugger> -remote tcp:Port=4445,Server=TARIKS-LP03
```

2. 在原本计划控制目标的远程机器上开始一个新的 WinDbg 实例（远程调试器），并通过使用-remote 命令行选项远程连接到前面的 TCP 端口。还可以使用前面.server 命令的输出提供的连接字符串来给出使用方法。注意，远程计算机和目标机可以是相同的，所以也可以像步骤 1 那样在同一台机器上执行此步骤。

```
windbg.exe -remote tcp:Port=4445,Server=TARIKS-LP03
```

> **注意**：你在新的 WinDbg 实例命令窗口（"远程"调试器）键入的任何命令也出现在目标机上的第一个 WinDbg 实例（"本地"调试器）中。远程调试器本质上只是作为输入命令的终端，命令会被转移并最终由目标机上的本地调试器实例处理。

3. 可以使用 qq 命令从远程机器终止整个调试会话（远程和本地调试器实例）。相比之下，q 命令只会终止远程实例，留下本地调试器实例完好无损。

```
0:000> $ Remote debugger command prompt
0:000> qq
```

除了在远程调试场景明显的好处外，WinDbg 远程会话甚至在同一台机器上调试也很有用。一个例子是，起初使用一个 Windows 命令行调试器（cdb.exe 或 ntsd.exe），但后来决定切换到使用 WinDbg 作为前端用户界面实现相同的会话。

远程插桩

远程调试会话中，在远程调试器窗口中键入的命令就好像直接在目标机上键入一样。特别是，这意味着调试器扩展也可以加载到目标机上的调试器进程空间，需要的符号也从那台机器获取。尽管远程会话是目前 WinDbg 远程调试中常见的场景，但如果不想复制符号或让它们在网络上可用，可以使用远程插桩，以便它们可以从目标机进行访问。

可以在 Windows 调试器的用户态和内核态远程调试中使用远程插桩。Windows 调试器安装文件夹下的 Dbgsrv.exe 进程用作用户态远程调试的插桩进程。Windows 调试器安装文件夹下的 Kdsrv.exe 进程用作远程内核态调试。

与远程会话情况相似，如果没有两台独立的计算机还可以通过在目标机上运行远程调试器来完成这里描述的过程。

在 WinDbg 中使用远程插桩

1. 在目标机上使用 dbgsrv.exe 插桩进程打开一个 TCP / IP 通信端口。这个命令失败时将显示一个对话框，但在成功时不会显示任何信息。

```
C:\Program Files\Debugging Tools for Windows (x86)\dbgsrv.exe -t tcp:port=4445
```

这里的 dbgsrv.exe 插桩进程运行在后台。使用 netstat.exe 工具（位于 Windows system32 目录下），可以显示机器上开放的网络端口，并确认插桩进程在 TCP 4445 端口监听来自远程调试器的连接。

```
C:\windows\system32\netstat.exe -a
Active Connections
  Proto  Local Address          Foreign Address        State
...
  TCP    0.0.0.0:4445           TARIKS-LP03:0          LISTENING
...
```

2. 在远程机器上开启一个新的 windbg.exe 实例，并使用 File\Connect to a Remote Stub 菜单操作连接到目标机上的插桩进程。让 Connection string 对话框为空，并在打开的 Browse Remote Servers 对话框中输入目标机器名称，然后 WinDbg 将自动列举目标机上打开的所有插桩对话，如图 3-13 所示。

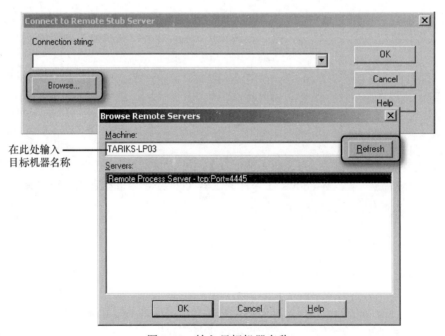

图 3-13　输入目标机器名称

3. 连接到远程插桩后，可以通过使用熟悉的 File\Attach To A Process 菜单命令（F6 快捷键）附加到目标机器上运行的各进程。然而，现在该选项会显示目标机上的进程，这正是在这种情况下我们想要的。一旦附加到某个进程，就可以像它运行在本地时那样调试它，这通过与同一远程调试器主机（不是目标机，像远程会话的情况那样）对应的符号和调试器扩展来实现。

4. 当不再需要远程调试通道时，确保终止目标机上的插桩进程，以释放该进程在早些时候为其他用途开放的 TCP 端口。可以在 Windows 任务管理器界面或使用 Windows 调试器包中的 kill.exe 命令行实用程序完成。

```
C:\Program Files\Debugging Tools for Windows (x86)>kill.exe dbgsrv
process dbgsrv.exe (4188) - '' killed
```

同样的方法可用于远程内核态调试，区别在于你应使用 kdsrv.exe 插桩取代 dbgsrv exe 插桩。注意，在这种情况下，实际上涉及了 3 个机器——常规目标机和内核态调试器主机，以及正运行调试器实例的远程机器。kdsrv.exe 进程作为内核态调试器主机上的远程插桩启动，而不是正被内核态调试器调试的目标机。远程调试器主机对应的符号和扩展再次被解析。

3.5.3　Visual Studio 中的远程调试

Visual Studio 不支持远程调试会话或远程连接字符串的概念，这导致在需要分析特定故障的准确原因时，很难用它与另一个开发人员共享一个调试会话，而 WinDbg 的.server 命令可以做到这一点。Visual Studio 远程调试使用远程插桩思想，将 msvsmon.exe 作为远程插桩进程，然后 Visual Studio 调试器进程（devenv.exe）从远程计算机进行连接。MSVSMON 有时也被称为 Visual Studio 调试监视器，这凸显了它代表远程机器上的 Visual Studio 调试器控制本地机器上目标执行的事实。

远程机器和目标机之间默认的通信协议使用带 Windows 身份验证的分布式 COM（distributed COM，DCOM），因此需要在目标机上为用户运行调试器配置正确的安全权限。例如，如果所使用的账户是个域用户，它需要是目标机上的管理员或者是由 Visual Studio 创建的 Debugger Users 安全组成员。

在 Visual Studio 中使用远程调试

1. 在目标机上运行本书配套源代码中的下列 C#示例程序（让它等待用户输入）。

```
C:\book\code\chapter_03\HelloWorld>test.exe
Hello World!
Press any key to continue...
```

2. 为目标机安装 Visual Studio 2010 远程调试组件。这个设置安装不会花太长时间（至少比完整的 Visual Studio 安装花费时间少），因为只需要几兆字节的下载。取消安装末尾出现的配置向导。

3. 启动目标机上的 msvsmon.exe 插桩进程。使用 MSVSMON 的 Tools\Options 菜单操作来修改连接的服务器名称，或者保持默认值不变，如图 3-14 所示。

```
C:\Program Files\Microsoft Visual Studio 10.0\Common7\IDE\Remote Debugger\x86>msvsmon.exe
```

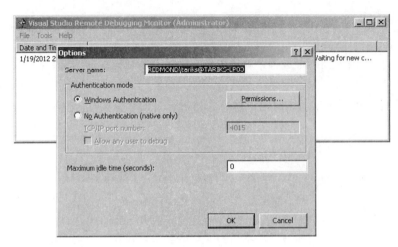

图 3-14　修改连接的服务器名称

4. 在安装了 Visual Studio 完整开发环境的远程机器上，使用 Tools\Attach to Process 菜单操作远程连接到 test.exe 进程。在 Qualifier 文本框中，指定在第 3 步中选择的服务器名称，然后单击 Refresh 按钮，如图 3-15 所示。

图 3-15　选择服务器名称

5. 如果启用了 Windows 防火墙（默认行为），在目标机上会出现一个确认对话框。授权防火墙异常之后，你将看到一个当前运行在目标机上的所有进程的列表，然后可以附加到托管的 test.exe 进程。

当 Visual Studio 尝试定位该托管进程的符号时，你也可能看到图 3-16 所示的警告。这是因为相对于目标机的托管代码符号被解析了。

本地代码符号在 Visual Studio 远程调试中被解析，这是相对于远程机器（就像在 WinDbg 中基于插桩的远程调试那样）而言的，与此不同的是，由于托管代码的进程内调试特性，其符号是相对于目标机解析的。当使用 Visual Studio 并想进行.NET 应用程序的远程源代码级调试时要牢记这一点，因为需要复制符号到目标机，使得调试器能成功定位它们。

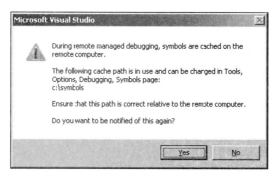

图 3-16　托管代码符号被解析的警告

3.6　小结

本章介绍了 Windows 中的几种调试类型和机制以及它们在系统级工作的方式。阅读本章后，你应该熟悉以下几点。

- 本地用户态调试依赖于系统提供的架构，该架构基于一套由系统生成的代表目标进程的调试事件。这些事件被发送到一个共享的调试端口对象，后者用于系统执行体与目标进程之间的关联，通过调试器进程中的一个专用线程等待新的事件和按顺序处理它们。这个通用框架为用户态调试器使用提供了基础，可控制目标的执行，包括设置代码断点和单步执行目标。
- 内核态调试与用户态调试共享许多概念。然而，由于其全局范围，一些调试操作在具体实现上有略微的不同，例如设置断点和目标单步调试。
- 脚本和托管代码调试使用进程内调试规范，在目标进程中运行了一个辅助线程以协助调试器的操作。Visual Studio 使用这个架构来支持这两种类型调试。
- 尽管没有源代码级调试的便利，SOS Windows 调试器扩展也可完全用于进程外托管代码调试。
- Windows 调试器支持协作的远程用户态和内核态调试，这通过使用远程会话时实现。Visual Studio 也支持远程调试，但它使用一个不同的体系结构，利用了运行在目标机上的远程插桩进程。远程调试架构的类型也会影响符号和调试器扩展的加载来源，所以它们都有自己的实际应用。

现在你已经了解在 Windows 中调试器如何调试本地和远程目标。第 4 章将介绍另一种调试方法——事后调试。

第 4 章

事后调试

本章内容

- 实时调试
- 转储调试
- 小结

软件运行时经常会出现一些崩溃现象。这种问题比较常见，而且经常发生在不可预知的条件下，从而使现场难以再现。如果软件崩溃时没有留下任何跟踪记录，将不便于分析软件崩溃的原因。幸运的是，微软 Windows 操作系统（OS）支持自动捕获部分或者全部软件崩溃时的内存快照并保存到磁盘中，从而方便事后进行分析。这些内存转储文件可以使用一种被动的调试模式进行分析研究，一般称这种模式为事后调试（Postmortem Debugging）。WinDbg 和微软的 Visual Studio 调试器都支持事后调试。其中，WinDbg 因为有丰富的扩展模块，可以更好地分析转储文件包含的数据结构和内存信息，使得该调试器在事后调试上有很大的优越性。

除了软件崩溃时在磁盘中保存转储文件这种方式外，另一种分析软件崩溃的方法是通过操作系统阻止一个用户态崩溃的应用程序进程退出，直到调试器能够附加（attach）到该进程。该方法利用了和内存转储相同的系统底层机制，从而允许在进程崩溃时直接对其实施现场调试分析，这种功能称为实时（Just-in-Time，JIT）调试。实时调试也是本章介绍的内容。

4.1 实时调试

实时（JIT）调试和.NET 框架中执行微软中间语言（MSIL）映像时用于生成本地代码的实时（JIT）编译器没有任何关系。虽然它们都是动态实时调用而用 JIT 来描述，但却是两个完全不同的概念。实时调试主要应用在以下特定场景：当应用程序遇到一个未处理异常并即将崩溃时，操作系统会自动调用默认调试器附加到该崩溃的应用程序进程上，以便用户实时地对其崩溃原因进行分析和研究。

4.1.1 你的第一个实时调试实验

首先通过本书中配套的一个 C++源代码示例程序从具体实践中学习实时调试是工作过程及其工作原理。可以使用前言中描述的步骤编译该 C++示例程序。从下面的源代码可以看出，该程序存在一个严重的错误（引用一个空指针），触发了一个非法访问的结构化异常处理（SEH），导致运行进程的崩溃。

```
//
// C:\book\code\chapter_04\NullDereference>main.cpp
//
int
__cdecl
wmain()
{
    BYTE* pMem = NULL;
    pMem[0] = 5;
    wprintf(L"Value at memory address is 0x%x\n", pMem[0]);
    return 0;
}
```

如果系统中没有配置默认实时调试器，当运行到错误指令时，程序会简单崩溃并结束。因为有些环境已经设置了默认实时调试器。所以要看到该现象，需要运行和本书源代码在同一目录下的 ClearJit.bat 批处理文件清除已经注册的实时调试器。清除注册实时调试器需要管理员权限，所以要在提升到管理员权限的命令提示符下运行 ClearJit.bat 批处理程序。清除已经注册的实时调试器后，运行之前的程序，将会看到图 4-1 所示的进程崩溃对话框。

```
C:\book\code\chapter_04\scripts\ClearJit.bat
C:\book\code\chapter_04\NullDereference\objfre_win7_x86\i386\NullDereference.exe
```

图 4-1　没有注册实时调试器时用户态进程崩溃现场

针对这种情况，你可以使用用户态调试器打开该程序并在调试器的控制下再次运行该程序，因为调试器会在第二次 SEH 异常通知时停止，这时可以查看程序在哪里发生崩溃。然而，这种方法并不是对所有程序崩溃都有效，首要原因是程序崩溃往往很难重现和复制，另一个原因是一个程序往往涉及多个进程，一般很难搞清楚把调试器附加到哪一个进程上。幸运的是，微软通过一些机制可以使得在程序崩溃时直接实施调试分析。也就是说，在程序崩溃时会自动调用注册的实时调试器附加到出现异常并崩溃的进程中。

要实现以上功能，首先要使用 WinDbg 命令选项中的/I 命令设置 Windbg 为本地默认实时调试器。设置默认实时调试器需要管理员权限，因此该命令需要在提升到管理员权限的命令提示符下运行才能保证实时调试器注册成功。执行/I 命令后如果看到图 4-2 所示的对话框，则说明默认实时调试器注册成功。

```
C:\Program Files\Debugging Tools for Windows (x86)>windbg.exe /I
```

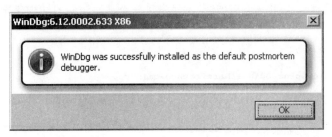

图 4-2　设置 WinDbg 为本地默认实时调试器

上述操作实际上修改了图 4-3 所示的 AeDebug 注册表项。因此验证前面命令执行成功的另一种方法就是查看该键值是否和下面截图中显示的一样。其中，Debugger 键值表示实时调试器的命令行，Auto 键值为 1 表示不需要询问用户，直接附加到崩溃进程。

[HKEY_LOCAL_MACHINE\SOFTWARE\Microsoft\Windows NT\CurrentVersion\AeDebug]

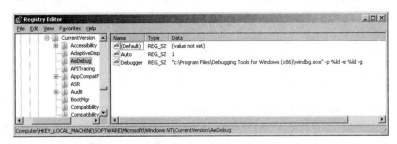

图 4-3　操作系统本地实时调试器注册表信息

完成 WinDbg 配置为默认实时调试器操作后，可以重新运行之前的程序，在程序进程崩溃时可以看到系统会自动打开一个新的 WinDbg 实例来准确地显示进程崩溃时的汇编代码指令。从 WinDbg 停在的 CPU 指令处可以看到，该 mov 指令试图将数值 5 写到 eax 寄存器指向的地址为 0 的内存空间中。在该例子中，输入 k 命令还可以查看导致程序崩溃代码所在的代码行信息。

```
(14ec.f80): Access violation - code c0000005 (!!! second chance !!!)
eax=00000000 ebx=00000000 ecx=00222378 edx=00000000 esi=00000001 edi=00222378
eip=002211ee esp=000cfca8 ebp=000cfcf0 iopl=0         nv up ei pl zr na pe nc
cs=001b  ss=0023  ds=0023  es=0023  fs=003b  gs=0000             efl=00010246
NullDereference!wmain+0x9:
002211ee c60005          mov     byte ptr [eax],5           ds:0023:00000000=??
0:000> k
ChildEBP RetAddr
000cfcac 00221364 NullDereference!wmain+0x9
[c:\book\code\chapter_04\nulldereference\main.cpp @ 9]
000cfcf0 7689ed6c NullDereference!__wmainCRTStartup+0x102
000cfcfc 77b637f5 kernel32!BaseThreadInitThunk+0x12
000cfd3c 77b637c8 ntdll!RtlInitializeExceptionChain+0xef
000cfd54 00000000 ntdll!RtlInitializeExceptionChain+0xc2
0:000> $ Conduct any further "live" debugging, then terminate the JIT debugging session
0:000> q
```

从上面的例子可以看出，只需要注册本地默认实时调试器这样一个简单的步骤，就可以在程序崩溃时自动地捕获错误。这时候操作系统代表用户精确地停在崩溃进程指令处。该方法非常实用，尤其是在程序崩溃时涉及多个进程的复杂场景，省去了用户手动定位崩溃进程和指令所涉及的多个复杂步骤等烦琐工作。

4.1.2　实时调试是如何工作的

实时调试和内存转储的具体实现原理相似，实时调试附加进程过程中所涉及的系统组件同样也负责在程序崩溃时用于用户态事后调试的内存转储文件的自动生成。理解实时调试内部原理同样可以解释.NET 和脚本（script）等高级形式语言实时调试工作机理。这些内容将在本章后续内容中进行介绍。

打破实时调试自动附加崩溃进程过程的一种方法就是修改注册表项 AeDebug 的 Auto 键值为 0。4.1.1 节曾介绍，当使用/I 命令注册 WinDbg 为系统默认实时调试器时，该注册表字符串值被设置为 1，表示不需要用户确认，操作系统会自动调用调试器附加到崩溃进程。通过将其更改为 0，当之前的 C++程序运行到产生异常的指令处时会出现图 4-4 所示的确认对话框。本书配套源码文件包含一个 DisableAuto.bat 批处理文件以帮助修改注册表 Auto 键值为 0。如果用户使用 64 位 Windows 操作系统，该程序同样有效。

```
"C:\Program Files\Debugging Tools for Windows (x86)\windbg.exe" /I
C:\book\code\chapter_04\scripts\DisableAuto.bat
C:\book\code\chapter_04\NullDereference\objfre_win7_x86\i386\NullDereference.exe
```

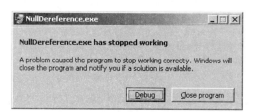

图 4-4　当 Auto 值为 0 时，实时调试附加进程确认对话框

单击 Close program 按钮可使程序直接退出而不需要进一步调试，而单击 Debug 按钮则完成实时调试附加崩溃进程过程，并调用系统注册的实时调试器附加到崩溃的进程。为了分析清楚程序崩溃时调试器自动附加进程是如何工作的，现在不要单击 Debug 按钮，也不要单击 Close program 按钮，而是保持该对话框处于活动状态。此时，该状态涉及多个用户态进程。为了更深层次分析实时调试附加进程顺序，需要查看这个时间点的系统状态，这时候最好的选择就是使用实时内核态调试。

首先要确保系统支持内核态调试功能已经启动，具体设置在第 2 章中已经详细介绍过。通过 msconfig.exe 工具来配置系统支持内核态调试。这里要注意，需要使用提升到管理员的权限启动 WinDbg 打开一个实时内核态调试会话。会话成功启动后可以使用扩展命令!process 查看崩溃进程此时的状态。具体信息如下所示：

```
lkd> vertarget
Windows 7 Kernel Version 7601 (Service Pack 1) MP (2 procs) Free x86 compatible
Built by: 7601.17640.x86fre.win7sp1_gdr.110622-1506
lkd> .symfix
lkd> .reload
lkd> !process 0 0 nulldereference.exe
PROCESS 861e88c0  SessionId: 1  Cid: 17a8    Peb: 7ffd3000  ParentCid: 11d0
```

```
           Image: NullDereference.exe
lkd> .process /r /p 861e88c0
lkd> !process 861e88c0 7
PROCESS 861e88c0  SessionId: 1  Cid: 17a8      Peb: 7ffd3000  ParentCid: 11d0
    Image: NullDereference.exe
        THREAD 85250280  Cid 17a8.0ff8  Teb: 7ffdf000 Win32Thread: 00000000 WAIT:
            866428f8  ProcessObject
            84d268b8  NotificationEvent
        Win32 Start Address NullDereference!wmainCRTStartup (0x00c71495)
        ChildEBP RetAddr  Args to Child
...
        0022f918 768b05ff 00000002 0022f94c 00000000 kernel32!WaitForMultipleObjects+0x18
        0022f984 768b089a 0022fa64 00000001 00000001 kernel32!WerpReportFaultInternal+0x186
        0022f998 768b0848 0022fa64 00000001 0022fa34 kernel32!WerpReportFault+0x70
        0022f9a8 768b07c3 0022fa64 00000001 e31828e5 kernel32!BasepReportFault+0x20
        0022fa34 77b77f1a 00000000 77b1e304 00000000 kernel32!UnhandledExceptionFilter+0x1af
        0022fa3c 77b1e304 00000000 0022fef8 77b51278 ntdll!__RtlUserThreadStart+0x62
        0022fa50 77b1e18c 00000000 00000000 00000000 ntdll!_EH4_CallFilterFunc+0x12
        0022fa78 77b471b9 ffffffff 0022fee8 0022fb80 ntdll!_except_handler4+0x8e
        0022fa9c 77b4718b 0022fb64 0022fee8 0022fb80 ntdll!ExecuteHandler2+0x26
        0022fac0 77b1f96f 0022fb64 0022fee8 0022fb80 ntdll!ExecuteHandler+0x24
        0022fb4c 77b47017 0022fb64 0022fb80 0022fb64 ntdll!RtlDispatchException+0x127
        0022fb4c 00c711ee 0022fb64 0022fb80 0022fb64 ntdll!KiUserExceptionDispatcher+0xf
        0022fe68 00c71364 00000001 00450e78 004534a8 NullDereference!wmain+0x9
        [c:\book\code\chapter_04\nulldereference\main.cpp @ 9]
...
```

这里需要注意一点，这一过程中的错误线程存在于操作系统执行从 ntdll.dll 系统模块异常调度代码的中间，并且在等待一个处理对象。利用上面给出的对象地址，可以很容易地找到该进程的标识，如下：

```
lkd> !process 866428f8 0
PROCESS 866428f8  SessionId: 1  Cid: 1e54      Peb: 7ffde000  ParentCid: 157c
    Image: werfault.exe
```

该 werfault.exe 进程实际上就是之前没有关闭而处于活动状态的图 4-4 所示对话框的所有者，上述 !process 命令给出了该工作进程的 ID（称为客户端 ID 或 CID，!process 命令输出的显示名称为 CID）和父进程 ID（称为 PID）。每一个用户态进程创建时，操作系统都会在该进程可执行对象中保存其父进程标识。但是，有时候父进程先结束，这个时候操作系统会回收该进程的 PID，并指派一个新的进程为该进程的父进程。

这时候继续通过 werfault.exe 的 PID 使用扩展命令 !process 查看其父进程相关信息，PID 就是上述命令给出的 ParentCid: 157c。通过查找 PID 的信息可以查看其父进程是否处于活动状态。如果处于活动状态，这时候会看到如下所示的内容，其父进程为 svchost.exe 服务进程。

```
lkd> !process 0x157c 1
Searching for Process with Cid == 157c
Cid handle table at a63fd000 with 1249 entries in use

PROCESS 86c71148  SessionId: 0  Cid: 157c Peb: 7ffd6000  ParentCid: 0258
    Image: svchost.exe
...
    Token                             a4a193c0
    ElapsedTime                       00:00:31.456
```

```
        UserTime                        00:00:00.000
...
lkd> !token -n a4a193c0
TS Session ID: 0
User: S-1-5-18 (Well Known Group: NT AUTHORITY\SYSTEM)
...
```

在上面列表中,使用扩展命令!token 查看的信息表明该服务有最高的系统安全权限(所有者为内置 LocalSystem 用户账户)。通过 tlist.exe 工具的/s 选项可以查看该 svchost.exe 对应的系统服务。该服务为 Windows 错误报告(Windows error reporting,WER)服务,简称 WerSvc。

```
C:\Program Files\Debugging Tools for Windows (x86)>tlist.exe /s
5500 svchost.exe      Svcs:    WerSvc
```

另一种分析方法就是通过查看崩溃进程 PID 信息来确定,这里可以看到崩溃进程 PID 为系统启动的 WerFault.exe 实例。具体信息如下所示:

```
lkd> $ Replace with the address of WerFault.exe from your experiment...
lkd> .process /r /p 866428f8
lkd> !peb
...
    ImageFile:       'C:\Windows\system32\WerFault.exe'
    CommandLine:     'C:\Windows\system32\WerFault.exe -u -p 6056 -s 32'
...
lkd> .tlist nulldereference.exe
 0n6056 NullDereference.exe
```

这时候已经分析出了实时调试附加进程过程所涉及的系统组件。现在可以退出启动的内核现场调试会话,并结束图 4-4 所示的实时调试附加进程确认对话框。

```
lkd> q
```

图 4-5 总结了本节剖析的实时调试附加进程所调用系统组件及顺序。从中可以看到错误进程和系统 WER 通过进程间的同步实现实时调试加载。

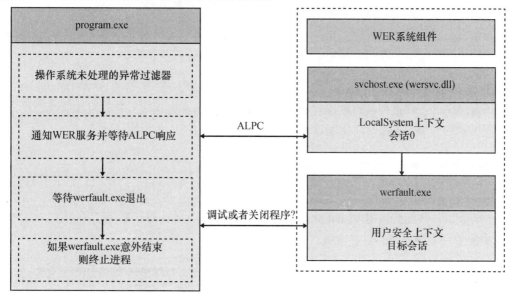

图 4-5 Windows 7 系统下本地实时调试调用序列

需要注意的是，Windows XP 系统的 WER 架构有所不同，实时调试器由错误进程的系统默认异常过滤代码直接调用。这种调用方式存在一些问题，尤其是在错误线程访问超出了栈边界的时候。因此在推出 Windows Vista 系统时对实时调试架构进行了修改，通过依靠 werfault.exe 工作进程模型使其变得更加健壮。

4.1.3　使用 Visual Studio 作为实时调试器

和 WinDbg 一样，Visual Studio 同样可以设置为本地默认实时调试器。此外，Visual Studio 还可以用于脚本和.NET 程序的实时调试。作为 WinDbg 的替代调试器，Visual Studio 还可以查看程序崩溃点的源码信息。

本地实时调试

注册表项 AeDebug 注册的调试器并不只是针对 WinDbg 一种调试器。事实上，Visual Studio 通过一定的设置同样可以配置为本地代码、托管代码和脚本的默认实时调试器。可以从 Visual Studio 用户界面设置对话框的 Debugging 选项进行设置，具体界面如图 4-6 所示。

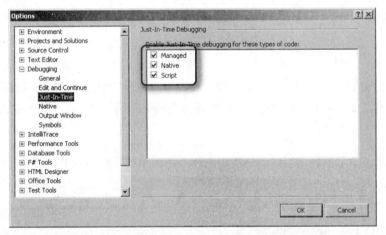

图 4-6　Visual Studio 2010 配置实时调试器用户界面

通过图 4-6 对话框设置 Visual Studio 为默认实时调试器后，注册表项 AeDebug 的值指向 VsJitDebugger.exe 代理进程。该进程代表 Visual Studio 执行实时调试并自动附加崩溃进程。当按照图 4-6 所示的界面设置后，注册表项 AeDebug 的值和图 4-7 所示相似。

```
[HKEY_LOCAL_MACHINE\SOFTWARE\Microsoft\Windows NT\CurrentVersion\AeDebug]
```

同样以之前学习 WinDbg 实时调试是如何工作的 C++示例进行说明，每当本地任何用户态进程将要崩溃时，系统都会调用 Visual Studio 调试器。单击几次确认对话框，可以使用 Visual Studio 查看给出的 C++示例程序的崩溃调用点，如图 4-8 所示。

```
C:\book\code\chapter_04\NullDereference\objfre_win7_x86\i386\NullDereference.exe
```

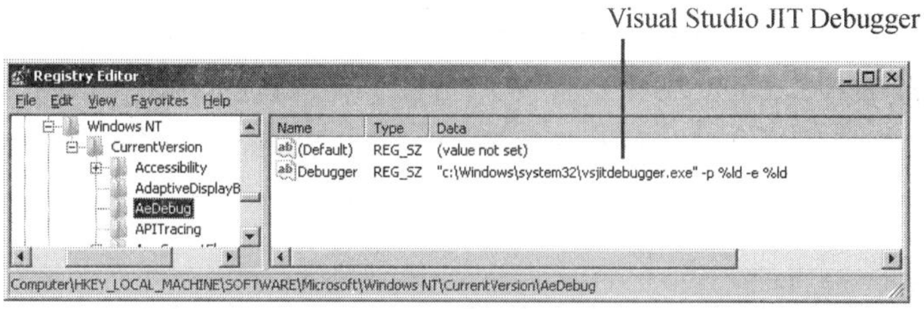

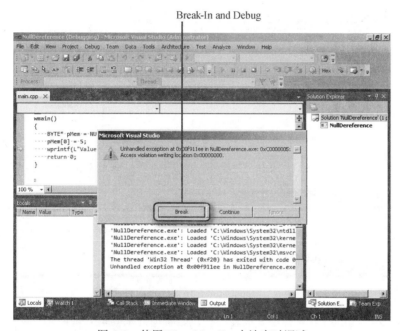

图 4-7 设置 Visual Studio 2010 为本地实时调试器后 AeDebug 的值

图 4-8 使用 Visual Studio 本地实时调试

托管代码（.NET）实时调试

使用实时调试器调试托管代码依赖于 Microsoft.NET Framework 的版本。Windows 7 上运行的.NET 4.0 程序的托管代码默认实时调试器同样受注册表项 AeDebug 值的约束。当使用 Visual Studio 为系统本地默认实时调试器调试.NET 程序时，图 4-6 所示的实时调试器设置对话框中的托管（Managed）选项必须选中。否则当程序崩溃时，系统虽然会自动调用 Visual Studio 实时调试器进程，但是调试器不会提示是否附加到崩溃的.NET 进程选项。

要在实际中了解这是如何工作的，这里通过本书中配套的一个 C#源代码示例程序进行介绍。

```
//
// C:\book\code\chapter_04\ManagedException>NullException.cs
//
public class Test
{
    public static void Main()
    {
        throw new ArgumentNullException();
    }
}
```

假设之前已经选中图 4-6 所示的 Visual Studio 实时调试器设置对话框中的托管（Managed）选项，这时候会看到 VsJitDebugger.exe 会被 WER 调用，以响应示例 C#程序托管代码所出现未处理的异常。单击几次确认对话框后，同样可以看到 Visual Studio 调试器显示程序崩溃的调用点，如图 4-9 所示。

```
C:\book\code\chapter_04\ManagedException>NullException.exe
Unhandled Exception: System.ArgumentNullException: Value cannot be null.
   at Test.Main() in C:\book\code\chapter_04\ManagedException\NullException.cs:line 7
```

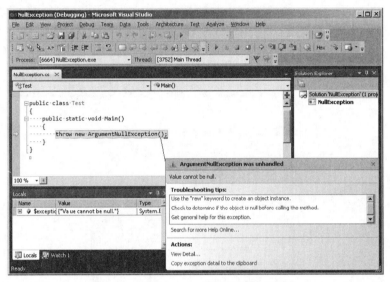

图 4-9　Visual Studio 托管代码实时调试

但是.NET Framework 4.0 之前版本的托管代码实时调试则是另一种形式。这是因为早期版本的.NET 通用语言运行平台（CLR）用于代理操作系统行为并安装自己的异常处理程序处理所有.NET 程序所导致的未处理的托管代码异常。CLR 指定的实时调试器由注册表项 DbgManagedDebugger 的值控制，具体如图 4-10 所示。

[HKEY_LOCAL_MACHINE\SOFTWARE\Microsoft\.NETFramework]

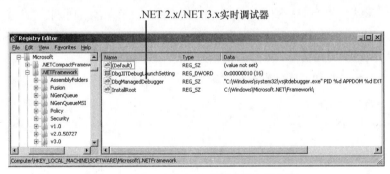

图 4-10　CLR 指定实时调试器注册表值

Visual Studio 2010 不仅注册自身为默认托管程序实时调试器，还设置了上述注册表键值。因此不管是最新版本还是之前版本，.NET Framework 编译的程序都可以使用 Visual Studio 2010 进行实时调试。

脚本实时调试

Visual Studio 也可以用于脚本的实时调试,这也是大多数脚本调试采用的方式。例如在第 3 章介绍脚本调试架构概述时使用 Windows 脚本宿主引擎 cscript.exe 的//X 选项表示启用调试功能(X 选项前面使用双斜杠是为了区分传递给脚本的参数)。//X 选项主要有两方面的作用:一方面,在脚本宿主中启用进程调试管理器(Process Debug Manager,PDM),以便调试器执行脚本过程中和脚本宿主进行信息交互;另一方面,自动地在脚本开始执行时候插入一个调试中断。要在实践中查看该功能是如何工作的,可以使用如下所示的本书配套源代码进行查看。

```
//
// C:\book\code\chapter_04\scripts>test.js
//

WScript.Quit(main());

function DoWork()
{
    WScript.Echo("Some work...");
}

function DoMoreWork()
{
    WScript.Echo("Some more work.");
}

function main()
{
    DoWork();
    debugger;
    DoMoreWork();
}
```

执行 cscript //X test.js,前面的一个断点会使系统自动调用 Visual Studio 实时调试器附加到 script 宿主进程并对脚本进行调试,如图 4-11 所示。程序停在 Wscipt.Quit(main())断点处。

```
C:\book\code\chapter_04\scripts>cscript //X test.js
Microsoft (R) Windows Script Host Version 5.8
Copyright (C) Microsoft Corporation. All rights reserved.
```

请注意,也可以使用//D 脚本选项(同样使用双斜杠)在脚本宿主进程中支持启动 PDM 调试器。使用该方式运行脚本时不会中断在//X 选项执行脚本时的第一个断点处。在下面的例子中可以看到调试器附加进程对话框只在 JScript 脚本代码 debugger 处出现,如图 4-12 所示。这种方式与本地代码和.NET 实时调试器在响应目标特殊运行时事件被调用情况相似,唯一的区别是当你拒绝调试时该进程不会真的死掉。

```
C:\book\code\chapter_04\scripts>cscript //D test.js
Microsoft (R) Windows Script Host Version 5.8
Copyright (C) Microsoft Corporation. All rights reserved.
Some work...
```

112 | 第 4 章 事后调试

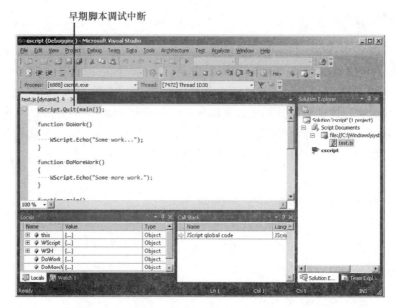

图 4-11　Visual Studio 脚本实时调试（//X 选项）

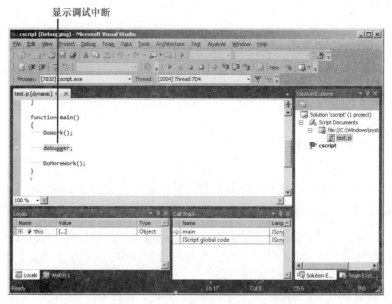

图 4-12　Visual Studio 脚本实时调试（//D 选项）

　　这些脚本专用的调试断点没被触发之前，C++或 C#程序所触发的 SEH 调试异常，所以它们的原理和之前介绍的本地操作系统实时调试附加进程原理有所不同。实际上它们是由脚本宿主的 PDM 代码直接处理的。PDM 通过激活的 COM 组件设置的调试断点响应实时调试器。Visual Studio 在安装过程中会自动在注册表中注册必要的 COM 类，从而便于实时调试器的加载。脚本实时调试附加脚本调试进程的整个过程，不涉及操作系统 WER 组件，这是因为脚本调试没有实际产生 SEH 异常。所以，可以同时使用 WinDbg 作为本地操作系统实时调试器以及 Visual Studio 作为脚本的实时调试器，它们这时候互不影响。

4.1.4 运行时断言和实时调试

运行时断言用于验证应用程序执行过程中的一些假设。由于断言只用于 Debug（checked-build）版本中，而不会对 Release（free builds）版本程序产生影响，因此它们只用于确认内部代码不变式（invariants），而不能用于错误处理。使用运行时断言的主要优点为：每当内部代码不变式被破坏时，它可使调试器立即停止代码执行。

大多数断言宏最终会导致一个 SEH 异常，通常使用 int 3 调试中断或者 Windows Vista 推出的新的专用 int 2c 异常断言。新的断言指令的优点是和 Windows 调试器集成得非常紧密，使得调试器可以识别该断言并允许调试者继续执行，就像没有设置断言一样。这也是新的 NT_ASSERT 宏使用 int 2c 指令只适用于 Windows Vista 及其以后的版本的原因。旧的 C 语言运行时断言宏（_ASSERT 或_ASSERTE 宏）仍然使用 int 3。由于以上指令可触发 SEH 异常，当应用程序检测到破坏不变式调用断言时，会自动启动本地调试器进行实时调试。

> **注意**：不要把运行时断言和如 winnt.h 头文件中的 C_ASSERT 断言宏等静态、编译时断言相混淆。与运行时断言不同，编译时断言主要用于验证编译过程中的假设，该类型断言在使用模板类时特别有用。编译器生成新模板代码后，程序可以继承该代码的功能并在编译阶段验证一些假设，如模板类型是否符合给定的大小或者是否具备一定的特性。在 C++语言中使用编译时断言机制的必要性在最新的 C++标准中给予了要求(命名为"C++ 11")并引入了新的关键字 static_assert。微软的 Visual Studio 2010 C++编译器目前已经支持该功能。

当不变式代码被破坏时，引入运行时断言需要考虑一些问题并确保使用合适的断言。例如显示一个对话框通常是一个不成熟的方法。如果该对话框用户界面在处于会话 0 的 Windows 服务中显示，用户不会看到该对话框用户界面，更不可能与其交互。此外，在断言中显示一个对话框对自动化测试也会带来一些问题。不幸的是，.NET 的 Debug.Assert 受到以上断言副作用的影响，所以在代码中要很小心地使用它。限制断言最好的方法就是使用 int 3 或者 int 2c 简单地触发本地实时调试器以接管代码。虽然没有绝对的必要，一般建议在内联汇编中使用如__debugbreak 的编译器特性指令或者如__int2c 的 Visual C++特性指令，而不是使用如 kernel32 的 DebugBreak 包装类函数。这样当触发异常调用调试器时，该断言在调用栈的顶部。这也类似 NT_ASSERT 宏的一些特性。

4.1.5 会话 0 中实时调试

在进行实时调试时，本地调试器和崩溃进程运行在同一用户会话中。对于系统和运行在非交互系统会话（session 0，会话 0）中的用户服务进程，注册表项 AeDebug 设置的默认实时调试器同样和其运行在同一会话（会话 0）中，这就意味着实时调试器附加崩溃进程后，你不能和调试器进行交互。这时候不能通过用户界面查看任何关于进程崩溃的可视信息。如果机器上设置了默认实时调试器，由于不会显示调试器的用户界面，你可能因完全看不到崩溃调试现场而错过该崩溃。

尽管你不能与运行在会话 0 中的实时调试器进行交互，但是如果想调试一个已知的崩溃还是有办法实现的。之前介绍的支持实时调试的 WER 架构有以下描述：如果设置了 AeDebug 键值指定默认实时调试器，正在运行的进程崩溃退出之前，会等待默认实时调试器附加到该进程。实际上注册表项 AeDebug 指定的默认实时调试器并不真正需要附加到该进程，甚至不需要一个真正的调试器。例如用 cmd.exe 替换 AeDebug 键值指定的调试器，可以在进程崩溃时阻止其退出，这时候你可以在所在的用户会话中启动 WinDbg 调试器，使用 F6 快捷键手动附加崩溃的进程。成功附加进程以后就可以直观地看到进程崩溃调用点并对其进行调试分析。最后，在调试实验结束时，使用 list（list.exe）和 kill（kill.exe）结束由 WER 自动启动的会话 0 中的 cmd.exe 进程。

4.2 转储调试

内存转储文件用来保存进程状态或者整个系统的一个快照。在系统或者进程发生崩溃时，你可根据需要生成内存转储文件，也可以手动生成转储文件。本节将对转储文件的生成和调试进行详细介绍。

4.2.1 用户态转储文件自动生成

当代码在最终用户环境下发生崩溃时，此时你可能无法直接访问客户的机器进行现场实时调试，因此就需要使用转储调试来解决问题。幸运的是，Windows 错误报告（Windows Error Reporting，WER）实现了一种非常有用的调试钩子，可以用于在发生崩溃时产生崩溃转储文件。最终用户可以很容易地打开该项设置并把生成的转储文件发送给你，以便开展转储文件调试分析。

注册表项 LocalDumps

WER 框架支持一个重要的注册表项，该注册表项用于在用户态下发生未处理异常时允许用户自动生成崩溃转储文件。因为没有专门的工具用于配置该注册表键值，所以你需要手动编辑注册表进行修改。本书配套源代码提供了一个脚本，用以帮助你实现自动修改该注册表项。

下面给出了修改该注册表项的命令示例。该命令需要在提升到管理员权限的命令提示符下执行。成功完成以上配置后，当进程由于未处理异常发生崩溃时，系统就会自动生成转储文件。

```
C:\book\code\chapter_04\scripts>edit_local_dumps_key.cmd -df c:\dumps -dt 2
```

上述命令的第一个参数表示 WER 生成的用户态转储文件所要保存的文件夹位置。第二个参数表示转储文件的类型。这里数值设置为 2 表示需要 WER 生成的转储文件包含全部内存信息。一旦上述命令执行成功，LocalDumps 注册表项的键值如图 4-13 所示。

```
[HKEY_LOCAL_MACHINE\SOFTWARE\Microsoft\Windows\Windows Error Reporting\LocalDumps]
```

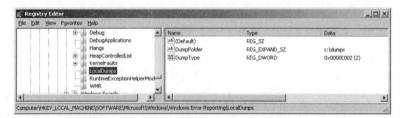

图 4-13　修改 LocalDumps 实现用户态自动生成崩溃转储文件

我通常把图 4-13 所示的设置作为我所有计算机的默认配置,这样用户态下的崩溃都能得到捕获并自动保存捕获的转储文件到设置的特定目录中。WER 生成的转储文件包含崩溃进程的名称以及进程崩溃时的日期。

第一个转储调试实验

本节将要展示设置注册表项 LocalDumps 后如何分析系统服务代码的崩溃转储文件,并用 Windows 调试器进行事后转储调试。用来演示程序崩溃场景的示例程序和介绍实时调试时用的程序所涉及的错误一样(空指针引用)。但是这里给出的代码作为 Windows 服务运行,代码运行在非交互的系统会话(session 0,会话 0)中。

```
//
// C:\book\code\chapter_04\ServiceCrash>Main.cpp
//
#define SERVICE_NAME L"ServiceWithCrash"
class CSystemService
{
public:
    static
    VOID
    WINAPI
    ServiceMain(
        __in DWORD dwArgc,
        __in_ecount(dwArgc) LPTSTR* lpszArgv
        )
    {
        ...
        //
        // Do some initialization work before reporting the "running" state
        //
        ChkHr(Initialize());

        //
        // Report running to the Service Control Manager (SCM) process
        //
        g_ServiceStatus.dwCurrentState = SERVICE_RUNNING;
        ChkWin32(SetServiceStatus(
            g_hServiceStatusHandle,
            &g_ServiceStatus
            ));
        ...
    }

private:
    static
    HRESULT
    Initialize(
        VOID
        )
    {
        BYTE* pMem = NULL;

        ChkProlog();
```

```
        pMem[0] = 5;
        wprintf(L"Value at memory address is 0x%x\n", pMem[0]);

        ChkNoCleanup();
    }
};
```

要运行以上程序并查看程序崩溃时的现象，首先需要在系统中安装该服务。可以使用本书配套源代码中的驱动程序开发工具包（DDK）编译环境，通过执行 setup.bat 批处理文件完成服务的安装。该批处理文件会拷贝服务的二进制文件到系统目录，并在系统中注册一个新的服务。同时也会删除注册表项 AeDebug 键值禁用实时调试，从而在进程崩溃时可以自动生成内存崩溃转储文件，而本地实时调试器不会对该过程产生干扰，只需要在提升到管理员权限的 DDK 编译窗口运行该文件即可。

```
C:\book\code\chapter_04\ServiceCrash>build -cCZ
C:\book\code\chapter_04\ServiceCrash>setup.bat
```

现在开始启动服务，这时候将出现以下错误。该错误表明服务由于遇到未处理的 SEH 异常而自动结束。

```
C:\book\code\chapter_04\ServiceCrash>net start ServiceWithCrash
The Crashing Bug service is starting.
The Crashing Bug service could not be started.
A system error has occurred.
System error 1067 has occurred.
The process terminated unexpectedly.
```

由于之前成功修改了注册表项 LocalDumps 的内容，一旦发生程序崩溃，就会在之前指定的文件夹中生成新的转储文件，如下面 dir 命令所示。该转储文件名称包含崩溃进程的名称和进程 ID（PID）。

```
C:\book\code\chapter_04\ServiceCrash>dir /b c:\dumps
ServiceWithCrash.exe.4428.dmp
```

现在可以通过 WinDbg 的 -z 命令行选项来加载该转储文件，具体如下所示，从中可以看到产生异常的内存信息。

```
"C:\Program Files (x86)\Debugging Tools for Windows (x86)\windbg.exe" -z
C:\dumps\ServiceWithCrash.exe.4428.dmp
...
0:003> .symfix
0:003> .reload
0:003> k
ChildEBP RetAddr
0067f12c 74f10bdd ntdll!NtWaitForMultipleObjects+0x15
0067f1c8 7643162d KERNELBASE!WaitForMultipleObjectsEx+0x100
0067f210 76431921 kernel32!WaitForMultipleObjectsExImplementation+0xe0
0067f22c 76459b2d kernel32!WaitForMultipleObjects+0x18
0067f298 76459bca kernel32!WerpReportFaultInternal+0x186
0067f2ac 764598f8 kernel32!WerpReportFault+0x70
0067f2bc 76459875 kernel32!BasepReportFault+0x20
0067f348 772173e7 kernel32!UnhandledExceptionFilter+0x1af
0067f350 772172c4 ntdll!__RtlUserThreadStart+0x62
```

```
0067f364 77217161 ntdll!_EH4_CallFilterFunc+0x12
0067f38c 771fb679 ntdll!_except_handler4+0x8e
0067f3b0 771fb64b ntdll!ExecuteHandler2+0x26
0067f460 771b010f ntdll!ExecuteHandler+0x24
0067f460 00211545 ntdll!KiUserExceptionDispatcher+0xf
0067f7b4 002115a7 ServiceWithCrash!CSystemService::Initialize+0x9
[C:\book\code\chapter_04\servicecrash\main.cpp @ 113]
0067f7c4 74f975a8 ServiceWithCrash!CSystemService::ServiceMain+0x48
[C:\book\code\chapter_04\servicecrash\main.cpp @ 40]
0067f7d8 76433677 sechost!ScSvcctrlThreadA+0x21
0067f7e4 771d9f42 kernel32!BaseThreadInitThunk+0xe
0067f824 771d9f15 ntdll!__RtlUserThreadStart+0x70
0067f83c 00000000 ntdll!_RtlUserThreadStart+0x1b
0:003> q
```

需要注意的是，只要能访问到适当的符号文件，转储文件调试分析实际上就可以在任何机器上进行。这种"任何地方捕获/任何地方分析"模式使得事后转储调试应用于许多调试场景，并且有其独特的优势。例如，本节给出的示例服务程序执行时，由于崩溃得太早，使得在程序结束之前附加到该进程变得比较困难，从而不方便进行实时调试，但是可以进行崩溃信息的自动转储和转储文件的事后调试。

4.2.2 使用 WinDbg 调试器分析崩溃转储文件

当你得到一个崩溃转储文件时，通常最紧迫的问题是找出产生崩溃的直接原因。在之前的例子中，在同一个机器中保存有应用程序的源代码，使得分析很容易。但是这种情况一般很少见，因为转储文件捕获和分析通常在不同的机器中进行。本节将介绍分析转储文件时用到的一些关键的技术和方法。

寻找崩溃 SEH 异常

当你收到一个崩溃转储文件并使用 WinDbg 的-z 命令行选项打开时，你首先要做的是设置调试符号的搜索路径。设置的符号搜索路径包括微软公共符号服务器和你自己的符号。为了快速找到导致进程崩溃异常的类型，你可以使用调试命令.lastevent。以上一节程序异常崩溃得到的转储文件为例，.lastevent 命令给出了最近一次发生异常的事件为 SEH 访问冲突，如下所示。

```
"C:\Program Files (x86)\Debugging Tools for Windows (x86)\windbg.exe" -z
C:\dumps\ServiceWithCrash.exe.4428.dmp
...
0:003> .symfix
0:003> .sympath+ C:\book\code\chapter_04\ServiceCrash\objfre_win7_x86\i386
0:003> .reload
0:003> .srcpath+ C:\book\code
0:003> .lastevent
Last event: d78.133c: Access violation - code c0000005 (first/second chance not available)
```

虽然可以手动分析崩溃转储的 SEH 异常，但是分析本地崩溃转储文件最好的方式是使用调试器的一个非常有用的扩展命令!analyze。该命令可自动（在一定程度上）分析转储文件的异常并给出分析结果。该命令常用于微软内部分析用户提交的大量转储文件并根据分析结果对转储文件进行分类。以上述异常转储文件为例，该扩展命令不仅给出了导致进程错误崩溃退出的精确指令和对应源代码行数，还给出了关于崩溃的其他有用信息，具体如下所示。

```
0:003> !analyze -v
FAULTING_IP:
ServiceWithCrash!CSystemService::Initialize+1a [c:\book\code\chapter_04\servicecrash\main.cpp @
113]
00211545 c60005          mov     byte ptr [eax],5

EXCEPTION_RECORD:  ffffffff -- (.exr 0xffffffffffffffff)
ExceptionAddress: 00211545 (ServiceWithCrash!CSystemService::Initialize+0x00000009)
ExceptionCode: c0000005 (Access violation)
   ExceptionFlags: 00000000
NumberParameters: 2
   Parameter[0]: 00000001
   Parameter[1]: 00000000
Attempt to write to address 00000000

PROCESS_NAME: ServiceWithCrash.exe

STACK_TEXT:
0067f7b4 002115a7 00000000 006e96a8 006e96a8 ServiceWithCrash!CSystemService::Initialize+0x9
   [c:\book\code\chapter_04\servicecrash\main.cpp @ 113]...

STACK_COMMAND: ~3s; .ecxr ; kb

FAULTING_SOURCE_CODE:
    108:        BYTE* pMem = NULL;
    109:
    110:        ChkProlog();
    111:
>   112:        pMem[0] = 5;
    113:        wprintf(L"Value at memory address is 0x%x\n", pMem[0]);
    114:
    115:        ChkNoCleanup();
    116:    }
    117:
```

该扩展命令提供的 STACK_COMMAND 特别有趣。它给出了在操作系统触发 SEH 异常之前初始化错误指令时获取栈跟踪的命令序列，这里的命令循序为~3s; .ecxr ; kb。以下进一步解释以上命令序列的调试命令.ecxr。该命令用于在调试器中显示发生 SEH 异常时寄存器上下文信息。当触发一个 SEH 异常时，操作系统会创建一个 exception record 内部数据结构。同时，当发生异常时会保存寄存器上下文信息到 context record 数据结构中。操作系统可以组合以上两个数据结构，这是扩展命令!analyze 得以执行的关键，也使分析转储文件 SEH 异常成为可能。

```
0:003> dt ntdll!_EXCEPTION_RECORD
   +0x000 ExceptionCode    : Int4B
   +0x004 ExceptionFlags   : Uint4B
   +0x008 ExceptionRecord  : Ptr32 _EXCEPTION_RECORD
   +0x00c ExceptionAddress : Ptr32 Void
   +0x010 NumberParameters : Uint4B
   +0x014 ExceptionInformation : [15] Uint4B
0:003> dt ntdll!_CONTEXT
```

```
    ...
        +0x0a4 Ebx              : Uint4B
        +0x0a8 Edx              : Uint4B
        +0x0ac Ecx              : Uint4B
        +0x0b0 Eax              : Uint4B
        +0x0b4 Ebp              : Uint4B
    ...
```

当打开一个转储文件时，你也可以直接使用.ecxr 命令对其进行分析。只要设置的符号和源代码搜索路径正确，当输入执行该命令后，调试器会自动打开发生崩溃的源代码文件并定位异常位置。这种现象和进程发生异常退出之前实施现场实时调试定位异常一样。图 4-14 给出了执行命令.ecxr 时显示的信息。

```
"C:\Program Files\Debugging Tools for Windows (x86)\windbg.exe" -z
C:\dumps\ServiceWithCrash.exe.4428.dmp
...
0:003> .symfix
0:003> .sympath+ I:\book\code\chapter_04\ServiceCrash\objfre_win7_x86\i386
0:003> .reload
0:003> .srcpath+ I:\book\code\chapter_04\ServiceCrash
0:003> .ecxr
```

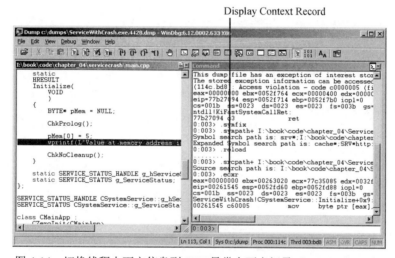

图 4-14　切换线程上下文信息到 SEH 异常上下文记录（context record）

如果你打开一个崩溃转储文件时，WinDbg 不自动地执行以上步骤是非常不幸的。因为自动执行以上步骤会使你立即看到程序崩溃时的代码，而不是一些系统 WER 代码的未处理异常的栈跟踪信息。该栈跟踪系列命令非常便于对转储文件的分析。

寻找.NET 崩溃异常

当.NET 程序遇到未处理异常时托管代码也会发生崩溃。由于.NET 异常建立在 SEH 异常之上，因此用来自动收集崩溃转储的 WER 架构同样适用于.NET 应用程序。但是分析托管代码崩溃转储文件方法完全不同，因为这时候不需要分析导致程序最终崩溃的本地代码 SEH 异常，而是要分析导致.NET 崩溃的.NET 程序本身的错误异常点。

进行.NET 转储文件分析最常见的方法就是使用第 3 章介绍过的 SOS 扩展调试器。调试托管代码崩溃转储文件首先要做的事情就是要找到和崩溃进程运行的 CLR 匹配的 SOS 扩展调试动态库。由于扩展包和.NET 框架一起安装，所以在进行崩溃转储文件事后调试时，实际上需要做的工作就是安装和产生转储文件机器相同版本的 CLR 以得到正确的 sos.dll。

使用 SOS 扩展调试托管代码转储文件需要解决的第二个问题为匹配崩溃.NET 进程的 CLR 架构（32 位或 64 位）。也就是说，在使用调试器分析转储文件时候需要匹配其 CLR 和 SOS 扩展 DLL 的架构。为了解决这些问题，需要使用 32 位调试器和 SOS 扩展 DLL 来分析 32 位的.NET 程序转储文件，或使用 64 位调试器和 SOS 扩展 DLL 来分析 64 位的.NET 程序转储文件。在分析非托管代码崩溃转储文件时不需要考虑以上限制，但是分析.NET 应用程序崩溃转储文件时必须要考虑程序架构（32 位或 64 位）的限制。

使用 WinDbg 进行事后调试时，一旦你加载正确版本的 SOS 扩展，那么就会很容易找到导致.NET 程序崩溃的异常。实际上定位程序异常就是一条简单显示异常的 SOS 命令：!pe（print exception，打印异常）。这里使用本书配套的 C#示例源代码介绍如何调试.NET 托管代码转储文件。因为.NET 应用程序捕获异常并抛出新的异常比较常见，所以该程序包含嵌套异常。这里需要知道如何分析该示例，因为经常需要找到触发异常事件链的第一个异常，而不仅仅是找出最后一个未处理的异常。

```
//
// C:\book\code\chapter_04\LoadException>LoadException.cs
//
public static void Main()
{
    try
    {
        Assembly.Load("MissingAssembly");
    }
    catch (Exception ex)
    {
        if (ex is FileNotFoundException || ex is ArgumentException)
        {
            throw new ApplicationException("A generic fatal error", ex);
        }
        else
        {
            throw;
        }
    }
}
```

假设你的计算机仍然保持之前获取服务进程崩溃转储的系统配置，尤其要设置 LocalDumps 键值并取消 AeDebug 键的设置。当上述程序的进程崩溃时，系统会自动生成一个新的转储文件。

```
C:\book\code\chapter_04\LoadException>LoadException.exe
Unhandled Exception: System.ApplicationException: A generic fatal error
...
C:\book\code\chapter_04\LoadException>dir /b c:\dumps
LoadException.exe.7660.dmp
ServiceWithCrash.exe.4428.dmp
```

使用 WinDbg -z 命令行选项加载新的转储文件时,可以使用命令!pe 快速显示未处理.NET 异常,具体如下所示。

```
"C:\Program Files\Debugging Tools for Windows (x86)\windbg.exe" -z
C:\dumps\LoadException.exe.7660.dmp
0:000> .symfix
0:000> .reload
0:000> !pe
No export pe found
0:000> .loadby sos clr
0:000> !pe
Exception object: 01dbc0bc
Exception type:   System.ApplicationException
Message:          A generic fatal error
InnerException:   System.IO.FileNotFoundException, Use !PrintException 01dbb7d8 to see more.
StackTrace (generated):
    SP       IP       Function
    001DF0DC 004A0139 LoadException!Test.Main()+0xc9
HResult: 80131600
There are nested exceptions on this thread. Run with -nested for details
```

虽然上述命令给出了最终导致程序崩溃的异常,但是这时并未找出导致程序崩溃的具体指令。可以从命令!pe 显示结果看到该程序包含一个内部异常对象。通过分析内部异常链,可以一步一步地分析得出导致该.NET 程序崩溃的原因。上述例子中,只分析一步就可以得出导致异常的原因——尝试加载一个不存在的文件。也可以通过栈跟踪的方法分析得出当 Assembly.Load 代码执行时.NET 框架的 mscorlib.dll 出现了问题。

```
0:000> !pe 01dbb7d8
Exception object: 01dbb7d8
Exception type:   System.IO.FileNotFoundException
Message:          Could not load file or assembly 'MissingAssembly' or one of its dependencies.
The system cannot find the file specified.
InnerException: <none>
StackTrace (generated):
SP       IP       Function
001DF0F4 509B3148 mscorlib_ni!System.Reflection.RuntimeAssembly.nLoad...
001DF120 50A20B4D mscorlib_ni!System.Reflection.RuntimeAssembly.InternalLoadAssemblyName...
001DF14C 50A20D8D mscorlib_ni!System.Reflection.RuntimeAssembly.InternalLoad...
001DF170 509BA785 mscorlib_ni!System.Reflection.Assembly.Load...
001DF17C 004A00B3 LoadException!Test.Main()+0x43
```

使用 SOS 扩展进行托管代码事后调试的另一个特别有用的命令为!dso。该命令用来在栈中列出托管对象(Dump Stack Object,转储栈对象)。此命令实际上提供了一种检索.NET 异常的方法,这是因为异常对象一般都在栈的顶部。例如分析上述转储文件时,可以使用命令!dso 显示栈中所有的.NET 对象,然后使用!do(dump.NET object,转储.NET 对象)命令显示内部异常链中的每个特定异常的状态,具体如下所示。

```
0:000> !dso
ESP/REG  Object    Name
001DEFA0 01dbc0bc System.ApplicationException
001DEFD8 01dbc0bc System.ApplicationException
```

```
001DF01C 01dbc0bc System.ApplicationException
001DF0AC 01dbb438 System.Reflection.AssemblyName
001DF0C0 01dbc0bc System.ApplicationException
001DF17C 01dbc110 System.String    A generic fatal error
001DF180 01dbc0bc System.ApplicationException
001DF184 01dbb7d8 System.IO.FileNotFoundException
...
0:000> !do 01dbc0bc
Name:        System.ApplicationException
Fields: ...
50a9fb8c  4000050       18       System.Exception 0 instance 01dbb7d8 _innerException
0:000> !do 01dbb7d8
Name:        System.IO.FileNotFoundException
Fields:
      MT    Field   Offset              Type VT    Attr    Value Name
...
50a9f92c  400004e       10        System.String 0 instance 01dbbf0c _message
50a9fb8c  4000050       18       System.Exception 0 instance 00000000 _innerException
...
0:000> !do 01dbbf0c
Name:        System.String
String:      Could not load file or assembly 'MissingAssembly' or one of its dependencies. The
system cannot find the file specified.
...
```

还有另一种在程序崩溃时查看.NET 异常的方法,即使用命令!threads。该命令和本地调试器的~*命令比较相似,因为两个命令都是列出进程的线程。但是命令!threads 可显示.NET 数据,并且只集中于托管代码线程和其 CLR 信息。特别是命令!threads 还可以给出最后抛出.NET 异常时每个托管线程的上下文信息,具体如下所示。

```
0:000> .loadby sos clr
0:000> !threads
ThreadCount:      2
UnstartedThread:  0
BackgroundThread: 1
PendingThread:    0
DeadThread:       0
Hosted Runtime:   no
                                       PreEmptive   GC Alloc                    Lock
       ID OSID ThreadOBJ     State GC   Context              Domain         Count APT Exception
   0    1 126c 003dd0a8      a020 Enabled 01cdab68:01cdbfe8 003d6a40          0 MTA System.
ApplicationException (01dbc0bc) (nested exceptions)
   2    2 b3c  003e84d8      b220 Enabled 00000000:00000000 003d6a40          0 MTA (Finalizer)
0:000> !do 01dbc0bc
...
```

表 4-1 总结了一些 SOS 命令。这些命令在分析未处理.NET 异常时非常有用。

表 4-1   分析.NET 应用程序崩溃异常时有用的 SOS 命令

命令	描述
!pe	该命令显示一个.NET 异常的细节,以一个异常对象的地址作为参数或者不需要参数,没有参数时显示当前线程最后一个托管异常

续表

命令	描述
!dso !do	!dso（转储栈对象）转储当前线程上下文所引用的.NET 对象。当系统抛出异常时，最后的一个异常对象往往在该命令输出信息的顶部附近 !do（转储对象），该 SOS 命令用来显示异常的细节
!threads	显示进程所有托管线程及其信息，包括每个线程所有异常

确定问题后的进一步分析

在确定导致进程崩溃的直接原因后，通常仍然需要进一步弄清楚进程崩溃之前程序如何运行到异常指令处。除了一些比较明显的崩溃，这通常是转储调试最具有挑战性的部分。你需要具有与现场实时调试分析不同的思维方式。

和实时调试不同，内存转储事后调试不能单步执行或者设置断点以帮助跟踪代码路径至崩溃调用处。所以必须假设场景，假设这些场景导致程序运行到程序崩溃调用处。例如对于多线程的程序，不仅要分析导致进程崩溃的线程，还需要分析进程崩溃时的其他线程，并且要使用调试器查看全局变量和静态变量的状态。然后将这些场景综合在一起分析问题。

一旦确定了一个疑似的进程崩溃原因，你需要使用调试器重现该问题。例如，通过修改内存全局变量的值或以特定的顺序执行线程。对于比较复杂的进程崩溃，这并不容易实现。但是一旦通过修改程序执行流程或者内存数据结构并在调试器中重现进程崩溃场景，你就可以很好地在代码中给出问题修改方案。这是一个比较复杂的过程，你需要具有娴熟的调试技巧以及对调试器和代码十分熟悉才可以定位问题并进行修复。

4.2.3 使用 Visual Studio 分析崩溃转储文件

Visual Studio 调试器也可以用来打开和分析转储文件。Visual Studio 由于其优秀的集成开发环境，使其在编写程序上有独特的优势。但是在事后调试上则没有吸引力，特别是在分析不同机器捕获的转储文件并且这些转储没有对应的源码来辅助分析时。基于以上原因，WinDbg 仍然是 Windows 平台事后调试的首选调试器。

Visual Studio 在调试有源代码信息的托管代码转储文件时具有优势，因为 WinDbg 不支持源代码级的.NET 调试。目前，只有 Visual Studio 2010 支持.NET 源码级的事后调试，并且要求为.NET 4.0 及其更高版本的程序编译环境。早期版本的 Visual Studio 通过使用 SOS 扩展只支持托管代码崩溃转储文件的本地调试，这时候和 WinDbg 相比并没有优势。

为了在实践中查看 Visual Studio 在分析.NET 4.0 崩溃转储文件时的新功能，你可以用它加载本节之前.NET 嵌套异常示例的转储文件。需要注意的是，当 devenv.exe 打开一个.dmp 文件时，会默认该文件为转储文件并打开它进行事后调试。图 4-15 显示了 Visual Studio 调试转储文件显示的第一个窗口。

```
"c:\Program Files\Microsoft Visual Studio 10.0\Common7\IDE\devenv.exe"
c:\dumps\LoadException.exe.7660.dmp
```

可以看到，有一个混合调试模式（Debug with Mixed）选项。该选项用来调试崩溃转储文件（同时调试托管代码和本地代码的内存转储）。如果存在一个.NET 2.0 进程的崩溃转储文件，只有

Visual Studio 提供的本地代码调试（Debug with Native Only）模式可以使用，如果想进一步分析转储文件的托管代码，需要使用 Visual Studio 即时窗口加载和使用 SOS 扩展。

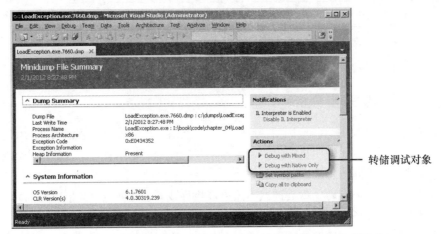

图 4-15　在 Visual Studio 2010 中进行源码级托管代码事后调试

4.2.4　手动生成转储文件

实际上你可以在现场实时调试会话期间使用 WinDbg 和 Visual Studio 调试器生成目标的内存转储。保存程序崩溃时的状态非常有用，因为你或者其他人可以事后对程序崩溃时状态进行分析，而不用必须在现场分析。这种方法在一个机器软件发生崩溃、需要收集崩溃现场并自动在其他机器上进行通过测试的场景中非常有用。

当手动生成转储文件时，你需要了解可用的转储文件类型和用于使事后调试需要捕获独立转储文件信息的子集。当生成用户态内存转储时，有如下两种类型可供使用。

- **完全转储**（full dump）：这种类型的转储捕获目标进程的整个内存空间。另外还包括进程的句柄表信息，以便你在分析转储文件时通过扩展命令!handle 打开转储对象句柄。在本章之前设置自动捕获崩溃转储注册表项 LocalDump 时，需要设置一个转储类型的键值。到现在为止，本章进行的所有事后调试实验中，该值均设置为 2，表示需要系统生成完全崩溃转储。
- **微转储**（mini dump）：这种类型的用户态转储文件可以使你更好地控制转储文件数据信息的粒度，可以根据配置进行定制。和它的名字给人的感觉相反，微转储不一定是最小的。因为它们的大小范围可以从很小到非常大，其大小取决于你选择微转储信息的子集。事实上，最大的微转储要比完全转储大。

为了更好地理解微转储数据类型，你需要了解 DbgHelp.dll 中 MiniDumpWriteDump 函数 API 所要使用的标志。MiniDumpWriteDump 函数允许你以编程的方式保存转储文件，并通过 dump-type 参数控制微转储需要包含的信息。

```
//
// C:\ddk\7600.16385.1\inc\api>imagehlp.h
//
typedef enum _MINIDUMP_TYPE
{
    MiniDumpNormal                                   = 0x00000000,
```

```
    MiniDumpWithDataSegs                    = 0x00000001,
    MiniDumpWithFullMemory                  = 0x00000002,
    MiniDumpWithHandleData                  = 0x00000004,
    MiniDumpFilterMemory                    = 0x00000008,
    MiniDumpScanMemory                      = 0x00000010,
    MiniDumpWithUnloadedModules             = 0x00000020,
    MiniDumpWithIndirectlyReferencedMemory  = 0x00000040,
    MiniDumpFilterModulePaths               = 0x00000080,
    MiniDumpWithProcessThreadData           = 0x00000100,
    MiniDumpWithPrivateReadWriteMemory      = 0x00000200,
    MiniDumpWithoutOptionalData             = 0x00000400,
    MiniDumpWithFullMemoryInfo              = 0x00000800,
    MiniDumpWithThreadInfo                  = 0x00001000,
    MiniDumpWithCodeSegs                    = 0x00002000,
    MiniDumpWithoutAuxiliaryState           = 0x00004000,
    MiniDumpWithFullAuxiliaryState          = 0x00008000,
    MiniDumpWithPrivateWriteCopyMemory      = 0x00010000,
    MiniDumpIgnoreInaccessibleMemory        = 0x00020000,
    MiniDumpWithTokenInformation            = 0x00040000
} MINIDUMP_TYPE;
```

从以上给出的枚举类型可以看到，微转储可包含完全转储没有包含的进程或者线程访问令牌（access-token）信息，该信息由 MiniDumpWithTokenInformation 决定。也就是说，调试器扩展命令!token 只适用于在生成转储文件过程中使用以上标志的微转储文件。

当使用 WinDbg 生成转储文件时，你可以使用.dump 命令的/ma 选项生成包含尽可能多信息的微转储。虽然完全转储经常被使用，但是该方法是目前手动生成用户态转储文件的首先方式。可以使用/o 选项覆盖任何以前的转储文件。使用/c 选项可以手动添加一些可选的注释，从而便于以后很容易地区分多个转储文件。具体命令如下所示。

```
0:000> .dump /ma /o /c "FileOpen notepad.exe experiment" c:\dumps\ManualDump.dmp
```

当使用 WinDbg 的-z 命令行选项打开转储文件进行事后调试分析时，调试器首先会显示转储文件类型以及添加的可选注释，具体如下所示。

```
"C:\Program Files\Debugging Tools for Windows (x86)\windbg.exe" -z c:\dumps\ManualDump.dmp
...
Loading Dump File [c:\dumps\ManualDump.dmp]
User Mini Dump File with Full Memory: Only application data is available

Comment: 'FileOpen notepad.exe experiment'
...
0:000> $ Perform postmortem debugging of the loaded dump, then terminate the session
0:000> q
```

4.2.5 "时间旅行"调试

虽然转储文件可以用来捕获崩溃瞬间的状态，但是只能保存一个内存快照。程序运行到导致异常错误处的代码路径没有保存，随着时间的推移，寄存器的值也没有保存。所以只捕获崩溃瞬间的转储会丢失很多关于导致程序崩溃的数据信息。

软件调试工程师曾设想一种收集跟踪的技术，该技术可以保存程序函数调用历史和程序运行时的事件到磁盘中。该技术的核心是能够拦截程序执行，并通过一个跟踪处理程序保存寄存器值和本地及其他重要的程序运行时的数据到磁盘日志文件中。使大多数 Windows 调试爱好者感到高兴的是，该技术已经实现并在 Visual Studio2010 中集成，称为智能跟踪（IntelliTrace）技术。

在 MSDN 网站上有大量有关此功能的描述。概括地说，Visual Studio 有一项设置可以保存程序运行路径跟踪文件，该文件可以分发到其他机器，并且可以使用 Visual Studio 像分析转储文件一样进行分析。但是该功能支持向前分析跟踪（如现场实时调试一样）和向后分析（使用 Visual Studio 2010 的 Ctrl+Shift +F11 组合键），以供查看是如何运行到错误调用处的。这就是为什么该技术有时候被称为时间旅行（Time Travel）调试或者历史（Historical）调试。

尽管此功能目前仅适用于分析 Visual Studio 2010 环境下的.NET 托管程序（只能在集成开发环境中执行），但是该技术是调试和跟踪领域首次实现时间旅行调试的技术，以后该项技术会支持更多的调试器和程序开发语言。在未来，该技术可能会彻底改变目前大家对事后调试的认识。

4.2.6　内核态事后调试

本章介绍的用户态事后调试的大多数概念同样可以适用于内核态崩溃和内核态崩溃转储事后调试。例如调试扩展命令!analyze 同样适用于内核态调试器，但是该命令会给出内核崩溃的一些内核错误检查细节，而不是用户态调试器分析崩溃转储给出的 SEH 异常细节。

由于内核错误导致系统停止，操作系统也会自动生成崩溃转储文件。实际上内核态的崩溃更为严重，因为不能像用户态实时调试一样阻止系统重启以分析内核崩溃，所以不能通过设置注册表 LocalDumps 注册表项实现崩溃转储文件自动生成。实际上，对于内核态的崩溃，系统会默认自动生成内核态崩溃转储并保存到一个已知的文件目录中，以便在系统重启后进行崩溃转储文件分析。

系统默认内核崩溃转储配置可以通过以下方式查看：在桌面上右击计算机，选择属性，然后选择高级系统设置进入系统属性对话框。在 Advanced 选项卡中的 Startup and Recovery 对话框中单击 Settings 按钮，就可以查看默认内核崩溃转储设置，如图 4-16 所示。

```
C:\Windows\System32\SystemPropertiesAdvanced.exe
```

如图 4-16 所示，系统默认设置为当发生内核错误时自动重新启动。在这种情况下，系统会在重新启动之前生成崩溃转储，并将其保存为%SystemRoot%\memory.dmp。新的 memory.dmp 将会覆盖之前存在的转储文件，因此这里保存的总是系统最近一次崩溃产生的转储。

可以设置系统生成不同类型的内核崩溃转储，不同类型的内存转储对应于用户态有着不同的含义。

- **核心内存转储**（kernel memory dump）：该类型是 Windows 7 系统崩溃时默认的内核崩溃转储设置。它包含了崩溃时内存中的内核态页面，但不包括用户态进程页面。也就是说，分析该类型转储文件时不能查看用户态下线程调用栈帧，实际上在分析内核错误时很少用到这些信息。
- **完全内存转储**（complete momory dump）：该类型是最全面的内存转储。该转储文件包含了整个物理内存（RAM），包括用户态进程页面。该类型的转储文件可能非常大，例如一台机器如果有 1GB 的内存，则其产生的转储也大约有 1 GB。这里需要注意一点，图 4-16 配置界面中，完全内存转储并不总是可用的，有时候不存在该类型的内存转储选项。例如，内存大于 2GB 的机器则没有完全内存转储这一配置选项。
- **小内存转储**（small memory dump）：该类型是 3 种内存转储中最小的一个（128KB）。它只包含当前进程和线程上下文、终止代码和崩溃时内核态部分的栈回溯等信息。

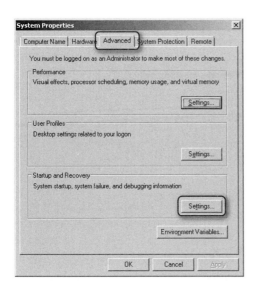 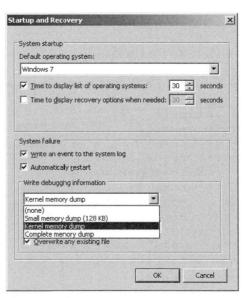

图 4-16　内核态自动生成崩溃转储设置（Windows 7）

可以通过一些操作强制内核态崩溃发生多次。如果需要实时调试，可以通过主机调试器附加目标机，使用.crash 命令分析目标机产生的错误，也可以不进行实时调试而产生内存转储。可以通过结束关键系统进程（如 csrss.exe）或使用专用工具迫使系统崩溃。迫使系统崩溃专用工具如图 4-17 所示。该工具会安装一个 myfault.sys 驱动，通过用户态客户端运行程序触发驱动的错误导致系统崩溃。

```
C:\notmyfault\exe\Release>NotMyfault.exe
```

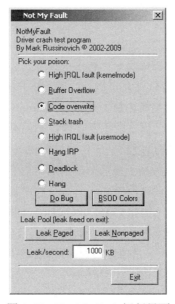

图 4-17　Not My Fault 运行界面

单击 Do Bug 按钮，系统会遇到一个错误，重新启动并产生一个新的转储文件。当系统重启后，你可以使用 WinDbg 的-z 命令行选项打开保存的崩溃转储文件。调试器会识别该转储为内核内存转储。和用户态事后调试一样，静态的内核态调试命令和扩展命令同样适用于内核转储事后分析，具体如下所示。

```
"C:\Program Files\Debugging Tools for Windows (x86)\windbg.exe" -z C:\Windows\MEMORY.DMP
...
Kernel Summary Dump File: Only kernel address space is available

0: kd> .symfix
0: kd> .reload
0: kd> !process -1 0
PROCESS 84d14468 SessionId: 1 Cid: 0e28 Peb: 7ffdf000 ParentCid: 1488
    Image: NotMyfault.exe
0: kd> !analyze -v
*******************************************
*           Bugcheck Analysis             *
*******************************************
ATTEMPTED_WRITE_TO_READONLY_MEMORY (be)
An attempt was made to write to readonly memory.
...
STACK_TEXT:
97d6db34 82a7d3e8 00000001 82ac6b20 00000000 nt!MmAccessFault+0x106
97d6db34 a3d567c0 00000001 82ac6b20 00000000 nt!KiTrap0E+0xdc
WARNING: Stack unwind information not available. Following frames may be wrong.
97d6dbc4 a3d568ac 851e1c98 00000001 00000000 myfault+0x7c0
97d6dbfc 82a7358e 84d5dc70 84d1d150 84d1d150 myfault+0x8ac
97d6dc14 82c66a31 851e1c98 84d1d150 84d1d1c0 nt!IofCallDriver+0x63
97d6dc34 82c69c03 84d5dc70 851e1c98 00000000 nt!IopSynchronousServiceTail+0x1f8
97d6dcd0 82cb049c 84d5dc70 84d1d150 00000000 nt!IopXxxControlFile+0x6aa
97d6dd04 82a7a1fa 000000a8 00000000 00000000 nt!NtDeviceIoControlFile+0x2a
97d6dd04 775c70b4 000000a8 00000000 00000000 nt!KiFastCallEntry+0x12a
0012f994 00000000 00000000 00000000 00000000 0x775c70b4

IMAGE_NAME: myfault.sys
...
```

可以注意到，崩溃的线程栈跟踪只显示内核态的栈帧，说明该转储为核心内存转储类型（系统默认配置选项）。如果为完全内存转储，可以从中看到用户态栈信息。

最后需要说明一点，可以使用主机内核态调试器的.dump 命令生成目标机完全内存转储。这种方法不能生成核心内存转储，因为调试器不支持内核态内存页面收集。内核态调试器只支持生成完全内存转储（/f 选项）和小内存转储（/m 选项）两种类型。

完全内存转储包含了软件挂起时用于事后分析的所有内存信息，如用户态进程死锁等。但是，它们最好本地生成。因为如果使用调试器的.dump 命令可能会花费很长时间才能生成，这取决于主机和目标机连接所用的传输介质。例如 COM 串口通信（即使使用虚拟化命名管道），其低速传输协议直接限制了使用调试器生完全内存转储。以最大的 115 200 bit/s 传输速率计算，使用该协议传输 2GB 内存需要几天才能完成。目前，1394 仍然是捕获完全内存转储最好的选择，因为它支持目标计算机物理内存的直接内存访问（DMA）。

4.3 小结

本章通过具体的实际例子简要介绍了 Windows 系统事后调试和用户态进程实时调试等技术。

通过本章的学习，你可以熟练地调试和处理那些经常出现并且难以重现的崩溃。

通过本章的多个实验，你可以学到一套调试技术直接用来解决自己编写的软件或者第三方软件崩溃问题。在结束本章之前，有以下几点值得回顾。

- 实时调试可以在进程崩溃时阻止其退出，并附加调试器到崩溃的进程，使你有机会实时分析导致进程崩溃的未处理异常。系统允许通过设置 AeDebug 注册表项指定默认的本地实时调试器。
- 通过提升到管理员权限的命令提示符运行 WinDbg.exe /I 命令，你可以设置 WinDbg 为系统默认实时调试器。这种方式比手动修改注册表 AeDebug 要方便一些，因为手动修改对于 64 位系统来说，需要同时更新 32 位和 64 位对应的注册表信息。
- Visual Studio 调试器同样可以设置为本地默认实时调试器。它可以提供源代码级的.NET 程序实时调试和脚本实时调试这项独特的功能。特别是脚本的实时调试不是基于 SEH 异常或注册表项 AeDebug，而是需要和脚本宿主的进程调试管理器（PDM）组件交互才能完成。这项功能是 WinDbg 所没有的。
- 当用户态进程崩溃时，通过系统 Windows 错误报告（WER）组件可以生成内存转储并保存到指定的目录。可以通过设置 LocalDumps 注册表完成上述功能。该方法在你想保存崩溃时进程状态并在不同的机器上进行事后分析时比较有用。
- 用户态和内核态转储类型主要通过权衡它们所占用磁盘大小和需要捕获信息的多少进行划分。用户态下包含所有信息标志的微转储是使用最广的一种形式（使用.dump /ma 命令）。内核态下完全内存转储是内核转储最大的形式，它收集机器上物理内存的全部内容。在大多数情况下，系统默认使用核心内存转储来捕获内核态系统崩溃。
- 可以通过使用 WinDbg 的-z 命令行选项打开转储文件。分析本地转储文件一般首先使用调试器扩展命令!analyze。该命令同样适用于内核态调试器分析内核态转储。实际上，它同样可以在现场实时调试中使用。
- 分析用户态崩溃转储的另一个有用的命令为.ecxr。该命令允许你设置当前线程上下文至 SEH 异常上下文，并且设置 CPU 寄存器（最为明显的是当前栈帧和指令指针）为出现错误指令时的值，从而可以找到导致程序崩溃真正的调用点。
- 使用 WinDbg 调试.NET 程序崩溃转储需要加载和崩溃进程 CLR 版本和架构（32 位或 64 位）匹配的 SOS 扩展。分析托管代码转储文件的调试器架构最好和分析目标架构一样。匹配 CLR 版本和架构并成功加载 SOS 扩展后，使用!pe 命令可以很容易地找到崩溃进程的异常链。
- 从.NET 4.0 和 Visual Studio 2010 开始，可以使用 Visual Studio 开展.NET 崩溃转储源代码级的事后调试。
- 在进行转储调试分析时，需要形成一套导致进程崩溃的原因假设，并通过查看内存转储信息验证该假设，如进程崩溃时全局变量的值或与崩溃进程相关线程的状态。在系统完全内存转储的情况下，还可以查看其他进程的状态，这在分析 COM 或远程过程调用（RPC）进程通信时非常有用。更重要的是，形成和现场实时调试有所不同的转储调试思维方式往往是分析转储文件成功的第一步。

第 5 章
基础扩展

本章内容

- 非侵入式调试
- 数据断点
- 调试器脚本
- WOW64 调试
- Windows 调试钩子（GFLAGS）
- 小结

既然你已熟悉了微软 Windows 调试器类型和支持其基本机制实现的系统基础，现在是时候更深入一步来了解一些额外的特性和策略了，它们经常用于实施成功的调试分析。在涵盖了几个高级调试器功能之后，本章将介绍重要的全局标志编辑工具（Global Flags，GFLAGS）和 Windows 系统中的调试 hook。你将在本书后续的章节看到一些实际研究案例，这些钩子在追踪常见代码缺陷时特别有用，包括堆破坏、内存泄露和许多更复杂的错误。

5.1 非侵入式调试

可以使用非侵入式调试（noninvasive debugging）来检查目标进程的内存快照，而不需要将用户态调试器完全附加进来。WinDbg 支持这种便利功能，当已有另一个调试器（如微软 Visual Studio 调试器）在活动地调试目标时，它是有用的。在这种情况下，可以在非侵入模式下附加一个 WinDbg 实例，检查进程的虚拟内存快照，并拥有 WinDbg 调试环境的所有权限。一旦完成目标分析，你就可以分离 WinDbg 并恢复使用原来的调试器控制它。这使你可以并用 WinDbg 与 Visual Studio 调试器，并同时利用它们各自的优点。

在非侵入式调试中，调试器不会从目标进程接收任何调试事件，因此不能在这种模式下控制目标。相反，调试器只是简单地挂起目标中的线程，并执行你输入的静态调试命令，允许你检查和修改目标进程的虚拟地址空间。其支持一些常见的任务命令，例如堆栈回溯（k*命令）、寄存器及内存值检查（dd、db 等）或者进程内存修改（ed、eb 等）。你甚至可以使用命令 .dump 生成内存转储以供后续分析。调试器无法做到在这种模式下活动控制目标，因此你不能设置断点或者让目标继续执行。从这个意义上讲，非侵入式的用户态调试类似于第 2 章中的实时内核态调试，只不过在实时内核调试情况下目标机没有冻结。

5.1 非侵入式调试

非侵入式调试会话可以通过使用 windbg.exe 用户界面中的 Attach to Process 菜单操作（F6 快捷键）并在对话框底部选择 Noninvasive 复选框进行启动，如图 5-1 所示。你也可以使用 WinDbg 的 -pv 命令行选项来实现相同的目标。

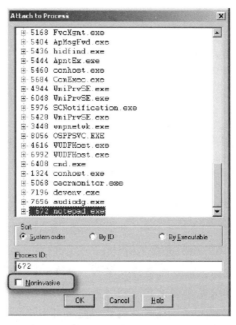

图 5-1 使用 WinDbg 进行非侵入用户态调试

当一个进程正在被用户态调试器调试时，系统会在目标进程环境块（Process Environment Block，PEB）结构中设置一个字段来反映这一事实。使用调试命令!peb 转储目标进程 PEB 结构内容，你可以看到在非侵入式调试会话中 BeingDebugged 字段是 "false"，这意味着这种情况下目标并没有真正被 Windows 操作系统（OS）调试器控制。

如下面的清单所示，其中，windbg.exe 被作为 notepad.exe 运行实例的非侵入式调试器。

```
C:\Program Files\Debugging Tools for Windows (x86)>start notepad
C:\Program Files\Debugging Tools for Windows (x86)>windbg.exe -pv -pn notepad.exe
0:000> .symfix
0:000> .reload
0:000> !peb
PEB at 7ffdb000
    BeingDebugged:            No
    CurrentDirectory: 'C:\Program Files\Debugging Tools for Windows (x86)\'
    ImageFile:       'C:\Windows\system32\notepad.exe'
...
0:000> g
        ^ No runnable debuggees error in 'g'
```

当以非侵入方式完成目标进程检查后，你可以使用命令 qd（quit and detach，退出并解挂）将其分离出来，并让目标摆脱挂起状态。同时，使用 q 命令退出非侵入式调试会话不会终止目标，就像在常规用户态调试一样，所以在这种情况下它等同于 qd 命令。

```
0:000> qd
```

注意：可以将 windbg.exe 完全附加到一个用户态进程，即使这个进程已经在被调试。当附加第二个 WinDbg 实例时，你可以使用 –pe 命令行选项来实现这一点，如下面的序列所示。确保在执行这些步骤之前已关闭所有的 notepad.exe 实例，以使得通过名字附加到目标进程时，-pn 选项不会"抱怨"目标存在着多个进程实例。

```
---- run notepad.exe under the first debugger ----
windbg.exe notepad.exe

---- "Regular" attach attempt fails: notepad.exe is already being debugged ----
windbg.exe -pn notepad.exe
Cannot debug pid 1768, NTSTATUS 0xC0000048
    "An attempt to set a process's DebugPort or ExceptionPort was made, but a
port already exists in the process or an attempt to set an ALPC port's associated c
ompletion port was made, but it is already set."

---- "/pe" attach succeeds despite the first debugger ----
windbg.exe -pe -pn notepad.exe
```

与 -pv（非侵入附加）选项不同，-pe（现有的调试端口附加）选项意味着一些场景，如第一个调试器冻结或者停止工作，并在第一个调试器仍可操作时不能保证可靠工作。这是因为两个调试器实例将争夺由目标进程发出的调试事件。例如，使用一个调试器实例插入的代码断点最终可能被另一个调试器处理。

5.2 数据断点

当程序中给定变量将被如何修改的调试条件没有明显先验性时，数据断点就会特别有用。本书包含的几个例子证明了这种技术在尝试回答例如谁负责改变变量或数据结构字段数值方面特别有效。事实上，第 2 章介绍了该技术的应用，使用一个数据断点来充分利用由内核态调试提供的全局系统范围，并能发现 notepad.exe 主界面线程正被来自 Windows 子系统（win32k.sys）内核态部分的新消息解除阻塞。

在 WinDbg 中，调试命令 ba（break on access，访问时中断）用于设置数据断点，以监控处理器对指定内存位置的读、写或执行。这类断点（执行数据断点）实际上与代码断点相似，尽管它们由操作系统和 CPU 以完全不同的方式实现，正如你很快就会看到的那样。

为演示如何使用这个命令，以下调试器清单使用 ba 命令设置了一个执行（e）数据断点，使得一旦由符号名 ntdll!NtCreateFile 引用的虚拟地址（命令中的"1"表示 1 字节范围）被执行时就触发，这等同于在此特殊情况下的一个代码断点（bp）。

```
0:000> vercommand
command line: '"c:\Program Files\Debugging Tools for Windows (x86)\windbg.exe" c:\Windows\system32\notepad.exe'
0:000> .symfix
0:000> .reload
0:000> bp notepad!WinMain
0:000> g
```

```
Breakpoint 0 hit
notepad!WinMain:
0:000> ba e1 ntdll!NtCreateFile
0:000> g
Breakpoint 1 hit
ntdll!NtCreateFile:
0:000> k
ChildEBP RetAddr
001bf028 751da939 ntdll!NtCreateFile
001bf0cc 769e03de KERNELBASE!CreateFileW+0x35e
...
0:000> $ Terminate this debugging session...
0:000> q
```

类似地，下面的清单显示了一个读（r）数据断点，将在每次处理器从 ntdll.dll 模块中的全局变量地址（32 位处理器中为 4 字节）执行一个读指令时触发。

```
0:000> vercommand
command line: '"c:\Program Files\Debugging Tools for Windows (x86)\windbg.exe" c:\Windows\system32\notepad.exe'
0:000> .symfix
0:000> .reload
0:000> bp notepad!WinMain
0:000> g
Breakpoint 0 hit
notepad!WinMain:
0:000> x ntdll!g_*
7763d968 ntdll!g_dwLastErrorToBreakOn = <no type information>
...
0:000> ba r4 7763d968
0:000> g
Breakpoint 1 hit
ntdll!RtlSetLastWin32Error+0x11:
0:000> k
ChildEBP RetAddr
0022f6f0 759b6b65 ntdll!RtlSetLastWin32Error+0x11
0022f700 759b91b5 KERNELBASE!BaseSetLastNTError+0x18
0022f748 759b88ca KERNELBASE!GetModuleHandleForUnicodeString+0xa1
0022fbc0 759bd15f KERNELBASE!BasepGetModuleHandleExW+0x181
0022fbdc 7690219d KERNELBASE!GetModuleHandleExW+0x2b
0022fc78 769009db ole32!IsRunningInRPCSS+0x75
0022fc90 002a143a ole32!CoInitializeEx+0x79
0022fcc4 002a16ec notepad!WinMain+0x35
...
0:000> $ Terminate this debugging session...
0:000> q
```

5.2.1　深度分析用户态和内核态数据断点

在前面的例子中，你可能已经注意到，在添加数据断点之前必须首先到达程序的主入口点。事实证明，在置后处理初始化节点过程中，调试器不会允许你插入这样的断点，在 WinDbg 用户态调试器下首次执行一个进程时，你就会看到这一点，如下面的清单所示。

```
0:000> vercommand
command line: '"c:\Program Files\Debugging Tools for Windows (x86)\windbg.exe" notepad'
0:000> .symfix
0:000> .reload
0:000> x ntdll!*tobreak*
76fbd968 ntdll!g_dwLastErrorToBreakOn = <no type information>
0:000> ba r4 76fbd968
         ^ Unable to set breakpoint error
The system resets thread contexts after the process
breakpoint so hardware breakpoints cannot be set.
Go to the executable's entry point and set it then.
  'ba r4 76fbd968'
0:000> q
```

那么，为什么这里会讨论调试器线程上下文或硬件断点？要理解这一点，需要深入了解数据断点是如何由系统内部实现的。代码断点是在软件中通过适当修改目标内存并插入 int 3 调试中断指令（见第 3 章）来实现的，与之不同的是，数据断点不修改内存中的代码，而是替代使用专门的 CPU 调试寄存器来实现其功能。这就是数据断点又称为硬件断点的原因。

x86 和 x64 处理器家族都有 8 个调试寄存器，命名为 DR0、DR1 直到 DR7。然而，只有前面 4 个寄存器可用于存储数据断点的内存位置（虚拟地址）。DR4 和 DR5 是保留寄存器。DR6 和 DR7 寄存器需要详细地解释一下，因为尽管它们不直接用来支持数据断点，但用于帮助跟踪使用前面 4 个调试寄存器设置的断点。更具体地说，DR6 是一个状态寄存器，它的各个位是上下文相关的，并为调试器提供了关于某些异常的更多信息。例如，单步位掩码（0x4000）用于确定收到的调试事件是回应一个单步异常还是数据断点引发，因为它们的产生都伴随着 STATUS_SINGLE_STEP 结构化异常处理（Structured Exception Handling，SEH）异常代码。DR6 还包含其他位，指示 4 种可能的数据断点中哪个命中了，这正是为什么 DR6 寄存器称为调试状态寄存器。最后，DR7 称为调试控制寄存器，用于跟踪 CPU 数据断点的全局信息，包括存储在 DR0、DR1、DR2 或 DR3 中的数据断点是否启用或禁用，以及 4 个断点中各自的类型（读/写或执行）。图 5-2 回顾了可用的调试寄存器和它们各自的角色。

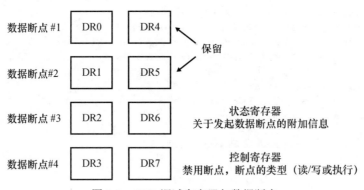

图 5-2　CPU 调试寄存器与数据断点

请注意，CPU 调试寄存器（以及其他寄存器）是作为用户态线程上下文的一部分保存的，因此当线程被切换到 CPU 上执行时，存储在线程上下文中的值会被加载到物理 CPU 寄存器中，并为线程提供与之前执行被操作系统抢占时相同的上下文。

当一个数据断点在用户态调试器中被特别设置时，调试器会列举目标进程内的所有线程，并为每个线程调用 Win32 函数 kernel32!SetThreadContext 来设置合适的 DR 寄存器值。内核态调试器中设置的数据断点也是类似的实现方式，除了它们被保存在一个特殊的处理器控制块（Processor Control Block，PRCB）以外，这是一个由操作系统用来存储各个处理器信息的数据结构，因此它们也可以应用到在目标机器上新创建的线程。

这就解释了为什么应用在用户态调试器的数据断点只有在特定的调试会话中才是可见的，尽管调试寄存器是全局性的（对每个 CPU 而言）。因为其他用户进程中的线程上下文不会被其他用户态调试会话中的数据断点所影响，这些断点只有在 CPU 切换到调试会话的目标进程中的线程时才可见。这恰恰导致了你可以预想的行为，即来自用户态调试器的数据断点只有在调试会话的目标进程中才是可见的。

此外，用户态调试器中定义的数据断点不会干扰那些定义在内核态调试器中的数据断点。用户态调试器往往是在目标进程中重置线程上下文，因此定义在内核态调试器中的数据断点是绝对不会在目标机器的用户态调试器实例中可见的。这就解释了为什么调试器不允许开发者在早期 NTDLL 置后处理初始化断点过程中设置数据断点，因为它们最终会被用户态调试器清除。

5.2.2 清除内核态数据断点

当在内核态调试器使用硬件断点时，它们有时还会继续保留，即使它们已被用户使用调试命令 bc 进行了清除。其中的原因是，尽管 bc 命令确实清除了内核态调试器本身的断点，但目标机器上的一些线程可能在其上下文中缓存了数据断点；当目标恢复时，那些线程好像保留了 g 命令后运行于 CPU 上的断点。例如，如果你在一个公共函数中设置数据断点，比如在每个用户态 GUI 应用程序的消息循环中都会使用的 API user32!GetMessageW 函数，会看到有时执行 bc 命令后断点会保留下来，如下面的清单所示。

```
0: kd> $ Switch to a process context that has the DLL loaded (for example: explorer.exe)
0: kd> !process 0 0 explorer.exe
PROCESS 866188d8  SessionId: 1  Cid: 0608    Peb: 7ffdf000 ParentCid: 0ccc
    Image: explorer.exe
0: kd> .process /i 866188d8
0: kd> g
Break instruction exception - code 80000003 (first chance)
0: kd> .reload /user
kd> x user32!GetMessageW
76348f97 USER32!GetMessageW = <no type information>
0: kd> ba e1 USER32!GetMessageW
0: kd> $ Data breakpoints are raised as STATUS_SINGLE_STEP SEH exceptions
0: kd> g
Single step exception - code 80000004 (first chance)
USER32!GetMessageW:
0: kd> g
Single step exception - code 80000004 (first chance)
USER32!GetMessageW:
0: kd> bl
 0 e 76348f97 e 1 0001 (0001) USER32!GetMessageW
0: kd> $ Now clear the data breakpoint...
0: kd> bc 0
0: kd> g
Single step exception - code 80000004 (first chance)
USER32!GetMessageW:
0: kd> $ Notice you're still hitting the breakpoint even though bl shows an empty
```

```
0: kd> $ breakpoints list
0: kd> bl
```

但是，你现在知道了数据断点是保存在处理器的调试寄存器中，因此可以让自己迅速走出这个困境。通过直接使用调试命令 r 手动重置调试寄存器来强行清除数据断点，如下面的清单所示。

```
0: kd> $ Notice that the DR0 register is still set to the address of user32!GetMessageW
0: kd> r dr0
dr0=76348f97
0: kd> $ Reset the data breakpoint and disable breakpoints in the control register too
0: kd> r dr0=0
0: kd> r dr7=0
0: kd> g
```

5.2.3 执行数据断点与代码断点

执行数据断点可以作为代码（软件）断点的替代。尽管数据断点（ba）有限（最多 4 个），但它们能证明是一个比软件断点（bp、bu 或 bm）更好的选择，特别是在内核态调试中。

用户态或内核态调试器将代码断点作为调试中断指令插入目标内存的代码页中。内核态调试情况下，代码断点实现方式的一个微妙问题是，由于写时复制（copy-on-write）系统机制，必须在代码页成为进程私有时才发生。当用户态调试器用于内核调试会话目标机上的进程调试，以及用户态和内核态调试器都尝试将代码断点插入到相对该进程同样的内存位置时，用户态调试器为插入代码断点而创建的额外私有代码页在调试器插入或去除自己的代码断点副本时，可能不会被内核态调试器正确跟踪。出于这个原因，在内核调试会话中，数据断点通常比代码断点更可靠。

另一个问题是，在内核调试会话期间，代码断点地址是相对于当前进程上下文解释的，当你中断进入主机内核调试器时，正好对应你感兴趣的进程的。为了说明这一点，考虑下面的例子，一个 notepad.exe 进程实例已经运行在目标机器上。中断进入内核调试器后，尝试在 notepad.exe 进程的私有代码中设置一个软件断点，如下面的清单所示。

```
kd> $ Notice that you are not in the NOTEPAD process here!
kd> !process -1 0
PROCESS 84a2dab0  SessionId: none  Cid: 0004    Peb: 00000000  ParentCid: 0000
    Image: System
kd> !process 0 0 notepad.exe
PROCESS 89a2b030  SessionId: 1  Cid: 02e0    Peb: 7ffdb000  ParentCid: 0d10
    Image: notepad.exe
kd> $ This only loads the user-mode symbols for notepad.exe. The target is still frozen
kd> .process /r /p 89a2b030
kd> !process 89a2b030 7
PROCESS 89a2b030 SessionId: 1  Cid: 02e0    Peb: 7ffdb000  ParentCid: 0d10
    Image: notepad.exe...
        0006f860 00e3148a USER32!GetMessageW+0x33
        0006f8a0 00e316ec notepad!WinMain+0xe6
        0006f930 76f21174 notepad!__mainCRTStartup+0x140
...
kd> u 00e3148a
notepad!WinMain+0xe6
00e3148a 85c0              test    eax,eax
00e3148c 0f8453050000      je      notepad!WinMain+0xea (00e319e5)
kd> bp 00e3148a
kd> g
```

请注意，即使移动目标机上 notepad.exe 主窗口也没有命中断点，通常应该发送一个消息到主 UI 线程的消息循环，以使断点到达！因为 00e3148a 可能并不代表当前进程上下文中的一个有效的虚拟地址（或者更有可能的是，映射到了一个随机地址），这实际上是断点插入失败了。如果你重复相同的实验但替换为使用数据断点，就会发现断点能成功命中。

```
kd> ba e1 00e3148a
kd> g
Single step exception - code 80000004 (first chance)
notepad!WinMain+0xe6:
kd> !process -1 0
PROCESS 89a2b030  SessionId: 1  Cid: 02e0    Peb: 7ffdb000  ParentCid: 0d10
    Image: notepad.exe
```

在这种情况下，如果你真想要一个软件断点，可以先使用 .process /i 命令。当然，正如在第 2 章中详细介绍的那样，在插入断点之前，要让目标机器运行并正确中断回到 notepad.exe 进程上下文。

使用执行数据断点而非代码断点的优点是，不必让目标机在插入断点之间就运行（即使只是花很短的时间处理侵入进程的上下文切换）。为了简便起见，本书中一些内核调试实验使用执行数据断点（ba e1）代替代码断点（bp，bu，or bm），以避免额外的步骤。数据断点的缺点是，如果它正好偶然加载到相同的虚拟地址，也可能被来自其他进程的无关代码命中，虽然你可以使用 ba 命令的 /p 选项来将数据断点范围进一步限制在特定的进程中，就像用 bp 命令能做的那样。

5.2.4　用户态调试器数据断点操作：C++全局对象和 C 运行时库

为展示数据断点的价值，考虑当 C 运行时库（C Runtime Library，CRT）在 C++ 程序中使用时会发生什么——可执行模块的入口点最终由编译过程中的 CRT 提供。这个通用的入口点在实际调用用户提供的程序主函数之前执行一些额外的 CRT 初始化步骤。为实际查看这一点，你可以使用本书配套源代码中的下列 C++ 示例程序并编译它。

```
//
// C:\book\code\chapter_05\CrtCleanup>main.cpp
//
class CBuffer :
    CZeroInit<CBuffer>
{
public:
    HRESULT
    Init()
    {
        // ...
    }

private:
    CAutoPtr<BYTE> m_spFirstBuffer;
    CAutoPtr<BYTE> m_spSecondBuffer;
    static const BUFFER_SIZE = 1024;
};

class CMainApp
{
public:
```

```
        HRESULT
        MainHR(
            VOID
            )
        {
            ChkProlog();

            wprintf(L"Initializing Global C++ Object...\n");
            ChkHr(g_buffer.Init());

            ChkNoCleanup();
        }

    private:
        static CBuffer g_buffer;
    };
    CBuffer CMainApp::g_buffer;
```

在用户态调试器下，你会发现程序真正的入口点是一个称为 __wmainCRTStartup 的通用函数。
该函数由 CRT 支持并被用户提供的入口函数封装。

```
0:000> vercommand
command line: '"c:\Program Files\Debugging Tools for Windows (x86)\windbg.exe"
c:\book\code\chapter_05\CrtCleanup\objfre_win7_x86\i386\crtcleanup.exe'
0:000> .symfix
0:000> .reload
0:000> bp wmain
0:000> g
Breakpoint 0 hit
crtcleanup!wmain:
0:000> k
ChildEBP RetAddr
0019f9bc 00d017d8 crtcleanup!wmain
0019fa00 75883677 crtcleanup!__wmainCRTStartup+0x102
0019fa0c 77cd9f02 kernel32!BaseThreadInitThunk+0xe
0019fa4c 77cd9ed5 ntdll32!__RtlUserThreadStart+0x70
0019fa64 00000000 ntdll32!_RtlUserThreadStart+0x1b
0:000> q
```

CRT 主函数的重要工作之一，是负责调用可执行模块中所有 C++ 全局与静态对象的构造函数
和析构函数。你可以通过使用数据断点来确认这一点。在前面的示例中，一个称为 g_buffer 的全
局 C++ 对象被程序所使用。该对象没有一个明确的析构函数，因此当它被调用时，不能使用源代
码级的代码断点来查看（虽然你仍可以在调试器命令窗口中直接设置一个 crtcleanup!CBuffer::~
CBuffer 代码断点）。也就是说，由编译器默认插入的析构函数最终需要释放那个类的两个智能指
针成员对象。这意味着无论析构函数 g_buffer 何时被调用，数据写入访问都将被实施，因此无论
全局对象析构函数何时被调用，数据断点都可用于中断到调试器中，如下面的清单所示。

```
0:000> vercommand
command line: '"c:\Program Files\Debugging Tools for Windows (x86)\windbg.exe"
c:\book\code\chapter_05\CrtCleanup\objfre_win7_x86\i386\crtcleanup.exe'
0:000> .symfix
0:000> .reload
0:000> bp wmain
0:000> g
```

```
Breakpoint 0 hit
crtcleanup!wmain:
0:000> x crtcleanup!*g_buffer*
008c303c crtcleanup!CMainApp::g_buffer = class CBuffer
008c10ac crtcleanup!CMainApp::g_buffer$initializer$ = 0x008c1e1d
008c1e59 crtcleanup!'dynamic atexit destructor for 'CMainApp::g_buffer'' (void)
008c1e1d crtcleanup!'dynamic initializer for 'CMainApp::g_buffer'' (void)
0:000> dt crtcleanup!CMainApp::g_buffer
    +0x000 m_spFirstBuffer   : ATL::CAutoPtr<unsigned char>
    +0x004 m_spSecondBuffer  : ATL::CAutoPtr<unsigned char>
    =008c0000 BUFFER_SIZE    : 0x905a4d
0:000> $ The default C++ destructor for g_buffer will also call the destructor of the
0:000> $ m_spSecondBuffer field member, for example, so set a "write" data breakpoint there
0:000> ba w4 0x008c303c+4
0:000> $ The first breakpoint hit is the Init call in MainHR, so skip it...
0:000> g
Breakpoint 1 hit
crtcleanup!CBuffer::Init+0x57:
0:000> $ The second breakpoint hit happens during process shutdown
0:000> g
Breakpoint 1 hit
crtcleanup!CBuffer::~CBuffer+0x11:
0:000> k
ChildEBP RetAddr
0017fabc 7603c3e9 crtcleanup!CBuffer::~CBuffer+0x11
0017faf0 760436bb msvcrt!_cinit+0xc1
0017fb04 008c1787 msvcrt!exit+0x11
0017fb40 75ea3677 crtcleanup!__wmainCRTStartup+0x118
0017fb4c 77069f02 kernel32!BaseThreadInitThunk+0xe
0017fb8c 77069ed5 ntdll!__RtlUserThreadStart+0x70
0017fba4 00000000 ntdll!_RtlUserThreadStart+0x1b
0:000> g
ntdll!NtTerminateProcess+0x12:
7704fc52 83c404          add     esp,4
0:000> q
```

可以看到，CRT 主函数调用了 msvcrt!exit，它在进程关闭之前破坏了 C++ 全局对象。但是请注意，全局 C++ 对象的析构函数只在执行常规进程关闭时才被调用。但当使用 Win32 API TerminateProcess 突然终止进程时，这个清理操作是没有机会执行的，例如使用 kill.exe 程序强行终止一个进程实例。你可以验证这一点，因为之前实验中使用的数据断点在这种情况下不会命中。虽然当进程及其所有相关资源消失时不会发生内存泄露，但不变式可能已经被破坏了，你的程序若再次启动（执行任何必要的恢复步骤）就会受此影响，假设进程退出之前你不能依赖 C++ 析构函数一直运行。

5.2.5 内核态调试器数据断点操作：等待进程退出

Windows 并发模型的核心是线程等待一组调度程序变为信号态的能力。线程、进程、事件、信号量和互斥对象都是 Windows 操作系统中的内核调度对象实例。用户态应用程序可以等待这些对象变为信号态，其中，通过使用 Win32 API WaitForSingleObject(Ex)等待单一对象，使用 Win32 API WaitForMultipleObjects(Ex)同时等待一组调度对象变为信号态。

请注意，即使 Win32 API 为 Windows 中的真实等待提供了一致的方案，每个内核调度对象在变为信号态或重置时也都有自己的语义。例如一个信号量，当它的内部计数下降到 0 时，内核会自动将其变为信号态，而事件对象只有在被执行线程上下文明确设置时才变为信号态。类似地，一个进程对象也在其最后一个线程退出时，由系统自动变为信号态。这就是你能在 Windows 中通过直接使用进程的用户态句柄来等待进程终止事件的原因。下面的内核调试器清单使用命令 dt（"转储类型"）来显示由系统中所有调度对象共享的头部结构及其内部的 SignalState 字段，该字段在内部使用以保持跟踪对象信号的状态。

```
0: kd> .symfix
0: kd> .reload
0: kd> $ Event object
0: kd> dt nt!_KEVENT
   +0x000 Header           : _DISPATCHER_HEADER
0: kd> $ Mutex object
0: kd> dt nt!_KMUTANT
   +0x000 Header           : _DISPATCHER_HEADER
   +0x010 MutantListEntry  : _LIST_ENTRY
   +0x018 OwnerThread      : Ptr32 _KTHREAD
   +0x01c Abandoned        : UChar
   +0x01d ApcDisable       : UChar
0: kd> $ Semaphore object
0: kd> dt nt!_KSEMAPHORE
   +0x000 Header           : _DISPATCHER_HEADER
   +0x010 Limit            : Int4B
0: kd> $ Process object
0: kd> dt nt!_KPROCESS
   +0x000 Header           : _DISPATCHER_HEADER
...
0: kd> $ Common dispatcher header structure
0: kd> dt nt!_DISPATCHER_HEADER
   +0x000 Type             : UChar
   +0x004 SignalState      : Int4B
...
```

为观察 Windows 进程对象是如何变为信号态的，你可以使用数据断点。这里的关键是，所有调度对象将它们的信号状态作为其内核对象头部结构的一部分来跟踪，所以当对象变为信号态时，SignalState 字段必须被系统内核代码访问（修改）。由于调度对象在内核态变为信号态，你需要一个内核调试会话。在这个会话的目标机上启动一个 notepad.exe 进程实例，然后设置数据断点，并在对应的进程对象变为信号态时往下跟踪。请注意，该进程对象最初并不是信号态的（信号状态为 0），因为它仍然运行在目标机上。

```
kd> !process 0 0 notepad.exe
PROCESS 892d7030 SessionId: 1 Cid: 0b2c   Peb: 7ffd4000 ParentCid: 0a30
   Image: notepad.exe
kd> $ the notepad.exe process object is not signaled
kd> dt nt!_KPROCESS 892d7030 Header.SignalState
   +0x000 Header           :
      +0x004 SignalState   : 0n0
kd> ba w4 892d7030+4
kd> g
```

如果你现在在目标机上关闭之前的 notepad.exe 实例，就会立即中断进入主机内核调试器，对应的栈跟踪如下。可以查看是按既定顺序（例如，按 Alt + F4 组合键）终止，还是通过使用 Win32

API TerminateProcess（例如，通过 kill.exe 实用工具）突然终止。

```
Breakpoint 0 hit
kd> k
ChildEBP RetAddr
97c81c88 82855d61 nt!KeSetProcess+0x59
97c81cfc 8286ed37 nt!PspExitThread+0x6c2
97c81d24 8265047a nt!NtTerminateProcess+0x1fa
97c81d24 776664f4 nt!KiFastCallEntry+0x12a
001bfdb0 00000000 ntdll!KiFastSystemCallRet
kd> dt nt!_KPROCESS 892d7030 Header.SignalState
   +0x000 Header           :
       +0x004 SignalState          : 0n1
kd> bc 0
kd> g
```

正如在前面的调用栈中所看到的，当进程最后的线程作为其破败代码路径的一部分退出时，内核会将该进程对象变为信号态。请注意前面调用栈中对 nt !PspExitThread 的调用，进程对象在其主要的也是最后的线程退出时变为了信号态。

5.2.6 高级例子：谁在修改注册表值

一旦需要在某个感兴趣的内存位置即将被操作（即执行、读取或写入）时中断到调试器，数据断点就能派上用场。在本节描述的例子中，这个策略的应用将超出其常见使用模式（监控程序变量何时会被修改）以回答以下问题：为什么一个注册表值变化要作为一个给定测试场景的运行结果？

尽管这个特殊的实验更多是一种研究式锻炼而非实际需要，但它展示了使用调试扩展命令!reg 好的一面，当尝试从内核态内存转储提取注册表值时，该命令特别适用于事后调试场景。虽然在实践中通常使用跟踪工具来回答这个问题，例如 SysInternals 套件中的进程监控（process monitor）工具或本书稍后将讨论的 Windows 性能工具包（Windows Performance Toolkit，WPT），都允许开发者监视系统中的注册表访问事件。此外，你还可以用内核调试器解决这个问题。

使用内核调试器时，你可以检查内核态内存，包括已加载的注册表 hive 和键值在内存中的表示。第一个任务是通过监测确定你感兴趣的注册表值在内存中的位置。一旦确定了这一点，你就很容易设置一个写入数据断点，实施修改目标机上的值这一场景，然后满意地观察在注册表值即将得到修改时进入主机内核调试器。

调试器扩展命令!reg 的各种选项请参考如 hive、bin、cell 和 key node 等的概念。这些概念都是内核配置管理（Configuration Manager，CM）用来表示磁盘上注册表内容的，如表 5-1 中的总结所示。

表 5-1 重要的 Windows 注册表存储概念

选项	概念
Hive	以二进制文件存留在磁盘上的逻辑组，包含键、子键和注册表值。操作系统注册表由 hive 的集合组成
Bin	Bin Cell：每个 hive 都划分成名为 bin 的固定（4KB）块

选项	概念
Cell	Cell 索引：Cell 是长度不一的容器，包含存储在注册表 hive 中的数据。Cell 分为不同的类型，每类代表一个可能的容器，可以是注册表值、注册表键、子键或值列表，或者键的安全描述符。由于 Cell 有不同的长度，可以使用 Cell 索引来应用它们
Cell index	Cell 索引表示给定注册表 hive 中某个 Cell 元素的偏移。配置管理器会使用两个层面，间接将 cell 索引转换成 cell 的位置，这与内存管理器映射虚拟内存到物理内存地址的方式在很大程度上相同

在内存表示层面，打开的注册表键值由内核配置管理器以全局哈希表形式维护，以便可以快速确定请求的键是否需要被加载或者是否已经被检查。在后一种情况下，它只是简单返回一个额外的对象引用。表中每个打开的键在内存中使用一个称为 KCB（Key Control Block）的辅助数据结构表示。这个结构包含了很多关于键的有用信息，如它的引用计数、名称、Cell 索引、包含的 hive、最后写时间、安全描述符等。KCB 通常也是扫描内核内存以发现注册表值虚拟内存地址的开始地方。以下实时内核调试器清单显示了操作系统中 KCB 数据结构的各字段。

```
lkd> dt nt!_CM_KEY_CONTROL_BLOCK
   +0x000 RefCount         : Uint4B ...
   +0x014 KeyHive          : Ptr32 _HHIVE
   +0x018 KeyCell          : Uint4B ...
   +0x02c NameBlock        : Ptr32 _CM_NAME_CONTROL_BLOCK
   +0x030 CachedSecurity   : Ptr32 _CM_KEY_SECURITY_CACHE ...
   +0x058 KcbLastWriteTime : _LARGE_INTEGER
...
```

在接下来的例子中，你会了解如何能监视本地实时调试器注册表键 AeDebug 下 Auto 值的变化，这通过在内核调试器中使用数据断点来实现。为开展这个实验，这个键值应该首先被加载到内存中，因此要确保在目标机上至少打开它一次（例如，使用工具 regedit.exe）。你现在可以使用!reg 调试命令的 openkeys 选项来列出加载到目标机内存的所有注册表键值（作为内核配置管理器全局哈希表的一部分来跟踪）。这个命令的输出通常相对较大（因为它包含目标机上所有打开的键），所以你也可以配套使用.logopen 和.logclose 命令将输出保存到一个文本文件，然后可以使用诸如 notepad.exe 这样的文本编辑器轻松地进行搜索。

```
0: kd> .logopen c:\temp\log.txt
0: kd> !reg openkeys
0: kd> .logclose
```

通过从输出的 log.txt 文件清单中搜索 AeDebug，你会发现一个描述已打开键的条目，连同其 cell 索引和 KCB。

```
Hive: \REGISTRY\MACHINE\SOFTWARE
...
    293ad50e kcb=a7075788 cell=00286ce0 f=00200000 \REGISTRY\MACHINE\SOFTWARE\MICROSOFT\
WINDOWS NT\CURRENTVERSION\AEDEBUG
```

特别是从前面搜索中获得的 KCB 内存地址，包含你需要的关于 AeDebug 键的所有信息，可以通过再次使用!reg 命令进行转储。

```
0: kd> !reg kcb a7075788
Key                : \REGISTRY\MACHINE\SOFTWARE\MICROSOFT\WINDOWS NT\CURRENTVERSION\AEDEBUG
RefCount           : 2
Flags              : CompressedName,
ExtFlags           :
Parent             : 0x93f35a08
KeyHive            : 0x8cfd8640
KeyCell            : 0x286ce0 [cell index]
...
```

给定一个 cell 索引和一个 hive，可以使用!reg 命令获取 cell 的实际虚拟地址（被这个调试器扩展命名为 pcell），如下面的调试命令所示。

```
0: kd> !reg cellindex 0x8cfd8640 0x286ce0
Map = 8f0fa000 Type = 0 Table = 1 Block = 86 Offset = ce0
MapTable       = 8f0fd000
BlockAddress = 8f806000
pcell:   8f806ce4
```

这是 AeDebug 键节点在的内存地址（请注意这是一个内核态内存地址）。从这个地址，你可以通过使用!reg 命令的 valuelist 选项列出这个键下面所有的值。该命令将 hive 和键节点地址作为参数。

```
0: kd> !reg valuelist 0x8cfd8640 0x8f806ce4
Dumping ValueList of Key <AeDebug> :
[Idx]     [ValAddr]     [ValueName]
[  0]     8f9a6da4      Debugger
[  1]     8f9a6dec      Auto
Use '!reg kvalue <ValAddr>' to dump the value
```

AeDebug 键下面有两个值。可以通过由前面命令提供的键值地址找到调试器的字符串（REG_SZ）值。

```
0: kd> !reg kvalue 8f9a6da4
Signature: CM_KEY_VALUE_SIGNATURE (kv)
Name         : Debugger {compressed}
DataLength: 6c
Data         : 1ce13f0 [cell index]
Type         : 1
0: kd> !reg cellindex 0x8cfd8640 1ce13f0
pcell:   916613f4
0: kd> du 916613f4
916613f4  ""c:\Windows\system32\vsjitdebugg"
91661434  "er.exe" -p %ld -e %ld"
```

类似地，你还可以找到 Auto 所在的内存地址。与 Debugger 值相比唯一的区别是，Auto 值直接存储在 Data 字段，假定这是一个适合该字段的小值。特别要注意的是，数据长度最高位被设置，这表明数据是就地存储的，而不是使用 cell 索引（如 Debugger 值的情况）。

```
0: kd> !reg kvalue 8f9a6dec
Signature : CM_KEY_VALUE_SIGNATURE (kv)
Name         : Auto {compressed}
DataLength: 80000004
```

```
Data       : 31 [cell index]
Type       : 1
0: kd> $ The '1' character maps to 0x31 in ASCII encoding
0: kd> ? '1'
Evaluate expression: 49 = 00000031
0: kd> db 8f9a6dec
8f9a6dec 76 6b 04 00 04 00 00 80-31 00 00 00 01 00 00 00 vk......1.......
```

现在你知道了 Auto 注册表值存储的内存位置，剩余的实验将变得十分简单。首先，在那个内存位置设置一个写入断点。

```
0: kd> ba w4 8f9a6dec+8
0: kd> g
```

然后，可以使用目标机上的 regedit.exe 修改键值。一旦这样做，你将在数据断点命中时中断到内核调试器中。在这种情况下，试图修改注册表键的进程是已知的（regedit.exe），即使你事先不知道修改尝试来自哪里，这种技术同样很好用。

```
Breakpoint 0 hit
nt!CmpSetValueKeyExisting+0xda:
0: kd> !process -1 0
PROCESS 8a10fd40 SessionId: 1 Cid: 09fc    Peb: 7ffd9000  ParentCid: 17d8
    Image: regedit.exe
0: kd> .reload /user
0: kd> k
ChildEBP RetAddr
a895fb94 82a1e14a nt!CmpSetValueKeyExisting+0xda
a895fc58 82a1e7cf nt!CmSetValueKey+0x7af
a895fd14 828511fa nt!NtSetValueKey+0x32b
a895fd14 76e370b4 nt!KiFastCallEntry+0x12a
0025eee0 76e36814 ntdll!KiFastSystemCallRet
0025eee4 752d97c4 ntdll!ZwSetValueKey+0xc
0025ef24 752d98fd kernel32!LocalBaseRegSetValue+0x158
0025ef88 00e00a05 kernel32!RegSetValueExW+0x159
0025f210 00df40f2 regedit!RegEdit_EditCurrentValueListItem+0x279
0025f220 00df2b59 regedit!RegEdit_OnNotify+0x3d
0025f238 76cdc4e7 regedit!RegEditWndProc+0x210
0025f264 76cdc5e7 USER32!InternalCallWinProc+0x23
0025f2dc 76cd5294 USER32!UserCallWinProcCheckWow+0x14b
0025f31c 76cd5582 USER32!SendMessageWorker+0x4d0
0025f33c 73ebc05c USER32!SendMessageW+0x7c
0025f3d8 73f61641 COMCTL32!CCSendNotify+0xc19
0025f488 73f330df COMCTL32!CLVMouseManager::HandleMouse+0x591
0025f4a4 73f32147 COMCTL32!CLVMouseManager::OnButtonDown+0x18
0025f624 73ebfe70 COMCTL32!CListView::WndProc+0x94a
0025f64c 76cdc4e7 COMCTL32!CListView::s_WndProc+0x4e8
0025f678 76cdc5e7 USER32!InternalCallWinProc+0x23
0025f6f0 76cdcc19 USER32!UserCallWinProcCheckWow+0x14b
0025f750 76cdcc70 USER32!DispatchMessageWorker+0x35e
0025f760 00df2ac6 USER32!DispatchMessageW+0xf
0025f79c 00df1b25 regedit!WinMain+0x152
...
```

5.3 调试器脚本

WinDbg 提供了一些 Visual Studio 2010 调试器不支持的独特功能：内核态调试、扩展命令和协作远程调试。然而，使用文本文件编写调试器脚本的能力则是其另一个强大的调试特性。

5.3.1 使用调试器脚本重放命令

当尝试缩小某个故障的起因范围并调试导致它发生的代码时，通常需要经过故障点与重启进程。一旦发现故障函数的位置，你往往想回到那个场景（可能对应于不同的输入）并到达故障点，而不必重新键入调试器命令序列。这种情况下使用调试器脚本则能完成该需求。

为了说明这是如何实现的，下面的脚本记录了一些操作步骤，包括修复调试器符号搜索路径使其指向微软公共符号服务器，等待 CLR 4 执行引擎 DLL 首先被加载并从相同位置加载 SOS 扩展。当使用 SOS 调试扩展来调试托管程序时，这些步骤是很常见的，因为扩展的版本必须一直匹配目标进程的 CLR。每次需要调试托管进程时，用脚本来自动化上述步骤肯定比手动输入相同命令更高效。

```
$$
$$ C:\book\code\chapter_05\Scripts\loadv4sos.txt
$$
.symfix
.reload
sxe ld clr.dll
g
.loadby sos clr
!eeversion
```

有两个方法可以在 WinDbg 中调用这个脚本并执行其命令。

- 一个方法是在调试器下运行目标进程，然后使用调试命令$$><（或在脚本需要额外参数时使用$$>a<）执行脚本，如下面的清单所示。

```
0:000> vercommand
command line: '"c:\Program Files\Debugging Tools for Windows (x86)\windbg.exe"  C:\book\code\chapter_05\HelloWorld\main.exe'
0:000> $$>< C:\book\code\chapter_05\Scripts\loadv4sos.txt
Reloading current modules.....
ModLoad: 5d560000 5dbce000   C:\Windows\Microsoft.NET\Framework\v4.0.30319\clr.dll
4.0.30319.239 retail
GC Heap not initialized, so GC mode is not determined yet.
In plan phase of garbage collection
SOS Version: 4.0.30319.239 retail build
```

- 另一个运行脚本的方法是，在调试会话开始后，通过使用 WinDbg 命令行-c 选项指定一个额外的命令来执行脚本。这就如同是在调试会话的第一个命令中运行脚本一样，如下面的清单所示。

```
C:\book\code\chapter_05>"C:\Program Files\Debugging Tools for Windows (x86)\windbg.exe"
```

```
-c "$$>< scripts\loadv4sos.txt" HelloWorld\main.exe
CommandLine: HelloWorld\main.exe
ntdll!LdrpDoDebuggerBreak+0x2c:
770104f6 cc              int     3
Processing initial command '$$>< scripts\loadv4sos.txt'
0:000> $$>< scripts\loadv4sos.txt
Reloading current modules.....
ModLoad: 5d560000 5dbce000   C:\Windows\Microsoft.NET\Framework\v4.0.30319\clr.dll
4.0.30319.239 retail
GC Heap not initialized, so GC mode is not determined yet.
In plan phase of garbage collection
SOS Version: 4.0.30319.239 retail build
```

调试器可以从几个途径帮助你捕获希望使用脚本回放的命令历史。例如，可以在调试会话中使用 .write_cmd_hist 命令转储输入的命令。不幸的是，这会以反向顺序显示命令历史，所以你需要处理输出文件以便能够以正确顺序获取命令。不过，这仍然是为场景保存调试器脚本的一个很好的起点。

此外，.logopen 和 .logclose 命令也可以用来将命令历史保存到一个文本文件中。与使用.write_cmd_hist 命令不同，你需要在实验工作开始时就记住启动日志的记录。此外，这种方法还可以节省命令的输出，因此你需要在日志文件成为能被 windbg.exe 重放的脚本之前，编辑日志文件并去除输出信息。

你可以使用 Windows 调试器中的脚本支持实现大量调试任务的自动化：可以定义变量、访问伪寄存器值，甚至在脚本中设置循环或条件。你可以在 MSDN 网站上找到一些编写调试器脚本方面的有用例子。

5.3.2 调试器伪寄存器

伪寄存器是有调试器引擎维护的变量。它们可以是用户定义的或者是调试会话中常见调试信息的预定义别名。这些变量对于调试器脚本的控制流语句来说尤其有用，因为你可以使用它们来添加循环和条件到脚本编写中。

WinDbg 中的伪寄存器命名以$符号开始，与真实的 CPU 寄存器（如 ecx 或 eip）命名不同，后者不需要$符号为前缀。一些最有用的预定义的伪寄存器是$ra（当前返回地址）、$teb（当前线程环境块）和$peb（当前进程环境块）。为了显示 WinDbg 中的伪寄存器值（用户态和内核态调试），在$符号前添加@符号通常是个好主意，以让调试器知道接下来的令牌是一个伪寄存器，而不是调试器需要解析的符号名（如一个函数名、变量名等）。例如，请注意下面清单中的伪寄存器@$ra 值是如何与你通过栈回溯命令 k 看到的值相匹配的。

```
0:004> k
ChildEBP RetAddr
0421fdd8 7700f161 ntdll!DbgBreakPoint
0421fe08 761fed6c ntdll!DbgUiRemoteBreakin+0x3c
0421fe14 76fd37f5 KERNEL32!BaseThreadInitThunk+0xe
0421fe54 76fd37c8 ntdll!__RtlUserThreadStart+0x70
0421fe6c 00000000 ntdll!_RtlUserThreadStart+0x1b
0:004> r @$ra
$ra=7700f161
```

还有其他一些伪寄存器专用于内核态调试。例如，下面的内核调试会话使用调试器伪寄存器 @$thread 来显示当前线程对象的地址。请注意，这个值也与在!thread 命令中显示的值相匹配。

```
lkd> r @$thread
$thread=851c83f8
lkd> !thread -1 0
THREAD 851c83f8 Cid 1850.17fc Teb: 7ffdf000 Win32Thread: 00000000 RUNNING on processor 0
```

另一个有用的内核调试器伪寄存器是@$proc 变量，它是调试器中当前进程上下文的别名。可以使用这个伪寄存器来避免必须手动查找和输入虚拟地址（使用带-1 的!process 命令）。为了说明这一点，下面的调试器清单显示了如何设置一个执行数据断点，以及使用@$proc 伪寄存器限制其在当前进程上下文中的范围（这个实验中的 explorer.exe）。

```
kd> !process 0 0 explorer.exe
PROCESS 8535d8a0 SessionId: 1 Cid: 0268 Peb: 7ffd9000 ParentCid: 01b0
    Image: explorer.exe
kd> .process /i 8535d8a0
kd> g
Break instruction exception - code 80000003 (first chance)
8267f110 cc              int     3
kd> ba e1 /p @$proc nt!NtCreateFile
kd> bl
 0 e 828551e4 e 1 0001 (0001) nt!NtCreateFile
     Match process data 8535d8a0
kd> g
Breakpoint 0 hit
nt!NtCreateFile:
kd> !process -1 0
PROCESS 8535d8a0 SessionId: 1 Cid: 0268   Peb: 7ffd9000  ParentCid: 01b0
    Image: explorer.exe
```

表 5-2 列出了编写脚本、常规实时调试和事后调试中发现的最有用的调试器伪寄存器。更详尽的清单参见 MSDN 网站。

表 5-2　　　　　　　　　　常见的 WinDbg 伪寄存器

名称	描述	适用性
@$ra	当前函数执行完毕后的返回地址	用户态与内核态调试
@$peb	当前进程上下文的进程环境块结构	用户态与内核态调试
@$teb	当前线程上下文的线程环境块结构	用户态与内核态调试
@$thread	当前线程上下文的 nt!_ETHREAD 结构	内核态调试
@$proc	当前进程上下文的 nt!_EPROCESS 结构	内核态调试
@$ip	指令指针寄存器的值（x86 下的 eip 或者 x64 下的 rip）	用户态与内核态调试
@$retreg	主要返回值寄存器（x86 下的 eax 或者 x64 下的 rax）	用户态与内核态调试
@$ptrsize	指针的大小	用户态与内核态调试
@$t0, @$t1, …, @$t19	20 个用户自定义的伪寄存器，可以保存任何整数值，在作为循环变量时特别有用	用户态与内核态调试

5.3.3 在调试器脚本中解析C++模板名称

如果你想使用C++模板函数名来设置一个断点,会发现你无法或者至少不能以最明显的方式这样做!例如,假设你试图使用bp命令在来自C++标准模板库(Standard Template Library,STL)的模板函数中设置断点,下面的清单提供了一个可观察的行为演示。

```
0:000> vercommand
command line: '"c:\Program Files\Debugging Tools for Windows (x86)\windbg.exe"
c:\book\code\chapter_05\StlSample\objfre_win7_x86\i386\stlsample.exe'
0:000> .symfix
0:000> .reload
0:000> x stlsample!*begin*
...
00bd14f4 stlsample!std::basic_string<char,std::char_traits<char>,std::allocator<char>,
_STL70>::begin
0:000> bp stlsample!std::basic_string<char,std::char_traits<char>,std::allocator<char>,
_STL70>::begin
Couldn't resolve error at 'stlsample!std::basic_string<char,std::char_traits<char>,
std::allocator<char>,_STL70>::begin'
```

断点无法得到解析的原因是调试器认为模板类型char前面的"<"符号是一个重定向字符。为了通知调试器将整个字符串作为一个符号名,"@!"字符序列可以作为符号名的前缀符号,如下所示。

```
0:000> bp @!"stlsample!std::basic_string<char,std::char_traits<char>,std::allocator<char>,
_STL70>::begin"
0:000> g
Breakpoint 0 hit
...
0:000> k
ChildEBP RetAddr
0025faf0 00bd193a stlsample!std::basic_string<char,std::char_traits<char>,std::allocator<char
>,_STL70>::begin [c:\ddk\7600.16385.1\inc\api\crt\stl70\xstring @ 1177]
0025fb28 00bd1982 stlsample!CMainApp::MainHR+0x3a
0025fb2c 00bd1de0 stlsample!wmain+0x5
...
```

所有其他也期望有符号名的命令,如可以用来显示某个代码地址相对应源代码的.open和lsa调试命令,在前缀@!包含在模板函数名前面时也能执行。

```
0:000> .open -a @!"stlsample!std::basic_string<char,std::char_traits<char>,
std::allocator<char>,_STL70>::begin"
0:000> lsa @!"stlsample!std::basic_string<char,std::char_traits<char>,
std::allocator<char>,_STL70>::begin"
  1173:         return (*this);
  1174:         }
  1175:
  1176:      iterator __CLR_OR_THIS_CALL begin()
> 1177:         {   // return iterator for beginning of mutable sequence
  1178:         return (_STRING_ITERATOR(_Myptr()));
  1179:         }
```

```
...
0:000> q
```

尽管在实时调试场景（x 命令可以首先用来获取模板函数的十六进制地址，然后该地址可以直接与 bp 命令一起使用）中这不是必须了解的，但这种方法在调试器脚本方面已证明特别有用，因为 C++ 模板函数的运行地址是可以改变的，因而必须能够使用函数符号名称设置断点。

5.3.4 脚本实践：在内核调试器中列举 Windows 服务进程

当使用内核调试器进行系统调试实验时，一个常见的需求是找出目标机上运行的哪个 svchost.exe 实例与你感兴趣调试（在不必让目标运行的情况下）的服务相对应。例如，当调查 COM 激活问题时，你可能希望在 DComLaunch 服务中查看活动线程的状态，但要这么做，你需要能够从目标机其他 svchost.exe 实例中辨别出它的宿主服务。

```
0: kd> !process 0 0 svchost.exe
PROCESS 8a5fdd40 SessionId: 0  Cid: 02c8   Peb: 7ffde000  ParentCid: 0244
    Image: svchost.exe
PROCESS 8a5bbd40  SessionId: 0  Cid: 0314  Peb: 7ffdc000  ParentCid: 0244
    Image: svchost.exe
...
0: kd> ? 0x02c8
Evaluate expression: 712 = 000002c8
```

当然，可以进入目标机并在命令提示符下输入 tlist .exe/s，以列出正在该机器上运行的服务，这允许你查找与 DComLaunch 服务对应的 svchost.exe 实例的进程 ID（PID），如下面的命令所示。

```
C:\Program Files\Debugging Tools for Windows (x86)>tlist.exe -s
    0 System Process
    4 System
...
  712 svchost.exe      Svcs:    DcomLaunch,PlugPlay,Power
```

尽管你可能不想让目标运行并失去当前中断状态，但这样能够让你依靠试验和错误来找出正确的 svchost.exe 进程。在此情况下，将 !peb 命令应用到目标机上第一个 svchost.exe 实例，会显示哪个进程是 DComLaunch 的宿主进程，但你不会一直那么幸运，它可能会在另一个 svchost.exe 实例中。

```
0: kd> .process /r /p 8a5fdd40
0: kd> !peb
PEB at 7ffde000 ...
    CommandLine: 'C:\Windows\system32\svchost.exe -k DcomLaunch'
```

能让你在不需要猜测的情况下找到 svchost 实例的一个可能的解决方案是，遍历服务控制管理器（Service Control Manager，SCM）系统进程（services.exe）维护的服务条目列表。列表头部存储在全局变量 services!ImageDatabase 中。虽然在 Windows 公共符号中可见，但这当然也是一个内部变量，它应该只用于调试目的。

```
0: kd> vertarget
Windows 7 Kernel Version 7600 MP (2 procs) Free x86 compatible
Built by: 7600.16695.x86fre.win7_gdr.101026-1503
```

```
0: kd> .symfix
0: kd> .reload
0: kd> !process 0 0 services.exe
PROCESS 8a5dd478  SessionId: 0  Cid: 0244    Peb: 7ffd4000  ParentCid: 01d0
    Image: services.exe
0: kd> .process /r /p 8a5dd478
0: kd> $$>< C:\book\code\chapter_05\Scripts\win7services_x86.txt
Dumping running services list...
Service Image Name: C:\Windows\system32\svchost.exe -k DcomLaunch
Service Image PID: 0x000002c8
Service Image Name: C:\Windows\system32\svchost.exe -k RPCSS
Service Image PID: 0x00000314
...
```

前面的清单中使用的脚本非常简单。它从列表的头部开始，使用伪寄存器变量（$t1）遍历表中每个记录，并每次显示命令行和对应服务进程的 PID。由于它假设了内部服务映像记录结构中的字段差异，这个脚本（下面列出）在 Windows 7 上测试可用，但它在其他版本的 Windows 上可能需要略微调整（甚至可能包括 Windows 7 未来的服务包）。相同脚本针对 64 位 Windows 7（结构大小和字段偏移也不同）的另一个变种，包含在了配套源代码（同一目录下，名为 win7services_x64.txt）中。

```
$$
$$ C:\book\code\chapter_05\Scripts\win7services_x86.txt
$$
.echo Dumping running services list...
r $t1=services!ImageDatabase;
r $t1 = poi(@$t1 + 0x04);

.for (; @$t1 != 0; r $t1 = poi(@$t1 + 0x04))
{
    .printf "Service Image Name: %mu\n", poi(@$t1+8);
    .printf "Service Image PID: 0x%p\n", poi(@$t1+c);
}
```

5.4 WOW64 调试

大约在 10 年前引入 64 位 Windows 时，需要能够在新的 64 位版本 Windows 上运行现有的 x86 应用程序。尽管 x64 处理器家族使用 x86 寄存器（eax、ecx 等）提供了运行 x86 应用程序的本地支持，但只有一个 x64 Windows 内核，并且它运行在本地 64 位模式。这意味着 x86 用户态进程需要一个系统级调度层来利用公开的 Win32 API 成功实施系统调用。这一层被称为 64 位 Windows 上的 32 位 Windows，或简称为 WOW64。

5.4.1 WOW64 环境

要理解 WOW64 调试，你会发现有必要快速了解 WOW64 环境架构以及 x64 Windows 是如何支持 x86 进程执行的。WOW64 层完全运行在用户态下，它为 32 位应用程序从 32 位版本的 ntdll.dll 和 user32.dll 拦截系统服务调用，然后将其转换为 64 位内核调用，转换参数以正确设置指针大小和堆栈栈帧。事实上,除了线程通过系统调用进入内核态时使用的内核栈,WOW64 进程中的每个线程有两个用户态栈（32 位和 64 位栈）。这个转换过程称为系统调用编组,由 wow64.dll 实现常规的 ntdll 系统调用,wow64win.dll 实现 gdi32/user32 到 Windows GUI 子系统（win32k.sys）内核部分的系统调用。反过来,这些层轮流使用 wow64cpu.dll,该 dll 实现了汇编语言中的 64 位模式指令切换。

前面提到的 3 个本地 dll 是允许运行在 WOW64 进程中的特殊 64 位 dll。事实上,本地 ntdll.dll 模块是唯一能加载到 WOW64 进程的其他 64 位 dll。加载器代码（由这个 DLL 实现）负责在 64 位内核创建进程之后的位检查并将控制权交给 WOW64 层,后者依次加载 32 位 ntdl.dll 与执行该 dll 中的 32 位加载器代码。反之,一个本地（64 位）进程不允许加载 32 位 dll,这就解释了诸如为什么不能在 64 位版本的 Windows 调试器中使用 32 位调试器扩展。

图 5-3 展示了 WOW64 进程与 64 位系统执行中系统服务之间通信涉及的层次。

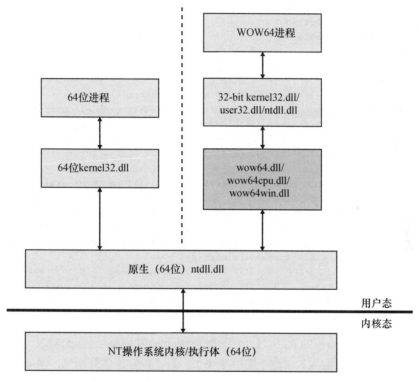

图 5-3　WOW64 架构概览

5.4.2　WOW64 进程调试

你可以使用 x86 或 x64 用户态调试器来调试 WOW64 进程。然而,当使用一个 x64 调试器调试 WOW64 目标进程时,存在的一个问题是由于调试器扩展 dll 已经加载到调试器地址空间中的,x86 扩展不能加载到 x64 调试器中。这就是通常最好使用 x86 用户态调试器调试 WOW64 进程以及 x64 用户态调试器调试本地 64 位进程的原因之一。

用户态调试一般不允许查看你的应用程序与其他用户进程之间的交互,也不允许查看 64 位系统调用的内核部分。如果要查看这些交互,就需要使用内核态调试器。

第 5 章　基础扩展

WOW64 程序的内核调试当然是可能的，但结合内核态调试器所提供的权限也需要更好地理解 WOW64 架构，以便能够将应用程序的 32 位用户态栈从 WOW64 层和 64 位内核态栈中分离出来。如果在 64 位目标机上启动 WOW64 版本的 notepad.exe（从 %SystemRoot%\SysWow64\notepad.exe），然后中断进内核调试器并转储 notepad.exe 进程实例中活动的调用栈，你会注意到堆栈跟踪的用户态部分并不容易观察，如下面的清单所示。

```
kd> vertarget
Windows 7 Kernel Version 7600 MP (1 procs) Free x64
Built by: 7600.16385.amd64fre.win7_rtm.090713-1255
kd> .symfix
kd> .reload
kd> !process 0 0 notepad.exe
PROCESS fffffa800a2fa060
    Image: notepad.exe
kd> .process /r /p fffffa800a2fa060
kd> !process fffffa800a2fa060 7
    THREAD fffffa800a69a910  Cid 035c.0f78  Teb: 000000007efdb000 ...
        Win32 Start Address notepad!WinMainCRTStartup (0x0000000000bb3689)
        Child-SP          RetAddr           : Call Site
        fffff880`048e3730 fffff800`014d7052 : nt!KiSwapContext+0x7a
        fffff880`048e3870 fffff800`014d91af : nt!KiCommitThreadWait+0x1d2
        fffff880`048e3900 fffff960`0015b447 : nt!KeWaitForSingleObject+0x19f
        fffff880`048e39a0 fffff960`0015b4e9 : win32k!xxxRealSleepThread+0x257
        fffff880`048e3a40 fffff960`00159b14 : win32k!xxxSleepThread+0x59
        fffff880`048e3a70 fffff960`00159c19 : win32k!xxxRealInternalGetMessage+0x7dc
        fffff880`048e3b50 fffff960`0015b615 : win32k!xxxInternalGetMessage+0x35
        fffff880`048e3b90 fffff800`014cf153 : win32k!NtUserGetMessage+0x75
        fffff880`048e3c20 00000000`7403fc2a : nt!KiSystemServiceCopyEnd+0x13
        00000000`0008df78 00000000`7401ac48 : wow64win!NtUserGetMessage+0xa
        00000000`0008df80 00000000`7406cf87 : wow64win!whNtUserGetMessage+0x30
        00000000`0008dfe0 00000000`73ff276d : wow64!Wow64SystemServiceEx+0xd7
<<<< 32-bit user-mode stack frames are missing! >>>>
        00000000`0008e8a0 00000000`7406d07e : wow64cpu!ServiceNoTurbo+0x24
        00000000`0008e960 00000000`7406c549 : wow64!RunCpuSimulation+0xa
        00000000`0008e9b0 00000000`775b84c8 : wow64!Wow64LdrpInitialize+0x429
        00000000`0008ef00 00000000`775b7623 : ntdll!LdrpInitializeProcess+0x17e
```

请注意，你只能看到线程的 64 位栈，它只随着 wow6.dll 调度层 dll 而深入，同时用户态调用栈（对应线程的 32 位用户态栈）从这个图中缺失了。为了查看这部分信息，你可以使用 .thread /w 命令来设置当前线程的上下文和加载 WOW64 符号。这需要首先加载 wow64exts.dll 调试器扩展，如下面的清单所示。

```
kd:x86> $ Loading WOW64 symbols warns you that you must first load the wow64exts extension
kd> .thread /r /p /w fffffa800a69a910
Loading User Symbols.....
Loading Wow64 Symbols.........................
The wow64exts extension must be loaded to access 32-bit state.
.load wow64exts will do this if you haven't loaded it already.
x86 context set
kd:x86> .load wow64exts
kd:x86> $ Reload the WOW64 symbols again now that the extension is loaded...
kd:x86> .thread /r /p /w fffffa800a69a910
The context is partially valid. Only x86 user-mode context is available
```

```
Loading User Symbols.....
Loading Wow64 Symbols......................
Current mode must be kd-native and must allow x86 to retrieve WOW context
kd:x86> k
  *** Stack trace for last set context - .thread/.cxr resets it
ChildEBP          RetAddr
WARNING: Frame IP not in any known module. Following frames may be wrong.
0a69a910 00000000 0x1479dda
```

此时仍然无法得到正确的调用栈的原因是,.thread 命令需要在调试器中从 64 位线程上下文中运行,以成功解码 WOW64 符号(前面清单中 k 命令输出的粗体显示行)。然而,由于在前面清单中的第一个.thread /w 命令将你从当前状态转换到了 x86(kd:x86)线程上下文,你需要回到 64 位线程上下文并使用.thread /r 命令重载符号。这一点可以通过使用.effmach 调试命令实现,它用于在调试器中显示设置 CPU 上下文(32 位或 64 位)。现在终于能看到线程栈跟踪的 32 位部分了。

```
kd:x86> .effmach amd64
Effective machine: x64 (AMD64)
kd> .thread /r /p /w fffffa800a69a910
Loading User Symbols.....
Loading Wow64 Symbols......................
x86 context set
kd:x86> k
ChildEBP          RetAddr
0022fd34 75f07ebd USER32!NtUserGetMessage+0x15
0022fd50 00b7148a USER32!GetMessageW+0x33
0022fd90 00b716ec notepad!WinMain+0xe6
0022fe20 74db3677 notepad!__mainCRTStartup+0x140
0022fe2c 77199d72 kernel32!BaseThreadInitThunk+0xe
0022fe6c 77199d45 ntdll_77160000!__RtlUserThreadStart+0x70
0022fe84 00000000 ntdll_77160000!_RtlUserThreadStart+0x1b
kd:x86> .effmach amd64
Effective machine: x64 (AMD64)
kd> $ Notice the 32-bit ntdll.dll is loaded into the WOW64 process address space
kd> lmv m ntdll_77160000
    Image path: C:\Windows\SysWOW64\ntdll.dll
```

最后请注意,调试命令.effmach 也可以在用户态调试器下工作。因此,如果必须使用一个 64 位用户态调试器调试 WOW64 进程,可以使用该命令来切换所需的 CPU 上下文,以便可以查看 32 位用户态栈,如下面的调试器清单所示。

```
C:\Program Files\Debugging Tools for Windows (x64)>start c:\Windows\SysWOW64\notepad.exe
C:\Program Files\Debugging Tools for Windows (x64)>windbg.exe -pn notepad.exe
0:001> .symfix
0:001> .reload
0:001> ~0s
0:000> k
Child-SP           RetAddr            Call Site
00000000'0012df78 00000000'7409aea8 wow64win!NtUserGetMessage+0xa
00000000'0012df80 00000000'740ecf87 wow64win!whNtUserGetMessage+0x30
00000000'0012dfe0 00000000'7407276d wow64!Wow64SystemServiceEx+0xd7
00000000'0012e8a0 00000000'740ed07e wow64cpu!ServiceNoTurbo+0x24
00000000'0012e960 00000000'740ec549 wow64!RunCpuSimulation+0xa
00000000'0012e9b0 00000000'77b0ae27 wow64!Wow64LdrpInitialize+0x429
00000000'0012ef00 00000000'77b072f8 ntdll!LdrpInitializeProcess+0x1780
```

```
00000000`0012f400 00000000`77af2ace ntdll!_LdrpInitialize+0x147c8
00000000`0012f470 00000000`00000000 ntdll!LdrInitializeThunk+0xe
<<<< 32-bit user-mode stack frames are missing!
0:000> .effmach x86
Effective machine: x86 compatible (x86)
0:000:x86> k
ChildEBP RetAddr
002bf76c 772f7ebd USER32!NtUserGetMessage+0x15
002bf788 008d148a USER32!GetMessageW+0x33
002bf7c8 008d16ec notepad!WinMain+0xe6
002bf858 75883677 notepad!__initterm_e+0x1a1
002bf864 77cd9f02 kernel32!BaseThreadInitThunk+0xe
002bf8a4 77cd9ed5 ntdll32!__RtlUserThreadStart+0x70
002bf8bc 00000000 ntdll32!_RtlUserThreadStart+0x1b
0:000:x86> $ Terminate this debugging session...
0:000:x86> q
```

5.5 Windows 调试钩子（GFLAGS）

为帮助调试 Windows 应用程序以及系统代码本身，Windows 为开发人员提供了多个调试钩子来修改应用程序与其支持的核心系统组件之间的交互方式，并且在用户态（堆分配器、模块加载器等）和内核态都实现了。可以使用称为 NT 全局标志的 DWORD 注册表值中的一组预定义位来启用这些钩子，它们能用于各类调试调查，包括从堆破坏原因捕获到内存泄露调查。

5.5.1 系统级与进程相关的 NT 全局标志

NT 全局标志是一个由一组位（bit）构成的 32 位数值，每位代表一个特定的调试钩子。本质上 NT 全局标志的位有两种可能的范围，因为它们可以应用在系统级或单个进程。内核态全局变量（nt!NtGlobalFlag）被操作系统用来跟踪系统标志的值。这个全局变量在进程创建时传播到每个用户态进程。它保存在它的进程环境块（ntdll!_PEB 结构中的 NtGlobalFlag 字段），除非用户态进程被显示赋予了注册表中其自身的 NT 全局标志。这种情况下，每个进程值优先于系统级数值。图 5-4 说明了这个层次结构。

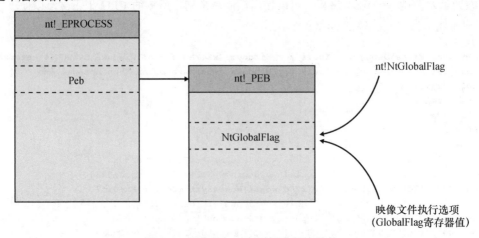

图 5-4　进程的 NT 全局标志层次结构

编码到 NT 全局标志 DWORD 值中的各个位在 MSDN 网站中有描述。自然地，单个位并不总是将与调试钩子相关的全部信息进行充分编码，因此一旦操作系统确定启用 NT 全局标志中的主控制位，一些钩子就会使用扩展值。一个重要的例子是应用程序验证器工具（见第 6 章），使用 NT 全局标志中的某一位进行启用，然后使用额外的注册表值（VerifierFlags）来以更加细粒度的方法启用或禁止应用程序校验钩子。

5.5.2 GFLAGS 工具

幸运的是，有一个 GUI 工具可用于编辑系统级和单独进程的 NT 全局标志，所以你不必记住每一位的含义。这个重要的工具是 gflags.exe，它也是来自 Windows 调试程序包的一部分。在大多数情况下，这个工具显示为一个前端用户界面，以编辑注册表中的值，尽管它也能够以一个不稳定的方式编辑 NT 系统级全局标志，后者在操作系统重启后就不再保留。由于系统级和单独进程的 NT 全局标志值都存储在受管理权限保护的注册表位置，你需要在完全管理员权限下运行这个工具，尽管该工具在必要时会自动要求权限提升。图 5-5 显示了当启动这个工具时的主界面。

```
C:\Program Files\Debugging Tools for Windows (x86)>gflags.exe
```

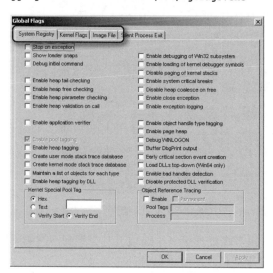

图 5-5　GFLAGS 用户界面工具

你会注意到有 3 个选项卡可以用来控制 NT 全局标志和其他一些钩子。System Registry（最左边的）选项卡控制注册表中 NT 全局标志的 DWORD 值。使用该选项卡实施的修改会在会话管理器注册表键中直观反映，因此系统重启后它们将被保留并由系统再次用来预设下次系统启动过程中的种子 nt!NtGlobalFlag 值。请注意，与工具本身的名称不同，这里 GlobalFlag 名称的末尾没有 "s"！

```
Windows Registry Editor Version 5.00

[HKEY_LOCAL_MACHINE\SYSTEM\CurrentControlSet\Control\Session Manager]
"GlobalFlag"=dword:00000400
```

Kernel Flags 选项卡可以用来为当前启动直接设置 nt!NtGlobalFlag 的值而不需要重新启动。

156 第 5 章 基础扩展

与第一个选项卡不同，使用第二个选项卡完成的修改在系统重启后并不保留。请注意，并不是所有的全局标志位都可以以这种方式生效，因为其中一些在系统启动过程读取，而不能在系统运行过程修改。这就是为什么你会看到第一个选项卡中的一些选项在第二个选项中没有。特别地，请注意诸如 Create Kernel Mode Stack Trace Database (kst)和 Maintain A List Of Objects For Each Type (otl)选项。这些位需要在引导过程初始化，不能在机器运行时设置。

最后是 Image File 选项卡，如图 5-6 所示，用于控制每个进程的 GlobalFlag 值，该值存储在称为"映像文件执行选项（Image File Execution Option，IFEO）"的注册表键下。

```
Windows Registry Editor Version 5.00

[HKEY_LOCAL_MACHINE\SOFTWARE\Microsoft\Windows NT\CurrentVersion\Image File Execution Options\
notepad.exe]
"GlobalFlag"=dword:02000000
```

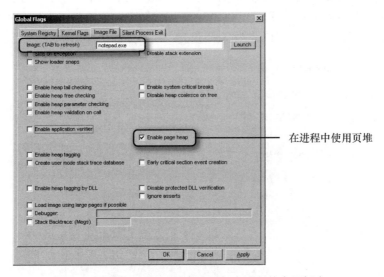

图 5-6 在 GFALGS 工具中配置每个进程的全局标志

关于 GFLAGS 新手开发者在处理第三个选项卡时会感到混淆的问题，下面列出了一些细节。
- 文本框对应的字符串应该表示映像名称而不是文件名/路径。这意味着你应该在这个文本框中简单输入映像名称而不是可执行程序路径。在前面的例子中，这意味着使用 notepad.exe 而不是 C:\Windows\System32\notepad.exe！
- 需要包含映像名称的扩展名。用户界面工具显示的注册表键值直接来源于你在文本框中输入的字符串，而且它需要包含.exe 扩展。在前面的示例中，这意味着使用 notepad.exe，而不仅仅是简单的 notepad！
- 使用 GFLAGS 工具所做的任何修改（甚至你直接在注册表中做的修改）只在进程新的实例中反映。这是因为 NT 全局标志是从注册表读取并在进程启动代码路径中传播到 PEB 结构的。

一旦使用 GFLAGS 工具设置了单独进程的 NT 全局标志位并单击 Apply 或 OK 按钮，就可以验证注册表是否有了一个新值，该值由你在用户界面（notepad.exe）Image File 选项卡中指定的可执行映像来定义，如图 5-7 所示。

5.5 Windows 调试钩子（GFLAGS）

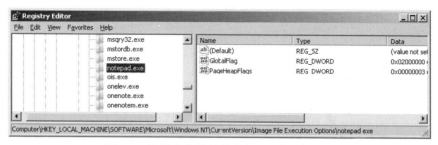

图 5-7　注册表中的单独进程 NT 全局标志值

请注意，这个实验过程中，在界面上选择的 Enable page heap 项还使用了一个额外的注册表值（PageHeapFlags），为调试钩子控制更细粒度的标志，并且 GFLAGS 工具也自动填充注册表值。页面堆特性在调试堆破坏时很有用，这一概念将在第 8 章中详细介绍。

警告：理想情况下，当为你的映像设置 NT 全局标志时，应该总是使用 gflags.exe 工具，而不是手动编辑注册表。然而，如果想直接修改注册表，请注意，在 64 位版本 Windows 上，需要编辑与目标映像位数相对应的注册表视图。记住 WOW64 程序在注册表键 Wow6432Node 下有自己的软件 hive 视图，这意味着如果 TestImage.exe 是一个 x86 可执行文件，你需要更新以下注册表键：

```
Windows Registry Editor Version 5.00

[HKEY_LOCAL_MACHINE\SOFTWARE\Wow6432Node\Microsoft\Windows NT\CurrentVersion\
Image File
    Execution Options\TestImage.exe]
    "GlobalFlag"=dword:00000100
    ...
```

GFLAGS.exe 工具很适合为开发者编辑本地和 WOW64 注册表视图，所有设置会正确工作，而不管开发者是否在工具的界面中指定了本地 x64 或 x86 映像。

5.5.3 调试器扩展命令 !gflag

!gflag（末尾没有 "s"！）扩展命令可以用来在用户态调试器中读取每个进程环境块中的 NT 全局标志。还可以使用这个扩展命令来发现 NT 全局标志中的每个可能位的含义，如下面的清单所示。

```
0:000> !gflag
Current NtGlobalFlag contents: 0x02000000
    hpa - Place heap allocations at ends of pages
0:000> !gflag -?
usage: !gflag [-? | flags]
Valid abbreviations are:
    soe - Stop On Exception
    sls - Show Loader Snaps
    htc - Enable heap tail checking
    hfc - Enable heap free checking
```

```
        hpc - Enable heap parameter checking
        hvc - Enable heap validation on call
        vrf - Enable application verifier
        htg - Enable heap tagging
        ust - Create user mode stack trace database
        htd - Enable heap tagging by DLL
        dse - Disable stack extensions
        scb - Enable system critical breaks
        dhc - Disable Heap Coalesce on Free
        hpa - Place heap allocations at ends of pages
...
```

类似地，这个扩展命令可以在内核态调试器中使用，但这种情况下，它会显示全局内核变量 nt!NtGlobalFlag 的当前值。

```
0: kd> dd nt!NtGlobalFlag
82ba8928  00040400 00000000 00000000 00000000
0: kd> !gflag
Current NtGlobalFlag contents: 0x00000400
        ptg - Enable pool tagging
0: kd> !gflag -?
Valid abbreviations are:
        soe - Stop On Exception
        sls - Show Loader Snaps
        dic - Debug Initial Command
        shg - Stop on Hung GUI
        htc - Enable heap tail checking
        hfc - Enable heap free checking
        hpc - Enable heap parameter checking
        hvc - Enable heap validation on call
        vrf - Enable application verifier
        ptg - Enable pool tagging
        htg - Enable heap tagging
        ust - Create user mode stack trace database
        kst - Create kernel mode stack trace database
        otl - Maintain a list of objects for each type
...
```

!gflag 命令还可以用来动态启用或禁用（分别使用+和-符号）系统的全局标志位，它们能被目标机上启动的新进程继承。例如，下面的调试器清单显示了如何启用"异常时停止"位，该位会导致内核调试器捕获目标机上用户态进程产生的未处理异常。

```
0: kd> $ Use the "!gflag" command to (indirectly) edit the value of the NtGlobalFlag variable
0: kd> !gflag +soe
Current NtGlobalFlag contents: 0x00000401
        soe - Stop On Exception
        ptg - Enable pool tagging
0: kd> $ You could also use the "ed" command to directly edit the value of NtGlobalFlag
0: kd> ed nt!NtGlobalFlag 0
```

NT 全局标志中各个位的实际使用，包括"异常时停止"位，将在后面的章节中进行详细介绍。

5.5.4 用户态调试器对 NT 全局标志值的影响

如果在用户态调试会话中使用!gflag 扩展，请注意当进程在用户态调试器下启动时，系统模块 ntdll.dll 中的进程初始代码会自动启用进程全局标志中的一些默认位。这只有在没有为注册表中的映像全局标志显示地设置值时才会发生。作为一个例子，下面的清单显示了当没有在注册表中显式地指定 notepad.exe 映像全局标志时，该进程实例 PEB 中的 NT 全局标志值。

```
0:000> vercommand
command line: '"c:\Program Files\Debugging Tools for Windows (x86)\windbg.exe"
c:\Windows\system32\notepad.exe'
0:000> !gflag
Current NtGlobalFlag contents: 0x00000070
    htc - Enable heap tail checking
    hfc - Enable heap free checking
    hpc - Enable heap parameter checking
0:000> $ use the @$peb pseudo-register as an alias to the address of the PEB structure
0:000> dt ntdll!_PEB @$peb NtGlobalFlag
    +0x068 NtGlobalFlag : 0x70
```

如你所见，一些堆调试功能是默认启用的，以便能在用户态调试器中更容易地分析堆破坏错误。这就是为什么你有时会捕获堆破坏（比如缓冲区溢出）并立即在用户态调试器下命中一个访问异常，否则应用程序可能不会持续地在调试器之外命中崩溃。这就是说，由用户态调试器启用的 NT 调试堆设置相对不成熟，一个更好的捕获堆异常的方法是：为目标可执行映像启用页面堆全局标志位——这是将在第 8 章详细介绍的一项技术。

还可以在启动进程之前通过设置环境变量_NO_DEBUG_HEAP 或在启动 WinDbg 时传递命令行选项-dh 来禁用这个调试器副作用。这要求操作系统中的堆管理器代码总是使用常规（非调试）堆。或者可以只启动进程，然后再将调试器附加上去，NT 调试堆也将不会为该进程自动启用。

5.5.5 映像文件执行选项钩子

本章描述的 NT 全局标志只是在注册表键映像文件执行选项（Image File Execution Option，IFEO）下暴露的操作系统众多单独进程调试钩子中的一种。尽管 NT 全局标志本身只适用于可执行映像，但还有其他一些调试钩子适用于 DLL 映像，这就是为什么你在 GFLAGS 界面中输入的映像名称还需要包含模块扩展名（NT 全局标志中需要.exe）。

一个 DLL 相关的 IFEO 钩子示例是，目标 DLL 映像加载后用于中断进入调试器的 BreakOnDllLoad 值——将在第 7 章中详细介绍。此外，NT 全局标志以外的 EXE 相关调试钩子也存在。一个重要的例子是"启动调试器"注册表值，这也将在第 7 章介绍。了解在实践中何时应用以及如何使用这些钩子，有时可能会将漫长而徒劳的调试审查变为高效到只需几分钟就能完成的事情。

5.6 小结

本章介绍了 Windows 中的几个重要调试功能。读到后面章节时，你可以快速回顾已学过的一些关键内容。

- 非侵入式调试可用于 WinDbg 与其他调试器的联合分析，如 Visual Studio 调试器。这有时会让开发者为自己的测试场景获得两个最好的调试器。
- 数据（也称为硬件）断点是一个强大的调试技术，可用于检测那些访问（写、读和执行）全局变量或代码位置的尝试。然而，它们的供应有限，因为其可用数量受限于处理器中专用的调试寄存器数量。所以，应该考虑选择使用代码（也称为软件）断点，至少在针对"执行"类数据断点方面。
- 如果发现自己在 WinDbg 调试实验中重复相同的命令，请考虑使用一个脚本自动执行这些步骤。当你需要自动化一些程序如遍历链表并在调试器中显示其元素时，脚本是非常有用的。
- 如果你正调试一个 64 位 Windows 上的 32 位映像，你应该更喜欢使用 32 位用户态调试器。但如果必须使用 64 位用户态调试器，你应该了解.effmach 命令，它使你可以轻松切换 32 位处理器上下文和查看 WOW64 进程中的 32 位用户态堆栈栈帧。
- 使用主机内核调试器调试 WOW64 进程需要对 WOW64 环境内部有个基本了解。.thread 命令的/w 选项用于重载 WOW64 符号，而.effmach 命令又可以用来切换处理器上下文，这样你就可以在 WOW64 进程中查看 32 位用户态的堆栈栈帧。
- 本章通过引入映像文件执行选项的概念来结束，更明确地说是 NT 全局标志和用于编辑注册表值的 gflags.exe 用户界面工具。IFEO 钩子可以在 Windows 调试分析中很有用，未来的章节将通过几个实际例子来证明。事实上，第 6 章将介绍 Windows 中静态和运行时代码分析工具，会涉及 NT 全局标志中的一个重要位，它用来启用不可或缺的应用程序验证器工具的运行时代码分析功能。

第 6 章
代码分析工具

本章内容

- 静态代码分析
- 运行时代码分析
- 小结

在软件开发周期尽早采取预防策略来发现错误是非常重要的,因为如果在软件发布之后才发现错误并以消极方式使用调试器检查的话,会是一个昂贵且低效的方法。普遍接受的一个观点是,发现某个错误所花的时间越长,修补它和更新代码所需的代价就越大。这些潜在错误不仅经常造成明显的业务破坏,还会在用户对软件的基本认知方面产生巨大的负面影响。

本章涵盖了微软 Windows 中常用的两种自动化的缺陷发现方法,这些缺陷被忽视将导致随机崩溃和其他潜在错误。首先介绍静态代码分析和 Visual C++(VC++)标准注释语言(Standard Annotation Language,SAL)。然后详细介绍应用程序验证器工具,这是对第 5 章涵盖的 NT 全局标志调试挂钩相关内容的扩展,并为 Windows 本地代码提供了额外的运行时验证功能。

6.1 静态代码分析

微软 Visual Studio 2010 同时支持本地代码和.NET 代码的静态代码分析,尽管这个功能只在高级版和旗舰版才有,包括上述版本对应的免费版和限时试用版。即使你不能或不想使用 Visual Studio 环境构建代码,也可以利用静态代码分析技术,这将稍后在本节中介绍。

6.1.1 使用 VC++静态代码分析捕获你的第一个崩溃错误

理解静态代码分析价值的最好方式,就是用它来实际捕获代码中的一个严重错误。参考本书配套源代码中的下列 C++代码示例。

```
//
// C:\book\code\chapter_06\FormatString>main.cpp
//
static
HRESULT
MainHR(
```

```
    VOID
    )
{
    ChkProlog();

    // BUG! Use of %s with an integer argument type
    wprintf(L"Error code value is: %s\n", E_ACCESSDENIED);

    ChkNoCleanup();
}
```

这个例子中的错误是，在 wprintf 调用中的代码使用了一个不正确的格式化字符串，试图将一个整型 HRESULT 作为字符串（%s）进行格式化。配套源代码中包含了上述代码示例的一个 Visual Studio 2010 工程。你会看到一个 Analyze 菜单项及其下面的一个子选项，用来运行该工程的静态代码分析，如图 6-1 所示。

```
C:\book\code\chapter_06\FormatString>FormatString.sln
```

图 6-1 运行 Visual Studio 2010 工程的静态代码分析

你还可以配置工程，使得每次该工程重新构建（rebuild）时 C/C++ 静态代码分析都自动运行。要做到这一点，可以按 Ctrl+Enter 组合键来激活 FormatString Property Pages 对话框，然后在 Configuration Properties 属性树下的 Code Analysis 节点选择相应的复选框，如图 6-2 所示。

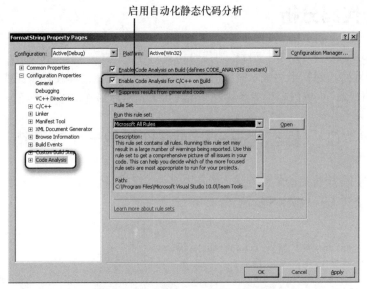

图 6-2 启用 Visual Studio 2010 工程的自动化代码分析

通过使用上述两种方法中的任何一种运行静态代码分析，你将看到 Visual C++工程构建过程会打印一个警告信息，指出初始化代码中错误的具体位置。Visual Studio 允许方便地双击构建输出窗口的该行警告，并快速导航源代码中警告的调用位置，如图 6-3 所示。这个例子中的警告文本（如下）表示了一个严重的格式化字符串错误。

```
1> Running Code Analysis for C/C++...
1>c:\book\code\chapter_06\formatstring\main.cpp(14): warning C6067: Parameter '2' in call to
'wprintf' must be the address of the string
```

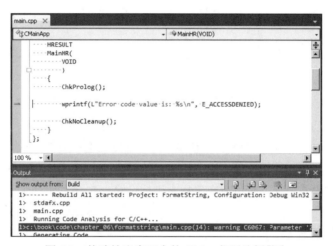

图 6-3　构建输出窗口中的 C/C++代码分析警告

并不是所有警告都表示严重的错误。有些警告是良性的，如声明未使用的变量。其他警告，例如本例，可能指示严重的代码缺陷。作为一般规则，你需要仔细审查构建过程中显示的所有静态分析警告。

在前面的例子中，VC++静态分析功能能够在你运行程序并出现崩溃之前发现缺陷。事实证明在这种特定情况下，崩溃可以在用户态调试器中轻松地重现，如下面的调试会话所示，在 WinDbg 下启动一个相同的程序并使用 g 命令让它运行。请注意，程序会在 wprintf 函数调用中持续触发结构化异常处理（Structured Exception Handling，SEH）非法访问异常。

```
"C:\Program Files\Debugging Tools for Windows (x86)\windbg.exe"
C:\book\code\chapter_06\formatstring\objfre_win7_x86\i386\FormatStringBug.exe
0:000> g
...
(1e9c.16f0): Access violation - code c0000005 (first chance)
75a0ba16 66833800      cmp     word ptr [eax],0          ds:002b:80070005=????
0:000> .symfix
0:000> .reload
0:000> .lastevent
Last event: 1e9c.16f0: Access violation - code c0000005 (first chance)
0:000> k
ChildEBP RetAddr
0020faa8 75a25e29 msvcrt!_woutput_l+0x98b
0020faf0 0048147e msvcrt!wprintf+0x5f
0020fafc 00481497 FormatStringBug!CMainApp::MainHR+0x10
0020fb04 00481624 FormatStringBug!wmain+0x8
...
```

可以清楚地看到在程序崩溃时执行的指令，试图间接引用 eax 寄存器指向的地址（因为 wprintf 函数调用假定它是一个字符串指针，指向你提供的格式字符串）。然而，eax 持有 E_ACCESSDENIED 值（0 x8007005），会导致访问无效的内存，可通过下面清单中的 db（"dump bytes"）命令进行证实。

```
0:000> u
msvcrt!_woutput_l+0x98b:
75a0ba16 66833800          cmp        word ptr [eax],0
0:000> r
eax=80070005 ebx=80070005 ecx=00000007 edx=00000073 esi=7fffffffe edi=00481172
...
0:000> db 80070005
80070005  ?? ?? ?? ?? ?? ?? ?? ??-?? ?? ?? ?? ?? ?? ?? ??   ????????????????
...
0:000> $ Terminate this debugging session now...
0:000> q
```

虽然这种情况可以很容易捕获，因为它会导致每次程序运行时的崩溃（当然，假定每次运行时都会触发该代码路径），但对于许多其他情况，可能就没那么幸运了。少数代码路径并不总是在测试运行期间触发，同时内存泄露错误也并不总是容易再现。所以，即使静态分析只能捕获一个常规测试中已错过的严重错误，也值得在工程中进行设置。

6.1.2 SAL 注释

Visual C++静态分析引擎中的一个关键限制是，它不知道函数调用时输入输出的数据形状。出于这个原因，VC++静态分析需要帮助以了解函数与其调用者之间的约定。这正是 SAL 注释的目的，使得开发者能描述其传递到它们函数或 API 的预期参数。SAL 注释语法在 MSDN 网站中进行了高水平的描述。

使用 SAL 注释缓冲区溢出错误

为说明 SAL 注释在静态代码分析中的价值，本节将使用配套源代码中的以下 C++程序。

```
//
// C:\book\code\chapter_06\BufferOverrun>main.cpp
//
class CMainApp
{
private:
    static
    HRESULT
    FillString(
        __in WCHAR ch,
        __in DWORD cchBuffer,
        __out_ecount(cchBuffer) WCHAR* pwszBuffer
        )
    {
        ChkProlog();

        for (DWORD i=0; i < cchBuffer; i++)
```

```
            {
                pwszBuffer[i] = ch;
            }

            ChkNoCleanup();
        }
    public:
        static
        HRESULT
        MainHR()
        {
            WCHAR wszBuffer[MAX_PATH];

            ChkProlog();

            // BUG! Use of incorrect size in the function call
            ChkHr(FillString(L'\0', sizeof(wszBuffer), wszBuffer));

            ChkNoCleanup();
        }
    };
```

这个程序有一个非常严重的错误：FillString 函数认为参数 cchBuffer 代表 pwszBuffer 字符数长度（"元素计数"或 ecount），这在前面示例中表示为 __out_ecount SAL 注释。然而，调用者在将输入缓冲区长度按字节数（sizeof(wszBuffer)）传递时出现了错误。这导致 FillString 函数写过了缓冲区尾部，进而导致所谓的缓冲区溢出。

幸运的是，由于这个 C++程序使用 SAL 来注释 FillString 函数参数和描述该函数对接收参数的假设，VC++静态分析引擎可以使用这些 SAL 注释并检查变量破坏的可能性。Visual Studio 2010 能再次明确问题的类型和具体出问题的源代码行，如图 6-4 所示。然而，与本节的第一个例子不同，这个错误会根据被缓冲区溢出覆盖的内存位置而导致随机崩溃，所以通过静态代码分析来捕获它更受欢迎。请注意，静态代码分析的警告也提供了这种情况下缓冲区溢出的可能原因。

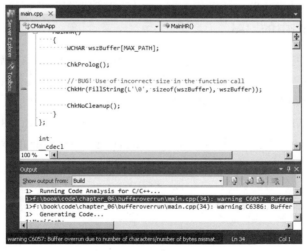

图 6-4 使用 SAL 注释捕获缓冲区溢出错误

```
C:\book\code\chapter_06\BufferOverrun>BufferOverrun.sln
1>    Running Code Analysis for C/C++...
```

```
1>c:\book\code\chapter_06\bufferoverrun\main.cpp(33): warning C6057: Buffer overrun due to
number of characters/number of bytes mismatch in call to 'CMainApp::FillString'
```

请注意，如果在 FillString 函数中没有 SAL 注释，Visual Studio 只会将缓冲区溢出错误标记为一个"可能的警告"，因为它无法确定 FillString 函数的参数是否应该是字符元素数量或字节数。通过添加 SAL 注释，消除了对静态代码分析引擎的任何怀疑，后者能够在缓冲区溢出错误发生时报告。

> **缓冲区溢出的危害**
>
> 即使静态分析只捕获了代码中的一个缓冲区溢出错误，它仍然可能值得你投入时间去使用。例如，当一个函数复制用户提供的输入数据到本地数组而没有适当的边界检查时，它可能最终从恶意的用户输入复制数据并覆盖调用栈上的高地址区域，包括函数的返回地址。这可能允许攻击者以漏洞进程的权限运行恶意代码！臭名昭著的冲击波病毒（安全公告 MS03-26）是 RpcSs 服务缓冲区溢出的一个利用程序，它以 LocalSystem 特权运行在 Windows XP service Pack 2 上。类似地，JPEG GDI+缓冲区溢出（安全公告 MS04-28）影响 Internet Explorer 以及未更新浏览器版本的机器，未更新浏览器版本的机器在访问一个由通过精心构造的恶意 JPEG 图像文件控制的站点时，存在被感染的风险。
>
> 即使是在堆上分配的内存，缓冲区溢出也是同样能利用的。在这种情况下，缓冲区溢出利用可以通过覆盖 C++虚函数指针或者堆上其他函数指针使其指向恶意代码的方法来实现，恶意代码也往往刻意打包成合适的输入缓冲区，通常称为 shellcode。在网上有很多关于缓冲区溢出如何利用的文字资料。特别地，20 世纪 90 年代 PHRACK 杂志中发表的免费文章都仍值得一读。
>
> 尽管这些文章主要描述缓冲区溢出利用的艺术，但它们也提供对敌人工具的介绍以及大规模利用的历史年表，特别是在增加由操作系统实现的新缓解措施后。具有讽刺意味的是，那些缓解错误的任务目标是使得进程在利用之前崩溃掉，从而不允许权限提升。这个案例中，立即崩溃肯定要比被利用好。

Win32 API 头部中的 SAL

在前面提供的缓冲区溢出的例子中，你负责编写函数调用的两端，但是你可以很容易发现当 API 使用者和提供者不是同一个人时，SAL 注释会更有用。由微软和其他大多数 Windows 开发人员提供的整个 Win32 API 层都是这种情况。幸运的是，现在 Win32 API 层几乎完全进行了 SAL 注释，你可以从公开的 Win32 软件开发工具包（Software Development Kit，SDK）头文件中的函数声明查看这一点。例如，下面的代码显示了常见的 Win32 API WriteFile 的参数是如何使用 SAL 注释的。

```
//
// C:\ddk\7600.16385.1\inc\api>WINBASE.H
//
WINBASEAPI
BOOL
WINAPI
WriteFile(
    __in         HANDLE hFile,
    __in_bcount_opt(nNumberOfBytesToWrite) LPCVOID lpBuffer,
```

```
    __in         DWORD nNumberOfBytesToWrite,
    __out_opt    LPDWORD lpNumberOfBytesWritten,
    __inout_opt  LPOVERLAPPED lpOverlapped
);
```

即使不明确使用 SAL 注释代码，仍然可以受益于微软提供的注释来支持你程序中的 Win32 API 调用。也就是说，在你的代码中使用 SAL 是非常有益的，本节的缓冲区溢出例子可以证明。本书配套源代码中的所有 C++样本也带有注释，这样你就可以适应 SAL 注释的语法，并开始在自己的项目中利用 SAL 注释。

6.1.3 其他静态分析工具

如果你的代码在 Visual Studio 环境之外编译，还有一些独立工具可用于静态代码分析。本节将涵盖这样的两个选项：一是 OACR，用于在驱动程序开发工具包（Driver Development Kit，DDK）构建环境中的 C/C++静态分析；二是 FxCop 工具，可用于.NET 代码分析。

DDK 构建环境中的 OACR

OACR 是办公自动代码审查（Office Auto Code Review）的简称，是一个大约在 10 年前开发的静态分析系统，最初为微软自己编译其产品时使用。后来，它也集成到了 DDK 构建环境中，该环境会被本书配套源代码中的 C++示例使用。它的主要思想是使得同等代码审查非常好的实践性得到扩展和自动化，在代码被允许进入源代码库（对团队其他成员可见）之前，其修改部分至少由其他 1 个开发人员审查过。

OACR 使用了一个 C++代码分析的引擎，它类似于 Visual C++编译器（cl.exe C++编译器的 /analyze 开关）和 Visual Studio 2010 环境使用的引擎。当使用 DDK 构建环境时，后台运行的 OACR 监视器会监视 C 或 C++工程编译。构建完成后，通常需要消耗一些时间来让 OACR 处理工程中的所有文件（具体取决于工程的体积）。

当静态分析正在进行或已经完成时，会在通知区域显示一个状态图标。绿色图标表示该工程没有 OACR 警告和错误，黄色图标表示该工程至少包含一个 OACR 警告，红色图标表示至少有一个 OACR 错误（最严重的违规类型）。例如，图 6-5 所示的图标表示 OACR 仍在处理来自上一次构建操作的源文件，通过使用图标右下角的处理标记来表示。

```
C:\book\code\chapter_06\FormatString>build -cCZ
```

静态分析运行完成后，你可以通过右击 OACR 状态图标查看任何已报告的 OACR 警告或错误，如图 6-6 所示。

图 6-5 在通知区域的 OACR 状态图标

图 6-6 启动 OACR 警告与错误查看用户界面

在选择了目标构建平台（x86 或 x64）之后，你会看到该工程的一个违规列表。然后，你可以单击列表中代表每个违规的行来查看更多细节，如图 6-7 所示。

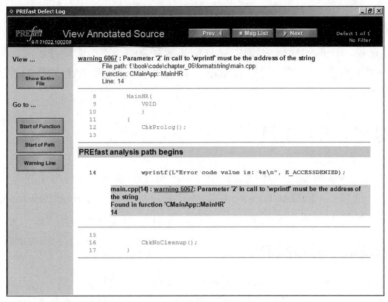

图 6-7 在 OACR 用户界面中查看违规细节

也可以在 DDK 构建环境窗口中使用批处理文件 oacr.bat 的 clean 选项来重置先前所有的 OACR 警告。请注意通知区域图标是如何在你执行这个命令后切换到绿色的。

```
C:\book\code\chapter_06\FormatString>oacr clean all
```

为了回到默认行为并在此启用 OACR 处理，你可以显式地使用批处理文件 oacr.bat 的 ser 选项。然后，当 DDK 构建窗口中的下一次尝试构建时，OACR 处理将会恢复。

```
C:\book\code\chapter_06\FormatString>oacr set all
C:\book\code\chapter_06\FormatString>build -cCZ
```

独立的 FxCop 工具

在 Visual Studio 2010 中还有一个用于.NET 工程的静态分析引擎，可以使用 Code Analysis 菜单来启用。这个引擎也作为 Windows 7 SDK 的一个独立工具发布。该工具被称为 FxCop，需要强调一个事实是它能为.NET Framework 代码构建执行规则和最佳实践。

在完成 Windows 7 SDK 的完全安装后，你会发现这个独立 FxCop 版本的安装程序就在你选择安装的 SDK 目录位置下。使用默认的安装路径，可以使用以下命令启动 FxCop 安装过程，它会弹出安装的用户界面，如图 6-8 所示。

```
C:\Program Files\Microsoft SDKs\Windows\v7.1\Bin\FXCop>FxCopSetup.exe
```

与 VC++静态代码分析不同，使用 FxCop 的.NET 代码分析在目标程序映像，而不是在对应的源代码中执行。可以在 FxCop 工具界面添加目标程序，并通过运行其静态分析引擎来找到符合一组预定义规则的违规，如图 6-9 所示。

6.2 运行时代码分析

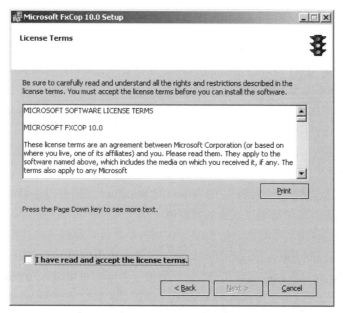

图 6-8 FxCop 安装设置程序

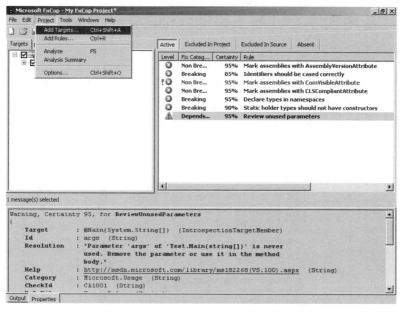

图 6-9 在 FxCop 用户界面中的静态代码分析

MSDN 网站对如何使用 FxCop 及其支持的各种静态分析规则有更详细的介绍。如果你有兴趣学习关于这个工具的更多功能，可以访问 MSDN 官网。

6.2 运行时代码分析

本节讨论应用程序验证器工具，它事实上是 Windows 本地代码的运行时分析工具。这个工具依赖于操作系统支持来捕获常见的系统 API 误用。有了这个内部支持，应用程序验证器工具能自动寻找许多难以重现的代码错误，如下所示。

- 各种堆破坏错误，包括许多缓冲区溢出和欠载、二次释放和无效的内存地址。
- 使用坏的资源句柄，例如句柄已经关闭，或者使用 NULL 或默认句柄（如 Win32 API GetCurrentProcess 返回的句柄）不允许时。
- 动态链接库（DLL）模块中的关键节泄露，以及许多其他关键部分的使用错误（二次释放、未初始化使用等）。
- 孤立的锁，例如调用 ExitThread 或 TerminateThread 时并没有释放锁，后者是在线程回调函数中获得的。
- 每个新版本工具都有一些错误，因为微软的 Windows 团队在每个新版本 Windows 中扩展了该工具以覆盖更多常见错误和代码缺陷。

因为 API 误用是作为运行时断言产生的（否则将不会被处理而导致进程崩溃），当目标应用也运行在某个调试器控制下时，应用程序验证器工具往往能得到较好的使用，因此任何潜在的校验器断言/中断都能在调试器内被捕获和分析。尽管校验器断言也可以使用 Visual Studio 调试器捕获，但校验器调试输出之间的紧密集成和 Windows 调试器扩展命令使得 WinDbg 成为应用程序校验实验的伴随调试器的首选。

6.2.1 使用应用程序验证器工具捕获你的第一个错误

应用程序验证器工具是免费的，可以从微软下载中心获得。

默认情况下，安装程序将工具安装在 System32 目录下。可以通过直接运行可执行程序 AppVerif.exe 或从开始菜单使用其快捷方式启动该工具，如图 6-10 所示。该工具还集成了一个很好的帮助文件，可以通过按 F1 快捷键启动它。

```
C:\Windows\System32>AppVerif.exe
```

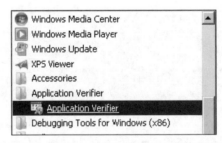

图 6-10　从 Windows 开始菜单启动应用程序校验器

启动应用程序验证器工具后，通过使用 Ctrl+A 组合键可以启用校验器检查机器上的任何应用程序，这通过增加将主执行模块添加到应用程序列表来实现。作为一个例子，启动应用程序校验器并使用 Ctrl+A 组合键检查 DoubleFreeBug.exe 可执行映像，如图 6-11 所示。在第一个实验中，可以把主窗口右半边已选择的测试留为默认值，并在退出该工具之前单击 Save 按钮保存提交的修改。

图 6-11 为 C/C++程序启动基本的应用程序校验设置

前一步中引用的 C++程序是来自配套源代码的一个示例,它具有严重的(并且相对常见的)错误,其中的清理代码导致了一个二次释放错误,可以参考下面的清单。

```
//
// C:\book\code\chapter_06\DoubleFree>main.cpp
//
static
HRESULT
MainHR()
{
    CHAR* psz = NULL;

    ChkProlog();

    psz = new CHAR[10];
    ChkAlloc(psz);

    delete[] psz;
    //psz = NULL;

    ChkCleanup();

    // BUG! Double-free of the psz buffer
    //if (psz)
    {
        delete[] psz;
    }

    ChkEpilog();
}
```

如果独立运行这个程序,它会崩溃(未处理的校验器中断断言)或引出实时(Just-in-time,JIT)调试器附件对话框,如果某个本地调试器以前在机器上注册过。但如果直接在 WinDbg 调试器下运行这个程序,会立即到达下面的校验器中断消息。请注意,校验器能在这种情况下发现错误的准确类型(堆块"双重释放"),并触发校验调试中断来提醒你这个问题。

```
0:000> vercommand
command line: '"c:\Program Files\Debugging Tools for Windows (x86)\windbg.exe"
c:\book\code\chapter_06\DoubleFree\objfre_win7_x86\i386\DoubleFreeBug.exe'
0:000> g
=======================================
VERIFIER STOP 00000007: pid 0x854: Heap block already freed.
    00091000 : Heap handle for the heap owning the block.
    02E30034 : Heap block being freed again.
    0000000A : Size of the heap block.
    00000000 : Not used
=======================================
(854.1520): Break instruction exception - code 80000003 (first chance)
ntdll!DbgBreakPoint:
774f40f0 cc              int     3
```

还可以看到，这个运行时断言在第二次尝试释放同一内存缓冲区时由系统用户程序的代码产生。

```
0:000> .symfix
0:000> .reload
0:000> k
ChildEBP RetAddr
0006f5d0 59483b68 ntdll!DbgBreakPoint
0006f7d8 594878c9 vrfcore!VerifierStopMessageEx+0x4d1
0006f7fc 10589d3c vrfcore!VfCoreRedirectedStopMessage+0x81
0006f860 10586e4d verifier!AVrfpDphReportCorruptedBlock+0x10c
0006f8c4 105895cc verifier!AVrfpDphFindBusyMemoryNoCheck+0x7d
0006f8e0 77586c1d verifier!AVrfDebugPageHeapSize+0x5c
0006f928 77549359 ntdll!RtlDebugSizeHeap+0x2b
0006f940 58081009 ntdll!RtlSizeHeap+0x27
0006f95c 0069130c vfbasics!AVrfpHeapFree+0x2a
0006f970 00691568 DoubleFreeBug!MemoryFree+0x17
0006f980 00691580 DoubleFreeBug!CMainApp::MainHR+0x2e
[c:\book\code\chapter_06\doublefree\main.cpp @ 28]
0006f988 0069170d DoubleFreeBug!wmain+0x8
0006f9cc 76e4ed6c DoubleFreeBug!__wmainCRTStartup+0x102
...
0:000> q
```

6.2.2 幕后花絮：操作系统中支持的校验器

通常，当学习一项新技术时，我们从琐碎细节获取知识有助于启发了解其核心区域。回想一下你的第一个C++程序"Hello World！"或使用基本的文本编辑器和命令行构建工具开发的第一个C# Web服务，记住它是如何帮助你解决困难和获得更好的技术知识的。当然，这不是盲目提倡和固执使用命令行工具或打压更有效的可视化工具。再次强调，当使用更高级的抽象或开发环境时，理解工具和编程语言内部是如何工作会增加熟练程度。遵循这一模型，本节将演示操作系统（OS）的校验功能，但不使用应用程序验证器工具。

为了开始这个实验，你需要启用应用程序校验器挂钩你的目标可执行映像。例如，可以使用配套源代码中的下列C++程序，当调用Win32 API TerminateProcess来请求强制终止进程时，它错误地传递一个线程句柄，而不是进程句柄。

```
//
// C:\book\code\chapter_06\BadHandle>main.cpp
//
static
HRESULT
MainHR()
{
    CHandle shThread;

    ChkProlog();

    shThread.Attach(OpenThread(
        THREAD_ALL_ACCESS, FALSE, GetCurrentThreadId()));
    ChkWin32(shThread);

    // BUG! Use of a thread instead of a process handle
    ChkWin32(TerminateProcess(shThread, EXIT_SUCCESS));

    ChkNoCleanup();
}
```

在未做任何校验设置情况下运行这个程序时,你将看到它会失败并报告一个错误 HRESULT (0x80070006)。

```
C:\book\code\chapter_06\BadHandle>objfre_win7_x86\i386\BadHandleBug.exe
HRESULT: 0x80070006
```

这是一个无效的句柄错误,可以通过使用!error 调试器扩展命令验证这一点,如下面的清单所示。

```
0:000> vercommand
command line: '"c:\Program Files\Debugging Tools for Windows (x86)\windbg.exe" notepad.exe'
0:000> !error 0x80070006
Error code: (HRESULT) 0x80070006 (2147942406) - The handle is invalid.
0:000> q
```

现在的问题是确定这个错误究竟来自哪里,这并不总是一个简单直接的事情,尤其是如果你有一个很大的应用程序,而且程序中包含很多带有句柄参数的 Win32 API 调用。这个时候应用程序校验器钩子就非常有用了。可以选定界面中对应的选项,使用 GFLAGS 工具为示例程序启用操作系统支持的默认校验钩子,如图 6-12 所示。事实上,当你使用其用户界面来为某个可执行映像启用校验钩子时,这就是应用程序验证器工具的配置内容之一。

```
"C:\Program Files\Debugging Tools for Windows (x86)\gflags.exe"
```

前面设置步骤为进程映像简单设置了 NT 全局标志中的位 0x100。通过这样做,本质上让操作系统知道了你想要为该进程后续实例启用公共应用程序校验器钩子。你要注意的第一个事情是,当在用户态调试下运行进程时,一个称为 verifier.dll 的新 DLL 会紧跟着 ntdll.dll 被加载,并映射到该进程地址空间中,如下面的清单所示。verifier.dll 模块包含了操作系统的核心校验引擎。

```
0:000> vercommand
command line: '"c:\Program Files\Debugging Tools for Windows (x86)\windbg.exe"
c:\book\code\chapter_06\BadHandle\objfre_win7_x86\i386\BadHandleBug.exe'
0:000> lm
```

第 6 章 代码分析工具

```
start       end         module name
00980000    00985000    BadHandleBug   (deferred)
65e80000    65ee0000    verifier       (deferred)
75870000    75970000    kernel32       (deferred)
75980000    759c6000    KERNELBASE     (deferred)
75a00000    75aac000    msvcrt         (deferred)
77ca0000    77e20000    ntdll          (pdb symbols)
0:000> lmv m verifier
start       end         module name
65e80000    65ee0000    verifier       (deferred)
    Image path: C:\Windows\system32\verifier.dll
    FileDescription: Standard application verifier provider dll
...
0:000> .symfix
0:000> .reload
0:000> !gflag
Current NtGlobalFlag contents: 0x00000100
    vrf - Enable application verifier
```

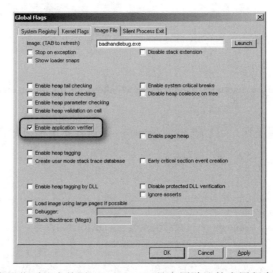

图 6-12 在操作系统中使用 gflags.exe 工具启用默认的应用程序校验器挂钩

如果现在让程序在调试器下"go"(继续运行),会立即命中一个校验中断指示无效的句柄类型使用,以及抛出校验停止消息的栈跟踪。

```
0:000> g
=======================================
VERIFIER STOP 00000305: pid 0x1B88: Incorrect object type for handle.
    000000D4 : Handle value.
    0008FAB8 : Object type name. Use du to display it
    5F945100 : Expected object type name. Use du to display it
    00000000 : Not used.
=======================================
This verifier stop is continuable.
After debugging it use 'go' to continue.
=======================================
(1b88.e44): Break instruction exception - code 80000003 (first chance)
verifier!VerifierStopMessageEx+0x5ce:
5f94c0de cc              int     3
```

6.2 运行时代码分析

```
0:000> k
ChildEBP RetAddr
0008fa24 5f95fb7f verifier!VerifierStopMessageEx+0x5ce
0008fadc 5f960324 verifier!AVrfpCheckObjectType+0xb2
0008faf0 75803c22 verifier!AVrfpNtTerminateProcess+0x25
0008fb00 00261554 KERNELBASE!TerminateProcess+0x2c
0008fb1c 00261599 BadHandleBug!CMainApp::MainHR+0x2e
0008fb24 00261726 BadHandleBug!wmain+0x8
...
```

正如你看到的，校验器中断断言会在 verifier.dll 产生。校验器检查背后的思想是，更新与少量常见 Win32 API 调用对应的导入表项。特别地，请注意 ntdll!NtTerminateProcess 函数调用的导入表项，它被 Win32 API TerminateProcess 所调用，被改变指向 verifier.dll 版本的同一函数，如下面的清单所示。通过使用调试命令 uf（"unassemble 功能"），调试器中会显示一个函数的全部反汇编内容，可以看到函数在调回真正的 Win32 API NtTerminateProcess 之前会先执行校验器检查。

```
0:000> x kernelbase!*terminateprocess*
75830ae4 KERNELBASE!NtTerminateProcess = <no type information>
75803bfc KERNELBASE!TerminateProcess = <no type information>
757f11dc KERNELBASE!_imp__NtTerminateProcess = <no type information>
0:000> dd 757f11dc
757f11dc  5f9602ff 7751dfdc 775062a8 77507105
0:000> uf 5f9602ff
verifier!AVrfpNtTerminateProcess:
5f9602ff 8bff            mov     edi,edi
5f960301 55              push    ebp
5f960302 8bec            mov     ebp,esp
5f960304 56              push    esi
5f960305 6a3a            push    3Ah
5f960307 68402e975f      push    offset verifier!AVrfpNtdllThunks (5f972e40)
5f96030c e80043ffff      call    verifier!AVrfpGetThunkDescriptor (5f954611)
5f960311 837d0800        cmp     dword ptr [ebp+8],0
5f960315 8b7004          mov     esi,dword ptr [eax+4]
5f960318 740a            je      verifier!AVrfpNtTerminateProcess+0x25 (5f960324)
verifier!AVrfpNtTerminateProcess+0x1b:
5f96031a 6a02            push    2
5f96031c ff7508          push    dword ptr [ebp+8]
5f96031f e88ef8ffff      call    verifier!AVrfpHandleSanityChecks (5f95fbb2)
verifier!AVrfpNtTerminateProcess+0x25:
5f960324 ff750c          push    dword ptr [ebp+0Ch]
5f960327 ff7508          push    dword ptr [ebp+8]
5f96032a ffd6            call    esi
5f96032c 5e              pop     esi
5f96032d 5d              pop     ebp
5f96032e c20800          ret     8
0:000> q
```

应用程序校验器检查是在运行时通过更新使用挂钩 API 的模块导入表来插入的，针对这一事实的直接推论是，这些钩子只与用户态代码上下文相关。对于内核态驱动程序，微软伴随操作系统发布了另一个工具操作系统，称为驱动校验工具（verifier.exe）。

而且，如果你注意到，到目前为止，在这个特别的实验里实际做的所有事情就是在 GlobalFlag 映像文件执行选项（Image File Execution Option，IFEO）注册表值中为目标可执行映像设置了一个位。换句话说，它自己足以启动一组默认的校验检查。事实证明，你还可以通过使用名为

VerifierFlags 的第二个 DWORD 注册表值来控制启用检查,它也在目标可执行映像的 IFEO 注册表键下面。请注意第二个标志名称末尾的 "s",与 NT 全局标志值不同,后者在末尾没有 "s"!

能够控制这第二个注册表值,是使用应用程序验证器工具用户界面——而不是使用 GFLAGS——启用校验器检查的一个关键优势。如果你回去并使用应用程序校验用户界面为本实验程序编辑校验设置,在单击 Save 按钮之后,会观察到 GlobalFlag 和 VerifierFlags 注册表值会被工具自己操作,如图 6-13 所示,它描绘了目标进程映像的 IFEO 键(这种情况下是 BadHandleBug.exe)。

```
[HKEY_LOCAL_MACHINE\SOFTWARE\Microsoft\Windows NT\CurrentVersion\Image File Execution Options\
BadHandleBug.exe]
```

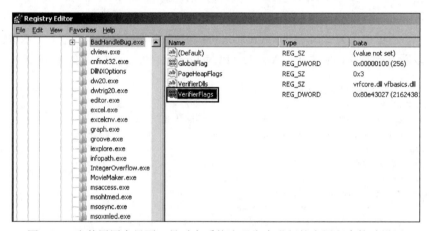

图 6-13 当使用用户界面工具时在系统注册表中进行的应用程序校验设置

6.2.3 调试扩展命令!avrf

扩展命令!avrf 是一个有用的调试命令,可以用来有效查看所调试进程的校验标志,就像命令!gflag 用来查看 NT 全局标志那样。然而,需要注意一个问题,如果简单将调试器符号搜索路径设置为微软公共符号服务器,命令!avrf 将会给出下面的错误。

```
0:000> .symfix
0:000> .reload
0:000> !avrf
Verifier package version >= 3.00
No type information found for '_AVRF_EXCEPTION_LOG_ENTRY'.
Please fix the symbols for 'vfbasics.dll'.
0:000> q
```

这是因为 vfbasics.dll 作为应用程序验证器工具的一部分,与其符号一同安装在 system32 目录下。然而,这个 DLL(连同其他几个伴随应用程序验证器工具 MSI 安装的 DLL)在微软符号服务器上也有公共符号,这些符号没有函数扩展所需的合适类型定义。为了解决这个问题,可以设置符号路径,以使本地 system32 路径出现在微软符号服务器之前,从而让 vfbasics.pdb 可以在 system32 目录下找到。

如果重新启动调试会话,并以这种方式设置符号路径,将会看到扩展命令!avrf 的正确输出。

```
0:000> vercommand
command line: '"c:\Program Files\Debugging Tools for Windows (x86)\windbg.exe"
objfre_win7_x86\i386\BadHandleBug.exe'
0:000> .sympath c:\windows\system32;srv*c:\localsymbolcache*http://msdl.microsoft.com/download/
symbols
0:000> .reload
0:000> !avrf
Verifier package version >= 3.00
Application verifier settings (80643027):
    - full page heap
    - Handles
    - Locks
    - Memory
    - TLS
    - Exceptions
    - Threadpool
    - Leak
No verifier stop active.
0:000> q
```

> **注意**：如果为 system32 目录（默认安装的本地调试器符号缓存路径）下的所有 DLL 手动复制私有 PDB 符号文件，也可以解决前面的问题，而不必将 system32 路径明确预设到你的调试器符号搜索路径。

在前面的例子中，没有活动的校验器停止，所以命令!avrf 事实上只是简单显示进程的活动配置（类似于命令!gflag 之于 NT 全局标志）。命令!avrf 有一个更有用的应用是在调试器内部停止校验器后，该命令将提供校验中断特性方面的更多信息和如何调查它的一些提示，如下面的调试会话（之前的会话）延续所示。

```
0:000> g
VERIFIER STOP 00000305: pid 0x720: Incorrect object type for handle.
...
0:000> !avrf
...
*****************************************************
*              Exception Analysis                    *
*****************************************************
APPLICATION_VERIFIER_HANDLES_INCORRECT_OBJECT_TYPE (305)
Incorrect object type for handle.
This stop is generated if the current thread is calling an API with a handle to
an object with an incorrect object type. E.g. calling SetEvent with a semaphore
handle as parameter will generate this stop. To debug this stop:
$ kb - to display the current stack trace. The culprit is probably the DLL
that is calling into verifier.dll;
$ du parameter2 - to display the actual type of the handle. The handle value
is parameter1. In the example above, this will display: Semaphore.
$ du parameter3 - to display the object type expected by the API. In the example above,
this name will be: Event.
$ !htrace parameter1 might be helpful because it will display the stack
trace for the recent open/close operations on this handle.
Arguments:
Arg1: 0000047c, Handle value.
Arg2: 0014f830, Object type name. Use du to display it
```

```
Arg3: 70be46f8, Expected object type name. Use du to display it
Arg4: 00000000, Not used.
...
FOLLOWUP_IP:
BadHandleBug!CMainApp::MainHR+49 [c:\book\code\chapter_06\badhandle\main.cpp @ 19]
...
0:000> q
```

最后请注意，当运行在用户态调试器下并且没有指定明确的 GlobalFlag 时，与操作系统如何默认启用一些调试堆选项没有不同，针对 VerifierFlag 注册表值会发生一些类似的动态行为，因为当设置 NT 全局标志中主要的应用程序校验位时，操作系统会默认启用相关校验位（尽管在此情况下，无论程序是否运行在用户态调试器下都会发生）。这就解释了为什么在前面进行的实验中，你能够捕获句柄类型不匹配问题，所有你做的都是使用 GFLAGS 工具对校验位进行了简单设置。

为确认前面这一点，按 Ctrl+D 组合键从应用程序校验器界面中删除 BadHandleBug.exe，然后再次使用 GFLAGS 工具为目标映像启用 NT 全局标志中的校验位，如图 6-12 所示。做出这些修改后，BadHandleBug 映像的 IFEO 注册表键应该只有一个设置为 0x100 的 DWORD 值（GlobalFlag），如图 6-14 所示。

```
[HKEY_LOCAL_MACHINE\SOFTWARE\Microsoft\Windows NT\CurrentVersion\Image File Execution Options\
BadHandleBug.exe]
```

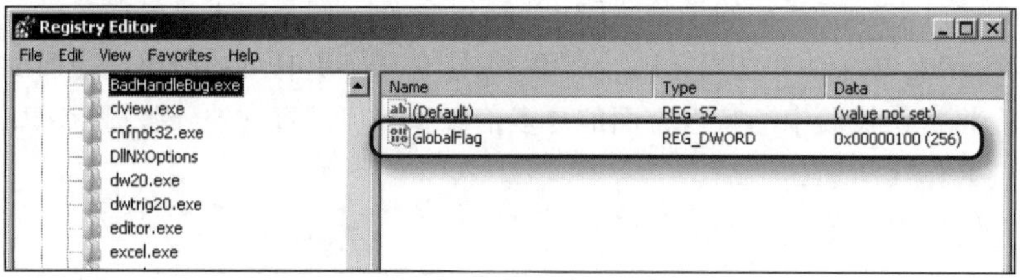

图 6-14　启用应用程序校验器的默认系统检查

你会注意到,当没有为目标映像提供 VerifierFlag 值而 NT 全局标志又设置了主要的 0x100 位时，处理检查是系统启用的默认类别之一，正如下面清单中显示的扩展命令 !avrf 输出所确认的。

```
0:000> vercommand
command line: '"c:\Program Files\Debugging Tools for Windows (x86)\windbg.exe"
c:\book\code\chapter_06\BadHandle\objfre_win7_x86\i386\BadHandleBug.exe'
0:000> .sympath c:\windows\system32;srv*c:\localsymbolcache*http://msdl.microsoft.com/download/
symbols
0:000> .reload
0:000> !avrf
Application verifier settings (00048004):
    - fast fill heap (a.k.a light page heap)
    - lock checks (critical section verifier)
    - handle checks
No verifier stop active.
0:000> q
```

6.2.4 应用程序校验器作为质量保证工具

应用程序校验器是对你的质量保证工具库的一个很好补充。就像 NT 全局标志一样，应用程序校验设置也可以应用于单个进程（该工具用户界面上提供的默认操作模式）或系统级的进程。启用系统级应用程序设置也可以通过使用 GFLAGS 工具中的 System Registry 标签来编辑会话管理器注册表键下面的 NT 全局标志值。例如，下面这个测试环境被微软 Windows 产品组在执行日常自动化回归错误捕获测试时使用。

```
Windows Registry Editor Version 5.00

[HKEY_LOCAL_MACHINE\SYSTEM\CurrentControlSet\Control\Session Manager]
"GlobalFlag"=dword:00000100
```

当启用系统级应用程序校验设置时，verifier.dll 模块被加载到系统上的每个用户态进程。但是请注意，每个进程中应用程序校验行为的一个关键区别是没有办法在系统范围内启用额外校验检查（提供者）。如果你真的需要那样做，可以使用应用程序验证器工具的用户界面手动为你感兴趣的每个进程启用提供者。

在微软，运行应用程序验证器工具是签署任何公开产品版本之前的一个强制性步骤。这是一个很好的实践，你可能还希望将其应用于自己的产品。对于通过这个优秀工具在几分钟内就能轻易发现的缺陷错误，是没有任何借口而言的。

6.3 小结

本章涵盖了一些可以在 Windows 中使用的代码分析工具，以使你在需要使用调试器来分析错误（最终通过 ad-hot 测试发现，或者更糟糕的是在用户或产品的交付环境中发现）之前，尽早实现自动化的代码缺陷查找过程。

以下几点总结了本章中讨论的一些静态和运行时代码分析策略以及它们的关键特征。

- 静态代码分析通过静态扫描源代码或程序二进制文件，来尝试实现对等代码审查的最佳自动化实践，以发现常见代码缺陷。
- Visual Studio 2010 支持 C/C++和.NET 代码的静态分析，尽管其底层引擎是不同的。在 C/C++情况下，Visual Studio 使用 VC++ /analyze 编译选项背后的引擎，同样也用于 DDK 构建环境及其 OACR 静态分析系统。在.NET 情况下，Visual Studio 使用 FxCop 引擎，它也可以作为伴随 Windows 7 和.NET 框架 4.0 SDK 的一个独立工具获取。
- SAL 注释是 VC++静态分析引擎所需的，以此来了解传递进出函数调用的参数形态。目前大部分 Win32 API 都被注释，这意味着你可以在自己的代码静态分析中利用 SAL，即使你没有直接使用它。
- 在本地代码中使用 SAL 可以帮助 VC++静态分析引擎捕获代码中的更多问题。因此，学习如何使用 SAL 可以帮助你充分利用 Visual C/C++静态分析引擎。大部分 Windows 内部源代码也出于这个原因专门使用 SAL。
- 应用程序验证器工具是 Windows 中事实上的本地代码运行时分析工具。它通过将常见系统 API 的导入表项替换成特定调用来实现，并在形成最终的真实请求调用之前首先执行额外的校验检查。许多 API 滥用错误可以通过简单启用这个工具并运行应用程序来自动检测。

- 应用程序验证器工具只在本地用户态代码运行分析时关注而不适用于内核态。驱动程序也有一个内置的运行时工具，称为驱动校验工具，它可以用来在操作系统代码中启用一些检查，以发现常见的错误并作为内核错误检查抛出它们，这些错误可以通过使用内核态调试器进行分析。
- 应用程序校验中断作为运行时断言（SEH 异常）提出，如果进程没有运行在某个调试器下，异常不会被处理从而导致其简单挂掉，除非在目标机 AeDebug 注册表键下配置了本地实时调试器。这就是为什么通常在应用程序校验测试过程中最好将目标应用运行在调试器之下，那样就可以自动捕获任何校验停止，这可能会使用附加的调试器进行报告。

第 7 章
专家调试技巧

本章内容

- 基本技巧
- 更多有用的技巧
- 内核态调试技巧
- 小结

即使在中等复杂的场景中开始使用调试器，你也会很快意识到经常需要完成一部分相当常见的任务。例如，在执行测试的场景中需要清楚地知道是否有额外的进程被创建，这时候可能还需要进一步在调试器中直接启动进程，并在调试器的控制下调试其启动代码路径。此外，有时候需要等待一个特定的动态链接库（DLL）模块加载，在完成 DLL 加载后且没有执行 DLL 代码之前对 DLL 实现的特定代码设置断点。

当学习用户态调试时，经常面临一个很沮丧的事实，就是调试器给出的使用文档并不能直接帮助完成上述调试需求。虽然我们可以从文档中找到关于如何使用一些命令的说明，但是将调试命令组合起来完成调试任务往往是一个不断摸索的艰难过程。作为用户态调试的补充，我开始系统地使用内核态调试器，这时候发现面临和用户态调试同样的问题。更令人吃惊的是，一些本地任务支持的用户态调试命令如冻结线程（freezing thread）或者等待加载一个 DLL 在内核态调试器中并没有直接对应的有效命令。在这种情况下，即使阅读完整个介绍命令的文档也不能直接解决问题。

为解决以上在调试过程中遇到的问题，本章以具体测试场景为中心提炼出一些最有效的调试技巧来完成上述用户态和内核态常见的调试任务，本章首先介绍一些用户态调试技巧，而后介绍可以充分利用内核态调试器实现的一些相近的通用调试技术。

7.1 基本技巧

本节主要介绍以下内容：在用户态调试器的控制下，当启动一个新的进程或者一个 DLL 被映射到用户进程地址空间时如何对程序实施调试。这两类事件往往是调试生命周期中具有代表性的关键节点，因为它们允许尽早中断到调试器中并在需要调试的指令处设置断点，从而可以调试分析代码行为。

7.1.1 等待一个调试器附加到目标

如果可以改变应用程序的源代码，在程序执行过程中的关键位置阻止其继续运行的一个简单方法就是在该位置之前插入一个基于全局布尔标志的死循环，从而可以有机会附加一个用户态调试器到该进程中。使用调试器附加进程后，你可以在调试器中直接修改内存中此全局条件标志的值，从而强制退出循环使程序继续正常执行。当然，在完成调试实验后，应该在源代码中删除插入的死循环。

该方法非常简单，这种方法的优势源于调试器强大的"附加"机制，尤其是你可以选择需要的安全上下文启动用户态调试器。如果不使用这里给出的等待循环的方法而只是在代码中简单地插入一个调试中断，程序运行到插入的调试中断处会启动实时（JIT）调试（见第 4 章），此时实时调试器和目标进程安全上下文权限相同。因此，对于目标进程运行在较低权限的情况，插入断点的方法就存在一些不足。

上述插入死循环的技巧同样可以应用于.NET 代码和脚本代码。这里提供一个实用的例子，可以使用上面介绍的技巧调试本书配套 JScript 示例源代码的"启动"代码路径。

```
//
// C:\book\code\chapter_07\WaitForDebugger>test.js
//
var g_bAttached;
function WaitForDebugger()
{
    g_fAttached = false;
    while (!g_bAttached);
}

function main()
{
    WaitForDebugger();
    RunScript();
}
```

需要使用//D（双斜杠）命令行选项运行上面的脚本，使得脚本宿主进程支持脚本调试。第 3 章明确指出脚本调试工作需要启用进程调试管理器（Process Debug Manager，PDM）。对于脚本宿主为 cscript.exe 的情况，启动 PDM 只需要使用//D 选项即可。

```
C:\book\code\chapter_07\WaitForDebugger>cscript test.js //D
```

脚本运行到 WaitForDebugger 函数时会因为死循环代码而阻塞在这里。这时候就可以使用微软的 Visual Studio 调试器通过 Debug\Attach To Process 菜单操作附加该进程。和之前一样，记得使用和目标脚本宿主进程相同的权限运行 Visual Studio。因此，如果在提升到管理员权限的命令提示符下运行脚本，同样需要以提升的管理员权限启动 Visual Studio。接着在 Visual Studio 的 Attach to Process 窗口给出的活动进程列表中选择目标宿主进程 cscript.exe，如图 7-1 所示。

一旦"附加"操作完成，你就可以使用 Debug\Break All 菜单操作（或者按 Ctrl+Alt+Break 组合键）发出一个中断请求。使用 Debug\Windows\Locals 菜单操作打开本地变量窗口并强制修改 flag 的值为 true，如图 7-2 所示。这样程序执行时就可以跳出循环，从而可以继续通过按 F10（step-over）

和 F11（step-into）快捷键对脚本进行调试。

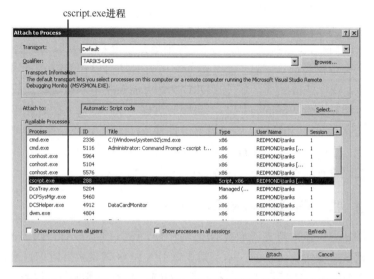

图 7-1　附加 Visual Studio 2010 调试器到阻塞的脚本宿主进程

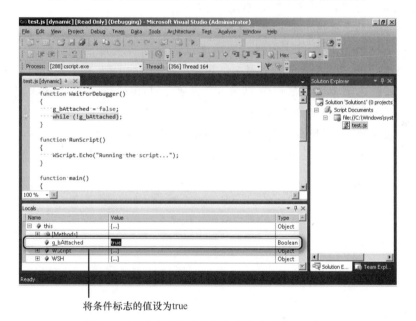

图 7-2　通过手动修改条件标志的值跳出死循环

本节介绍的技术允许停止在源代码的任何地方（类似于人工断点）。但是该技术存在的主要缺点就是需要修改源代码，并且需要重新编译源代码以生成目标二进制文件（至少针对本地代码和.NET 代码）才能使程序运行。这种条件并不总是可能的，特别是在调试没有源代码的系统组件或者第三方软件时，因此本节的剩余部分将重点介绍一些替代技术。这些技术虽然不如前面的技巧灵活、通用，但是它可以帮助在发生加载 DLL 模块事件或者创建新进程时在调试器中停止代码继续运行。一旦能够拦截到这两个重要事件，就如之前介绍的"附加"等待循环进程技巧一样，你可以在任何需要停止程序的地方设置附加断点。

7.1.2 加载 DLL 时中断

加载 DLL 时中断在许多情况下非常有用。特别是在一个 DLL 被映射到目标进程时，中断到调试器中可以有机会查找其符号信息（使用 x 命令），并且还可以在 DLL 代码执行之前对 DLL 实现的代码设置断点。在一些情况下，你写的 DLL 文件可能被主机系统进程加载，如 DLL COM 服务器代理进程 dllhost.exe 和 Windows DLL 主机服务进程 svchost.exe。在这种情况下，不能精确控制该 DLL 被加载的准确时间和位置。所以需要一直等待，直到该 DLL 被映射才可以在 DLL 实现的代码中设置断点。如果不具备加载 DLL 时中断能力，在程序启动后，使用用户态调试器附加进程后对感兴趣的代码设置断点，但是这时候该代码可能已经运行完毕。

在 WinDbg 调试器中实现加载 DLL 时中断

用户态 WinDbg 调试器本身支持加载 DLL 时中断，可以使用 sxe ld [DLL 模块名称]（模块加载异常处停止）调试命令实现该功能。本书第 3 章引入 SOS 调试扩展时用过 sxe ld 命令。在第 3 章的例子中，该命令用来等待通用语言运行平台（CLR）执行引擎 DLL 映射到目标地址空间，然后通过命令 .loadby 加载同一目录下匹配的 sos.dll 扩展。

sxe ld 命令的模块名称这个参数支持通配符。为了对该命令进行具体说明，下面以 notepad.exe 为目标进程开始一个用户态调试会话，然后通过该命令实现每当一个新的 DLL 被加载到 notepad.exe 目标进程时都会中断到调试器中，并且实现当新的 DLL 被加载时都可以列出 DLL 模块的名称，可以通过比较调试器记录的 modload 信息与 !lastevent 命令的输出信息来进行确认。!lastevent 命令用来显示导致调试器中断的最后一个事件（在该这里的示例中为一个 DLL 模块加载事件）。最后需要注意的是，当在同一调试会话两次使用 sxe ld 命令时，后一个命令会取代前一个命令指定的匹配模式，也就是说，只有最后一个命令的匹配模式才有效。

```
0:000> vercommand
command line: '"c:\Program Files\Debugging Tools for Windows (x86)\windbg.exe" notepad.exe'
0:000> .symfix
0:000> .reload
0:000> sxe ld *.dll
0:000> g
ModLoad: 76da0000 76dbf000   C:\Windows\system32\IMM32.DLL
ntdll!KiFastSystemCallRet:
777370b4 c3              ret
0:000> .lastevent
Last event: 1490.1dc8: Load module C:\Windows\system32\IMM32.DLL at 76da0000
0:000> g
ModLoad: 77260000 7732c000   C:\Windows\system32\MSCTF.dll
ntdll!KiFastSystemCallRet:
777370b4 c3              ret
0:000> .lastevent
Last event: 1490.1dc8: Load module C:\Windows\system32\MSCTF.dll at 77260000
```

当不再需要响应 DLL 模块加载事件而中断到调试器中时，你可以简单地使用 sxd ld （禁用加载"异常"处理）命令禁止该功能，具体如下所示。

```
0:000> sxd ld
0:000> $ Notice the debugger no longer stops on new module load events now...
```

```
0:000> g
0:000> $ Terminate this debugging session
0:000> q
```

正如本节开始所述,sxe ld 命令通常在以下场景中使用——当需要在 DLL 模块实现的代码中设置断点但是不能简单地加载 DLL 时,因为在完成常规调试器附加操作之后,需要设置断点的代码可能已经执行完毕。

```
//
// C:\book\code\tools\dllhost>main.cpp
//
static
HRESULT
MainHR(
    __in int argc,
    __in_ecount(argc) WCHAR* argv[]
    )
{
...
    hModule = ::LoadLibraryW(argv[1]);
    ChkWin32(hModule);
    FreeLibrary(hModule);
...
}
```

成功编译上面的源代码生成可执行文件后(使用前言中给出的编译过程),当目标模块加载时,可以通过下面给出的命令中断到调试器中,并使用 bp 命令在 DLLMain 入口代码处插入一个断点,从而可以调试目标 DLL 的启动代码路径。

```
0:000> vercommand
command line: '"c:\Program Files\Debugging Tools for Windows (x86)\windbg.exe"
c:\book\code\tools\DllHost\objfre_win7_x86\i386\host.exe
c:\book\code\chapter_07\BreakOnDllLoad\objfre_win7_x86\i386\DllModule.dll'
0:000> .symfix
0:000> .reload
0:000> sxe ld DllModule.dll
0:000> g
...
777370b4 c3              ret
0:000> .lastevent
Last event: 1eb4.16a0: Load module
c:\book\code\chapter_07\BreakOnDllLoad\objfre_win7_x86\i386\DllModule.dll at 73ec0000
...
0:000> $ set a breakpoint at the DLL entry point function
0:000> bp dllmodule!DllMain
0:000> g
Breakpoint 0 hit
DllModule!DllMain:
```

图 7-3 给出了上述命令执行后最后的调试会话状态。现在可以调试 DLL 启动代码(DllMain 例程),并可以在需要调试的 DLL 模块代码处设置额外的断点。

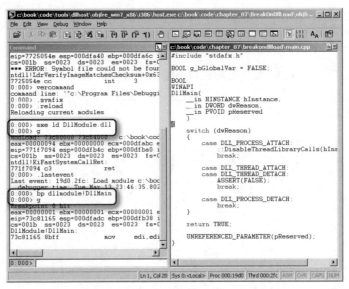

图 7-3 调试 DLL 模块的启动代码路径

完成 DLL 模块调试后，你可以像往常一样使用 q（退出和终止目标）或者 qd（退出并解挂但不终止目标）命令退出用户态调试会话。

```
0:000> $ Terminate this debugging session now...
0:000> q
```

在 Visual Studio 调试器中实现加载 DLL 时中断

Visual Studio 中没有和 sxe ld 功能等同的命令。因为 Visual Studio 经常用来调试开发者自己的代码，加载 DLL 时中断情况则很少见。只要有 DLL 源代码（和专用符号），就可以很容易地在 Visual Studio 编译 DLL 源代码时设置源代码级断点（按 F9 快捷键），而不必担心 DLL 何时被载入。

话虽如此，但是我们仍然希望当一个系统 DLL（如 CLR 执行引擎的 DLL）被加载时可以中断到 Visual Studio 调试中。幸运的是，这里存在一个替代解决方案，该方案的内部工作原理和 WinDbg 实现 sxe ld 命令的方式有着根本的不同。这一技巧背后的想法是利用系统现有调试钩子，通过使用映像文件执行选项（Image File Execution Option，IFEO）的 BreakOnDllLoad 参数实现。该钩子的作用为每当指定名称的映像加载到用户态进程时，就会指定操作系统模块加载器引发一个调试中断。请注意目标进程只有在用户态调试器的控制下才能实现上述功能，所以该钩子在独立模式下运行无效。

第 5 章介绍的全局标志编辑器不支持设置这个特殊的 IFEO 值，因此需要手动编辑注册表进行修改。如果你在 64 位系统上做实验，特别需要注意的是，当目标为一个 WOW64 进程时需要修改注册表中的 32 位视图。例如下面给出的命令实现了开启 Win32 DLLadvapi32.dll 的钩子。请注意一点，需要在提升到管理员权限的命令提示符下运行下面的命令才可以成功修改目标 IFEO 注册表项。

```
C:\book\code\chapter_07\scripts>configure_breakondllload.cmd -enable advapi32.dll
```

可以在注册表中查看 IFEO 的 advapi32.dll 键值验证上述命令是否执行成功。如果命令执行成功，IFEO 的 advapi32.dll 注册表项下会增加一个新的 REG_DWORD 值，名称为 BreakOnDllLoad，该值为 1，如图 7-4 所示。

```
[HKEY_LOCAL_MACHINE\SOFTWARE\Microsoft\Windows NT\CurrentVersion\Image File Execution Options
    \advapi32.dll]
```

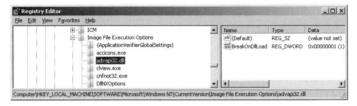

图 7-4 IFEO 注册表项下的 BreakOnDllLoad 值

要在实际中了解这是如何工作的。本书配套源代码中有一个 Visual Studio 2010 C++工程，该代码的主要功能就是简单地加载 advapi32.dll 模块。如果你打开该项目并按 F5 快捷键执行它，当 advapi32.dll 模块被加载时，系统将会发出一个调试中断请求。Visual Studio 作为本地用户态调试器会捕获该请求并显示一个对话框，如图 7-5 所示。

```
C:\book\code\chapter_07\BreakOnDllLoadVs>BreakOnDllLoad.sln
```

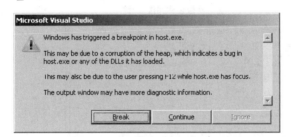

图 7-5 Visual Studio 2010 中模块加载事件触发的调试断点对话框

该对话框中显示的消息存在误导并错误地显示目标进程存在一个错误。虽然不是代码的实际错误，但是系统代表用户故意插入了一个调试断点而触发了结构化异常处理（SEH）异常。看到上面的对话框后，单击图 7-5 中的 Break 按钮，将打开调试器并停在试图加载 advapi32.dll 的源代码行，如图 7-6 所示。

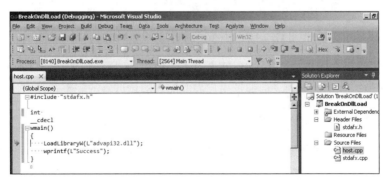

图 7-6 当加载一个 DLL 时中断到 Visual Studio 中

记得完成上述调试实验后一定要删除 BreakOnDllLoad 注册表值，否则当任意进程试图加载

advapi32.dll 时都会触发中断并启动用户态调试器（包括 WinDbg）。可以使用之前相同的脚本删除 IFEO 注册表项下 advapi32.dll 映像的 BreakOnDllLoad 键值，具体命令如下所示。

```
C:\book\code\chapter_07\scripts>configure_breakondllload.cmd -disable advapi32.dll
```

7.1.3 调试进程启动

调试最常见的一种需求就是能够使用用户态调试器在一个进程启动时暂停进程的启动过程。因为一方面需要调试启动代码路径中较早运行的部分代码，另一方面，在涉及多个进程创建的大型调试场景中该技术非常有用。在这些相当普遍的需求下，很难知道需要调试的进程什么时候启动，更不用说在新进程启动时实时地发出调试器附加请求（例如使用 WinDbg 的 F6 快捷键）。幸运的是，操作系统实现了一个调试钩子，允许当一个执行映像启动时指定一个启动调试器。

启动调试实践

启动调试器是 IFEO 的另一个调试钩子，可以通过 GFLAGS 工具进行配置。图 7-7 给出了针对 notepad.exe 进程启用该钩子的方法。首先在 Image：(TAB to refresh) 文本框中输入映像名称（包括扩展名），接着选中 Debugger 复选框，并在对应的文本框中输入调试器程序的完整路径。

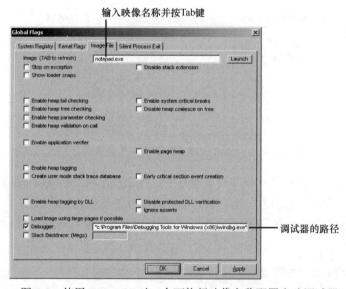

图 7-7 使用 GFLAGS 对一个可执行映像名称配置启动调试器

单击 OK 按钮提交配置，GFLAGS 工具会在 IFEO 的目标映像名称注册表项下插入一个 Debugger 字符串值。该字符串为之前通过用户界面配置的调试器的完整路径。

```
Windows Registry Editor Version 5.00

[HKEY_LOCAL_MACHINE\SOFTWARE\Microsoft\Windows NT\CurrentVersion\Image File Execution Options
\notepad.exe]
"Debugger"="c:\\Program Files\\Debugging Tools for Windows (x86)\\windbg.exe"
```

上述配置成功后，每当启动运行一个新的 notepad.exe 实例，该新进程都会在 windbg.exe 调试器的直接控制下启动。这时候可以在进程的主要程序入口点（main）设置断点，实现对进程早期代码的调试。图 7-8 显示了对应下面调试器清单信息的调试会话。

```
C:\Windows\system32>notepad
...
0:000> vercommand
command line: '"c:\Program Files\Debugging Tools for Windows (x86)\windbg.exe" notepad'
0:000> .symfix
0:000> .reload
0:000> x notepad!*main*
006c1320 notepad!_imp____getmainargs = <no type information>
006c1405 notepad!WinMain = <no type information>
006c3689 notepad!WinMainCRTStartup = <no type information>
0:000> bp notepad!WinMain
0:000> g
(1fec.11cc): Break instruction exception - code 80000003 (first chance)
ntdll!LdrpRunInitializeRoutines+0x211:
7741d75a cc              int     3
0:000> g
Breakpoint 0 hit
notepad!WinMain:
...
0:000> q
```

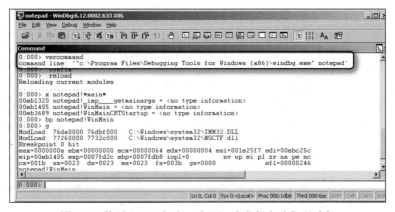

图 7-8　使用 IFEO 启动调试器调试进程启动代码路径

因为启动调试器配置将影响对应可执行程序的每一个新的实例，所以完成调试分析后不要忘记尽快恢复配置。例如可以通过 GFLAGS 工具针对目标映像通过不选中 Debugger 选项来完成恢复，如图 7-9 所示。

启动调试器是如何工作的

当给一个用户态可执行程序映像配置一个启动调试器后，启动一个新的目标进程实例之前，ntdll.dll 的加载代码会把注册表中的 IFEO 启动调试器的字符串值和启动进程最初的命令行连接在一起形成新的启动目标进程的命令行。然后，使用该新的命令行（之前示例新的命令行为"c:\Program Files\Debugging Tools for Windows (x86)\windbg.exe" notepad.exe）替换原来的命令行（之前示例原始命令行为：notepad.exe）启动新进程。该方案工作有以下两个重要的特点。

■ 使用该方法启动新的进程实例直接由用户态启动调试器启动。

■ 启动调试进程和原始进程运行在同一用户上下文中。因此，当目标以受限权限启动时，这也可能影响调试器中执行特权操作，例如访问远程网络共享符号文件等会受到影响。

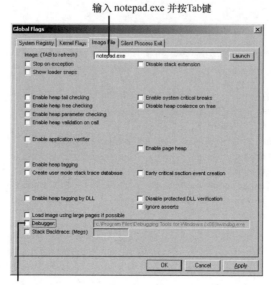

图 7-9 在 GFLAGS 中清除进程映像启动调试器配置

基于操作系统 IFEO 特性实现的启动调试器为通用技术，可以支持任何用户态调试器。因为所有的加载器都是通过连接注册表 Debugger 字符串键值和启动进程的原始命令行而形成新的进程启动命令行，所以基于该方法也可以设置 Visual Studio 为启动调试器。只要通过设置 Visual Studio 调试器对应的 devenv.exe 进程并使用/debugexe 命令行选项，就可以实现设置 Visual Studio 为启动调试器。注册表具体键值如下所示。

```
Windows Registry Editor Version 5.00

[HKEY_LOCAL_MACHINE\SOFTWARE\Microsoft\Windows NT\CurrentVersion\Image File Execution Options
\notepad.exe]
"Debugger"="\"c:\\Program Files\\Microsoft Visual Studio 10.0\\Common7\\IDE\\devenv.exe\"
-debugexe"
```

启动调试器想法的另一个有用扩展是将启动调试器和 WinDbg 调试器脚本相结合。例如下面给出的启动调试器配置就允许在调试器控制下启动一个新的 notepad.exe 进程实例，还可以在调试器实例启动时执行 StopAtMain.txt 脚本。该方法通过在脚本中保存调试分析经常需要输入的命令，节省了输入命令等操作，提高了调试效率。

```
Windows Registry Editor Version 5.00

[HKEY_LOCAL_MACHINE\SOFTWARE\Microsoft\Windows NT\CurrentVersion\Image File Execution Options
\notepad.exe]
"Debugger"="\"c:\\Program Files\\Debugging Tools for Windows (x86)\\windbg.exe\" -c
\"$$><C:\\book\\code\\chapter_07\\Scripts\\StopAtMain.txt\""
```

从上面给出的配置可以看出，通过使用 windbg.exe 的-c 命令行选项实现在启动调试器的同时

执行后面给出的脚本文件（见第 5 章）。该示例中的脚本主要包括简单设置包括微软公共符号服务器在内的符号搜索路径、重新加载符号并在 notepad.exe 的主入口点（main）设置断点等命令。

```
$$
$$ C:\book\code\chapter_07\Scripts>StopAtMain.txt
$$
.symfix
.reload
bp notepad!WinMain
g
k
```

通过上面的设置，每当一个新的 notepad.exe 进程启动时，启动调试器都会自动停在进程的 main 函数入口处，具体如图 7-10 所示。

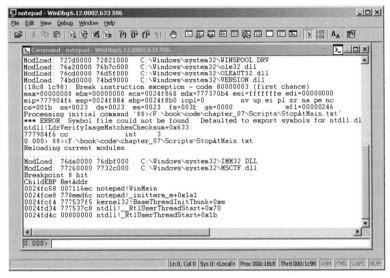

图 7-10　设置 IFEO 启动调试和脚本结合以提高调试效率

运行在会话 0 中的服务进程启动调试

在某些情况下，需要调试的进程会在非交互的系统会话（session 0，会话 0）中启动，例如运行在会话 0 中的 NT 服务控制管理器（services.exe）启动的 Windows 服务。因为操作系统加载器所启动的调试器和目标进程运行在同一级别的会话中，所以你可能永远看不到启动调试器新的实例，更不用说要与调试器交互了。但幸运的是，可以通过一定的调整来实现会话 0 中运行进程启动代码路径的调试。

和之前在注册表中通过编辑启动调试器的字符串实现使用 WinDbg 脚本辅助实施调试一样，这里同样可以在注册表中对启动调试器字符串进行修改，通过在启动调试器后添加-server 调试命令行选项使会话 0 中启动的 WinDbg 调试器开启一个远程服务并等待客户端连接。然后在当前用户会话中启动一个 WinDbg 实例，并使用-remote 调试命令行选项和远程（"隐形"）调试器进行交互。

要在实践中查看该技巧是如何工作的，这里以第 4 章中使用的一个崩溃的 Windows 服务为例，通过使用该技巧实现对运行在 session 0 中服务的进程启动代码路径的调试。在第 4 章中，该

Windows 服务存在一个内存访问冲突错误,当时通过设置 LocalDumps 键值在该服务崩溃时生成崩溃转储,并使用调试器进行事后调试。但是这里主要想实现对服务的现场实时调试,通过代码逐步执行调试命中到崩溃指令处,本节介绍的启动调试技巧可以做到这一点。

和第 4 章一样,该实验的第一步就是在本机注册服务。本机注册服务可以通过在驱动程序开发工具包(DDK)的程序构建(build)窗口运行 setup.bat 批处理文件实现,具体命令如下所示。请注意,和第 4 章实验执行命令要求一样,需要在提升到管理员权限的命令提示符下运行 DDK 程序构建(build)窗口。

```
C:\book\code\chapter_04\ServiceCrash>build -cCZ
C:\book\code\chapter_04\ServiceCrash>setup.bat
```

现在,可以通过使用 GFLAGS 工具配置此服务映像的启动调试器,下面给出了配置成功后注册表对应的字符串值。

```
Windows Registry Editor Version 5.00

[HKEY_LOCAL_MACHINE\SOFTWARE\Microsoft\Windows NT\CurrentVersion\Image File Execution Options
\ServiceWithCrash.exe]
"Debugger"="\"c:\\Program Files\\Debugging Tools for Windows (x86)\\windbg.exe\" -server
tcp:port=4445 -Q"
```

请注意,启动服务后,启动调试器会在会话 0 中启动。启动调试器运行目标服务进程并阻止服务继续执行。

```
net start ServiceWithCrash
```

然后可以在当前用户会话中启动 windbg.exe 实例。通过当前用户会话中可见的 windbg.exe 实例连接运行在会话 0 中的远程隐形的 windbg.exe 实例,并在 Windows 服务的主入口处设置断点,从而可以像往常一样调试服务进程。但是很快会有另一种问题出现,即调试过程中很快就会出现会话连接超时错误,具体错误消息如图 7-11 所示。

```
"C:\Program Files\Debugging Tools for Windows (x86)\windbg.exe" -remote tcp:port=4445
...
0:000> .symfix
0:000> .reload
0:000> x servicewithcrash!*main*
00fb2000 ServiceWithCrash!__native_dllmain_reason = 0xffffffff
00fb2058 ServiceWithCrash!mainret = 0n0
00fb1399 ServiceWithCrash!CMainApp::MainHR (void)
00fb13ec ServiceWithCrash!wmain (void)
...
0:000> bp ServiceWithCrash!wmain
0:000> g
(1dfc.1ef8): Break instruction exception - code 80000003 (first chance)
ntdll!LdrpRunInitializeRoutines+0x211:
7741d75a cc              int     3
0:000> g
Breakpoint 0 hit
ServiceWithCrash!wmain:
```

7.1 基本技巧 193

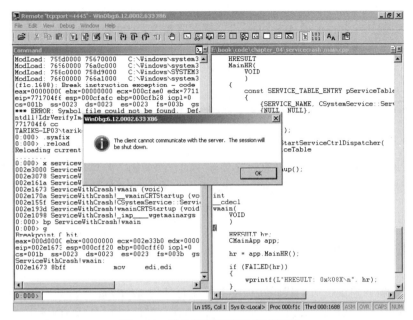

图 7-11 服务控制管理器握手超时

发生超时问题的原因如下：NT 服务控制管理器（Service Control Manager，SCM）进程会在一个预设的合理时间内等待新启动服务报告"正在运行"的状态，该时间默认设置为 30 秒（否则 SCM 就假定这些服务已经崩溃或者存在一个代码错误，导致不能汇报自己的状态）。在上面的实验中，因为调试器使服务程序停止在其主入口处，这时候服务程序还没有运行到程序状态报告处，所以在进行调试实验时，SCM 由于在限定时间内没有接收到状态汇报而决定终止目标。可以通过修改注册表中的 ServicesPipeTimeout 值防止这种情况发生。把这个默认值修改为一个较大的超时值，这时候就不会出现之前干扰启动代码路径调试的错误信息了，例如在图 7-12 中，该超时值设置为 24 小时（86 400 000 毫秒）。请注意，完成修改后需要重新启动系统，从而使新修改的数值在 SCM 进程（services.exe）中有效。

[HKEY_LOCAL_MACHINE\SYSTEM\CurrentControlSet\Control]

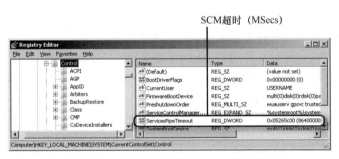

图 7-12 在注册表中修改 SCM 超时数值

系统重新启动之后使新的超时值生效，这时候就可以对服务的启动代码路径进行现场实时调试、设置断点、单步执行代码直到崩溃调用处。这里还需要注意的是，当关闭本地当前用户会话调试实例时，服务进程（在会话 0 中启动调试器实例）仍然处于活动状态（除非使用 qq 命令同时关闭本地和远程调试实例）。因此如果想再次成功启动服务并重新进行实验，需要强制杀死任何孤立的服务进程实例（或者相关的 WinDbg 启动调试器实例）。如果不结束孤立的服务进程，SCM 会拒绝启动该服务新的实例，具体如下所示。

```
net start ServiceWithCrash
The service is starting or stopping. Please try again later.
"C:\Program Files\Debugging Tools for Windows (x86)\kill.exe" -f windbg*
process windbg.exe (5892) - '' killed
net start ServiceWithCrash
```

超时问题是在调试启动代码路径有时需要解决的一个问题，尤其是在涉及活动进程和新的子进程之间存在进程间握手的调试实验时。幸运的是，这些超时通常是可配置的，就像本节给出的 NT SCM 例子一样。

7.1.4　调试子进程

另一种调试新创建进程启动代码路径的方法就是使用 WinDbg 支持的本地子进程调试。该方法和之前当一个新的 DLL 模块加载到目标进程地址空间时中断到 WinDbg 中类似。但这个方法可以实现每当目标进程创建一个新的子进程时就会中断到调试器中（或者中断目标进程某一个子进程）。

这时候你可能会问，既然可以通过使用基于 IFEO 钩子的启动调试器调试任何用户态进程启动代码路径（而不仅仅是直接的子进程），那么为什么需要使用子进程调试？答案是这样的，启动调试器技术并不是针对所有情况都有效，因为它打破了进程创建者和需要调试的目标进程之间的父/子关系，这点将在本节后续内容中介绍。此外，子进程调试可以很容易实施而不需要修改受系统保护的本地注册表信息。

最后，子进程调试不仅可以用于启动代码调试，还可以用在测试场景中发现新的子进程创建事件。这是启动调试器所不能实现的，因为启动调试器在注册表中添加 IFEO 钩子时需要知道目标进程映像的名称。本节下面给出的例子将会展示子进程调试这种独特的功能。

子进程调试实践

可以在用户态 WinDbg 调试会话中使用以下两种方式之一来启动目标进程子进程调试。

- 使用 WinDbg -o 命令行选项启用目标进程子进程调试。
- 在附加一个现有进程后，使用 .childdbg 1 命令启用子进程调试。

要了解实际中这是如何工作的，现在可以尝试一个有趣的实验。通过在 Visual Studio 集成开发环境（Integrated Development Environment，IDE）中编译 C++工程时进行子进程调试，可以查看编译过程中由 Visual Studio 启动的所有子进程。要做到这一点，可以打开一个现有的 Visual Studio 2010 项目，例如之前在介绍 Visual Studio 加载 DLL 时中断的 C++工程代码。在 Visual Studio IDE 启动后，使用 WinDbg 附加 Visual Studio 的进程实例（devenv.exe），具体如图 7-13 所示。

```
C:\book\code\chapter_07\BreakOnDllLoadVs>BreakOnDllLoad.sln
```

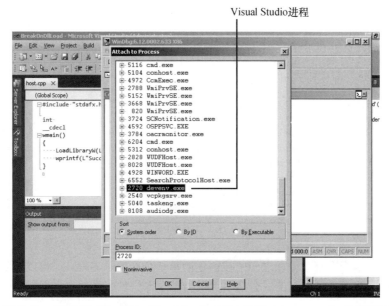

图 7-13 使用 WinDbg 附加 Visual Studio 2010 进程（devenv.exe）进行调试

在 windbg.exe 启动的用户态调试会话中（以 Visual Studio 作为调试目标），通过如下命令启动子进程调试。

```
0:031> .childdbg 1
Processes created by the current process will be debugged
0:031> g
```

现在每当目标（devenv.exe）创建任何子进程时都会中断到调试器中。因为子进程调试继承了所有新的子进程属性，所以当第一级子进程创建新的子进程时也会中断到调试器中。要实际查看该现象，执行构建（rebuild）Visual Studio 项目操作，查看当 Visual Studio 执行构建任务并创建 MSBuild.exe 子进程时中断到调试器时的信息。

```
1:034> $ Display all process contexts in the current debugging session
1:034> |
   0   id: 154c    attach    name: C:\Program Files\Microsoft Visual Studio 10.0\Common7\IDE\
devenv.exe
.  1   id: 177c    child     name: MSBuild.exe
```

请注意上面给出的调试器命令提示符以 1 开头，表明调试器当前进程上下文是#1 进程（MSBuild.exe），而主要的 devenv.exe 进程则在调试器另一个调试会话中（进程号为 0）。和往常一样，冒号后面的 3 个数字表示线程号。在子进程调试的情况下，|调试命令用来列出用户态调试会话中可用的进程上下文，该命令类似于~调试命令，但是~用于列出线程上下文。和~调试命令一样，可以在调试器中使用|和 s 后缀更改调试进程上下文。例如，|0s 命令切换进程上下文返回到 devenv.exe，从而在这里输入的命令调试器只应用于该进程。例如，下面命令给出了 devenv.exe 线程的调用栈信息。

```
1:034> |0s
1:034> .symfix
1:034> .reload
```

```
0:001> ~*k
   0  Id: 154c.1264 Suspend: 1 Teb: 7ffde000 Unfrozen
ChildEBP RetAddr
002ff8cc 76eabd1e ntdll!KiFastSystemCallRet
002ff914 772062f9 kernel32!WaitForMultipleObjectsEx+0x8e
002ff968 5caddc17 USER32!RealMsgWaitForMultipleObjectsEx+0x13c
002ff9b8 5cae30cb msenv!CMsoCMHandler::EnvironmentMsgLoop+0x139
002ff9f8 5cae2ffc msenv!CMsoCMHandler::FPushMessageLoop+0x156
002ffa1c 5cae2f5d msenv!SCM::FPushMessageLoop+0xab
002ffa38 5cae2f2a msenv!SCM_MsoCompMgr::FPushMessageLoop+0x2a
002ffa58 5cae2e6c msenv!CMsoComponent::PushMsgLoop+0x28
002ffaf0 5c9fdb92 msenv!VStudioMainLogged+0x553
002ffb1c 2fc67435 msenv!VStudioMain+0xbc
002ffb54 2fc70445 devenv!util_CallVsMain+0xfd
002ffe40 2fc7167c devenv!CDevEnvAppId::Run+0x938
002ffe74 2fc716ec devenv!WinMain+0x9c
...
```

继续实验，可以查看整个编译过程中被创建的每一个新的子进程。还可以在当前进程上下文中使用扩展命令!peb查看子进程调试会话中进程的命令行信息。具体信息如下所示。

```
0:001> $ Switch back to process #1 (MSBuild.exe)...
0:001> |1s
1:034> .symfix
1:034> .reload
1:034> !peb
PEB at 7ffdf000
    InheritedAddressSpace:    No
    ReadImageFileExecOptions: No
    BeingDebugged:            Yes
...
    CommandLine:  'C:\Windows\Microsoft.NET\Framework\v4.0.30319\MSBuild.exe /nologo /nodemode:1 /nr'
1:034> $ More child processes...
1:034> g
(15ec.1540): Break instruction exception - code 80000003 (first chance)
...
2:003> g
3:045> g
4:062> g
5:065> |
   0  id: 154c attach  name: C:\Program Files\Microsoft Visual Studio 10.0\Common7\IDE\devenv.exe
   1  id: 177c  child   name: MSBuild.exe
   2  id: 15ec  child   name: MSBuild.exe
   3  id: 12c0  child   name: MSBuild.exe
   4  id: 950   child   name: Tracker.exe
   5  id: 6fc   child   name: cl.exe
...
5:065> $ Terminate the debugging session without terminating the target...
5:065> qd
```

子进程调试是如何工作的

操作系统通过允许多个进程共享调试端口对象以支持子进程调试。用户态调试器可以附加该共享调试端口对象，然后开始接收所有进程的共享端口事件。操作系统代表这些进程产生的每个调试事件还包含原始进程的标识，允许调试器的子进程调试可以在同一个调试会话中处理所有的事件。可以通过查看_DEBUG_EVENT 数据结构的定义来确认这一点。

```
//
// C:\DDK\7600.16385.1\inc\api>winbase.h
//
typedef struct _DEBUG_EVENT {
    DWORD dwDebugEventCode;
    DWORD dwProcessId;
    DWORD dwThreadId;
    union {
        EXCEPTION_DEBUG_INFO Exception;
        CREATE_THREAD_DEBUG_INFO CreateThread;
        CREATE_PROCESS_DEBUG_INFO CreateProcessInfo;
        EXIT_THREAD_DEBUG_INFO ExitThread;
        EXIT_PROCESS_DEBUG_INFO ExitProcess;
        LOAD_DLL_DEBUG_INFO LoadDll;
        UNLOAD_DLL_DEBUG_INFO UnloadDll;
        OUTPUT_DEBUG_STRING_INFO DebugString;
        RIP_INFO RipInfo;
    } u;
} DEBUG_EVENT, *LPDEBUG_EVENT;
```

操作系统允许父进程通过设置 nt!_EPROCESS 执行对象结构的一个位（NoDebugInherit）的值，实现和子进程共享调试端口。可以通过使用 dt（"dump type"）命令查看该结构。

```
lkd> dt nt!_EPROCESS
...
    +0x270 Flags            : Uint4B
    +0x270 CreateReported   : Pos 0, 1 Bit
    +0x270 NoDebugInherit   : Pos 1, 1 Bit
    +0x270 ProcessExiting   : Pos 2, 1 Bit
    +0x270 ProcessDelete    : Pos 3, 1 Bit
...
```

该位在 Win32 API 层可以在调用 kernel32!CreateProcessW 创建进程时通过设置 DEBUG_PROCESS 标志实现，这是 windbg.exe 的-o 命令行选项实现子进程调试的工作原理，具体就是当调试器使用命令行创建目标时，通过使用 DEBUG_PROCESS 代替 DEBUG_ONLY_THIS_PROCESS 改变调试器的默认行为。还可以在目标启动后，通过清除 NoDebugInherit 的值在运行时使调试端口继承，这是.childdbg 调试命令的内部实现原理。

子进程调试需要作为调试器的一部分来工作。Visual Studio（2010 及其以前版本）只支持单一的进程处理调试事件，因此不支持子进程调试。在某种程度上，这可以归结为一个事实，即 Visual Studio 通过一定的优化只适用于调试"只是你的代码"，从而确保调试界面保持简单。相比之下，WinDbg 把支持子进程调试作为一个本地概念，实现了主要的调试器循环和用户界面，从而可以同时处理多个进程的调试事件。

子进程调试作为启动调试器的替代方案

子进程调试同样可以用于进程启动代码路径的调试，前提是已经知道目标子进程的父进程。子进程调试只针对进程真实的子进程有效。例如，如果程序调用一个进程外服务器（out-of-process server）可执行 COM 对象，在客户端程序中使用子进程调试将无法捕获新的服务进程创建事件。这是因为 COM 服务器可执行文件最终由 COM 服务控制管理器（RpcSs/DComLaunch 服务）创建，而不是由客户端程序创建。

在进程外服务器 COM 激活的例子中，当然可以使用用户态调试器附加 DComLaunch 服务宿主进程实例，并针对该宿主进程启用子进程调试。所以每当 COM 服务控制管理器创建一个新的 COM 服务可执行文件时都会触发子进程调试中断。但是有一个问题必须处理，采用该方法附加一个用户态调试器到系统进程可能会引入人工死锁。例如以 Windows 服务为例，你可能使用 WinDbg 附加 NT SCM 进程（services.exe），并使用子进程调试代替之前使用的基于 IFEO 钩子的启动调试器对一个待测试服务的启动代码路径进行调试。当使用相同调试端口调试其子服务进程时会不经意间暂停 NT SCM 进程。但是一些调试命令（如从网络下载符号）可能会回调到 NT SCM 进程从而导致调试器挂起，这时候由于 services.exe 已经被用户态调试器冻结而不会响应任何请求。

虽然启动调试器方法在调试处理系统进程子进程时避免了前面的问题，但是它也存在一个严重的缺点，该缺点就是操作系统加载器会用启动调试的命令行替换目标进程启动最初的命令行。该技术的副作用就是由于启动调试器变成子进程的父进程破坏了原有的进程父/子关系，改变了进程的层次结构。这种问题在一些情况下可能会中断应用程序正常运行。尽管这些场景很罕见，但是它们的确实际存在。下一节将详细介绍一个这样的例子，该例子涉及 MSI（Microsoft Windows 安装程序）自定义安装操作。

表 7-1 简明扼要地给出了子进程调试和基于 IFEO 钩子启动调试器的优缺点。

表 7-1　　　　　　　　　　　　　　启动调试技术

技术	优点	缺点
IFEO 钩子启动调试器	■ 可扩展的方案，对 WinDbg 和 Visual Studio 调试器都有效 ■ 可以结合 WinDbg 脚本使用，有效提高调试迭代效率	■ 需要修改注册表并且影响目标映像名称所有的进程实例 ■ 需要管理员权限修改本地 IFEO 注册表 ■ 调试器的安全上下文由目标决定 ■ 打破了原有进程父/子层次结构，因为在进程创建者和目标进程插入了调试进程
子进程调试	■ 在 WinDbg 中容易开启 ■ 工作时不需要对系统进行修改，而且它的影响仅限于当前调试会话 ■ 可以在普通用户机器上执行 ■ 在附加父进程之前可以控制调试器安全上下文	■ 只适用于真正的子进程 ■ 针对系统关键服务进程使用时可导致挂起 ■ 不支持 Visual Studio 调试器

MSI 自定义操作实例分析

为了说明维护进程之间的父/子关系有时可能会很重要这个事实，现在给出一个真实的案例，该案例涉及 MSI 自定义操作（custom action）。尽管你从来没有打算编写 MSI 安装包，但是会发现这部分可作为一个实际例证，用来说明到目前为止本章的相关主题。

MSI 程序安装技术支持插件模式，允许用户编写自定义操作 DLL 而不限于本地 MSI 任务本身。这些自定义操作通过系统提供的 msiexec.exe 宿主进程加载，因此在这种情况下可以执行进程启动调试并调试自定义操作代码。msiexec.exe 工作进程由名为 MsiServer 的系统服务启动（该服务和 msiexec.exe 使用同一个二进制可执行文件），该服务在 LocalSystem 安全上下文中运行。

当在 Windows 资源管理器用户界面双击 MSI 安装程序时（图中的步骤1），自定义操作代码执行序列如图 7-14 所示。要调试自定义操作代码，需要在 MsiServer 服务创建新的 msiexec.exe 进程实例时（图中的步骤②）对其单步调试分析。

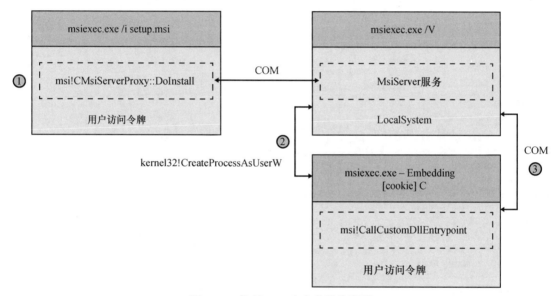

图 7-14　执行 MSI 自定义操作流程

在本节的实验中可以使用本书配套源代码中的 MSI 源代码示例，该例子实现了一个相当简单的自定义操作并使用 Windows Installer XML（WIX）声明语言编写。虽然这个实验没有要求，但是一般你会重新构建工程生成新的 MSI 文件，而不是使用配套源代码中现有的 MSI 安装程序。如果你想重新构建该工程，这里需要下载 WIX 工具，然后使用本书配套源代码提供的 compile.bat 批处理文件重新生成新的 MSI 安装包。

```
C:\book\code\chapter_07\MsiCustomAction\Setup>compile.bat
```

执行 MSI 程序安装并接受最终用户许可协议（End-user License Agreement，EULA），安装程序在执行自定义操作之前会显示图 7-15 所示的确认对话框，通过对话框（为方便起见）可以进行前进和停止等操作。在单击 Finish 按钮完成设置时，请务必在对话框底部选中启动自定义操作选项。

```
C:\book\code\chapter_07\MsiCustomAction\Setup>setup.msi
```

图 7-15　MSI 自定义操作例子

请注意，在单击 Finish 按钮完成设置后，MSI 自定义操作运行的结果就是生成一个空的文件，如果成功创建该空文件，那么说明自定义操作执行成功。自定义操作的代码如下。

```cpp
//
// C:\book\code\chapter_07\MsiCustomAction\CustomActionDll>main.cpp
//
extern "C"
UINT
WINAPI
TestCustomAction(
    __in MSIHANDLE hInstall
    )
{
    ...
    shFile.Attach(CreateFile(
        L"c:\\temp\\abc.txt",
        GENERIC_WRITE,
        FILE_SHARE_READ,
        NULL,
        CREATE_ALWAYS,
        0,
        NULL
        ));
    ...
}
```

就像 MSI 安装程序第一次安装一样，再次运行 setup.msi 重复以前的安装过程，选中删除选项卸载之前成功安装的应用程序。这样确保当下一次执行 setup.msi 时会和第一次实验走相同的程序安装流程。

正如前面所提到的那样，基于 IFEO 钩子的启动调试器在该场景中会出现异常，要实际看到该现象，可按照以下步骤进行操作。

1. 运行 setup.msi 直到出现图 7-15 所示的对话框。

2. 通过使用 GFLAGS 工具编辑 IFEO 调试器注册表值，添加 windbg.exe 为 msiexec.exe 启动调试器。

```
Windows Registry Editor Version 5.00

[HKEY_LOCAL_MACHINE\SOFTWARE\Microsoft\Windows NT\CurrentVersion\Image File Execution
```

```
Options\msiexec.exe]
"Debugger"="C:\\Program Files\\Debugging Tools for Windows (x86)\\windbg.exe"
```

3. 单击 Finish 按钮完成 MSI 安装程序并执行自定义操作。

不幸的是，该安装过程不再有效，而是出现图 7-16 所示的错误消息。

图 7-16　当存在 msiexec.exe 启动调试器时 MSI 自定义操作错误

出现以上错误是因为 MsiServer 在创建新的 msiexec.exe 进程时会存储该进程的 ID，并允许该新的进程实例回调以完成注册。但是只有在 msiexec.exe 进程 ID 和 MsiServer 服务存储的进程 ID 相匹配时才能注册成功。当插入一个启动调试器对其进程调试时，当 MsiServer 创建新进程时其保存的进程 ID 是调试器的进程 ID 而不是工作的子进程 ID，这会导致错误产生。此外，该私有进程间通信握手协议理想状态的设计思路仍然允许启动调试技术起作用。解决类似情况一个常见的设计模式是在创建子进程时传输的数据作为命令行的一部分，该技术恰恰是 Windows 错误报告（WER）允许实时调试器和抛出未处理异常的最初错误交互所实现的方法。

幸运的是，在此情况下子进程调试作为 IFEO 启动调试器的替代方案可以很好地工作。使用用户态调试器附加 MsiServer 进程，启动子进程调试。这样当启动新的 msiexec.exe 进程执行自定义操作之前就会中断到调试器中。可以使用 tlist.exe 工具的-s 选项查看 MsiServer 服务的进程 ID，具体如下所示。

```
"C:\Program Files\Debugging Tools for Windows (x86)\tlist.exe" -s
6468 msiexec.exe       Svcs:  msiserver
...
```

使用通过 tlist.exe 获得的进程 ID，在 windbg.exe 中附加服务进程并使用.childdbg 命令启动子进程调试，具体如下所示。这时要确保在提升到管理员权限的命令提示符下执行 WinDbg 调试器，从而使 WinDbg 有权限附加到 LocalSystem 服务。

```
"C:\Program Files\Debugging Tools for Windows (x86)\windbg.exe" -p 6468
0:006> .symfix
0:006> .reload
0:006> !peb
...
    CommandLine:  'C:\Windows\system32\msiexec.exe /V'
0:006> .childdbg 1
Processes created by the current process will be debugged
0:006> g
```

当单击图 7-15 所示的对话框中的 Finish 按钮后，服务创建用来加载执行自定义操作代码 DLL 的 msiexec.exe 进程实例时，会立即中断到调试器中，具体如下所示。

```
(1bf8.1410): Break instruction exception - code 80000003 (first chance)
1:008> |
   0  id: 1944    attach   name: C:\Windows\system32\msiexec.exe
.  1  id: 1bf8    child    name: msiexec.exe
1:008> !peb
...
    CommandLine: 'C:\Windows\system32\MsiExec.exe -Embedding 5EA589DCD1565F851BE1C031295
9399FC'
```

现在，可以在调试器内使用 sxe ld 命令，从而在自定义操作 DLL 被加载到进程地址空间时可以中断到调试器中。需要注意的是，MSI 自定义操作 DLL 没有和应用文件安装在一起。取而代之的是，MSI 安装程序会提取它到临时目录中并赋予它一个不同的名称。然而 MSI 框架一般会给该类文件赋予一个*.tmp 扩展名。因此在使用 sxe ld 命令时不需要知道自定义操作文件的确切名称，只需要使用 sxe ld 命令的*.tmp 匹配模式即可。一旦成功加载自定义操作 DLL 的符号，你就可以在程序入口点设置断点，具体如下所示。

```
1:008> sxe ld *.tmp
1:008> g
ModLoad: 74b20000 74b25000   C:\Users\tariks\AppData\Local\Temp\MSI9953.tmp
1:014> .sympath+ C:\book\code\chapter_07\MsiCustomAction\CustomActionDll\objfre_win7_x86\i386
1:014> .srcpath+ C:\book\code
1:014> .reload
1:014> k
ChildEBP RetAddr
...
0268f4cc 752e1e23 KERNELBASE!LoadLibraryExW+0x178
0268f4e0 73da9c85 kernel32!LoadLibraryW+0x11
0268f818 752e3677 msi!CMsiCustomAction::CustomActionThread+0x84
...
1:014> $ Go to the return address from LoadLibrary so the DLL is fully loaded
1:014> g 73da9c85
msi!CMsiCustomAction::CustomActionThread+0x84:
1:014> x MSI9953!*customaction*
74b21503           MSI9953!TestCustomAction (unsigned long)
1:014> bp MSI9953!TestCustomAction
1:014> g
Breakpoint 0 hit
1:014> k
ChildEBP RetAddr
0268f4b8 73deb67c MSI9953!TestCustomAction [c:\book\code\chapter_07\msicustomaction\
customactiondll\main.cpp @ 15]
0268f4d4 73da9e31 msi!CallCustomDllEntrypoint+0x25
0268f818 752e3677 msi!CMsiCustomAction::CustomActionThread+0x230
...
```

现在调试器停在自定义操作函数的开始位置，下面可以使用调试器对自定义操作对应指令进行逐行单步调试。

> **使用 MsiBreak 环境变量调试 MSI 自定义操作**
>
> Windows 对 MSI 代码还提供了另一种定制的钩子，使开发人员更容易调试自定义操作。然而这个钩子是完全针对 MSI 的而不是一种可扩展的策略。如果你已经知道 MSI 自定义操作的名称，你会发现它很方便。
>
> ```
> C:\book\code\chapter_07\MsiCustomAction\Setup>set MsiBreak=WriteTmpFile
> C:\book\code\chapter_07\MsiCustomAction\Setup>setup.msi
> ```
>
> 这时候你会看到一个命令提示符给出 MSI 自定义操作宿主进程的 ID，并且允许你附加到该进程（在加载定义操作 DLL 之后），从而可以和之前一样用调试器对其指令进行逐行单步调试，而不是通过使用子进程调试实现。
>
> 许多安装包开发人员使用的另一种方法是在自定义操作程序入口处插入一个调试中断，当运行到断点处时可以使用实时调试器对其调试。还可以在自定义操作代码之前插入一个本节之前介绍的"附加"等待死循环。这两种方法都需要重新生成 MSI 二进制可执行程序。然而该方法不像本节使用的子进程调试那样几乎不需要自定操作的任何先验知识，这里提供的替代方法只在有源代码的情况下才能实现。

7.2 更多有用的技巧

本节主要包含几个比较重要的用户态调试技巧，在进行用户态调试分析时会发现这些技巧比较有用。

7.2.1 调试错误代码故障

你可能会遇到以下情况，当启用了一个新的配置或者改变运行环境后（如推出一个新的更新），一个大的应用程序会运行失败。并且程序往往给出如 ERROR_ACCESS_DENIED 或 ERROR_FILE_NOT_FOUND 等不提供具体信息的低级别错误代码。本节将提供一些有用的调试调查分析技术，可以帮助你在这些情况下更有效地进行调试，特别是在审核程序源代码或者进行一个乏味和缺乏吸引力的单步逐行代码调试时。

调试 Win32 API 故障

低级的错误代码通常是通过 Win32 API 层由系统调用返回。找出导致给定错误代码的内部 Win32 函数的一个有效方法就是使用系统 ntdll.dll 模块中一个鲜为人知的调试钩子。该技巧依赖于 ntdll!g_dwLastErrorToBreakOn 内部全局变量。只要在调试器中设置该全局变量的值为错误代码的值，当 ntdll.dll 函数错误代码和设置的全局变量一样，就会立即中断到调试器中。

> **警告**：ntdll!g_dwLastErrorToBreakOn 钩子是未文档化的（undocumented），很可能在微软将来版本的 Windows 系统中删除。但是现在没有理由不利用它实现调试目的。

为了说明如何应用这一有用的技术，现在将介绍如何使用该技巧发现由于删除系统文件而导致错误的程序调用。即使在提升到管理员权限的命令提示符下删除系统文件也会报错，如下所示。

```
C:\Windows\system32>del kernel32.dll
Access is denied.
```

要找到导致"access denied"错误的函数调用只需要附加一个调试器到 cmd.exe 进程，首先在内存中设置 g_dwLastErrorToBreakOn 全局变量的值为错误代码的值（通过使用 ed 调试命令编辑内存中该 DWORD 值），然后就可以很简单地看到调试器准确地停在错误发生处。该方法通过让调试器代表人工操作，节省了烦琐的单步代码执行操作。

```
0:003> .symfix
0:003> .reload
0:003> x ntdll!g_dwLastErrorToBreakOn
7793d748 ntdll!g_dwLastErrorToBreakOn = <no type information>
0:003> !error 5
Error code: (Win32) 0x5 (5) - Access is denied.
0:003> ed ntdll!g_dwLastErrorToBreakOn 5
0:003> g
```

完成上述命令执行后，只要在目标命令提示符窗口中运行删除系统文件命令，就会中断到调试器中，此时调用栈信息如下。从中可以看到该错误是由于调用 DeleteFile Win32 API 而返回的。

```
(13b0.c94): Break instruction exception - code 80000003 (first chance)
0:000> k
ChildEBP RetAddr
0013e858 75c46b65 ntdll!RtlSetLastWin32Error+0x1c
0013e868 75c4dc0d KERNELBASE!BaseSetLastNTError+0x18
0013e8d0 4abba7bd KERNELBASE!DeleteFileW+0x106
...
0013f9d0 4abc76f0 cmd!Dispatch+0x14b
0013fa14 4abb835e cmd!main+0x21a
...
```

利用第 2 章所介绍的方法，通过跟踪保存的 KernelBase!DeleteFileW 的调用帧的帧指针（frame pointer），还可以找到该 Win32 API 调用的第一个参数。通过 du（"转储 unicode 字符串"）命令显示内容可以看出，该参数就是之前使用 del 命令要删除的文件路径。

```
0:000> dd 0013e8d0
0013e8d0 0013ed14 4abba7bd 0013e8f8 002ba698
0:000> du 0013e8f8
0013e8f8 "c:\Windows\system32\kernel32.dll"
0:000> qd
```

现在可以看到错误代码是由 DeleteFile Win32 API 返回的，但是系统仍然没有给出"access denied"错误发生的原因。现在你已经确切地知道返回以上错误代码的具体操作，可以客观地假设系统文件的访问控制规则不允许管理员删除系统文件，这样做是为了防止关键的系统文件被意外删除。

需要注意的是，当使用该技术第一次中断到调试器中时，调试器给出的信息可能不是你要找的信息。特别是一些可以预料并由系统其他部分来处理的其他常见的错误代码（如 ERROR_INSUFFICIENT_BUFFER 错误代码）。此外，该技巧只适用于 Win32 API 响应错误代码并在返回之前设置最后一个错误的情况。这是因为返回代码也用于比较以查看一个调试中断是否由系统 ntdll!RtlSetLastWin32Error 发起，就像之前通过查看调用栈看到的那样。

幸运的是，大多数的 Win32 API 调用属于此类别，它们会使用 kernel32!SetLastError Win32 API 保存返回的错误代码到线程环境块（Thread Environment Block，TEB）中，在退出之前会调用上面提到的 ntdll.dll 函数。

使用 Process Monitor 工具观察低级别（Low-Level）资源访问错误

用于调试一些疑似由于安全访问检查或者其他在访问系统资源（如文件和注册表）时产生的低级别错误的另一种方法是使用微软系列工具套件中的进程监视（Process Monitor）工具。

进程监视工具会记录系统中每个资源（I/O）访问事件并通过一个很好的终端用户界面显示每个操作返回的成功或者失败的错误代码。运行该工具，重复之前的错误操作场景，可以按 Ctrl + F 组合键搜索该工具用户界面输出的信息，查看目标访问资源错误信息。

例如，图 7-17 显示了尝试从高权限管理员命令提示符下删除系统文件实验的结果，只是这次在执行命令时使用进程监视工具记录系统的 I/O 操作。请注意，通过从工具的输出信息中搜索字符串"denied"而得到的所有返回"access denied"的操作中实际上包括 DeleteFile API 的调用。

```
C:\pstools>ProcMon.exe
C:\pstools>del c:\Windows\system32\kernel32.dll
Access is denied.
```

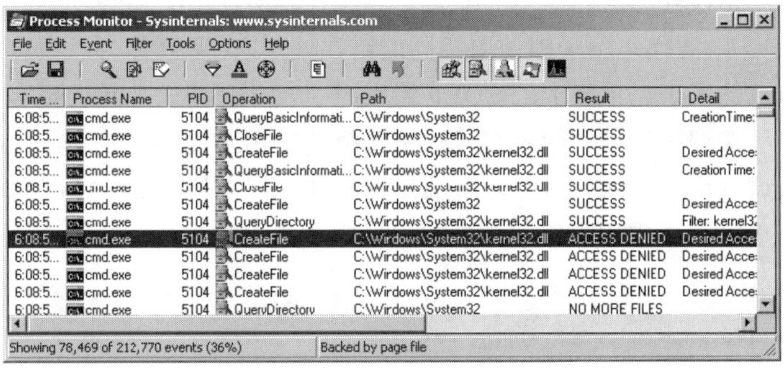

图 7-17　使用进程监视工具跟踪"access denied"错误

通过双击感兴趣的信息行，你还可以获取函数调用失败的栈跟踪信息。假设可以通过互联网访问微软公共符号服务器，进程监视器在匹配系统二进制文件符号时会自动联网查找。图 7-18 给出了在 cmd.exe 进程上下文中试图删除系统文件失败时的栈跟踪信息。

和 ntdll.dll 钩子不同，Process Monitor 的方法不适用于所有的 Win32 函数。更具体地讲，任何不会导致过渡到内核态的资源尝试访问 Win32 API 都不在 Process Monitor 的监控范围之内。例如由用户态下完全实现的 Win32 API 导致的任何错误，如 advapi32!CryptEncrypt API。这是因为 Process Monitor 通过解压并安装一个临时的设备驱动程序过滤实现 I/O 访问的记录，因此它只记录和内核态有交互的错误。此外，无论是 ntdll!g_dwLastErrorToBreakOn 调试钩子还是 Process Monitor 都不适用于高级别的错误，因为跟踪此类故障需要额外的信息。下一节将展示一些允许跟踪高级别错误的技巧。

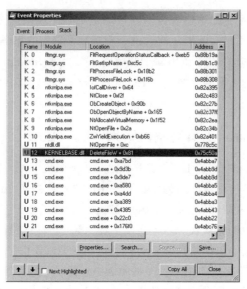

图 7-18 在进程监视工具中显示的资源访问调用栈信息

调试高级别（High-Level）错误代码故障

虽然 ntdll.dll 钩子可以实现 Win32 API 级别的错误代码跟踪，但是它不能用于帮助调试你自己开发应用程序的错误代码。可以扩展之前介绍的 ntdll.dll 钩子到自己的代码，只要代码中的所有函数都使用常见的错误处理宏，如本书配套 C++源代码所使用的那些。

因为本书所有 C++源代码例子都使用相同的错误处理宏，所以你可以很容易地修改这些宏定义，并插入一个调试钩子来在报告 HRESULT 错误时引发一个调试中断。事实上，这些源代码也默认启用了该轻量级的调试钩子。如果在代码中选择使用相同的错误处理方案，你会发现这个钩子在开发环境中对调试代码特别有帮助，就像使用 ntdll.dll 调试 Win32 API 错误一样。

下面给出了配套源代码中用于错误处理的一行宏定义。

```
//
// C:\book\code\common\corelib>chkmacros.h
//
#define ___ChkMacroEndDefault___() \
    ; \
        CBreakOnFailure::CheckToBreakOnFailure(__hr); goto Exit; \
```

这个 CheckToBreakOnFailure 函数（具体实现如下）会查看之前定义的全局变量并在需要的时候发出一个调试中断请求。注意，函数没有声明为内联函数，因此它对所得到的二进制代码的影响减至最小。

```
//
// C:\book\code\common\corelib>coredefs.h
//
class CBreakOnFailure
{
public:
    DECLSPEC_NOINLINE
    static
    VOID
```

```
    CheckToBreakOnFailure(
        __in_opt HRESULT hResult
        )
    {
        if (g_hResultToBreakOn != S_OK && FAILED(hResult))
        {
            //
            // -1 (0xFFFFFFFF) is a special code to cause a debugger
            // break-in for any error failure
            //
            if (g_hResultToBreakOn == hResult ||
                g_hResultToBreakOn == static_cast<HRESULT>(-1))
            {
                __debugbreak();
            }
        }
    }
private:
    static HRESULT g_hResultToBreakOn;
};
```

有了这个定制的钩子,你可以在调试器中通过简单修改全局变量 g_ hResultToBreakOn 的值为 0xFFFFFFFF (-1)实现在错误处中断。这是非常方便的,因为它可以在所开发的代码中快速定位导致错误的代码路径,但是你也应该记住一点:错误有时候会被捕获并可以预期和处理。

和 ntdll.dll 钩子一样,你可以缩小搜索范围并在指定的错误代码发生时中断,如当代码引发一个"access denied"错误时中断。现在你可以使用该钩子来确定下面代码中的 C++程序返回 E_ACCESSDENIED 错误的原因。

```
C:\book\code\chapter_07\BreakOnFailure>objfre_win7_x86\i386\breakonfailure.exe
HRESULT: 0x80070005
```

通过简单地设置全局变量的值为 E_ACCESSDENIED(0X80070005),然后让目标运行(使用调试命令 g)。这时候当发生上面设置的"access denied"错误时会立即中断到调试器中,而不需要手动单步调试代码。

```
0:000> vercommand
command line: '"c:\Program Files\Debugging Tools for Windows (x86)\windbg.exe"
c:\book\code\chapter_07\BreakOnFailure\objfre_win7_x86\i386\breakonfailure.exe'
0:000> .symfix
0:000> .reload
0:000> bp breakonfailure!wmain
0:000> g
Breakpoint 0 hit
breakonfailure!wmain:
0:000> x breakonfailure!*tobreak*
0043201c breakonfailure!CBreakOnFailure::g_hResultToBreakOn = 0x00000000
004311c5 breakonfailure!CBreakOnFailure::CheckToBreakOnFailure (HRESULT)
0:000> ed 0043201c 0x80070005
0:000> g
(51c.124c): Break instruction exception - code 80000003 (first chance)
...
0:000> $ The frame in bold below is where E_ACCESSDENIED was raised
0:000> k
```

```
ChildEBP RetAddr
000af7c0 004311fb breakonfailure!CBreakOnFailure::CheckToBreakOnFailure+0x1e
[c:\book\code\common\corelib\coredefs.h @ 103]
000af7cc 00431218 breakonfailure!CBreakOnFailureApp::MainHR+0xe
[c:\book\code\chapter_07\breakonfailure\main.cpp @ 11]
000af7d8 004313a3 breakonfailure!wmain+0xe
[c:\book\code\chapter_07\breakonfailure\main.cpp @ 36]
...
0:000> q
```

需要注意的是，如果一个错误是由使用 Chk*宏 的 DLL 引起的，而不是由主要可执行模块引起的，你需要编辑相应 DLL 的 g_hResultToBreakOn 全局变量。这是因为每个模块都有其单独的 g_hResultToBreakOn 全局变量。

使用模式匹配（Brute-Force）的方法跟踪错误代码

在软件工程中往往存在以下情况：简单的想法有时会产生出很好和令人满意的结果。在寻找程序中一个错误发生的原因时，一个最不成熟的想法就是保持步入函数调用直到一个函数返回错误代码。这种方法不需要任何跟踪支持，无论是明确的或以用户名义通过操作系统实现的。

幸运的是，调试器可通过.for 循环命令重复自动步入函数调用（采用 t 调试命令）。由于函数调用的返回值通常存储在一个已知的寄存器中（例如 x86 平台的 eax 寄存器），可以使用以下脚本所示的循环来完成手头上的任务。请注意，在脚本中 r? 用来定义相同类型和尺寸的伪寄存器，从而可以在.for 循环中对寄存器的值进行比较。还可以简单地修改脚本使其适用于 x64 平台，在 x64 平台中，rax 寄存器通常用来存放函数调用的返回值。

```
$$
$$ C:\book\code\chapter_07\Scripts\FindError_x86.txt
$$
.if (${/d:$arg1})
{
    r? $t1 = ((DWORD*) @eax);
    r $t2 = $arg1;
    r? $t2 = ((DWORD*) @$t2);
    .for (; @$t1 != @$t2; r $t1=@eax)
    {
        t; r @eax;
    }
}
.else
{
    .echo An error value is required with this script
    .echo For example: $$>a< FindError_x86.txt 0x80070005
}
```

现在可以应用此脚本再次寻找 C++示例代码中导致 E_ACCESSDENIED 错误的函数调用点。该 C++示例在本节之前使用过，主要用来说明通过 Chk*宏 的自定义调试钩子发现产生特定错误的函数调用。

```
0:000> vercommand
command line: '"c:\Program Files\Debugging Tools for Windows (x86)\windbg.exe" C:\book\code\chapter_07\BreakOnFailure\objfre_win7_x86\i386\breakonfailure.exe'
0:000> bp breakonfailure!wmain
```

```
0:000> g
Breakpoint 0 hit
breakonfailure!wmain:
0:000> $ Keep stepping into (t) code till E_ACCESSDENIED is returned
0:000> $$>a< C:\book\code\chapter_07\scripts\FindError_x86.txt 0x80070005
eax=000b0000
eax=000b0000
...
eax=00000000
eax=80070005
0:000> k
ChildEBP RetAddr
0018fe3c 002e1218 breakonfailure!CBreakOnFailureApp::MainHR+0x17
0018fe48 002e13a3 breakonfailure!wmain+0xe
...
0:000> q
```

在这个特殊的例子中，该技巧效果较好。但是通过指令单步执行会导致程序运行减慢，尤其是当目标进程比较大而且错误代码在程序执行比较深的地方。但是你可以事先尽可能多地执行代码，然后再运行寻找错误调用的脚本，从而可以解决该问题。上面的例子也使用了这种解决方案。因为已知错误发生在程序主入口点之后，所以首先在程序主入口点设置断点。只有当命中此断点后，才会运行脚本单步执行并跟踪每一条指令。

此外，只有当跟踪的错误代码不是一个常规的数值时，这种方法才能很好地工作。因为 eax 寄存器除了用于保存函数调用返回值外，还用于其他方面。这就意味着 HRESULT 错误值往往比 Win32 错误值使用效果要好。因为 Win32 错误值可能会得到更多的假命中。

7.2.2 在第一次异常通知时中断

默认情况下，用户态 WinDbg 调试器在响应第一次异常（first-chance exception）通知时只是简单地记录，只有在第二次（second-chance）异常（未处理的 SEH 异常）通知时才中断。这是因为第一次异常通知往往是良性的，可以忽略。但是，还是有可能通过使用 sxe（启用异常停止，enable exception stop）调试命令改变此默认设置，从而在第一次异常通知时中断。在第一次异常通知时中断针对.NET 程序特别有用，这是因为.NET 程序异常在更通用的异常抛出之前由应用程序抛出。例如，如果在 CLR 第一次异常通知时中断，可以使用下面的命令：

```
0:000> sxe clr
```

也可以使用 sxe *命令在所有第一次异常通知时中断。事实上，sxe 命令还允许针对其他调试事件，通过相应的命令控制调试器的行为。使用 sx 调试命令可以查看 sxe 调试命令控制各种事件发生时调试器的默认行为。请注意，本章之前使用的处理模块加载事件（ld）也被该命令显示出来了（在下面显示的信息可以看出，最后使用的命令为 sxe ld *tmp）。

```
0:000> sx
  ct - Create thread - ignore
  et - Exit thread - ignore
  cpr - Create process - ignore
  epr - Exit process - break
   ld - Load module - output
      (only break for *.tmp)
```

```
...
  av - Access violation - break - not handled
asrt - Assertion failure - break - not handled
 aph - Application hang - break - not handled
 bpe - Break instruction exception - break
bpec - Break instruction exception continue - handled
  eh - C++ EH exception - second-chance break - not handled
 clr - CLR exception - break - not handled
clrn - CLR notification exception - second-chance break - handled
...
```

这时候调试器会在第一次 CLR 异常通知时中断。如果不想让调试器这样做，并希望恢复到只针对未处理.NET 异常的中断默认行为，则可以使用 sxd 命令清除配置，具体如下所示。

```
0:000> sxd clr
0:000> sx
...
clr - CLR exception - second-chance break - not handled
```

还可以通过使用 sxr（reset exception stops，复位异常停止）命令重置所有异常和调试事件过滤状态到它们的默认设置。

```
0:000> sxr
sx state reset to defaults
```

同样，你也可以在 Visual Studio 中使用 Debug\Exceptions 菜单选项选择看到的异常类别，并设置在其第一次异常通知时中断。

7.2.3 冻结线程

冻结和解冻线程在调试重现进程的多个线程之间一组时间条件（资源竞争，race condition）代码错误时非常有用。通过使用该技巧，可以控制线程相互之间什么时候运行并且重现那些调试器之外很难命中的错误。

当使用这种技术并在目标线程执行过程中选择安全点冻结之前一定要保持警惕。例如，如果冻结一个仍然在用的关键独占锁（exclusive lock），可能会在调试目标进程中引入人工死锁。从好的一面说，如果能通过在调试器中组合使用冻结和解冻线程命令模拟一个破坏掉的代码不变式，很有可能在代码中找出一个有效的资源竞争错误。

冻结和解冻线程

在用户态 windbg.exe 调试器中冻结线程是比较容易的，下面给出的信息显示了如何冻结目标进程中编号为 9 的线程。

```
0:013> ~
...
   9  Id: 1a08.ca8 Suspend: 1 Teb: 7ef9d000 Unfrozen
.  13  Id: 1a08.2d8 Suspend: 1 Teb: 7ef91000 Unfrozen
0:013> ~9f
0:013> ~
...
```

```
   9  Id: 1a08.ca8 Suspend: 1 Teb: 7ef9d000 Frozen
.  13  Id: 1a08.2d8 Suspend: 1 Teb: 7ef91000 Unfrozen
0:013> g
System 0: 1 of 14 threads are frozen
System 0: 1 of 13 threads were frozen
System 0: 1 of 13 threads are frozen
```

可以在任何时候使用~9u 命令再次解冻这个线程并中断回调试器中，具体如下所示。

```
ntdll!DbgBreakPoint:
776f000c cc              int     3
0:010> ~9u
0:010> g
```

同样地，也可以很容易地在 Visual Studio 调试器中通过使用 Debug\Windows 菜单访问线程调试窗口来冻结和解冻线程。

冻结线程和挂起线程之间的区别

用户态程序可以通过调用 SuspendThread 这个 WIN32 API 函数挂起线程（suspend thread）。内核会在对应的内核线程对象中跟踪记录线程被挂起的次数。当使用 ResumeThread 函数恢复线程时，这个挂起计数会减 1。

在内部，当线程第一次被挂起时，内核发送信号（异步过程调用）到目标线程使其内部信号灯对象进入等待状态。当线程挂起计数下降到 0 时，操作系统修改内部信号灯状态使线程解除挂起状态。

```
lkd> dt nt!_KTHREAD
...
   +0x188 SuspendCount     : Char
   +0x1c8 SuspendSemaphore : _KSEMAPHORE
...
```

当一个进程中断到调试器中，可以看到（使用~命令）该进程的所有线程都被调试器进程暂停，因此在进程执行过程中查看其快照时，目标保持在一个稳定的状态。

```
0:000> vercommand
command line: '"c:\Program Files\Debugging Tools for Windows (x86)\windbg.exe" c:\Windows\
System32\notepad.exe'
0:000> $ List all the threads in the target
0:000> ~
.  0  Id: 1a24.19f4 Suspend: 1 Teb: 7efdd000 Unfrozen
0:000> $ Terminate the debugging session
0:000> q
```

可以在调试器中分别使用~n 和~m 命令挂起和恢复线程。这种方法有时候在处理目标进程挂起和恢复线程不平衡调用（通常导致死锁情况）相关错误时非常有用。该组命令和~f 与~u（分别用于冻结和解冻线程）命令的区别主要是，每个~n 命令增加一个线程挂起计数，但是~f 命令简单地指示调试器之前中断时挂起的线程不要恢复。在这个意义上，~f 和~u 是真正的调试器概念，而~n 和~m 则模仿操作系统 suspend/resume 语义。

7.3 内核态调试技巧

在结束本章之前，本节将介绍几个内核态的调试技术，来完成本章之前介绍的用户态调试技巧完成的任务。当完成一些调试任务的时候，你会发现用户态和内核态的调试方法有着很大的不同。当使用内核态调试器时，你会看到，特别是在冻结线程、用户态进程 DLL 加载时中断、捕获进程创建事件等场景中，需要使用一套不同的内核态调试技巧。

7.3.1 在用户态进程创建时中断

在学习系统组件和它们之间的相互作用时，在目标计算机一个新的用户态进程启动时中断到调试器中是很有用的。这无疑是最有用的内核态调试技巧之一，因为这种类型的调试提供了让开发者可以充分利用的系统全部资源。作为用户态调试的补充，该技巧提供了一种调试新进程启动代码路径和内核加载 DLL 事件的不同但是很简单的方法。

nt!PspInsertProcess 内核态断点

该技巧背后的想法很简单：试图创建的每一个新的用户态进程首先要到内核中调用 nt!PspAllocateProcess 函数为新进程创建一个执行对象（nt!_EPROCESS）。然后调用 nt!PspInsertProcess 函数将该对象插入到活动进程数据结构的链表中。这意味着，使用内核态调试器对这些内部函数设置一个断点可以捕获目标的每一个进程创建事件。在一个新进程创建时，会中断停止在调试器中，但是此时进程的任何代码都没有执行。因为这种情况发生在创建进程系统调用返回到用户态，系统 NTDLL 模块完成进程初始化阶段。

但是在 nt!PspInsertProcess 设置断点通常比在 nt!PspAllocateProcess 设置断点要好一些，因为这时候新进程的数据结构已经被填充，可以很容易地从新进程的相关执行数据结构中找到该进程的标识（identity）。实际上，该标识为 nt!PspInsertProcess 函数调用的第一个参数。如果进一步查看该函数的反汇编代码，会看到一个寄存器在函数调用期间保存着该参数的值。在 Windows 7 的 x86 版本的操作系统中，该寄存器为 eax。不同的 CPU 架构可能使用不同的寄存器。下面清单中的前几行反汇编指令信息给出了该参数保存在 eax 中的具体使用。

```
0: kd> vertarget
Windows 7 Kernel Version 7601 (Service Pack 1) MP (2 procs) Free x86 compatible
Built by: 7601.17640.x86fre.win7sp1_gdr.110622-1506
0: kd> .symfix
0: kd> .reload
0: kd> u nt!PspInsertProcess L20
82a7b003 8bff             mov     edi,edi
82a7b005 55               push    ebp
82a7b006 8bec             mov     ebp,esp
82a7b008 83e4f8           and     esp,0FFFFFFF8h
82a7b00b 83ec1c           sub     esp,1Ch
82a7b00e 53               push    ebx
82a7b00f 648b1d24010000   mov     ebx,dword ptr fs:[124h]
82a7b016 56               push    esi
82a7b017 57               push    edi
```

```
82a7b018 8bf8              mov      edi,eax
82a7b01a 8b4350            mov      eax,dword ptr [ebx+50h]
82a7b01d 8b8fb4000000      mov      ecx,dword ptr [edi+0B4h]
82a7b023 8944241c          mov      dword ptr [esp+1Ch],eax
82a7b027 8b87f4000000      mov      eax,dword ptr [edi+0F4h]
82a7b02d 894808            mov      dword ptr [eax+8],ecx
82a7b030 33d2              xor      edx,edx
82a7b032 b981000000        mov      ecx,81h
82a7b037 895c2418          mov      dword ptr [esp+18h],ebx
82a7b03b e8f4fafff         call     nt!SeAuditingWithTokenForSubcategory (82a7ab34)
82a7b040 84c0              test     al,al
82a7b042 7407              je       nt!PspInsertProcess+0x48 (82a7b04b)
82a7b044 8bc7              mov      eax,edi
82a7b046 e8cdfa0000        call     nt!SeAuditProcessCreation (82a8ab18)
...
```

如上面的反汇编代码所示，在函数 nt!PspInsertProcess 中的前几行汇编指令中调用了 nt!SeAuditProcessCreation 函数，该函数使用了相同的进程执行数据结构。在上面给出的反汇编指令中用粗体标明了相关汇编指令，该参数最终可以追溯到 eax 寄存器。

这就意味着，内核态调试器一旦运行到 nt!PspInsertProcess 断点处，就可以通过保存在 eax 中的 _EPROCESS 结构体指针快速查看结构体的 ImageFileName 字段来确定将要创建进程的名称。从下面给出的调试器显示信息中可以看到，目标计算机中试图启动一个新的 notepad.exe 进程后命中断点，可以通过使用 dt 调试命令快速地确认该进程的名称。使用 dt 命令时候可以在命令中追加结构体的字段名称，从而可以限制只输出特定字段的值而不是整个进程执行结构体的值，具体如下所示。

```
0: kd> bp nt!PspInsertProcess
0: kd> g
0: kd> dt nt!_EPROCESS @eax ImageFileName
   +0x16c ImageFileName : [15] "notepad.exe"
```

最后，可以看到该断点会非常频繁地命中，事实上每当有新进程创建时都会命中断点。因此确保在完成实验后关闭或者清除该断点。

```
1: kd> bl
 0 e 82a7b003    0001 (0001) nt!PspInsertProcess
1: kd> bd 0
1: kd> g
```

针对特定进程实例中断

虽然之前的全范围断点在运行测试方案中用来发现新创建进程时有用，但有时候会发现中断到调试器中的次数要比想象的多得多，这是因为在目标计算机中同一时间会有其他任务运行，从而对调试产生干扰。

现在可以拓展之前实现断点的技术并把中断限制在观测到的感兴趣的进程实例范围之内。本节所介绍的技巧背后的关键是条件断点这个强大概念。条件断点除了具备和其他任何常规断点一样的功能外，还允许在一个断点命中时运行你所选择的命令，从而给你一个机会检查内存和寄存器的状态并自动跳过要忽略的断点。在处理一个条件断点时还可以运行一组命令（例如在脚本中分组）。为了提供一个实用的例子，你可以使用下面的条件断点实现只有在新的 notepad.exe 进程实例被创建时才会中断到调试器中，而忽略系统其他的进程创建行为。

```
0: kd> bp nt!PspInsertProcess
"$$<C:\\book\\code\\chapter_07\\Scripts\\BreakOnProcessInKD_x86.txt"
breakpoint 0 redefined
0: kd> g
```

上面使用的脚本适用于 Windows 7 操作系统的 x86 版本，但是可以很容易地通过修改脚本的第一行使其适用于其他版本的操作系统和 CPU 架构。

```
$$
$$ C:\book\code\chapter_07\Scripts>BreakOnProcessInKD_x86.txt
$$ This script assumes the Windows 7 OS.
$$
r? $t1 = ((nt!_EPROCESS*) @eax);
as /ma ${/v:NewImageName} @@c++(@$t1->ImageFileName);
.echo ${NewImageName}
j ($spat("${NewImageName}", "notepad*") == 0) gc;
```

上面脚本的多个命令需要进一步的解释。首先，r?命令用于定义一个强类型伪寄存器。第 2 行定义了一个 ASCII(/ma)字符串变量（"别名"）并把执行进程结构的 ImageFileName 字段的值赋于该变量。请注意@@C++前缀用来指示在括号中的指针引用将被解释为一个 C++表达式。在脚本中的最后一行使用$spat 操作符并对新创建的进程名称和 notepad*模式进行正则表达式比对（可以通过简单地修改最后一行使该脚本适用于其他进程）。gc 命令用于忽略条件断点继续执行。

可以在 WinDbg 帮助文档索引的 MASM（Macro Assembler，宏汇编）部分学到更多关于条件断点的知识。作为一个有趣的挑战以测试对该知识的理解程度，可以尝试使用之前介绍的脚本技巧来建立一个条件断点（使用用户态或内核态的调试器），实现在测试场景中一个特定名称（或一个给定的匹配模式）的文件被创建时中断。

在 Windows 引导顺序时跟踪进程启动

可以应用本节描述的技术列出诸如 Windows 7 系统引导（boot）时启动的所有进程。这里需要做的第一件事就是在目标系统重新启动后开始引导顺序时确保可以中断到内核态调试器中，因为内核调试器默认不会在引导时中断。

实现这一点的一个简单方法就是在引导顺序开始时，在加载 nt 内核模块的时候使用 sxe ld 命令使其中断。请记住，该命令是站在调试器角度处理模块加载事件的。因此和断点的不同之处就是它在重新启动后可以继续有效。在下面的清单中，.reboot 命令用于通过主机内核态调试器使目标机重新启动。由于在重启之前发出的 sxe ld 命令，内核调试器在引导顺序开始的时候会中断并停止系统启动。

```
0: kd> sxe ld:nt
0: kd> .reboot
Waiting to reconnect...
Windows 7 Kernel Version 7601 MP (1 procs) Free x86 compatible
nt!DbgLoadImageSymbols+0x47:
8281b578 cc              int     3
kd> .lastevent
Last event: Load module ntkrnlpa.exe at 8283b000
```

现在可以插入一个 nt!PspInsertProcess 断点并通过使用条件断点列出目标机引导时创建的进程，但不停止系统引导过程。具体命令如下面清单所示，它只是记录创建的每一个新进程名称并继续执行。这里需要注意一点，不需要模块加载处理时，需要使用 sxd ld 命令禁用之前的设置。

```
kd> sxd ld
kd> bp nt!PspInsertProcess "dt nt!_EPROCESS @eax ImageFileName; gc"
kd> g
   +0x16c ImageFileName : [15] "smss.exe"
   +0x16c ImageFileName : [15] "csrss.exe"
...
```

7.3.2 调试用户态进程启动

如前所示，在内核态调试器中可以捕获到用户态进程创建事件。但是应用该技巧调试用户态进程启动代码路径时存在的唯一问题是 nt!PspInsertProcess 断点在父进程上下文中命中。这时候新的子进程符号信息还没有被加载。

用于解决这个问题的一种方法就是模拟在用户态调试器控制下的调试场景，尽管这时候只有一个主机内核调试器。该有用技巧背后的关键思想是，系统通过查看该进程环境块（PEB）数据结构的一个字节（BeingDebugged）来确定进程是否在用户态调试器的控制下。所以，如果在内核态调试器中强制修改 BeingDebugged 字段的值，由系统生成的调试中断可以在内核调试器中启用用户态调试器。

```
1: kd> dt ntdll!_PEB
   +0x000 InheritedAddressSpace : UChar
   +0x001 ReadImageFileExecOptions : UChar
   +0x002 BeingDebugged : UChar
...
```

要在实际中了解这是如何工作的，可以基于该想法使用内核态调试器在新的 notepad.exe 进程 main 函数处设置一个断点。当命中 nt!PspInsertProcess 断点后，你可以切换进程上下文到新的进程，使得调试器中的 $peb 伪寄存器指向新的子进程的进程环境块，而不是它的父进程的进程环境块。然后可以在内存中使用 eb（"编辑字节"）命令简单地修改 BeingDebugged 字段的值（在 PEB 数据结构起始位置偏移"+2"处），具体如下所示。

```
0: kd> vertarget
Windows 7 Kernel Version 7600 MP (2 procs) Free x86 compatible
...
0: kd> bp nt!PspInsertProcess
0: kd> g
Breakpoint 0 hit
nt!PspInsertProcess:
0: kd> dt @eax nt!_EPROCESS ImageFileName
   +0x16c ImageFileName : [15] "notepad.exe"
0: kd> $ notice that you can't resolve notepad.exe symbols at this point yet!
0: kd> x notepad!*main*
             ^ Couldn't resolve 'x notepad'
0: kd> .process /r /p @eax
0: kd> eb @$peb+2 1
0: kd> g
```

```
Break instruction exception - code 80000003 (first chance)
001b:76e2ebbe cc              int     3
0: kd> k
ChildEBP RetAddr
000af7a4 77280dc0 ntdll!LdrpDoDebuggerBreak+0x2c
000af904 77266077 ntdll!LdrpInitializeProcess+0x11a9
000af954 77263663 ntdll!_LdrpInitialize+0x78
000af964 00000000 ntdll!LdrInitializeThunk+0x10
```

可以看到即使只使用一个内核态的调试器，也可以模拟 ntdll.dll 进程初始化断点并在用户态调试器中命中断点。通过这样做，可以设法使子进程执行得足够远从而使其符号信息可用，但是此时远远没有执行到需要调试的启动代码路径处。下面的清单首先使用 x 命令列出 notepad.exe 进程的符号，然后在这个进程中的主要入口点（main）设置一个断点，实现使用内核调试器调试用户态进程的启动代码路径。

```
1: kd> !process -1 0
PROCESS 8585b030 SessionId: 1 Cid: 15a4    Peb: 7ffd8000 ParentCid: 0374
    Image: notepad.exe
0: kd> .reload /user
0: kd> x notepad!*main*
00c51405          notepad!WinMain = <no type information>
...
0: kd> bp notepad!WinMain
0: kd> g
Breakpoint 1 hit
notepad!WinMain:
```

7.3.3 加载 DLL 时中断

使用内核调试器在 DLL 加载到一个特定的用户态进程地址空间时中断比使用用户态调试器要复杂一些，因为 sxe ld 命令在这两种情况下针对用户态模块有着不同的工作方式。如果在内核调试器中尝试对一个用户态模块加载事件使用 sxe ld 命令，你会失望地看到它没有任何效果。

但是，还是可以通过再次模拟在用户态调试器控制之下，在调试中断到内核态调试器时，通过使用 BreakOnDllLoad IFEO 钩子捕获 DLL 模块加载事件。因为操作系统模块加载器只有当目标进程运行（或看似运行）在可控的用户态调试器中时才使用该钩子。想要这个技巧在内核态调试器下有效，需要再次修改进程的 PEB 数据结构 BeingDebugged 字段。

要在实际中了解这是如何工作的，现在可以使用这个技术在 notepad.exe 加载 secur32.dll 这个系统 DLL 时中断到调试器中。第一步是在目标计算机上添加一个关于 secur32.dll 映像的 BreakOnDllLoad 钩子，添加方法就像本章"Visual Studio 调试器实现加载 DLL 时中断"介绍的那样。

```
C:\book\code\chapter_07\scripts>configure_breakondllload.cmd -enable secur32.dll
```

然后，使用主机内核调试器添加熟悉的 nt!PspInsertProcess 断点，从而使目标机器上有新的进程创建时会中断到调试器中。

```
0: kd> bp nt!PspInsertProcess
0: kd> g
```

回到在目标机器上，启动一个新的 notepad.exe 实例。当主机调试器运行到设置的断点处，可以使用上一小节使用的技巧模拟在用户态调试器中，具体如下所示。

```
Breakpoint 0 hit
1: kd> dt nt!_EPROCESS @eax ImageFileName
   +0x16c ImageFileName : [15]  "notepad.exe"
1: kd> .process /r /p @eax
1: kd> eb @$peb+2 1
1: kd> g
Break instruction exception - code 80000003 (first chance)
001b:772a04f6 cc              int     3
1: kd> !process -1 0
PROCESS 8642f428  SessionId: 1  Cid: 1170    Peb: 7ffdf000  ParentCid: 17cc
    Image: notepad.exe
1: kd> g
```

正如所看到的那样，此时 notepad.exe 并没有加载 secur32.dll。如果现在使用 notepad.exe 的 Ctrl+O 组合键调用 File\Open 对话框，会看到 secur32.dll 文件会被加载，下面给出了调用的栈跟踪信息。

```
Break instruction exception - code 80000003 (first chance)
1: kd> .reload /user
1: kd> k
ChildEBP RetAddr
0022dc34 774801db ntdll!LdrpRunInitializeRoutines+0x211
0022dda0 7747f5f9 ntdll!LdrpLoadDll+0x4d1
0022ddd4 7582b8a4 ntdll!LdrLoadDll+0x92
0022de0c 75b6a293 KERNELBASE!LoadLibraryExW+0x15a
0022de28 75b6a218 ole32!LoadLibraryWithLogging+0x16
0022de4c 75b6a107 ole32!CClassCache::CDllPathEntry::LoadDll+0xa9
...
```

请注意，现在可以使用 x 命令列出 secur32.dll 模块的符号信息，也就意味着可以在新用户态进程上下文中设置关于该模块任何函数的断点。

```
1: kd> .reload /user
1: kd> x secur32!g_*
75175688          Secur32!g_bInitOK = <no type information>
7517568c          Secur32!g_dwOpenCount = <no type information>
75175680          Secur32!g_pCounterBlock = <no type information>
75175684          Secur32!g_hLsaSharedMemory = <no type information>
```

完成这个实验后，不要忘了删除目标机器已添加的 BreakOnDllLoad 钩子，具体可以使用下面的命令实现。

```
C:\book\code\chapter_07\scripts>configure_breakondllload.cmd -disable secur32.dll
```

7.3.4　未处理 SEH 异常时中断

默认情况下，内核调试器不会捕获用户态进程的未处理异常，即使在没有用户态调试器附加到目标计算机进程的情况下。但是可以更改此默认设置，具体是通过修改 NT 全局标志的一个可配置位（bit）实现，该位叫作"异常时停止"（Stop On Exception，SOE）。因此可以使用扩展命令!gflag 来启用该位，以实现在内核调试器中调试用户态崩溃。

```
0: kd> !gflag +soe
Current NtGlobalFlag contents: 0x00040401
    soe - Stop On Exception
    ptg - Enable pool tagging
    ksl - Enable loading of kernel debugger symbols
0: kd> g
```

要在实际中了解这是如何工作的，可以在目标机器上执行一个用户态崩溃程序。例如可以使用第 4 章的 NullDereference.exe 例子。一旦在目标机器上执行该程序，会在主机内核调试器中看到以下访问冲突信息。

```
Access violation - code c0000005 (first chance)...
0: kd> .sympath+ C:\book\code\chapter_04\NullDereference\objfre_win7_x86\i386
0: kd> .srcpath+ C:\book\code
0: kd> .reload /user
0: kd> k
ChildEBP RetAddr
0014fc70 00671364 NullDereference!wmain+0x9
0014fcb4 756eed6c NullDereference!__wmainCRTStartup+0x102
0014fcc0 772637f5 kernel32!BaseThreadInitThunk+0xe
0014fd00 772637c8 ntdll!__RtlUserThreadStart+0x70
0014fd18 00000000 ntdll!_RtlUserThreadStart+0x1b
```

如果不再需要这种行为，可以在此使用!gflag 扩展命令禁用该位，具体如下。

```
0: kd> !gflag -soe
```

7.3.5 冻结线程

分别用来冻结和解冻线程的~f 和~u 用户态调试命令是依靠 Win 32 API SuspendThread 和 ResumeThread 函数实现的，因此它们不适用于内核态调试器。幸运的是，在内核态调试器中还有另一种方法用以实现相同行为的模拟。

这种技术再一次印证了简单的工程也是一种好的工程这种现象——挂起线程最显而易见的方法就是简单地让它在一个无限循环里运行。事实证明，通过在想要冻结线程的当前地址空间插入一个"跳转到自己"指令比较容易实现该技巧。

为了说明这个技术，你可以使用该技术在内核调试器会话中冻结目标计算机运行的 notepad.exe 实例的主 UI 线程。当冻结线程时，最重要的是在程序执行过程中挑选安全代码位置。在该示例中，一个好的选择是在 notepad.exe 实现私有 UI 消息循环代码中（而不是在主线程栈顶部的内核代码中）。冻结该内核代码将会冻结整个目标机，而不仅仅冻结 notepad.exe 的 UI 代码，因为这些内核代码同样也被目标机等待解锁的其他进程使用。下面列出的清单给出了切换到目标 notepad.exe 上下文的实例，然后在 WinMain 函数中当 GetMessage API 返回到其调用消息循环处时实现中断。

```
0: kd> !process 0 0 notepad.exe
PROCESS 85d43c88 SessionId: 1 Cid: 1350    Peb: 7ffdd000 ParentCid: 17cc
```

```
        Image: notepad.exe
0: kd> .process /i 85d43c88
0: kd> g
Break instruction exception - code 80000003 (first chance)
0: kd> .reload /user
0: kd> !process -1 2
PROCESS 85d43c88  SessionId: 1  Cid: 1350    Peb: 7ffdd000  ParentCid: 17cc
    Image: notepad.exe
        THREAD 86fe8030  Cid 1350.08a8  Teb: 7ffdf000 Win32Thread: ffae0318 WAIT:
            858c8780  SynchronizationEvent
0: kd> .thread 86fe8030
Implicit thread is now 86fe8030
0: kd> k
ChildEBP RetAddr
9635db10 828b965d nt!KiSwapContext+0x26
9635db48 828b84b7 nt!KiSwapThread+0x266
9635db70 828b20cf nt!KiCommitThreadWait+0x1df
9635dbe8 9655a736 nt!KeWaitForSingleObject+0x393
9635dc44 9655a543 win32k!xxxRealSleepThread+0x1d7
9635dc60 965575b0 win32k!xxxSleepThread+0x2d
9635dcb8 9655ab02 win32k!xxxRealInternalGetMessage+0x4b2
9635dd1c 828791fa win32k!NtUserGetMessage+0x3f
9635dd1c 772470b4 nt!KiFastCallEntry+0x12a
001af6b4 7602cde0 ntdll!KiFastSystemCallRet
001af6b8 7602ce13 USER32!NtUserGetMessage+0xc
001af6d4 0069148a USER32!GetMessageW+0x33
001af714 006916ec notepad!WinMain+0xe6
...
0: kd> g 0069148a
notepad!WinMain+0xe6:
001b:0069148a 85c0              test    eax,eax
```

既然选择了冻结线程的一个很好的代码位置，就可以通过使用 a（"assemble"）调试命令插入一个指令使其跳转到同一位置。a 调试命令可以让你在目标内存中键入指令，就如涉及编辑或读取内存的其他调试器命令一样，"."别名同样也可以用作当前指令指针寄存器的快捷方式。一旦完成输入"跳转到自己"指令（具体是下面的 jmp 0x0069148a 指令），最后输入 Enter 退出编辑模式。具体如下所示。

```
1: kd> u .
notepad!WinMain+0xe6:
001b:0069148a 85c0              test    eax,eax
001b:0069148c 0f8453050000      je      notepad!WinMain+0xea (006919e5)
...
1: kd> $ Make sure you prefix the address with 0x when using the a command
1: kd> a .
001b:0069148a jmp 0x0069148a
jmp 0x0069148a
001b:0069148c
1: kd> u .
notepad!WinMain+0xe6:
001b:0069148a ebfe              jmp     notepad!WinMain+0xe6 (0069148a)
001b:0069148c 0f8453050000      je      notepad!WinMain+0xea (006919e5)
1: kd> g
```

请注意，如图 7-19 所示，当在目标机器上和它的主窗口交互时，notepad.exe 进程则没有响应。

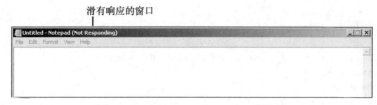

图 7-19　冻结 notepad.exe 主 UI 线程

同样可以通过还原之前使用"跳转到自己"无限循环指令覆盖的内存实现主 UI 线程的解冻（使目标 notepad.exe 实例再次响应）。当使用该技巧冻结线程时，你需要在覆盖某内存数据之前记下该内存中的原始指令数据，从而才能在需要解冻线程的时候成功还原该内存的原始指令数据。需要注意的是，因为需要重写的内存地址是在用户态下，首先必须切换回到目标用户态进程上下文，这样才可以修改进程上下文的地址，具体如下所示。

```
0: kd> !process 0 0 notepad.exe
PROCESS 85d43c88  SessionId: 1 Cid: 1350      Peb: 7ffdd000 ParentCid: 17cc
    Image: notepad.exe
0: kd> .process /i 85d43c88
0: kd> g
Break instruction exception - code 80000003 (first chance)
0: kd> eb 0x0069148a 85 c0
0: kd> g
```

请注意，本节中描述的技术也适用于内核中执行的线程（再次假设已经找到安全代码位置）。实际上，该技术也可以用在用户态调试器中！

最后，如果仔细查看跳转到当前地址的反汇编指令二进制代码，可以看到调试器把之前写入的"跳转到自己"指令翻译成对应的二进制——"0xeb 0xfe"。在 x86/x64 架构中，0xeb 表示短跳转的十六进制操作码（opcode），这意味着跳转使用相对偏移地址而不是绝对的目标地址。这种情况下，调试器足够智能，可以识别该跳转指令，该指令使用-2（0xfe 二进制补码）作为相对偏移。通过以上观察可以得出"跳转到自己"技巧最终将覆盖 2 字节的内存，x86 和 x64 架构均如此。因此只需要记下要修改内存地址 2 字节的原始数据即可，从而可以在需要解冻线程时使用该原始 2 字节内容还原内存。此外，这种观察意味着还可以通过使用 eb 命令而不用 a 调试命令直接修改内存，从而无须显示地提供"跳转到自己"的跳转地址。

7.4　小结

本章包含整编在一起的几个通用技巧，使你可以使用用户态或内核态调试器审查进程或者整个系统的状态。能响应本章描述的重要事件往往是提高调查分析调试效率的一个关键因素。通过阅读本章可以知道如何使用以下技巧。

- 在源代码任何位置插入一个无限等待调试器循环直到选择的调试器附加到该进程。这种方法非常强大，因为它可以在脚本、托管代码、本地代码中使用，尽管该方法需要修改应用程序的源代码并且有时候会得不到源代码。
- 用户态和内核态调试会话均可实现进程启动路径的调试，但是不同的调试器，具体的实现策略有着很大的不同：当使用用户态调试器时，一般使用子进程调试和基于 IFEO 钩子的"启动调试器"这些通用的方法。一个有用的内核态 nt!PspInsertProcess 断点可用于在内核态调试器中实现该目的。

- 响应 DLL 加载事件首先需要在动态加载 DLL 时设置 DLL 模块断点，DLL 加载中断可以解决符号信息等问题。
- 冻结和解冻线程可以在调试器内模拟资源竞争错误或者在多线程应用程序中单纯着眼于单个线程代码的逐步跟踪。
- 调查错误代码故障，并有效地追查触发它们的调用点。在本书后面介绍跟踪技术时会详细讨论这个主题，因为跟踪策略也可以用于这种类型的调查分析，就像本章之前使用 Process Monitor 工具追踪资源的访问失败一样。

本章重点学习如何操作调试器，以便在应用程序执行过程中的关键时刻可以中断到调试器中。接下来的两章将介绍应对常见代码缺陷调查的策略，届时将讨论如何完成常见的调试迭代，从而可以首先控制目标的执行，并根据需要中断到调试器中，然后巧妙地分析每一个关键时刻的状态，从而可以形成正在调试代码行为的全貌。

第 8 章

常见调试场景·第 1 部分

本章内容

- 调试非法访问
- 调试堆破坏
- 调试栈破坏
- 调试栈溢出
- 调试句柄泄露
- 调试用户态内存泄露
- 调试内核态内存泄露
- 小结

本章提供各种崩溃和资源泄露的例子，并展示调试它们的最有效策略。由于这些可靠性错误有时难以重现，本章还提供相关技术，以便让每类错误更加稳定地重现，从而让你能使用调试器分析故障。

本章给出的例子将展示如何应用前面章节中介绍的许多概念和工具，包括第 6 章中的应用程序验证器工具和第 5 章中的 GFLAGS 工具。到本章结束时，你的目标应该是形成一套基础的初始步骤，以便在面对本章中涉及的常见代码错误类型时，可以通过这些步骤来开始调试分析。

8.1 调试非法访问

程序崩溃最常见的原因之一是试图访问无效的内存，这也被称为内存非法访问。本节将首先更加正式地定义这类崩溃，然后展示如何使用 WinDbg 调试扩展命令 !analyze 来分析其直接原因。

8.1.1 理解内存非法访问

用户态程序中的内存都直接或间接来自操作系统中使用 Win32 API VirtualAlloc 进行的虚拟分配。虚拟内存首先被应用程序保留成固定大小的页，然后必须在程序访问它们之前进行提交。特别地，当使用 NT 堆管理器时，这会在你使用用户态虚拟内存管理层过程中自动完成。"提交"步骤确保操作系统内核中的内存管理器已经在页面文件里的页保留了存储空间，但也可能失败，例如，在为磁盘上页面文件设置的最大体积达到内存使用上限时。请注意，成功的"提交"只是操作系统的一个承诺，它使得这些内存在后续程序实际使用时是可获取的（这就是为什么操作系统在此步骤中需要验证能否将页插入页面文件中，如果需要的话，不能超过用户定义的页面文件大小限制），但在这一步并不急于消耗任何物理资源——无论物理 RAM 还是页面文件磁盘空间。只有在实际接触页面时，操作系统才使用适当的资源来支持它。

任何试图去引用一个其内存页面尚未提交的虚拟地址都会导致一个特殊的结构化异常处理（SEH），这又称为内存非法访问。对于没有合理提交的内存，当使用调试器转储位于非法访问地址附近的数值时，可以看到警示符号"??"。程序在很多时候都可能遇到这种情况，例如以下几种情况。

- 试图访问已删除的内存。
- 试图执行已卸载 DLL 模块中的代码。
- 间接引用系统保留的空指针地址（这可能是最常见的内存非法访问类型）。

所有这些行为是不合逻辑的内存访问并可以触发某个非法访问。下面的调试器清单说明了最后一种情况，这里的 db（"将内存作为字节序列转储"）命令用于查看位于虚拟地址 0（NULL 地址）的数值。

```
0:000> db 0
00000000 ?? ?? ?? ?? ?? ?? ?? ??-?? ?? ?? ?? ?? ?? ?? ?? ????????????????
```

导致非法访问异常的第二种可能的情况是，程序试图以违反 CPU 保护的方式访问一个分配给它的页面。内存也可以标记为只读（read-only）、只写（write-only）、只执行（execute-only）或者前面这些标志的任意组合。例如，试图写入只读内存将导致一个非法访问，即便此时页面已提交并包含了有效的数据。

回顾一下，非法访问可能在下面某个场景发生。

- 试图访问未提交的内存。
- 试图以页面的 CPU 保护不允许的方式使用内存。

8.1.2 调试扩展命令!analyze

调试扩展命令!analyze 通常是你尝试确定某个非法访问原因的第一步，它往往能很好地提供异常发生的直接原因。第 4 章已经介绍过这个命令，而它也可用于实时调试。有时这个扩展命令已足以直接确定导致非法访问的错误本质。其他情况下，导致非法访问的代码并不是真正的罪魁祸首，另一个代码路径甚至一个线程都可能为内存损坏负责。跟踪这些内存破坏的根本原因常常需要更细致的分析，这可能要求启用操作系统中的调试钩子，正如你将在后面几节描述堆和栈内存破坏时看到的那样。

如果编译下列 C++代码示例（使用在前言中描述的指令），你在执行代码时将看到它会立即命中一个非法访问。

```
//
// C:\book\code\chapter_08\IllegalWriteAV>main.cpp
//
WCHAR* g_pwszMessage = L"Hello World";
```

```
int
__cdecl
wmain()
{
    g_pwszMessage[0] = L'a';
    return 0;
}
```

这个程序会引起一个非法访问，因为在驱动程序开发工具包（DDK）构建环境中使用的微软 Visual C++（VC++）编译器会识别字符串文字，并将它放到可执行映像的只读节中。即使指针变量引用的数据没有显式声明为常量，编译器将字符串存放在只读内存中也仍是合法的。当程序随后试图覆盖字符串中的第一个字符时，就会出现一个非法访问错误，正如下面清单中的扩展调试命令!analyze 报告的那样，这里使用- v 选项来要求该命令输出更详细的附加信息。

```
0:000> vercommand
command line: '"c:\Program Files\Debugging Tools for Windows (x86)\windbg.exe"
c:\book\code\chapter_08\IllegalWriteAV\objfre_win7_x86\i386\IllegalWriteAv.exe'
0:000> g
(1be8.1bd8): Access violation - code c0000005 (first chance)
0:000> g
(1be8.1bd8): Access violation - code c0000005 (!!! second chance !!!)
0:000> .lastevent
Last event: 1be8.1bd8: Access violation - code c0000005 (!!! second chance !!!)
0:000> .symfix
0:000> .reload
0:000> !analyze -v
...
ExceptionAddress: 00b5199c (IllegalWriteAv!wmain+0x00000009)
   ExceptionCode: c0000005 (Access violation)
  ExceptionFlags: 00000000
NumberParameters: 2
   Parameter[0]: 00000001
   Parameter[1]: 00b511b0
Attempt to write to address 00b511b0

FAULTING_SOURCE_CODE:
    5: int
    6: __cdecl
    7: wmain()
    8: {
>   9:     g_pwszMessage[0] = L'a';
   10:     return 0;
   11: }
   12:
```

这个特殊例子中的错误是直截了当的，!analyze 命令能够准确确定非法访问的根本原因（试图写入只读内存）以及引发该问题的具体源代码行。

请注意，在前面这个例子中，如果你已经使用 const 修饰符将全局变量声明指向常量数据，编译器会在编译时捕获到这个错误。这就是为什么在声明变量时使用正确的修饰符是很重要的，特别是声明那些全局变量的时候。

```
//
// The Correct variable declaration in this case...
```

```
//
const WCHAR* g_pwszMessage = L"Hello World";
```

最后,虽然这一节中提供的例子听起来不自然,但它描述的错误并不少见。例如,当你将字符串文字作为 Win32 API CreateProcess 调用的命令行参数时会发生同样的错误。API 的 lpCommandLine 参数声明为 LPWSTR,而不是 LPCWSTR(指向 unicode 宽字符串的常量指针),这反映了 API 的意图,即它可能修改(写入)你提供的字符串参数。这就是为什么本书配套源代码中的 WorkerProcess 示例代码使用 C++ 助手(helper)函数(LaunchProcess),该函数封装了 Win32 API CreateProcess,并在启动新进程时接收一个常量命令行字符串。你可以使用这个助手函数,从而以一种更加自然的方式编写代码,而不必担心上述陷阱。

8.2 调试堆破坏

堆破坏是非法访问的最常见原因之一。不幸的是,它们也往往难以诊断,因为最终触发非法访问的指令通常没有错,可能只是用户态进程中其他代码的牺牲品,后者在程序执行的早期阶段就破坏了共享内存。请记住,非法访问只在访问未提交或受保护页面时才由操作系统抛出。例如,你可以对某个分配的缓冲区成功地实现越界写,但只要不将数据写到其他任何未提交的页面就不会被检测到。如果缓冲区溢出破坏了程序中后续可能被间接引用的其他数据,那么直到该引用实际执行时才会发生非法访问。

如果你正编写本地 C/C++代码,本节将向你展示一些技术来帮助你跟踪分配器(allocator,基于 NT 堆管理器)中的堆破坏。另外,如果你正使用微软.NET 框架编写代码,那么好的消息是:由.NET CLR 提供的安全托管环境能将你从这些类型错误(当然,CLR 本地代码自身的错误除外)中隔离出来,这也是安全托管环境的主要价值之一。也就是说,它可以保护你直到你需要与本地代码(例如使用 P/Invoke 或 COM 交互功能)交互,那时你仍然需要编写导致内存破坏的代码,就像你可能在纯粹的本地场景出现的情况那样。本节后面部分将讨论这种情况。

8.2.1 调试本地堆破坏

微软 Windows 中大多数知名的用户堆分配器都构建在 ntdll.dll 中的 NT 堆管理器 API (RtlAllocateHeap /RtlFreeHeap)之上,包括 C 运行时库中的 malloc/free 和 new/delete、COM 框架中的 SysAllocString 以及 Win32 中的 LocalAlloc、GlobalAlloc 和 HeapAlloc。虽然这些分配器会创建不同的堆来存储它们分配的内存,但最终都要调用 ntdll.dll 中的 NT 堆实现。

如前所述,调试堆破坏时的一个复杂因素是程序可能在内存破坏发生很久之后才会崩溃。它也可能在程序的某些运行中完全不被发现而在其他的运行中意外显露。幸运的是,你可以使用 NT 堆管理器中的几个调试功能来帮助在更加接近堆破坏发生的位置捕获它们,理想的情况是在堆破坏时就立即发生崩溃。尽管这些调试帮助要求你再次运行场景并在调试功能启用后重复一次,但它们仍是跟踪堆内存错误的最佳方式。这些功能在自动测试过程中也特别有用,因为它们更可能在代码中的堆破坏引起大面积混乱之前捕获到所有这些错误。

这些堆破坏调试帮助中,最重要的是一组通常被称为页堆的选项,这也是本节的重点。

页堆介绍

页堆是一个完整的（并行的）NT 堆实现，它包含许多调试检查以帮助堆破坏发生后能快速捕获到，而不是在后续不合法的内存页访问发生后才最终依靠操作系统抛出一个非法访问。

由于页堆会影响 NT 堆管理器的行为，即便程序使用了更高层内存管理方式如 C 运行时库分配器，考虑到这些分配器也都建立在 NT 堆分配器之上，它仍可以帮助你调试堆破坏。如果你因为某些原因编写了不是基于 NT 堆层的分配器，这当然是一个好主意，至少还有一种特别的模式，在该模式中所有你做的事情都会将分配器重定向调用 NT 堆函数，这样你就可以利用页堆功能调试原本采用自定义分配器的程序中的堆破坏。图 8-1 展示了 NT 堆层中的页堆实现与其他用户态分配器的相对位置关系。

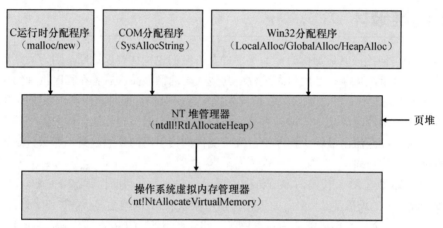

图 8-1　常见 Windows 分配器层次中的页堆位置

可以使用应用程序验证器工具轻松启用页堆，正如你将在本节后面看到的那样。事实上，利用应用程序验证器界面中的基本配置默认就可以启用页堆。在完整形式中，页堆允许你捕获大部分堆破坏错误，具体能达到的比例只受限于你测试覆盖的复杂度。最需要注意的是，你可以自动捕获以下类型的错误。

- 使用无效的堆指针。
- 使用错误的堆，例如，使用 SysAllocString 分配内存但使用 free 释放它。
- 二次释放错误。
- 使用已释放的内存。
- 访问已分配缓冲区末尾附近的内存（堆下溢和上溢<常规溢出>）。

页堆是如何工作的

页堆背后的思想很简单：如果堆的实现将每次分配都放在自己的专用内存页或多个页末尾，同时保留但不提交其紧随的相邻页，缓冲区越界写入访问将会立即被捕获——即便是某个单字节偏移错误，这让诊断堆破坏的根本原因变得容易得多。通过给每次分配赋予自己的页（或多个页，视其大小而定），页堆实现还可以在实际应用程序缓冲区之前插入堆块头部，并使用该头部描述已分配缓冲区的状态，比如是否已被释放，以及上一次分配或删除的位置。这将为许多有用的调试功能打开一扇门，例如能够准确发现堆上的每个缓冲区分配和释放，并检测缓冲区在不合法状态时的使用情况。

不过这里有一个小问题。NT 堆管理器总是保证它返回到应用程序的缓冲区，在 32 位 Windows 上以 8 字节对齐，在 64 位 Windows 上以 16 字节对齐。然而，页堆无法既将内存分配放到页面末尾又满足上述对齐要求，页堆实现中通过优先满足对齐需求来应对这个难题（因此，将常规 NT 堆替换成页堆不会在目标程序中引入人工错误），并使用一个已知的填写模式来填充分配的内存以使其结束时与页面边界对齐。在释放内存时，页堆会检查前面填写的内容，若损坏将抛出一个错误。这只是确保堆破坏在释放时能检测，因此当缓冲区被破坏时你仍然需要进行跟踪。当然，这肯定比在没有页堆的情况下仅仅分析随机崩溃要好。也就是说，如果知道应用程序不依赖于来自 NT 堆管理器的对齐保护，你可以使用页堆选项来启用未对齐的分配，这样就能在发生堆破坏时（而不是等到释放时）立即捕获到它。

目前为止描述的页堆形式被称为完全页堆（full page），因为它每次分配时都使用保护页面。这意味着即便是很小的分配也要用到两个内存页。对于涉及大内存使用的程序，若使用完全页堆可能耗尽虚拟内存空间，特别是在 32 位 Windows 中。即使当你在 64 位 Windows 上运行测试，并为磁盘上的页面文件定义足够大的体积以避免内存分配失败，你的程序仍可能会经历很多故障，并使你的测试用例时间从根本上改变，使用完全页堆代替常规 NT 堆可能会导致错误无法重现。

有两个好方法可以减轻完全页堆对内存的影响。

- 一种是使用称为轻页堆（light page heap）的变量，分配时没有使用保护页面。相反，它使用填写模式的思路扩展到"保护"块描述符头部和应用程序缓冲区边界。轻页堆的缺点是，你只能在释放时捕获堆破坏，此时可能已经难以明显确定缓冲区生命周期中谁该为堆破坏负责。
- 另一种应对完全页堆对内存影响的方法是，以更具体、有针对性的方式使用，而不是在整个目标进程中使用。例如，如果知道堆破坏是因某个动态链接库（DLL）模块而发生的，可以将进程中完全页堆的使用范围限制到单个 DLL。很快你就会看到，可以选择其他几个选项来控制完全页堆的适用粒度，以便能利用它的好处，即使在它对内存使用（当被滥用时）的影响可能不被接受的情况下。

图 8-2 显示了用轻页堆和完全页堆方案进行块分配的比较。请注意，在完全页堆方案中，堆分配被放置在页面末尾并有另一个保护页面被紧接着插到分配的后面。而对于轻页堆，只使用填写模式来检测已分配缓冲区中的错误。

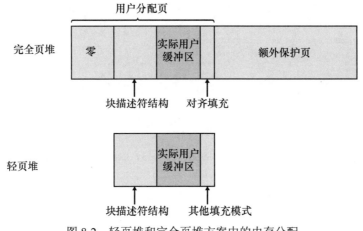

图 8-2　轻页堆和完全页堆方案中的内存分配

还可以使用 WinDbg 中的 dt（"转储类型"）命令来转储描述页堆中每个分配的块结构，如下面的清单所示。你会注意到填写模式字段 StartStamp 和 StopStamp 都与块描述符结构的结尾衔接。这一重要的数据结构在 MSDN 网站也有记录。

```
0:000> dt _DPH_BLOCK_INFORMATION
ntdll!_DPH_BLOCK_INFORMATION
   +0x000 StartStamp       : Uint4B
   +0x004 Heap             : Ptr32 Void
   +0x008 RequestedSize    : Uint4B
   +0x00c ActualSize       : Uint4B
   +0x010 FreeQueue        : _LIST_ENTRY
   +0x010 FreePushList     : _SINGLE_LIST_ENTRY
   +0x010 TraceIndex       : Uint2B
   +0x018 StackTrace       : Ptr32 Void
   +0x01c EndStamp         : Uint4B
```

为目标进程启用页堆

你可以使用 GFALGS 工具或应用程序验证器工具来启用页堆设置。尽管两个工具都允许你从命令行配置页堆的各种设置，但应用程序验证器工具有一个方便的用户界面来完成该工作，而 gflags.exe 用户界面只允许设置完全页堆，没有额外的定制。出于这个原因，本节的实验中使用应用程序验证器工具，主要内容是调试由配套源代码中的下列 C++ 程序引起的堆内存破坏。

```
//
// C:\book\code\chapter_08\HeapCorruption>main.cpp
//
static
HRESULT
MainHR()
{
    CAutoPtr<WCHAR> pwszBuffer;
    const WCHAR* pwszStringToCopy = L"abc.txt";

    ChkProlog();

    pwszBuffer.Attach(new WCHAR[wcslen(pwszStringToCopy)]);
    ChkAlloc(pwszBuffer);

    // BUG! destination buffer is smaller than the number of bytes copied
    wcscpy(pwszBuffer, pwszStringToCopy);
    wprintf(L"Copied string is %s\n", pwszBuffer);

    ChkNoCleanup();
}
```

当你在独立模式下运行这个程序而不带任何全局标志时，会发现它似乎会正常完成运行。

```
C:\book\code\chapter_08\HeapCorruption>objfre_win7_x86\i386\OffByOne.exe
Copied string is abc.txt
Success.
```

然而，在这段代码中有一个非常严重的错误，因为它对分配区域越界写了两个字节（L'\0'，即 unicode 字符的空结束符），该区域的长度并未算上这个字符，从而导致堆溢出。这就是为什么

wcscpy 是一个应该在代码中首先回避并替换成更安全选择的危险函数，如 wcscpy_s。事实上，C/C++静态代码分析（DDK 构建环境或 Visual Studio 内部）会将 wcscpy 标记错误并在编译前面的示例程序时给出下面信息。

```
main.cpp(18) : warning 28719: Banned API Usage: wcscpy is a Banned API as listed in dontuse.h
for security purposes.
Found in function 'CMainApp::MainHR'
```

幸运的是，即使你没有为项目配置静态分析或者如果糊涂地决定忽略静态分析错误信息，仍可以使用应用程序验证器工具在运行时捕获这个严重的错误。应用程序验证器的默认设置已经包括堆（Heaps）这一项，它为你而启用页堆的全部特点，如图 8-3 所示。

```
C:\Windows\System32>appverif.exe
```

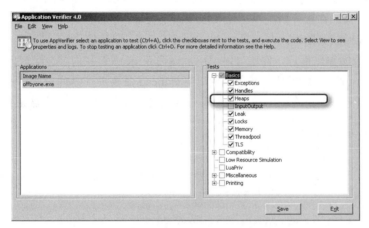

图 8-3　在应用程序验证器界面中启用页堆

现在只要在用户态调试器下运行程序，就会命中下面的验证器停止。然后，你可以使用第 6 章中介绍的扩展命令 !avrf 来显示关于验证其停止原因的其他细节，如下面的清单所示。

```
0:000> vercommand
command line: '"c:\Program Files\Debugging Tools for Windows (x86)\windbg.exe"
c:\book\code\chapter_08\HeapCorruption\objfre_win7_x86\i386\OffByOne.exe'
0:000> .sympath
c:\windows\system32;srv*c:\localsymbolcache*http://msdl.microsoft.com/download/symbols
0:000> .reload
0:000> !gflag
Current NtGlobalFlag contents: 0x02000100
    vrf - Enable application verifier
    hpa - Place heap allocations at ends of pages
0:000> g
VERIFIER STOP 0000000F: pid 0xCD4: Corrupted suffix pattern for heap block.
...
0:000> !avrf
Verifier package version >= 3.00
Application verifier settings (80643027):
    - full page heap
    - Handles
...
APPLICATION_VERIFIER_HEAPS_CORRUPTED_HEAP_BLOCK_SUFFIX (f)
```

```
Corrupted suffix pattern for heap block.
...
You just have access to the free moment (stop happened here) and the
allocation stack trace (!heap -p -a HEAP_BLOCK_ADDRESS)
Arguments:
Arg1: 000a1000, Heap handle used in the call.
Arg2: 02e28ff0, Heap block involved in the operation.
Arg3: 0000000e, Size of the heap block.
Arg4: 02e28ffe, Corruption address.
```

调试扩展命令!heap

前面的验证器信息详细介绍了导致验证器停止的原因。正如你在之前调试器清单中看到的粗体行，为填充分配页边界而插入的后缀被其他字符串（以 NULL 字符结尾）破坏，但此破坏不足以触及紧随的保护页。在这种情况下，轻页堆和完全页堆将会产生相同的结果，只能在被破坏的缓冲区释放时才能捕获到错误。

根据!avrf 命令的输出信息，你还可以使用扩展命令!heap 查找内存分配时的调用栈（!heap -p -a <address_of_corruption>）。其中，-p 选项用以告诉!heap 命令页堆信息正被请求。可以肯定的是，该命令会为你内存分配的精确调用栈，这与本书配套源码中使用的显式重载操作符 new 相匹配。

```
0:000> !heap -p -a 02e28ffe
    address 02e28ffe found in
    _DPH_HEAP_ROOT @ a1000
    in busy allocation (  DPH_HEAP_BLOCK:   UserAddr   UserSize - VirtAddr VirtSize)
                                2e10034:    2e28ff0        e   - 2e28000     2000
    6e4f8e89 verifier!AVrfDebugPageHeapAllocate+0x00000229
    77565e26 ntdll!RtlDebugAllocateHeap+0x00000030
    7752a376 ntdll!RtlpAllocateHeap+0x000000c4
    774f5ae0 ntdll!RtlAllocateHeap+0x0000023a
    6a2bfd2c vfbasics!AVrfpRtlAllocateHeap+0x000000b1
    004f132c OffByOne!MemoryAlloc+0x00000017
    004f15c4 OffByOne!CMainApp::MainHR+0x00000033
    76ffed6c kernel32!BaseThreadInitThunk+0x0000000e
    775037f5 ntdll!__RtlUserThreadStart+0x00000070
    775037c8 ntdll!_RtlUserThreadStart+0x0000001b
```

前面的清单还为应用程序提供了返回的缓冲区地址（UserAddr 值）。你可以使用 db 命令来验证该用户分配是否确实放置在某个页面边界以及被覆盖的唯一字节是否是填充字节。紧随的保护页面（在下面的清单中标记为 "??"）保持得非常完好，所以缓冲区溢出时没有产生非法访问异常。

```
0:000> db 2e28ff0
02e28ff0  61 00 62 00 63 00 2e 00-74 00 78 00 74 00 00 00  a.b.c...t.x.t...
02e29000  ?? ?? ?? ?? ?? ?? ?? ??-?? ?? ?? ?? ?? ?? ?? ??  ????????????????
...
```

你还可以手动检查位于用户分配地址前面的页堆块头结构。该结构的大小在 32 位 Windows 上是 0x20，在 64 位 Windows 上是 0x40。你也可以通过使用 "??" 命令让调试器计算 C++表达式，如下面的清单所示。

```
0:000> ?? sizeof(ntdll!_DPH_BLOCK_INFORMATION)
unsigned int 0x20
```

```
0:000> db 02e28ff0-20
02e28fd0  bb bb cd ab 00 10 0a 00-0e 00 00 00 00 10 00 00  ................
02e28fe0  00 00 00 00 00 00 00 00-f4 d7 51 00 bb bb ba dc  ..........Q.....
02e28ff0  61 00 62 00 63 00 2e 00-74 00 78 00 74 00 00 00  a.b.c...t.x.t...
0:000> dt ntdll!_DPH_BLOCK_INFORMATION 02e28ff0-20
   +0x000 StartStamp       : 0xabcdbbbb
   +0x004 Heap             : 0x000a1000 Void
   +0x008 RequestedSize    : 0xe
   +0x00c ActualSize       : 0x1000
   +0x010 FreeQueue        : _LIST_ENTRY [ 0x0 - 0x0 ]
   +0x010 FreePushList     : _SINGLE_LIST_ENTRY
   +0x010 TraceIndex       : 0
   +0x018 StackTrace       : 0x0051d7f4 Void
   +0x01c EndStamp         : 0xdcbabbbb
```

请注意块描述符结构开头和结尾处不同的填写模式。各种页堆填充模式使用的值看起来像内核态地址，因此任何将它们当作指针使用的尝试都会立即产生非法访问。

页堆块描述符中的 StackTrace 字段是很重要的并需要进一步解释。它表示一个指向某数组开始位置的指针，该数组存放从堆分配时开始的十六进制调用栈帧地址，因此，dps（"将内存作为函数指针值序列转储"）命令可以用来遍历该数组中的值，并打印与每个调用帧对应的符号名（如果能找到）。这是在不使用 !heap 的情况下查找内存分配位置调用栈的另一个方法。在下面的清单中，dps 命令与在前面清单获取的 StackTrace 地址一起使用，以再次显示被破坏缓冲区的分配调用栈。

```
0:000> dps 0x0051d7f4
0051d7f4  0051c66c
0051d7f8  00005001
0051d7fc  000b0000
0051d800  6e4f8e89 verifier!AVrfDebugPageHeapAllocate+0x229
0051d804  77565e26 ntdll!RtlDebugAllocateHeap+0x30
0051d808  7752a376 ntdll!RtlpAllocateHeap+0xc4
0051d80c  774f5ae0 ntdll!RtlAllocateHeap+0x23a
0051d810  6a2bfd2c vfbasics!AVrfpRtlAllocateHeap+0xb1
0051d814  004f132c OffByOne!MemoryAlloc+0x17
0051d818  004f15c4 OffByOne!CMainApp::MainHR+0x33
...
0:000> $ Terminate this debugging session...
0:000> q
```

dps 命令由于其基础而强大的特性而很有用。例如，你将在下一节中看到，在调试栈内存破坏时该命令也是有用的。

为应用定制页堆

只有当你发现启用完全页堆引起的额外内存消耗影响了应用程序的功能时，才需要考虑定制页堆的范围。如果你发现自己符合这种情况，可通过右击应用程序验证器工具界面的 Heaps 选项来调整页堆选项，这使你能够配置额外的属性，如图 8-4 所示。

```
C:\Windows\System32>appverif.exe
```

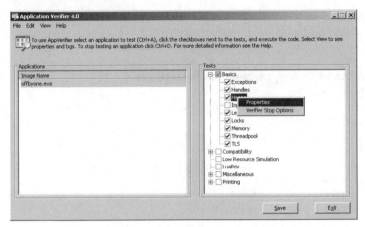

图 8-4 使用应用程序验证器工具定制页堆设置

然后,弹出一个包含若干配置选项的新对话框,如图 8-5 所示。在这个界面对话框中修改设置以后,你可以通过查看目标映像的 IFEO 注册表键,了解这些选项是如何反映到注册表中的。

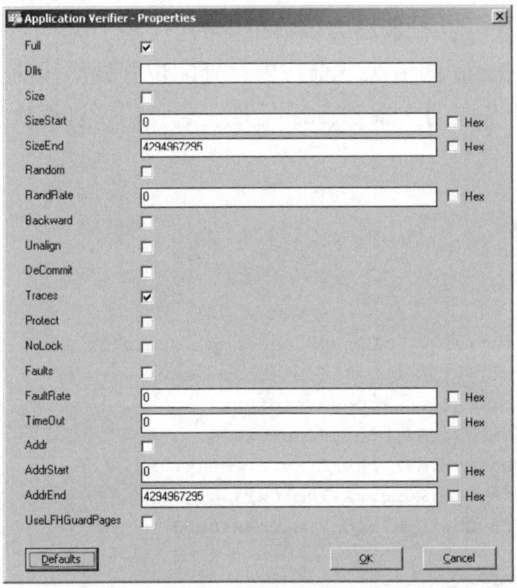

图 8-5 应用程序验证界面中的页堆配置选项

通过查看可用的配置选项,你会识别出本节前面所讨论的许多内部页堆概念。表 8-1 描述了在配置页堆时的几个有用选项和它们适用的一些场景。

表 8-1 页堆设置及其应用(待补充)

应用程序验证器界面选项	使用范围
Dlls	通过将其分配范围限制在目标进程中的某个 DLL 子集来减少完全页堆的内存使用量。若指定该选项,轻页堆仍能被进程的其他部分使用
Size、SizeStart 和 SizeEnd	通过将其内存分配的大小限制在某个区间范围(由起始值 SizeStart 和结束值 SizeEnd,按字节计)来减少完全页堆的内存使用量。这个范围以外的分配将使用轻页堆

续表

应用程序验证器界面选项	使用范围
Random 和 RandRate	可用来减少完全页堆的内存使用量。通过在目标程序中随机调整完全页堆和轻页堆分配来实现这一点。整数 RandRate 是 0～100 百分比的可能性值，表示完全页堆相对于轻页堆应该被使用的频率
Backward	使完全页堆将分配的内存放置到页面的开始而不是结尾。这种情况下，保护页在分配内存的前面插入，这允许捕获缓冲区下溢错误，而常规模式允许捕获缓冲区上溢
Unalign	指示完全页堆将分配的内存放置在其内存页的末尾但不增加任何填充数据，即使这意味着给应用程序返回一个未对齐的缓冲区。当你需要立即捕获内存破坏（非法访问），并知道程序不会假定分配是按 8 字节或 16 字节边界对齐时，这将是很有用的

作为展示，在本节使用的 C++程序示例 offbyone.exe 中选择图 8-5 所示界面上的 Unalign 选项，然后通过单击 OK 按钮提交配置更改。当再次运行 offbyone.exe 并直接让它在调试器中运行（go）时，会准确命中导致缓冲区溢出的那一行并立即给出一个非法访问（不用等到释放时再检测），正如之前的那个例子中，对齐分配的完全页堆应用到了相同程序，如图 8-6 所示。

C:\book\code\chapter_08\HeapCorruption>windbg.exe objfre_win7_x86\i386\OffByOne.exe

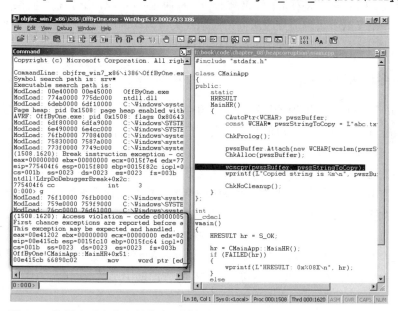

图 8-6　使用未对齐分配的完全页堆捕获缓冲区溢出错误及立即非法访问

8.2.2　调试托管（GC）堆破坏

虽然 CLR 提供的托管执行环境有安全保证，但.NET 应用程序也并非完全不受堆破坏影响。即使忽略任何可能攻陷 CLR 本身的罕见错误，.NET 程序经常在结束时也需要进行一些相互操作，包括退出 Win32 DLL 或使用由本地 C/C++代码编写的 COM 对象。堆破坏可能由编码错误导致，例如下面这些情形。

- 执行不安全的 C#代码，该代码以错误的方式在托管内存中操作 C 风格指针。
- 错误的 P/Invoke 方法声明（例如，错误的参数类型），导致托管对象参数存在溢出或被本地函数调用破坏的潜在风险。
- 试图通过本地代码在托管对象（如回调委派）被 CLR 执行引擎周期性地垃圾回收或搬移（如果对象仍然有根<rooted，即被引用>但未在托管堆上正确地固定）后使用它们，导致出现随机的非法访问。

CLR 使用自己的堆，因为它使用垃圾回收（GC）作为释放已分配内存的策略，这与 NT 堆不同，后者会立即将释放的内存返回到未来可用的分配池中。在 GC 堆中，当创建新对象时，通过简单的滑动索引指针来顺序分配对象。

当 CLR 执行引擎环境决定内存应被回收时，它通过批量遍历对象图来做到这一点，标记被其他根对象（静态变量、局部参数、栈上参数等）引用的对象，并在再次遍历时扫描其他没有标记的对象。在这个"标记-扫描"方案中，垃圾回收器也可以决定减少碎片并压缩堆，搬移对象的物理存储位置并相应地更新所有的对象引用。在垃圾回收器运行过程中，所有的托管线程都被挂起，所以压缩这一步是安全的，因为 CLR 执行引擎托管的目标代码只在所有对象的引用更新到指向 GC 堆新的正确位置时才执行。请注意，CLR 垃圾回收器只在它认为有必要这么做时才执行这个压缩步骤。还请注意，它基于对象"年龄"使用代（generation）的概念来为 GC 堆空间分区，因此只有"年轻"的对象代（gen0）经常被遍历，从而减少在"标记-扫描"阶段必须被扫描的内存数量。这反过来又减少了垃圾回收时间，对消耗大量内存的应用程序是非常重要的，因为进程中的整个托管代码执行会在周期性的回收过程中停止。

SOS 命令!VerifyHeap

当由 CLR 垃圾回收器维护的托管堆中的内存被破坏时，最终可能会发生非法访问。在应用程序的某些执行过程中这些破坏可能完全不会被检测到，例如在 NT 堆破坏的情况那样。事实上，由于增加了不确定性，托管堆破坏甚至比 NT 堆破坏更难跟踪，这些不确定性其实是由于 CLR 垃圾回收器周期性地运行在后台线程，并能潜在搬移 GC 堆上的对象到不同的内存分配中，以更有效地使用托管堆中的可用空间。就像在页堆中的情况一样，托管堆破坏调试帮助背后的主要思想是使程序崩溃位置更接近堆破坏位置。在托管堆情况下，这是通过强制让垃圾回收器比平时增加工作量来实现的，以希望对象在可能被移走并回收之前就能命中非法访问。

要展示这个想法和一些实现 CLR 的钩子，请参考配套源代码中的 C#示例程序，它使用 C# 编译器选项/unsafe 进行编译，并使用不安全代码在托管的助手函数 memcpy 中直接操作原始指针，如下所示。

```
//
// C:\book\code\chapter_08\GcHeapCorruption>test.cs
//
public static void Main()
{
    byte[] dstArray = new byte[3];
    byte[] srcArray = new byte[] { 1, 2, 3, 4, 5, 6, 7, 8, 9, 10 };
    Console.WriteLine("Starting...");
    for ( ; ; )
    {
        // BUG! destination array is smaller than the number of bytes
        // copied in the "unsafe" memcpy routine.
```

```
            memcpy(dstArray, srcArray, srcArray.Length);
            PrintByteArray(dstArray);
        }
    }

    private unsafe static void memcpy(
        byte[] dst,
        byte[] src,
        int size
        )
    {
        int n;
        fixed (byte* m1 = src, m2 = dst)
        {
            byte* pSrc = m1;
            byte* pDst = m2;
            for (n = 0; n < size; n++)
            {
                *pDst++ = *pSrc++;
            }
        }
    }
```

现在的目标是，回到源代码中的发生位置来调试这个错误的根本起因。正如你将看到的，这是一个对调查而言更为复杂的错误，因为最终捕获到的堆破坏位置具有明显的随机性。如果在调试器下运行这个程序，你会发现若干次迭代后，进程中会抛出以下非法访问。

```
0:000> vercommand
command line: '"c:\Program Files\Debugging Tools for Windows (x86)\windbg.exe"
c:\book\code\chapter_08\GcHeapCorruption\test.exe'
0:000> .symfix
0:000> .reload
0:000> g
(13b4.11a4): Access violation - code c0000005 (first chance)
clr!WKS::gc_heap::update_brick_table+0x8d:
5bca8271 66893453        mov     word ptr [ebx+edx*2],si ds:0023:006e0000=????
0:000> k
ChildEBP RetAddr
0013ea9c 5bca840b clr!WKS::gc_heap::update_brick_table+0x8d
0013eb80 5bca59b4 clr!WKS::gc_heap::plan_phase+0x401
0013eba4 5bca5f55 clr!WKS::gc_heap::gc1+0x140
0013ec28 5bca5d02 clr!WKS::gc_heap::garbage_collect+0x3ae
0013ec54 5bca6d72 clr!WKS::GCHeap::GarbageCollectGeneration+0x17b
0013ec78 5bca5165 clr!WKS::gc_heap::try_allocate_more_space+0x162
0013ec8c 5bca5448 clr!WKS::gc_heap::allocate_more_space+0x13
0013ecac 5bb37333 clr!WKS::GCHeap::Alloc+0x3d
...
0013ecc8 5bb2091a clr!Alloc+0x8d
0013ed64 5bb209a6 clr!AllocateArrayEx+0x1f5
0013ee28 5af55336 clr!JIT_NewArr1+0x1b4
0013ee40 5af42c58 mscorlib_ni+0x225336
...
```

非法访问似乎发生在 CLR 执行引擎 DLL（clr.dll）内部，更具体地说是在请求新数组分配之后的垃圾回收过程中。当然，具体的错误并不在 CLR 中，而是在托管应用程序本身。CLR 只是简单地让受害程序在与恶意代码相同的用户态进程地址空间中执行。面临的挑战是要明确堆破坏最初是如何（以及在哪里）发生。使用第 3 章中介绍的 SOS 扩展，你可以了解触发垃圾回收的托管调用栈，并通过!clrstack 命令进行转储。请注意，新的分配请求不是由你的代码直接发起的，而是由.NET 框架的 mscorlib.dll 托管程序中调用的函数发起的。

```
0:000> .loadby sos clr
0:000> !clrstack
Child SP IP      Call Site
0013ee30 5af55336 System.IO.TextWriter.Write(System.String, System.Object)
0013ee4c 5af42c58 System.IO.TextWriter+SyncTextWriter.Write(System.String, System.Object)
0013ee60 5af5671f System.Console.Write(System.String, System.Object)
0013ee70 003a0311 Test.PrintByteArray(Byte[])
 [c:\book\code\chapter_08\GcHeapCorruption\test.cs @ 45]
0013ee9c 003a0111 Test.Main () [c:\book\code\chapter_08\GcHeapCorruption\test.cs @ 15]
```

启动 GC 堆破坏分析的最佳可用工具是 SOS 调试扩展中的!VerifyHeap 命令。这个命令按顺序遍历托管堆上的对象，并试图确定它们的字段是否看起来有效。下面的伪代码片段是这个命令的近似实现。

```
//
// Pseudo-code of !VerifyHeap SOS command
//
o = GetFirstObject();
while (o != GetLastObject())
{
    ValidateObject(o);
    o = Align((Object*) o + o.GetSize());
}
```

不幸的是，这个有用的命令在本例中并不起作用，因为 CLR 位于垃圾回收的过程中，托管堆上的对象不能在这种状态下进行遍历，如下面的清单所示。

```
0:000> !verifyheap
-verify will only produce output if there are errors in the heap
The garbage collector data structures are not in a valid state for traversal.
It is either in the "plan phase," where objects are being moved around, or
we are at the initialization or shutdown of the gc heap. Commands related to
displaying, finding or traversing objects as well as gc heap segments may not
work properly. !dumpheap and !verifyheap may incorrectly complain of heap
consistency errors.
```

此问题的解决方案是一个有用的 CLR 配置，它在每次发生垃圾回收时都执行 GC 堆验证。这也增加了在堆破坏发生位置附近捕获错误的可能性。麻烦的是，在这个设置启用后，你还需重新启动实验并再次运行程序。可以通过注册表中的全局设置或环境变量（COMPLUS_HeapVerify，区分大小写）来完成这一点，这样你就可以为运行程序的命令窗口保持本地配置。

 警告：CLR 钩子 HeapVerify 在 MSDN 上没有明确记载。所以，你可以在支持它的.NET 框架版本（包括 4.0 版）中用它进行调试，但将来的版本可能没有预示地将它删掉。

```
C:\book\code\chapter_08\GcHeapCorruption>set COMPLUS_HeapVerify=1
```

8.2 调试堆破坏

```
C:\book\code\chapter_08\GcHeapCorruption>"C:\Program Files\Debugging Tools for Windows (x86)\
windbg.exe" test.exe
...
0:000> .symfix
0:000> .reload
0:000> g
KERNELBASE!DebugBreak+0x2:
758e3e2e cc              int     3
0:000> k
ChildEBP RetAddr
002feda0 5bdae0aa KERNELBASE!DebugBreak+0x2
002fedf0 5bdae6d2 clr!Object::ValidateInner+0xdb
002fee00 5bde32df clr!Object::ValidateHeap+0xf
002fee50 5bde5f86 clr!WKS::gc_heap::verify_heap+0x3be
002feed8 5bca5d02 clr!WKS::gc_heap::garbage_collect+0x2ca
002fef04 5bca6d72 clr!WKS::GCHeap::GarbageCollectGeneration+0x17b
002fef28 5bca5165 clr!WKS::gc_heap::try_allocate_more_space+0x162
...
0:000> .lastevent
Last event: 1d70.15ec: Break instruction exception - code 80000003 (first chance)
```

请注意,你现在得到一个 SEH 调试中断异常,该调试中断由 CLR 垃圾回收器代码中的 verify_heap 方法抛出——这是碰到托管堆异常情况的明显征兆。

当你再次运行!verifyheap 命令时,可以看到它会报告发生了 GC 堆破坏,并给你它认为合法的最后一个对象。

```
0:000> .loadby sos clr
0:000> !verifyheap
-verify will only produce output if there are errors in the heap
object 01edb318: does not have valid MT
curr_object:       01edb318
Last good object: 01edb308
```

通过使用 SOS 命令!do("转储对象")检查最后一个"完好"的对象,你可以看到它是一个包含 3 个元素的字节数组。

```
0:000> !do 01edb308
Name:          System.Byte[]
MethodTable: 5b0548c4
EEClass:       5ad8af0c
Size:          15(0xf) bytes
Array:         Rank 1, Number of elements 3, Type Byte
```

!verifyheap 命令检查的下一个(坏掉的)对象与这个看似"完好"的对象相差 16 字节,本实验中位于地址 0x01edb318。!do 的命令将无法显示它,因为它已经被破坏了,但你仍然可以通过使用常规的 db("转储字节")命令查看该位置的内存内容。

```
0:000> !do 01edb318
<Note: this object has an invalid CLASS field>
0:000> $ dump memory starting at the header of the last good (previous) object
0:000> db 01edb308-4
[PREVIOUS OBJECT - "GOOD"]
[HEADER] 00 00 00 00 [OBJECT POINTER] [Method Table] c4 48 05 5b
[SIZE] 03 00 00 00 [ELEMENTS] 01 02 03 [END OF OBJECT]
```

```
[UNUSED] 04
[NEW OBJECT - "BAD"]
[HEADER] 05 06 07 08 [OBJECT POINTER] [Method Table] 09 0a 05 5b
[SIZE] 0a 00 00 00 [ELEMENTS] 01 02 03 04 05 06 07 08 09 0a...
```

在前面的清单中，详细介绍了 db 命令的格式化输出，这样更容易理解。如图 8-7 所示，每个一维原始类型数组都有一个整数长度，紧随其后的是元素值。与其他任何 .NET 对象一样，对象的总大小都包括一个额外的头部字段（也称为同步块）并位于实际对象指针的前面。然后对象会以一个指向方法表结构（类似于 C++ 虚函数表）的指针开头，该结构描述托管对象的类型。在前面的例子中，"完好"对象总大小为 15 字节，这与之前!do 命令报告的一致。

图 8-7　.NET 非指针元素一维数组布局

有了这些知识，你现在可以形成一个导致堆破坏的原因的理论。在前面的调试器清单中，看起来第二个（"坏的"）对象是一个带有无效方法表指针（以及同步块头）的 10 元素数组，因为在第一个字段中的两个主要字节大概已经被之前（"完好"）的 3 元素数组拷贝越界覆盖而导致缓冲区溢出。通过在调试中断时查看托管调用栈，现在是时候结束调试会话了，然后查看出现在调用栈上的程序帧。在这个例子中，很容易通过检查源代码发现 Test.Main 方法框架中不安全的 memcpy 调用错误。

```
0:000> $ Terminate the debugging session now that you found the call site of the bug...
0:000> q
```

如果垃圾回收远在堆破坏发生之后，那么有时可能很难通过堆的状态找到堆破坏的发生位置。因此，你可能还想增加垃圾回收的次数，使得 COMPLUS_HeapVerify 设置导致更频繁的堆验证。这可以通过使用称为 GCStress 的内部 CLR 配置来实现。

 警告：诸如 HeapVerify 和 GCStress CLR 设置都没有被正式文档化。GCStress 设置还会导致目标进程运行得非常缓慢（特别是如果应用程序很大的话）。因此，你应该只在迫不得已并用尽所有其他选项（例如你将在下节中学到的一个用于处理托管/本地堆转换时的常见堆破坏）之后才使用它。

在前面的托管堆破坏例子中，使用 COMPLUS_GCStress 设置会导致目标进程结束得很快，这表明是第一个 memcpy 破坏了堆，如图 8-8 所示。事实上，在前面的例子中，即使没有使用人造循环来增加在进程生命周期中命中非法访问的概率，也能通过额外的设置命中调试中断。

```
C:\book\code\chapter_08\GcHeapCorruption>set COMPLUS_HeapVerify=1
C:\book\code\chapter_08\GcHeapCorruption>set COMPLUS_GCStress=3
C:\book\code\chapter_08\GcHeapCorruption>"C:\Program Files\Debugging Tools for Windows (x86)\
windbg.exe" test.exe
```

```
...
0:000> g
(1a2c.1fac): Access violation - code c0000005 (first chance)
...
0:000> .symfix
0:000> .reload
0:000> .loadby sos clr
0:000> !clrstack
Child SP IP      Call Site
003bf3bc 65ed1d3e [PrestubMethodFrame: 003bf3bc] Test.PrintByteArray(Byte[])
003bf3cc 00270111 Test.Main()
0:000> q
```

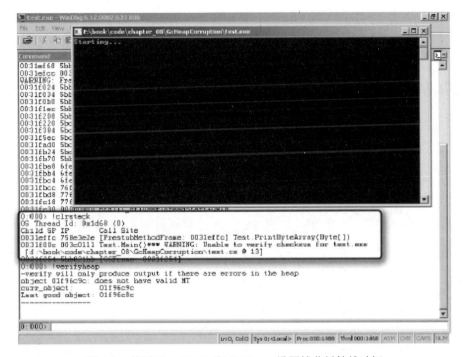

图 8-8　使用 HeapVerify 和 GCStress 设置捕获托管堆破坏

你现在能够使用位于调用栈顶部的代码命中调试中断了。所有你需要做的就是查看程序中 Main 函数的源代码并检查 PrintByteArray 函数之前的函数调用。这个例子中，会立即指向 Memcpy 方法作为 CG 堆破坏的最初来源。

托管调试助手

虽然前面的例子是一个 C#程序中使用不安全代码（原始内存指针）导致的堆破坏错误，但.NET 程序中大部分 GC 堆破坏都发生在托管代码试图与本地的代码进行交互时。幸运的是，这种类型的 GC 破坏也容易调试，尽管增加垃圾回收频次并在每次垃圾回收时进行堆验证的思想仍然是这些调查分析的中心。

CLR 支持两种专门设置在"托管到未托管""未托管到托管"的转换过程触发垃圾回收，当托管对象明确不再需要有根（不再被引用）时，可以通过搬移或回收它们来减少与 GC 事件相关的不可预测性。请记住，在.NET 程序中调用的本地代码完全忽略垃圾回收，因此调用过程中传递到本地代码的对象地址必须保持固定,并且每次转换之前发生的垃圾回收将暴露未适当固定的对象的所有错误。

这些设置通过使用两个特殊的 CLR 托管调试助手(Managed Debugging Assistants,MDAs)进行控制。托管调试助手提供服务的目的在许多方面与映像文件执行选项(IFEO)类似。不同的是,前者是让你配置.NET 程序中的执行引擎,而 IFEO 配置让你能够控制操作系统执行用户态(包括托管和本地)程序的方式。如果你正编写一个直接调用本地代码的.NET 应用程序,应该清楚地考虑在启用 MDAs 的情况下运行这些测试用例,以主动捕获你的交互层可能存在的所有潜在错误。所支持的 MDA 完整列表可以在 MSDN 网站上找到,其中还包括两个将在本节中用到的 MDA。

```
//
// C:\book\code\chapter_08\PInvokeCorruption>test.cs
//
public static void Main()
{
    byte[] buffer = new byte[8]; // <<< window title text will be truncated
    IntPtr hwnd = FindWindow("notepad", null);
    if (hwnd != IntPtr.Zero)
    {
        // BUG! the nMaxCount parameter passed in exceeds the destination
        // buffer's size
        GetWindowText(hwnd, buffer, 256);
        Console.WriteLine(System.Text.UnicodeEncoding.Unicode.GetString(buffer));
        Console.WriteLine("Success");
    }
}

[DllImport("user32.dll", CharSet = CharSet.Auto)]
internal static extern int GetWindowText(
    IntPtr hWnd,
    [Out] byte[] lpString,
    int nMaxCount
    );

[DllImport("user32.dll", CharSet = CharSet.Auto)]
internal static extern IntPtr FindWindow(
    string lpClassName,
    string lpWindowName
    );
```

这个程序试图获取运行时 notepad.exe 实例的窗口标题。看起来它在运行过程中也没有遇到任何问题,尽管已经存在一个严重的堆破坏错误。但请记住,内存破坏并不都是立即导致崩溃,而往往是在你添加不相关代码到程序中时发生,这使它们更难以重现和分析。

```
C:\book\code\chapter_08\PInvokeCorruption>notepad.exe
C:\book\code\chapter_08\PInvokeCorruption>test.exe
Starting...
Unti
Success
```

在本书配套源代码中的相同目录下,包含了一个在"托管到未托管""未托管到托管"的代码转换过程中启用垃圾回收的配置文件。

```xml
<!-- test.exe.mda.config -->
<mdaConfig>
  <assistants>
    <gcManagedToUnmanaged/>
    <gcUnmanagedToManaged/>
  </assistants>
</mdaConfig>
```

然而，为了让这些设置生效，还需要设置另一个环境变量（COMPLUS_Mda），它指示 CLR 在应用程序启动时从配置文件中读取 MDA。

```
C:\book\code\chapter_08\PInvokeCorruption>set COMPLUS_MDA=1
C:\book\code\chapter_08\PInvokeCorruption>"C:\Program Files\Debugging Tools for Windows (x86)\
windbg.exe" test.exe
...
0:000> .symfix
0:000> .reload
0:000> g
(b38.1170): Access violation - code c0000005 (first chance)
clr!WKS::gc_heap::relocate_address+0xb:
5b738f7f 8b38            mov     edi,dword ptr [eax]  ds:0023:01fb2000=????????
0:000> k
ChildEBP RetAddr
002eea70 5b739d81 clr!WKS::gc_heap::relocate_address+0xb
002eea98 5b7392eb clr!WKS::gc_heap::relocate_survivors_in_plug+0x78
002eeacc 5b73909b clr!WKS::gc_heap::relocate_survivors+0x72
002eeb08 5b736035 clr!WKS::gc_heap::relocate_phase+0x76
002eebe4 5b7359b4 clr!WKS::gc_heap::plan_phase+0x851
002eec08 5b735f55 clr!WKS::gc_heap::gc1+0x140
002eec8c 5b735d02 clr!WKS::gc_heap::garbage_collect+0x3ae
002eecb8 5b6b5d0d clr!WKS::GCHeap::GarbageCollectGeneration+0x17b
002eecc8 5b6b5d4d clr!WKS::GCHeap::GarbageCollectTry+0x24
002eece8 5b79f45d clr!WKS::GCHeap::GarbageCollect+0x69
002eed60 5b8b6441 clr!TriggerGCForMDAInternal+0xb9
...
0:000> .loadby sos clr
0:000> !clrstack
System.StubHelpers.StubHelpers.TriggerGCForMDA()
0020edcc 003b09a2 DomainBoundILStubClass.IL_STUB_PInvoke(IntPtr, Byte[], Int32)
0020edd0 003b0201 [InlinedCallFrame: 0020edd0] Test.GetWindowText(IntPtr, Byte[], Int32)
0020ee74 003b0201 Test.Main()
```

可以借助 MDA 来反复重现堆破坏，这通常已是分析内存破坏原因成功的一半。你可以应用本节早些时候展示的相同技术来调试这个堆破坏——包括使用 SOS 扩展中的!veryfyheap 和 COMPLUS_HeapVerify 钩子——期望在这种情况下能更容易跟踪被破坏的对象，因为它们可能直接来自 P/Invoke，并正好触发 MDA（本例中的 Test.GetWindowText）。

8.3 调试栈破坏

与堆破坏归因于复杂的调试钩子不同，栈上的错误有时会更难诊断，因为程序会在更多方面使用保存在栈上的值。所以，潜在的栈内存错误有时会在引起程序故障之前的很长时间内不被发现。

本节将介绍几个高级策略，以帮助你在面对栈破坏时能够入手。还会有一些场景，需要针对导致栈破坏的代码路径进行更深入分析。然而一般来说，即使这些场景会使用相同的调试技术，但解决问题的具体分析方法却一直存在差异，需要有条理地形成多种假设，然后细细体会并逐步消除其中非真实的假设，直到你能够解开谜团并找到正确的解决方法。

8.3.1 基于栈的缓冲区溢出

导致栈内存破坏的一种常见情况是，当局部数组变量由于编码错误超出限制时，会引起数据对缓冲区越界写并可能覆盖更高地址栈上的值，如函数的返回地址。在第 2 章中，你已了解到在标准调用约定中栈是如何控制函数参数和局部变量的，即使你正调试只有微软公共符号的系统代码，也可以用这些知识来获取那些值。被忽略的一个细节是，编译器通常还要在当前帧指针和局部变量之间插入额外的值。编译器是基于启发式实现这一点的，例如包括被调用函数的局部变量类型以及它是否是数组类型等。这个值是针对缓冲区溢出的保护，可通过使用 VC++编译器标志 /GS 来添加，如图 8-9 所示。

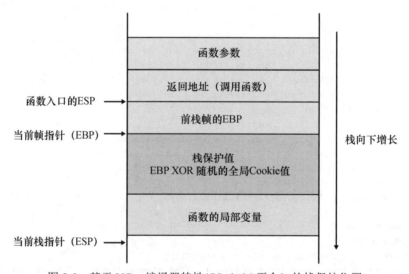

图 8-9　基于 VC++编译器特性/GS（x86 平台）的栈保护位置

通过引入这个栈保护值，编译器能够插入代码，以便在函数返回之前通过将它与模块中的全局 cookie 值比较来检查其一致性，这更能抵御来自栈上的局部变量越界。例如，如果局部变量数组元素越界，栈保护值将会被修改而模块中的全局 cookie（驻留在程序的某个节中，通常远离栈空间）变量保持不变。当检测到这种情况时，由 VC++编译器插入的一致性保护检查代码会立即结束进程，而不会允许栈上的返回地址被恶意缓冲区覆盖，从而阻止了这类缓冲区溢出利用的发生。顺便补充一句，这也意味着栈内存破坏能在恶意函数将控制权返回给调用者之前被迅速检测到。

 警告：幸运的是，在 DDK 和 Visual Studio 2010 环境下，/GS 开关都是默认打开的。很明显，在编译你的 C/C++代码时不应该禁用该选项，因为其安全方面的好处远大于因增加生成代码而带来的较小性能损失。

为实际了解栈保护的一致性检查,编译并运行本书配套源代码中的下列 C++ 程序,这与本章前面展示过的堆破坏例子类似,只是目的缓冲区现在变成了栈上的局部变量。

```
//
// C:\book\code\chapter_08\StackCorruption\BufferOverflow>main.cpp
//
static
HRESULT
MainHR()
{
    WCHAR pwszBuffer[] = L"12";
    const WCHAR* pwszStringToCopy = L"abcdefghijklmnopqrstuvwxyz";

    ChkProlog();

    // BUG! destination buffer is smaller than the number of bytes copied
    wcscpy(pwszBuffer, pwszStringToCopy);
    wprintf(L"Copied string is %s\n", pwszBuffer);

    ChkNoCleanup();
}
```

一旦运行这段代码,你将看到程序会早早退出并附带下列栈跟踪信息,这表明由编译器生成的代码(__report_gsfailure)确实立即捕获了基于栈的缓冲区溢出。

```
C:\book\code\chapter_08\StackCorruption\BufferOverflow>"C:\Program Files\Debugging Tools for
Windows (x86)\windbg.exe" objfre_win7_x86\i386\StackCorruption.exe
...
0:000> g
STATUS_STACK_BUFFER_OVERRUN encountered
(ea0.484): Break instruction exception - code 80000003 (first chance)
...
0:000> .symfix
0:000> .reload
0:000> k
ChildEBP RetAddr
000df658 001419f5 kernel32!UnhandledExceptionFilter+0x5f
000df98c 001412cc StackCorruption!__report_gsfailure+0xce
000df9a0 006a0069 StackCorruption!CMainApp::MainHR+0x53 [c:\book\code\chapter_08\
stackcorruption\bufferoverflow\main.cpp @ 20]
...
0:000> q
```

8.3.2 在栈破坏分析中使用数据断点

数据断点在跟踪栈破坏发生位置方面特别有用,因为假设你知道程序执行过程的内存破坏地址,它们可以让你在内存即将被破坏时中断进入调试器。在前面的栈缓冲区溢出例子中,你能够确定 MainHR 函数中的代码出现栈内存破坏,但仍然不清楚破坏发生的确切位置。在这个特殊例子中,快速的代码审查已足以确定该问题,但在其他场景中可能并不那么容易。

可以使用数据断点(写断点)让调试器帮助你找到栈保护值被破坏的原因。例如,可以在 MainHR 函数中设置一个断点,让目标程序执行到该函数汇编语言中栈保护值被操作的位置,然后设置数据断点来"观察"栈保护内存位置的写修改，如下面的清单所示。

```
0:000> vercommand
command line: '"c:\Program Files\Debugging Tools for Windows (x86)\windbg.exe"
c:\book\code\chapter_08\StackCorruption\BufferOverflow\objfre_win7_x86\i386\StackCorrupt
ion.exe'
0:000> bp StackCorruption!CMainApp::MainHR
0:000> g
Breakpoint 0 hit
StackCorruption!CMainApp::MainHR:
0:000> u
StackCorruption!CMainApp::MainHR
[c:\book\code\chapter_08\stackcorruption\bufferoverflow\main.cpp @ 9]:
00bd14c2 8bff            mov     edi,edi
00bd14c4 55              push    ebp
00bd14c5 8bec            mov     ebp,esp
00bd14c7 83ec0c          sub     esp,0Ch
00bd14ca a10030bd00      mov     eax,dword ptr [StackCorruption!__security_cookie (00bd3000)]
00bd14cf 33c5            xor     eax,ebp
00bd14d1 8945fc          mov     dword ptr [ebp-4],eax
00bd14d4 56              push    esi
0:000> g 00bd14d4
StackCorruption!CMainApp::MainHR+0x12:
00bd14d4 56              push    esi
0:000> ba w4 (ebp-4)
```

现在已经激活这个断点，你可以让目标继续执行直到它准确中断在缓冲区溢出发生的位置（即在调用 wcscpy 函数的地方），然后满意地进行观察，如图 8-10 所示。

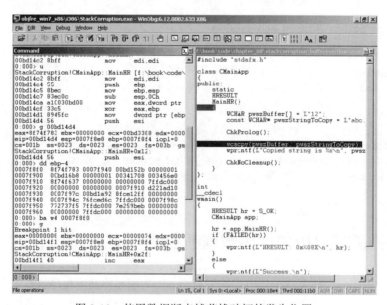

图 8-10　使用数据断点捕获栈破坏的发生位置

8.3.3　重构损坏栈的调用帧

在一些栈内存的破坏中，栈的状况可能是这样的：常规的调试器 k 命令无法正确重构线程调用栈。这是因为 k 命令依赖于保存在栈上的帧指针和返回地址链,所以如果这个链本身损坏了它可能就不起作用,但也并不是没有希望了。在本章前面"调试扩展命令!heap"一节中提到的 dps 命令依然可以用于手动遍历栈并将原始地址(包括保存在栈内存中的合法返回地址)解码成它们对应的符号,即使链中有些返回地址已损坏。

为实际了解这一点,思考配套源代码中的下列程序。其中,FunctionCall4 函数前面的帧指针和返回地址值被故意覆盖,以使得常规的 k 命令不起作用。

```cpp
//
// C:\book\code\chapter_08\StackCorruption\BadCallStack>main.cpp
//
DECLSPEC_NOINLINE
static
VOID
FunctionCall4()
{
    volatile PVOID p;
    wprintf(L"Local variable address is %x\n", &p);
    //
    // Overwrite the saved frame pointer and return address using offsets
    // from the address on the stack of the local variable
    //
    *(&p + 1) = 0;
    *(&p + 2) = 0;
    *(&p + 3) = 0;
    *(&p + 4) = 0;
    DebugBreak();
}
```

当运行这个程序后,会发现在调试中断时 k 命令无法重建调用栈。请注意,该命令的输出在函数 FunctionCall4 之后就立即终止了,无法进一步遍历栈,如下面的清单所示。

```
0:000> vercommand
command line: '"c:\Program Files\Debugging Tools for Windows (x86)\windbg.exe"
c:\book\code\chapter_08\StackCorruption\BadCallStack\objfre_win7_x86\i386\BadCallStack.exe'
0:000> g
(11b8.b84): Break instruction exception - code 80000003 (first chance)
KERNELBASE!DebugBreak+0x2:
0:000> k
ChildEBP RetAddr
000af9ec 000314a5 KERNELBASE!DebugBreak+0x2
000af9fc 00000000 BadCallStack!CMainApp::FunctionCall4+0x2c [c:\book\code\chapter_08\
stackcorruption\badcallstack\main.cpp @ 66]
```

幸运的是,dps 命令可以告诉你栈上的返回地址发生了什么,这在栈内存破坏中是非常有用的,此时 k 命令不起作用,正如本例所示的那样。dps 命令接收一个内存地址作为参数,每次从该地址开始遍历内存,试图将每个值作为符号名来解释。它还接收另一个参数(可选)来指定具体应从该地址后面读取多少字节。如果你从栈指针寄存器指示的当前内存地址开始,可以看到该线程调用栈的其他部分,如下面的清单所示。

```
0:000> dps esp L40
000af9f0 000314a5 BadCallStack!CMainApp::FunctionCall4+0x2c
[c:\book\code\chapter_08\stackcorruption\badcallstack\main.cpp @ 66]
```

```
000af9f4 00031178 BadCallStack!'string'
000af9f8 00000000
000af9fc 00000000
000afa00 00000000
000afa04 00000000
000afa08 00031649 BadCallStack!CMainApp::FunctionCall2+0x16
[c:\book\code\chapter_08\stackcorruption\badcallstack\main.cpp @ 37]
000afa0c 76aa5de3 msvcrt!wprintf
000afa10 0003169e BadCallStack!CMainApp::FunctionCall1+0x16
[c:\book\code\chapter_08\stackcorruption\badcallstack\main.cpp @ 27]
000afa14 76aa5de3 msvcrt!wprintf
000afa18 0003171a BadCallStack!CMainApp::MainHR+0x16
[c:\book\code\chapter_08\stackcorruption\badcallstack\main.cpp @ 15]
000afa1c 00000001
000afa20 0003173a BadCallStack!wmain+0x8
[c:\book\code\chapter_08\stackcorruption\badcallstack\main.cpp @ 75]
000afa24 00000001
000afa28 000318c7 BadCallStack!__wmainCRTStartup+0x102
...
0:000> $ Terminate this debugging session now...
0:000> q
```

当然，栈上的某些值并不代表代码位置，所以它们不会有相应的符号。这就是为什么在使用 dps 命令时，会看到一个不连续的栈，这与使用 k 命令时顺畅的输出不同。相反，dps 命令还可能根据存储在栈上的函数指针转储错误帧并作为局部变量或函数参数，因此在查看命令输出时也应过滤那些内容。

8.4 调试栈溢出

每个线程都有一个用户态和内核态的栈，它们都不超过一个最大内存空间。当线程在系统调用过程中转换到内核态时会使用内核态栈。这个栈独立于线程的用户态栈，以确保代码在用户态下不能控制内核安全。

用户态和内核态栈用于保存局部变量，并能跟踪函数参数及其返回地址。与用户态栈相比（由链接器默认为 C++程序设置为 1MB），内核态栈相对较小（16KB），尽管在调用 Win32 API 创建线程时可以动态使用非 0 的 dwStackSize 参数覆盖上述默认值。栈上的 1MB 页面最初只是保留，但随着栈的增加会由内存管理器逐个提交。

8.4.1 理解栈溢出

如果操作系统内存管理器由于系统内存临时不足的情况而无法扩展栈，将会发生栈溢出。然而，更常见的栈溢出情况会在你耗尽栈上所有可用空间（1MB）且不能再存放任何内容时发生。这通常是过度使用栈空间导致的。例如，下面的场景会导致出现这种情况。

- 一个无限递归的循环错误。
- 过度使用分配的大块栈，如调用栈上函数的局部变量数组。
- 过度使用动态分配的栈内存，通过直接调用 C 运行时（CRT）函数 _alloca 或者间接调用一个实现该功能的函数。例如 A2WASCII-to-Unicode ATL 转换宏，在终结之前将调用上述 CRT 函数。

下列 C++例子展示了最后一种情况。

```
//
// C:\book\code\chapter_08\StackOverflow>main.cpp
//
class CMainApp
{
public:
    static
    HRESULT
    MainHR()
    {
        const char* pszTest = "Test";
        int n;

        ChkProlog();

        USES_CONVERSION;
        for (n = 0; n < 1000000; n++)
        {
            wprintf(L"%s: %d.\n", A2W(pszTest), n);
        }

        ChkNoCleanup();
    }
};
```

当编译并运行这个程序时,你会发现它很早就消失并退出了——但没有本地 JIT 调试器——经过几次短暂迭代后它会打印输出百万行信息。

```
C:\book\code\chapter_08\StackOverflow\objfre_win7_x86\i386>StackOverflow.exe
Test: 0.
Test: 1.
...
Test: 15454.
Test: 15455.
```

8.4.2 调试命令 kf

在 WinDbg 下运行前面的程序时,你可以很容易地看到一个未处理的栈溢出 SEH 异常来为进程的过早结束负责,如下面的清单所示。

```
0:000> vercommand
command line: '"c:\Program Files\Debugging Tools for Windows (x86)\windbg.exe"
c:\book\code\chapter_08\StackOverflow\objfre_win7_x86\i386\StackOverflow.exe'
0:000> g
(18b4.1db4): Stack overflow - code c00000fd (first chance)
0:000> g
(18b4.1db4): Stack overflow - code c00000fd (!!! second chance !!!)
0:000> .symfix
0:000> .reload
```

```
0:000> k
ChildEBP RetAddr
00163010 75483b6b kernel32!WriteConsoleA+0x10
0016306c 76b44fc6 kernel32!WriteFile+0x7f
00163628 76b44da3 msvcrt!_write_nolock+0x3fb
0016366c 76b3f57e msvcrt!_write+0x9f
0016368c 76b5ccb5 msvcrt!_flush+0x3a
0016369c 76b56531 msvcrt!_ftbuf+0x1d
001636ec 00941a93 msvcrt!wprintf+0x69
0006faa8 00241556 StackOverflow!CMainApp::MainHR+0x51
[c:\book\code\chapter_08\stackoverflow\main.cpp @ 19]
0006fab0 002416e3 StackOverflow!wmain+0x8
[c:\book\code\chapter_08\stackoverflow\main.cpp @ 32]
...
```

栈溢出发生时,由线程执行的函数调用(kernel32!WriteConsoleA)显然不是直接导致溢出的函数。为确定"罪魁祸首",你可以使用调试命令 kf,它会显示每个调用栈帧所使用的内存大小,允许你快速确定导致线程栈空间耗尽的函数。在下列清单中,你可以看到 MainHR 函数消耗了大部分栈空间,因此可能导致栈溢出异常。

```
0:000> kf
   Memory  ChildEBP RetAddr
           00163010 75483b6b kernel32!WriteConsoleA+0x10
       5c  0016306c 76b44fc6 kernel32!WriteFile+0x7f
      5bc  00163628 76b44da3 msvcrt!_write_nolock+0x3fb
       44  0016366c 76b3f57e msvcrt!_write+0x9f
       20  0016368c 76b5ccb5 msvcrt!_flush+0x3a
       10  0016369c 76b56531 msvcrt!_ftbuf+0x1d
       50  001636ec 00941a93 msvcrt!wprintf+0x69
    3c214  0019f900 00941acd StackOverflow!CMainApp::MainHR+0x51
       1c  0019f91c 0094299d StackOverflow!wmain+0x13
0:000> $ Terminate this debugging session now that you uncovered the culprit function...
0:000> q
```

此时你仍不知道为什么这个函数会在栈上分配如此多的空间,因为你未曾在栈上直接分配过任何内存。然而,通过快速浏览 ATL 源代码中的 atlconv.h,了解到宏 A2W 使用 _alloca 来分配栈上空间,并使用 unicode 形式的字符串填充分配的空间(使用 AtlA2WHelper,它定义为相同头文件中的内联函数)。一般情况下,应避免在程序中使用 A2W ATL 宏,而直接使用 Win32 API MultiByteToWideChar 或者将这个宏封装在一个助手函数中,以使得栈上的 _alloca 分配是临时的。

在一个大循环或递归调用中分配栈空间从来都是不明智的,上述例子很好地说明了这么做带来的危害。试图减少堆分配数量而替换为使用栈上的缓冲区有时可能比较诱人,但过度使用这种方法则会弊大于利。事实上,性能问题很可能和堆分配无关,所以通常应在优化之前先使用分析工具跟踪你的瓶颈问题。

8.5 调试句柄泄露

句柄在 Windows 中是对执行对象的用户态引用。未能正常关闭这些对象句柄可能导致相应的执行对象直到进程最后结束之前都处于活动状态,其句柄表最终由操作系统停止。许多开发人员没有意识到这种错误,因为在任务管理器中,句柄泄露对应用程序用户态内存消耗并不是很严重。然而,句柄泄露有时比用户态内存泄露更加严重,因为泄露的内存来自系统中所有进程共享的内核态内存池。

8.5.1 句柄泄露例子

对于短暂存活的进程,句柄泄露错误的影响会有所减轻,因为它会在进程退出时消失。然而,对于长时间存活的进程,如 Windows 服务,句柄泄露则可能成为严重的问题。例如,在 IIS(Internet information server)Web 服务器例子中,一个写得很糟的 ASP.NET 应用程序(使用 Win32 API advapi32!LogonUserW,但在完成使用后未仔细关闭获得的访问令牌句柄)将会导致令牌对象保持存活,并逐步泄露内核态内存空间直到服务器内存耗尽。

选择这个例子并不完全是巧合,因为这个特殊函数并不是由.NET 框架(至少不在其早期版本)本地暴露的,并且,ASP.NET 应用程序需要通过 P/Invoke 直接调用,才能有忘记关闭访问令牌句柄的可能。下面的 C#程序就遭遇了这样的问题。

```
//
// C:\book\code\chapter_08\HandleLeak>HandleLeak.cs
//
public class Leak
{
    public static void Main()
    {
        //
        // Loop indefinitely to simulate a progressive handle leak
        //
        IntPtr userToken = IntPtr.Zero;
        for ( ; ; )
        {
            if (!LogonUserW(
                @"test_user_hl", @"localhost", @"$a1234%BC",
                LOGON32_LOGON_NETWORK_CLEARTEXT, LOGON32_PROVIDER_DEFAULT,
                out userToken))
            {
                throw new Win32Exception(Marshal.GetLastWin32Error());
            }
            // BUG! missing call to CloseHandle(userToken)
        }
    }
}
```

当运行这个程序(见图 8-11)时,你会发现由任务管理器报告的句柄计数似乎是无限增长的。此外,你会发现归属于这个 C#程序的内核内存(在图 8-11 中由 Paged Pool 和 NP Pool 列表示)似乎也是无限增长的。请注意,你需要提升到管理员权限的命令提示符运行这个实验(至少运行辅助的 adduser.bat 批处理脚本),因为添加或删除本地用户账户需要完全的管理权限。

```
C:\book\code\chapter_08\HandleLeak>taskmgr.exe
C:\book\code\chapter_08\HandleLeak>adduser.bat
C:\book\code\chapter_08\HandleLeak>HandleLeak.exe
```

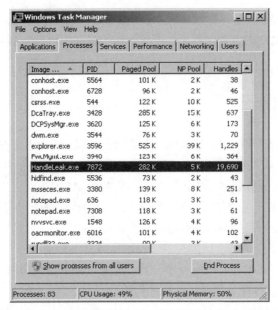

图 8-11　任务管理器界面中的句柄计数和内核内存使用列

8.5.2　调试扩展命令!htrace

观察到前面程序中句柄数量的稳定上升趋势，表明句柄泄露可能是在逐步发生的。用于跟踪句柄泄露潜在根源的下一个步骤通常是首先找出泄露的句柄类型，然后是确定句柄分配的位置。幸运的是，Windows 调试扩展命令!htrace 可用于自动完成这项工作。

!htrace 是如何工作的

扩展命令!htrace 利用了 Windows 内核中的句柄跟踪支持。当为某个用户态进程开启这种跟踪模式时，内核会针对进程中新句柄的打开和关闭一直跟踪额外的信息。有了这个日志支持，跟踪每个句柄的状态就更容易，包括创建调用栈。NTDLL 层为用户态调试器提供了一个私有 API，以查询这些信息并获取目标进程中所有句柄的快照。这正是扩展命令! htrace 的工作原理。特别地，当该命令用于用户态调试会话时还支持下列选项。

- !htrace–enable　该命令为目标用户态进程启用句柄跟踪。如果你已经为进程启用了应用程序验证器工具，那么这就不是必需的；但如果你想要在运行时不重启目标的情况下动态启用跟踪，那么这就是需要的。这个选项也可以捕获进程句柄表中的句柄快照。
- !htrace–disable　该命令为目标用户态进程禁用句柄跟踪。如果你正操作一个需保持运行的服务器进程，在你调试结束时请不要忘记关闭，因为句柄跟踪会消耗宝贵的内核内存，不应该在实时服务器上长期启用。
- !htrace–snapshot　该命令向内核查询记录在目标进程句柄表中的一组句柄。
- !htrace–diff　该命令是一个方便的选项，它捕获新的快照并自动将它与前面用-snapshot 或-enable 选项获得的快照进行对比。

上述选项只在用户态调试器中实现，在内核态调试中!htrace 命令是不可用的，对此，至今没有令人信服的理由解释为何如此，只是没有必要实现该扩展命令功能的内核调试器版本。然而，有其他使用场景可同时在用户态和内核态调试会话使用,因为!htrace 在这两种情况下也可用来转储与用户态进程指定句柄(或所有句柄)相关联的跟踪信息。

实际操作!htrace

作为对!htrace 命令使用方法的实际说明,现在用它跟踪本节前面部分.NET 程序中发生的明显令牌句柄泄露的根本原因,假设所有你知道的就是在任务管理器中观察到的,即进程句柄数似乎是无限增长的。你还可以在不重启进程的前提下进行分析,这就像是一个实时产品服务器进程。当目标进程运行时,可以附加用户态调试器 windbg.exe(使用 F6 快捷键或-pn 命令行选项),并使用!htrace 命令及-enable 选项为目标进程打开句柄跟踪,如下面的清单所示。

```
"C:\Program Files\Debugging Tools for Windows (x86)\windbg.exe" -pn HandleLeak.exe
0:004> .symfix
0:004> .reload
0:004> !htrace -enable
Handle tracing enabled.
Handle tracing information snapshot successfully taken.
0:004> g
```

让目标运行几秒后,可以再次中断进入调试器(使用 Debug\Break 菜单操作),并使用!htrace 命令的-diff 选项捕获第二个快照。-diff 选项也会将当前快照(第二个)与之前用-enable 选项获取的快照进行比较,如下面的清单所示。

```
(14c4.182c): Break instruction exception - code 80000003 (first chance)
ntdll!DbgBreakPoint:
772440f0 cc              int     3
0:007> !htrace -diff
Handle tracing information snapshot successfully taken.
0x5b3 new stack traces since the previous snapshot.
Ignoring handles that were already closed...
Outstanding handles opened since the previous snapshot:
--------------------------------------
Handle = 0x0000739c - OPEN
Thread ID = 0x00000c80, Process ID = 0x00000260

0x772558a4: ntdll!NtDuplicateObject+0x0000000c
0x75147b65: +0x75147b65
0x751177ab: +0x751177ab
0x75117c08: +0x75117c08
0x7520188b: +0x7520188b
0x76b904e8: RPCRT4!Invoke+0x0000002a
0x76bf5311: RPCRT4!NdrStubCall2+0x000002d6
0x76bf431d: RPCRT4!NdrServerCall2+0x00000019
0x76b9063c: RPCRT4!DispatchToStubInCNoAvrf+0x0000004a
0x76b907ca: RPCRT4!RPC_INTERFACE::DispatchToStubWorker+0x0000016c
0x76b906b6: RPCRT4!RPC_INTERFACE::DispatchToStub+0x0000008b
0x76b876db: RPCRT4!LRPC_SCALL::DispatchRequest+0x00000257
0x76b90ac6: RPCRT4!LRPC_SCALL::QueueOrDispatchCall+0x000000bd
0x76b90a85: RPCRT4!LRPC_SCALL::HandleRequest+0x0000034f
--------------------------------------
Handle = 0x00007398 - OPEN
Thread ID = 0x00000c80, Process ID = 0x00000260
```

```
0x772558a4: ntdll!NtDuplicateObject+0x0000000c
0x75147b65: +0x75147b65
0x751177ab: +0x751177ab
0x75117c08: +0x75117c08
0x7520188b: +0x7520188b
0x76b904e8: RPCRT4!Invoke+0x0000002a
0x76bf5311: RPCRT4!NdrStubCall2+0x000002d6
...
```

前面的清单给出了一组句柄，这些句柄由进程打开，但在两次快照之间的时间间隔内并未关闭。请注意，几次创建调用栈看起来出奇地相似，这表明某一调用位置可能就是句柄泄露根源。你可以使用扩展命令!handle 来确认所有这些句柄是否都用于访问令牌句柄。例如，下列命令显示并转储前面某个已打开句柄的属性。

```
0:007> !handle 0x0000739c f
Handle 739c
  Type          Token
...
```

现在你已知道这是一个令牌句柄，可以使用!token 命令来查看它是否与你之前运行这个实验时创建的测试账号相对应，如下面的清单所示。

```
0:007> !token -n 0x0000739c
TS Session ID: 0x1
User: S-1-5-21-3268063145-3624069009-1332808237-1016 (User: tariks-lp03\test_user_hl)
Groups:
...
```

为进一步分析并找到这些令牌句柄在目标应用中的创建位置，有必要仔细理解以下两个方面。

- 这个列表中的句柄不一定是真正的泄露，因为它们仍然有可能在后续进程中被程序关闭。然而，这提供了一个缩小范围的潜在句柄泄露子集以帮助分析。
- 前面命令显示的句柄都是相对于目标进程的。然而，它们可能已经在不同的进程上下文中创建！当另一个进程使用 Win32 API DuplicateHandle 来复制本进程的某个句柄时这就会发生，该 API 函数将目标进程（hTargetProcessHandle）作为 API 调用的第三个参数。虽然这是一个典型的极端例子，但目前的泄露例子恰恰属于这种罕见类型。

最后一点很关键，它有助于理解为什么你无法通过之前实验中!htrace –diff 命令显示的句柄来得到合适的调用栈。例如，假设你仔细查看由-diff 选项标识的第一个句柄并将它作为潜在的句柄泄露，你会发现它其实来自另一个进程，这也意味着在调用栈保存的地址值对于当前目标进程上下文而言是无意义的。为了看到正确的调用栈，需要解析那些相对于创建者进程（恰好是本地安全认证子系统进程 lsass.exe）的地址，你可以将!htrace 命令列出的创建者进程 ID 与.tlist 命令显示的 lsass.exe 进程 ID（PID）相匹配来确认这一点，如下面的清单所示。请注意，.tlist 命令以十进制方式显示进程 ID 值（0n 前缀），而!htrace 以十六进制方式（0x 前缀）显示。因此，?命令用于在这个清单中进行转换。

```
0:007> !htrace 0x0000739c
Handle = 0x0000739c - OPEN
Thread ID = 0x00000c80, Process ID = 0x00000260

0x772558a4: ntdll!NtDuplicateObject+0x0000000c
```

```
0x75147b65: +0x75147b65
0x751177ab: +0x751177ab
0x75117c08: +0x75117c08
0x7520188b: +0x7520188b
...
0:007> ? 0x00000260
Evaluate expression: 608 = 00000260
0:007> $ .tlist displays the process IDs in decimal format
0:007> .tlist
  0n608 lsass.exe
 0n5316 HandleLeak.exe
...
```

目前的策略是解析前面调用栈中相对于 lsass.exe 进程地址空间的地址。附加用户态调试器到 lsass.exe 进程以查看调用栈上地址对应的代码（在该进程上下文中解析），如果用户态调试器执行任何操作都要求来自冻结的 lsass.exe 进行立即响应，则可能导致系统死锁。因此，这种情况很适合使用实时内核调试会话，前提是需要进行唯一的静态内存检查。通过在实时内核调试器中将当前进程上下文设置到 lsass.exe，可以使用 !htrace 命令再次转储前面句柄（在这个实验中值为 0x739c）的跟踪信息，只是这一次你能够成功解析栈跟踪。

```
lkd> .symfix
lkd> .reload
lkd> !process 0 0 lsass.exe
PROCESS 934d7ad8 SessionId: 0 Cid: 0260 Peb:     7ffde000 ParentCid: 0214
    Image: lsass.exe
lkd> !process 0 0 handleleak.exe
PROCESS 84c8fbb0 SessionId: 1 Cid: 14c4 Peb:     7ffdf000 ParentCid: 1150
    Image: HandleLeak.exe
lkd> .process /r /p 934d7ad8
lkd> !htrace 0x0000739c 84c8fbb0
Process 0x84c8fbb0
ObjectTable 0xb921ad38

Handle 0x739C - OPEN
Thread ID = 0x00000c80, Process ID = 0x00000260

0x82c8665b: nt!NtDuplicateObject+0xD9
0x82a921fa: nt!KiFastCallEntry+0x12A
0x772558a4: ntdll!NtDuplicateObject+0xC
0x75147b65: lsasrv!LsapDuplicateHandle+0x86
0x751177ab: lsasrv!LsapAuApiDispatchLogonUser+0x6CB
0x75117c08: lsasrv!SspiExLogonUser+0x29C
0x7520188b: SspiSrv!SspirLogonUser+0x175
0x76b904e8: RPCRT4!Invoke+0x2A
0x76bf5311: RPCRT4!NdrStubCall2+0x2D6
0x76bf431d: RPCRT4!NdrServerCall2+0x19
0x76b9063c: RPCRT4!DispatchToStubInCNoAvrf+0x4A
0x76b907ca: RPCRT4!RPC_INTERFACE::DispatchToStubWorker+0x16C
0x76b906b6: RPCRT4!RPC_INTERFACE::DispatchToStub+0x8B
0x76b876db: RPCRT4!LRPC_SCALL::DispatchRequest+0x257
0x76b90ac6: RPCRT4!LRPC_SCALL::QueueOrDispatchCall+0xBD
0x76b90a85: RPCRT4!LRPC_SCALL::HandleRequest+0x34F
```

最后一个调用栈表示本地远程过程调用（RPC）的服务端，它由 Win32 API LogonUser 初始化。当新用户认证时，相应的令牌对象在 lsass.exe 进程内部构建。上述 API 返回到客户端进程的句柄值随后会被前面的调用栈创建，lsass.exe 会把自己的用户态句柄复制到客户端进程空间中新的执行令牌对象。你需要做的是检查目标应用程序的源代码并查找对 LogonUser 的调用，以发现是否有任何实例的代码未能关闭令牌句柄（该句柄从前面的 API 调用获得）。

现在你已经得出分析结论，可以通过使用 qd（"退出并解挂"）命令停止调试目标进程而不需要终止它。但需要记住，从目标分离之前应该禁用句柄跟踪，使它不再消耗宝贵的内核内存空间，如下面的清单所示。

```
0:007> !htrace -disable
Handle tracing disabled.
0:007> qd
```

使用!htrace 检查句柄泄露的限制

当使用!htrace 技术时，请注意以下两个限制。

- 该方法只适用于真正的内核句柄。不能使用扩展命令!htrace 追踪图形设备接口（GDI）句柄泄露或用户态结构中的非透明句柄泄露，例如 Win32 加密 API 的返回值（HCRYPTPROV、HCRYPTKEY 等）。
- 由内核句柄跟踪代码捕获的调用栈存在一个最大深度（超过即不可配置）。这意味着用户态栈太深可能会被截断。尽管如此，!htrace 仍是当前 Windows 上调试句柄泄露的主要工具选择，尤其在实时生产环境中可以动态打开它，而不必重启系统或目标进程，这一点是非常有用的。

8.6 调试用户态内存泄露

就像句柄泄露、内存泄露缺陷可以在软件的可靠性上造成严重后果，并导致不可预知的故障一样，用户态内存泄露错误可能发生在程序内存管理的每一层。例如，如果 VirtualAlloc API 调用与 VirtualFree 调用不能合适地配对可能直接导致虚拟内存泄露。类似地，虚拟内存可以通过堆分配间接泄露，像那些来自 NT 堆或任何构建于它之上的分配器（比如 C 运行时分配器），这些通常在用户态程序中更常见。

!htrace 命令采用的检测句柄泄露的底层思想在内存泄露检查中也起着核心作用。如果所有的分配以及它们各自的调用栈都记录在一个全局数据结构中并在释放时移除，就可以在任何时候为模块中的当前活动分配查询这个全局表以检查潜在的内存泄露。通过本节介绍的几个内存泄露调试钩子和工具，你将认识到这个基本思想。

8.6.1 使用应用程序验证器工具检测资源泄露

应用程序验证器工具可以用来检测资源泄露，包括内存泄露和句柄泄露。这种技术的明显优势是它的简单性，在内存泄露错误有机会变成严重的内存不足故障之前，可作为常规测试的一部分完成自动检测过程并主动发现这些错误。

然而，你需要注意两个重要的限制。

- 这种方法只能捕获 DLL 模块中的内存泄露。主执行程序中的泄露不被标记为调试器中的验证器停止。这让大多数新学习如何使用应用程序验证器检测资源泄露的人感到惊讶。在 DLL 模块条件下，泄露检查会在 DLL 模块卸载时插入，并且调用 kernel32!FreeLibrary 最终会转化为调用 verifier!AvrfpLdrUnloadDll。然而，在主进程退出时并没有这样的验证挂钩点。
- 对于句柄泄露，验证代码依靠句柄分配 API 重定向到验证器代码，因此并非所有句柄类型都被跟踪，只有其分配 API 被应用程序验证器钩子"补丁"的那些句柄才满足条件。特别地，为目标进程启用验证器钩子后，前一节例子中所示的令牌句柄泄露将不会被捕获，因为它发生在不同的进程（lsass.exe）上下文中。

尽管存在这些限制，但在软件开发或测试阶段需要让你的代码避免资源泄露时，该技术无疑是很有帮助的，你只需要在运行测试中启用应用程序验证器钩子就可以免费实现。

为了实际了解资源泄露验证器停止，请参考下列 C++示例。该例子中内部泄露了 DLL 模块中的堆分配（以及事件句柄）。

```
//
// C:\book\code\chapter_08\HeapLeak\DllHeapLeak>HeapLeak.cpp
//
BOOL
WINAPI
DllMain(
    __in HINSTANCE hInstance,
    __in DWORD dwReason,
    __in PVOID pReserved
    )
{
    switch (dwReason)
    {
        case DLL_PROCESS_ATTACH:
            ::DisableThreadLibraryCalls(hInstance);

            // BUG! Leaked NT heap memory allocation
            ::HeapAlloc(::GetProcessHeap(), 0, 50000);
            // BUG! Leaked event handle
            ::CreateEvent(NULL, FALSE, FALSE, NULL);
            break;
...
}
```

在这个实验中，使用 host.exe 动态加载前面的 DLL。DLL 的加载方法是直接调用 Win32 API LoadLibrary。首先使用应用程序验证器工具为目标进程映像名（host.exe）启用基本的应用程序验证器钩子（特别是泄露类型），如图 8-12 所示。

```
C:\Windows\system32\appverif.exe
```

如果你现在使用下面清单中调试命令 vercommand 显示的命令行来运行 host.exe，HeapLeak.exe 模块卸载时会立即命中两个验证器停止。第一个验证器停止对应于 NT 堆内存泄露，第二个对应于事件句柄泄露，如下面的清单所示。

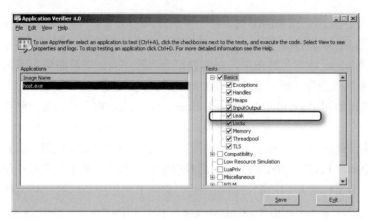

图 8-12　为 host.exe 启用基本的应用程序验证器钩子

```
0:000> vercommand
command line: '"c:\Program Files\Debugging Tools for Windows (x86)\windbg.exe"
c:\book\code\tools\dllhost\objfre_win7_x86\i386\host.exe
c:\book\code\chapter_08\HeapLeak\DllHeapLeak\objfre_win7_x86\i386\HeapLeak.dll'
0:000> .symfix
0:000> .reload
0:000> g
=======================================
VERIFIER STOP 00000900: pid 0x934: A heap allocation was leaked.
    0696ACB0 : Address of the leaked allocation. Run !heap -p -a <address> to get additional
information about the allocation.
    03E70E34 : Address to the allocation stack trace. Run dps <address> to view the allocation
stack.
...
0:000> g
=======================================
VERIFIER STOP 00000901: pid 0x934: A HANDLE was leaked.
    000001DC : Value of the leaked handle. Run !htrace <handle> to get additional information
about the handle if handle tracing is enabled.
    03E70E8C : Address to the allocation stack trace. Run dps <address> to view the allocation
stack.
...
```

当你在"basic Application Verifier hooks"中启用"Leak"类型后,目标进程中的验证代码会在全局(每个模块)数据结构中保存每次分配对应的栈跟踪。因此,当检测到泄露时,你能够使用 dps 命令来转储创建的调用栈数组,该数组之前用于保存泄露的资源。正如在前面清单中所看到的那样,验证器停止消息使用这个命令提供你的地址,表示指向保存的调用栈数组基地址的指针。

```
0:000> dps 03E70E34
...
03e70e40 00000000
03e70e44 6d361349 HeapLeak!DllMain+0x2a
03e70e48 6d361642 HeapLeak!__DllMainCRTStartup+0xe1
...
03e70e70 753a1e23 kernel32!LoadLibraryW+0x11
03e70e74 00641543 host!CMainApp::MainHR+0x14
...
0:000> dps 03E70E8C
...
```

```
03e70e94 00130000
03e70e98 69ac2e58 vfbasics!AVrfpCreateEventA+0xb0
03e70e9c 6d361353 HeapLeak!DllMain+0x34
03e70ea0 6d361642 HeapLeak!__DllMainCRTStartup+0xe1
...
03e70ec8 753a1e23 kernel32!LoadLibraryW+0x11
03e70ecc 00641543 host!CMainApp::MainHR+0x14
...
0:000> q
```

由于在这个实验中完全页堆和句柄跟踪都会由应用程序验证器启用，本章前面涉及的!heap 和!htrace 命令可作为替代方法分别为泄露的 NT 堆内存块和事件句柄获取分配调用栈。事实上，前面实验中的验证器停止消息也表明可使用这些替代方法来获取分配位置信息，尽管由那些命令显示的调用栈整体上来自不同的跟踪机制，而不是由验证器泄露检测代码使用并由 dps 命令显示的那样。

8.6.2 使用 UMDH 工具分析内存泄露

应用程序验证器工具提供了一个自动发现 DLL 模块中资源泄露的好方法，但是对于长时间运行的进程，例如独立运行的 Windows 服务或长时间活动的工作进程会怎样？在这些情况下，你需要一个不同的方法来追踪任何可疑的内存泄露。

一种方法是使用操作系统和 Windows 性能工具中内置的 Windows 事件跟踪(Event Tracing for Windows，ETW)机制来可视化目标进程的内存分配趋势，并将疑似的内存泄露映射到它们的原始调用位置。这种强大的方法可用来观察虚拟分配、堆分配甚至内核池分配，更详细的介绍将推迟到本书下一部分（介绍跟踪方法时）进行。当使用 NT 堆管理器时，另一个可用的内存泄露分析技术是使用特殊用途的 UMDH（用户态堆转储）工具。本节将展示如何使用这个工具来分析 NT 堆内存泄露。

UMDH 是如何工作的

UMDH 技术背后的思想类似于!htrace 命令以及应用程序验证器工具使用的 DLL 泄露探测方法。在为目标可执行模块设置了 NT 全局标志中的一个特殊位后，NT 堆代码会为进程中所有活动分配再次维护全局栈跟踪数据库。UMDH 工具随后能在任何时候请求（通过私有的 NTDLL API）数据库快照。就像!htrace，UMDH 工具还支持 diff 选项来比较两个快照，并列出潜在的内存泄露调用栈。

请记住，仅仅是因为堆分配的栈跟踪出现在两个快照比较之后的列表中，并不意味着这是一个真正的内存泄露，因为目标进程可以在其执行之后释放内存。然而，拥有一个潜在的嫌疑列表（通过它们的调用栈）在内存泄露分析中是非常有用的，就像在句柄泄露分析时那样。减少虚报数量的一个好方法是比较多个快照，并通过那些随着时间推移会不断增长的分配来开始你的分析。

UMDH 工具依赖于目标进程中的 NT 堆代码维护一个分配栈跟踪数据库，该行为主要是由 NT 全局标志中的一个位控制，可以通过设置 EFLAGS 工具中的 Create user mode stack trace database 复选框来完成，如图 8-13 所示。

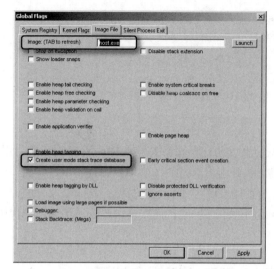

图 8-13 在 EFLAGS NT 全局标志中设置用户态栈跟踪数据库对应的位

还有两个其他方法能在目标进程中启用 NT 堆分配跟踪。

- 启用应用程序验证器钩子也能为目标进程后续所有实例自动开启这种跟踪模式。如果在目标程序测试过程中已经启用了应用程序验证器工具，那就很方便，不必使用另一个麻烦的工具（GFLAGS）。
- 启用这个跟踪模式的另一种方法是针对目标进程的运行实例直接运行 umdh.exe。这会动态启用目标进程 NT 堆管理器代码中的分配跟踪，并为后续所有 NT 堆分配进行栈跟踪。这对实时生产环境（你可能不想重启目标进程和丢失现有泄露条件）下的分析特别有用。

 注意：当 umdh.exe 用来为某个运行的进程动态启用用户态栈跟踪数据库时，此设置将不会继续存在于目标映像的 IFEO 注册表键中，所以目标进程的其他实例不会受影响。在生产环境的 NT 堆内存泄露分析中，UMDH 保持对指定的单个进程实例设置的本地性，这是相比使用 EFALGS 工具的另一个优势所在。

UMDH 实际操作

可以在 Windows 调试器的相同目录下找到 umdh.exe 工具。这是一个命令行工具，在使用方面它并不是最友好的工具，尽管在 NT 堆内存泄露时它能很好地完成工作。要了解这个工具是如何实际工作的，参考本书配套源代码中的下列 C++源代码，该例子直接在一个无限循环中泄露堆分配内存。

```
//
// C:\book\code\chapter_08\HeapLeak\ExeHeapLeak>main.cpp
//
BYTE* pMem;
for ( ; ; )
{
    // BUG! Leaked NT heap memory allocation
    pMem = new BYTE[1024];
```

```
    ChkAlloc(pMem);
}
```

为开始这个实验,编译这个程序并从命令行提示窗口中运行。

```
C:\book\code\chapter_08\HeapLeak\ExeHeapLeak\objfre_win7_x86\i386>host.exe
```

当这个进程继续运行(并泄露内存)时,在另一个命令行窗口中运行下面两条命令,它们会比较目标进程中堆分配的栈跟踪数据库,并将它们保存为磁盘上的两个文件(本例中命名为 log1.txt 和 log2.txt)。

```
C:\Program Files\Debugging Tools for Windows (x86)>umdh.exe -pn:host.exe -f:log1.txt
Warning: UMDH didn't find any allocations that have stacks collected.
Warning: UMDH has enabled allocation stack collection for the current running process.
Warning: To persist the setting for the application run GFLAGS.
Warning: A 32bit GFLAGS must be used. The command is:
Warning: gflags -i host.exe +ust

C:\Program Files\Debugging Tools for Windows (x86)>umdh.exe -pn:host.exe -f:log2.txt
```

请注意第一个命令输出中的粗体行,它为目标进程自动启用收集分配栈跟踪。现在已经有两个快照,可以再次使用 umdh.exe 工具来比较它们(即使在不同的机器上),并检查两次快照之间时间间隔内发生的分配。

```
C:\Program Files\Debugging Tools for Windows (x86)>umdh.exe log1.txt log2.txt
Warning: _NT_SYMBOL_PATH variable is not defined. Will be set to %windir%\symbols.
DBGHELP: host - private symbols & lines
         c:\book\code\chapter_08\HeapLeak\ExeHeapLeak\objfre_win7_x86\i386\host.pdb
DBGHELP: ntdll - export symbols
...
+    27000 ( 27000 -        0)      9c allocs    BackTrace1
+       9c (    9c -        0)         BackTrace1    allocations
        ntdll!RtlLogStackBackTrace+00000007
        ntdll!wcsnicmp+000001E4
        host!MemoryAlloc+00000017
        host!CMainApp::MainHR+00000018
        kernel32!BaseThreadInitThunk+00000012
        ntdll!RtlInitializeExceptionChain+000000EF
        ntdll!RtlInitializeExceptionChain+000000C2
Total increase == 27000 requested +      9c0 overhead =  279c0
```

还请注意,在相同的调用栈中有几次分配,这强烈指示可能发生了堆内存泄露。同时,最后的 umdh.exe 命令能自动解析栈跟踪中目标进程的函数,前提是它在目标可执行模块所在的相同目录下发现了私有符号文件。然而,符号解析并不总是无缝工作的,UMDH 经常需要开发者的帮助来定位正确的符号文件,正如接下来将介绍的那样。

解析 UMDH 中的符号

如果仔细查看前面 UMDH 工具显示的调用栈,会很快发现栈顶部的前两帧(对应于系统模块 ntdll.dll 中的函数)看起来并不正确。配套源代码(MemoryAlloc)中重载 C++ new 操作符通过调用 HeapAlloc/RtlAllocateHeap 从 NT 堆分配内存,但这个调用在前面的调用栈中是无法找到的。

为了能在 umdh.exe 工具中显示的栈跟踪信息中解析系统二进制文件的符号,必须首先让工具知道到哪里找到这些符号文件。就像许多其他没有界面的命令行 NT 工具配置符号路径那样，UMDH 也依赖于环境变量_NT_SYMBOL_PATH 来查找符号。

到这里，调试器命令.symfix 已经用于为你缓解手动设置微软公共符号路径的烦琐工作，但需要手动设置这个变量。即便如此，仍然可以使用 WinDbg 调试器中的.symfix 命令，并利用.sympath 命令来提示变量_NT_SYMBOL_PATH 的符号搜索路径语法。请注意，如果试图在其他机器上（不同于你构建代码的机器）解析符号，可能还需要将开发者自己的符号目录路径附加到上述变量。

这个变量语法大致如下所示，也可以通过在服务器 URL 前面添加由*为分割符的路径字符串，指定一个可选的本地缓存目录来存储从远程服务器下载的符号。

```
set _NT_SYMBOL_PATH=srv*<Local Cache Path Directory>*<Symbols Server Location URL>;<Local Path1>;<Local Path2>;...
```

现在能够使用 umdh.exe 工具的 diff 功能获得正确的调用栈了。

```
set _NT_SYMBOL_PATH=SRV*c:\LocalSymbolCache*http://msdl.microsoft.com/download/symbols
C:\Program Files\Debugging Tools for Windows (x86)>umdh.exe log1.txt log2.txt
+   27000 (  27000 -       0)     9c allocs     BackTrace1
+      9c (     9c -       0)     BackTrace1    allocations
        ntdll!RtlLogStackBackTrace+00000007
        ntdll!RtlAllocateHeap+0000023A
        host!MemoryAlloc+00000017
        host!CMainApp::MainHR+00000018
        kernel32!BaseThreadInitThunk+0000000E
        ntdll!__RtlUserThreadStart+00000070
        ntdll!_RtlUserThreadStart+0000001B
Total increase ==   27000 requested +     9c0 overhead =    279c0
```

8.6.3 扩展策略：栈跟踪数据库的自定义引用

到目前为止本节描述的两项泄露检测技术中，使开发者能找到内存泄露的关键特性是一个保持堆显著分配的栈跟踪全局数据库。事实证明，实现这个功能相对容易，可以将该策略扩展到其他类型的泄露。例如，配套源代码中有一个 C++类示例可用于跟踪所有泄露对象引用的调用位置，比如可以用于在 COM 帮助库（如微软 ATL 库）中装配和发现不平衡的对象引用计数或模块锁计数。

可以跟踪全局数组（数据库）中每个添加引用的对象，如果客户端未能释放它，可以在程序退出前生成一个调试器中断并输出泄露对象创建的栈跟踪。一旦知道某个被引用计数的对象泄露了，就可以逐个审查源代码中引用对象的位置来查看具体哪处未能释放它。为防止数据局变得过大，本例中的全局数据库只包含已分配的栈跟踪，而不是针对每个 AddRef 调用位置的栈跟踪。

这个例子最有趣的部分，是分配时保存栈跟踪的 Win32 API kernel32 !CaptureStackBackTrace。

```
//
// C:\book\code\chapter_08\RefCountDB>RefTracker.h
//
struct CObjRef :
    CZeroInit<CObjRef>,
```

```cpp
    public CIUnknownImplT<false>
{
    VOID
    Init(
        __in const VOID* pObj
        )
    {
        USHORT nCount, n;
        PVOID pStackFrames[MAX_CAPTURED_STACK_DEPTH];

        m_pObj = pObj;
        m_nStackFrames = 0;
        nCount = CaptureStackBackTrace(
            1,
            ARRAYSIZE(pStackFrames),
            pStackFrames,
            NULL);
        ASSERT(nCount <= ARRAYSIZE(pStackFrames));

        m_spStackFrames.Attach((PVOID*)new BYTE[nCount * sizeof(PVOID)]);
        if (m_spStackFrames)
        {
            for (n = 0; n < nCount; n++)
            {
                m_spStackFrames[n] = pStackFrames[n];
            }
            m_nStackFrames = nCount;
        }
    }
...
    const VOID* m_pObj;
    CAutoPtr<PVOID> m_spStackFrames;
    int m_nStackFrames;
};
```

现在可以将这个结构的实例与每一个新的被引用计数的对象关联，并将这些结构存储在一个全局数组中。后续该对象每一个 AddRef 和 Release 都将递增或递减这个结构的引用计数。当对象最终被删除时（即引用计数变为 0），相应的结构也将从全局数据库数组中删除。然后，全局数组将持续反映所有目标模块内当前的活动（引用）对象。这种行为允许你获得所有泄露对象的分配调用栈，这通常离找出泄露的 AddRef 调用只有一步之遥。

要了解这在实践中是如何使用的，可以运行一个测试来故意泄露内存地址的引用。如果在进程退出时也插入一个调用来检测泄露，程序随后将命中一个调试器中断，因为引用跟踪的代码会发现全局数据库由于不平衡的引用计数而非空。正如显示的消息所表明的，可以再次使用 dps 命令来转储栈跟踪对象的实例化位置，你可以准确地做到这一点，如下面的调试器清单所示。

```
0:000> vercommand
command line: '"c:\Program Files\Debugging Tools for Windows (x86)\windbg.exe"
c:\book\code\chapter_08\RefCountDB\objfre_win7_x86\i386\RefCountDB.exe'
0:000> .symfix
0:000> .reload
0:000> g
  OBJECT LEAK:
  Address: 0x000E5388
```

```
          StackTrace: dps 0x000E53D8 L0x7
             0: 0x006020A4
             1: 0x0060211A
             2: 0x006021A0
             3: 0x006022DE
             4: 0x7623ED6C
             5: 0x7798377B
             6: 0x7798374E
          0:000> dps 0x000E53D8 L0x7
          000e53d8 006020a4 RefCountDB!CRefCountDatabase::AddRef+0x68
          000e53dc 0060211a RefCountDB!CRefCountDatabase_AddRef+0x14
          000e53e0 006021a0 RefCountDB!CIUnknownImplT<1>::CIUnknownImplT<1>+0x11
          000e53e4 006022de RefCountDB!wmain+0x14 [c:\book\code\chapter_08\refcountdb\main.cpp @ 70]
          000e53e8 7623ed6c kernel32!BaseThreadInitThunk+0xe
          000e53ec 7798377b ntdll!__RtlUserThreadStart+0x70
          000e53f0 7798374e ntdll!_RtlUserThreadStart+0x1b
          0:000> q
```

8.7 调试内核态内存泄露

前面描述的技术都是以这样或那样的方式用于检测用户态堆内存泄露，基于由微软用户态堆管理器和验证层安装的钩子，但内核部分发生内存泄露时这些方法起不到多大作用。幸运的是，内核态内存泄露通常更容易追踪，因为内核态代码中的分配相对不频繁并且比用户态下更加显式，通常在使用用户态组件和第三方供应商提供的软件层时间接发生。基于称为 pool tagging 的 Windows 内存管理器，内核态内存泄露也容易调试，这将在本节的后面介绍。

8.7.1 内核内存基础知识

当 Windows 启动时，内存管理器创建了两个动态大小的内存池以供内核态组件使用：分页池和非分页池。非页池，顾名思义，是一个特别稀缺资源，因为它的内存不能换出到磁盘而必须一直驻留在主内存中。

分页池和非分页池可以在 Windows 任务管理器的性能选项卡或使用内核调试扩展命令 !vm 中进行查看。正如使用 !vm 命令所看到的，Windows 内核创建多个分页池（而不只是一个）来缓解在多核机器上的锁争用。

```
lkd> $ Nonpaged pool=32MB, paged pool=203MB in this example
lkd> !vm
*** Virtual Memory Usage ***
    Physical Memory:           262030 (    1048120 Kb)
    Page File: \??\C:\pagefile.sys
      Current:    1048576 Kb  Free Space:    510964 Kb
      Minimum:    1048576 Kb  Maximum:      4194304 Kb
    Available Pages:           149601 (     598404 Kb)
    NonPagedPool Usage:          8059 (      32236 Kb)
    NonPagedPool Max:          189951 (     759804 Kb)
    PagedPool 0 Usage:          40130 (     160520 Kb)
    PagedPool 1 Usage:           4084 (      16336 Kb)
    PagedPool 2 Usage:           2159 (       8636 Kb)
...
```

```
PagedPool Usage:          50828 (     203312 Kb)
PagedPool Maximum:       523264 (    2093056 Kb)
```
...

图 8-14 描绘了 x86 进程中 4G 虚拟内存地址空间的高级分解，包括内核内存中分页和非页池的位置。x64 进程的虚拟地址空间要大得多，但是核心概念是相同的。

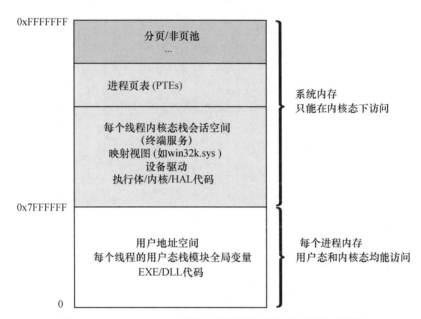

图 8-14　x86 Windows 虚拟内存地址空间中的分页和非页池

一个无边界的内核态内存泄露随着池资源耗尽会最终出现系统内存不足故障，因此查找和修复这些错误是至关重要的。

8.7.2　使用 Pool Tagging 调查内核态泄露

要了解 pool tagging 在内核态内存泄露分析中如何使用，参考本书配套源代码中的下列 C 驱动，它提供一个单独的 I/O 控制代码（用户态 API）在每次用户态客户进程调用时泄露 1KB 内存。请注意泄露的分配会贴上一个特殊的标签（这个例子中是"Dlek"）来确定拥有者组件，这使它有别于其他内核态配置。这对于内核代码使用相同标记来进行同一组件中的分配是很典型的，因而更容易将内存消耗归结到不同的系统组件。

```
//
// C:\book\code\chapter_08\DriverLeak\sys>main.h
//
#define DRV_CONTROL_DEVICE_NAME L"DrvCtrl"
#define DRV_POOL_TAG 'Dlek'
#define DRV_LEAK_ALLOCATION_SIZE 1024

#define IOCTL_DRV_TEST_API \
    CTL_CODE(FILE_DEVICE_UNKNOWN, 0xa01, METHOD_BUFFERED, FILE_READ_ACCESS)

//
// C:\book\code\chapter_08\DriverLeak\sys>main.c
```

```
//
NTSTATUS
DrvIoDispatch(
    __in PDEVICE_OBJECT DeviceObject,
    __inout PIRP Irp
    )
{
...
    switch (IrpSp->MajorFunction) {
...
        case IRP_MJ_DEVICE_CONTROL:
            switch (ControlCode) {
                case IOCTL_DRV_TEST_API:
                    Status = LeakRoutine(DRV_LEAK_ALLOCATION_SIZE);
                    Irp->IoStatus.Information = 0;
                    break;
            }
            break;
    }
...
}

NTSTATUS
LeakRoutine(
    __in ULONG Length
    )
{
    PVOID Buffer;
    PAGED_CODE();

    Buffer = ExAllocatePoolWithTag(PagedPool, Length, DRV_POOL_TAG);
    if (Buffer == NULL) {
        return STATUS_INSUFFICIENT_RESOURCES;
    }
    DRVPRINT("Allocated %d bytes at 0x%x.\n", Length, Buffer);
    //
    // BUG! Memory is Leaked here
    // ExFreePoolWithTag(Buffer, DRV_POOL_TAG);
    //
    return STATUS_SUCCESS;
}
```

当用户态客户程序发起 Win32 API DeviceIOControl 来调用测试驱动创建的设备时，Windows 内核中的 I/O 管理器代码会为你调用 LeakRoutine 分派例程。

```
//
// C:\book\code\chapter_08\DriverLeak\test>main.cpp
//
static
HRESULT
MainHR(
    VOID
    )
{
    CHandle shLeakDrv;
    DWORD dwReturned, n;
```

```
        ChkProlog();

        shLeakDrv.Attach(CreateFile(
            L"\\\\.\\" DRV_CONTROL_DEVICE_NAME,
            GENERIC_READ,
            0, NULL, OPEN_EXISTING, FILE_ATTRIBUTE_NORMAL, NULL));
...
        for (n = 0; n < NUM_CALLS; n++)
        {
            ChkWin32(DeviceIoControl(
                shLeakDrv,
                IOCTL_DRV_TEST_API,
                NULL, 0, NULL, 0, &dwReturned, NULL));
        }

        ChkNoCleanup();
}
```

为推进这个实验，你需要设置内核态调试会话。首先，在这个调试会话中通过服务控制管理器（SCM）将驱动程序注册到目标机上。SCM 文件夹下的辅助脚本 CreateService.cmd 帮助你执行这个驱动程序注册步骤。

```
C:\book\code\chapter_08\DriverLeak\scm\createservice.cmd
sc.exe create drvleak type= kernel start= demand error= normal
binPath=\Systemroot\system32\drivers\drvleak.sys DisplayName= "drvleak kernel driver"
[SC] CreateService SUCCESS
```

你要做的就是将测试驱动程序复制到前面步骤中使用的目标位置。随后可以像针对其他任何用户态 Windows 服务那样启动和停止驱动程序。内核调试器的存在也会额外产生副作用，它会禁用系统内核中的驱动签名验证，所以不需要在进行这个调试实验之前显式签名 drvleak.sys 驱动程序。

```
copy C:\book\code\chapter_08\DriverLeak\sys\objfre_win7_x86\i386\drvleak.sys C:\Windows\
system32\drivers\.
```

```
net start drvleak
```

现在驱动程序已经启动并加载到了内核内存，可以从用户态测试程序发起对驱动程序的 I/O 设备控制调用，这允许重现池内存泄露。

```
C:\book\code\chapter_08\DriverLeak\test\objfre_win7_x86\i386\drvclient.exe
Success.
```

目标机上的用户态客户程序每次运行后都会泄露几个内存块。事实上，即使你停止驱动程序也会出现这种内存泄露！

```
net stop drvleak
```

为证实这一点，你可以在主机内核调试器或从目标机的实时内核调试会话使用调试扩展命令 !poolused，它会显示驱动程序中几个显著带有"Dlek"标签的块，即使驱动程序停止和卸载之后，也会清楚指示内核态内存泄露。

```
kd> .symfix
```

```
kd> .reload
kd> !poolused 4
 Sorting by Paged Pool Consumed
                   NonPaged                      Paged
 Tag         Allocs          Used         Allocs           Used
 ...
 keID             0             0           1107        1142424 UNKNOWN pooltag 'keID'
```

标签（解释为一个 4 字节整数值）是由!poolused 命令以低字节顺序（little-endian）列出的。这就是为什么它显示为"keID"，而不是在驱动程序中分配池内存时使用的"DIek"。在这种情况下，你具有相关的代码并能容易地回过头来通过这个池标记审查内存泄露。其他情况下，你可能会调试第三方驱动程序引起的泄露，使用内核调试器编辑内部的全局变量 nt!poolhittag，以迫使内核调试器在可疑池标签的每次分配时都中断下来。这可以帮助你找出内存泄露的调用栈，如下面的命令所示。

```
kd> ed nt!poolhittag 'DIek'
```

在目标机上再次启动驱动程序，并运行用户态测试程序 drvclient.exe 以引起下面的调试中断，你就可以看到本节所用例子中池泄露的准确调用位置。

```
kd> g
Break instruction exception - code 80000003 (first chance)
nt!ExAllocatePoolWithTag+0x881:
82924432 cc              int     3
kd> .reload /user
kd> k
ChildEBP RetAddr
a68e3bd4 89812067 nt!ExAllocatePoolWithTag+0x881
a68e3be8 8980f064 drvleak!LeakRoutine+0x15
a68e3bfc 828404ac drvleak!DrvIoDispatch+0x3c
a68e3c14 82a423be nt!IofCallDriver+0x63
a68e3c34 82a5f1af nt!IopSynchronousServiceTail+0x1f8
a68e3cd0 82a6198a nt!IopXxxControlFile+0x6aa
a68e3d04 8284743a nt!NtDeviceIoControlFile+0x2a
a68e3d04 77b76344 nt!KiFastCallEntry+0x12a
001df6d4 77b74b0c ntdll!KiFastSystemCallRet
001df6d8 75f0a08f ntdll!NtDeviceIoControlFile+0xc
001df738 775aec25 KERNELBASE!DeviceIoControl+0xf6
001df764 00781574 kernel32!DeviceIoControlImplementation+0x80
001df79c 007815bb drvclient!CMainApp::MainHR+0x72
[c:\book\code\chapter_08\driverleak\test\main.cpp @ 35]
kd> $ Disable the breakpoint now...
kd> ed nt!poolhittag 0
kd> g
```

8.8 小结

本章介绍了与开发者编写的代码可靠性方面相关的调试场景。在进入下一章常见调试场景的第 2 部分之前，以下几点值得再次强调。

- 崩溃、破坏和内存泄露都是以不可预知的方式开始的。当你的业务底线可能直接依赖于软件的稳定性及其不间断的操作时，它们往往却在最不合时宜的时候发生。
- 持续重现内存破坏是你不总会有的奢望，所以不要仅因为无法重现崩溃就忽视它。如果为某个未处理的异常获得一个崩溃转储或实时 JIT 调试会话，请仔细查看程序的状态并尽量对它进入那个状态的原因形成假设。你或许再也不能重现崩溃，直到你的用户遭遇崩溃，你被迫在更差的条件下调试它。
- 调试工具和钩子是非常宝贵的，能允许开发者让程序在更接近内存破坏的位置崩溃。NT 页堆特性将这一目标作为其设计基础，你会发现许多使用相同思想的调试钩子。特别对于本地代码，确保启用由应用程序验证器工具提供钩子执行安排测试的常规运行。
- 追查泄露需要通过钩子来启用动态分配跟踪，使得任何泄露的内存都可以利用分配调用栈来归结到它源代码中的原始位置。本书将在第三部分中扩展这个思想，并展示如何使用操作系统内置的事件跟踪检测来分析内存。
- 帮助开发人员提高生产率同时编写更可靠的软件，这是.NET 框架的主要价值主张之一。即便如此，当调用本地代码并破坏同一进程中的内存时，由 CLR 执行引擎提供的托管环境也可能被突破。因此，即使在.NET 中编写代码，通过合理策略来处理这些破坏场景也是很重要的（信任 CLR 本身形成的本地代码以及你调用的其他.NET 组件都可能遇到这些错误）。

在第 9 章中，我们将通过常见调试场景的分析策略从 Windows 操作系统的两个基本方面继续补充"武器库"：并发性和安全性。这两个主题渗透到 Windows 软件开发的各个领域，因此你有必要在大量调试分析中掌握它们。

第 9 章

常见调试场景·第 2 部分

本章内容

- 调试资源竞争
- 调试死锁
- 调试访问检查问题
- 小结

继续前一章的主题,现在将从操作系统的两个重要方面介绍一些常见调试场景:并发性和安全性。本章具有双重目的,首先提供一些技术,以对软件的并发性和安全性进行调试,这些主题无处不在,因而特别重要。其次,还将提高你对这些基本领域的熟悉程度,这在尝试理解微软 Windows 调试和跟踪工具描述的一些输出和行为时是很有用的。

9.1 调试资源竞争

多线程是编写、维护和调试并行执行代码单元面临许多挑战的根本原因。一个基本的挑战是能够使用共享内存,比如全局变量或提供给多线程中线程上下文的状态。由程序的并行性质导致的不变式破坏以及操作系统安排的线程相对执行顺序称为资源竞争。

资源竞争错误通常难以重现,因为导致故障路径的时间序列可能依赖于各线程之间被安排执行的相对顺序。防止这些错误的最好方法是在设计和编码阶段的仔细审查。不幸的是,多线程编程对于普通人而言非常困难,即使最好的工程师也会出错。也就是说,避免这些错误的第一步是要学会如何识别它们。本节将介绍基于违反下列基本原则的 3 类常见资源竞争。

- 修改多个线程的共享内存需要合理同步。这是最常见的一种资源竞争形式,它常常会导致逻辑错误,这些错误中,顺序执行的内部代码不变式会被多个线程共享状态的异步访问打破。这类资源竞争比后面两类更危险,因为程序只是简单产生不正确的结果,而没有其他更可见的形式(如进程崩溃)。
- 任何共享变量的生命周期必须延长到使用它们的工作线程之外。如果不这样做,就会导致线程访问已经释放的无效内存,可能引起非法访问。
- 只要还有机会被程序调用,工作线程中执行的代码就不能被卸载。无论何时想要执行工作线程的动态链接库(DLL)模块中的代码,这都是必须要考虑的事情。任何试图从已卸载 DLL 模块中执行指令或访问全局变量的行为会立即引起非法访问。

9.1.1 共享状态一致性错误

为了更好地理解当共享状态的访问不能合理同步时资源竞争的潜在表现方式，请参考下列 C#程序，其中一个全局的.NET 对象被多个线程用来计算相同输入字符串的哈希。

```
//
// C:\book\code\chapter_09\HashRaceCondition\Bug>test.cs
//
class Program
{
    private static void ThreadProc(
        object data
        )
    {
        string hashValue = Convert.ToBase64String(
            g_hashFunc.ComputeHash(data as byte[]));
        Console.WriteLine("Thread #{0} done processing. Hash value was {1}",
            Thread.CurrentThread.ManagedThreadId, hashValue);
    }
    private static void Main(
        string[] args
        )
    {
        int n, numThreads;
        Thread[] threads;

        numThreads = (args.Length == 0) ? 1 : Convert.ToInt32(args[0]);
        threads = new Thread[numThreads];
        g_hashFunc = new SHA1CryptoServiceProvider();

        //
        // Start multiple threads to use the shared hash object
        //
        for (n = 0; n < threads.Length; n++)
        {
            threads[n] = new Thread(ThreadProc);
            threads[n].Start(Encoding.UTF8.GetBytes("abc"));
        }

        //
        // Wait for all the threads to finish
        //
        for (n = 0; n < threads.Length; n++)
        {
            threads[n].Join();
        }
    }
    private static HashAlgorithm g_hashFunc;
}
```

假设它们都计算相同输入字符串（"abc"）的散列，你希望这个进程中的线程都产生相同的哈希值。请注意，如果程序中只有一个线程运行，那每次计算的哈希值都是一样的。

```
C:\book\code\chapter_09\HashRaceCondition\Bug>test.exe 1
Thread #3 done processing. Hash value was qZk+NkcGgWq6PiVxeFDCbJzQ2J0=

C:\book\code\chapter_09\HashRaceCondition\Bug>test.exe 1
Thread #3 done processing. Hash value was qZk+NkcGgWq6PiVxeFDCbJzQ2J0=
```

然而，当运行有两个线程的运行时，你将发现偶尔会出现不同的哈希值。这是资源竞争的警示信号，程序启动后的行为依赖于各线程在 CPU 上的运行顺序。

```
C:\book\code\chapter_09\HashRaceCondition\Bug>test.exe 2
Thread #3 done processing. Hash value was qZk+NkcGgWq6PiVxeFDCbJzQ2J0=
Thread #4 done processing. Hash value was qZk+NkcGgWq6PiVxeFDCbJzQ2J0=

C:\book\code\chapter_09\HashRaceCondition\Bug>test.exe 2
Thread #3 done processing. Hash value was +MHYcAb79+XMSwJsMTi8BGiD3HE=
Thread #4 done processing. Hash value was AAAAAAAAAAAAAAAAAAAAAAAAAAA=
```

在这个例子中，一些运行最终以程序的崩溃结束并带有一个未处理的 .NET 异常。这个结果算是幸运的，因为它提醒了潜在的资源竞争，即使你没有意识到程序已经开始行为失常和计算不正确的结果。

```
C:\book\code\chapter_09\HashRaceCondition\Bug>test.exe 2
Thread #3 done processing. Hash value was qZk+NkcGgWq6PiVxeFDCbJzQ2J0=
Unhandled Exception: System.Security.Cryptography.CryptographicException: Hash not valid
for use in specified state.
```

有几个原因会导致多个线程在没有同步控制的情况下不能安全共享 .NET 中的同一个散列对象。首先，大多数 .NET 类保持内部状态，所以它们不是线程安全的，除非在其文档中显式地声明。通常，这个安排会要求类的使用者进行同步。其次，大多数流行的散列函数，包括前面例子中的 SHA-A（发音"shaw one"）散列函数，都使用链机制来扩展单个块（SHA-1 中是 64 字节）的基本压缩功能，并将它转到一个更通用的散列计算流程，可以处理任意大小的数据。从这个意义上说，随着更多数据块被散列计算，每个散列操作都是一个迭代过程（.NET HashAlgorithm.HashUpdate 方法），并以最后一个数据块结束（.NET HashAlgorithm.HashFinal 方法）。这意味着散列算法实现还特别保持着一个内部状态（到目前为止被处理的输入字节），以防止在计算操作中散列对象被并发执行的多线程共享而没有使用一个高级锁。

压力测试和重现资源竞争

就像在处理内存破坏错误时一样，重现资源竞争往往是战斗成功的一半。资源竞争通常很难复制，因为引起资源竞争的线程调度顺序可能很难模拟实时执行。资源竞争的时间窗口越小，就越难在测试环境命中它。这就是为什么增加前面程序执行的次数也会使得崩溃更容易发生。例如，每次循环 10 次调用执行一个双线程程序，命中率几乎是 100%。

```
C:\book\code\chapter_09\HashRaceCondition\Bug>runloop.bat test.exe 2
```

这个重要的测试策略通常被称为压力测试。这类测试尝试将计算机资源（内存、磁盘、CPU 等）消耗到可模拟"难以再现"的限定条件。通常这是在没有源代码分析的条件下发现资源竞争的最佳自动化方式，也是消除代码中错误的核心策略之一。应用程序验证器工具也可以结合压力流程，增加在压力测试期间命中调试器中断的可能性。微软的产品，包括 Windows 本身，都被置于严格的压力测试之下，通常在最终宣布发布之前必须通过严格的质量测试——经受连续几天的压力测试就是其中一条。

在调试器下模拟资源竞争

一旦怀疑存在资源竞争错误，你就可以使用 Windows 调试器进行模拟。例如，通过使用第 7 章中介绍的调试命令~f 和~u(冻结和解冻线程)，你可以控制处理器上线程之间的相对调度顺序。一旦识别出一个可持续导致资源竞争的序列，就可以准备一个调试器脚本，并通过在调试器中回放该脚本来不断重现那个错误。这允许你尝试快速修复代码错误并验证程序在修复后能否成功运行。

可以将这个技术应用到本节开始介绍的散列函数例子中。双线程情况下，迫使资源竞争持续发生的一种方法是在散列计算操作中停止其中一个线程，让另一个线程继续运行直到结束并得出散列值，然后在第二个线程有机会重置 Crypto API 散列句柄之前恢复第一个线程。下面的脚本捕获了这个序列，每次都会导致程序故障。

```
$$
$$ C:\book\code\chapter_09\HashRaceCondition\Bug>RaceRepro.txt
$$
.symfix
.reload
bp advapi32!CryptHashData
bp advapi32!CryptCreateHash
$$ The first breakpoint is CryptCreateHash (constructor)
g
$$ The first thread hits CryptHashData (ComputeHash)
g
$$ Now freeze the first thread before continuing the hash operation
~f
$$ The next breakpoint is CryptHashData in the second thread
g
$$ Let the second thread complete the hash operation
g
$$ You've now hit CryptCreateHash: The second thread is re-initializing the
$$ hash object after the hash operation is over. Freeze the second thread now
$$ and unfreeze the first thread so it sees the hash in this finalized state.
~*u
~f
g
g
$$ You will always hit a managed code exception here
.loadby sos clr
!pe
```

这会导致第一个线程试图使用处于结束状态(finalized)的 Crypto API 散列句柄，并引起 Win32 函数调用故障。然后这个故障将在微软.NET 框架中重新映射到一个托管代码异常，这正是由前面调试脚本末尾的 SOS 调试扩展命令!pe 显示的异常（打印托管异常）。现在，你可以 100%地重现这个故障。

```
C:\book\code\chapter_09\HashRaceCondition\Bug>"c:\Program Files\Debugging Tools for Windows
```

```
(x86)\windbg.exe" -c "$$>< racerepro.txt" test.exe 2
Processing initial command '$$>< racerepro.txt'
0:000> $$>< racerepro.txt
Reloading current modules
.....
Exception object: 028ba09c
Exception type: System.Security.Cryptography.CryptographicException
Message: Hash not valid for use in specified state.
...
```

共享状态一致性错误的一些解决建议

本节展示的资源竞争例子可以通过为每个工作线程分配专用的散列对象来避免,或者在散列操作过程中替代使用一个锁来确保没有两个线程同时使用全局散列实例。不过,这本质上是两个极端,前者需要为每个线程创建和销毁对象,后者丢失了你能从多核机器上获取的任何好处。一个更好的可伸缩的解决方案是使用对象池(object pooling)的设计模式。

对象池是一个对象集合。这些对象可以从池中检出并分配给某个线程来完成特定操作,工作线程使用完毕后再返回池中并恢复到可重用的状态。当重置对象到可重用状态比创建全新实例的消耗更低,该问题又能受益于并行计算时,这种设计模式能产生更好的可伸缩性。当使用对象池时,往往需要控制池中对象的数量,以便预定义最大值。下列通用的C#对象池类用于在程序多线程之间安全共享.NET 散列对象集合。

```
//
// C:\book\code\chapter_09\HashRaceCondition\Fix>objectpool.cs
//
class ObjectPool<T>
    where T : class, new()
{
    public ObjectPool(
        int capacity
        )
    {
...
        m_objects = new Stack<T>(capacity);
        //
        // objects will be lazily created only as needed
        //
        for (n = 0; n < capacity; n++)
        {
            m_objects.Push(null);
        }
        m_objectsLock = new object();
        m_semaphore = new Semaphore(capacity, capacity);
    }

    public T GetObject()
    {
        T obj;

        m_semaphore.WaitOne();

        lock (m_objectsLock)
```

```csharp
        {
            obj = m_objects.Pop();
        }

        if (obj == null)
        {
            obj = new T(); // delay-create the object
        }
        return obj;
    }

    public void ReleaseObject(
        T obj
        )
    {
...
        lock (m_objectsLock)
        {
            m_objects.Push(obj);
        }
        //
        // Signal that one more object is available in the pool
        //
        m_semaphore.Release();
    }

    private Stack<T> m_objects;
    private object m_objectsLock;
    private Semaphore m_semaphore;
}
```

请注意，当使用这个通用类来实现同步时，前面用于显示资源竞争的压力测试现在就能成功了，除了池中散列对象的同步使用。

```
C:\book\code\chapter_09\HashRaceCondition\Fix>runloop.bat test.exe 2
...
Thread #3 done processing. Hash value was qZk+NkcGgWq6PiVxeFDCbJzQ2J0=
Thread #4 done processing. Hash value was qZk+NkcGgWq6PiVxeFDCbJzQ2J0=
Test completed in 16 ms
```

9.1.2 共享状态生命周期管理错误

从工作线程访问共享状态，需要细致管理使用它的线程状态生命周期，无论是显式的线程上下文状态还是全局变量。

这类资源竞争专用于本地代码。当.NET 中的工作线程被创建或使用静态（全局）变量时，系统可以为它们提供明确的共享状态（非透明对象），但由于 CLR 的垃圾回收器会自动管理这些对象的生命周期并确保它们只要仍被托管进程中某个线程使用就不会被回收，因此本节讨论的问题是.NET 程序员无须担心的。

线程上下文生命周期和引用计数

当在 C/C++中手动创建一个新线程时，你可以使用一个非透明的指针变量（lpParameter）来与新线程共享上下文状态。但是当这么做时，你应该牢记如果这个状态在新线程回调函数完成对它的使用之前被销毁了，程序会以一个不可预料的崩溃结束，具体情况取决于状态被销毁的确切时间。参考下列 C++源代码示例。

```cpp
//
// C:\book\code\chapter_09\ThreadCtxLifetime\Bug>main.cpp
//
static
HRESULT
MainHR(
    VOID
    )
{
    CAutoPtr<CThreadParams> spParameter;
    CHandle shThreads[NUM_THREADS];
    int n;

    ChkProlog();
    spParameter.Attach(new CThreadParams());
    ChkAlloc(spParameter);
    ChkHr(spParameter->Init(L"Hello World!"));

    //
    // Create new worker threads with non-ref counted shared state
    //
    for (n = 0; n < ARRAYSIZE(shThreads); n++)
    {
        shThreads[n].Attach(::CreateThread(
            NULL, 0, WorkerThread, spParameter, 0, NULL));
        ChkWin32(shThreads[n]);
    }

    //
    // Do not Wait for the worker threads to exit
    //    DWORD nWait = WaitForMultipleObjects(ARRAYSIZE(shThreads),
    //        (HANDLE*)shThreads, TRUE, INFINITE);
    //    ChkWin32(nWait != WAIT_FAILED);
    //
    Sleep(10);

    ChkNoCleanup();
}
```

这段代码在某些时候可能按照预想在程序中运行，但它存在一个严重的资源竞争错误。由于保存内存地址 spParameter 的智能指针在 MainHR 函数退出时会被销毁，因此在工作线程回调函数中使用它是不安全的。如果运行程序的次数足够多，会发现几次运行时打印消息似乎会由垃圾字符组成——内存破坏的典型特征。

```
C:\book\code\chapter_09\ThreadCtxLifetime\Bug>objfre_win7_x86\i386\NoRefCountingBug.exe
Test message... Hello World!
Test message... Hello World!
Test message... Hello World!
Test message... Hello World!
Test message... Äello World!
```

```
Test message... Äello World!
Success.
Test message... okkkk
```

既然怀疑发生了内存破坏，就应该启用应用程序验证器工具为该进程（NoRefCountingBug.exe）进行"Basics"挂钩，如图 9-1 所示，这样就增加了捕获非法访问内存损坏的可能性。

```
C:\Windows\System32>appverif.exe
```

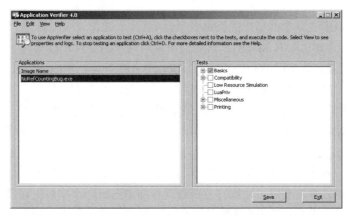

图 9-1　使用应用程序验证器工具捕获非法访问内存破坏

现在，你将在下面看到使用 WinDbg 调试器运行程序时的非法访问调用栈。

```
C:\book\code\chapter_09\ThreadCtxLifetime\Bug>"C:\Program Files\Debugging Tools for Windows
(x86)\windbg.exe" objfre_win7_x86\i386\NoRefCountingBug.exe
...
0:000> g
(cc0.1f80): Access violation - code c0000005 (first chance)
0:011> .symfix
0:011> .reload
0:011> k
ChildEBP RetAddr
033bfcfc 75e35e29 msvcrt!_woutput_l+0x98b
033bfd44 00031329 msvcrt!wprintf+0x5f
033bfd54 73f942f7 NoRefCountingBug!CMainApp::WorkerThread+0x15 [c:\book\code\chapter_09\
threadctxlifetime\bug\main.cpp @ 48]
0307fefc 7710ed6c vfbasics!AVrfpStandardThreadFunction+0x2f
0307ff08 7766377b kernel32!BaseThreadInitThunk+0xe
0307ff48 7766374e ntdll!__RtlUserThreadStart+0x70
0307ff60 00000000 ntdll!_RtlUserThreadStart+0x1b
```

通过使用扩展命令!analyze，你会看到内存非法访问的原因：当要打印来自共享 CThreadParams 结构（当 MainHR 函数退出时离开作用范围并被销毁的一个结构）中的已释放字符串时试图从未提交内存进行读操作。

```
0:001> !analyze -v
...
ExceptionAddress: 7502ba16 (msvcrt!_woutput_l+0x0000098b)
   ExceptionCode: c0000005 (Access violation)
  ExceptionFlags: 00000000
NumberParameters: 2
```

```
            Parameter[0]: 00000000
            Parameter[1]: 06988fe0
Attempt to read from address 06988fe0
...
0:001> db 06988fe0
06988fe0  ?? ?? ?? ?? ?? ?? ?? ??-?? ?? ?? ?? ?? ?? ?? ??   ????????????????
...
0:001> $ Terminate this debugging session now...
0:001> q
```

有两个方法可以解决这个例子中的资源竞争。

- 第一个解决方案是取消 MainHR 代码清单最后两行的注释，在允许 MainHR 函数退出和销毁共享状态之前使用 WaitForMultipleObjects API 等待工作线程完成。
- 如果不想在 MainHR 末尾等待工作线程，另一种解决方案是使用引用计数。这个通用的技术一般用于管理同属于多个宿主的共享资源生命周期。例如，它可以应用在 COM 中管理 COM 对象和服务模块的生命周期，也非常适合在多线程应用程序中用作状态生命周期管理。

在这个例子中，各个工作线程需保持共享状态激活直到它们完成使用。因此，可以在共享状态传递给一个新线程之前递增引用计数，并在各线程回调退出时递减引用计数，确保只在最后一个线程退出并释放其引用时才从内存中删除该状态。这样用于修复本节前面所示代码的改动是最少的。

```
//
// C:\book\code\chapter_09\ThreadCtxLifetime\Fix>main.cpp
//
static
DWORD
WINAPI
WorkerThread(
    __in LPVOID lpParameter
    )
{
    //
    // The reference count is automatically decremented when the callback exits
    // thanks to the CComPtr ATL smart pointer calling Release in its destructor
    //
    CComPtr<CThreadParams> spRefCountedParameter;
    spRefCountedParameter.Attach(reinterpret_cast<CThreadParams*>(lpParameter));

    wprintf(L"Test message... %s\n", spRefCountedParameter->m_spMessage);
    return EXIT_SUCCESS;
}
static
HRESULT
MainHR(
    VOID
    )
{
    CThreadParams* pRefCountedParameter;
    CComPtr<CThreadParams> spRefCountedParameter;
    CHandle shThreads[NUM_THREADS];
    DWORD dwLastError;
```

```
    int n;

    ChkProlog();

    spRefCountedParameter.Attach(new CThreadParams());
    ChkAlloc(spRefCountedParameter);
    pRefCountedParameter = static_cast<CThreadParams*>(spRefCountedParameter);
    ChkHr(spRefCountedParameter->Init(L"Hello World!"));

    //
    // Create new worker threads with reference-counted shared state
    //
    for (n = 0; n < ARRAYSIZE(shThreads); n++)
    {
        pRefCountedParameter->AddRef();
        shThreads[n].Attach(::CreateThread(
            NULL, 0, WorkerThread, pRefCountedParameter, 0, NULL));
        dwLastError = ::GetLastError();
        if (shThreads[n] == NULL)
        {
            pRefCountedParameter->Release();
        }
        ChkBool(shThreads[n], HRESULT_FROM_WIN32(dwLastError));
    }

    ChkNoCleanup();
}
```

这个实现的关键是负责引用计数的 C++ 类，可以从该类继承 CThreadParams 共享上下文，从而支持引用计数所需的 AddRef 和 Release 操作。

```
//
// C:\book\code\chapter_09\ThreadCtxLifetime\Fix>refcountimpl.h
//
class CRefCountImpl
{
public:
    //
    // Declare a virtual destructor to ensure that derived classes
    // will be destroyed properly
    //
    virtual
    ~CRefCountImpl() {}

    CRefCountImpl() : m_nRefs(1) {}

    VOID
    AddRef()
    {
        InterlockedIncrement(&m_nRefs);
    }

    VOID
    Release()
    {
        if (0 == InterlockedDecrement(&m_nRefs))
```

```
            {
                delete this;
            }
        }

    private:
        LONG m_nRefs;
    };

    //
    // C:\book\code\chapter_09\ThreadCtxLifetime\Fix>main.cpp
    //
    class CThreadParams :
        CZeroInit<CThreadParams>,
        public CRefCountImpl
    {
    ...
```

为结束这个实验，现在我们可以运行这个版本的程序并验证它不再出现资源竞争或非法访问。由程序显示的信息数量仍会各不相同，这取决于有多少回调函数在程序主线程退出和进程终止前能得到运行，但存储被那些回调引用的共享状态内存还在使用中就不会被删除。

```
C:\book\code\chapter_09\ThreadCtxLifetime\Fix>objfre_win7_x86\i386\CorrectRefCounting.exe
Test message... Hello World!
Test message... Hello World!
Test message... Hello World!
Success.
Test message... Hello World!
Test message... Hello World!
```

工作线程和进程停止序列中的全局变量

系统组件为你创建的工作线程，如 NT 线程池、远程过程调用（RPC）或 COM 运行时代码，通常需要使用全局或静态变量，因为你并不显式创建那些线程或发起它们的回调，也意味着你不能为它们提供一个状态对象。本节将详细介绍为什么只要使用全局变量保存工作线程的状态，理解进程停止和线程终止事件之间的同步是很重要的。就像在前一节中，这个问题只适用于本地代码，其中全局内存是由 C 运行时库在进程停止序列过程中释放的。

所有模块（DLL 和 EXE）的全局和静态 C++对象会在进程退出之前由 C 运行时库自动销毁。如果进程的工作线程在那之后仍然试图访问共享状态，就会因无效内存访问而导致非法访问错误。避免这个问题的最简单方法就是在进程退出之前等待所有工作线程完成回调。然而，这并不总是可取的，尤其是在工作线程回调不能立即取消时。在某些情况下，一个工作线程可能处于一个昂贵、同步、不支持取消的第三方网络 API 调用中，同时你也可能不想阻止进程退出以等待它完成。如果决定通过直接终止工作线程的现有工作并强制退出进程来解决这个问题，必须了解 C 运行时库执行的停止操作是如何适应 DLL 和进程停止序列的，并需要采取预防措施，以确保工作线程不会试图访问已释放的全局或静态对象。

当使用 C 运行时库时，微软 Visual C++编译器会将你的入口函数（wmain）封装在一个 C 运行时库提供的入口点（__wmainCRTStartup）中。对于 DLL 模块同样也是如此，其入口点 DllMain 也由 DLL 模块专用的 C 运行时库封装。这些 C 运行时入口点负责在调用你的实际入口点之前初始化模块中的 C++全局和静态对象。主执行模块中的 C 运行时入口点负责在主函数退出后立即初始化进程停止序列。这个过程是通过调用 msvcrt!exit 来实现的，该函数执行必要的进程关闭任务，如图 9-2 所示。

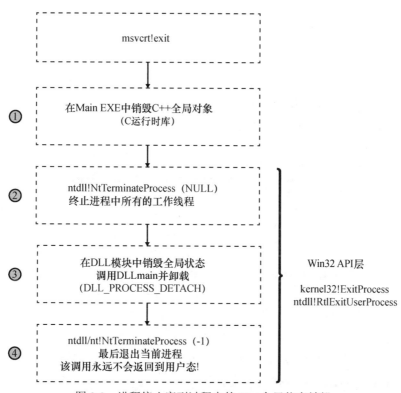

图 9-2 进程停止序列过程中的 C++全局状态销毁

正如在前面图中所看到的，DLL 和主执行模块的全局 C++对象在进程停止序列过程中的不同点被销毁。有以下两个观察请注意。

- 主执行模块中的全局和静态 C++对象在进程工作线程终止之前被销毁（图 9-2 中的步骤 1 和步骤 2）。这意味着不能让挂起线程去访问主执行模块的全局变量。一旦初始化了进程关闭，需要在工作线程中编写代码来制止对主执行模块全局状态的访问。此外，当进程即将退出时，需要在主执行模块中添加代码来通知工作线程（例如，通过一个全局布尔变量和 InterlockedExchange 任务）。
- 对于 DLL 模块中的全局和静态 C++对象，情况则没有那么糟糕。这是因为加载到进程中的 DLL 模块全局状态只会在工程线程终止之后才被销毁（图 9-2 中的步骤 3）。此时，只有主线程才会运行，并且不会试图使用 DLL 模块中的任何状态，因为它正好位于完成停止序列过程中并会最终退出进程。但请注意，由于所有工作线程在步骤 2 会突然终止，接下来步骤 3 中执行的 DLL 模块 C++析构函数不应该对调用时各对象的状态做出任何假设。幸运的是，这种风险在实际中不是一个常见错误，因为编写良好的 C++析构函数不会假设释放对象的不变式。

下面的清单包含一个资源竞争的例子，用以验证前面列出的第一个观点。这个例子在进程停止过程中留下空线程运行，并在它被 C 运行时库销毁后通过使用主执行模块中的全局 C++对象来引起非法访问。

```cpp
//
// C:\book\code\chapter_09\ExeGlobalsLifetime>bug.cpp
//
class CMainApp
{
private:
    static
    DWORD
    WINAPI
    WorkerThread(
        __in LPVOID lpParameter
        )
    {
        CThreadParams* pParameter =
            reinterpret_cast<CThreadParams*>(lpParameter);
        wprintf(L"Test message... %s\n", pParameter->m_spMessage);
        return EXIT_SUCCESS;
    }

public:
    static
    HRESULT
    MainHR()
    {
        CHandle shThreads[NUM_THREADS];
        int n;

        ChkProlog();

        ChkHr(g_params.Init(L"Hello World!"));
        for (n = 0; n < ARRAYSIZE(shThreads); n++)
        {
            shThreads[n].Attach(::CreateThread(
                NULL, 0, WorkerThread, &g_params, 0, NULL));
            ChkWin32(shThreads[n]);
        }
        //
        // Do not Wait for the worker threads to exit...
        //
        ChkNoCleanup();
    }

private:
    static const NUM_THREADS = 64;
    static CThreadParams g_params;
};
```

为这个测试程序（bug.exe）启用应用程序验证器工具，然后会在调用栈中得到一个非法访问异常，该调用栈与前面看到的线程上下文未被合理引用计数时相同，但本例中的工作线程错在试图访问共享状态中保存的已释放全局C++对象。

```
C:\book\code\chapter_09\ExeGlobalsLifetime>"c:\Program Files\Debugging Tools for Windows
(x86)\windbg.exe" objfre_win7_x86\i386\bug.exe
...
0:000> g
```

```
(e90.1404): Access violation - code c0000005 (first chance)
...
0:030> .symfix
0:030> .reload
0:030> k
ChildEBP RetAddr
0336f718 75f95e29 msvcrt!_woutput_l+0x98b
0336f760 00e913b9 msvcrt!wprintf+0x5f
0336f770 71fb42f7 bug!CMainApp::WorkerThread+0x15
[c:\book\code\chapter_09\exeglobalslifetime\bug.cpp @ 48]
0336f7a8 7590ed6c vfbasics!AVrfpStandardThreadFunction+0x2f
...
```

请注意，进程中的主线程（thread # 0）深入停止序列中，即正好在前面图中的步骤 1 和步骤 2 之间，这就解释了非法访问，因为早些时候主执行模块中的全局 C++对象已经在 msvcrt!exit 函数中销毁了。

```
0:030> ~0s
0:000> $ Thread #0 is inside msvcrt!exit
0:000> k
ChildEBP RetAddr
0019f608 77456a24 ntdll!KiFastSystemCallRet
0019f60c 77442264 ntdll!NtWaitForSingleObject+0xc
0019f670 77442148 ntdll!RtlpWaitOnCriticalSection+0x13e
0019f698 77468ce6 ntdll!RtlEnterCriticalSection+0x150
0019f808 77468b10 ntdll!LdrGetDllHandleEx+0x2f7
0019f824 756689cc ntdll!LdrGetDllHandle+0x18
0019f878 756688ca KERNELBASE!GetModuleHandleForUnicodeString+0x22
0019fcf0 7566899a KERNELBASE!BasepGetModuleHandleExW+0x181
0019fd08 75f836f2 KERNELBASE!GetModuleHandleW+0x29
0019fd14 75f836d2 msvcrt!__crtCorExitProcess+0x10
0019fd20 75f83371 msvcrt!__crtExitProcess+0xd
0019fd58 75f836bb msvcrt!_cinit+0xea
0019fd6c 00e918da msvcrt!exit+0x11
0019fda8 7590ed6c bug!__wmainCRTStartup+0x118
0019fdb4 774737f5 kernel32!BaseThreadInitThunk+0xe
0019fdf4 774737c8 ntdll!__RtlUserThreadStart+0x70
0019fe0c 00000000 ntdll!_RtlUserThreadStart+0x1b
0:000> $ Terminate this debugging session now...
0:000> q
```

9.1.3 DLL 模块生命周期管理错误

如果工作线程执行驻留在 DLL 中的代码，你就必须确保当线程回调仍在执行时 DLL 模块不被卸载。这听起来很明显，但是请记住，你并不是总能控制让所写的 DLL 模块加载到环境（主机进程）中。例如，你可能会编写一个 API 供其他开发者使用。现实危险是，调用者可以通过动态加载对应的 DLL 来调用其中的 API。如果 API 内部开启了新的工作线程来异步完成其功能，然后使用它的代码悄悄卸载了该 DLL（有时完全有权这么做，因为 API 使用新线程是真实内部实现的事实），就会让工作线程执行已卸载内存的内容，从而立即导致非法访问。

为实际了解这类资源竞争错误，下列 C++程序加载 DLL 并调用一个导出 API，导致多个线程打印"Hello World！"消息。

```
//
// C:\book\code\chapter_09\DllLifetimeRaceCondition\host>main.cpp
//
static
HRESULT
MainHR(
    __in int argc,
    __in_ecount(argc) WCHAR* argv[]
    )
{
    HMODULE hModule = NULL;
    PFN_AsynchronousCall pfnAsynchronousCall;

    ChkProlog();
...
    hModule = ::LoadLibraryW(argv[1]);
    ChkWin32(hModule);

    pfnAsynchronousCall = (PFN_AsynchronousCall) GetProcAddress(
        hModule, "AsynchronousCall");
    ChkBool(pfnAsynchronousCall, E_FAIL);

    ChkHr(pfnAsynchronousCall());

    ChkCleanup();

    if (hModule)
    {
        FreeLibrary(hModule);
    }

    ChkEpilog();
}
```

不幸的是，由于这个程序中的 FreeLibrary API 调用会在工作线程仍然运行时卸载包含该 API 的 DLL 模块，因此会引起一个非法访问。少数情况会例外，即工作线程回调在 MainHR 函数清理卸载 DLL 之前就完成了工作。

```
0:000> vercommand
command line: '"c:\Program Files\Debugging Tools for Windows (x86)\windbg.exe"
C:\book\code\chapter_09\DllLifetimeRaceCondition\host\objfre_win7_x86\i386\host.exe
C:\book\code\chapter_09\DllLifetimeRaceCondition\bug\objfre_win7_x86\i386\test.dll'
0:000> .symfix
0:000> .reload
0:000> g
<Unloaded_test.dll>+0x1369:
71fa1369 ??              ???
0:007> .lastevent
Last event: 3d8.13f4: Access violation - code c0000005 (first chance)
```

调试已卸载代码

当面对已卸载代码的情况时，调试器默认显示的调用栈不会有太大帮助。在这种情况下，请注意 k 命令显示的是无意义的帧，调用栈顶部是一个称为 unloaded_test.dll 的模块。这是因为非法访问是由试图在 test.dll 模块卸载后执行代码引起的，可以通过使用 lm ("列举模块") 命令进行确认。因此，调试器不能将那些代码地址解析为有效的符号。

```
0:007> k
ChildEBP RetAddr
0087fc8c 71fa1160 <Unloaded_test.dll>+0x1369
0087fc98 7590ed6c <Unloaded_test.dll>+0x1160
0087fca4 774737f5 kernel32!BaseThreadInitThunk+0xe
0087fce4 774737c8 ntdll!__RtlUserThreadStart+0x70
0087fcfc 00000000 ntdll!_RtlUserThreadStart+0x1b
0:007> lm
start    end        module name
00070000 00075000   host       (deferred)
75660000 756aa000   KERNELBASE (deferred)
...
Unloaded modules:
72d90000 72d95000   test.dll
```

现在还不清楚的是，非法访问异常抛出时哪些代码正被执行。为查看正确的调用栈，可以通过使用常规的 .reload ("重新加载已卸载符号") 命令及其 /unl 开关来重新加载已卸载 test.dll 模块对应的符号，如下面的清单所示。请注意，接下来就能在异常发生时看到准确的调用栈，这表明崩溃是在执行工作线程回调函数时发生的。

```
0:007> .sympath+ C:\book\code\chapter_09\DllLifetimeRaceCondition\bug\objfre_win7_x86\i386
0:007> .reload /unl test.dll
0:007> k
ChildEBP RetAddr
0087fc98 7590ed6c test!CMainApp::WorkerThread+0x15
[c:\book\code\chapter_09\dlllifetimeracecondition\bug\test.cpp @ 48]
0087fca4 774737f5 kernel32!BaseThreadInitThunk+0xe
0087fce4 774737c8 ntdll!__RtlUserThreadStart+0x70
0087fcfc 00000000 ntdll!_RtlUserThreadStart+0x1b
```

请注意，由于 test.dll 模块被卸载，调试器不知道映像的基目录（通常能从已加载模块中自动提取）或从哪里能自动找到其对应的 PDB 符号文件。这就是为什么前面清单中，第一个命令将符号文件位置加到符号搜索路径，以使调试器在解析调用栈上的地址时可以成功定位它。

此外，WorkerThread 回调函数中的局部变量 lpParameter 也指向无效内存。ln 命令可列出某个原始虚拟地址附近的符号并通常在卸载代码时有用，能够将地址映射（准确的）到全局变量 g_params 中。DLL 卸载后，它的全局变量变成无效的并驻留在已回收的内存中。

```
0:007> $ Display the local variables in scope
0:007> dv
     lpParameter = 0x72d93038
0:007> db 0x72d93038
72d93038  ?? ?? ?? ?? ?? ?? ?? ??-?? ?? ?? ?? ?? ?? ?? ??  ????????????????
0:007> $ List the nearest symbol to the (unloaded) address in question
0:007> ln 0x72d93038
(72d93038)   test!CMainApp::g_params   |   (72d9303c)   test!__proc_attached
Exact matches:
    test!CMainApp::g_params = class CThreadParams
0:007> $ Terminate this debugging session now...
0:007> q
```

DLL 模块生命周期管理错误的一些解决建议

解决本节所描述问题的最佳方式可能是避免 API 表面的同步特性背后隐含的异步特性。如果 API 在后台线程做了异步处理,最好也在你的 API 设计中反映出来,以使调用者在使用时知道什么是可预料的。

也就是说,即使你真的决定保持 API 特性不变,也有一个方法可以解决这个问题。这个解决办法背后的思想也是使用引用计数——仅计算这一次,跟踪 DLL 模块本身的引用。每当你的 API 创建一个新的后台线程时,通过调用 LoadLibrary 递增 DLL 模块的引用计数,当它退出时调用原子 Win32 API FreeLibraryAndExitThread 让工作线程回调函数来递减计数。将这个原子调用作为相同处理的一部分来释放动态库和退出线程是至关重要的,而不是在 ExitThread 后面紧接着调用 FreeLibrary。这种方式下控制流程是不能再回到回调函数的,即使调用 FreeLibrary 时 DLL 模块的引用计数下降到 0 并从内存中卸载!

当使用这个方案时,你还应该注意一些额外的事项。

- 回调函数中的 FreeLibraryAndExitThread 调用之后就没有代码运行了。特别地,包括在线程回调函数结束时负责销毁智能指针变量的 C++析构函数。因此,在实施调用来卸载动态库并退出线程之前需确保已经做了某些必要的清理。
- 在 API 返回给调用者之前同步固定住 DLL 模块是很重要的。这意味着在工作线程中不能递增 DLL 的引用计数。那将会太迟了,调用者可以在模块固定在内存之前就卸载 DLL,再次导致回调中的非法访问。
- 只有在手动创建线程时才会用到这个方案。如果在 NT 线程池中的某个线程发起工作,那些不属于你的线程将会退出!这就是为什么 Win32 线程池 API 为你提供了一个容易的方式,请求系统在你的回调函数一旦执行时就固定 DLL 模块。为此,你可以直接调用 SetThreadpoolCallbackLibrary API。系统模块 ntdll.dll 中的线程池实现随后会负责自动管理 DLL 库(你的回调所在库)的引用。

配套源代码实现了这个思想。请注意,这个新版 API 现在对某些调用者免疫,后者会在工作线程仍然在进程中运行时释放支持的 DLL 模块。

```
C:\book\code\chapter_09\DllLifetimeRaceCondition>host\objfre_win7_x86\i386\host.exe
Fix\objfre_win7_x86\i386\test.dll
Test message... Hello World!
Test message... Hello World!
Test message... Hello World!
Test message... Hello World!
Test message... Hello World!
Success.
```

9.2 调试死锁

针对状态一致性资源竞争的一个解决方案是通过使用"锁"(locks)建立对受影响共享状态的独占访问。但是,如果使用不当,锁也可能引入一套新的编程错误,最典型的就是死锁条件。本节将包含一些示例来介绍这类错误,并向你展示如何有效调试这些竞争条件,这样你就可以在发布的软件中消除它们。

死锁是一种状态，其中有两个或更多的线程执行会停滞不前并等待彼此之间解锁。死锁错误也可以是资源竞争，只在适当的锁获取和线程调度顺序下发生，这使它们有时会很难复制。但好的方面是，一旦可以重现，调试器通常就是用来检查死锁中线程的完美工具，并发现它们进入死锁状态的可能原因。

9.2.1 （锁顺序）Lock-Ordering 死锁

一个基本的死锁场景是，两个线程错误地获得了相反顺序的锁，然后等待对方释放其他线程已经占有的锁。这种情况如下列 C++程序所示，所导致的结果是启动了会获得相反顺序临界区（critical section）的两个工作线程。

```
//
// C:\book\code\chapter_09\Deadlocks\MultiLockDeadlock>main.cpp
//
static
DWORD
WINAPI
WorkerThread(
    __in LPVOID lpParameter
    )
{
    CThreadParams* pParameter;
    CWin32CriticalSectionHolder autoLockOne, autoLockTwo;

    pParameter = reinterpret_cast<CThreadParams*>(lpParameter);
    InterlockedIncrement(&(pParameter->m_nThreadsStarted));
    wprintf(L"Thread #%d Callback.\n", pParameter->m_nThreadsStarted);

    if (pParameter->m_nThreadsStarted % 2 == 0)
    {
        autoLockOne.Lock(pParameter->m_csOne);
        wprintf(L"One-Two locking order...\n");
        Sleep(1000);
        autoLockTwo.Lock(pParameter->m_csTwo);
    }
    else
    {
        autoLockTwo.Lock(pParameter->m_csTwo);
        wprintf(L"Two-One locking order...\n");
        Sleep(1000);
        autoLockOne.Lock(pParameter->m_csOne);
    }
    return EXIT_SUCCESS;
}
```

请注意，该程序似乎在某些情况下会正常完成执行，而有时却会无限挂起。

```
C:\book\code\chapter_09\Deadlocks\MultiLockDeadlock>objfre_win7_x86\i386\bug.exe
Thread #1 Callback.
Two-One locking order...
Thread #2 Callback.
One-Two locking order...
^C
```

调试死锁状态

为调试死锁状态,你可以直接在调试器下运行进程或以独立模式运行程序后将调试器附加上去,请注意,进程运行似乎在无限期阻塞。在这两种情况下,你将看到进程中总共有 3 个线程(如果你尝试附加则要加上中断线程)。主线程(线程# 0)将等待另外两个工作线程退出其回调函数,但那两个线程(线程#1 和线程#2)似乎在等待(似乎永远等待)获得一个临界区,如下面的清单所示。

```
0:003> .symfix
0:003> .reload
0:003> ~*k
   0  Id: 4dc.b58 Suspend: 1 Teb: 7ffde000 Unfrozen
ChildEBP RetAddr
000bfcf0 77456a04 ntdll!KiFastSystemCallRet
000bfcf4 75666a36 ntdll!ZwWaitForMultipleObjects+0xc
000bfd90 7590bd1e KERNELBASE!WaitForMultipleObjectsEx+0x100
000bfdd8 7590bd8c kernel32!WaitForMultipleObjectsExImplementation+0xe0
000bfdf4 0005185d kernel32!WaitForMultipleObjects+0x18
000bfe5c 000518b7 bug!CMainApp::MainHR+0x65
000bfe60 00051a41 bug!wmain+0x5
...
   1  Id: 4dc.1ddc Suspend: 1 Teb: 7ffdd000 Unfrozen
ChildEBP RetAddr
004bfc9c 77456a24 ntdll!KiFastSystemCallRet
004bfca0 77442264 ntdll!NtWaitForSingleObject+0xc
004bfd04 77442148 ntdll!RtlpWaitOnCriticalSection+0x13e
004bfd2c 00051491 ntdll!RtlEnterCriticalSection+0x150
004bfd3c 000516a2 bug!CWin32CriticalSectionHolder::Lock+0x1f
004bfd64 7590ed6c bug!CMainApp::WorkerThread+0x9d
...
   2  Id: 4dc.1f04 Suspend: 1 Teb: 7ffdc000 Unfrozen
ChildEBP RetAddr
002cf88c 77456a24 ntdll!KiFastSystemCallRet
002cf890 77442264 ntdll!NtWaitForSingleObject+0xc
002cf8f4 77442148 ntdll!RtlpWaitOnCriticalSection+0x13e
002cf91c 00051491 ntdll!RtlEnterCriticalSection+0x150
002cf92c 000516a2 bug!CWin32CriticalSectionHolder::Lock+0x1f
002cf954 7590ed6c bug!CMainApp::WorkerThread+0x9d
...
#  3  Id: 4dc.1bc4 Suspend: 1 Teb: 7ffdb000 Unfrozen
ChildEBP RetAddr
0046f9b4 774af161 ntdll!DbgBreakPoint
0046f9e4 7590ed6c ntdll!DbgUiRemoteBreakin+0x3c
...
```

调试扩展命令!cs

可以使用调试命令!cs 来转储前面清单中线程#1 和线程#2 等待的临界区。两个临界区地址可分别通过跟踪 RtlEnterCriticalSection 调用帧中的帧指针来获得。函数的第一个参数是线程正试图请求获得(进入)的临界区。例如,对于线程#1,你会发现它试图进入的临界区已经被线程#2 占有(锁住)了。事实上,请注意下面的清单,由扩展命令!cs 输出的拥有者线程与线程#2 的客户端 ID（Cid）相匹配，后者可以通过使用调试命令~（用于列举进程中的活动线程）找到。

```
0:003> $ Saved EBP, followed by the return address and then the first argument
0:003> dd 004bfd2c
004bfd2c 004bfd3c 00051491 000bfe18 000bfe50
0:003> !cs 000bfe18
Critical section   = 0x000bfe18 (+0xBFE18)
DebugInfo          = 0x0013b2a0
LOCKED
LockCount          = 0x1
WaiterWoken        = No
OwningThread       = 0x00001f04
RecursionCount     = 0x1
LockSemaphore      = 0x3C
SpinCount          = 0x00000000
0:003> $ ~ lists all the threads in the process, along with their respective client ID (CID)
0:003> ~
   0 Id: 4dc.b58 Suspend: 1 Teb: 7ffde000 Unfrozen
   1 Id: 4dc.1ddc Suspend: 1 Teb: 7ffdd000 Unfrozen
   2 Id: 4dc.1f04 Suspend: 1 Teb: 7ffdc000 Unfrozen
.  3 Id: 4dc.1bc4 Suspend: 1 Teb: 7ffdb000 Unfrozen
```

类似地，可以验证线程#2 等待的临界区的拥有者字段与进程中线程#1 的线程客户 ID（Cid）相对应。这充分解释了死锁原因，也解释了为什么它不总是发生，即导致死锁的条件要求两个线程进入第一个临界区之后在进入第二个之前都被抢占。

还可以通过使用调试命令 dt（"转储类型"）从 _RTL_CRITICAL_SECTION 结构直接查看上述字段，前提是微软将这种类型包含在了系统模块 ntdll.dll 的符号中。

```
0:003> dt ntdll!_RTL_CRITICAL_SECTION 000bfe18
   +0x000 DebugInfo        : 0x0013b2a0 _RTL_CRITICAL_SECTION_DEBUG
   +0x004 LockCount        : 0n-6
   +0x008 RecursionCount   : 0n1
   +0x00c OwningThread     : 0x00001f04 Void
   +0x010 LockSemaphore    : 0x0000003c Void
   +0x014 SpinCount        : 0
0:003> $ The LockSemaphore field is in fact an event, not a semaphore
0:003> !handle 3c f
Handle 3c
  Type           Event
...
  Name           <none>
  Object Specific Information
    Event Type Auto Reset
    Event is Waiting
```

正如你可能已经猜到的，!cs 命令只是一个辅助命令，用于解析临界区结构并方便地解释其字段的意义，就像你可以在前面的清单手动做的那样。

```
0:003> $ Terminate this debugging session now...
0:003> q
```

由于它们的内部构建方式，临界区具有很好的用户态调试支持。与互斥量是纯粹的内核分派程序对象不同，临界区只在同一用户态进程的边界内使用。还请注意，它们在事件内核分派对象顶部进行内部构建，这正是等待的锁定临界区真正的实现方式。当一个线程试图进入临界区时，LockCount 字段将在用户态被检查，以查看它是否被释放。如果已被释放，锁计数会自动更新以指示临界区是锁住的，线程将交出对临界区的所有权。如果未被释放，线程可能会首先进入用户态下的一个忙循环回路（如果你在使用 Win32 API InitializeCriticalSectionAndSpinCount 初始化临界区时提供一个非零的 dwSpinCount 参数），这些工作都要在最终决定过渡到内核态并等待事件分配器对象之前完成，前提是临界区仍是锁着的。

避免错序死锁

预防本节所述死锁类型的常见技术之一是错序方案。其思想是为你程序中的每个锁赋予一个任意级别（1,2,…,n），并执行不变式使得只能按升序获得锁。如果 m_csOne 和 m_csTwo 按前面例子进行了排序，先 m_csTwo 后 m_csOne 的锁获取顺序将是非法的。

这种技术可以通过跟踪进程中所有线程的全局数据结构（例如，由线程 ID 标识）实现，并赋予每个线程一个栈来表示它们占有的锁。通过在锁回收期间检查请求的锁级别与栈顶的锁级别（每个线程）对比，错序死锁错误会立即被捕获，如图 9-3 所示。

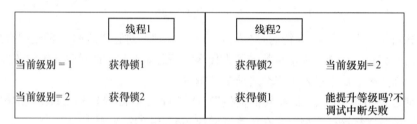

图 9-3　使用错序技术预防死锁

尽管这种方法有一定的工程要求，但仍经常应用在底层系统软件中。例如，CLR 代码库内部使用这种技术来预防其执行引擎中的死锁错误。微软 SQL Server 也用这种技术来预防开发周期前期的死锁错误。众所周知，这类错误对于需要高可靠性的数据库系统而言可能影响极坏，因此就 SQL Server 产品工程作用而言无疑是值得投资的。

9.2.2　逻辑死锁

即使程序中只有一个锁或不涉及任何锁死锁也可能会发生。这是因为 Windows 中的线程只在试图获得已被另一个线程占有的锁时才不会阻塞；它们也可以在等待逻辑事件发生时阻塞，比如线程/进程退出事件、异步 I/O 完成或使原始内核事件对象变为信号态的显式应用程序调用（Win32 API SetEvent）。

死锁的例子包括锁结构和应用程序逻辑等待，参考下列 C++示例。其中，本地 DLL 在加载到主进程后试图响应收到的 DLL_PROCESS_ATTACH 通知而创建一个新线程。虽然仍在 DllMain 函数中，但 DLL 会继续等待这个新线程的回调函数完成。

```
//
// C:\book\code\chapter_09\Deadlocks\SingleLockDeadlock>test.cpp
//
DWORD
WINAPI
```

```
WorkerThread(
    __in LPVOID pParam
    )
{
    wprintf(L"Inside WorkerThread.\n");
    return EXIT_SUCCESS;
}

BOOL
WINAPI
DllMain(
    __in HINSTANCE hInstance,
    __in DWORD dwReason,
    __in PVOID pReserved
    )
{
    CHandle shThread;

    ChkProlog();

    switch (dwReason)
    {
        case DLL_PROCESS_ATTACH:
            ::DisableThreadLibraryCalls(hInstance);

            shThread.Attach(::CreateThread(
                NULL, 0, WorkerThread, NULL, 0, NULL));
            ChkWin32(shThread);
            VERIFY(::WaitForSingleObject(shThread, INFINITE) == WAIT_OBJECT_0);
            break;

        case DLL_THREAD_ATTACH:
        case DLL_THREAD_DETACH:
        case DLL_PROCESS_DETACH:
            break;
    }

    ChkNoCleanupRet(SUCCEEDED(ChkGetHr()));
    UNREFERENCED_PARAMETER(pReserved);
}
```

一旦试图加载这个 DLL，你就会注意到，当加载该 DLL 并在新线程回调函数有机会打印信息到控制台之前，主进程似乎会挂起。

调试死锁条件

与之前展示的错序死锁例子不同，这里的死锁总是会发生。一旦程序挂起后附加一个用户态调试器，就会显示下面两个线程（除用户态调试器注入的中断线程之外）。

```
C:\book\code\tools\dllhost\objfre_win7_x86\i386\host.exe
C:\book\code\chapter_09\Deadlocks\SingleLockDeadlock\objfre_win7_x86\i386\test.dll
...
0:002> .symfix
0:002> .reload
0:002> ~*k
```

```
    0  Id: 5a8.e04  Suspend: 1  Teb: 7ffde000  Unfrozen
ChildEBP RetAddr
0019f6cc 76dd6a24 ntdll!KiFastSystemCallRet
0019f6d0 751d179c ntdll!NtWaitForSingleObject+0xc
0019f73c 76bac2f3 KERNELBASE!WaitForSingleObjectEx+0x98
0019f754 76bac2a2 kernel32!WaitForSingleObjectExImplementation+0x75
0019f768 7297156a kernel32!WaitForSingleObject+0x12
0019f784 72971875 test!DllMain+0x5e
[c:\book\code\chapter_09\deadlocks\singlelockdeadlock\test.cpp @ 45]
0019f7e4 76de89d8 test!__DllMainCRTStartup+0xe1
0019f804 76df5c41 ntdll!LdrpCallInitRoutine+0x14
0019f8f8 76df052e ntdll!LdrpRunInitializeRoutines+0x26f
0019fa64 76df232c ntdll!LdrpLoadDll+0x4d1
0019fa98 751d8b51 ntdll!LdrLoadDll+0x92
0019fad4 76baef53 KERNELBASE!LoadLibraryExW+0x1d3
0019fae8 00bc155e kernel32!LoadLibraryW+0x11
0019faf8 00bc15b9 host!CMainApp::MainHR+0x14
0019fb0c 00bc1747 host!wmain+0x20
0019fb50 76baed6c host!__wmainCRTStartup+0x102
...
    1  Id: 5a8.f58  Suspend: 1  Teb: 7ffdd000  Unfrozen
ChildEBP RetAddr
0025f604 76dd6a24 ntdll!KiFastSystemCallRet
0025f608 76dc2264 ntdll!NtWaitForSingleObject+0xc
0025f66c 76dc2148 ntdll!RtlpWaitOnCriticalSection+0x13e
0025f694 76df3795 ntdll!RtlEnterCriticalSection+0x150
0025f728 76df3636 ntdll!LdrpInitializeThread+0xc6
0025f774 76df3663 ntdll!_LdrpInitialize+0x1ad
0025f784 00000000 ntdll!LdrInitializeThunk+0x10

#  2  Id: 5a8.fd8  Suspend: 1  Teb: 7ffdd000  Unfrozen
ChildEBP RetAddr
004bfc54 76e2f161 ntdll!DbgBreakPoint
...
```

线程#0 似乎在等待 DllMain 函数中创建的新线程对象变为信号态。这是进程的线程#1，可以通过查看线程#0 调用栈顶部 WaitForSingleObject 函数调用的对象句柄参数来进行验证。

```
0:002> $ First argument to WaitForSingleObject is the object handle
0:002> dd 0019f768
0019f768  0019f784 7297156a 00000030 ffffffff
0:002> !handle 00000030 f
Handle 30
  Type          Thread
...
  Object Specific Information
    Thread Id   5a8.f58
    Start Address 729712c9 test!WorkerThread
0:002> ~
   0  Id: 5a8.e04  Suspend: 1  Teb: 7ffde000  Unfrozen
   1  Id: 5a8.f58  Suspend: 1  Teb: 7ffdd000  Unfrozen
.  2  Id: 5a8.fd8  Suspend: 1  Teb: 7ffdc000  Unfrozen
```

然而，线程#1 本身似乎一直等待另一个临界区。该临界区可以使用调试命令 !cs 和线程#1 调用栈顶部 RtlEnterCriticalSection 调用的第一个参数进行转储。

```
0:002> $ First argument to RtlEnterCriticalSection is the _RTL_CRITICAL_SECTION structure
0:002> dd 0025f694
0025f694 0025f728 76df3795 76e67340 74f77896
0:002> !cs 76e67340
Critical section   = 0x76e67340 (ntdll!LdrpLoaderLock+0x0)
DebugInfo          = 0x76e67540
LOCKED
LockCount          = 0x1
WaiterWoken        = No
OwningThread       = 0x00000e04
RecursionCount     = 0x1
LockSemaphore      = 0x34
SpinCount          = 0x00000000
0:002> ~
   0  Id: 5a8.e04 Suspend: 1 Teb: 7ffde000 Unfrozen
   1  Id: 5a8.f58 Suspend: 1 Teb: 7ffdd000 Unfrozen
.  2  Id: 5a8.fd8 Suspend: 1 Teb: 7ffdc000 Unfrozen
```

这个临界区占有线程的客户 ID（Cid）为 0 xe04，它引用进程中的线程#0。这是一个在线程 #0 和线程#1 之间的循环依赖，并导致无限期拖延，也就是本例中死锁条件的根本原因。

加载锁和 DllMain 的风险

前面例子中的临界区（ntdll!LdrpLoaderLock）是一个重要的系统锁，它作为加载程序锁被引用。这个锁被 ntdll.dll 中的操作系统（OS）模块加载程序代码用来同步调用已加载模块的 DllMain 函数。虽然你从来没有在代码中显式获得任何类型的锁，但操作系统加载程序会在调用你的 DllMain 函数之前这么做。这个行为保证了 DllMain 区域的代码总是基于这个系统锁来序列化执行，并且允许你以线程安全的方式执行 DLL 模块所需的初始化工作。

当创建一个新线程时，操作系统加载程序还试图在调用已加载模块 DllMain 函数之前获得相同的加载程序锁（DLL_THREAD_ATTACH 通知），以让它们知道进程中的新线程。即使你在 DllMain 函数中通过调用 Win32 API DisableThreadLibraryCalls 拒绝接收这些特殊的通知，其他系统 DLL 模块也仍期望接收它们，因此操作系统加载程序总会获得初始化的加载锁。这正是线程#1 要阻塞等待线程#0 退出 DllMain，并释放其占有的加载锁全局变量的原因。

一个重要的细节是 DllMain 总是在系统加载锁下被调用。因此，DllMain 函数中的代码要简短，还要理解在该代码路径中调用的任何函数所完成的底层工作。这里有一些环节要记住。

- 严禁在 DllMain 中创建和等待新线程，或者调用任何可能这么做的函数。例如，将 COM 对象作为 DllMain 的一部分调用是非法的，因为这可能需要创建新的线程（由系统模块 ole32 中的 COM 库代码创建）为 COM 激活请求服务。
- 当显式获得某个锁时需遵循的其他许多规则也适用于你的 DllMain 代码。特别地，应该避免执行网络或其他冗长的操作，因为那将长时间占有加载锁。作为一般规则，应该将 DllMain 的主要工作限制在只初始化 DLL 模块的全局变量。
- DLL 模块中的 C++静态（全局）对象也将在实际的 DllMain 函数调用之前由 C 运行时库在加载锁下完成初始化。所以，同样的规则也适用于 C++全局对象构造函数中的代码。

加载锁和调试器中断序列

如果创建一个新线程会导致获取加载锁，那为什么在前面的例子中主线程（#0）已经占有锁，但调试器仍可以注入附加的远程线程（线程#2）呢？如果你用 Windows XP 机器来执行这个实验，尝试在死锁时中断，将发现 windbg.exe 在决定强制挂起进程中的线程并中断之前会等待一段时间（确切地说是 30 秒）。

```
Break-in sent, waiting 30 seconds...
WARNING: Break-in timed out, suspending.
         This is usually caused by another thread holding the loader lock
```

这个调试用户体验在 Windows 7 及以上系统版本改进的原因是，WinDbg 现在使用一个特殊的系统函数来注入远程线程。这个函数与 Win32 常规的线程创建 API 相比的独特之处是，它要求内核在不执行普通初始化（原本需要获得加载锁）的情况下就创建线程。以 Windows 7 系统为例，在线程#2 的线程环境块（TEB）结构（使用@$teb 作为当前 TEB 地址的别名）中，可以看到大部分字段是未初始化的。

```
0:002> dt ntdll!_TEB @$teb
...
   +0x02c ThreadLocalStoragePointer : (null) ...
   +0x03c CsrClientThread : (null)
   +0x040 Win32ThreadInfo : (null) ...
   +0x1a8 ActivationContextStackPointer : (null)
0:002> q
```

特别地，这个线程不在 Windows 客户端/服务器子系统进程（csrss.exe）注册，这意味着它不能创建用户界面窗口或使用线程本地存储。然而，在此情况下这是完美的，因为所有注入的调试器中断线程想要执行的就是一个调试中断（int 3）指令。

9.3 调试访问检查问题

安全性深度集成进了 Windows 操作系统。Windows 中的资源是安全的，只有经过充分运行授权的用户才可以访问它们，诸如注册表或文件访问等操作都涉及安全检查。当然，安全性在 Windows 开发领域也几乎无处不在。例如，终止用户态进程、发送 UI 消息、进入桌面背景、附加到某个进程调试端口作为用户态调试器、激活或开始远程 COM 服务器等，都需要受到访问检查。对于这些检查操作方式至少需要掌握粗略的知识，能在你的程序由于安全限制而出现故障并需要查找故障的根本原因时节省大量时间。

9.3.1 基本的 NT 安全模型

从早期 Windows NT 开始就一直使用的基本安全模型为每个用户登录期间分配权限。这些权限基于一系列规则，包括组成员关系和赋予该用户账号的系统权限。这样，管理员就可以将它们分配到安全组而非个体用户，以此来更容易地管理这些权限。这些动态权限由本地安全授权子系统进程（lsass.exe）在初始化用户登录过程中计算，并在操作系统中由称为用户访问令牌的执行对象表示。这个访问令牌随后会附加到第一个用户（尤其是 shell 进程），并被运行在该用户会话中的子进程所继承。

每个 Windows 用户态进程都有一个与之关联的令牌，代表它的安全上下文。线程从包含它们的进程中继承安全上下文，但它们也可以通过控制称为模拟（impersonation）的系统机制临时假定另一个访问令牌的身份。这可能是有用的，例如，当一个高权限服务线程想要执行代表其客户端调用者的操作，又希望在客户端上下文中具体实施以防止提权攻击。

Windows 访问检查包括检查调用者的身份（由访问令牌表示）的安全规则，它们应用于目标执行资源（文件、注册表键、互斥、线程、进程等）。这些规则被称为安全描述符的数据结构正式表示，后者在内核中作为对象头的一部分被跟踪；还可表示为一个访问控制规则列表来授权（或拒绝）一个用户或一组用户的访问。请注意，Windows 中的访问检查有时也需要在没有任何内核资源访问尝试的情况下手动启动。例如，一个 Win32 API 可能会检查有效的线程令牌以查看它是否是内置管理员组成员，如果不符合条件，其执行将会很早就失败。

表 9-1 提供了 Windows NT 安全模型中关键概念的快速摘要以及它们之间的关联。

表 9-1　　　　　　　　　　　　重要的 Windows NT 关键概念

关键概念	描述
安全标识符（Security Identifier，SID）	用于表示用户和用户组，也用于表示 Windows 安全子系统中的其他角色。例如，一个登录会话还有一个登录 SID 以便在 Windows 安全系统中表示它
特权	授予组或单独用户账户特殊的权限。例如，从其他用户调试程序的权限（SeDebugPrivilege）或关闭系统（SeShutdownPrivilege）
访问控制项（Access Control Entry，ACE）	主要由一个 SID 和一个位掩码组成，用于指定授予 SID 的权限
访问控制列表（Access Control List，ACL）	访问控制项集合，用于表示描述访问各安全对象的规则
安全描述符	完整描述应用到安全对象的授权规则。它们包含这些对象的拥有者和主要的组 SID；还包括自由访问控制列表（SACL）和另一个系统访问控制列表（SACL），前者用于控制谁能访问对象，而后者用于描述应该何时生成审查事件来将对象的访问尝试记录到日志中
访问令牌	登录过程中创建的动态对象用以占有新用户会话的安全上下文。它们包含主用户 SID 和特权，但它们也缓存其他数据，如用户的组成员关系和关于用户会话的其他信息

剖析一个访问检查

当一个线程需要访问资源或执行特权操作时，系统将启动访问检查以决定该访问是否应被授权。这在内核态下使用安全子系统（内核部分）内部的 nt!SeAccessCheck 函数来完成，也称为安全参考监视器（Security Reference Monitor，SRM）。图 9-4 展示了这个过程。

访问检查期间有效的线程访问令牌，是进程的访问令牌或显式模拟的令牌（如果线程在触发访问检查的过程中模拟一个客户端）。几个授权规则会在令牌和目标资源的安全描述符之间应用。例如，令牌中的用户 SID 会与来自安全描述符中 DACL 的访问控制项（ACE）对照检查。如果一个项与用户 SID 或其归属的一组用户 SID 相匹配，ACE 中的访问位掩码会被当作是访问检查授权的一部分。当试图访问资源时，如基于线程表达的访问意图（读、写等），该访问将根据由授权逻辑确定的最终位掩码被授权或拒绝。

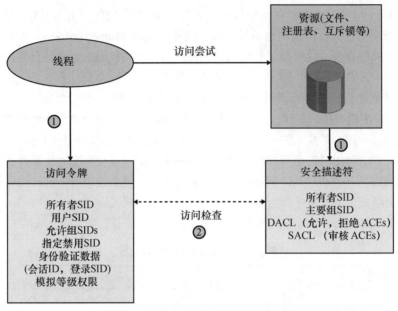

图 9-4　Windows 中的访问控制检查

调试扩展命令!token

WinDbg 调试器有几个有用的扩展命令来转储 Windows 访问检查安全系统使用的结构内容，包括!token 命令。本书前面章节的一些实验中已经用到了这个命令，它可以用来显示线程和进程的访问令牌。在许多访问检查故障中，你将可能已经知道应用到你程序试图访问的资源上的安全限制，所以查看动态句柄上下文提供了找出失败的访问验证根源的最后线索。如果没有附加参数，这个命令显示当前线程上下文的有效访问令牌。使用-n 选项能在该命令的输出中解析用户和组 SID 的名称，这通常在弄清楚加密 SID 文本表示时有用。例如，在下面的实时内核调试器清单中，!token 命令用于显示当前线程上下文的访问令牌，这也正是实时内核调试器进程本身的用户安全上下文。

```
lkd> .symfix
lkd> .reload
lkd> !process -1 0
PROCESS 84fba470 SessionId: 1  Cid: 1930    Peb: 7ffdf000  ParentCid: 1d4c
    Image: windbg.exe
lkd> !token -n
Thread is not impersonating. Using process token...
TS Session ID: 0x1
User: S-1-5-21-175793949-1629915048-1417430240-1001 (User: tariks-lp03\admin)
Groups:
 01 S-1-1-0 (Well Known Group: localhost\Everyone)
    Attributes - Mandatory Default Enabled
 02 S-1-5-32-544 (Alias: BUILTIN\Administrators)
    Attributes - Mandatory Default Enabled Owner
...
Privs:
 05 0x000000005 SeIncreaseQuotaPrivilege          Attributes -
 08 0x000000008 SeSecurityPrivilege               Attributes -
 09 0x000000009 SeTakeOwnershipPrivilege          Attributes -
```

```
   10 0x00000000a SeLoadDriverPrivilege           Attributes -
...
Authentication ID:         (0,53252)
Impersonation Level:       Anonymous
TokenType:                 Primary
Source: User32             TokenFlags: 0x2000 ( Token in use )
Token ID: 18d06a0          ParentToken ID: 0
Modified ID:               (0, 18d070c)
RestrictedSidCount: 0      RestrictedSids: 00000000
OriginatingLogonSession: 3e7
```

请注意，这个命令将显示主用户 SID（本例中是我的管理员用户 SID），以及它的组成员关系和特权。它还转储令牌的其他有用信息，如当前的会话 ID、令牌类型（模拟或主令牌）和令牌的模拟级别。

还可以通过带有一个额外参数的命令来使用显式的访问令牌。在用户态调试中，可以传递一个令牌句柄来转储进程上下文中任何令牌对象的内容。为实际了解这一点，可使用来自本章前面部分的令牌句柄泄露示例。让程序运行了几秒之后，使用 WinDbg 用户态调试器附加到它（例如，使用 F6 快捷方式），然后使用!token 命令来转储一个已打开的（泄露的）令牌句柄，如下面的清单所示。

```
C:\book\code\chapter_08\HandleLeak\adduser.bat
C:\book\code\chapter_08\HandleLeak\HandleLeak.exe
0:007> $ List all the open token handles in the process
0:007> !handle 0 1 Token
...
Handle 3b7c
  Type              Token
Handle 3b80
  Type              Token
3691 handles of type Token
0:007> !token -n 3b80
TS Session ID: 0x3
User: S-1-5-21-3268063145-3624069009-1332808237-1019 (User: tariks-lp03\test_user_hl)
...
Auth ID: 0:3e18311
Impersonation Level: Impersonation
TokenType: Impersonation
Is restricted token: no.
```

在内核态调试会话中，你也能够为!token 命令提供一个可选的令牌结构地址，这允许你转储系统中的任何线程或进程的安全上下文。通常从执行线程或进程结构获得这个地址结构，或者从内核调试命令!thread 或!process 的输出来获得。为了演示这个重要的使用模式，下面的实时内核调试器清单用于确认系统进程 lsass.exe 运行于 LocalSystem 账户下运行上下文，该账户是 Windows 安全模型中权限最高的账户。

```
lkd> !process 0 1 lsass.exe
PROCESS 89ceed40  SessionId: 0  Cid: 0264   Peb: 7ffd6000  ParentCid: 021c
    Image: lsass.exe
    VadRoot 89d60738 Vads 147 Clone 0 Private 1222. Modified 2749. Locked 4.
    DeviceMap 89a08b10
    Token                             9edc55e0
    ElapsedTime                       00:15:29.435
```

```
          UserTime                          00:00:01.092
          KernelTime                        00:00:00.530
...
lkd> !token -n 9edc55e0
_TOKEN 9edc55e0
TS Session ID: 0
User: S-1-5-18 (Well Known Group: NT AUTHORITY\SYSTEM)
Groups:
 00 S-1-5-32-544 (Alias: BUILTIN\Administrators)
    Attributes - Default Enabled Owner
...
```

调试扩展命令!sd

在使用!token 命令确定调用线程的安全上下文之前，可以有效检查你要访问的目标资源安全描述符。可以使用调试扩展命令!sd 做到这一点。例如，现在将运行一个实验来显示 lsass.exe 进程对象的安全描述符。第一步是找到安全描述符的原始地址，可以通过内核调试扩展命令!object 来定位对象头部结构中的安全描述符，如下面的清单所示。

```
lkd> !process 0 0 lsass.exe
PROCESS 89ceed40  SessionId: 0  Cid: 0264    Peb: 7ffd6000  ParentCid: 021c
    Image: lsass.exe
lkd> !object 89ceed40
Object: 89ceed40  Type: (84a28490) Process
    ObjectHeader: 89ceed28 (new version)
    HandleCount: 13  PointerCount: 482
lkd> dt nt!_object_header 89ceed28
   +0x000 PointerCount     : 0n480
   +0x004 HandleCount      : 0n13
   +0x004 NextToFree       : 0x0000000d Void
   +0x008 Lock             : _EX_PUSH_LOCK
   +0x00c TypeIndex        : 0x7 ''
   +0x00d TraceFlags       : 0 ''
   +0x00e InfoMask         : 0x8 ''
   +0x00f Flags            : 0 ''
   +0x010 ObjectCreateInfo : 0x82b37a00 _OBJECT_CREATE_INFORMATION
   +0x010 QuotaBlockCharged : 0x82b37a00 Void
   +0x014 SecurityDescriptor : 0x89a0501b Void
   +0x018 Body             : _QUAD
```

一个重要因素是低 3 位是由内核在内部使用而不作为安全描述符本身的一部分，安全描述符总是以 8 字节边界对齐。这意味着在使用!sd 命令以及存储在对象头部结构中的地址之前应该掩掉这些位。下面的清单中命令末尾的额外标记（1）类似于!token 命令的-n 选项，它同样要求!sd 命令显示安全描述符中用户和组安全标识符（SID）的友好名称。

```
lkd> ?? 0x89a0501b & ~7
unsigned int 0x89a05018
lkd> !sd 0x89a05018 1
...
->Owner   : S-1-5-32-544 (Alias: BUILTIN\Administrators)
->Group   : S-1-5-18 (Well Known Group: NT AUTHORITY\SYSTEM)

->Dacl    :
->Dacl    : ->AclRevision: 0x2
```

```
->Dacl     : ->Sbz1         : 0x0
->Dacl     : ->AclSize      : 0x3c
->Dacl     : ->AceCount     : 0x2
->Dacl     : ->Sbz2         : 0x0

->Dacl     : ->Ace[0]: ->AceType: ACCESS_ALLOWED_ACE_TYPE
->Dacl     : ->Ace[0]: ->AceFlags: 0x0
->Dacl     : ->Ace[0]: ->AceSize: 0x14
->Dacl     : ->Ace[0]: ->Mask : 0x001fffff
->Dacl     : ->Ace[0]: ->SID: S-1-5-18 (Well Known Group: NT AUTHORITY\SYSTEM)

->Dacl     : ->Ace[1]: ->AceType: ACCESS_ALLOWED_ACE_TYPE
->Dacl     : ->Ace[1]: ->AceFlags: 0x0
->Dacl     : ->Ace[1]: ->AceSize: 0x18
->Dacl     : ->Ace[1]: ->Mask : 0x00121411
->Dacl     : ->Ace[1]: ->SID: S-1-5-32-544 (Alias: BUILTIN\Administrators)
...
```

请注意，只有 LocalSystem 账户和计算机上本地内置管理员组的成员才能访问 lsass.exe 进程对象。这就解释了为什么这个进程不能在非管理员用户上下文（包括非提权的命令提示符）中被终止，如图 9-5 所示。

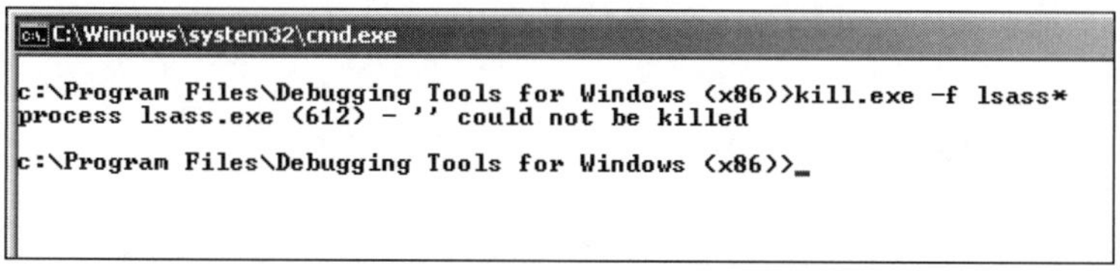

图 9-5　运行在常规用户上下文中无法终止 lsass 进程

9.3.2　Windows Vista 的改进

在 Windows Vista 中引进的 NT 安全模型的一个重要扩展是"完整性级别"概念。这个概念通过让进程运行在不同的权限等级下来增强基于用户的 NT 安全模型，即使它们是由相同的用户启动。围绕完整性级别最重要的一个特殊应用程序是用户账户控制（UAC）功能，在 Windows Vista 及其后续版本中调试安全问题时，理解它对访问检查的影响方式是至关重要的。

完整性级别

位于 http://msdn.microsoft.com/library/bb625963.aspx 的文章很好地介绍了 Windows 中完整性级别检查的高级设计。其优点是，完整性级别和 UAC 使用的构件，与从早期 NT 安全性开始访问令牌和安全描述符就依赖的构件相同，包括 SID 和 ACE。

每个进程令牌在初始化时都会根据令牌组成员 SID 分配一个默认的完整性级别 SID。这种完整性级别的 SID 也保存在相应进程对象的访问令牌中。按照可信度从高到低的排列顺序如下：系统、高、中、低和不可信。通过安全系统使用特殊的 SID 值来表示它们（都以 S-1-16 - * 的形式），这样来自基本的 NT 访问检查的访问规则能被无缝扩展到覆盖完整性级别，如图 9-6 所示。

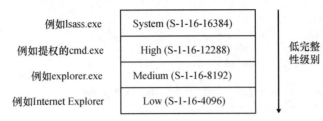

图 9-6　操作系统中的低完整性级别

为了让完整性级别成为 Windows 访问检查的核心部分，安全描述符也进行了扩展，可以支持那些规则（访问控制项），可用于防止低完整性级别的调用者访问具有更高级别标签的资源。这些特殊的 ACE 项称为强制完整性标签，它们基于启动访问检查的线程的目标完整性级别来定义资源访问规则（读、写等）。为了向后兼容以前的结构格式，强制完整性标签将在安全描述符中进行跟踪，并作为 SACL（用于描述审查规则）的一部分。从 Windows Vista 开始，SACL 实际上还通过默认的中级完整性标签为对象描述强制完整性标签 ACE。

例如，交互式窗口站允许访问用户会话中的任何进程，该会话令牌至少具有低完整性级别，这就是为什么即使低权限的程序也可以显示 Windows 中的用户界面元素！为了解这一点，首先使用内核调试命令 !object 找到交互式窗口站对象（名为 winsta0）的地址来遍历对象管理器使用的目录结构。

```
lkd> !object \Windows
Object: 8ea0ba00  Type: (84a289a8) Directory
    Hash Address  Type        Name
    ---- -------  ----        ----
     04  87f57728 ALPC Port   SbApiPort
     09  87f57d90 ALPC Port   ApiPort
     14  82213e98 Section     SharedSection
     32  8a762198 Directory   WindowStations
lkd> !object 8a762198
Object: 8a762198  Type: (84a289a8) Directory
    Hash Address  Type          Name
    ---- -------  ----          ----
     01  9fcb8b58 WindowStation Service-0x0-3e4$
     04  865804c8 WindowStation Service-0x0-3e5$
     06  883ffbb0 WindowStation msswindowstation
     11  9423e170 WindowStation Service-0x0-3e7$
     27  94239dd8 WindowStation WinSta0
```

现在可以通过本节前面描述的相同步骤来使用 !sd 命令转储这个叫作窗口站的安全描述符了。

```
lkd> !object 94239dd8
Object: 94239dd8  Type: (84aa8c58) WindowStation
    ObjectHeader: 94239dc0 (new version)
    HandleCount: 9  PointerCount: 18
    Directory Object: 8a762198  Name: WinSta0
lkd> dt nt!_object_header 94239dc0 SecurityDescriptor
   +0x014 SecurityDescriptor : 0x9a2405ea Void
lkd> ?? 0x9a2405ea & ~7
unsigned int 0x9a2405e8
lkd> !sd 0x9a2405e8 1
...
->Sacl     :
```

```
->Sacl       : ->AclRevision: 0x2
->Sacl       : ->Sbz1       : 0x0
->Sacl       : ->AclSize    : 0x1c
->Sacl       : ->AceCount   : 0x1
->Sacl       : ->Sbz2       : 0x0
->Sacl       : ->Ace[0]: ->AceType: SYSTEM_MANDATORY_LABEL_ACE_TYPE
->Sacl       : ->Ace[0]: ->AceFlags: 0x0
->Sacl       : ->Ace[0]: ->AceSize: 0x14
->Sacl       : ->Ace[0]: ->Mask : 0x00000001
->Sacl       : ->Ace[0]: ->SID: S-1-16-4096
```

可以看到,这个窗口站对象的 SACL 允许访问 s-1-16–4096(低完整性级别组的 SID)和更高的完整性级别。

UAC 实际操作

用户账户控制(UAC)功能使用完整性级别,但还使用了更多的东西。UAC 提升后的访问令牌授予类似于 Windows XP 的默认管理员权限。在纵深防御和最低需求特权安全原则中,管理员组成员的默认权限在 Windows Vista 及其以后的版本中被降低了,通过过滤它们的访问令牌,使得仅本地内置管理员组及其特权子集被包含在内。此外,未提权的访问令牌限制在中等完整性级别的沙箱中,而不是分配高完整性级别的 UAC 令牌。

为实际观察 UAC,你可以使用命令行实用程序 whoami.exe,同时为已提权和未提权的命令行 cmd.exe 转储访问令牌。这个工具让你看到与调试器命令 !token 显示的相同令牌信息,尽管它由于只转储当前 cmd.exe 进程的令牌而没那么通用。然而,事实证明它往往是方便的,因为它允许你快速确定你的命令提示窗口的安全上下文。弄清你的命令提示符是否已提权的另一种方法是检查其标题栏,如果标题显示"管理员:命令提示符"(Administrator: Command Prompt),它就是一个已提权的窗口。

使用 whoami.exe 命令,你将看到提权之后的命令提示符比未提权的命令提示符有更多的权限。它们也有高完整性级别组 SID 的组成员关系。

```
----Elevated CMD.exe----
C:\windows\system32\whoami.exe /all
Group Name                                  Type              SID
========================================== ================= ====================
...
Mandatory Label\High Mandatory Level Label                    S-1-16-12288

Privilege Name                Description                                     State
============================= =============================================== ========
SeIncreaseQuotaPrivilege      Adjust memory quotas for a process              Disabled
SeSecurityPrivilege           Manage auditing and security log                Disabled
SeTakeOwnershipPrivilege      Take ownership of files or other objects        Disabled
SeLoadDriverPrivilege         Load and unload device drivers                  Disabled
SeSystemProfilePrivilege      Profile system performance                      Disabled
SeSystemtimePrivilege         Change the system time                          Disabled
...


----Nonelevated CMD.exe----
C:\windows\system32\whoami.exe /all
Group Name                                  Type              SID
```

```
==========================================  =================  ====================
...
Mandatory Label\Medium Mandatory Level Label                   S-1-16-8192


Privilege Name                  Description                                State
=============================== ==========================================  ========
SeShutdownPrivilege             Shut down the system                        Disabled
SeChangeNotifyPrivilege         Bypass traverse checking                    Enabled
SeUndockPrivilege               Remove computer from docking station        Disabled
SeIncreaseWorkingSetPrivilege   Increase a process working set              Disabled
SeTimeZonePrivilege             Change the time zone                        Disabled
```

为了解访问检查中 UAC 的另一方面，可以使用调试命令!sd 观察安全描述符 SACL 部分的强制完整性标签，或（针对文件或目录）使用命令行实用程序 icacl.exe，它可用于读取和修改文件、目录对象的安全描述符。大多数文件对象没有一个明确的 SACL，默认是获得中级完整性标签。也就是说，一些需要覆盖这个默认权限的文件会带有一个显式的强制完整性标签。例如磁盘分区根目录下的文件，它们具有高完整性标签，防止普通用户和未提权的管理员 UAC 令牌访问它们。这就解释了为什么图 9-7 所示的资源访问尝试被拒绝，这是因为 del 命令在一个未提权（中级完整性级别）的命令提示符下执行。针对中级完整性级别命令提示符和文件安全描述符中的高强制完整性标签的完整性等级检查在这种情况下会失败，如图 9-7 所示。

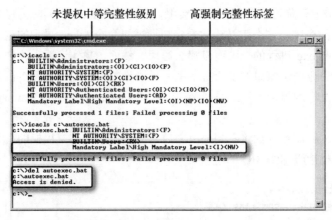

图 9-7　中级完整性级别访问令牌试图访问带有高强制完整性标签 SACL 的对象时被拒绝

9.3.3　结束

UAC 和完整性级别在访问检查中起着重要的作用，因为它们扩展了 DACL 和特权检查，后者在 NT 安全模型的早期就成了核心部分。当你面对访问检查故障时，下列因素通常是值得验证的。

- 线程启动访问检查的有效访问令牌必须有一个满足由资源安全描述符 DACL 部分表达的需求的用户 SID 和组成员关系。另外，资源的"所有者" SID（在安全描述符中描述）允许在忽略 DACL 的情况下访问资源。
- 请注意，如果调用线程的有效访问令牌具有特殊用户权限，那么一些访问检查将绕过 DACL 要求。例如，SeDebugPrivilege 用户权限允许用户态程序为目标进程中的任何线程打开一个句柄，因为在贯穿线程对象安全描述符的 DACL 规则执行之前，Win32 API OpenThread 会首先检查权限。
- 调用线程有效访问令牌中的完整性级别组 SID 必须高于资源的强制完整性标签。如果资源安全描述符的 SACL 部分丢失一个显式的强制完整性标签，那默认是中级完整性标签。最后，调用者表达的访问意图（读、写等）必须被强制完整性标签 ACE 中的访问掩码所允许。

9.4 小结

本章从并发性和安全性两方面介绍几个常见的调试场景，也提炼了一些通用的技术来识别和分析软件中相关的问题。特别是下列高级观点值得重申。

- 资源竞争在没有压力测试的情况下通常难以重现。一旦你获得一个可重现的情况，应该使用调试器从目标状态提取尽可能多的信息，这样就可以对资源竞争的根源形成一个假设。当你足够幸运能获得一个可重现的情况时，只有你重视它们才能够从你的代码中消除这些问题。
- 死锁错误同样严重，可能会对你软件的可靠性形成负面影响。避免死锁的策略，例如代码库中的锁排序，有时值得根据需要在工程上实现，尤其是在复杂的底层软件中。调试器是调试死锁条件很好的工具，因为它们允许你在死锁时中断检查进程中线程的状态。根据死锁是否包含在相同进程中或涉及多个进程，你会发现从用户态调试器到实时内核调试的切换是很有用的，这样可以检查系统上的其他进程的状态。
- 另一种常见的调试场景是拒绝访问失败。通常，通过查看调用 API 的安全需求（往往在 MSDN 文档中发现）就可以理解这些条件。当为修复访问检查故障而调试和测试假设时，调试扩展命令!token 和!sd，以及命令行工具 whoami.exe 和 icacls.exe 是很有用的。

第 10 章
调试系统内部机制

本章内容

- Windows 控制台子系统
- 系统调用剖析
- 小结

调试器除了用于调查分析代码缺陷外，还可以验证和扩展构建软件时所涉及的组件和技术等方面的知识。这个学习策略被很多与我共事过的优秀工程师所使用。该技术之所以特别吸引人，是因为它使我们认识到"软件行为总是可以追踪和调试"这样的理念。所以你不必把所使用的组件看作完全的黑盒子，至少在使用它们的高级操作时。

本章将使用这种方法来剖析两个熟悉的系统机制——在控制台中打印文本和写数据到磁盘上的本地文件。你会看到使用调试器分析上述两个场景时，本章之前所介绍的通用技巧和技术会再次证明它们的价值。这两个案例所使用的策略给出了一套可以使用和扩展的通用指导原则，用于指导探索系统内部其他机制。

10.1 Windows 控制台子系统

大多数人在学习高校程序设计课程时会使用"Hello World!"例子作为开始。事实上，通过控制台显示字符串时，系统会在背后做相当多的工作。了解这些内部细节也有助于更好地理解控制台程序中使用 Ctrl+ C 组合键的处理机制。本节将要说明理解代码中调用第三方 API 时会发生什么情况的重要性。事实上，这个话题在针对更高级别的开发平台（.NET、HTML5、JavaScript 等）时会变得越来越重要，因为即使是最简单的 API 调用，有时也可能会对软件的可扩展性和性能产生意想不到的影响，尤其当它们以权宜之计来解决一系列的错误问题时。

10.1.1 printf 背后的魔力

值得提问的一个基本问题是实现 printf 函数调用的 C 运行时库（C Run-time Library，CRT）代码是如何通过提供的 API 在屏幕上显示文本。当然，CRT 这样的一个独立的库不会包含诸如关于屏幕上文本的坐标或控制台窗口大小等的预设，系统的其他层必须参与才能使 C 运行时库可以访问这些功能。

Windows 7 系统中的控制台命令宿主进程

要发现参与 printf 执行顺序所涉及的各层，需要找到一种方法来减缓该 API 的执行，这样就可以有机会检查其内部行为。当学习新的不熟悉领域时，一个有用的第一步就是找到进行的实验所启动的所有新进程。

实现这一目标有以下两种常用的方法。第一种方法将在本书下一部分中提及，到时候你将会学到如何使用 Windows 事件跟踪（Event Tracing for Windows，ETW）记录各种系统事件，包括新进程创建活动。第二种方法使用在第 7 章所介绍的内核调试技巧。该调试技巧通过使用 nt!PspInsertProcess 内核断点的方法实现每当目标机内核调试会话有新进程创建时都会中断到调试器中。

该方法将在这里使用，实现对 printf 执行序列的剖析。这个实验需要 Windows 7 目标操作系统（OS）并在该系统中打开一个标准的命令提示符，同时使用主机内核调试器观察以上操作所启动的任何新进程。不过你首先需要在主机内核调试器中添加进程创建断点，具体如下面的清单所示。

```
kd> vertarget
Windows 7 Kernel Version 7600 MP (1 procs) Free x86 compatible
Built by: 7600.16481.x86fre.win7_gdr.091207-1941
kd> .symfix
kd> .reload
kd> bp nt!PspInsertProcess
kd> g
```

现在完成了断点的设置。你可以在内核调试会话中的目标机打开一个新的标准（非权限提升的）命令提示符。在通过命令提示符运行调用 printf 的程序之前，会看到刚才设置的断点会命中两次：第一次是因为 cmd.exe 命令提示符进程，第二次是因为另一个名为 "conhost.exe" 的控制台命令宿主进程。如下面的清单所示。

```
Breakpoint 0 hit
nt!PspInsertProcess:
kd> dt nt!_EPROCESS @eax ImageFileName
   +0x16c ImageFileName : [15]  "cmd.exe"
kd> g
Breakpoint 0 hit
nt!PspInsertProcess:
kd> dt nt!_EPROCESS @eax ImageFileName
   +0x16c ImageFileName : [15]  "conhost.exe"
```

conhost.exe 进程在 Windows 控制台的 UI 处理过程中扮演着重要的作用，包括 Windows 7 的 cmd.exe。该进程对 printf 的工作也是极为重要的。每当顶层的控制台应用程序启动时，用于每个用户态进程注册的 Windows 客户端/服务端子系统进程（csrss.exe）会创建一个新的 conhost.exe 进程实例。请注意，事实上新的 conhost.exe 进程创建者是当前用户会话（在本实验中是会话 1）的 csrss.exe 实例，如下面调试命令 k 给出的清单所示。

```
kd> !process -1 0
PROCESS 88b0bd40  SessionId: 1  Cid: 01bc   Peb: 7ffd7000  ParentCid: 01ac
    Image: csrss.exe
kd> .reload /user
kd> k
```

```
ChildEBP RetAddr
8d879604 828a44df nt!PspInsertProcess
8d879d00 8269147a nt!NtCreateUserProcess+0x6fe
...
00b3fb2c 75d12018 winsrv!CreateConsoleHostProcess+0x155
00b3fb60 75d532c1 winsrv!ConsoleClientConnectRoutine+0xbc
00b3fb80 75d54d55 CSRSRV!CsrSrvClientConnect+0x60
00b3fcf4 77ba5d0b CSRSRV!CsrApiRequestThread+0x3bb
00b3fd34 77bfb3c8 ntdll!__RtlUserThreadStart+0x28
00b3fd4c 00000000 ntdll!_RtlUserThreadStart+0x1b
kd> $ Disable the previous breakpoint now
kd> bd *
kd> g
```

由于控制台应用程序不实现自己的 UI 消息循环,系统使用控制台命令宿主进程(conhost.exe)管理公共窗口为代表的绘图区域,该区域由所有的顶层 cmd.exe 进程启动的控制台进程所共享。该机制同样允许这些控制台进程共享 UI 消息循环处理。

> **注意**:在 Windows 7 之前的版本中,由 Windows 子系统进程 csrss.exe 本身直接处理用于控制台应用程序的 UI 消息循环。虽然该方法达到了代码共享的目标,但是它不是按照"最低所需特权"的安全设计理念实现的。一方面是因为本地系统权限不需要 UI 处理,另一方面,csrss.exe 进程的任何不稳定对整个系统都将是致命的。所以 conhost.exe 工作进程被引入以提供更好的安全隔离。

csrss.exe 创建新的 conhost.exe 实例后,同一顶层命令窗口启动的所有控制台进程用它来开展需要的 UI 处理任务。该通信过程采用进程间通信(Inter Process Communication,IPC)机制的高级本地过程调用(Advanced Local Procedure Call,ALPC)。这些内容在第 1 章中有详细描述。图 10-1 描述了这个机制,并总结了在 Windows 7 及更高版本中控制台子系统架构的关键组件。

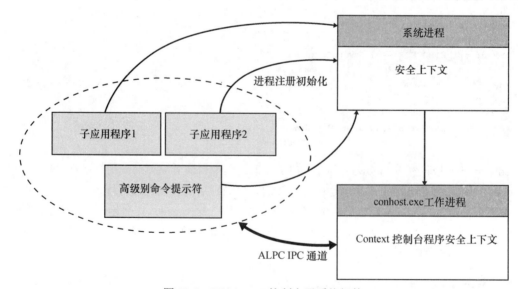

图 10-1 Windows 7 控制台子系统组件

除了代表和它关联的控制台进程处理常规的 UI 事件,conhost.exe 工作进程还提供了一组极为重要的控制台 I/O 操作的服务,包括 C 运行时库中的 printf 调用。这就是为什么会在 conhost.exe

进程中看到两个线程：ALPC 服务线程接收并处理来自所有和它关联的控制台进程的调用，第二个线程代表这些进程实现标准的 Windows UI 消息循环。

你可以在下面的调试清单中看到这两个线程，其中，WinDbg 以用户态调试器的方式附加到正在运行的 conhost.exe 进程实例中，然后使用调试命令~*k 列出进程中的所有线程。该调试会话结束时，确保使用 qd 命令从 conhost.exe 进程中退出并解挂而不是终止它。如果使用替代的调试命令 q，不但会结束 conhost.exe 进程，还会结束与其相关联的控制台进程，因为控制台进程不能脱离 conhost.exe 工作进程而存在。

```
0:002> .symfix
0:002> .reload
0:002> ~*k
   0  Id: 1fb0.12b4 Suspend: 1 Teb: 7ffde000 Unfrozen
ChildEBP RetAddr
00a7fa60 776e6424 ntdll!KiFastSystemCallRet
00a7fa64 00e61632 ntdll!NtReplyWaitReceivePort+0xc
00a7fb38 76daed6c conhost!ConsoleLpcThread+0xc9
00a7fb44 777037f5 kernel32!BaseThreadInitThunk+0xe
00a7fb84 777037c8 ntdll!__RtlUserThreadStart+0x70
00a7fb9c 00000000 ntdll!_RtlUserThreadStart+0x1b

   1  Id: 1fb0.358 Suspend: 1 Teb: 7ffdf000 Unfrozen
ChildEBP RetAddr
008cfa04 76e6cde0 ntdll!KiFastSystemCallRet
008cfa08 76e6ce13 USER32!NtUserGetMessage+0xc
008cfa24 00e63131 USER32!GetMessageW+0x33
008cfa68 76daed6c conhost!ConsoleInputThread+0xed
008cfa74 777037f5 kernel32!BaseThreadInitThunk+0xe
008cfab4 777037c8 ntdll!__RtlUserThreadStart+0x70
008cfacc 00000000 ntdll!_RtlUserThreadStart+0x1b
...
0:002> $ Detach from conhost.exe and quit the user-mode debugging session...
0:002> qd
```

C 运行时库的 I/O 函数

在使用一个内核态调试会话发现新创建的 conhost.exe 工作进程作用（和存在）之后，现在可以切换回用户态调试，可以假设 CRT 的 printf 函数通过调用目标控制台应用程序的 conhost.exe 进程中的 ALPC 服务线程而结束。要在实践中查看这是如何工作的，可以使用下列 C++程序并编译它。

```
//
// C:\book\code\chapter_10\ConsoleApp>main.cpp
//
int
__cdecl
wmain()
{
    fwprintf(stdout, L"%s\n", L"This is an output sent to stdout.");
    return 0;
}
```

首先在用户态调试会话中运行这个进程，单步执行直到运行到 fwprintf 调用代码行处，具体如下面的调试清单所示。这里称这个实验为调试会话 A，如图 10-2 所示。

```
0:000> vercommand
command line: '"c:\Program Files\Debugging Tools for Windows (x86)\windbg.exe"
c:\book\code\chapter_10\ConsoleApp\objfre_win7_x86\i386\consoleapp.exe'
0:000> .symfix
0:000> .reload
0:000> bp ConsoleApp!wmain
0:000> g
Breakpoint 0 hit
consoleapp!wmain:
0:000> p
consoleapp!wmain+0x5:
```

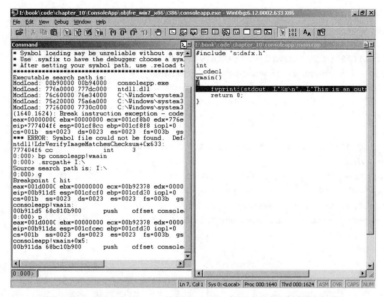

图 10-2　调试会话 A：使用 WinDbg 调试控制台应用程序

现在，系统已经创建相关的 conhost.exe 进程。所以，可以使用第二个用户态调试器附加到 conhost.exe 进程中。你可能会发现在系统中会同时运行多个 conhost.exe 进程实例（分别对应于不同的命令提示符窗口），但有趣的是需要附加的进程很可能会在进程列表的底部，因为这个进程是最近才启动的，如图 10-3 所示。这里称这个实验为调试会话 B。

conhost.exe 进程的 ALPC 服务线程提供了一个很好的断点，用以减慢 fprintf 函数调用的执行，这样就可以更进一步地检查该调用所涉及的步骤。特别是，在调试会话 B 中可以在 ALPC 服务线程的 ALPC 等待消息返回地址处设置断点，如下面的调试清单所示。

```
0:002> $ Debugger Session B
0:002> .symfix
0:002> .reload
0:002> ~*k
   0  Id: 140c.f08 Suspend: 1 Teb: 7ffde000 Unfrozen
ChildEBP RetAddr
0062f6d4 779a6424 ntdll!KiFastSystemCallRet
0062f6d8 00c61632 ntdll!NtReplyWaitReceivePort+0xc
0062f7ac 76f9ed6c conhost!ConsoleLpcThread+0xc9
0062f7b8 779c377b kernel32!BaseThreadInitThunk+0xe
0062f7f8 779c374e ntdll!__RtlUserThreadStart+0x70
```

```
0062f810 00000000 ntdll!_RtlUserThreadStart+0x1b
...
0:002> bp 00c61632
0:002> g
```

图 10-3　调试会话 B: 附加和目标控制台应用程序相关的 conhost.exe 进程实例

现在可以单步跟进 fprintf 调用了，如果回到调试会话 A 中按 F10 快捷键跳过 fprintf 调用，会在调试会话 B 中命中之前在 conhost.exe 进程中设置断点。

在这个时候，目标控制台应用程序将被阻塞，等待发出到和其相关的 conhost.exe 进程的 ALPC 调用返回。为了检查该 ALPC 调用的客户端调用栈，使用 Debug\Break 菜单操作中断回到调试会话 A 中。然后，使用~0s 命令切换到主线程并使用 k 命令查看当前调用栈，具体如下面的调试清单所示。请注意，主线程（线程号为 0）的确发出了一个等待完成的 ALPC 调用。在这个阶段中，fprintf 调用已经深入到 C 运行时的代码中，并试图得到 conhost.exe 进程所管理的当前控制台窗口的输入模式。

```
(1260.1c90): Break instruction exception - code 80000003 (first chance)
ntdll!DbgBreakPoint:
7799410c cc              int     3
0:001> $ This is the break-in thread in Debugger Session A -> Switch over to thread #0
0:001> ~0s
0:000> k
ChildEBP RetAddr
0017f6a0 779a6464 ntdll!KiFastSystemCallRet
0017f6a4 76fa4b6e ntdll!ZwRequestWaitReplyPort+0xc
0017f6c4 76fac141 kernel32!ConsoleClientCallServer+0x88
0017f784 75fc4483 kernel32!GetConsoleMode+0x31
0017fd34 75fc40eb msvcrt!_write_nolock+0x128
0017fd78 75fbf15e msvcrt!_write+0x9f
0017fd98 75fd5f07 msvcrt!_flush+0x3b
```

```
0017fda8 75fd6f54 msvcrt!_ftbuf+0x1e
0017fdf8 009d11ef msvcrt!fwprintf+0x72
0017fe08 009d135d consoleapp!wmain+0x1a [c:\book\code\chapter_10\consoleapp\main.cpp @ 7]
...
```

如果在两个调试器中分别通过使用 g 命令让程序继续执行,会看到 ALPC 线程会再次命中断点。这个时候 fprintf 调用仍然在进行中,可以再次在调试会话 A 中通过使用 Debug\Break 菜单操作来验证。执行和之前相同的步骤,将会看到如下所示的调用栈。

```
(1260.1c90): Break instruction exception - code 80000003 (first chance)
0:001> ~0s
0:000> k
ChildEBP RetAddr
0017f634 779a6464 ntdll!KiFastSystemCallRet
0017f638 76fa4b6e ntdll!ZwRequestWaitReplyPort+0xc
0017f658 76f9be7c kernel32!ConsoleClientCallServer+0x88
0017f740 76f9bf35 kernel32!WriteConsoleInternal+0xb3
0017f75c 76f9bf49 kernel32!WriteConsoleA+0x18
0017f778 75fc4236 kernel32!WriteFileImplementation+0x6f
0017fd34 75fc40eb msvcrt!_write_nolock+0x3fb
0017fd78 75fbf15e msvcrt!_write+0x9f
0017fd98 75fd5f07 msvcrt!_flush+0x3b
0017fda8 75fd6f54 msvcrt!_ftbuf+0x1e
0017fdf8 009d11ef msvcrt!fwprintf+0x72
0017fe08 009d135d consoleapp!wmain+0x1a [c:\book\code\chapter_10\consoleapp\main.cpp @ 7]
...
```

这是 ALPC 调用的客户端并最终会导致在屏幕上显示消息。可以看到在 C 运行时库层的 fprintf 调用是建立在 kernel32!WriteConsoleA 之上的,其又与 conhost.exe 进程内部使用的 ALPC 进程间通信机制进行通信。该 conhost.exe 进程会保存控制台窗口绘图区域的所有信息(如光标位置、屏幕的大小等),最后通过在 UI 窗口中打印消息完成该 ALPC 请求。图 10-4 给出了该序列的总结。

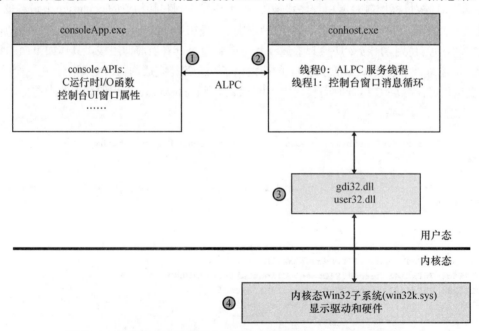

图 10-4　在控制台应用程序中打印文本到屏幕上(Windows7 架构)

10.1.2 Windows UI 事件的处理

很容易继续上一节进行的实验来确认 conhost.exe 进程也处理从控制台窗口收到的 UI 事件。当在调试器中查看一个 Windows GUI 进程时，你可以通过转储该进程所有线程的调用栈来快速识别该进程的主 UI 线程，并寻找一个连续 USER32 !GetMessageW 循环的线程。在这个 conhost.exe 示例中，线程号为 1，如下面给出的调试会话 B 中的清单所示。

```
0:002> $ Debugger Session B
0:002> ~*k
...
   1  Id: 1990.180c Suspend: 1 Teb: 7ffdf000 Unfrozen
ChildEBP RetAddr
00c3f950 76e6cde0 ntdll!KiFastSystemCallRet
00c3f954 76e6ce13 USER32!NtUserGetMessage+0xc
00c3f970 00e63131 USER32!GetMessageW+0x33
00c3f9b4 76daed6c conhost!ConsoleInputThread+0xed
00c3f9c0 777037f5 kernel32!BaseThreadInitThunk+0xe
00c3fa00 777037c8 ntdll!__RtlUserThreadStart+0x70
00c3fa18 00000000 ntdll!_RtlUserThreadStart+0x1b
...
```

通过在 USER32!GetMessageW 返回地址处设置一个断点，该返回地址可以从上面给出的调用栈清单中获取。现在你就可以见证目标控制台窗口的第一手 GUI 消息处理。

```
0:002> $ Debugger Session B
0:002> bp 00e63131
0:002> g
Breakpoint 1 hit
conhost!ConsoleInputThread+0xed:
```

请注意，现在与控制台窗口中的任何互动都会导致该断点被命中用来处理重绘和系统发送到窗口的其他 UI 事件。这就证明了 conhost.exe 确实接收这些消息，并代表其关联的控制台应用程序处理这些消息。

在该实验结束时记住禁用之前设置的断点，从而可以使目标进程继续正常执行，而不会使 conhost.exe 进程连续地中断到调试器中。

```
0:001> $ Debugger Session B
0:001> bd *
0:001> g
```

本节总结了 printf 系统调试示例，所以一旦完成这个实验的观察，就可以终止调试会话 A 和调试会话 B。后续章节将特别地检查其他控制台应用程序的异步 UI 事件和 Ctrl+C 信号的处理。

10.1.3 Ctrl+C 信号的处理

当一个控制台窗口收到 Ctrl+ C 信号时，你可以合理地假设 conhost.exe 的 GUI 消息循环线程也会处理这个特殊事件。接下来会发生什么并导致进程退出是不太明显的，而这正是本节将要描述的。

这个实验将使用本书配套源代码中的下面所示的 C#程序，该程序通过使用+=运算符添加一个 C#委托（C# delegate）到处理列表中（简单起见定义为内联）订阅 CancelKeyPress 事件，从而在控制台窗口收到 Ctrl+C 或 Ctrl+Break 时被调用。

```
//
// C:\book\code\chapter_10\CtrlC>test.cs
//
public class Test
{
    public static void Main()
    {
        Console.CancelKeyPress += delegate
        {
            Console.WriteLine("Stopping...");
        };
        Console.WriteLine("Starting...");
        Thread.Sleep(300000);
    }
}
```

.NET/Win32 控制台终端处理程序

.NET 的 System.Console 类使用 kernel32!SetConsoleCtrlHandler Win32 API 实现 CancelKeyPress 事件。该 Win32 API 添加一个终止处理程序（函数指针）到由 kernel32.dll 实现和维护的控制台事件处理程序全局列表中。要查看这个程序是如何工作的，可以在命令提示符下运行这个程序，然后按下 Ctrl+ C 组合键。你会看到在程序终止之前会执行添加的委托。

```
C:\book\code\chapter_10\CtrlC>test.exe
Starting...
Stopping...
^C
```

如果再次运行这个程序，但是这一次在一个用户态调试器下运行，你会发现一个新的线程被插入目标进程中以响应 Control-C 信号。

```
0:000> vercommand
command line: '"c:\Program Files\Debugging Tools for Windows (x86)\windbg.exe" c:\book\code\
chapter_10\CtrlC\test.exe'
0:000> .symfix
0:000> .reload
0:000> g
(4e8.10b0): Control-C exception - code 40010005 (first chance)
First chance exceptions are reported before any exception handling.
This exception may be expected and handled.
KERNEL32!CtrlRoutine+0xcb:
76dde37d c745fcfeffffff mov     dword ptr [ebp-4],0FFFFFFFEh ss:0023:0433fecc=00000000
0:004> k
ChildEBP RetAddr
0433fed0 76daed6c KERNEL32!CtrlRoutine+0xcb
0433fedc 777037f5 KERNEL32!BaseThreadInitThunk+0xe
0433ff1c 777037c8 ntdll!__RtlUserThreadStart+0x70
0433ff34 00000000 ntdll!_RtlUserThreadStart+0x1b
```

10.1 Windows 控制台子系统

此时在调试器中通过让目标继续执行而不处理第一次 Control-C 异常通知（通过使用 gn 调试命令代替 g 调试命令），可以让程序继续执行并在你的委托处理执行时中断到调试器中。可以在目前的断点处使用调试命令 SOS 显示托管代码调用栈，如下面的清单所示。

```
0:004> bp kernel32!WriteConsoleA
0:004> gn
Breakpoint 0 hit
KERNEL32!WriteConsoleA:
0:005> .loadby sos clr
0:005> !clrstack
OS Thread Id: 0x1594 (5)
Child SP IP     Call Site
...
042fef20 5a2a77fb System.IO.__ConsoleStream.WriteFileNative(Microsoft.Win32.SafeHandles.
SafeFileHandle,
Byte[], Int32, Int32, Int32, Int32 ByRef)
042fef4c 5a2a7774 System.IO.__ConsoleStream.Write(Byte[], Int32, Int32)
042fef6c 5a29bc8b System.IO.StreamWriter.Flush(Boolean, Boolean)
042fef84 5a2a7959 System.IO.StreamWriter.Write(Char[], Int32, Int32)
042fefa4 5a2a833c System.IO.TextWriter.WriteLine(System.String)
042fefc0 5a2a7841 System.IO.TextWriter+SyncTextWriter.WriteLine(System.String)
042fefd0 5a2a70c3 System.Console.WriteLine(System.String)
042fefdc 001f0126 Test.<Main>b__0(System.Object, System.ConsoleCancelEventArgs)
[c:\book\code\chapter_10\CtrlC\test.cs @ 10]
042fefec 5a87b78c System.Console.ControlCDelegate(System.Object)
...
```

事实证明，在.NET 中定义的事件处理程序（委托）不直接注册到 Win32 API，而是在 System.Console.NET 类中维持，它使用 kernel32!SetConsoleCtrlHandler Win32 API 注册一个单一的托管委托（这就是下面清单所看到的 Console.BreakEvent 方法）。当被 kernel32!CtrlRoutine 线程（在该实验中线程号为 4）调用时，这个单一的委托处理程序使用一个新的.NET 线程池中的线程（在该实验中线程号为 5，它的调用栈在之前的列表中已经看到过）执行所有和 Console.CancelKeyPress 事件属性相关的托管事件处理程序。

```
0:005> ~4s
0:004> k
...
0422fed4 76dde3d8 mscorlib_ni+0x8fbbda
0422ff60 76daed6c KERNEL32!CtrlRoutine+0x126
0422ff6c 777037f5 KERNEL32!BaseThreadInitThunk+0xe
0422ffac 777037c8 ntdll!__RtlUserThreadStart+0x70
0422ffc4 00000000 ntdll!_RtlUserThreadStart+0x1b
0:004> !clrstack
OS Thread Id: 0x1b70 (4)
Child SP IP     Call Site
System.Threading.WaitHandle.WaitOneNative(System.Runtime.InteropServices.SafeHandle, UInt32,
Boolean, Boolean)
0422fe2c 5a2fb5ef System.Threading.WaitHandle.InternalWaitOne(System.Runtime.InteropServices.
SafeHandle,
Int64, Boolean, Boolean)
0422fe48 5a2db1ee System.Threading.WaitHandle.WaitOne(System.TimeSpan, Boolean)
0422fe68 5a87b8a0 System.Console.BreakEvent(Int32)
0422fe7c 5a94bbda DomainNeutralILStubClass.IL_STUB_ReversePInvoke(Int32)
```

```
0:004> $ Quit this debugging session once you're done inspecting the target...
0:004> q
```

默认情况下，在 kernel32 级别上只有一个 Control-C 处理程序，该处理程序只是简单地终止控制台进程。然而在这种情况下，你还添加了另外一个处理程序。这些用户自定义的处理程序在默认处理程序最终运行并终止进程之前得到执行。当一个控制台应用程序在正常结束之前需要处理其开放资源（数据库连接、文件句柄等）时，添加一个自定义的取消事件处理程序将会是有用的。

系统级的控制台终止处理程序

现在剩下的唯一问题是要弄清楚在响应 Control-C 信号而注入的新的 kernel32!CtrlRoutine 线程是如何应运而生的。既然知道是在 Windows 控制台子系统中进行有关操作，那么可以合理地猜测是由 conhost.exe 工作进程或者更高权限的 Windows 子系统进程 csrss.exe 实现的。

为了证实上面的猜测，你可以再次运行上面的场景并在 ntdll!NtCreateThread*该低级别的函数处设置断点，该函数用于（间接通过 Win32 API 层）用户态应用程序创建新的线程。因为你只对调试 Windows 子系统进程 csrss.exe 感兴趣，需要切换到内核调试会话中。这是因为使用一个用户态调试器来控制 csrss.exe 进程，如果操作系统的其余部分自由地继续运行，可能会导致死锁或者系统的临时挂起。这种情况可能会发生，因为其他进程可能会停止并等待 csrss.exe 的回应（如 ALPC 调用），但是该进程已经在用户态调试器中冻结。

对于这个实验，需要启动一个新的 test.exe 进程实例。当程序在目标机上仍然运行（阻塞）时，中断到主机内核调试器中并插入上述断点，具体如下面的清单所示。因为线程创建函数会非常频繁地调用，还可以把断点限制在用户会话的 csrss.exe 进程范围之内来提高调试效率。请注意，在设置断点时，使用$proc 内核调试器伪寄存器来方便地引用内核调试器中当前 csrss.exe 进程上下文的地址。

```
0: kd> vertarget
Windows 7 Kernel Version 7600 MP (2 procs) Free x86 compatible
Built by: 7600.16695.x86fre.win7_gdr.101026-1503
0: kd> !process 0 0 csrss.exe
PROCESS 86af3650  SessionId: 0  Cid: 01a4    Peb: 7ffde000  ParentCid: 019c
    Image: csrss.exe
PROCESS 86af3110  SessionId: 1  Cid: 01e4    Peb: 7ffde000  ParentCid: 01cc
    Image: csrss.exe
0: kd> $ Switch the current process context to the target (session 1) csrss.exe process
0: kd> .process /i 86af3110
0: kd> g
Break instruction exception - code 80000003 (first chance)
0: kd> .reload /user
0: kd> x ntdll!*NtCreateThread*
77ae49c0          ntdll!NtCreateThread = <no type information>
77ae49d0          ntdll!NtCreateThreadEx = <no type information>
0: kd> bp /p @$proc ntdll!NtCreateThread
0: kd> bp /p @$proc ntdll!NtCreateThreadEx
0: kd> g
```

请注意，一旦在目标机 test.exe 的控制台窗口中按 Ctrl+ C 组合键，会立即中断回到主机内核调试器中，并给出如下所示的调用栈。

```
Breakpoint 1 hit
```

```
ntdll!ZwCreateThreadEx:
0: kd> .reload /user
0: kd> k
ChildEBP RetAddr
0191f914 75d943e2 ntdll!ZwCreateThreadEx
0191f994 75d945fd winsrv!InternalCreateCallbackThread+0xcc
0191f9fc 75d94541 winsrv!CreateCtrlThread+0xa0
0191fc64 75dd4d65 winsrv!SrvEndTask+0x109
0191fddc 77be5e7a CSRSRV!CsrApiRequestThread+0x3cb
0191fe1c 77c437c8 ntdll!_RtlUserThreadStart+0x28
0191fe34 00000000 ntdll!_RtlUserThreadStart+0x1b
```

这就是 csrss.exe 进程试图注入（通过使用上面调用栈所示的 winsrv!CreateCtrlThread 函数）一个新的 kernel32!CtrlRoutine 线程到目标控制台进程，也就证实了之前的设想。此时和 test.exe 控制台进程相关联的 conhost.exe 进程实例（可以在执行的控制台进程数据结构的 ConsoleHostProcess 字段找到）在 Control-C 信号消息处理程序的深处，并等待它发送给 csrss.exe 进程的注入 CtrlRoutine 线程到目标进程的 ALPC 调用返回。这个序列可以在下面的清单中确认。

```
0: kd> !process 0 0 test.exe
PROCESS 85b3f030  SessionId: 1  Cid: 155c    Peb: 7ffdf000  ParentCid: 11d4
    Image: test.exe
0: kd> dt nt!_EPROCESS 85b3f030 ConsoleHostProcess
   +0x14c ConsoleHostProcess : 0xd34
0: kd> !process 0xd34 0
Searching for Process with Cid == d34
PROCESS 85fd9488  SessionId: 1  Cid: 0d34    Peb: 7ffdd000  ParentCid: 01e4
    Image: conhost.exe
0: kd> .process /r /p 85fd9488
0: kd> !process 85fd9488 7
PROCESS 85fd9488  SessionId: 1  Cid: 0d34    Peb: 7ffdd000  ParentCid: 01e4
    Image: conhost.exe
...
    THREAD 85797468  Cid 0d34.1360  Teb: 7ffdf000 Win32Thread: fe7d1360 WAIT: (WrLpcReply) UserMode
Non-Alertable
    Waiting for reply to ALPC Message a7f0b610 : queued at port 86af7c08 : owned by process
86af3110
...
        0163f778 77c3c7ee 00000014 0163f7bc 0163f7bc ntdll!NtRequestWaitReplyPort+0xc
        0163f798 76f4611e 0163f7bc 00000000 00030401 ntdll!CsrClientCallServer+0xc3
        0163f82c 0031a7dc 00000008 0163f864 00000010 USER32!ConsoleControl+0x120
        0163f898 00311568 000a0be0 0163f8a4 0163f8a4 conhost!ProcessCtrlEvents+0x208
        0163f8ac 00313067 0163f9b8 00000102 00000000 conhost!UnlockConsole+0x41
        0163f93c 76f3c4e7 000300ca 00000102 00000003 conhost!ConsoleWindowProc+0xe5e
        0163f968 76f3c5e7 00312f9b 000300ca 00000102 USER32!InternalCallWinProc+0x23
        0163f9e0 76f3cc19 00000000 00312f9b 000300ca USER32!UserCallWinProcCheckWow+0x14b
        0163fa40 76f3cc70 00312f9b 00000000 0163fa88 USER32!DispatchMessageWorker+0x35e
        0163fa50 00313128 0163fa68 00000000 00000000 USER32!DispatchMessageW+0xf
        0163fa88 77d7ed6c 00000000 0163fad4 77c437f5 conhost!ConsoleInputThread+0xe4
        0163fa94 77c437f5 00000000 7424a445 00000000 kernel32!BaseThreadInitThunk+0xe
        0163fad4 77c437c8 00313080 00000000 00000000 ntdll!_RtlUserThreadStart+0x70
        0163faec 00000000 00313080 00000000 00000000 ntdll!_RtlUserThreadStart+0x1b
```

通过使用内核调试器扩展命令!alpc 和/m 选项并使用之前内核调试器命令显示的地址，可以转储 ALPC 消息数据结构，并验证该消息是否发送到 csrss.exe 进程所拥有的 ALPC 端口。

```
0: kd> !alpc /m a7f0b610
...
    OwnerPort              : 857bf8b8 [ALPC_CLIENT_COMMUNICATION_PORT]
    WaitingThread          : 85797468
    QueueType              : ALPC_MSGQUEUE_PENDING
    QueuePort              : 86af7c08 [ALPC_CONNECTION_PORT]
    QueuePortOwnerProcess  : 86af3110 (csrss.exe)
    ServerThread           : 86dc74d0
...
```

当该进程的其他线程仍然存活时，紧接着这个实验的一个有用的观察就是用户自定义取消事件处理程序将会在 csrss.exe 进程注入控制台进程中的新线程中执行。因此，你需要同步控制台进程其他线程中运行的该处理程序代码中的任何共享访问变量。

图 10-5 总结了控制台应用程序 Ctrl+C 信号处理序列，这些内容在本节中已经使用 WinDbg 调试器进行了详细分析。

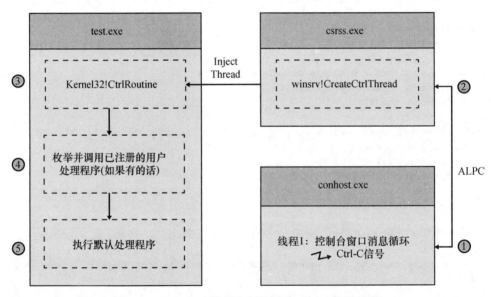

图 10-5　Windows 控制台应用程序 Ctrl+C 信号处理

10.2　系统调用剖析

当用户态调用某些 Win32 API 函数时，有时需要过渡到内核态来执行特权操作。这是很重要的，因为用户态代码运行在 CPU 执行的沙箱中，在那里不允许直接访问 I/O 端口或者其他特权虚拟内存页面，如分给内核的内存。自然地，如果用户态代码可以直接执行任意内核代码，这将是一个安全漏洞，所以需要一个获取进出操作系统内核的 CPU 控制机制。

本节将进一步分析操作系统和 CPU 是如何代表用户态运行的代码来协作实现这些关键能力的。在 CPU 方面，现代 CPU 实现了两类快速调用指令：一个用来切换到内核，另一个用于将控制权返回给发起系统调用的用户态代码。在 x86 平台下，sysenter 和 sysexit 指令提供此功能。而在 x64 平台下，syscall 和 sysret 实现了这一功能。这些指令以一种间接的方式指示 CPU 和内核以一种安全的方式将用户态代码控制转移到内核代码（即改变它的指令指针寄存器）。

许多 Win32 API 通过 ntdll.dll 层把需要执行的系统调用过渡到内核。这个 DLL 会被映射到每一个用户态进程中并被包含，另外，用户态一侧的执行实际 CPU 指令的 NT 执行服务会过渡到内核态。从用户态进程到执行层导出的系统服务的调用循序如图 10-6 所示。

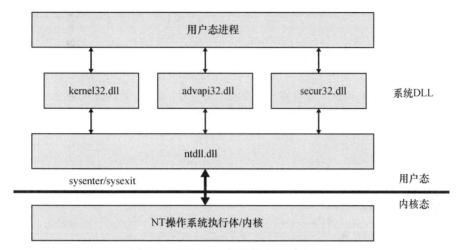

图 10-6　Windows 架构栈中的系统调用

操作系统实现系统调用机制的关键组件是一个硬编码的内核态表，该表用于给出系统服务程序的地址，这些系统服务程序包括创建一个互斥体、等待一个同步处理、写入一个文件等。该表称为系统服务描述符表（System Service Dispatch Table，SSDT）。

 注意：尽管微软从未正式文档化此表，但是它的细节在开发者社区中是众所周知的。因为在过去它被防病毒产品用来在内核态一侧实现系统服务调用的挂钩，而不是在需要挂钩更多调用的用户态一侧。不幸的是，SSDT 也是恶意软件在目标系统上试图隐藏自己存在的一种方法。在 64 位版本的 Windows 系统中，通过引入内核补丁保护（也称为 PatchGuard）功能来专门地保护操作系统内核的完整性，并防止篡改如 SSDT 这样的重要数据结构。这种方法不再广泛应用于防病毒产品，尽管在 x86 版本的 Windows 系统中仍然使用它。

10.2.1　用户态一侧的系统调用

在发出系统调用的 CPU 指令之前，SSDT 中所请求服务程序索引将被加载到一个众所周知的寄存器中，这样就可以与内核一侧的系统调用共享。要在实践中看到这一现象，可以使用下面的 C＃程序来观察写入数据到本地磁盘文件中时所涉及的系统调用序列。这个实验是在 32 位 Windows 上进行的。使用 x86 特定的系统调用指令，但相同的概念也适用于 64 位 Windows 操作系统。

```
//
// C:\book\code\chapter_10\SystemCall>systemcall.cs
//
public class Test
```

```
{
    public static void Main()
    {
        Console.ReadLine();
        File.WriteAllText(@"c:\temp\abc.txt", "abc");
        Console.WriteLine("Success.");
    }
}
```

正如前面使用调试器学习 Windows 控制台子系统内部机制一样，这里将再次使用 WinDbg 来剖析系统调用机制。为此，你可以在内核调试会话的目标端运行上面的程序，并在目标机程序等待用户输入时在 ntdll!NtWriteFile 处设置一个断点。请注意，在 bp 调试命令中使用$proc 内核调试器伪寄存器，以便将这种常见断点的范围限制到当前进程上下文。

```
kd> vertarget
Windows 7 Kernel Version 7600 MP (1 procs) Free x86 compatible
kd> .symfix
kd> .reload
kd> !process 0 0 SystemCall.exe
PROCESS 865e7340 SessionId: 1 Cid: 1b4c    Peb: 7ffde000  ParentCid: 047c
    Image: systemcall.exe
kd> .process /i 865e7340
kd> g
Break instruction exception - code 80000003 (first chance)
kd> .reload /user
kd> bp /p @$proc ntdll!NtWriteFile
kd> g
```

一旦在目标机命令窗口中按下 Enter 键让程序继续执行，你将在系统调用用户态一侧看到如下所示的主机内核调试断点。使用 uf（反汇编函数）命令，你将得到该函数调用的反汇编代码。

```
Breakpoint 0 hit
ntdll!NtWriteFile:
kd> $ "." is an alias for the current instruction pointer
kd> uf .
ntdll!NtWriteFile
001b:77185eb0 b88c010000        mov     eax,18Ch
001b:77185eb5 ba0003fe7f        mov     edx,offset SharedUserData!SystemCallStub (7ffe0300)
001b:77185eba ff12              call    dword ptr [edx]
001b:77185ebc c22400            ret     24h
```

因为 SSDT 被认为是微软的一个内部实现细节，所以没有调试扩展命令用来显示其内容，至少在 Windows 调试器软件包中没有。但是你可以从之前的清单中清楚地看到在系统调用时，寄存器 eax 被用来存储需要服务程序的索引（该示例中 nt!NtWriteFile 的索引为 0x18C）。加载该值到 eax 后，ntdll.dll 中的代码调用位于通用虚拟内存页面中的桩（stub），该桩包含实际要过渡到内核的代码，如下面的清单所示。

```
kd> uf .
ntdll!NtWriteFile
001b:77185eb0 b88c010000        mov     eax,18Ch
001b:77185eb5 ba0003fe7f        mov     edx,offset SharedUserData!SystemCallStub (7ffe0300)
001b:77185eba ff12              call    dword ptr [edx]
001b:77185ebc c22400            ret     24h
```

```
kd> dd 7ffe0300
7ffe0300  776e70b0 776e70b4 00000000 00000000
...
kd> uf 776e70b0
ntdll!KiFastSystemCall:
776e70b0 8bd4              mov     edx,esp
776e70b2 0f34              sysenter
776e70b4 c3                ret
```

调用这个通用桩的好处是,当内核返回到用户态时会知道精确的返回位置,而无须保存用户态的指令指针。以下调试器指令清单给出了相关的系统调用 CPU 指令。

```
kd> $ Step over (F10) a few instructions
kd> p
ntdll!NtWriteFile+0x5:
001b:77185eb5 ba0003fe7f    mov    edx,offset SharedUserData!SystemCallStub (7ffe0300)
kd> p
ntdll!NtWriteFile+0xa:
001b:77185eba ff12          call   dword ptr [edx]
kd> $ Now step into (F11) the function call whose address is stored in the edx register
kd> t
ntdll!KiFastSystemCall
kd> uf .
ntdll!KiFastSystemCall
001b:776e70b0 8bd4          mov    edx,esp
001b:776e70b2 0f34          sysenter
001b:776e70b4 c3            ret
```

10.2.2 转换到内核态

API 调用现在即将进入内核态。如前面的清单所示,在 ntdll!KiFastSystemCall 函数发出 sysenter 指令之前要做的唯一事情就是在 edx 寄存器中保存用户态栈指针(esp),从而在返回用户态时可以被恢复。请记住每个线程都有一个内核态栈和用户态栈,所以当返回到用户态时栈指针必须恢复。基于通用桩的反汇编代码,可以合理地得出以下结论:CPU 的 sysenter 指令负责改变栈指针寄存器使其指向内核态的栈,并且设置指令指针寄存器指向内核态内存入口的虚拟内存地址。

然而一个有趣的问题是 CPU 是如何找到这些位置的,这个问题的答案就在于英特尔的特殊模块寄存器(Model Specific Register,MSR)。作为在英特尔奔腾 II 系列处理器推出的快速系统调用功能的一部分,下面的寄存器被保留用于操作系统在 sysenter 调用时配置 CPU 需要设置的值。

- SYS ENTER_CS_MSR(0x174)   包含当过渡到内核态时加载到 CS 段寄存器中的段选择符的值。
- SYS ENTER_ESP_MSR(0x175)   包含完成内核态过渡后栈指针的值。
- SYS ENTER_EIP_MSR(0x176)   包含一旦完成内核态过渡后要执行的内核态指令指针的值。

可以再次使用内核调试器来确认这一理论。在过渡到内核态时可以在目标入口处设置一个断点(可以在内核调试器中使用 rdmsr 命令获取)。你会发现在目标机执行 sysenter 指令时,这个断点会立即命中。还可以在完成过渡后验证 esp 寄存器的值和 SYSENTER_ESP_MSR 保存的值是否相同,如下面的清单所示。

```
kd> $ read the value of SYSENTER_CS_MSR
kd> rdmsr 174
msr[174] = 00000000'00000008
kd> $ read the value of SYSENTER_ESP_MSR
kd> rdmsr 175
msr[175] = 00000000'80790000
kd> $ read the value of SYSENTER_EIP_MSR
kd> rdmsr 176
msr[176] = 00000000'8265d320
kd> $ set a breakpoint using the address stored in SYSENTER_EIP_MSR (176)
kd> !process -1 0
PROCESS 865e7340 SessionId: 1 Cid: 1b4c    Peb: 7ffde000 ParentCid: 047c
    Image: systemcall.exe
kd> bp /p @$proc 8265d320
kd> g
Breakpoint 1 hit
nt!KiFastCallEntry:
8265d320 b923000000      mov     ecx,23h
kd> r
eax=000011b4 ebx=0000005c ecx=00150578 edx=0069fb6c esi=76494fda edi=815c0001
eip=8265d320 esp=80790000 ebp=0069fb78 iopl=0         nv up di ng nz na po cy
cs=0008  ss=0010  ds=0023  es=0023  fs=0030  gs=0000             efl=00000083
```

10.2.3 内核态一侧的系统调用

一旦在内核态中，服务程序在调用对应处理程序之前将读取传递过来的 eax 寄存器值，以找出 SSDT 表中所请求的服务索引。在本节给出的示例中，它是 nt!NtWriteFile 执行服务程序，可以在该代码的地址处设置另一个断点验证，如下面的清单所示。

```
kd> bl
 0 e 77c26a68     0001 (0001) ntdll!NtWriteFile
     Match process data 862924c8
 1 e 828560f0     0001 (0001) nt!KiFastCallEntry
     Match process data 862924c8
kd> $ clear the previous breakpoints...
kd> bc *
kd> $ set a new per-process breakpoint at nt!NtWriteFile
kd> !process -1 0
PROCESS 865e7340  SessionId: 1  Cid: 1b4c    Peb: 7ffde000  ParentCid: 047c
    Image: systemcall.exe
kd> bp /p @$proc nt!NtWriteFile
kd> g
Breakpoint 0 hit
nt!NtWriteFile:
kd> $ execute a few instructions in the service routine so user-mode frames are set up...
kd> pc 2
kd> .reload /user
kd> $ you're now at the system service routine for WriteFile
kd> k
ChildEBP RetAddr
87d97d08 8285621a nt!NtWriteFile+0x3a
97927d08 77c270b4 nt!KiFastCallEntry+0x12a
002fed20 77c26a74 ntdll!KiFastSystemCallRet
002fed24 75ee75d4 ntdll!NtWriteFile+0xc
```

```
002fed88 77d8543c KERNELBASE!WriteFile+0x113
002feda4 65071c8b KERNEL32!WriteFileImplementation+0x76
...
```

如第 1 章介绍的那样，执行模块最终构建一个 I/O 请求包（I/O Request Packet，IRP）并代表驱动程序或者驱动相关的文件句柄完成 I/O 请求。图 10-7 重述了执行本节给出的 C#示例程序所涉及的步骤，该程序只是简单地写一个字符串到本地磁盘文件中。可以看到，相当多的工作是操作系统和它的各层代表应用程序来完成看似琐碎的代码执行。

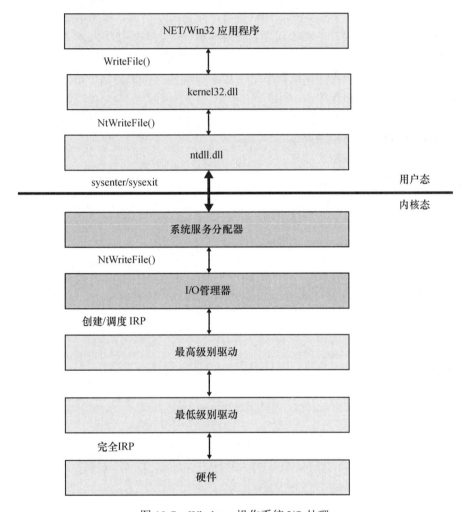

图 10-7　Windows 操作系统 I/O 处理

10.3　小结

本章通过介绍调试器的一个学习策略来结束第二部分。该学习策略主要应用在使用调试器调查分析开发代码错误之前，调试器可以作为软件开发过程的一个组成部分。本章还给出了实际案例来说明调试器具备作为观察和研究软件行为有用工具的能力。这些实验给出了几个有用的策略。

- printf 的例子演示了在学习不熟悉组件时的一种关键策略，开发者在执行场景时通过使用

nt!PspInsertProcess 内核态断点来发现新启动的进程。当你对场景内部操作知之甚少的时候，这通常是有效的第一步，因为它可以在实验中提醒涉及的进程间交互。这在试图画出场景中高级别体系架构图的底层机制时是非常重要的。

- 一旦完成场景中进程边界的绘制，当需要试图放大之前步骤画出概念图中的每个进程本地操作时，转换到用户态调试器往往会更有效，这也是本章 printf 例子中所采用的方法。在使用主机内核调试器发现控制台命令宿主进程（conhost.exe）的存在后，可以使用一个用户态调试器调试 conhost.exe 进程的行为。

- 当在内核态调试和用户态调试之间选择时，使用用户态调试器调试它本身也涉及的系统进程时，需要考虑潜在的死锁问题。在这种情况下，需要使用内核调试来避免导致目标机冻结或死锁。这个问题在你学习控制台应用程序 Ctrl+C 信号处理时进行了特别的强调，这时候使用一个主机内核调试器来跟踪 Windows 客户端/服务端子系统进程 csrss.exe 注入的用户控制处理程序线程。

第三部分将演示其他较常用的应用程序跟踪技术，介绍如何使用 Windows 中的跟踪和分析工具来扩展本章所涉及的系统调试策略。

第三部分
观察和分析软件的行为

- ❏ 第 11 章　Xperf 介绍
- ❏ 第 12 章　ETW 内幕
- ❏ 第 13 章　常见的跟踪场景

Windows 事件跟踪（Event Tracing for Windows，ETW）是一个分析应用程序行为的日志记录框架，它在 Windows 操作系统中被广泛使用。几年前，我在开始学习 ETW 时就对该技术非常感兴趣，因为它涉及 Windows 系统中的配置和性能分析（本书第三部分将会对这一重要方面进行详细介绍）。然而，随着技术的发展，最新的 Windows 版本已经支持捕获栈跟踪到记录的事件中，并且还围绕着它给出更为方便的前端用户界面工具。我开始意识到，有更多的情况需要 ETW，并且还可以将它作为解决问题的一个援助。调试器只能提供给定目标离散的快照视图，但是利用 ETW 和跟踪工具可以以时间轴记录事件对这些快照加以补充。这两种方法的结合往往是跟踪运行软件所观察到的异常或错误根源的一个很有效的方式。

本书第二部分提到，调试器不仅可以用来调查错误，还可以作为学习系统内部机制的一个很好的工具。然而调试器的问题是经常需要事先知道一些关键断点才可以开始更深层次问题的挖掘，更不用说挂钩一个调试器——这有时候会影响程序的正常执行路径。更糟糕的是，如果内核态调试器没有准备好，可能还需要通过重新启动来启用它。幸运的是，ETW 可以在宏观层面上用来获取程序是如何工作的一个快速的一阶近似。ETW 也经常被证明是在获取内核态或用户态调试器中实施更透彻分析所需断点的一个好方法。事实证明，通过使用专门的跟踪工具往往可以展开全面的调查，而不需要侵入性地附加一个用户态调试器或者挂钩一个内核调试器。

第 11 章将为你提供获取 Windows 性能工具包（Windows Performance Toolkit，WPT）和开始使用它开展一些基本的跟踪调查所需的一些信息。第 12 章将深入探究 ETW 的设计原则。如果缺少 ETW 架构哪怕一个粗略的基础知识，你会发现很难掌握第 13 章中所涉及的基于 ETW 工具的使用模式。第 13 章将给出一些实践中的实际例子来说明 Windows 系统中跟踪作为调查技术的重要性。

第 11 章

Xperf 介绍

本章内容

- 获取 Xperf
- 你的第一个 Xperf 调查
- Xperf 的优点和局限性
- 小结

Windows 事件跟踪框架作为微软 Windows 操作系统的一个组成部分,提供了一种测试代码的统一方式,具体通过记录跟踪事件,以应用程序运行时很少的性能开销来实现。学习这个框架特别有用,因为操作系统的几个组件已经大量配备了 ETW,在 Windows 平台下开发的任何软件大都已经使用它——要么直接要么间接地使用。即使在代码中没有明确使用,仍然可以利用其记录系统的大量事件(进程和线程创建事件、磁盘 I/O 事件、上下文切换事件、CPU 采样分析事件等)来分析软件的行为。

即使是最短的 ETW 跟踪会话通常也会产生成千上万的事件。如果没有一个好的前端用户界面工具对这些数据进行分组和分析,你很快就会对日志文件中产生的大量事件感到不知所措。幸运的是,Windows 7 软件开发工具包包含了一个强大的工具,称为 Xperf。该工具既可以作为设置收集 ETW 跟踪的控制器,也可以作为显示收集日志文件中事件的一个可视化工具。本章将展示如何安装这个工具并开始使用它的基本跟踪调查功能。

11.1 获取 Xperf

和 Windows 调试器一样,Xperf 是免费的。该工具也是向后兼容的,这意味着你可以在一个早期版本的 Windows 系统中使用新的 Xperf(但反之并不一定如此),因此针对 Windows 7 版本的 Xperf 在各个版本的系统中通用。也就是说,你可以使用这个版本的工具来收集和查看 Windows Vista 上的跟踪。

Xperf 是 Windows 性能工具包(Windows Performance Toolkit,WPT)中自带的工具,而 WPT 是 Windows 7 SDK 所包含的一部分。可以同时在 SDK 7.0 版(在微软下载中心标记为"Windows SDK for Windows 7 and Microsoft.NET Framework 3.5")和 7.1 版(在微软下载中心标记为"Windows SDK for Windows 7 and Microsoft .NET Framework 4.0")中可以找到。7.1 版本对应于 Windows 7 SP1 的发布版,该版本将在本书该章节中使用,因为这个版本中的 Xperf 比 Windows 7 RTM 所对

应 7.0 版本的 SDK 新增了几个功能。

好消息就是，如果你已经从 http://www.microsoft.com/download/en/details.aspx?id=8279 下载 SDK 7.1 的 ISO 镜像并保存到本地文件中，就不再需要重新下载该大文件，如第 2 章介绍的那样。下面将给出完成安装 WPT 二进制文件到系统中所需的步骤。

安装 Windows 性能工具包

1. 挂载 Windows SDK 7.1 的 ISO 文件到计算机驱动器中。就像第 2 章介绍的从 Windows 7 SDK 安装 Windows 调试器的方法一样，你可以再次使用免费的 Virtual Clone Drive 软件挂载 SDK 的 ISO 文件。当已经安装 Virtual Clone Drive 这个免费软件后，你可以右击 ISO 文件，选择 Mount(Virtual CloneDrive G:)选项挂载 ISO，如图 11-1 所示。

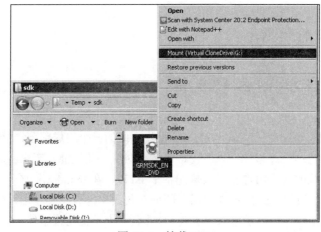

图 11-1　挂载 ISO

2. 右击新挂载的驱动器盘符，打开其根目录，可以看到该目录包含以下文件，如图 11-2 所示。

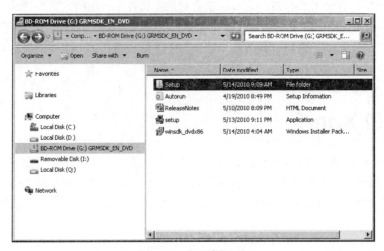

图 11-2　打开根目录

3. 在 Setup 子目录中，你会看到 WPT 对应的 x86、x64（amd64）和 ia64 的安装文件，该安装文件中附带了架构相关的 xperf.exe 工具，如图 11-3 所示。

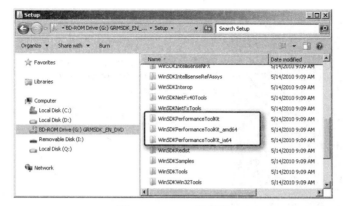

图 11-3　Setup 子目录

在跟踪收集过程中，你应该确保总是安装并使用和系统架构一致的 WPT 版本；否则，当分析跟踪时就会出现符号解析错误。另外，可以使用该工具的任何特点来解析和可视化捕获的跟踪。

特别要注意的是，你需要使用 WinSDKPerformanceToolkit_amd64 文件夹下的 x64 工具包来收集 x64Windows 上的跟踪，即使你对剖析运行在 WOW64 环境中 x86 程序感兴趣。如果运行在 x86 Windows 中，则要确保使用 WinSDKPerformanceToolkit 文件夹下 x86 版本 Xperf 的安装包，如图 11-4 所示。

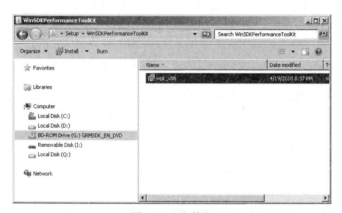

图 11-4　安装包

4. 双击目标 CPU 架构对应的 WPT 安装文件，然后按照说明一步一步安装。安装过程只需几秒钟即可完成，如图 11-5 所示。

一旦安装完成后，你就会在下面的默认位置找到 xperf.exe 工具。

```
C:\Program Files\Microsoft Windows Performance Toolkit>xperf.exe
    Microsoft (R) Windows (R) Performance Analyzer Version 4.8.7701
    Performance Analyzer Command Line
    Copyright (c) Microsoft Corporation. All rights reserved.

    Usage: xperf options ...
        xperf -help view          for xperfview, the graphical user interface
        xperf -help start         for logger start options
        xperf -help providers     for known tracing flags
    ...
```

图 11-5　安装界面

安装程序还会自动地把 xperf.exe 放到搜索路径上。为了简洁起见，本书使用的命令将指向 xperf.exe，而不是它的完整路径。另外，WPT 安装包中还附带一个不错的帮助文件来描述 Xperf 工具命令行选项和它具有的特征，所以当需要使用特定的命令或帮助主题时，一定要使用这个帮助文件。这个帮助文件没有集成到 Xperf 可视化窗口的 F1 快捷键中，所以需要从开始菜单（这里 WPT 安装程序已经插入了一个整合的启动条目）来打开，如图 11-6 所示。

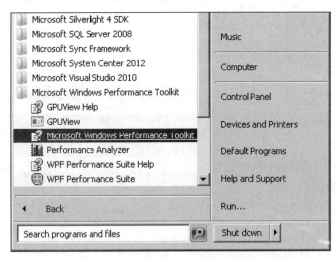

图 11-6　从开始菜单启动 WPT 帮助文件

 重要：微软在其 Windows 8 预览版中发布了一个新版本的 Windows 性能工具包。其中包括几个改进的工具，如新的控制和查看用户界面工具，分别称为 Windows 性能记录器（Windows Performance Recorder，WPR）和 Windows 性能分析器（Windows Performance Analyzer，WPA）。WPR 和 WPA 具有方便的用户界面用于捕获和分析 ETW 跟踪，并取代了 Xperf 所提供的功能。也就是说，一旦你学会了如何使用 Xperf

> 并理解支持它的 ETW 基础，过渡到 WPR / WPA 将会非常容易。
>
> 本书这部分中的示例将使用 Windows 7 版本的 WPT，也就是使用 Xperf 工具，但是所学的大多数概念是通用的。如果有兴趣了解更多关于 WPA / WPR 的内容，你可以下载 Windows 8 消费者预览版的 WPT 包，WPT 作为 Windows 8 评估和部署工具包（Assessment and Deployment Kit，ADK）的一部分。如本章前面所述，WPT 是向后兼容的，因此 WPA / WPR 也可用于 Windows 7 的跟踪实验。

11.2 你的第一个 Xperf 调查

为了说明 Xperf 工具的效能和 Windows 系统中 ETW 丰富的手段，现在你可以在实践中使用它调查分析使用 notepad.exe 文本编辑器打开大文件需要较长时间的原因。

在这种情况下，你可以使用 fsutil.exe 工具创建一个用于研究使用的测试文件。fsutil.exe 可以在 Windows 的 System32 目录下找到。下面的清单创建了一个大约 500 MB 大小的文件，该文件应该足够满足实验的目的。你需要在提升到管理员权限的命令提示符下执行这一步骤，因为 fsutil.exe 工具需要完全的管理员权限。

```
C:\book\code\chapter_11\NotepadDelay>create_large_file.cmd -size 500000000
INFO: Invoking fsutil to create a 500000000-byte file...
CmdLine: (fsutil.exe file createnew c:\temp\test.dat 500000000)
File c:\temp\test.dat is created
```

如果尝试使用 notepad.exe 打开此文件，你会看到这个操作需要较长的时间（机器配置 2-GHZ 双核处理器的情况下约一分钟左右）来完成。如果使用一个缓慢的机器，就会发现 notepad.exe 会用更长的时间来打开这个文件，这时候在使用前面的命令创建测试文件时，需要尝试生成一个更小的文件。在该实验中，文件的精确大小不重要，只要文件足够大可以导致 notepad.exe 需要几秒加载这个文件就满足要求了。

```
notepad.exe c:\temp\test.dat
```

当 notepad.exe 努力打开大文件时，你会看到 notepad.exe 应用程序的用户界面变得无法响应用户输入，如图 11-7 所示。这个迹象表明 Windows 的 GUI 应用程序不能及时获取和处理到达其用户界面消息队列的消息。这往往是由于一个长期的、同步操作被错误地直接安排在主用户界面线程上，以至于拖延了处理传入用户界面消息的能力。

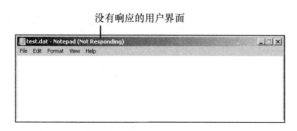

图 11-7　当打开一个大的文件时 notepad.exe 用户界面没有响应

11.2.1 制定一个调查策略

使用 Xperf 进行任何分析或跟踪调查，要做的第一步是找出和处理场景最相关的 ETW 事件集合。性能问题，如手头上的这个实验，往往归结为执行某些操作花费时间过长。尽管这种延迟背后的原因多种多样，就如跟踪这些根源的方法一样。

例如，你可能处理一个使 CPU 资源负担过重、消耗机器宝贵计算资源的程序；或者处理一个程序的线程逻辑等待问题，由于它们彼此等待导致停止。你还有可能处理一些过渡使用内存的程序，该程序可导致 CPU 缓存未命中，或者磁盘过多的分页，从而降低了可观察到的执行时间。

因为性能问题没有标记它们产生的原因，调查通常需要以下两个步骤。

1. 首先，需要缩小导致执行时间延迟的潜在原因。这可以通过使用高级工具，如资源监视器工具（resmon.exe）或者简单地通过使用足够大的事件集合来捕获一个 Xperf 跟踪完成。

2. 一旦高级别的原因（CPU 竞争、磁盘竞争等）变得清晰，你可以使用热点（hot spot）深入到源代码级，这个热点通过捕获的 ETW stack-walk 事件所描述的资源负担过重在哪些地方被使用来获得。这可能需要捕获第二个跟踪，这次需要增加额外的 stack-walk 事件。从记录的事件中捕获栈跟踪信息的能力（以 ETW 相关事件形式）是 ETW 框架的一大特色，因为它允许你将高级别的行为关联到导致它们的源代码级的调用处。

Xperf 查看器的用户界面也有特殊设计，可以使你有效地控制分析范围以及放大跟踪时间表的子集，这样就可以适应你所理解的行为而进行分析。这两个阶段将在本节中作为分析 notepad.exe 软件挂起原因调查的一部分予以展示。

11.2.2 收集场景的 ETW 跟踪

由于目前尚不清楚在这种情况下的延迟是计算密集型（CPU-bound）、存储密集型（disk-bound）或者是其他别的类型，因此一个很好的起点是收集含有 ETW 跟踪的基本事件集合，可以使用 ETW 预定义的 base 分组。这一分组从内核中记录许多有用的事件，包括和跟踪场景性能特点相关的几个事件。特别是，该组不仅包括磁盘 I/O 执行事件的记录，还包括内核中 CPU 采样分析对象（CPU sampling profile object）记录的定时（默认情况下为 1 毫秒）事件，这个记录有助于解释跟踪会话中 CPU 时间都花费到了哪些地方。要获得任何潜在的 CPU 瓶颈调用点，这个跟踪会话还可以使用配置的 stack-walk 来请求 CPU 采样分析事件中的栈跟踪数据。

> **注意**：ETW 跟踪是系统的全局跟踪，这意味着，你所选择捕获事件的记录是进程上下文无关的。只有在实施分析的时候通过进程来过滤这些事件。ETW 跟踪也可以动态启用，因此跟踪会话可以在任何时候启动和停止，而不需要进程重新运行或者系统重新启动。

使用 Xperf 启动和停止 ETW 跟踪会话是一个通用的任务，涉及一组相同的命令行开关（也就是一组内核事件、标志和可选的 stack-walk 集合），所以最好使用一个有用的脚本自动化完成这些步骤。为此，本书配套源代码中包含两个简单的脚本来实现这一点。你需要在提升到管理员权限的命令提示符下运行这些脚本，因为启动和停止 ETW 会话需要完全的管理员权限。另外，如果在 64 位 Windows 系统上进行这个实验，下面用于启动跟踪会话的命令会给出一个关于找不到注册表项的警告。现在可以忽略这个警告。这个特殊的实验会正常工作而无需设置额外的注册表键和额外的系统重启。在下一章中会介绍关于这个注册表更多的设置。

```
C:\book\code\common\scripts>start_kernel_trace.cmd -kf Base -ks Profile
INFO: Invoking xperf to start the session...
CmdLine: (xperf.exe -on PROC_THREAD+LOADER+Base -stackwalk Profile)
SUCCESS.
```

一旦启动跟踪会话，你就可以继续运行你感兴趣的跟踪场景，这里的实验需要一分钟左右才能完成。

```
C:\book\code\common\scripts>notepad c:\temp\test.dat
```

在文件加载操作完成后，关闭新的 notepad.exe 实例，然后使用下面的脚本命令停止跟踪会话。

```
C:\book\code\common\scripts>stop_kernel_trace.cmd
INFO: Invoking xperf to stop the session...
CmdLine: (xperf.exe -stop -d c:\temp\merged.etl)
Merged Etl: c:\temp\merged.etl
```

这个脚本命令会停止会话并保存最后的跟踪文件到 c:\temp\merged.etl 文件中，该路径在脚本中是硬编码的。这个路径下的跟踪文件将用于保留本书这一部分实验所捕获的最近的跟踪。在该目录下保存的新生成跟踪文件将会自动覆盖之前保存的相同名称的文件。如果选择更改脚本并保存跟踪记录到其他位置，要记得定期删除旧的不再需要的跟踪文件，因为 ETW 跟踪文件往往比较大。

11.2.3 分析收集到的 ETW 跟踪

使用 Xperf 捕获的 ETW 跟踪可以被复制并在任何机器上进行分析。使用 xperf.exe 的 -d 命令行选项保存的跟踪文件（如前面的 ETW 跟踪文件）包含自给自足分析所需要的全部信息并支持"任何地方捕获/任何地方分析"这个重要的模式。

与跟踪会话的启动或停止不同，你可以在任何用户上下文中查看 ETW 跟踪而不需要管理员权限。本书配套源代码中还包含了一个脚本用来自动完成使用 Xperf 查看跟踪文件的过程。这个脚本首先设置使用 Xperf 解析 ETW 栈跟踪事件时定位符号信息所用的两个重要的环境变量。然后使用 Xperf 查看器用户界面加载之前保存的 c:\temp\merged.etl 跟踪文件，如图 11-8 所示。请记住，那些符号只有在跟踪文件中包含 ETW stack-walk 事件并且只在查看跟踪时才需要，特别是，在捕获 ETW 跟踪事件时根本不需要符号文件。

```
C:\book\code\common\scripts>view_trace.cmd
set _NT_SYMBOL_PATH=srv*c:\localsymbolcache*http://msdl.microsoft.com/download/symbols
set _NT_SYMCACHE_PATH=c:\symcache

INFO: Invoking xperf to view the trace...
CmdLine: (xperf.exe c:\temp\merged.etl)
SUCCESS.
```

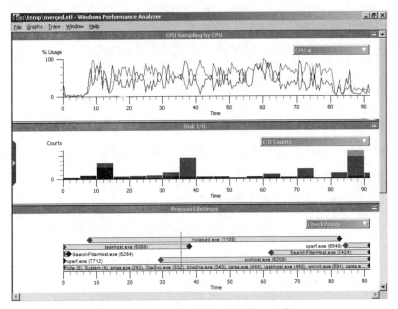

图 11-8　Xperf 查看器的主用户界面窗口

主用户界面窗口包括几个图形，每一个图形都描绘跟踪文件中的一组记录事件。其中一个标准的图形是进程生命周期曲线图（process lifetimes），该图显示了跟踪会话期间所有运行的进程，包括它们的启动时间和结束时间，这要归功于操作系统 ETW 丰富的功能，可记录进程创建和终止事件作为基本内核组的一部分。这些时间可以从图形本身或者通过右击图形并选中 Process Summary Table 选项进行查看，如图 11-9 所示。

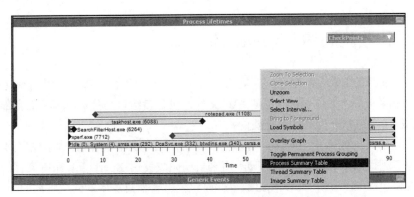

图 11-9　鼠标右击选择 Process Summary Table

请在用鼠标右击图形时确保没有在同一时间选择一个时间间隔（使用鼠标左键）。如果这样做，只能看到在那个时间间隔的进程创建和删除事件的汇总表。虽然在分析过程中想集中在一个较小的时间间隔内，选择一个时间间隔是有用的。但是在这种情况下，需要查看整个跟踪生命周期的事件。一个快速的方法可以确认你前面的操作是否正确：检查汇总表的标题栏并确保它从 0 秒开始（跟踪会话的开始），具体如图 11-10 所示。

上面视图的标题栏显示跟踪会话运行了大约 91 秒，notepad.exe 在跟踪会话 7.8 秒左右时启动。当然，不同的 ETW 跟踪都会有不同的开始和结束时间，但可以用同样的方法为你的特定实验来推导出这些信息。还可以看到跟踪期间其他所有活动进程的命令行，包括当 ETW 跟踪会话开始时已经运行的进程，这些进程启动时间显示为 0 秒，还包括当跟踪会话结束时仍然运行的进程，这些进程的结束时间等于跟踪会话本身。

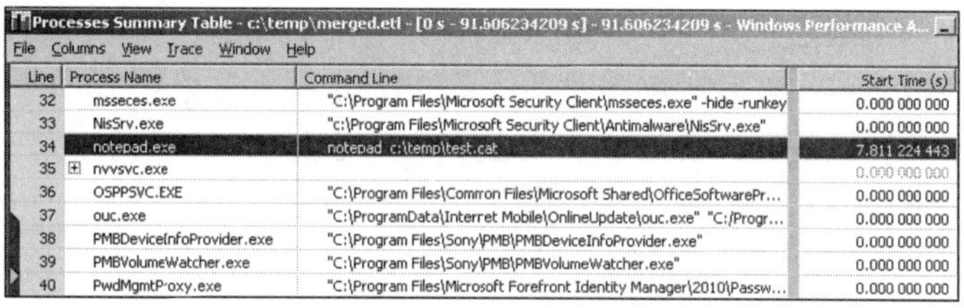

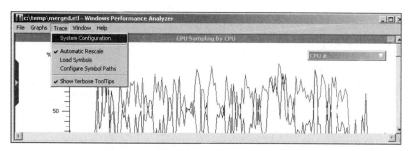

图 11-10　进程汇总表窗口

　注意：进程汇总表还特别包括 xperf.exe 的命令行，这些命令被用来启动和结束跟踪会话。这在你需要弄清楚跟踪会话收集的 ETW 事件的类型时可能是有用的，特别是在你已经不记得跟踪文件是何时或者通过何种方式捕获的时候。

还可以在主用户界面上通过单击 Trace 菜单并选择 System Configuration（见图 11-11）得到跟踪文件生成的系统的更多信息。具体地，可以使用该视图来查找被收集跟踪机器操作系统版本和构建信息、处理器数量以及在跟踪会话期间运行的 Windows 服务，具体如图 11-12 所示。

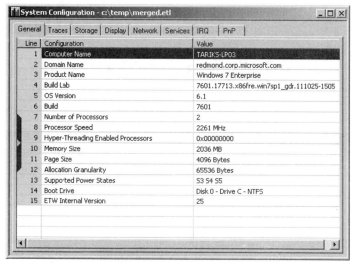

图 11-11　选择 System Configuration 视图

图 11-12　与系统详细信息有关的系统配置窗口

第 1 阶段：缩小场景瓶颈问题原因的名单

在 Xperf 用户界面中通过扩展和数据视图选择正确的图形是刚接触 Xperf 工具的开发人员和性能分析人员所面临的挑战之一。在分析跟踪文件时，你应该花一些时间来查看 Xperf 可用的图形（图形取决于在生成跟踪文件时所包含的事件类型），这样就可以熟悉 Xperf 提供的数据视图。这些图形可以通过使用弹出的帧列表菜单进行选择，帧列表弹出菜单位于主窗口左侧的中间位置，如图 11-13 中的箭头所示。

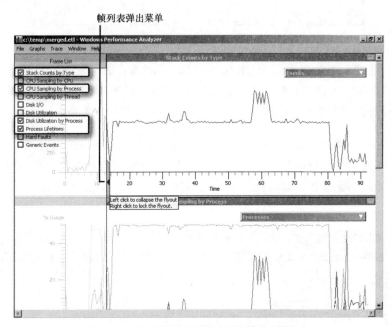

图 11-13　使用弹出的帧列表菜单选择图形

考虑到这个实验的特征，可以合理地假设这个实验要么是存储密集型（disk-bound）问题（由于大的文件被加载），要么是计算密集型（CPU-bound）问题（由于 notepad.exe 处理大文件所消耗的计算资源）。

用来显示该时间内磁盘突出的 I/O 请求测量百分比的磁盘使用（disk utilization）图显示，这段时间内没有持续的磁盘活动。事实上，该图形的汇总表视图也显示本实验中没有大文件读取的实际磁盘操作，汇总表视图可以在图形区域内的任何地方使用右键快捷菜单（如图 11-14 所示）进行调用。汇总表信息如图 11-15 所示。其中，Path Name 栏中没有本实验所用文件的读取信息。

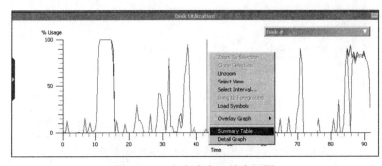

图 11-14　右击选中汇总表视图

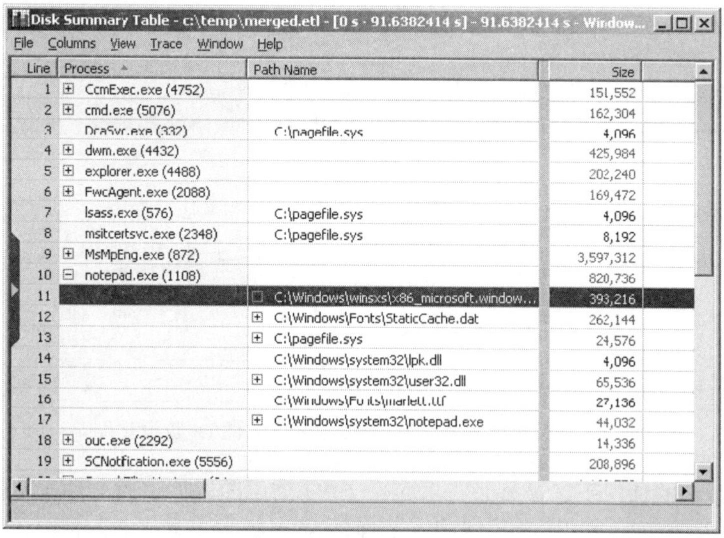

图 11-15　磁盘汇总表窗口

> **磁盘 I/O 更多的分析**
>
> 在分析磁盘活动时，你应该牢记 Windows 操作系统内核中的 I/O 管理层缓存的作用。当第一次加载一个文件，会发出 I/O 读请求从磁盘读取数据。然而，一旦这些数据读取完成，I/O 管理器会在内存中试图缓存这些数据，以便在下一次试图读取这个文件时直接从缓存返回数据，而不会产生其他的 I/O 磁盘访问。请记住，磁盘访问的速度要比内存读取数据慢好几个数量级，所以这是系统的一个关键性能优化。
>
> 系统还有一个重要的性能优化叫作预读（read-ahead）优化，其中，I/O 管理器可以使用运行在操作系统内核上下文中的系统线程，比应用程序的请求读取更多的数据，特别是在进一步尝试读取的情况下。这意味着，当一个应用程序发出请求来读取数据块文件时，很有可能 Xperf 中的 I/O 报告会分布在应用程序的用户态进程上下文和操作系统内核上下文，这些内容在 Xperf 用户界面中以 system process 标识，尽管它并不是真正的用户态进程。当前的学习示例中，你会发现没有大文件读取的磁盘访问，无论是在 notepad.exe 上下文中，还是在操作系统内核上下文中。
>
> 同样的，I/O 管理器还有一个在写入时的优化机制，称为事后写入（write-behind）优化。和立即写入磁盘不同，I/O 管理器充当应用程序和磁盘之间的缓冲区（buffer），并把写请求分组到一起执行，从而分摊磁盘资源访问。这意味着，用户态应用程序的写请求可以在内存中缓存，并在后续以系统进程上下文的形式得到提交（异步）。

本实验中可以预期没有磁盘 I/O 读取，因为 fsutil.exe 工具产生的是稀疏文件（sparse file），该文件没有实际的数据集群。试图读取该文件时，会以应用程序透明的方式由操作系统简单地模拟，实际上并没有产生数据读取的 I/O。

现在是时候把注意力转移到 Xperf 的处理器使用视图（processor utilization）了。Xperf 查看器用户界面中默认显示的 CPU 采样曲线图是 CPU Sampling By CPU，如图 11-16 所示。不幸的是，当只对 notepad.exe 进程感兴趣的时候，这个图并没有多大作用，因为该图给出了系统中 CPU 使用的全局视图（在这个跟踪示例中是两个处理器）。

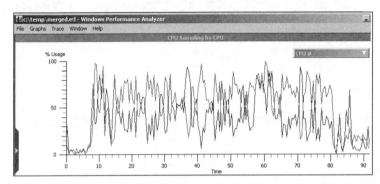

图 11-16　不确定的 CPU Sampling By CPU 数据视图

在这个学习示例的情况下，最好是查看每个 CPU 使用图以便可以专注于 notepad.exe 进程级正在发生的事情。要做到这一点，使用弹出的帧列表菜单选择 CPU Sampling By Process 图形。在该曲线图中，可以过滤视图使它只显示 notepad.exe 进程的使用率，如图 11-17 所示。

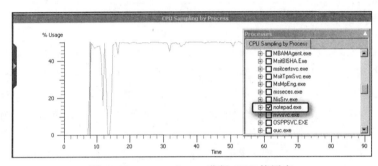

图 11-17　notepad.exe 进程 CPU 使用率

此数据视图清楚地显示 notepad.exe 一直使用 50%的处理器资源,在捕获跟踪的双处理器系统中，这相当于一个完整的处理器资源。这也充分说明了在打开大文件时，大部分时间都花费到这个计算密集型状态中了。这证实了处理器资源是这个实验中的主要瓶颈，所观察到的延迟是由于 CPU 资源的限制导致的！

第 2 阶段：获取热点的栈跟踪

现在已经知道延迟是由过多的 CPU 处理引起的，下一步就要确定哪些代码路径对 CPU 过度使用贡献最大。这些调用位置通常称为性能分析的热点（hot spots）。通过查看这些热点就可以判断软件的行为是否和设计的一样，或者是否存在潜在的改进以帮助缓解场景显现出的性能问题。

正如本节前面所提到的，深入到源代码级需要一个特殊的 ETW 事件，称为 stack-walk 事件。所以在第二阶段分析调查中经常需要捕获分析场景新的跟踪。幸运的是，之前捕获的跟踪文件已经包含了内核分析对象记录的每个 CPU 采样事件的 stack-walk 事件。以规则的时间间隔（默认情况下为 1 毫秒）记录这些 ETW 事件并中断正常的 CPU 执行，这意味着在每个分析时间发生时会记录每个运行线程的调用栈。这些事件可以完美地找出计算密集型场景中的热点，因为它们提供（当使用调用栈分组时）CPU 时间消耗的统计视图。

要在实践中查看这是如何工作的，首先在主视图窗口任意位置右击并选择 Load Symbols，如图 11-18 所示。默认情况下，Xperf 并不试图加载目标跟踪文件包含的栈跟踪事件的符号。应该记住，当你每次启动一个新的 Xperf 查看器示例时，如果需要解析栈跟踪并想在用户界面中看到合适的函数名，一定要选择此选项。

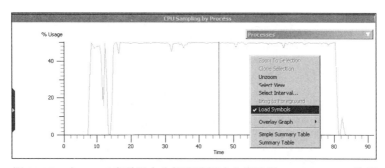

图 11-18　在 Xperf 查看器中为栈跟踪解决方案选择 Load Symbols 选项

现在可以查看 CPU 采样分析事件和它们对应的栈跟踪。要做到这一点，在 CPU Sampling by Process 图形中打开汇总表窗口，如图 11-19 所示。

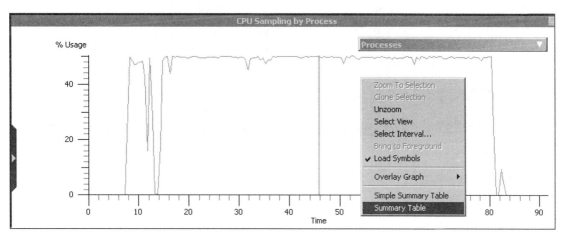

图 11-19　结合解决的栈跟踪符号调用 CPU 采样汇总表窗口

这时候会立即显示一个对话框询问你是否同意微软公共符号的使用条款，如图 11-20 所示。然后 Xperf 进行所需离线符号的下载，但要注意下载符号并显示汇总表窗口需要一定的时间。即使网速比较快，在 Xperf 下载这些符号的时候，Xperf 查看器用户界面也可能会卡住几分钟。这是可预期的，并且只发生在互联网离线符号第一次下载的时候。一旦符号被读取并被工具保存到本地缓存，下一次使用 Xperf 查看器用户界面分析该跟踪文件时几乎不会花费很多时间。

在 Xperf 完成跟踪文件的优化符号缓存存储构建后，现在最终可以和 CPU 采样汇总表窗口进行交互了。在这个视图中的 Stack 列包含目标跟踪文件 CPU 采样分析事件的栈跟踪。不幸的是，默认情况下并不显示，因此需要添加它（还可以添加汇总表视图中默认没有显示但是你感兴趣的列）。可以通过使用位于窗口左侧中间的弹出列选择器选择你感兴趣列，如图 11-21 所示。

如果在 Stack 列中依次展开 notepad.exe 进程对应的栈跟踪树节点并确保 Weight 列也被添加到视图中并移动到 Gold Bar 的左侧（见图 11-22），你会得到它们对应 CPU 利用率的栈跟踪排序。当在汇总表中展开栈跟踪时，如果函数名称显示为"module_name!?"，很可能是因为你错过了本节开始时候描述的第一步，并没有在主用户界面窗口中选择 Load Symbols 选项。为了解决这个问题，可以返回到 Xperf 查看器主窗口并选择该选项，然后再次打开汇总表窗口。还要注意的就是 Xperf 显示的栈跟踪信息的底部是更深层的调用帧，这和使用 WinDbg 显示的调用栈的方向正好相反。

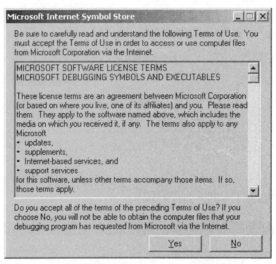

图 11-20　使用条款对话框

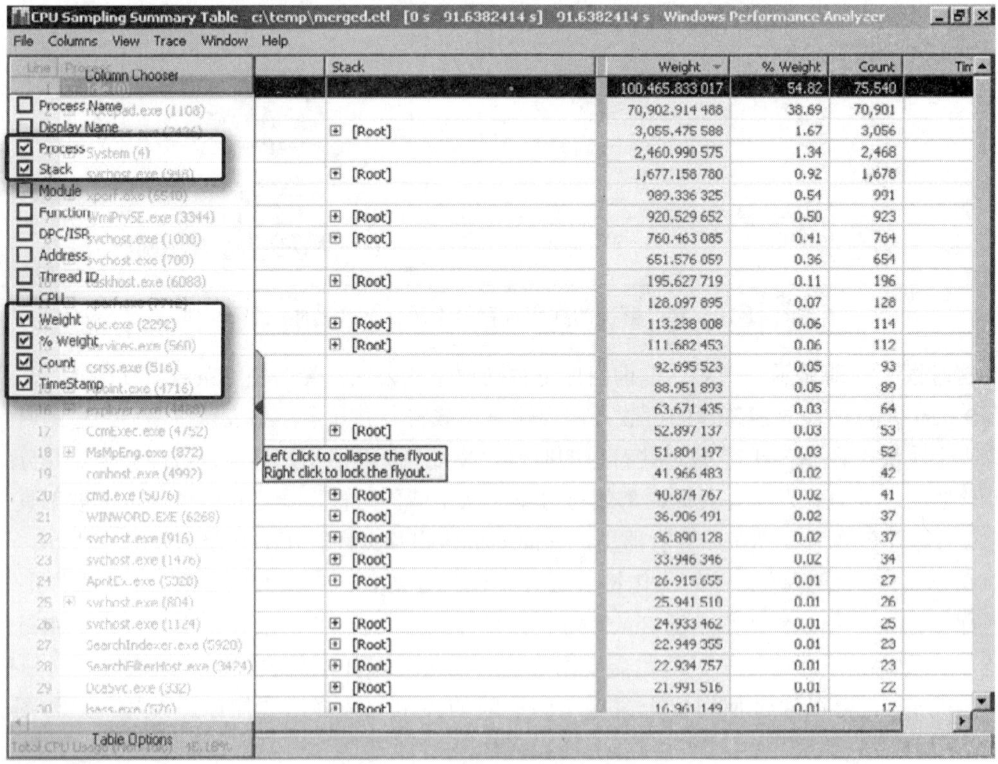

图 11-21　在汇总表窗口选择列

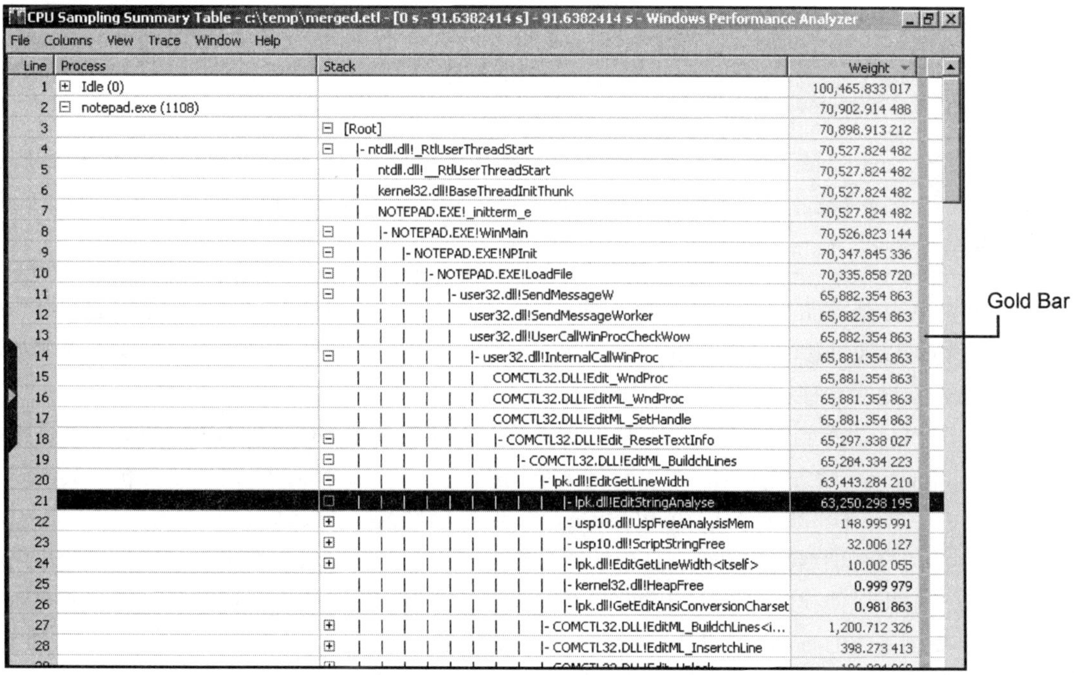

Line	Process	Stack	Weight
1	⊞ Idle (0)		100,465.833 017
2	⊟ notepad.exe (1108)		70,902.914 488
3		⊟ [Root]	70,898.913 212
4		⊟ |- ntdll.dll!_RtlUserThreadStart	70,527.824 482
5		| ntdll.dll!_RtlUserThreadStart	70,527.824 482
6		| kernel32.dll!BaseThreadInitThunk	70,527.824 482
7		| NOTEPAD.EXE!_initterm_e	70,527.824 482
8		⊟ |- NOTEPAD.EXE!WinMain	70,526.823 144
9		⊟ | |- NOTEPAD.EXE!NPInit	70,347.845 336
10		⊟ | | |- NOTEPAD.EXE!LoadFile	70,335.858 720
11		| | | |- user32.dll!SendMessageW	65,882.354 863
12		| | | | user32.dll!SendMessageWorker	65,882.354 863
13		| | | | user32.dll!UserCallWinProcCheckWow	65,882.354 863
14		⊟ | | | |- user32.dll!InternalCallWinProc	65,881.354 863
15		| | | | | COMCTL32.DLL!Edit_WndProc	65,881.354 863
16		| | | | | COMCTL32.DLL!EditML_WndProc	65,881.354 863
17		| | | | | COMCTL32.DLL!EditML_SetHandle	65,881.354 863
18		⊟ | | | | |- COMCTL32.DLL!Edit_ResetTextInfo	65,297.338 027
19		| | | | | |- COMCTL32.DLL!EditML_BuildchLines	65,284.334 223
20		⊟ | | | | | | |- lpk.dll!EditGetLineWidth	63,443.284 210
21		⊟ | | | | | | | |- lpk.dll!EditStringAnalyse	63,250.298 195
22		⊞ | | | | | | | | |- usp10.dll!UspFreeAnalysisMem	148.995 991
23		⊞ | | | | | | | | |- usp10.dll!ScriptStringFree	32.006 127
24		| | | | | | | | |- lpk.dll!EditGetLineWidth <itself>	10.002 055
25		| | | | | | | | |- kernel32.dll!HeapFree	0.999 979
26		| | | | | | | | |- lpk.dll!GetEditAnsiConversionCharset	0.981 863
27		⊞ | | | | | |- COMCTL32.DLL!EditML_BuildchLines <i...	1,200.712 326
28		⊞ | | | | | |- COMCTL32.DLL!EditML_InsertchLine	398.273 413

Gold Bar

图 11-22 CPU 采样分析事件的栈跟踪

> **从命令行缓存跟踪符号**
>
> 在 view_trace.cmd 帮助脚本中设置的_NT_SYMBOL_PATH 环境变量可以自动包含 Microsoft 公共符号服务器的 URL，用于 Xperf 确定从哪里下载符号以及符号下载后本地缓存的位置。这个环境变量也可以用在 Windows 调试器和其他 NT 工具中（如第 8 章使用的 UMDH 工具），除了这个环境变量，该脚本中还设置一个称为_NT_SYMCACHE_PATH 的环境变量。
>
> ```
> set _NT_SYMBOL_PATH=SRV*c:\LocalSymbolCache*http://msdl.microsoft.com/download/symbols
> set _NT_SYMCACHE_PATH=c:\SymCache
> ```
>
> 和_NT_SYMBOL_PATH 不同，环境变量_NT_SYMCACHE_PATH 只针对 Xperf。第二个变量不能和_NT_SYMBOL_PATH 指定的* signs 本地符号缓存路径相同。Xperf 定义了自己专有的格式来压缩缓存符号文件并去掉所有和 Xperf 操作不相关的多余数据。一旦这个本地优化的缓存信息库构建成功（由_NT_SYMCACHE_PATH 环境变量指定），就可以使 Xperf 快速地访问符号。
>
> 和 Windows 调试器不同，Xperf 不会自动查找构建二进制的符号，即使和构建环境在同一台机器上分析跟踪文件时。所以，在_NT_SYMBOL_PATH 变量中需要包括所有符号搜索路径。
>
> 另外也必须认识到的是，当使用 Xperf 用户界面解决跟踪符号时，只有在 Xperf 优化的缓存目录中的符号才能被最终使用。
>
> 在之前的步骤中，当 Xperf 用户界面看起来被挂起时，一种验证 Xperf 正在下载符号的方法就是查看本地符号缓存路径（这个实验中为 C:\LocalSymbolCache）或者 Xperf 优化符号缓存路径（C:\SymCache），并确保在这些目录中不断出现新的文件。另外，本书配套源代码中有一个方便的封装脚本，用来让你通过使用 Xperf.exe 的 symcache 处理命令行操作来缓存一个 ETW 跟踪的符号。

```
C:\book\code\common\scripts>cache_trace_symbols.cmd
...
INFO: Invoking xperf to cache trace symbols locally...
CmdLine: (xperf -i c:\temp\merged.etl -symbols -a symcache -build)
```

虽然这个 xperf.exe 命令会下载用于 ETW 跟踪整组二进制文件的符号,并且时间比使用 Xperf 用户界面简单地打开一个栈跟踪汇总表窗口需要的时间更长,但是它具有显示操作进程信息的独特优势。

Xperf 汇总表中的 Gold Bar 在数据排序上起着重要的作用——位于 gold bar 左侧的列用作排序列。因此,可以通过移动列到 Gold Bar 左侧实现数据的排序,这些可以在用户界面中很容易地单击汇总表的标题栏并移动其到预期的位置。

正如在图 11-17 看到的那样,处理器的大部分时间被消耗在 NOTEPAD!LoadFile。通过跟随调用树并展开 weight 最大的函数,可以看到这个调用占用了大部分时间。进一步分析,其内部具体的函数为 COMCTL32!EditML_BuildcchLines。现在已经确定测试场景的主要热点!其中,notepad.exe 的用户界面线程试图从文件中读取数据并在一个多行编辑控件中显示,从而会热切地逐行进行数据解析以便找出每一行的宽度,并在状态栏中显示相应的文档宽度。这是一个消耗较大的计算密集型(CPU-bound)操作,特别是针对如本实验所用的大文件时。事实上它在主用户界面线程中是同步进行的,这就解释了在加载大文件时 notepad.exe 主窗口为什么看起来会挂起很长时间。

关于 CPU 采样更多的分析

本节中的实验表明,ETW 分析事件是分析由 CPU 利用率过高而导致延迟的一个很好的方法。但是除了对它们的描述,你不能获取更多的信息。尤其是需要了解 CPU 采样分析只是在 CPU 上所有活动执行所消耗的时间。因此逻辑延迟,例如等待内核调度对象,则不会被这些 ETW 事件捕获。这是因为在它们等待的时候,阻塞的线程被切换出去了。可使用另一组称为 CSwitch 的 ETW 事件,用来替代以审查这种逻辑等待。这些重要的上下文切换事件在内核中被操作系统线程调度程序组件记录,这些内容的细节将在第 13 章中介绍。

要注意的第二个方面是,采样分析是一种统计分析,在每个分析计时器滴答记录指令指针,这样只有收集足够多的样本才能工作地很好。CPU 上执行函数的全部采样周期记录其执行消耗时并不是完全公平的,因为许多其他函数可能在该时间间隔内在 CPU 上运行。然而,抽样理论还预测错误减少的统计误差(大约)和样品总数的平方根成反比,即误差 $\approx 1/\sqrt{n}$,其中,n 是样本数。所以,在 CPU 采样分析开启时,实验运行的时间越长,获得的结果越精确。

作为一般规则,运行场景应该至少 1 秒,10 秒或更长样本分析结果才有意义。如果捕获 CPU 样本分析事件超过 10 秒,会得到超过 10 000 个样本(在默认为 1 毫秒的分析间隔情况下),这时错误误差会小于 1%。相反,任何小于 10 个样本(小于 10 毫秒)的可观测时间间隔都值得怀疑。

另外,由于 CPU 采样分析是一种统计方法,它不能提供函数被调用的确切次数,也不能提供一个运行例程花费的精确时间,它只能提供和程序其他例程相比的 CPU 整体利用率的相对贡献。在使用 Xperf 和 ETW 时,为了能够确定特定函数运行时发生的小的性能变化,需要在目标例程的开头和结尾插入代码以明确记录自定义 ETW 事件。通过使用在每个 ETW 事件载荷中自动记录的时间戳，可以测量该函数所花费的时间。这个通用的开始/结束事件对基于 ETW 的性能分析是非常有用的，因为它可以让你通过使用 ETW 和 Xperf 工具测量任意操作所花费的时间。第 12 章将展示把这个自定义手段添加到软件中实际的例子。

11.3　Xperf 的优点和局限性

　　在 Windows Vista 的发布版本中可以看到许多操作系统组件（包括用户态和内核态）配备到了 ETW 更多的事件中。还可以看到 ETW 框架许多重要的改进，具备捕获内核事件栈跟踪的能力是这个发布版本增加的一个重要方面。结合 Windows 7 发布版本在操作系统 ETW 框架引进的更多改进，使当前状态的 ETW 为 Windows 事实上的跟踪标准。WPT（Xperf）是控制和分析 ETW 首要的前端工具，并且它直接从 ETW 的体系架构中获得许多优点，包括低的 CPU 跟踪开销，可以动态观测系统范围的行为而不需要重新启动操作系统或重启进程。

　　Xperf 还支持"任何地方捕获/任何地方分析"模式。当使用-d 命令行选项停止跟踪并生成会话日志文件时，Xperf 会添加关于环境的重要纲要信息，包括 ETW 跟踪会话在哪里捕获并保存到跟踪文件，从而使其可以在任何其他机器上进行自给自足的分析。这个重要的能力也是本书在涉及 Windows 系统基于 ETW 跟踪和分析工具时主要侧重于 WPT（Xperf）的原因。

　　正如在 notepad.exe 学习案例中看到的那样，ETW 跟踪适用于全系统范围，这样可以很好地获取场景中所有相关内容的全部画面。尽管在分析过程中可以使用 Xperf 查看器通过进程来过滤事件，其他进程生成的事件有时候会分散你的注意力，特别是在你想要快速确定问题原因并且已知是自己的本地代码出现问题的时候。和 Windows 调试器一样，Xperf 特别适用于在现场构建环境中进行调查，因为它是轻量级的并且允许你查看超出应用程序直接界限的信息。但是当在一个如微软 Visual Studio 的开发环境已经编写、编译和运行代码时，在这个环境中有源代码并且已经设置了符号，这时候使用集成的分析工具来关注目标应用程序发生的事情通常更有效率。

　　Visual Studio 2010 的旗舰版和高级版本配备了一组分析工具，可以在 Analyze 菜单中访问。Visual Studio 除了在分析你构建的本地程序时特别方便外，其分析工具还可以分析.NET 代码。虽然 Xperf 也可用于跟踪和分析.NET 应用程序，但是当显示由通用语言运行平台（CLR）的实时编译器所产生的动态调用帧时，它不能正确地解决函数名称的问题。至少在 Windows 7 版本 SDK 工具中不能解决，当显示 ETW 栈跟踪事件时，它缺乏与 CLR 必要的整合来解决托管栈帧问题。请注意，在 Windows 8 消费者预览版的 Windows 性能工具包中包含了新的 WPR/WPA 工具，加入了这一特性作为新功能之一来缩小这一差距。

11.4　小结

　　本章使用 Xperf 工具进行了实际的性能调查。通过利用内核组件现有的 ETW 检测，可以观察到几个方面的场景，包括可能的资源瓶颈（磁盘和 CPU），并且可以通过使用配置的栈跟踪事件并利用 Xperf 的用户界面解析和分组这些栈跟踪信息，最终可以跟踪到导致用户界面挂起和长时间延迟的调用位置。

　　本章的实验有两个重要方面值得重申。

- 设计一个深思熟虑的调查策略应该是跟踪调查的第一步。一种常见的方法是基于内核事件的 Base 分组,使用 Xperf 捕获一个跟踪文件从而对所要分析的行为有一个初步的了解。这个基本的跟踪会给出场景相关的丰富信息,包括机器的几个硬件配置(处理器的数量、内存大小等)、在跟踪期间启动的或者已经运行的进程、磁盘 I/O 读取、CPU 资源利用率等。一旦在高级别上理解这些可观察的行为,就可以收集 ETW 栈跟踪事件,从而可以进一步找到以上行为源代码的调用位置。
- 重要的一点是在性能调查中没有依靠猜测。在 notepad.exe 实验中可以看到,Xperf 工具给出了毫无疑问的结果,该场景不是存储密集型问题(disk-bound)。得出可信赖结论的唯一可靠的方法是尽早并且经常测量。这就是为什么如 Xperf 这样轻量级的工具也可以从 USB 存储器或者网络共享中直接运行,而不需要在目标机器上进行额外的安装,这在跟踪调查中特别有用。

作为运行 notepad.exe 学习案例的一部分,还介绍了 Xperf 及其跟踪查看器用户界面的使用。在本章中除了学到一些有用的概念外,使用 Xperf 工具时应该记住以下几点。

- 应该使用脚本来自动完成最通用的 Xperf 任务,这样就不会每次结束时都要键入相同的很长的命令。在本书配套源代码中有一个启动、停止和查看 ETW 跟踪的方便脚本。开始的时候,你应使用它们,并且可以随意扩展它们以满足需求。
- 使用 Xperf 停止 ETW 内核跟踪会话时务必使用-d 命令行选项,或者更好的是,当停止 ETW 会话时使用一个脚本来执行这些操作。这个选项会在保存的跟踪文件中添加重要的纲要信息,这些信息在 ETW 栈跟踪事件适当的符号解析时是非常必要的,并且通常可以使跟踪文件自给自足,以满足在任意一台机器上进行分析。
- 只有当查看目标跟踪文件时才需要 ETW 栈跟踪的符号,在跟踪收集时不需要符号。这意味着你不需要在跟踪捕获的机器上访问任何在线的符号服务器。此外,如果想让 Xperf 解析其用户界面汇总表的符号并显示正确的调用栈,请记住一定要在用户界面中选择 Load Symbols。它不会试图以其他方式解析符号。
- 图形和汇总表是描述目标跟踪 ETW 事件的一个可视化表示,以便于用户分析。此外,gold bar 允许你通过排序列自定义每个图形的汇总表视图。例如,可以对调用栈分组来查看常见的函数调用,对进程分组以专注于自己开发的代码,或者对路径分组来观察磁盘访问对应的特定文件等待。选择正确的排序列往往是一种快速、有效调查与一系列徒劳搜索之间的区别,因此你应该花一些时间熟悉 Xperf 用户界面这一重要的功能。
- 默认情况下,Xperf 查看器只显示图形和汇总表的子集,这些是被认为和分析跟踪文件最相关的。在开始跟踪分析时,尝试选择默认没有显示的图形和列(通过使用位于 Xperf 窗口左侧中间的弹出按钮)往往是有用的,以便于考虑是否在 Xperf 查看器中添加它们。

下一章将深入研究 ETW 的基本架构,这样就可以最大限度地挖掘 Xperf 调查的价值,无论是添加自定义 ETW 记录到你的应用程序中,还是简单地使用操作系统现有的 ETW 检测。

第 12 章
ETW 内幕

本章内容

- ETW 架构
- Windows 系统现有的 ETW 检测
- 理解 ETW 的 Stack-Walk 事件
- 在你的代码中添加 ETW 记录
- 在 ETW 中跟踪引导过程
- 小结

本章将深入探讨 Windows 事件跟踪（Event Tracing for Windows，ETW）框架是如何设计的，并且还会解释一些重要的概念，从而在分析和跟踪调查中可以帮助你最好地使用 Xperf 和其他基于 ETW 的工具。

在简要介绍驱动 ETW 操作的基本组件之后，本章将会介绍操作系统中现有的 ETW 检测。虽然 ETW 自微软 Windows 2000 版本起就已经存在，但是直到 Windows Vista 系统才得以在操作系统重要组成部分中大量配备。熟悉系统中已经记录的事件可以使你在决定是否在代码中添加自定义 ETW 事件以调查程序的具体行为时做出明智的决定。

介绍完这些基本概念之后，本章接着讨论 ETW 所支持的内核和用户事件栈跟踪的捕获方式。在诊断跟踪调查中可能遇到的常见解析问题时，使用栈跟踪事件是非常有用的。本节将在实践中给出诊断 stack-walking 问题的详细步骤。

本章最后一节将介绍如何在 Windows 启动时自动启用 ETW 日志记录，这样就可以跟踪系统登录以及在桌面上发出命令之前发生的任何引导活动。尽管这不是大多数开发人员都需要的，但是每当驱动程序或自启动的应用程序被添加到引导路径中时，这种原始的分析类型可以使这个关键性能路径分析不会对这种活动产生负面影响。

12.1 ETW 架构

ETW 是在一个特定的需求下产生的，这个需求就是希望为用户态和内核态代码提供一个通用的跟踪平台并且对跟踪软件性能的影响最小。这些关键需求驱动了操作系统中 ETW 的基本设计原则。

12.1.1 ETW 设计原则

代码检测可采用的一个不成熟方法就是使用 fprintf 函数在控制台或者专门的日志文件中记录消息。虽然这种简单的方法听起来比较吸引人，但是它也存在几个缺陷。事实上，了解这些缺陷可以有效地引入操作系统 ETW 框架许多底层的基本设计决策。

- 正如在第 10 章中所看到的那样，调用 printf 函数并不像听起来那么简单，因为它涉及操作系统背后相当多的工作。其中包括 C 运行时库到 Windows 控制台子系统组件之间的进程间通信调用，从而可以最终在电脑屏幕上打印消息。这就意味着，如果使用 printf 作为一个跟踪机制，在这个函数调用链条中的任何组件都将受到可重入性（reentrancy）问题的影响。基于这些原因，ETW 跟踪在内核态下实现（尽管它也封装 Win32 API 提供给用户态软件使用），而不依赖于操作系统架构栈之上的组件。
- 创建用来解析和查看方案记录的自由事件（如这里建议的 fprintf 跟踪方法）所需的工具也是很困难的。通过标准化记录框架并引入一个良好定义的事件模式，ETW 以版本弹性的方式使构建复杂的查看器工具成为可能。
- fprintf 有一个更严重的缺点就是跟踪的每次写文件请求或者在 Windows 控制台请求打印都会伴随着显著的性能影响（尤其是高频率的跟踪）。因此，这种类型的日志记录一般在构建发布版本的时候需要禁止，使得在实际构建环境中调查发生的问题没有价值。这是 ETW 跟踪的主要优点之一，调用 ETW 事件记录直到跟踪得以实际启用的消耗几乎是微不足道的（根据条件标志检查的顺序）。即使打开跟踪，ETW 的设计也是非常轻量级的。下面给出一个粗略的估计，在 2GHz 的处理器中，每秒 10000 个事件的持续速率占用的 CPU 开销不到 2.5%。
- 前面想法的一个改进就是保存事件到内存数据结构中，并且配有一个工作线程定期将数据刷新到磁盘文件中。这种设计解决了每个跟踪消息写入磁盘相关的性能损失，但是它存在另外一个主要缺点：如果进程意外崩溃，且跟踪消息尚未被保存到磁盘中，会使其永久丢失。假设跟踪经常用于调试这种崩溃，就会限制该跟踪方案的有效性。更糟糕的是，之前几个不成熟想法得以具体实现，其中就有一个锁用来访问缓冲区的同步，以及自定义记录框架由于试图分析的应用程序瓶颈而结束。

ETW 建立在记录事件到内存缓冲区中，并以异步的方式把这些数据写入磁盘的想法之上，而不是使用用户态进程地址空间的数据结构，它是由 Windows 操作系统内核内置支持所负责的。跟踪事件消息以 lock-free 的方式记录在内核维持的缓冲区中，然后定期刷新它们到磁盘中，从而使这些完整的缓冲区可以重复使用，以保存其他新的事件。磁盘 I/O 访问发生在专用的系统（内核）线程上下文中，并且对记录的应用程序性能没有明显的影响。尽管事实上必须考虑到它仍然会与其他应用程序竞争共享磁盘资源。

12.1.2 ETW 组件

基于上述设计原则，ETW 为底层组件定义了以下特殊的名称。

- ETW 会话（sessions）。ETW 跟踪模型后台的主要引擎。会话代表内核管理内存缓冲区，并代表系统线程定期刷新这些缓冲区到磁盘中。ETW 日志记录会话在 Xperf 中还可以简称为记录器（loggers）。

- **ETW 提供者**（providers）。用户态和内核态的概念组件，用来提供事件。每个类别的事件通常都要定义其本身的提供者。例如，TCP/IP 驱动程序会定义其本身的 ETW 提供者，就像用户态中的 Windows 登录子系统一样。此外，一个提供者提供的事件不仅仅只是源于单个二进制文件，它们可以从多个可执行文件、动态链接库或者驱动程序中得到记录。提供者和会话之间是多对多（many-to-many）的关系，这意味着一个 ETW 会话可以从多个提供者中接收事件，一个 ETW 提供者也可以记录事件到多个会话中，但是第二个场景在实际实践中是非常罕见的。
- **ETW 使用者**（consumers）。用于分析并查看 ETW 日志记录会话所生成跟踪事件的工具。Xperf 和 Windows 8 系统中的 Windows 性能分析器（Windows Performance Analyzer，WPA）都是 ETW 使用者。微软网络监视器（Microsoft Network Monitor）和 Windows 事件查看器（Windows Event Viewer）是使用者的另外两个例子。
- **ETW 控制器**（controllers）。用来启动日志记录会话并关联会话和提供者的实用程序。一旦在一个会话中启用一个提供者，这个会话就会开始接收该提供者（组件）记录的事件，而不需要考虑应用程序的上下文。ETW 公开了一些 Win32 API（分别为 StartTrace 和 EnableTraceEx2），用来帮助控制器启动会话并关联一些提供者到该会话中。正如本章前面所介绍的那样，Xperf 还可作为一个 ETW 的控制器。Windows 8 系统中的 Windows 性能记录器（Windows Performance Recorder，WPR）也可以作为一个 ETW 控制器。

图 12-1 概括了到目前为止所描述的 ETW 架构，白色框分别表示 ETW 中上述 4 个主要的组件。

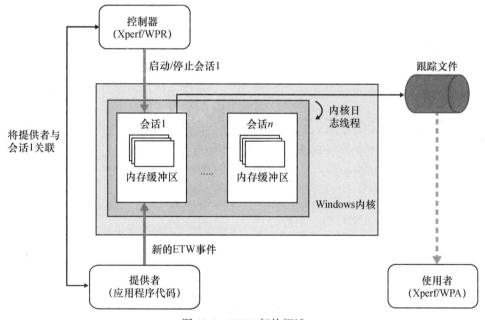

图 12-1　ETW 架构概述

12.1.3　特殊的 NT 内核日志记录会话

可以使用 Xperf 工具的 -start 命令行选项来启动一个新的 ETW 日志记录会话，结合一个可选的会话名称。这个操作还可以在启动新会话的同时启用一组预期的 ETW 提供者，具体是通过使用-on 命令行选项结合一组提供者标识符来实现（由 Xperf 命令行的+符号分别表示几个提供者）。可以重复这个顺序同时启动所有你想启动的会话。这个基本的语法可以概括如下。

```
xperf.exe -start [<Session_Name_1>] -on <Provider_1+Provider_2+...+Provider_n>
          -start [<Session_Name_2>] -on <ProviderPrime_1+ProviderPrime_2+...+ProviderPrime_m>
...
```

可以使用 Xperf 工具的-stop 命令行选项停止之前启动的会话，并合并所有会话收集的事件到同一个跟踪文件中。正如之前章节所提到的那样，当停止 ETW 跟踪会话时应该总是记得使用-d 选项，从而可以同时把重要的内核纲要信息添加到保存的跟踪文件中。这样就可以使其自给自足，以满足在任何其他机器上进行分析。这个基本语法可以概括如下。

```
xperf.exe -stop [<Session_Name_1>] -stop [<Session_Name_2>] ... -d merged_trace_file.etl
```

若在上述命令中省略会话名称这个参数，Xperf 会默认启动和停止一个特殊的日志记录会话，该会话称为 NT Kernel Logger。这个会话只能用在内核本身提供者所记录的事件（如在之前章节中分析 notepad.exe 要花很长时间才能打开大文件问题时所使用的 Base 内核分组中的内置提供者），而不能用于用户代码记录的其他事件。

在 xperf.exe 工具中，下面的命令都是等价的。请注意，最后一个命令完全没有使用-start 命令行选项。当处理内置内核提供者的事件时，最后一种形式经常被简洁地使用，这也是之前章节给出的 start_kernel_trace.cmd 脚本所使用的方法。

```
xperf.exe -start "NT Kernel Logger" -on Base
xperf.exe -start -on Base
xperf.exe -on Base
```

请记住，要在提升到管理员权限的命令提示符下运行上述命令，因为控制 ETW 会话需要完全的管理员权限。有关如何启动提升到管理员权限的命令提示符，请参考"本书介绍"章节给出的方法。

此外，NT 内核日志记录会话不能同时启动两次，所以在你想要尝试使用其他命令不变式之前首先需要停止之前已经启动的会话。在停止 NT 内核日志记录会话时也可以省略会话名称，所以下面的 Xperf 命令也是等价的。

```
xperf.exe -stop "NT Kernel Logger" -d c:\temp\merged.etl
xperf.exe -stop -d c:\temp\merged.etl
```

12.1.4 使用 Xperf 配置 ETW 会话

就像在上一节所看到的那样，系统中存在两种类型的 ETW 会话。

- **NT 内核日志记录会话**。被所有内置的内核提供者使用，用于记录它们的事件。该会话的特别之处在于它不能被其他用户提供者使用。
- **其他用户会话**。必须被不能记录到 NT 内核日志记录会话的所有 ETW 提供者使用，尽管同一个会话可以被多个用户提供者所共享。用户提供者包括用户自定义的提供者，而且并不是操作系统的所有部分都被认为是核心内核的一部分。例如 TCP/IP 事件被认为是用户事件,尽管它们是由内核态中的网络驱动程序栈所记录的。

虽然之前章节所详细描述的基本语法足以应对使用 Xperf 工具所遇到的绝大多数跟踪和分析场景,但是当启动一个新的 ETW 会话时,Xperf 工具也支持其他的命令行选项。如果在命令提示符下键入 xperf.exe -help start,就会看到 Xperf 工具所公开的会话配置所有命令选项列表。要理解为什么有时候需要改变工具的默认设置,学习一些必须这样做的场景则可以在实践中给出原因。

填满的缓冲区和丢失 ETW 事件

以非常高的速度记录事件到给定的 ETW 会话场景中会导致该会话的内存缓冲区填写速度比刷新这些事件并写入磁盘中的处理速度要快。这样就会导致在跟踪期间丢失事件。无论场景是否遇到"丢失事件"的问题,但是该问题不仅取决于其内在性质,而且还和使用的特定硬件相关,如硬盘的吞吐量。

当停止跟踪会话时,Xperf 工具会提醒你这种情况,除此之外它会显示一个警告消息并指出在会话生命周期期间所丢失事件的数量,如下面的示例所示。

```
xperf.exe -on Base -start UserSession -on Microsoft-Windows-TCPIP
```

运行一个记录速度非常高的 TCP/IP 网络事件的场景,然后停止这两个会话并合并这些事件到跟踪文件中,如下面的 Xperf 命令所示。

```
xperf.exe -stop UserSession -stop -d c:\temp\merged.etl
xperf: warning: Session "UserSession" lost 918336 events.
...
```

为了让 ETW 会话跟上事件传入的速度,可以尝试以下解决方案。
- 增加内存缓冲区的大小,或者确定应该分配给跟踪会话后调整内核可使用缓冲区的数量范围。在 Xperf 工具中,这些设置可通过使用-buffersize,-MinBuffers 和-MaxBuffers 命令行选项来控制,它们的默认值分别为 64 KB、64 KB、320 KB。其中,你可能首先选择在 ETW 会话中增加缓冲区的大小来解决该场景中的"丢失事件"。
- 简化测试场景以减少事件传入到会话中的速率。这样做的一种方法就是启用较少的事件提供者,另一种方法是拆分提供者到多个会话中。但是如果你决定使用多个用户会话,需要改变 ETW 会话存储事件的文件位置。默认情况下,用户会话刷新缓冲区到.\user.etl 中(NT 内核日志记录器的事件位置为.\ kernel.etl),但是由于会话不能共享同一个跟踪文件,需要使用 Xperf 工具的-f 选项为每个用户会话选择一个不同的文件位置以消除这种冲突。

下面的 Xperf 命令通过将之前用户会话缓冲区的大小增加到 1024KB(1 MB)来解决问题,是第一种解决方案所描述的方法。

```
xperf.exe -on Base -start UserSession -on Microsoft-Windows-TCPIP -BufferSize 1024
```

需要注意的是,上述命令所启动的 NT 内核日志记录会话此时仍将使用默认的 64 KB 大小的缓冲区,因为-BufferSize 命令行选项是针对会话设定的,如果想改变多个会话的默认缓冲区大小,可以多次使用该命令行选项。可以通过使用 Xperf 工具的-loggers 命令行选项来验证这一点,该命令允许你查看机器上所有活动的 ETW 日志记录会话。请注意,需要在提升到管理员权限的命令提示符下运行这些命令,因为枚举 ETW 会话也需要完全的管理员权限。

```
xperf.exe -loggers
Logger Name              : NT Kernel Logger
Logger Id                : ffff
Logger Thread Id         : 00001608
Buffer Size              : 64
...
Log Filename             : C:\kernel.etl
Trace Flags              : PROC_THREAD+LOADER+DISK_IO+HARD_FAULTS+FILENAME+PROFILE+MEMINFO
+CPU_
  CONFIG
PoolTagFilter            : *
...
Logger Name              : UserSession
Logger Id                : e
Logger Thread Id         : 00001314
Buffer Size              : 1024
...
Log Filename             : C:\user.etl
Trace Flags              : "Microsoft-Windows-TCPIP":0xffffffffffffffff:0xff
...
```

现在可以再次停止日志记录会话。如果为 ETW 会话增加 1MB 缓冲区仍然不能解决丢失事件问题，可以试着把缓冲区调整至更高并且再次运行跟踪会话直到问题得到解决。

```
xperf.exe -stop UserSession -stop -d c:\temp\merged.etl
```

使用循环的 ETW 日志记录

当想连续监视组件的行为时，循环模式会话是非常有用的。因为它们允许记录测试场景中的最新事件，而且当必要时可以使用最新的事件覆盖最早的事件。在这种模式下，在生产环境中可支持长时间的跟踪（就像飞机上的飞行记录器一样），而不必担心消耗过多的磁盘空间，这是因为在命中预定义最大磁盘大小后就会绕回来记录事件。一个罕见的行为异常（如 UI 迟滞）是可观察的，此后不久就可以停止循环模式会话，分析跟踪文件中最近的 ETW 事件以帮助你追踪问题的根本原因。

可以通过使用 Xperf 工具的-FileMode 选项来开启一个循环日志记录会话，这个会话要求你指定跟踪文件大小以滑动窗口记录事件。例如下面的命令，其作用是开始一个新的循环模式用户会话并且限制跟踪文件的大小为 50MB。

```
xperf.exe -start UserSession -on Microsoft-Windows-TCPIP -FileMode Circular -MaxFile 50
-f c:\CircularUserSession.etl
xperf.exe -stop UserSession
```

在结束本节之前，表 12-1 回顾了本章到目前为止给出的 ETW 会话配置设置以及可以使用的 Xperf 命令行选项。

表 12-1   常见的 ETW 会话设置

Xperf 选项	描述	默认值
-f FileLocation	在日志记录过程中指定会话事件刷新到的中间跟踪位置	NT 内核日志记录会话为\kernel.etl；其他用户会话为\user.etl

续表

Xperf 选项	描述	默认值
- BufferSize Size	会话中使用的内核内存缓冲区大小	64 KB
- MinBuffers n	会话中使用的缓冲区的最小数目	64 buffers
- MaxBuffers n	会话中使用的缓冲区的最大数目	320 buffers
- MaxFile Size	日志文件大小的最大值,以兆字节为单位	这个选项在循环的 ETW 会话中是需要,否则,跟踪文件大小默认是没有限制的
- FileMode Mode	常见的使用模式如下 ■ 顺序(Sequential)。数据顺序持久保存在跟踪日志文件中,直到达到其最大文件大小(如果有最大设置) ■ 循环(Circular)。数据持久保存在磁盘中,一旦跟踪达到最大文件大小后,新的缓冲区就将替换最先保存的缓冲区 ■ 新文件(NewFile)。数据顺序写到跟踪日志文件中,但是日志文件一旦达到最大,就会创建一个新的日志记录文件	循序模式

12.2 Windows 系统现有的 ETW 检测

Windows 的几个组件(包括内核态和用户态)已经大量使用 ETW 检测,包括操作系统的关键部分,如模块加载程序、进程子系统、线程调度、网络堆栈、I/O 管理器、注册表配置管理器以及许多其他组件。此外,越来越多的应用和开发框架现在也使用 ETW 事件进行检测。特别是管理.NET 应用程序执行核心引擎的通用语言运行平台(CLR)也定义了自己的 ETW 事件,以生成与其内部许多组件(如垃圾收集器、实时编译器等)操作相关的有用的调试信息。这在分析.NET 应用程序行为时被证明是特别有帮助的。

12.2.1 Windows 内核中的检测

Windows 操作系统内核定义了大量的 ETW 提供者,并在 ETW 框架中通过标志(flags)离散地表示。为方便起见,Xperf 工具还定义了一套有用的内核标志组合或组(groups)。从这些提供者中你能获得很广范的信息。事实上,可以只使用这些内核标志实施一些跟踪和调查分析,而不需要额外的用户提供者。

PROC_THREAD 和 LOADER 内核标志

当启动一个 NT 内核日志记录会话时,你应该总是启用 PROC_THREAD 和 LOADER 这两个内核标志。PROC_THREAD 标志用于捕获跟踪会话生命周期中发生的系统所有进程、线程创建和删除事件,LOADER 标志用于记录跟踪会话生命周期中发生的所有模块加载和卸载事件。

这两个标志如此重要的原因是双重的。

- 当跟踪包含栈跟踪事件时，这些标志都需要适当的符号解析。
- 这些标志提供的数据在 Xperf 工具中的 Process Lifetimes 图形中显示，就像上一章介绍的那样。如果没有这些事件，在学习场景的跟踪过程中不会知道哪些进程会被创建或者哪些模块将会被加载。即使你主要感兴趣的事件是由自定义的用户提供者记录的，你也会希望把重要的内核事件（特别是 PROC_THREAD 和 LOADER 标志）合并到你的用户会话事件中，这样就可以搞清楚 ETW 所描述的整个画面。

由于这两个标志的特殊性，Xperf 工具方便地将它们添加到其所有预定义的核心组中，包括在第 11 章中所使用的 Base 组。这也是本书配套源代码中的 start_kernel_trace.cmd 辅助脚本自动包含这两个标志的原因，无论当使用这个脚本开启 NT 内核日志记录会话时你所提供的其他内核标志（kf 选项）是什么。

其他内核标志和组

可以通过使用 Xperf 工具下面所示的命令查看它所支持的所有 ETW 标志。其中，KF 过滤器用来限制 xperf.exe 的 -providers 选项的输出为只显示可用的内核标志。

```
xperf.exe -providers KF
  PROC_THREAD     : Process and Thread create/delete
  LOADER          : Kernel and user mode Image Load/Unload events
  PROFILE         : CPU Sample profile
  CSWITCH         : Context Switch
  ...
```

同样地，还可以使用相同的 -providers 选项的 KG 过滤器来枚举 Xperf 中预定义的内核组，如下面的命令所示。

```
xperf.exe -providers KG
  Base        : PROC_THREAD+LOADER+DISK_IO+HARD_FAULTS+PROFILE+MEMINFO
  Diag        : PROC_THREAD+LOADER+DISK_IO+HARD_FAULTS+DPC+INTERRUPT+CSWITCH+PERF_
COUNTER+COMPACT_CSWITCH
  DiagEasy    : PROC_THREAD+LOADER+DISK_IO+HARD_FAULTS+DPC+INTERRUPT+CSWITCH+PERF_COUNTER
  Latency     : PROC_THREAD+LOADER+DISK_IO+HARD_FAULTS+DPC+INTERRUPT+CSWITCH+PROFILE
  FileIO      : PROC_THREAD+LOADER+DISK_IO+HARD_FAULTS+FILE_IO+FILE_IO_INIT
  IOTrace     : PROC_THREAD+LOADER+DISK_IO+HARD_FAULTS+CSWITCH
  ResumeTrace : PROC_THREAD+LOADER+DISK_IO+HARD_FAULTS+PROFILE+POWER
  SysProf     : PROC_THREAD+LOADER+PROFILE
  Network     : PROC_THREAD+LOADER+NETWORKTRACE
```

需要注意的是，定义组仅仅是为了方便，所以下面的两个 Xperf 命令事实上是等价的。

```
xperf.exe -on Base
xperf.exe -on PROC_THREAD+LOADER+DISK_IO+HARD_FAULTS+PROFILE+MEMINFO
```

目前形成的纯粹惯例是，当 Xperf 显示内核标志时使用大写，但是内核组则不是这样。Xperf.exe 工具是不区分大小写的，所以无论当你在命令行输入的标志和组是大写还是小写都能正常工作。还可以使用加号（+）来对标志和组进行任意组合。例如下面的命令就是启动一个 NT 内核日志记录会话，并使用 Base 内核组的所有标志加上 CSWITCH 内核标志。CSWITCH 内核标志用于记录在跟踪会话期间的每一个上下文切换事件。

```
xperf.exe -on Base+CSWITCH
xperf.exe -stop -d c:\temp\merged.etl
```

还可以将多个组进行组合,如果你在命令行中多次使用相同的标志,Xperf 工具也会正常执行。

```
xperf.exe -on Base+FileIO
xperf.exe -stop -d c:\temp\merged.etl
```

表 12-2 给出了一些重要的内核标志的描述和它们的实际应用场景。

表 12-2　　　　　　　　　　　　重要的内核标志及其实际应用

内核标志	事件的 Volume	描述	其他注意事项
PROC_THREAD	Light	进程和线程启动/退出事件	需要 ETW 的 Stack-Walk 的支持;也非常适合观察进程的生命周期
LOADER	Light	映像加载/卸载事件	需要 Stack-Walk 的支持 当调试新的代码路径加载额外的 dll 到进程中产生的性能问题时特别有用
PROFILE	Heavy	该标志导致一个事件用于记录每个 CPU 的采样(默认情况下为每 1 毫秒)	用于分析高 CPU 使用时的问题
CSWITCH DISPATCHER	Heavy	在机器上每当线程切换到 CPU 中执行时就会记录线程切换事件。每当一个阻塞的线程变为就绪状态(被另一个线程唤醒),但是还没有实际切换到 CPU 之前就会记录 dispatcher 事件	在分析逻辑延迟和线程可能花费很长时间才能解除阻塞的构建因果关系链的原因时特别有用
REGISTRY	Moderate	这个标志启用跟踪注册表操作(创建、删除、读、写等)的一组事件	可用于软件行为的逆向工程在性能分析上也是有用的
FILE_IO_*	Moderate	这个标志启用监视执行文件对象执行的操作(创建、删除、读、写等)	用于软件行为的逆向工程和性能分析。 这些事件还需要内核纲要信息的元数据(Xperf 的-d 选项),以便 Xperf 能够显示与每个文件对象相关联文件的友好名称
DISK_IO_*	Moderate	在磁盘级别监视其低级别的活动	在性能分析中有用
SYSCALL	Heavy	在每个系统调用的入口和出口处记录 ETW 事件	退出事件包含系统调用返回的错误代码,所以当调试低级别的错误(如拒绝访问或文件未找到问题)时可能是有用的

第 13 章将会提供几个实用的例子来说明在实际的跟踪调查中如何使用这些标志。

在 Xperf 中查看内核提供者事件

Xperf 工具中有专用的内核提供者事件图形和汇总表,也可以方便地决定并查看跟踪会话中所使用的内核提供者相关的图形和汇总表,你可以在 Xperf 查看器用户界面的帧列表弹出菜单中进行选择。图 12-2 显示了这些图形，这些图形是通过一个简单的 Xperf 跟踪实验所获得的，该跟踪会话启用了一些内核标志。同样，请记住在提升到管理员权限的命令提示符下启动和停止这个会话。

```
C:\book\code\common\scripts>start_kernel_trace.cmd -kf
Base+CSWITCH+DISPATCHER+REGISTRY+FILENAME+FILE_IO+FILE_IO_INIT+POWER+SYSCALL+ALPC
INFO: Invoking xperf to start the session...
CmdLine: (xperf.exe -on
PROC_THREAD+LOADER+Base+CSWITCH+DISPATCHER+REGISTRY+FILENAME+FILE_IO+FILE_IO_
INIT+POWER+SYSCALL+ALPC )

C:\book\code\common\scripts>stop_kernel_trace.cmd
INFO: Invoking xperf to stop the session...
CmdLine: (xperf.exe -stop -d c:\temp\merged.etl)
Merged Etl: c:\temp\merged.etl

C:\book\code\common\scripts>view_trace.cmd
...
INFO: Invoking xperf to view the trace...
CmdLine: (xperf.exe c:\temp\merged.etl)
```

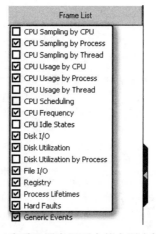

图 12-2　Xperf 查看器用户界面中的专用内核提供者图形

在 Xperf 中并不是每一个内核标志都有一个专用的图形。例如上面实验中的 SYSCALL 内核标志（System Call，系统调用）和 ALPC（Advanced Local Procedure Call，高级本地过程调用）内核标志，由于在跟踪调查中不经常使用，因此它们没有专用的图形。但是你仍然可以在 Generic Events 图形中查看这些事件。Generic Events 图形把 Xperf 中全部没有声称专用图形的 ETW 事件类型混合在一起显示。

12.2.2　其他 Windows 组件中的检测

ETW 检测在 Windows 操作系统核心内核之外的其他组件中也普遍存在。这些区域包括 TCP/IP 网络栈、远程过程调用（Remote Procedure Call，RPC）运行时、Win32 堆、NT 线程池等。

请注意，尽管 Xperf 把这些引用为用户态提供者，但是这种描述并不十分精确。例如，Microsoft-Windows-TCPIP 用户提供者是从 tcpip.sys 内核态驱动程序中记录事件的。为了避免混淆并且仍然保持符合 Xperf 的术语，本书中将使用术语"用户提供者"来描述任何不能使用 NT 内核日志记录会话的提供者。这些用户提供者使用全局唯一标识符（Globally Unique Identifiers，GUID）来标识，而不是内核提供者所使用的标志。

基于清单的用户提供者

在 Windows Vista 系统中，ETW 推出了一种可扩展的模式，在这种模式下可以定义用户提供者用来记录任何类型的事件载荷，但是它们仍然可以被现有的 ETW 查看器所识别。为了支持这个想法，需要声明一个 XML schema，用于描述用户提供者记录的每一个事件的数据类型，以及事件载荷中这些数据出现的顺序。由于 Windows Vista 和 Windows 7 的绝大部分用户提供者都是基于清单的（manifest-based），因此本书只涉及这种特定类型的用户提供者。

基于清单的用户提供者在目标机器上需要一个一次性的安装步骤，从而 ETW 使用者在分析自己的事件时能够获取这些信息。对于 Windows 组件，在 Windows 安装过程中它已经作为一部分完成了安装。但是其他应用程序在安装时通常需要为它们自定义的用户提供者执行这个安装步骤。用户提供者安装是通过使用 wevtutil.exe 工具来完成的，具体参见 MSDN 网站对 URL 中的描述。

除了发布检测清单的位置，这个安装步骤还发布了其他有用的元数据，包括一个和 ETW 内部使用的强制性 GUID 相关联的友好名称，以用来识别用户提供者。作为一个实现细节，这些元数据目前存储在 Windows 注册表中。其键值如图 12-3 所示，其中每个日志记录通道（channel）关联一个 OwningPublisher GUID 来代表拥有的用户提供者。

[HKEY_LOCAL_MACHINE\SOFTWARE\Microsoft\Windows\CurrentVersion\WINEVT]

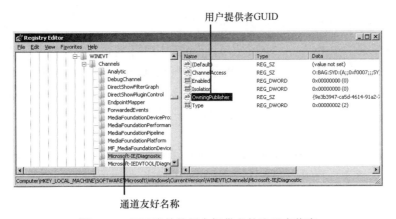

图 12-3　基于清单的用户提供者的注册表信息

发现用户提供者

Xperf 允许开发者使用-providers 命令行选项的 I 过滤器来枚举安装的用户提供者。用户提供者并不需要在机器上安装为可使用的，但是这个安装步骤允许 ETW 使用者识别该提供者所记录的事件，所以大多操作系统用户提供者都会在系统中安装它们的清单。

```
xperf.exe -providers I
    0063715b-eeda-4007-9429-ad526f62696e        : Microsoft-Windows-Services
    6ad52b32-d609-4be9-ae07-ce8dae937e39        : Microsoft-Windows-RPC
```

```
  c861d0e2-a2c1-4d36-9f9c-970bab943a12        : Thread Pool
  222962ab-6180-4b88-a825-346b75f2a24a        : Heap Trace Provider
  3ac66736-cc59-4cff-8115-8df50e39816b        : Critical Section Trace Provider
  2f07e2ee-15db-40f1-90ef-9d7ba282188a        : Microsoft-Windows-TCPIP
  7d44233d-3055-4b9c-ba64-0d47ca40a232        : Microsoft-Windows-WinHttp
  43d1a55c-76d6-4f7e-995c-64c711e5cafe        : Microsoft-Windows-WinINet
...
```

上述命令输出的第一列显示用户提供者的 GUID，第二列显示相应的友好名称。友好名称按照惯例通常为以下格式：公司名称-产品名称-组件名称。

仅仅因为提供者已经在机器上安装并不意味着目前它可以记录事件。ETW 会授权用户态应用程序调用 advapi32!EventRegisterAPI 来注册所有的用户提供者，然后才调用 advapi32!EventWrite Win32 API 来记录该提供者的 ETW 事件。其结果是，ETW 框架的内核态一侧可以获知系统中活动进程目前可以使用的已经注册的所有用户提供者信息。这个动态列表可以在 ETW 框架中通过使用 advapi32!EnumerateTraceGuidsExWin32 API 获得。这个 API 也在 Xperf 内部使用，用于显示系统已经注册的用户提供者，Xperf 显示已经注册的用户提供者使用-providers 选项的 R 过滤器。已注册的提供者在注册它的进程上下文中准备发出事件，但是没有实际记录这个提供者提供的任何事件，直到使用 ETW 控制工具（如 Xperf）动态地启用这个提供者到一个会话中。

```
xperf.exe -providers R

...
  Microsoft-Windows-ParentalControls
  e27950eb-1768-451f-96ac-cc4e14f6d3d0
  Microsoft-Windows-AIT
  Microsoft-Windows-Kernel-EventTracing
```

EnumerateTraceGuidsEx Win32 API 也可以返回注册每个用户提供者的进程 ID（PID），Xperf 不允许你过滤系统中已经注册的提供者名单到进程级别范围。然而幸运的是，logman.exe 工具可以用于解决当前的限制。该工具作为系统的一部分在 System32 目录下。这实际上给你提供了一个想法来事先判定在 ETW 会话中想要启用的用户提供者是否能实际收集你想跟踪的用户态进程的所有事件。

作为一个例子，你现在可以查看本地安全授权子系统进程（LSASS）用来记录 ETW 事件的用户提供者(当然，除了内核组件其本身记录的事件)。首先，可以使用 tlist.exe 命令来查看 Lsass.exe 进程的 PID。

```
"C:\Program Files\Debugging Tools for Windows (x86)\tlist.exe" -p lsass.exe
580
```

你机器上具体实验的实际 PID 可能和这里的有所不同，但是可以使用 logman.exe 工具结合上一步获取的具体 PID 数值来查询目标进程中已经注册的用户提供者，如下面的清单所示。

```
logman.exe query providers -pid 580
Provider                                       GUID
-------------------------------------------------------------------------------
Active Directory Domain Services: SAM          {8E598056-8993-11D2-819E-0000F875A064}
Active Directory: Kerberos Client              {BBA3ADD2-C229-4CDB-AE2B-57EB6966B0C4}
Active Directory: NetLogon                     {F33959B4-DBEC-11D2-895B-00C04F79AB69}
```

```
FWPUCLNT Trace Provider                    {5A1600D2-68E5-4DE7-BCF4-1C2D215FE0FE}
Local Security Authority (LSA)             {CC85922F-DB41-11D2-9244-006008269001}
LsaSrv                                     {199FE037-2B82-40A9-82AC-E1D46C792B99}
Microsoft-Windows-AIT                      {6ADDABF4-8C54-4EAB-BF4F-FBEF61B62EB0}
Microsoft-Windows-CAPI2                    {5BBCA4A8-B209-48DC-A8C7-B23D3E5216FB}
Microsoft-Windows-CertPolEng               {AF9CC194-E9A8-42BD-B0D1-834E9CFAB799}
Microsoft-Windows-DCLocator                {CFAA5446-C6C4-4F5C-866F-31C9B55B962D}
Microsoft-Windows-Diagnosis-PCW            {AABF8B86-7936-4FA2-ACB0-63127F879DBF}
Microsoft-Windows-DNS-Client               {1C95126E-7EEA-49A9-A3FE-A378B03DDB4D}
Microsoft-Windows-EFS                      {3663A992-84BE-40EA-BBA9-90C7ED544222}
Microsoft-Windows-LDAP-Client              {099614A5-5DD7-4788-8BC9-E29F43DB28FC}
Microsoft-Windows-Networking-Correlation   {83ED54F0-4D48-4E45-B16E-726FFD1FA4AF}
Microsoft-Windows-RPC                      {6AD52B32-D609-4BE9-AE07-CE8DAE937E39}
Microsoft-Windows-Shell-Core               {30336ED4-E327-447C-9DE0-51B652C86108}
...
```

这些信息显示 lsass.exe（或其加载的 DLL 模块之一）很可能在一个点或者其生命周期中从这些 ETW 用户提供者中记录事件。此外，当跟踪这个进程时，该名单以外的任何用户提供者可能不会处理。当你制定跟踪策略并决定在启动 ETW 跟踪会话之前启用哪些标志和用户提供者时，这些信息是非常有价值的。

在 Xperf 中查看用户提供者事件

除了几个特殊的用户提供者（如 Win32 堆提供者），自定义的用户提供者事件在 Xperf 中没有专用图形。因此，从这些用户提供者所获取的事件最终会在 Generic Events 图形中显示，这个图形通常会在 Xperf 查看器用户界面主窗口的底部附近。这个全面的图形如图 12-4 所示。请注意，你可以过滤图形的输出，从而只显示从提供者子集中获取的事件。

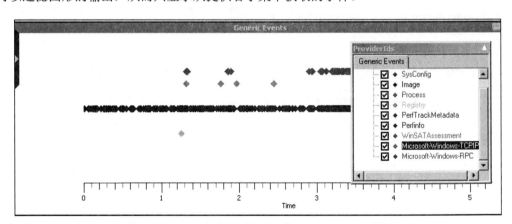

图 12-4 Xperf 查看器用户界面的 Generic Events 图形

```
C:\book\code\common\scripts>start_user_trace.cmd -kf Base -up
Microsoft-Windows-RPC+Microsoft-Windows-TCPIP
INFO: Invoking xperf to start the kernel and user sessions...
CmdLine: (xperf.exe -on PROC_THREAD+LOADER+Base
-start UserSession -on Microsoft-Windows-RPC+Microsoft-Windows-TCPIP)

C:\book\code\common\scripts>stop_user_trace.cmd
INFO: Invoking xperf to stop the kernel and user sessions...
CmdLine: (xperf.exe -stop -stop UserSession -d c:\temp\merged.etl)
```

```
C:\book\code\common\scripts>view_trace.cmd
...
INFO: Invoking xperf to view the trace...
CmdLine: (xperf.exe c:\temp\merged.etl)
```

你可以基于 Xperf 查看器强大的排序功能使用图形的汇总表视图来可视化这些数据。另外，也可以使用鼠标指向图中的任何点来获取 ETW 事件载荷体现的详细信息。然而，对于以高速率记录事件的提供者（如 RPC 用户提供者），跟踪时间表中会有太多的点，使你难以有效地进行记录事件的搜索。也就是说，你需要在用户界面中实施一个关于事件查看的更好的解决方法，该方法通过使用鼠标左键选择一个时间间隔，在图形绘图区域的任何位置单击鼠标右键打开快捷菜单，然后单击 Select View 来放大选定时间轴的记录事件。

在场景生命周期中，为了更容易地选择相关时间间隔，可以使用记录标记（marks）这一有用的技巧来实现。这种技术适用于 Xperf 中的任何图形，这个技巧在大容量用户提供者和 Generic Events 图形的情况下尤其有用。这些记录的标记作为特殊的 ETW 事件添加到跟踪中，只是使用标签来说明提供的标记也作为它们载荷的一部分注入。下面一系列信息给了如何使用 Xperf 的-m 命令行选项来插入标记事件。

```
C:\book\code\common\scripts\start_user_trace.cmd -kf Base -up Microsoft-Windows-RPC
INFO: Invoking xperf to start the kernel and user sessions...
CmdLine: (xperf.exe -on PROC_THREAD+LOADER+Base -start UserSession -on Microsoft-Windows-RPC)

---- Mark the start of an important phase in the scenario ----
xperf.exe -m "First Mark"
---- Mark the end of the previous phase ----
xperf.exe -m "Second Mark"

C:\book\code\common\scripts\stop_user_trace.cmd
INFO: Invoking xperf to stop the kernel and user sessions...
CmdLine: (xperf.exe -stop -stop UserSession -d c:\temp\merged.etl)
```

当查看收集的跟踪文件时，可以在特殊标记图形中看到这些标记，如图 12-5 所示。

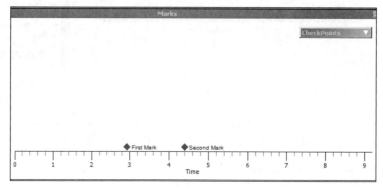

图 12-5　Xperf 查看器用户界面中的标记图形

还可以使用 Xperf 的便捷功能来叠加图形（overlay graphs），并在 Generic Events 图形中使标记出现在其他事件的旁边，如图 12-6 所示。

```
C:\book\code\common\scripts\view_trace.cmd
```

```
...
INFO: Invoking xperf to view the trace...
CmdLine: (xperf.exe c:\temp\merged.etl)
```

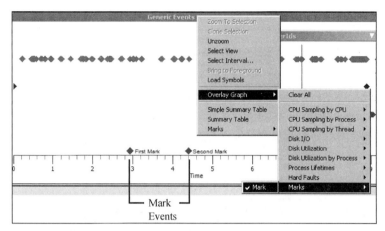

图 12-6　叠加标记到 Xperf 查看器用户界面的 Generic Events 图形中

通过这种方式，在分析这些跟踪过程中，可以建立你要放大时间间隔边界的清晰的标记。

12.3　理解 ETW 的 Stack-Walk 事件

ETW 还允许开发者捕获会话记录事件的调用栈。第 11 章已经介绍了 ETW 的这个能力，上一章的例子主要作用为捕获每个采样分析事件的栈跟踪。自从 Windows Vista 引入栈跟踪以来，这个强大的功能在每个新版本 Windows 操作系统中都得到持续的改进。特别是在 Windows Vista SP1 发布版中，针对 64 位版本的操作系统也实现了对这个功能的支持。在后来的 Windows 7 操作系统中，进一步引入了收集用户事件调用栈的能力，补充已经存在的内核事件调用栈的跟踪。另外，其他的改进包括支持更深层次调用栈的跟踪等。

ETW 通过从提供者每个事件中记录一个特殊的 stack-walk 事件来实现这个神奇的事情，这需要在跟踪会话期间启用 stack-walk 的捕获并伴随事件载荷调用栈帧的地址。stack-walk 事件同与它相关的 ETW 事件共享相同的时间戳，即使在不同时间记录这两个事件。因此当分析目标跟踪文件时，ETW 使用者可以把它们彼此关联起来。请注意，ETW 的 stack-walk 事件捕获的载荷只有调用栈帧的十六进制虚拟地址，所以在分析跟踪文件时需要使用符号解析来解决函数地址到其友好名称的转换。

12.3.1　启用和查看内核提供者事件的栈跟踪

当启动 NT 内核日志记录会话时，你在 Xperf 工具中可以通过使用 -stackwalk 命令行选项来启用内核事件栈跟踪的收集。在命令提示符窗口中可以通过输入 xperf.exe-help stackwalk 来列出可用的 stack-walking 标志。

```
xperf.exe -help stackwalk
  NT Kernel Logger provider:
    ProcessCreate           PagefaultTransition
```

```
ProcessDelete            PagefaultDemandZero
ImageLoad                PagefaultCopyOnWrite
ImageUnload              PagefaultGuard
ThreadCreate             PagefaultHard
ThreadDelete             PagefaultAV
CSwitch                  VirtualAlloc
ReadyThread              VirtualFree
...
```

需要注意的是，每个内核标志可能和多个 stack-walk 事件相关。例如 PROC_THREAD 内核标志有 4 个不同的 stack-walk 事件（ProcessCreate、ProcessDelete、ThreadCreate 和 ThreadDelete），每一个对应于事件提供者记录的一个单独的 ETW 事件。表 12-3 列出了内核提供者和它们各自的 stack-walk 标志。

表 12-3　　　　　　　　内核标志及其相关的 stack-walk 事件

内核标志	stack-walk 事件
PROC_THREAD	ProcessCreate，ProcessDelete，ThreadCreate，ThreadDelete
LOADER	ImageLoad，ImageUnload
PROFILE	Profile
CSWITCH	CSwitch
DISPATCHER	ReadyThread
REGISTRY	RegQueryKey，RegEnumerateKey，RegDeleteKey，RegCreateKey，RegOpenKey，RegSetValue，RegDeleteValue，RegQueryValue
FILE_IO_*	FileCreate，FileRead，FileWrite，FileDelete，FileRename
DISK_IO_*	DiskReadInit，DiskWriteInit，DiskFlushInit
SYSCALL	SyscallEnter，SyscallExit

下面的例子将要说明如何启用 SYSCALL 内核标志收集产生的所有 SyscallExit 事件的栈跟踪，当从内核态返回到用户态的系统调用返回时这些信息会得到记录。正如本章前面所提到的那样，每当你想要在 ETW 跟踪会话中包括 stack-walk 事件时，必须始终启用 PROC_THREAD 和 LOADER 标志。本书配套源代码中的 Xperf 工具的封装脚本实际上就是这样做的。

```
C:\book\code\common\scripts>start_kernel_trace.cmd -kf SYSCALL -ks SysCallExit
INFO: Invoking xperf to start the session...
CmdLine: (xperf.exe -on PROC_THREAD+LOADER+SYSCALL -stackwalk SysCallExit)

C:\book\code\common\scripts>stop_kernel_trace.cmd
INFO: Invoking xperf to stop the session...
CmdLine: (xperf.exe -stop -d c:\temp\merged.etl)
```

实际上，如果在试图启用 stack-walk 事件时没有启用其对应的内核标志，xperf.exe 是不会发出任何警告信息的。如果没有添加合适的提供者标志，相关的栈跟踪事件是不会记录到跟踪文件中的。

当使用 Xperf 查看器分析一个跟踪文件时，你会发现当你开启跟踪会话时所启用的栈跟踪会在下面两个地方找到。

■ Stack Counts By Type 图形中包含跟踪文件中所有的 stack-walk 事件。这个特殊图形的汇总表以单一视图的方式把这些事件组合到一起。

- 还可以在事件对应的图形中找到这些栈跟踪。以前面的实验为例，因为 SYSCALL 内核标志没有一个专用的图形，所以它的事件（和它的调用栈）会在 Generic Events 图形的汇总表中。其中，Stack 列包含了对应的栈跟踪事件（当在跟踪中存在时）。

现在你会看到如何使用 Stack Counts By Type 图形来查看之前会话所产生的 ETW 栈跟踪事件，而且下面的章节会展示第二个方法，该方法使用目标事件类型的汇总表。这两个方法之间的选择通常是一个使用偏好的问题。

你应该时刻记住一点，Xperf 默认不解析符号，所以在你可以看到正确的调用栈之前，需要在用户界面中启用该选项（通过右击并选择加载符号，如图 12-7 所示）。调用栈的信息如图 12-8 所示。

```
C:\book\code\common\scripts>view_trace.cmd
...
INFO: Invoking xperf to view the trace...
CmdLine: (xperf.exe c:\temp\merged.etl)
```

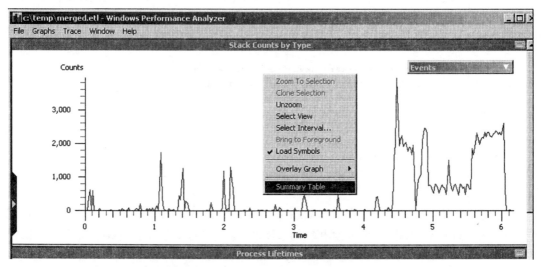

图 12-7 在 Xperf 查看器用户界面中选择加载符号启用栈跟踪符号解析

Line	Process	Stack	Count
1	xperf.exe (5828)	⊟ [Root]	45,730
2		⊟ |- ntdll.dll!_RtlUserThreadStart	45,302
3		| ntdll.dll!__RtlUserThreadStart	45,302
4		⊞ | |- kernel32.dll!BaseThreadInitThunk	45,301
5		⊟ | |- xperf.exe!wmainCRTStartup	1
6		| | xperf.exe!__security_init_cookie	1
7		| | ntdll.dll!RtlQueryPerformanceCounter	1
8		| | ntdll.dll!ZwQueryPerformanceCounter	1
9		| | ntkrpamp.exe!KiServiceExit2	1
10		| |	1
11		⊞ |- ntdll.dll!LdrInitializeThunk	428
12	svchost.exe (712)	⊞ [Root]	35,276
13	services.exe (564)	⊞ [Root]	24,072
14	svchost.exe (1012)	⊞ [Root]	12,964
15	WmiPrvSE.exe (3636)	⊞ [Root]	8,219
16	notepad.exe (6300)	⊞ [Root]	2,074
17	explorer.exe (4604)	⊞ [Root]	1,755

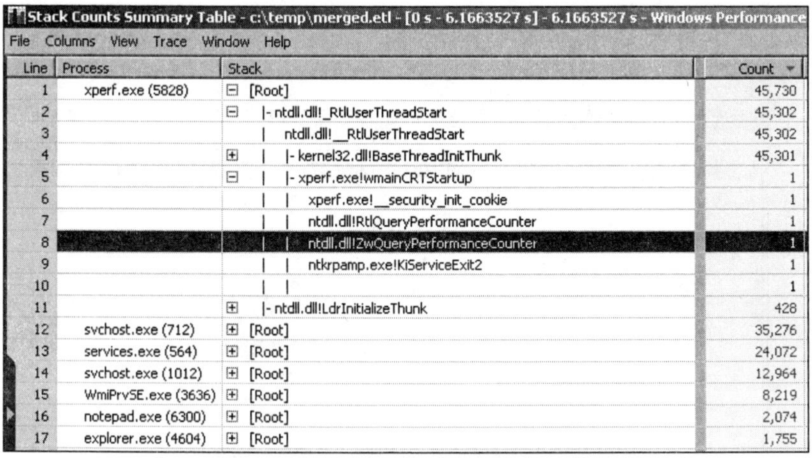

图 12-8 Stack Counts By Type 图形的汇总表

请注意，现在你可以看到跟踪会话生命周期中执行的所有系统调用以及它们的调用栈，包括 xperf.exe 本身产生的调用栈。

12.3.2 启用和查看用户提供者事件的栈跟踪

在 Xperf 中启用用户提供者的 stack-walk 事件需要使用与之前内核提供者 stack-walk 事件不同的语法。更具体地说，Xperf 工具的 -stackwalk 选项只适用于内核事件。对于用户提供者，需要在 Xperf 工具的命令行中添加:::'stack'字符串到提供者的 GUID 或者友好名称中才能实现其栈跟踪的收集。你稍后会在"在你的代码中添加 ETW 记录"章节中看到这个看似神秘的语法的完整说明，该章节将会引入级别（level）和关键字（keyword）过滤器。还需要注意的是，正如本章之前所提到的那样，ETW 和 Xperf 直到 Windows 7 操作系统发布才实现了用户提供者事件 stack-walk 捕获的收集。

为了说明如何请求用户事件的栈跟踪，下面的命令将启动一个新的用户会话，该会话会启用 Microsoft-Windows-TCPIP 和 Microsoft-Windows-RPC 用户提供者以获取其相关事件，但是只请求 RPC 用户提供者的 stack-walk 事件，而没有请求 TCP / IP 用户提供者的 stack-walk 事件。

```
C:\book\code\common\scripts>start_user_trace.cmd -kf Base -up
Microsoft-Windows-RPC:::'stack'+Microsoft-Windows-TCPIP
INFO: Invoking xperf to start the kernel and user sessions...
CmdLine: (xperf.exe -on PROC_THREAD+LOADER+Base
-start UserSession -on Microsoft-Windows-RPC:::'stack'+Microsoft-Windows-TCPIP)

C:\book\code\common\scripts>stop_user_trace.cmd
INFO: Invoking xperf to stop the kernel and user sessions...
CmdLine: (xperf.exe -stop -stop UserSession -d c:\temp\merged.etl)
```

当使用 Xperf 查看跟踪文件时，可以找到描述这些事件汇总表所记录的 RPC 事件的调用栈，此处为 Generic Events 汇总表。在选择相应的选项之前，首先需要再次在 Xperf 中启用栈跟踪符号解析，如图 12-9 所示。

```
C:\book\code\common\scripts>view_trace.cmd
...
INFO: Invoking xperf to view the trace...
CmdLine: (xperf.exe c:\temp\merged.etl)
```

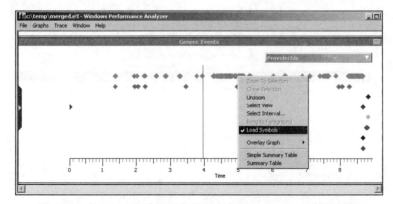

图 12-9 在 Xperf 查看器用户界面中启用 stack-trace 符号解析

然后你就可以调用这个图形的汇总表并组织其显示的列数据。例如，可以把 Process Name、Provider Name、Task Name 和 Stack 列放在 gold bar 的左侧，如图 12-10 所示。这样可以在汇总表中查看这些列数据的排序。请记住，某些列（尤其是 Stack 列）可能不在默认的汇总表视图中，所以需要使用汇总表窗口左侧中间的弹出菜单明确地选择它们。请注意，展开 Stack 列包含的调用栈节点，你能看到跟踪会话期间系统上执行的（多个）RPC 客户端和服务器调用。

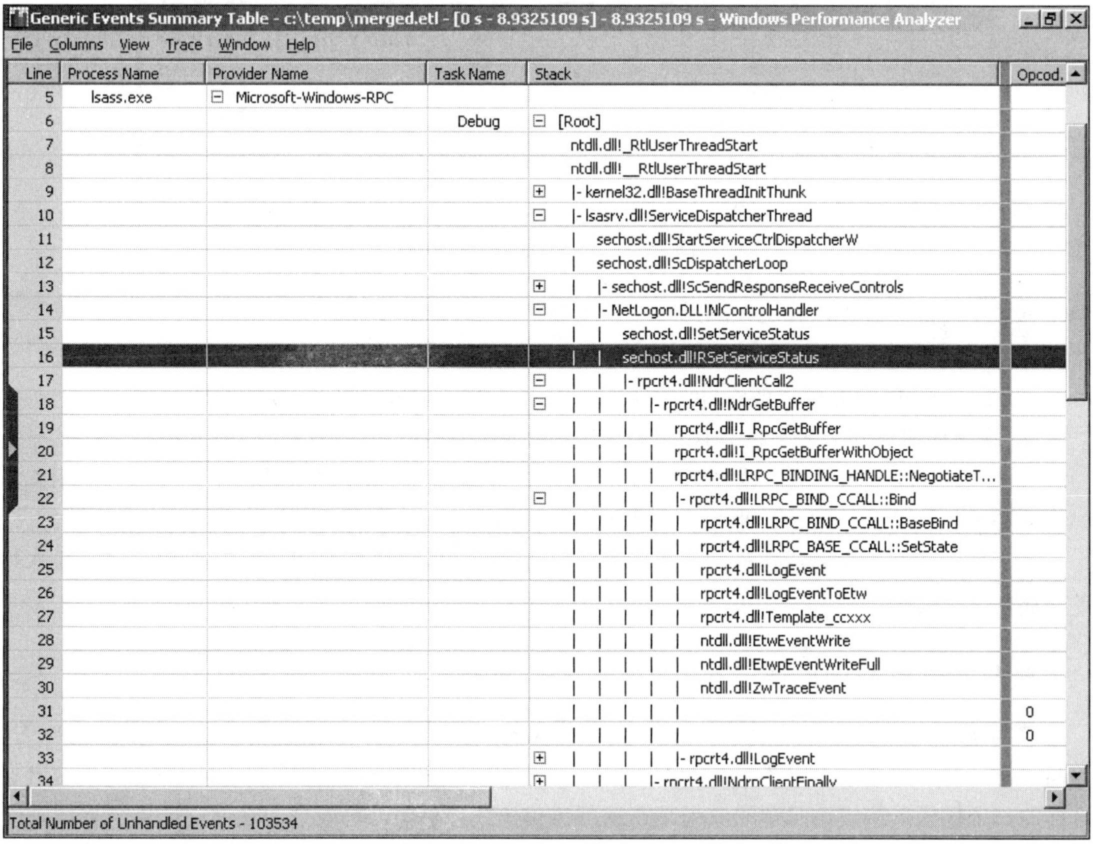

图 12-10　在 Generic Events 汇总表中查看用户事件的调用栈

12.3.3　诊断 ETW 栈跟踪问题

当在 Xperf 查看器用户界面中发现无法获得适当的调用栈时，会存在以下 3 种类型的症状。

- 跟踪文件中缺失调用栈事件。
- 未解析的调用栈，Xperf 会在栈跟踪中显示其对应的帧，但不能将它们映射到对应的符号化函数名称。
- 不完整的调用栈，Xperf 会显示栈中的帧，但栈跟踪似乎在命中用户态底部帧之前过早地停止。

诊断调用栈缺失问题

这种情况的警示信息如下：在 Xperf 查看器用户界面中栈信息显示为 "?"，如图 12-11 所示。

这里使用 PROC_THREAD 内核标志捕获跟踪，但是没有使用 ProcessCreate 的 stack-walk 标志。需要注意的是，下图给出了进程生命周期汇总表中的 Creation Stack 列是如何显示没有调用栈这个问题的，这是因为这个事件在跟踪文件中是缺失的。

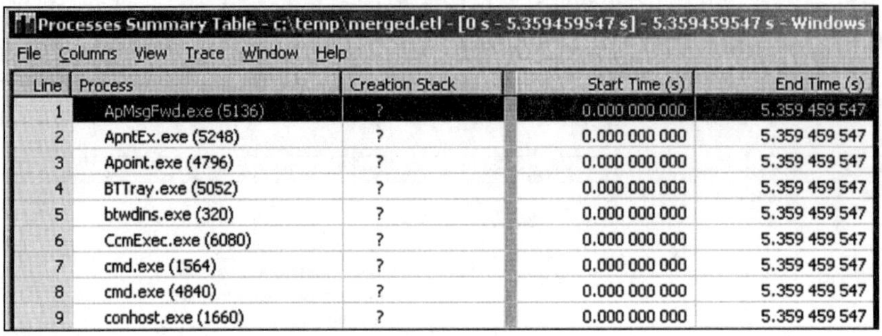

Line	Process	Creation Stack	Start Time (s)	End Time (s)
1	ApMsgFwd.exe (5136)	?	0.000 000 000	5.359 459 547
2	ApntEx.exe (5248)	?	0.000 000 000	5.359 459 547
3	Apoint.exe (4796)	?	0.000 000 000	5.359 459 547
4	BTTray.exe (5052)	?	0.000 000 000	5.359 459 547
5	btwdins.exe (320)	?	0.000 000 000	5.359 459 547
6	CcmExec.exe (6080)	?	0.000 000 000	5.359 459 547
7	cmd.exe (1564)	?	0.000 000 000	5.359 459 547
8	cmd.exe (4840)	?	0.000 000 000	5.359 459 547
9	conhost.exe (1660)	?	0.000 000 000	5.359 459 547

图 12-11 缺失的栈跟踪事件

通过下面的步骤可以找出在跟踪中缺失栈跟踪事件的原因。

- 确保在启动跟踪会话时请求目标提供者栈跟踪的捕获，也就是说，针对内核事件使用正确的 stack-walk 标志或者针对用户事件使用::: 'stack'后缀来请求栈跟踪的捕获。
- 在内核事件的情况下，确保在跟踪收集的过程中相关的内核标志也得到启用。如果指定一个 stack-walk 标志（如 SysCallExit），但是没有启用其对应的内核标志（如 SYSCALL），Xperf 不会发出警告，也不会产生错误。

如果确定这些缺失的栈在你的分析过程中是必需的，唯一的解决方案就是启用正确的标志并重新捕获一次跟踪。

诊断未解析的调用栈

该问题是在 Xperf 中处理栈跟踪问题时最常见的一种情况，并且它可能是由多种原因造成的。该问题常见的一种显示模式就是会看到帧被标记为“?!?”或“module!?”。例如，图 12-12 给出了这样的一个场景，造成该问题的原因是在调用包含栈跟踪事件汇总表之前在 Xperf 用户界面中没有首先启用符号查找这一功能。

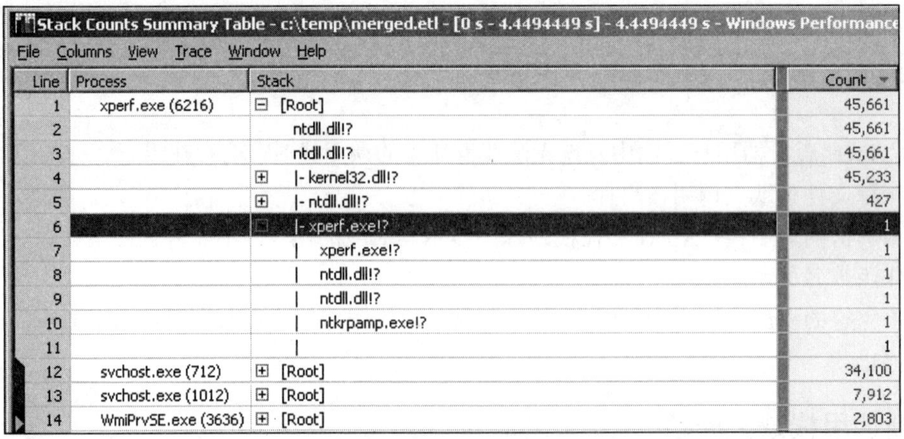

Line	Process	Stack	Count
1	xperf.exe (6216)	⊟ [Root]	45,661
2		ntdll.dll!?	45,661
3		ntdll.dll!?	45,661
4		⊞ |- kernel32.dll!?	45,233
5		⊞ |- ntdll.dll!?	427
6		⊟ |- xperf.exe!?	1
7		| xperf.exe!?	1
8		| ntdll.dll!?	1
9		| ntdll.dll!?	1
10		| ntkrpamp.exe!?	1
11		|	1
12	svchost.exe (712)	⊞ [Root]	34,100
13	svchost.exe (1012)	⊞ [Root]	7,912
14	WmiPrvSE.exe (3636)	⊞ [Root]	2,803

图 12-12 未解析的栈跟踪事件

12.3 理解 ETW 的 Stack-Walk 事件

通过下面的步骤将找出跟踪中帧没有正确映射到它们符号对应函数名称的原因。

- 在启动 Xperf 查看器之前确保正确设置_NT_SYMBOL_PATH 和_NT_SYMCACHE_PATH，或者直接在 Xperf 符号路径配置用户界面中进行确认。这个步骤可以使用脚本实现自动化，比如本书配套源代码包含的 view_trace.cmd 脚本。如果跟踪自己的代码，环境变量_NT_SYMBOL_PATH 除了包含微软公共符号服务器外，还应该明确包含你自己二进制文件的符号路径。

  如果这是问题的根本原因，你会看到帧显示为 module!?。但是这个问题很容易解决，因为你可以使用 Xperf 查看器来解决该问题，而不需要再次捕获一个新的跟踪。当然这里假设你能够使 Xperf 指向目标模块调用栈正确的符号文件。例如，xperf.exe 模块的符号没有包含在微软公共符号服务器中，即使你的符号路径设置正确，它的帧仍然会显示为 xperf.exe!?。

- 同样，验证你在 Xperf 查看器用户界面中选择加载符号（Load Symbols）快捷菜单选项启用符号查找。

  如果错过了这一步，会再次看到显示为 module!?的帧，这个问题可以很容易地在用户界面中纠正，而不需要重新启动 Xperf 查看器。

- 确保在启动跟踪捕获会话时启用 PROC_THREAD 和 LOADER 内核标志，即使收集用户事件也要启用这些标志。最好使用一个封装好的脚本（如本书配套源代码提供的 start_kernel_trace.cmd 和 start_user_trace.cmd 脚本）自动为你执行跟踪会话的启动和停止。如果错过了这一步，栈跟踪事件的帧都会显示为?!?，因为 Xperf 没有所需要的信息来解析跟踪文件的模块。要解决这个问题，需要重新捕获该场景的一个新的跟踪。

- 接下来就要检查跟踪会话事件中是否合并了执行 ETW 跟踪捕获目标机器的内核纲要信息（通过使用 Xperf 的-d 命令行选项），同样，使用辅助脚本是一个好主意，当停止 ETW 跟踪会话时该脚本会自动执行这些操作。

  如果没有这些内核纲要信息，符号解析不会在 Xperf 中工作，并且最终会出现关于模块信息未解决的帧（帧显示为 module!?），但是没有函数名称。要解决这个问题，需要重新捕获该场景的一个新的跟踪。

- 最后，Windows 7 版本的 Xperf 无法解析动态生成的.NET 托管代码的帧（它显示为 module!?），即使有这些.NET 模块正确的符号。在 64 位的 Windows 7 中，这个情况会变得更糟，因为当存在 x64 的托管模块时，调用栈会停在第一个 64 位的托管帧，阻止你获取托管帧之上的本地帧。这种情况下可以把栈上的未解决符号移动到不完整的栈中。

诊断不完整的调用栈

当使用 ETW stack-walk 事件时另一个常见的问题是：在捕获它们的所有帧之前，调用栈过早地停止。这通常发生在操作系统中的 ETW 代码跟踪收集的过程中，进入记录所有调用点的栈之前发生失败。图 12-13 显示了 64 位操作系统中出现的这一问题，其原因为采样分析内核跟踪没有设置 DisablePagingExecutive 的值为 1。特别要注意的是，在这个调用栈中，ntdll!ZwMapViewOfSection 帧从未显示调用 nt!NtMapViewOfSection，这表明是一个不完整的内核栈场景。

因为 32 位（x86）和 64 位（x64）不同版本的 Windows 系统执行栈审查的方法不同，所以导致这种情况的根本原因也各不相同。

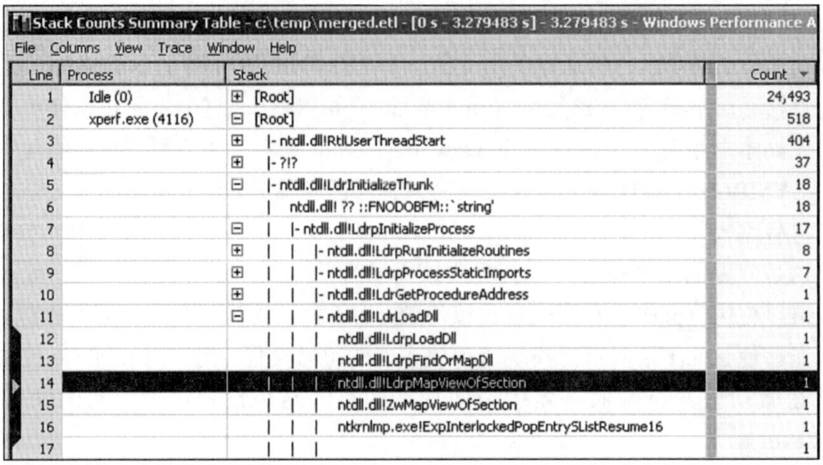

图 12-13　不完整的栈跟踪事件

32 位（x86）Windows 系统上的不完整调用栈

在 x86 Windows 系统中，操作系统从相关的记录事件调用点向后审查，并使用帧指针链保存栈来实现调用栈的重构。其中，用户态和内核态栈的日志记录线程都采用这种方法。这个方案在以下情况下会遇到问题，也就是当帧指针没有保存在栈中——这个优化称为帧指针省略（Frame Pointer Omission，FPO）。

当为函数的调用栈启用 FPO 后，会看到不完整的 ETW 栈跟踪。解决这个问题的方法就是在你的工程中确保禁用 FPO（在 C++中使用/Oy - 编译器选项）。幸运的是，当使用 Visual Studio 编译代码时，FPO 是默认禁用。现在内存为 GHz 级别的 CPU 非常常见，该优化获得的性能提升（不到 2%，通常远小于这个值）远没有它们引入的调试和跟踪问题影响大。

> **帧指针省略的优化历史**
>
> 在 x86 上，一个典型函数开头如下：保存指向当前函数帧开始位置的指针（在每个函数的开始处由栈指针寄存器保存）到一个特殊的 ebp 寄存器中，从而本地变量可以很容易地在函数反汇编代码中基于这个基本位置通过相对偏移来引用。
>
> ```
> 00fd1407 55 push ebp
> 00fd1408 8bec mov ebp,esp
> ```
>
> 在早期的 x86 中，寄存器的数量是有限的。因此，编译器工程师想出了一个精心设计的优化。其中，ebp 寄存器不用于保存每个函数的开始栈位置，本地变量通过当前的栈指针位置(ESP）的偏移直接引用。通过这种优化释放了 EBP 寄存器，使其可以用于函数中的其他用途。然而这样做会丢失一个非常有用的功能。因为这将不再很容易地通过寻找和栈指针相关的返回地址来遍历调用栈上的函数。因为这条链在二进制本身地址空间不再是现成的。这条调用链的信息被移到二进制的符号文件中（PDB），以便调试程序可以从那里访问它。
>
> 现在所有的 Windows 源代码在编译时都没有使用这个优化，所以这个问题不会影响你在 Xperf 中查看系统组件的栈跟踪。不幸的是，仍有第三方驱动程序和应用程序使用 FPO 优化进行编译，所以有时候在 ETW 跟踪中可能会遇到这些帧破坏的栈。

64 位（x64）Windows 系统上的不完整调用栈

在 64 位 Windows 系统中，栈审查实现不同于 x86 Windows 系统，因为用于审查调用链的元数据保存在栈的外部。这就引入了另一个问题：当 ETW 试图构建日志记录线程内核态调用栈时，相应的元数据有时可能需要从磁盘调入内存页面中。在一个 ETW 记录的提升的中断请求级别（Interrupt Request Level，IRQL）的情况下，如采样分析事件，从磁盘到内存的分页是不允许的。因此，在这种情况下，内核部分的栈是不能遍历的。

64 位 Windows 系统不完整栈的另一个场景发生在调用栈中存在 .NET 调用帧。构建 ETW 栈跟踪的 Windows 7 内核代码不会处理 64 位实时编译器动态产生的代码。可以通过各自的症状很容易地分辨出这两种场景。

- 如果栈在内核一侧破坏，解决的方法是设置 DisablePagingExecutive 注册表值为 1 并重新启动。然后需要重新捕获一个新的跟踪。请注意，这个设置仅影响内核态事件的栈审查。用户态事件不会受到影响，内核提供者栈跟踪事件的用户态调用帧也不会受到影响。如果你遇到这种情况，并确定真的需要看到包括内核态帧在内的完整的栈，可以设置这个注册表项的值为 reactively，具体如下面的命令所示。

    ```
    reg add "HKLM\System\CurrentControlSet\Control\Session Manager\Memory Management"
    -v DisablePagingExecutive -d 0x1 -t REG_DWORD -f
    ```

    这是在 x64 Windows 系统上实施跟踪实验时通常采用的方法，尤其是当调试一个现场场景又不想重启机器时。需要注意的是，64 位 Windows 系统中，当 Xperf 检测到启动一个内核 stack-walk 标志的会话并且这个注册表值没有设置时，它会显示一个警告。但是你可以忽略这个警告，就像第 11 章中实施的 notepad.exe CPU 分析实验一样。其中，采样分析事件和内核部分没有多大关系，因为在那种情况下 CPU 的消耗是在用户态一侧。
    在完成跟踪收集后，即使你不关心它对内存的影响，恢复这个注册表键值为默认值（启用分页）也是一个好主意。尤其是当你使用这个机器开发和测试驱动程序时，因为禁用分页执行会掩盖内核态开发严重的错误。

- 当调用栈包含 64 位 .NET 模块代码时，ETW 栈跟踪会停在用户态下第一个托管代码帧，并且不会再显示任何更深一层的帧（即使是本地的帧）。可以通过重新编译 .NET 应用程序为 32 位平台的相关微软中间语言（Microsoft Intermediate Language，MSIL）应用程序来解决这个错误，并在 64 位操作系统目标上使用这个版本。幸运的是，这个问题已在 Windows 8 系统得到解决，Windows 8 系统通过改变内核的 ETW 框架使其识别 64 位 JIT 帧，并且可以遍历它们而不会出现问题。

12.4 在你的代码中添加 ETW 记录

本节进一步介绍 ETW 事件的架构和开发者添加自定义 ETW 检测到用户态应用程序所需的 Windows 公开的 Win32 API。

12.4.1 ETW 事件剖析

一个 ETW 事件由一个描述符头和其后的一系列大小可变的数据描述符数组组成。这些数据描述符是可选的，并且代表和用户事件模板有所不同的用户自定义载荷。这些载荷的一个例子就是一个日志消息字符串或整数属性值。Windows 软件开发工具包（SDK）中的 evntprov.h 头文件包含了这两个数据结构的定义。

```
//
// C:\DDK\7600.16385.1\inc>evntprov.h
//
typedef struct _EVENT_DESCRIPTOR {
    USHORT      Id;
    UCHAR       Version;
    UCHAR       Channel;
    UCHAR       Level;
    UCHAR       Opcode;
    USHORT      Task;
    ULONGLONG   Keyword;
} EVENT_DESCRIPTOR, *PEVENT_DESCRIPTOR;

typedef struct _EVENT_DATA_DESCRIPTOR {
    ULONGLONG   Ptr;          // Pointer to data
    ULONG       Size;         // Size of data in bytes
    ULONG       Reserved;
} EVENT_DATA_DESCRIPTOR, *PEVENT_DATA_DESCRIPTOR;
```

除了这些用户定义的字段，ETW 框架还自动添加了一些标准字段到记录的每个事件中。特别是，当前时间戳（当使用默认性能计数器的解决方案时显示为纳秒）、当前的处理器个数、进程和线程 ID（PID 和 TID）会被自动地添加到每个事件中。

记录的每一个 ETW 事件需要事件描述符头，其字段应该得到更多的解释。ID 和版本字段唯一地标识用户提供者事件的类型，而其他字段（通道、级别、任务、操作码和关键字）主要是为了针对同一个提供者记录的事件提供更细粒度的组织。这些字段的意义在表 12-4 中进行了详细描述。

表 12-4　　　　　　　　　　　ETW 事件描述符头字段

字段	描述	备注
Id	提供者事件的 16 位整数标识符字段	版本和 ID 字段唯一标识提供者的 ETW 事件类型
Version	事件版本字段，为 8 位整数标识符	版本和 ID 字段唯一标识提供者的 ETW 事件类型
Channel	事件所适用的通道，定义 ETW 事件应该输送事件的记录位置	在分析中基于目标观众事件启用的过滤器。系统、应用程序和安全性是内置的通道，这些通道无法删除
Task	标识负责抛出事件的子组件	在分析中基于提供者逻辑组件启用的过滤器。同一个用户提供者可以定义多个任务

字段	描述	备注
Opcode	当事件产生时应用程序执行活动(或一个阶段的活动)的数字标识符	在分析中基于特定子操作启用的过滤器。ETW 框架定义一些标准操作码，包括代表活动开始和结束的操作码
Level	表示事件的严重性	在分析中启用过滤器，也在跟踪收集中启用。ETW 框架定义一些标准的值，包括错误、警告和信息级别的值
Keyword	64 位的位掩码值，用于将类似事件分组	在分析中启用过滤器，也在跟踪收集中启用

如表 12-4 描述的那样，通道、任务、操作码、级别和关键字都用于帮助产生一个结构化层次结构的记录事件。所有的这些字段在跟踪分析的时候可以用于过滤，只有级别和关键字在捕获跟踪的时候可用于过滤，从而产生尽可能小的跟踪文件。Xperf 支持此功能，当在每个用户提供者中启用时允许你提供级别过滤器、关键字过滤器或者同时使用这两个过滤器。启用用户提供者过滤器的完整语法可概括如下。

```
-on ProviderName:Keyword:Level:'stack|[,]sid|[,]tsid'
Example: -on Microsoft-Windows-TCPIP:0x0001000000000000:0x4:'stack'
```

这也充分解释了本章之前为用户提供者事件启用 stack-walk 捕获所使用的神秘:::'stack'语法。在这种情况下，因为级别和关键字标志为空，由于没有额外的过滤，用户提供者的所有事件都发送到跟踪中。该语法还允许你选择请求 ETW 注入日志记录线程的安全标识符（Security Identifier，SID）和终端会话 ID（Terminal Session ID，TSID）到你启用的用户提供者的每个事件载荷中，有时候这些信息在排查访问检查错误故障或者在区分多个用户会话记录事件的情况下是有用的。

> **注意**：当你在一个 ETW 跟踪会话中启用一个用户提供者时，如果也需要捕获该提供者所有事件的栈跟踪，需要你在这个时候决定。ETW 目前不支持同一个会话中用户提供者事件子集的栈跟踪的收集。但是，你可以通过使用关键字过滤器解决这个限制。当你编写检测清单时，首先需要通过关键字位掩码来隔离事件的两个子集。当使用 Xperf 启动跟踪时，需要创建两个用户会话：一个用于启用应该有相关栈跟踪（通过关键字过滤）的用户提供者事件子集，另一个会话用于不应有任何的（同样通过关键字过滤）上述用户提供者事件的其他子集。

下面一个自然的问题就是如何发现用户提供者中这些关键字位掩码的含义，而无需返回到目标二进制 XML 检测清单中进行查看，其中它被存储为一个编译的资源。Xperf 没有命令可以帮助你做到这一点，但 Logman.exe 工具可以。它可以允许你查询每个用户提供者的这些信息，具体如下所示。

```
logman.exe query providers Microsoft-Windows-RPC
Provider                                                    GUID
-------------------------------------------------------------------------------
Microsoft-Windows-RPC                           {6AD52B32-D609-4BE9-AE07-CE8DAE937E39}
```

```
Value                    Keyword                              Description
--------------------------------------------------------------------------------
0x8000000000000000       Microsoft-Windows-RPC/EEInfo         EEInfo
0x4000000000000000       Microsoft-Windows-RPC/Debug          Debug


Value                    Level                                Description
--------------------------------------------------------------------------------
0x02                     win:Error                            Error
0x04                     win:Informational                    Information
0x05                     win:Verbose                          Verbose
```

然后你可以使用这些信息启动一个只有关键字或级别标志子集的会话，具体如下面的清单所示。其中只有 RPC 用户提供者事件的信息被记录，并且注入调试关键字到 ETW 跟踪会话中。

```
C:\book\code\common\scripts>start_user_trace.cmd -kf Base -up
"Microsoft-Windows-RPC:0x4000000000000000:4:'stack,sid,tsid'"
INFO: Invoking xperf to start the kernel and user sessions...
CmdLine: (xperf.exe -on PROC_THREAD+LOADER+Base
-start UserSession -on "Microsoft-Windows-RPC:0x4000000000000000:4:'stack,sid,tsid'")

C:\book\code\common\scripts>stop_user_trace.cmd
INFO: Invoking xperf to stop the kernel and user sessions...
CmdLine: (xperf.exe -stop -stop UserSession -d c:\temp\merged.etl)
```

> **使用 Xperf 转储原始的 ETW 事件**
>
> Xperf 支持多种操作（使用 -a 命令行选项调用）允许开发者处理 ETW 跟踪文件，并从中提取有用的信息。在上一章中你已经看到了一个这样的操作，其中，symcache 操作用于处理跟踪文件的模块并缓存它们的符号到本地。另一个有用的 Xperf 操作是 dumper 操作，它解析一个跟踪文件并输出其所包含的 ETW 事件到一个逗号分隔（Comma Separated Value, CSV）文本文件中，这里的事件以它们各自的时间戳按时间顺序排序。这有时会使你更有效地搜索已知模式的事件，但是如果你只是想简单地查看事件的原始格式，它同样是有用的。本书配套源代码中包含一个帮助脚本用于实现自动执行 Xperf 的关于这个功能的命令。
>
> ```
> C:\book\code\common\scripts>dump_trace_to_csv.cmd
> ...
> INFO: Invoking xperf to dump trace file to text...
> CmdLine: (xperf -i c:\temp\merged.etl -o c:\temp\merged.txt -symbols -a dumper)
> ```
>
> 通过这种转换方式产生的文本文件通常相当大，尤其当跟踪中包含 stack-walk 信息时，所以使用 notepad.exe 将无法高效地进行搜索。这时候需要一个更擅长分析和查看大型文件的查看器。其中有一个查看器叫作 Large Text File Viewer。图 12-14 显示了这个查看器加载上一步通过 dumper 操作生成的文本文件。
>
> ```
> LTFViewr5u.exe c:\temp\merged.txt
> ```

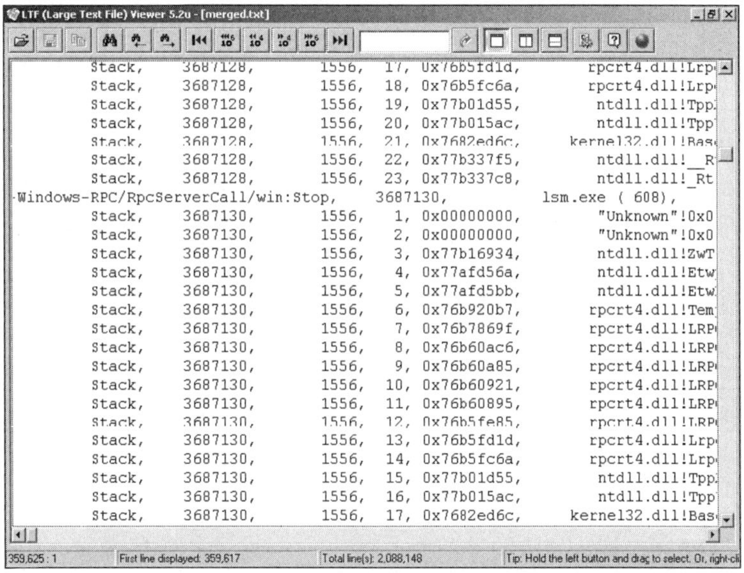

图 12-14 使用 Large Text File Viewer 查看原始 ETW 事件

当你完成这个实验后,如果不再需要这个文本文件要记得从硬盘中删除它。

```
C:\book\code\common\scripts>del c:\temp\merged.txt
```

12.4.2 使用 ETW Win32 API 记录事件

性能调查一个常见的需求就是测量一个特定任务执行所消耗的时间。正如前一章介绍的那样,操作系统现有的 ETW 采样分析检测不能帮你做到这一点(因为这是一个统计方法)。但是你可以在你的代码中添加明显的开始和结束事件来实现这个需求。因为这是一个常见的场景,事实上 ETW 具有内置的操作码来实际描述这些开始点和结束点。

事实证明,你甚至都不需要这两个事件的自定义载荷,因为 ETW 框架已经包含每个记录事件的时间戳信息。这也意味着你不需要定义一个事件的模板或者建立一个检测清单来在 Xperf 中查看这些事件的载荷。下面提供一个实际的例子进行说明。这个程序记录 ETW 事件开始和结束测量它的主例程所消耗的时间。用于这个事件对的 ETW 提供者 GUID 是随机生成的,这在后面启用 Xperf 用户提供者的时候会使用。

```
//
// C:\book\code\chapter_12\LoggingApp>main.cpp
//

//
// ETW Provider GUID (use uuidgen.exe from the Windows 7 SDK, for example, to
// generate a random value, or simply use this one)
// GUID_AppEtwProvider = 35f7872e-9b6d-4a9b-a674-66f1edd66d5c
//
const GUID GUID_AppEtwProvider =
{ 0x35f7872e, 0x9b6d, 0x4a9b, { 0xa6, 0x74, 0x66, 0xf1, 0xed, 0xd6, 0x6d, 0x5c } };
```

```cpp
class CMainApp
{
private:
    static
    VOID
    LogEvent(
        __in USHORT EventId,
        __in UCHAR Opcode,
        __in UCHAR Level,
        __in ULONGLONG Keyword,
        __in USHORT Task
        )
    {
        EVENT_DESCRIPTOR eventDesc = {0};
        eventDesc.Id = EventId;
        eventDesc.Version = 1;
        eventDesc.Task = Task;
        eventDesc.Opcode = Opcode;
        eventDesc.Level = Level;
        eventDesc.Keyword = Keyword;

        g_AppEtwProvider.Write(eventDesc);
    }

public:
    static
    HRESULT
    MainHR()
    {
        ChkProlog();

        LogEvent(1, WINEVENT_OPCODE_START,
            WINEVENT_LEVEL_INFO, WINEVT_KEYWORD_ANY, WINEVENT_TASK_NONE);

        Sleep(5000);

        LogEvent(2, WINEVENT_OPCODE_STOP,
            WINEVENT_LEVEL_INFO, WINEVT_KEYWORD_ANY, WINEVENT_TASK_NONE);
        ChkNoCleanup();
    }
private:
    static CEtwProvider g_AppEtwProvider;
};

CEtwProvider
CMainApp::g_AppEtwProvider(GUID_AppEtwProvider);

//
// C:\book\code\chapter_12\LoggingApp>etwtrace.h
//
class CEtwProvider
{
    CEtwProvider(
        __in REFGUID ProviderId
        )
```

```
        {
            (VOID) Register(ProviderId);
        }

        HRESULT
        Register(
            __in REFGUID ProviderId
            )
        {
            Unregister();
            return HRESULT_FROM_WIN32(
                EventRegister(&ProviderId, 0, 0, &m_hProviderHandle));
        }

        COREDEFS_INLINE
        VOID
        Write(
            __in const EVENT_DESCRIPTOR& eventDesc
            )
        {
            (VOID) EventWrite(m_hProviderHandle, &eventDesc, 0, NULL);
        }
...
        REGHANDLE m_hProviderHandle;
    };
```

表 12-5 总结了上述源码中用于记录 ETW 事件的主要 Win32 API。其中，用户态进程使用 EventRegister API 从 GUID 表示的用户提供者记录事件，它给出了内核知识的 ETW 代码，这些主要是当前注册到每个正在运行进程的用户提供者的完整列表。反过来，一旦它在一个新的跟踪会话中得到启用，就允许 ETW 动态启用进程的跟踪，可以使用已经注册的用户提供者而不需要任何进程重新启动。

表 12-5　　ETW 用户态基本的 Win32 API

Win32 API（advapi32.dll）	描述
EventRegister	在进程中注册一个提供者 GUID。这个函数必须在记录用户提供者事件之前调用，因为该函数返回的句柄在写那些事件的时候需要
EventUnregister	从进程中注销用户提供者
EventEnabled	确定在 ETW 会话中启用一个事件。此 API 的调用是可选的，并且可以由应用程序使用，以绕过无须为考虑之中的事件调用 EventWrite 所做的更多工作
EventWrite	记录 ETW 事件。这个 API 使用注册提供者（EventRegister）函数调用所获得的句柄、事件描述符头结构和一个可选的数据描述符列表（代表自定义的用户载荷），只有当使用 ETW 控制器独立启用目标提供者时，才会产生真实的事件

要在 Xperf 中查看之前的开始/结束事件对，可以启动一个用户会话并启用上述 C++ 应用程序使用的自定义提供者的 GUID，如下面的命令所示。

```
C:\book\code\common\scripts>start_user_trace.cmd -kf Base -up
35f7872e-9b6d-4a9b-a674-66f1edd66d5c
INFO: Invoking xperf to start the kernel and user sessions...
CmdLine: (xperf.exe -on PROC_THREAD+LOADER+Base
-start UserSession -on 35f7872e-9b6d-4a9b-a674-66f1edd66d5c)
```

启动这个会话后，运行测试程序并等待它退出。这时候应该会在应用程序中的主例程周围记录开始和结束事件。一旦程序退出，就停止并合并用户和内核跟踪会话，具体如下面的命令所示。

```
C:\book\code\chapter_12\LoggingApp\objfre_win7_x86\i386\LoggingApp.exe
Success.

C:\book\code\common\scripts>stop_user_trace.cmd
INFO: Invoking xperf to stop the kernel and user sessions...
CmdLine: (xperf.exe -stop -stop UserSession -d c:\temp\merged.etl)
```

在 Xperf 查看器用户界面中，上述两个自定义事件将被列在 Generic Events 图形中，如图 12-15 所示，该图显示了 Generic Events 图形的汇总表。请注意，ETW 事件的开始和结束分别记录为相对于跟踪会话开始的 3.47 秒和 8.47 秒，正好是 5 秒的时间间隔。这是你所期望的，因为你要测量消耗的所有函数就是 sleep 函数调用，这个函数实现的功能就是持续 5 秒。

```
C:\book\code\common\scripts>view_trace.cmd
...
INFO: Invoking xperf to view the trace...
CmdLine: (xperf.exe c:\temp\merged.etl)
```

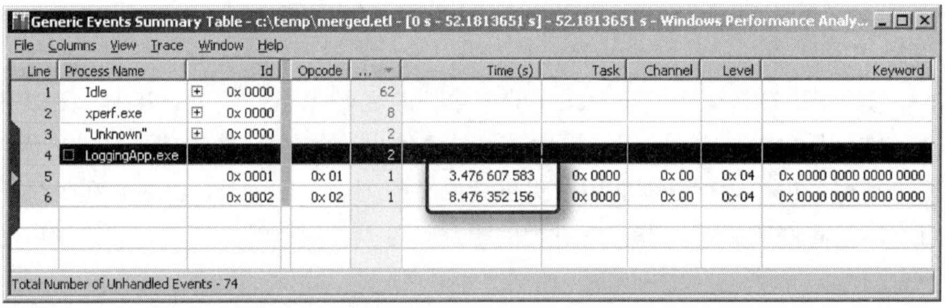

图 12-15 明确的 ETW 开始和结束事件的时间戳

请注意，在一个更完整的解决方案中，这些事件对可能需要记录多个例程，这就需要使用任务字段来识别会话中记录的开始和结束 ETW 事件对所对应的确切操作。还可以定义一个自定义事件载荷作为检测清单的一部分，从而可以更容易地区分事件对。MSDN 网站有关于如何构建和安装一个具有自定义检测清单的用户提供者的更多信息。

12.5　在 ETW 中跟踪引导过程

Xperf 作为一个相当不错的交互式 ETW 控制器允许通过命令行启用和禁用会话和提供者。但是当你对跟踪运行在引导过程早期的活动代码感兴趣的时候，在机器启动时需要以不同的方式来实现自动跟踪。幸运的是，ETW 本身就支持引导时的跟踪，并且允许你在引导时通过预定义的系统注册表指定你想启用的会话和提供者。在每次启动过程中，内核的 ETW 代码会枚举这些注册表项，并自动地启动请求的会话和提供者。

当操作系统启动的时候，内核中的 ETW 框架会咨询两个注册表项。第一个是 GlobalLogger 注册表项，这个主要用于自动启动特殊的 NT 内核日志记录会话，并在系统启动时启用内核态提供者产生的事件。第二个为 AutoLogger 注册项下多层次的键值，可以用于在系统启动时开启附加的会话，并且启用用户提供者生成的事件到这些会话中。这两种机制的组合（全局会话和自动记录会话）允许你在系统引导过程中捕获任何内核或者用户提供者的事件，就如同使用 Xperf 命令行的 ETW 控制选项进行操作一样。一旦引导完成并进入交互式桌面中后，剩余的步骤就和常规的跟踪场景类似，你可以选择在任何时间停止引导跟踪会话，并且使用 Xperf 合并这些事件并插入内核纲要信息，最终的引导跟踪文件生成后，你可以像往常一样使用 Xperf 查看器的用户界面进行分析。

12.5.1 在引导过程中记录内核提供者事件

安全地编辑上述所提到的 GlobalLogger 注册表项的值，并在引导过程中捕获内核提供者事件的一种方法就是使用 Xperf 工具中方便的 –BootTrace 选项实现。现在给出一个实际的例子，这里将使用 ETW 跟踪引导来列出 Windows 7 引导过程中启动的所有进程。请注意，和第 7 章使用的解决方案相比，这是解决这个问题更自然的方式。第 7 章主要使用 nt!PspInsertProcess 断点来记录进程名称到调试器中。不久你还会看到，本节中描述的方法甚至允许你回答更多类似的问题，比如发现在用户登录时自动启动的所有应用程序列表（主要是 Run 和 RunOnce 注册表项下的自动启应用程序）。

本书配套源代码中包含另一个辅助脚本，方便地封装启动 Xperf 跟踪引导的功能。你还可以启用 ProcessCreate stack-walking 标志，以便跟踪过程中还可以记录每一个新进程的创建调用栈。具体配置如下面的命令所示，这个命令需要在提升到管理员权限的命令提示符下执行。

```
C:\book\code\common\scripts>edit_global_logger.cmd -kf Base -ks ProcessCreate
INFO: Invoking xperf to edit the global logger settings...
CmdLine: (xperf.exe -boottrace PROC_THREAD+LOADER+Base -stackwalk ProcessCreate)
```

还可以使用不同的内核标记和 stack-walking 选项来运行这个脚本，并且可以查看这些操作是如何体现在 GlobalLogger 注册表项下对应的值中的。针对上面的命令，这些数值如图 12-16 所示。

`[HKEY_LOCAL_MACHINE\SYSTEM\CurrentControlSet\Control\WMI\GlobalLogger]`

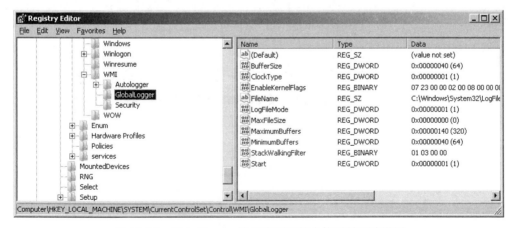

图 12-16　GlobalLogger 注册表项下的内核引导跟踪设置

在这个时候，可以重新启动机器。当登录重新启动的系统后，会发现这个特殊的 NT 内核日志记录会话正在运行。像往常一样，可以在提升到管理员权限的命令提示符下停止这个跟踪会话，并添加内核纲要信息来合并这些事件。

```
---- After reboot ----
C:\book\code\common\scripts>stop_kernel_trace.cmd
INFO: Invoking xperf to stop the session...
CmdLine: (xperf.exe -stop -d c:\temp\merged.etl)
```

现在，可以在 Xperf 查看器用户界面中查看这个合并的跟踪文件。从系统引导过程开始到停止这个跟踪会话期间，所有启动的进程列表都可以很容易地在 Process Lifetimes 图形的进程汇总表中查看，如图 12-17 所示。

```
C:\book\code\common\scripts>view_trace.cmd
...
INFO: Invoking xperf to view the trace...
CmdLine: (xperf.exe c:\temp\merged.etl)
```

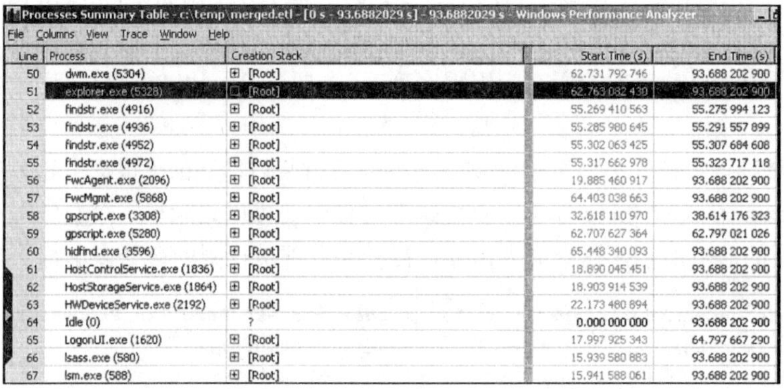
Processes Summary Table - c:\temp\merged.etl - [0 s - 93.6882029 s] - 93.6882029 s - Windows Performance Analyzer

File Columns View Trace Window Help

Line	Process	Creation Stack	Start Time (s)	End Time (s)
50	dwm.exe (5304)	⊞ [Root]	62.731 792 746	93.688 202 900
51	explorer.exe (5328)	□ [Root]	62.763 082 430	93.688 202 900
52	findstr.exe (4916)	⊞ [Root]	55.269 410 563	55.275 994 123
53	findstr.exe (4936)	⊞ [Root]	55.285 980 645	55.291 557 899
54	findstr.exe (4952)	⊞ [Root]	55.302 063 425	55.307 684 608
55	findstr.exe (4972)	⊞ [Root]	55.317 662 978	55.323 717 118
56	FwcAgent.exe (2096)	⊞ [Root]	19.885 460 917	93.688 202 900
57	FwcMgmt.exe (5868)	⊞ [Root]	64.403 038 663	93.688 202 900
58	gpscript.exe (3308)	⊞ [Root]	32.618 110 970	38.614 176 323
59	gpscript.exe (5280)	⊞ [Root]	62.707 627 364	62.797 021 026
60	hidfind.exe (3596)	⊞ [Root]	65.448 340 093	93.688 202 900
61	HostControlService.exe (1836)	⊞ [Root]	18.890 045 451	93.688 202 900
62	HostStorageService.exe (1864)	⊞ [Root]	18.903 914 539	93.688 202 900
63	HWDeviceService.exe (2192)	⊞ [Root]	22.173 480 894	93.688 202 900
64	Idle (0)	?	0.000 000 000	93.688 202 900
65	LogonUI.exe (1620)	⊞ [Root]	17.997 925 343	64.797 667 290
66	lsass.exe (580)	⊞ [Root]	15.939 580 883	93.688 202 900
67	lsm.exe (588)	⊞ [Root]	15.941 588 061	93.688 202 900

图 12-17 引导跟踪的进程汇总表

还可以对引导跟踪中的数据进行分组，从而可以从中提取其他有用的信息，如在用户登录的时候，由 explorer.exe 进程自动启动的所有注册表项 Run（和 RunOnce）下的应用程序。要做到这一点，可以添加 Parent Process ID 列到进程汇总表视图中，这样从之前的汇总表视图中可以获取 explorer.exe PID 下所有的子进程。由于之前在内核引导跟踪中包括了 ProcessCreate 的 stack-walking 选项，通过使用 Creation Stack 列，你甚至还可以看到所有启动的应用程序创建的调用栈，如图 12-18 所示。

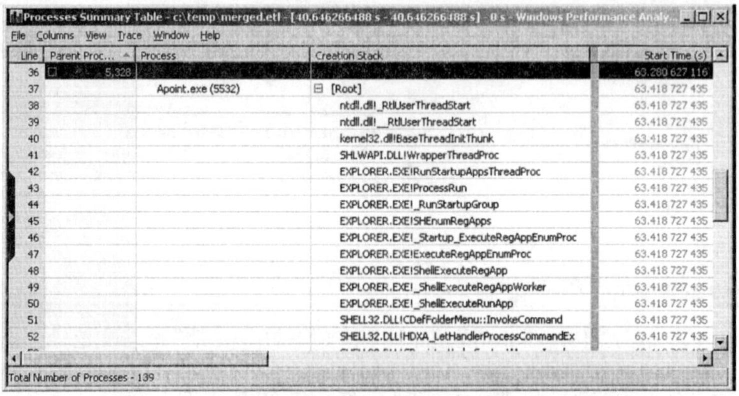
Processes Summary Table - c:\temp\merged.etl - [40.646266488 s - 40.646266488 s] - 0 s - Windows Performance Analy...

File Columns View Trace Window Help

Line	Parent Proc...	Process	Creation Stack	Start Time (s)
36	□ 5,328			63.280 627 116
37		Apoint.exe (5532)	⊟ [Root]	63.418 727 435
38			ntdll.dll!_RtlUserThreadStart	63.418 727 435
39			ntdll.dll!__RtlUserThreadStart	63.418 727 435
40			kernel32.dll!BaseThreadInitThunk	63.418 727 435
41			SHLWAPI.DLL!WrapperThreadProc	63.418 727 435
42			EXPLORER.EXE!RunStartupAppsThreadProc	63.418 727 435
43			EXPLORER.EXE!ProcessRun	63.418 727 435
44			EXPLORER.EXE!_RunStartupGroup	63.418 727 435
45			EXPLORER.EXE!SHEnumRegApps	63.418 727 435
46			EXPLORER.EXE!_Startup_ExecuteRegAppEnumProc	63.418 727 435
47			EXPLORER.EXE!ExecuteRegAppEnumProc	63.418 727 435
48			EXPLORER.EXE!ShellExecuteRegApp	63.418 727 435
49			EXPLORER.EXE!_ShellExecuteRegAppWorker	63.418 727 435
50			EXPLORER.EXE!_ShellExecuteRunApp	63.418 727 435
51			SHELL32.DLL!CDefFolderMenu::InvokeCommand	63.418 727 435
52			SHELL32.DLL!HDXA_LetHandlerProcessCommandEx	63.418 727 435

Total Number of Processes - 139

图 12-18 在用户登录时自动启动的应用程序清单

在这个实验结束后,别忘了删除 GlobalLogger 的注册表键,从而可以在你的机器以后的引导过程中禁用 ETW 跟踪,具体如下面的命令所示。

```
C:\book\code\common\scripts>edit_global_logger.cmd -disable
```

12.5.2 在引导过程中记录用户提供者事件

虽然在操作系统中添加用户提供者事件到你的引导跟踪中在概念上和添加内置 ETW 内核事件相似,但是在具体操作上却没有那么简单,因为 Xperf 不支持 AutoLogger 注册表项的编辑,该注册表项主要用于引导过程中 ETW 框架查询并决定启动哪些用户会话。本书配套源代码中包含一个帮助脚本,用来模仿 Xperf 的-boottrace 选项工作过程;并且在引导过程中,当你需要自动启用一个用户提供者的时候,帮助你编辑正确的注册表值。

为了说明如何使用这个脚本,下面的命令启用 Microsoft-Windows-Services 用户提供者。这个用户提供者正如其名字一样用于记录有关 NT 服务控制管理器(Service Control Manager,SCM)子系统进程(services.exe)的事件。这个脚本需要原始的用户提供者 GUID,例如你可以通过查看 xperf.exe - providers 命令的输出获得该 GUID。请注意,就像普通跟踪场景一样,在启用用户会话的时候,你同样需要启用 NT 内核日志记录会话。从而在跟踪生命周期中,你可以把用户事件与其他的重要内核事件关联起来(并且可以正确地解决用户调用栈的问题)。

```
C:\book\code\common\scripts>xperf.exe -providers
    0063715b-eeda-4007-9429-ad526f62696e   : Microsoft-Windows-Services
...
C:\book\code\common\scripts>edit_global_logger.cmd -kf Base
INFO: Invoking xperf to edit the global logger settings...
CmdLine: (xperf.exe -boottrace PROC_THREAD+LOADER+Base )

C:\book\code\common\scripts>edit_auto_logger.cmd -enable 0063715b-eeda-4007-9429-ad526f62696e
-stack
```

请注意,如果需要启用多个用户提供者,也可以多次运行 edit_auto_logger.cmd 脚本。在这个实验中,只启用了一个用户提供者。图 12-19 给出了运行上述脚本对 AutoLogger 注册表所产生的修改。

[HKEY_LOCAL_MACHINE\SYSTEM\CurrentControlSet\Control\WMI\AutoLogger\UserSession]

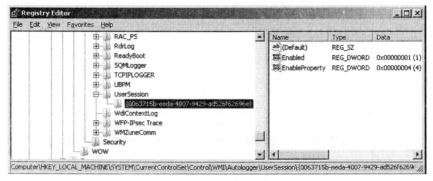

图 12-19 在 AutoLogger 注册表项下启用用户提供者

图 12-19 中给出的 EnableProperty 注册表值是一个位掩码,其中 0x4 表示是否应该为提供者产生的用户事件收集栈跟踪,你可以在 evntcons.h SDK 头文件中看到这个定义。

```
//
// C:\Program Files\Microsoft SDKs\Windows\v7.1\Include>evntcons.h
//
#define EVENT_ENABLE_PROPERTY_SID                0x00000001
#define EVENT_ENABLE_PROPERTY_TS_ID              0x00000002
#define EVENT_ENABLE_PROPERTY_STACK_TRACE        0x00000004
```

在重新启动计算机后，在 AutoLogger 键下启用的特殊的 NT 内核日志记录会话和用户记录会话应该在你登录系统并和桌面进行交互之前就运行了。你可以停止这两个会话，并附带内核纲要信息合并它们的事件，就像由 Xperf 命令行启动的常规用户会话一样。

```
C:\book\code\common\scripts>stop_user_trace.cmd
INFO: Invoking xperf to stop the kernel and user sessions...
CmdLine: (xperf.exe -stop -stop UserSession -d c:\temp\merged.etl)
```

Microsoft-Windows-Services 用户提供者的事件在 Xperf 查看器用户界面中有其专用的图形。这种情况下，该图包含了在机器引导过程中与 Windows 系统启动的服务相关的各种事件，如图 12-20 所示。

```
C:\book\code\common\scripts>view_trace.cmd
INFO: Invoking xperf to view the trace...
CmdLine: (xperf.exe c:\temp\merged.etl)
```

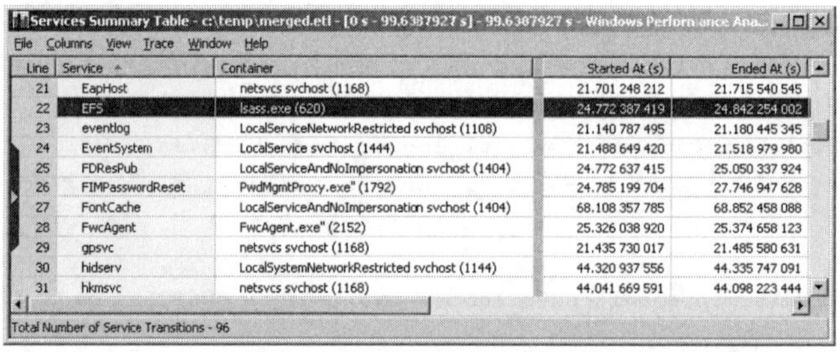

图 12-20　Xperf 查看器用户界面中的服务汇总表

上述提供者产生的用户事件调用栈也可以在 Xperf 的栈计数汇总表（Stack Counts Summary Table）中看到。你会发现，它们都是由 Services.exe SCM 进程记录的，如图 12-21 所示。

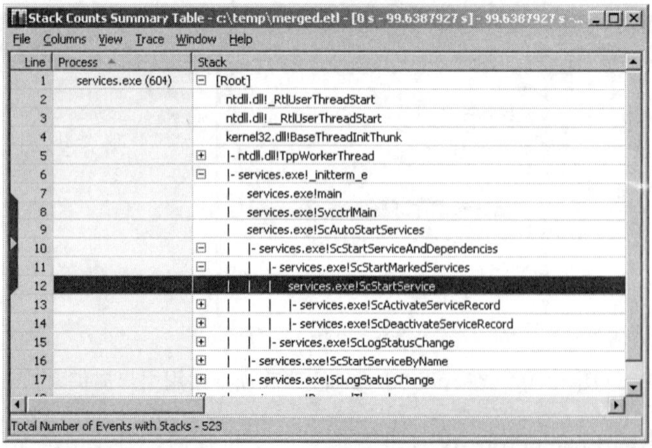

图 12-21　Microsoft-Windows-Services 用户提供者产生的 stack-walk 事件

一旦完成合并的跟踪文件的分析，确保从注册表中删除全局和自动记录器的设置，从而在以后的引导过程中不会再自动地启动它们，具体命令如下所示。

```
C:\book\code\common\scripts>edit_auto_logger.cmd -disable
C:\book\code\common\scripts>edit_global_logger.cmd -disable
```

12.6 小结

在本章中，你能够获得 Windows 操作系统中 ETW 如何工作和这些概念在 Xperf 工具中如何体现的实际见解。有了这个坚实的知识基础，你现在应该具有在具体分析和调查中充分利用 ETW 功能的必要的背景知识。

第 13 章将给出几个常见的学习案例，说明如何使用追踪技术来观察和解决程序的意外行为。在开始下一章之前，花费一点时间回顾本章学到的一些概念是很有用的。

- 会话是驱动 ETW 日志记录的主要引擎，并提供内核工作环境，使得用户态提供者和内核态提供者的组件都能够以非常低的性能开销来记录事件。
- ETW 事件有两种类型：内核事件和用户事件。操作系统核心内核的一部分组件记录内核事件，如进程子系统、线程调度和注册表配置管理器。其他的任何事件都称为用户事件（包括那些内核态驱动记录的事件）。
- 内核事件和用户事件对应不同的 ETW 会话：内核事件记录到一个称为 NT 内核日志记录的特殊会话中，而用户事件需要一个单独的用户定义会话。但是，Xperf 允许合并来自多个会话的事件。因此，尽管当开启会话并启用提供者时，理解这个需求是重要的，但是它并没有真正限制你使用同一个跟踪实验关联用户和内核事件。
- 内核提供者使用固定的标志来表示。另一方面，用户提供者则使用 GUID 和友好名称来表示。这些都是一个动态的集合，可以根据你计算机上安装的软件而改变。
- 你还可以为 ETW 检测自定义用户提供者。此外，还可以为 ETW 用户提供者提供和安装 XML 检测清单，从而可以允许如 Xperf 等查看工具识别事件中所使用的模板，如果它们碰巧携带非标准的字段。
- 许多内核事件类型在 Xperf 查看器中有专用的图形，用户提供者事件也是这样。Xperf 第一级别的图形没有处理的事件最终会在 Generic Events 图形中显示。这使得 Generic Events 图形特别重要，尤其是在自定义用户提供者的情况下。
- ETW 可以收集任何内核事件（Windows Vista 及其之后）或者用户事件（Windows 7 及其之后）的栈跟踪，在 Xperf 中采用不同的方法启用用户提供者和内核提供者所使用的 stack walking。当你在 Xperf 查看器中试图查看调用栈时，可能会遇到几个问题。但是本书给出了解决这些问题的一个好的开始点。
- ETW 框架本身就支持引导跟踪。当操作系统启动时，允许你自动地开启 NT 内核日志记录会话或者任何其他用户会话，从而能够在引导过程中跟踪并记录发生的事件。以同样的逻辑方式，你还可以进行其他互动的 ETW 跟踪调查。

第 13 章

常见的跟踪场景

本章内容

- 分析阻塞时间
- 分析内存使用
- 跟踪作为一个调试辅助
- 小结

本章将介绍一些实际的案例研究来说明跟踪作为调查技术在发现性能瓶颈的原因、研究系统内部机制和调试代码错误等方面的力量。在第 11 章组合使用 Windows 事件跟踪（Event Tracing for Windows，ETW）和 Xperf 来确定 notepad.exe 打开非常大的文件要冻结很长一段时间的原因时，你已经在实践中看到了它们的力量。在该例子中，使用操作系统（OS）的能力捕获 CPU 采样分析的 ETW 事件来追查性能瓶颈的调用位置。本章将介绍更多的场景来说明 ETW 检测在性能分析中的作用，首先以测量阻塞时间并构建意外线程长等待因果关系链这类相当常见的情况开始。

性能分析另一个值得关注的领域是内存的使用，因为一旦优化了 CPU 密集型的计算和 I/O 活动，它往往是导致延迟的下一个原因。尤其是在自动内存管理的执行环境中更是如此，如.NET 通用语言运行平台，其程序消耗的内存越多，CLR 最终就要做更多的工作来管理它。

本章最后给出了几个案例来说明如何使用跟踪作为一种高效、非侵入的调试技术，它既可以用来调试程序的错误，也可以用来探索系统内部机制。

13.1 分析阻塞时间

当你需要分析意想不到的性能延迟时，有两个问题必须考虑。如果观察到的问题与 CPU 活动有关，CPU 采样分析是足够的，可以使你追查到任何浪费处理器使用的热点（hot spots）。但是很多延迟并没有体现出高的 CPU 活动，而是执行停滞。这可能是由锁竞争（lock contention）、磁盘或者网络 I/O 瓶颈，以及其他线程间依赖的逻辑关系所导致的。

在本节中，你会看到处理这些调查的两种方法，并且它们都是基于操作系统的 ETW 和 CPU 调度检测的。本节展示的第一个工具是并行性能分析器（Parallel Performance Analyzer，PPA），该工具是 Visual Studio 2010 发布时引入的。就像 Xperf 一样，PPA 是 ETW 控制器和使用者，但它使用起来比较简单，不必直接处理会话和提供者。它的用户界面也比较容易学习，因为它非常适用于"阻塞时间"分析这一具体场景。最后，PPA 还可以显示.NET 调用栈，但 Xperf 不支持这项功能（至少在微软 Windows 7 的 SDK 版本中不支持）。

还可以使用 PPA 监视 Visual Studio 集成开发环境（IDE）之外构建的独立应用程序。但是 PPA 用户界面主要集中在应用程序本身和其直接执行的线程，尽管全局 ETW 会话在场景背后使用。这是 Visual Studio 中的一个有意识的（通用）设计决策，这样它的用户界面将会足够简单，以满足开发者社区广大用户的需求。相反，你可以使用 Xperf 查看器来观察应用程序边界之外会发生什么，并了解涉及到多个进程的线程间的依赖关系。为了说明这些优点和缺点，本节将使用以下微软 Visual Basic 脚本。

```
//
// C:\book\code\chapter_13\BlockedTime>RemoteWmi.vbs
//
Option Explicit

Dim objLocator, objServer

Set objLocator = CreateObject("WbemScripting.SWbemLocator")
Set objServer = objLocator.ConnectServer("MissingComputer", "\root\cimv2",
"UserName", "Password")
```

如果在拔掉网线之后运行这个脚本，你会发现在不到 1 秒的时间内就会显示执行失败信息。这是可以预想到的，因为该脚本试图和 Windows 管理规范（Windows Management Instrumentation，WMI）命名空间中不存在的机器连接。

C:\book\code\chapter_13\BlockedTime>cscript RemoteWmi.vbs
C:\book\code\chapter_13\BlockedTime\RemoteWmi.vbs(6, 1) SWbemLocator: The RPC server is unavailable.

但是当你在具有互联网连接的环境下运行这一相同的脚本时，你会看到它需要几秒才能显示前面的错误消息。本节剩余部分的目标就是要弄清楚这个延迟背后的原因。但是在这之前，你需要理解一些 Windows 线程和 CPU 调度相关的基本概念，同时也要意识到在这个空间可用的 ETW 检测。

13.1.1　ETW 的 CSwitch 和 ReadyThread 事件

Windows 上下文切换可以在一些条件下发生，并且会对应用程序线程产生直接和可测量的执行延迟，条件如下。
- 线程明确等待一个内核同步（调度）对象，比如事件、信号量或进程对象。
- 一个线程执行 I/O 请求并等待其完成。
- 线程的事件配额（quantum）到期并且操作系统决定安排另一个线程来代替它运行。

操作系统内核检测记录每一次线程切换到 CPU 核心（CPU core）上的 ETW 事件。这些事件使用 Xperf 中的上下文切换（CSWITCH）内核标志控制。当把这些 ETW 事件与捕获它们相关调用栈（使用 Xperf 中 CSwitch 的 stack-walk 选项）的能力连接在一起的时候，会得到一个在时间轴上跟踪会话期间每个 CPU 核心的完整调度序列图，如图 13-1 所示。需要注意的是，在这个图中，任何两个连续的线程之间没有因果关系，它完全是由操作系统调度以确定每个 CPU 核心下一次运行的线程。特别是，如图 13-1 所示，线程 T1 和线程 T0、T2、T5 在调度示例上没有关系。

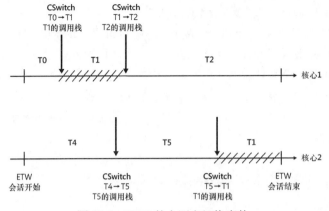

图 13-1　ETW 的上下文切换事件

上述时间轴是性能分析的一个宝库，因为它可以显示任何给定的线程在什么时候能运行它的代码。然而，上面的数据并没有表明每个线程阻塞时在等待什么，以及后面什么原因导致它被唤醒并准备再次运行。这些信息可以通过捕获第二种类型的事件来获取，这些事件是在 Windows 7 发布时间范围内增加的。可以通过使用 DISPATCHER 内核标志来开启这些事件，并且它们相关 ReadyThread 的 stack-walk 选项允许捕获处于就绪状态线程的调用栈，如图 13-2 所示。请注意在这个图形中，在线程发出信号并准备运行和它得以在 CPU 上运行之间存在一个时间间隔（由 ReadyTime 间隔表示）。这个时间跨度并不总是微不足道的。例如，当一个线程以低优先级运行，并且还与其他高优先级任务竞争 CPU 资源，操作系统调度程序可能不会立即调度线程运行，尽管它已经准备好运行了。

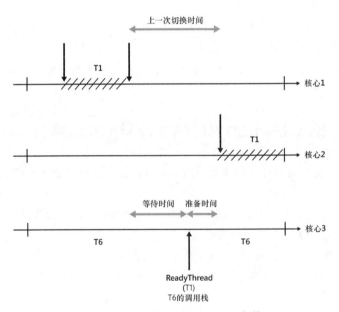

图 13-2　ETW 的 ReadyThread 事件

需要理解的重要一点就是多个线程可以同时处于就绪状态。此外，ReadyThread 事件只提供（尽管非常有价值）一部分图形，因为它们只捕获导致线程变为就绪（"可运行"）状态的最后一个事件。这意味着，如果一个线程在等待多个条件，只有最后一个条件会被 ReadyThread 事件捕获，虽然其他的条件也对线程长时间等待起重要的贡献。最后一个条件被认为是性能延迟的关键路径。如果线程间的依赖可以进行优化，下一个条件可能会出现在场景的下一个关键路径上。因此，优化的 CPU 等待经常涉及追踪。这些线程间的依赖关系，具体是通过一个迭代过程逐步缩短整个场景的关键路径。

13.1.2 使用 Visual Studio 2010 实施等待分析

正如前面所提到的那样，Visual Studio 2010 版本的一大亮点就是在 Analyze 菜单下增加了一组分析选项，称为并行性能分析器（PPA）——也称为并发分析器。但是要使用这些分析功能，需要 Visual Studio 的旗舰版或者高级版。本节将给出在 PPA 中实施等待分析的一个实际介绍，你可以通过阅读 MSDN 网站的文件补充关于它的知识，该网站提供了关于 PPA 的一些好的文章。

可以使用 PPA 跟踪一个已经运行的现有进程，或者在同一时间启动一个进程实例和对应的 PPA 分析会话。第二种方法将在接下来的过程中进行详细说明，可以观察本节开始给出的 Visual Basic 脚本中的线程等待。

启动一个并行性能分析器跟踪会话

1. 右击"开始"菜单中的 Microsoft Visual Studio 2010，选择 Run as administrator，如图 13-3 所示，并完成了用户账户控制（User Account Control，UAC）提升请求。PPA 内部会启动 ETW 会话执行跟踪，因此需要完全管理权限。

2. 在 Visual Studio 2010 中配置符号搜索路径包括微软公共符号服务器。这些符号是必需的，以便在分析目标应用程序时，PPA 可以解析它所收集的 ETW 栈跟踪事件。要完成这一步，打开 Debug\ Options And Settings 对话框；接着在 Debugging\Symbols 选择 Microsoft Symbol Servers 选项，并提供一个路径（这个例子使用了 C:\LocalSymbolCache）给本地缓存符号，如图 13-4 所示。

图 13-3　选择 Run as administrator

图 13-4　配置符号搜索路径

请注意，这是一次性的配置步骤，不需要在下一次启动新的 PPA 分析会话时再次设置。

3. 在 Analyze 菜单上选择 Launch Performance Wizard，如图 13-5 所示。

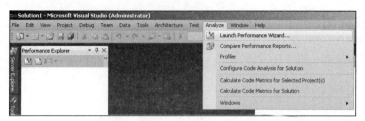

图 13-5　选择 Launch Performance Wizard 选项

4．在新向导的第一页上，选择 Concurrency 选项，并选择 Visualize the behavior of a multithreaded application，如图 13-6 所示。

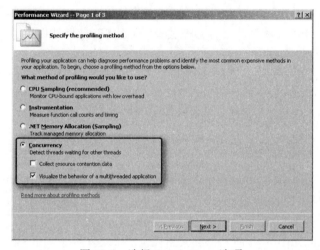

图 13-6　选择 Concurrency 选项

5．当要求输入要分析的可执行程序时，指定 Visual Basic 脚本程序宿主进程 cscript.exe 的完整路径，该进程在 Windows 的 System32 目录下，并提供 Visual Basic 脚本路径作为它的命令行参数，如图 13-7 所示。

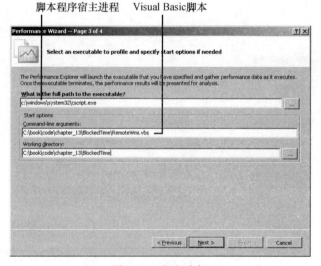

图 13-7　指定路径

在 Working Directory 文本框中输入该脚本的文件夹路径，然后单击 Next 按钮进入向导的最后一页。

6. 在向导的最后一页，将 Launch profiling after the wizard finishes 选项为默认选中状态后，单击 Finish 按钮，如图 13-8 所示。

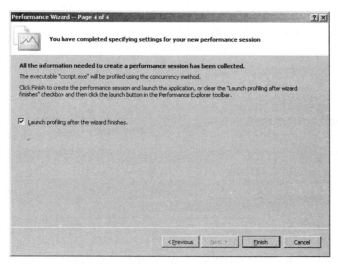

图 13-8　选择 Launch profiling after the wizard finishes 选项

在 64 位 Windows 系统中，如果没有设置 DisablePagingExecutive 注册表值为 1，上述步骤结束后会出现一个对话框警告你设置 DisablePagingExecutive 的注册表值为 1 并重新启动。你可以忽略这个警告，即使没有设置这个值也能进行本实验，就像第 11 章中的 notepad.exe 实验一样，这主要是考虑到内核态部分的 ETW 调用栈在这个跟踪场景中不是关键。

出现这个警告对话框的原因是 PPA 内部启动了 NT 内核日志记录会话（和一个额外的用户会话）来进行跟踪，并且还启用了一些内核标志的栈回溯捕获。例如可以在之前 PPA 分析会话正在运行期间，通过在管理员命令提示符下运行 xperf.exe – loggers 命令来证实这一点。正如第 12 章介绍的那样，这个命令行选项允许枚举系统上活动的 ETW 会话。

```
xperf.exe -loggers
Logger Name         : NT Kernel Logger
...
Maximum File Size : 0
Log Filename        : C:\Users\tariks\Documents\Visual Studio 2010\Projects\cscript120208.krn.ctl
Trace Flags         : PROC_THREAD+LOADER+DISK_IO+DISK_IO_INIT+FILENAME+PROFILE+CSWITCH+DISPATCHER

Logger Name         : VSPerfMon Logger
...
Maximum File Size : 0
Log Filename        : C:\Users\tariks\Documents\Visual Studio 2010\Projects\cscript120208.app.ctl
Trace Flags         :
...
```

在 PPA 工具启动的 NT 内核日志记录会话中可以找到一些熟悉的内核标志，包括 PROFILE 标志（CPU 采样分析），并且更重要的是，在阻塞时间分析中也分别使用了 CSWITCH 和 DISPATCHER 内核标志以用于控制 CSwitch 和 ReadyThread 的 stack-walk 事件。当 PPA 完成目标应用程序分析后会自动停止这些会话，并且会在 3 个视图中显示收集到的 ETW 跟踪，这在图 13-9 中进行了突出标识。

- **CPU 使用率**（CPU Utilization）。此视图显示在 PPA 跟踪会话期间 CPU 采样分析的使用，反映由 PROFILE 内核标志记录的事件。
- **核心**（Cores）。此视图显示目标应用程序线程是如何在 CPU 各核心之间弹跳的，并且提供由于核心之间过多的上下文切换以及没有命中 CPU 缓存导致的性能问题的分析。
- **线程**（Threads）。此视图列出目标应用程序的线程，并提供在它们执行期间进入等待状态的方便视图。这个视图依赖于跟踪会话中的 CSWITCH 和 DISPATCHER 事件，以显示每个等待需要多长时间，以及每个线程准备的调用栈。

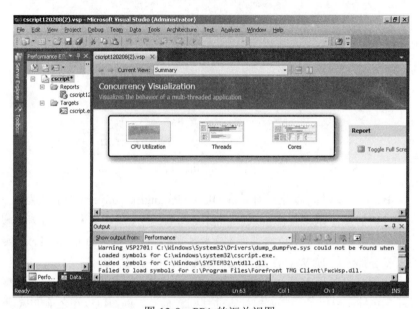

图 13-9　PPA 的汇总视图

上述 Visual Basic 脚本的例子中，CPU 使用率视图表明，在 cscript.exe 进程的生命周期中它一直占用非常小的活动 CPU 使用率。但是线程视图中显示了两个特别长的等待，如图 13-10 所示。这两个等待的调用栈如下面的列表所示。请注意，PPA 也提供了每个等待的持续时间。在这个特殊的运行实验中，第一个等待持续了大约 2.24 秒，第二个等待持续了约 2.98 秒，在下面的调用栈中使用粗体文本强调显示。

```
---- Call Stack 1 ----
Category = Synchronization
API = WaitForMultipleObjects
Delay = 2240.1454 ms
kernel32.dll!_WaitForMultipleObjectsExImplementation@20
mswsock.dll!_Nbt_WaitForResponse@8
mswsock.dll!_Nbt_ResolveName@16
mswsock.dll!_Rnr_NbtResolveName@8
mswsock.dll!_Rnr_DoDnsLookup@4
mswsock.dll!_Dns_NSPLookupServiceNext@16
ws2_32.dll!NSPROVIDER::NSPLookupServiceNext
ws2_32.dll!NSPROVIDERSTATE::LookupServiceNext
ws2_32.dll!NSQUERY::LookupServiceNext
```

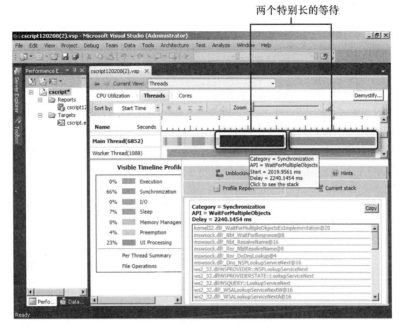

图 13-10　PPA 中的线程视图

```
ws2_32.dll!_WSALookupServiceNextW@16
ws2_32.dll!_WSALookupServiceNextA@16
ws2_32.dll!getxyDataEnt
ws2_32.dll!_gethostbyname@4
wbemcomn.dll!GetFQDN_Ipv4
```
wbemprox.dll!GetPrincipal
```
wbemprox.dll!CDCOMTrans::DoActualConnection
wbemprox.dll!CDCOMTrans::DoConnection
wbemprox.dll!CLocator::ConnectServer
```
wbemdisp.dll!CSWbemLocator::ConnectServer
```
...
cscript.exe!CHost::Execute
cscript.exe!CHost::Main
cscript.exe!_main
```

---- Call Stack 2 ----
```
Category = UI Processing
API = Message Processing
```
Delay = 2982.9184 ms
```
Unblocked by thread 7424; click 'Unblocking Stack' for details.
user32.dll!_RealMsgWaitForMultipleObjectsEx@20
ole32.dll!CCliModalLoop::BlockFn
ole32.dll!ModalLoop
ole32.dll!ThreadSendReceive
ole32.dll!CRpcChannelBuffer::SwitchAptAndDispatchCall
...
```
ole32.dll!_CoCreateInstanceEx@24
```
wbemprox.dll!CDCOMTrans::DoActualCCI
```
wbemprox.dll!CDCOMTrans::DoCCI
```
wbemprox.dll!CDCOMTrans::DoActualConnection
wbemprox.dll!CDCOMTrans::DoConnection
wbemprox.dll!CLocator::ConnectServer
```

```
wbemdisp.dll!CSWbemLocator::ConnectServer
...
cscript.exe!CHost::Execute
cscript.exe!CHost::Main
cscript.exe!_main
```

第一个等待的调用栈显示了一个使用 NetBIOS-over-TCP/IP 网络协议试图解析计算机名称为相应的 Ipv4 地址（mswsock.dll!Nbt_ResolveName）的尝试，第二个调用栈表明后续的 COM 激活尝试。因为启动 NT 内核日志记录的 ETW 会话也使用了 DISPATCHER 内核标志，还可以获得跟踪期间每个等待的 ReadyThread 调用栈。但是，因为就绪线程的第一个阻塞等待来自 cscript.exe 进程之外，所以 PPA 不会显示这个调用栈，如图 13-11 所示。

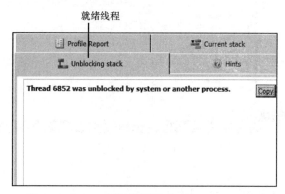

图 13-11　PPA 中阻塞栈跟踪（ReadyThread）

在这种情况下，你可以猜测为什么两个显著的等待要超过 2 秒才能解除阻塞，可以合理地假设两种情况都是网络延迟。然而，还可以通过使用 Xperf 查看器用户界面和它的 CPU 调度图形跨多个进程边界追踪等待链而不是进行猜测，这将在下一节中进行说明。

13.1.3　使用 Xperf 实施等待分析

为了查看使用 Xperf 实施阻塞时间分析的例子，你可以捕获之前同一个 Visual Basic 脚本新的跟踪。该脚本之前主要用于使用 Visual Studio 2010 中的并行性能分析器（PPA）演示等待分析。请注意，CSWITCH 和 DISPATCHER 内核标志没有包含在 Base 内核分组中，所以当启动一个 NT 内核日志记录会话时，你需要在 Base 分组之外明确地添加它们为其他标志，如下面的命令序列所示。

```
C:\book\code\common\scripts\start_kernel_trace.cmd -kf Base+CSWITCH+DISPATCHER -ks
Profile+CSwitch+ReadyThread
INFO: Invoking xperf to start the session...
CmdLine: (xperf.exe -on PROC_THREAD+LOADER+Base+CSWITCH+DISPATCHER -stackwalk
Profile+CSwitch+ReadyThread)

---- Execute the Visual Basic script ----
cscript.exe C:\book\code\chapter_13\BlockedTime\RemoteWmi.vbs
C:\book\code\chapter_13\BlockedTime\RemoteWmi.vbs(6, 1) SWbemLocator: The RPC server is
unavailable.

C:\book\code\common\scripts\stop_kernel_trace.cmd
```

```
INFO: Invoking xperf to stop the session...
CmdLine: (xperf.exe -stop -d c:\temp\merged.etl)
```

CSwitch 和 ReadyThread 事件在 Xperf 查看器用户界面中有它们专用的图形,该图形称为 CPU Scheduling,如图 13-12 所示。像往常一样,如果该图形没有默认显示,确保使用弹出的帧列表菜单选择这个图形并把它添加到你的视图中。

```
C:\book\code\common\scripts\view_trace.cmd
...
INFO: Invoking xperf to view the trace...
CmdLine: (xperf.exe c:\temp\merged.etl)
```

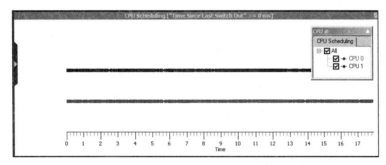

图 13-12　Xperf 中的 CPU Scheduling 图形

请注意,之前的图形中显示异常高频率的 CSwitch 事件在跟踪时间轴上通过非常多的点来突出显示。当然,不是所有的等待都是不好的。甚至长时间的等待有时候是可以预期的,如 GUI 应用程序阻塞并等待用户输入。

在这个实验中,你试图分析的等待有几秒,所以还可以使用快捷菜单来过滤图形中只显示上一次切换出去的时间超出某个阈值的 CSwitch 事件。这可以让你忽略良性的等待,从而可以关注那些用时较长的等待,因为这些等待更有可能解释在实验中所观察到的延迟。例如在图 13-13 中,设置等待阈值为 1 000 毫秒,这意味着只有等待超过 1 秒才能在图形中显示。

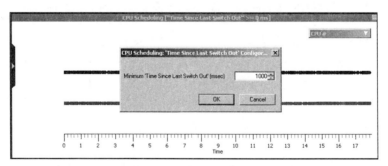

图 13-13　在 CPU Scheduling 图形中设置等待阈值

为了分析这种场景下的上下文切换以及它们相应的 ReadyThread 事件,你可以在快捷菜单中选择 Summary Table with Ready Thread 选项,如图 13-14 所示。另外,也要记得选择 Load Symbols 选项,从而 Xperf 在汇总表中可以解析调用栈的符号。

Xperf 的其他汇总表列名往往是不言自明的,这个特殊的汇总表包含值得进一步解释的多个列,表 13-1 介绍了当实施等待分析时最有用的列,并给出了这些列各自的含义。

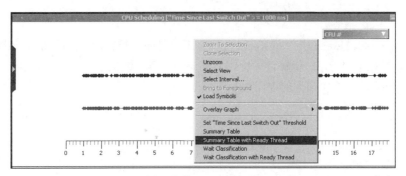

图 13-14　CPU Scheduling 图形中的 Summary Table with Ready Thread 信息

表 13-1　　　　　　　　　Xperf CPU Scheduling 汇总表中重要的列

列名	描述
NewProcess	CSwitch 事件中包含新线程的进程
NewThreadStack	线程的调用栈切换（与 CSwitch 事件相关的栈跟踪事件）
ReadyingProcess	ReadyThread 事件中包含就绪线程的进程
ReadyThreadStack	处于就绪状态线程的调用栈（与 ReadyThread 事件相关的栈跟踪事件）
Max:Waits (μs) Sum:Waits (μs)	分别表示当前选择的最长等待时间以及等待时间的总和（以微秒为单位）。等待是通过从跟踪中关联的 ReadyThread 和 CSwitch 事件进行计算的
Max:Ready (μs) Sum:Ready (μs)	分别表示当前选择下最长准备时间以及所有准备时间的总和（以微秒为单位）。准备时间表示一个线程处于就绪状态（"可运行"）到其被调度到 CPU 核心运行之前所消耗的时间
Max:TimeSinceLast (μs) Sum:TimeSinceLast (μs)	TimeSinceLast 为当前 CSwitch 事件和线程之前切换出的持续时间（以微秒为单位），换句话说：TimeSinceLast = WaitTime + ReadyTime。但是 TimeSinceLast 持续时间只是从 CSwitch 事件中计算，因此即使跟踪中不包含 ReadyThread 事件该列也是可用的。Max 列表示当前选择最长的 TimeSinceLast。Sum 列表示当前选择所有 TimeSinceLast 的总和

在当前实验中，如果组织汇总表的 NewProcess 和 NewThreadStack 列位于 gold bar 的左侧，而 Max:Waits 和 Sum:Waits 在 gold bar 的右侧，会看到在 cscript.exe 进程的全部生命周期中最长等待的调用栈。通过展开调用栈，会再次看到和使用 Visual Studio 2010 的 PPA 分析选项所看到的相同的两个"长"等待。请注意，在图 13-15 中，wbemprox!GetPrincipal 函数最终会调用 NetBIOS 名称解析例程，该函数等待了大概 2.24 秒。另外，wbemprox!CDCOMTrans::DoCCICOM 激活尝试等待了大概 2.61 秒。

还可以通过在 gold bar 左侧添加 ReadyingProcess 和 ReadyThreadStack 列来显示这两个等待的等待线程信息。在图 13-16 中，名称解析调用的就绪线程的调用栈显示通过内核态的 NetBIOSover TCP/IP 驱动（netbt.sys）解除阻塞等待。

同样你还可以找到第二个"长"等待的就绪线程。但是本实验没有给出这个情况下的详细信息，这是因为这个等待是由同一个进程（cscript.exe）的线程池回调例程解除阻塞的，如图 13-17 所示。

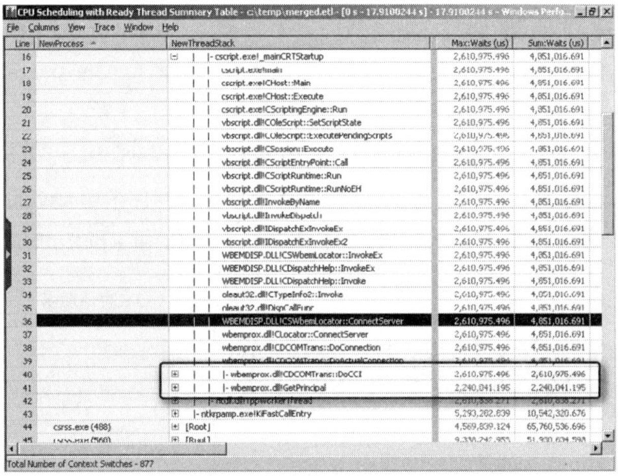

13.1 分析阻塞时间

图 13-15 查看 cscript.exe 进程最长的等待

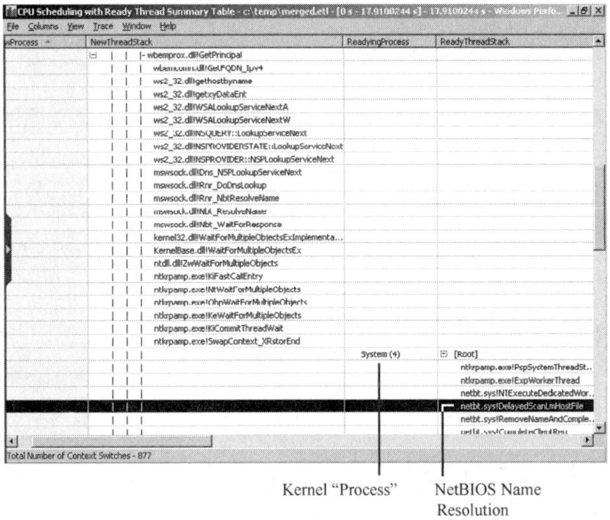

图 13-16 第一个(mswsock!Nbt_ResolveName)"长"等待的就绪线程调用栈

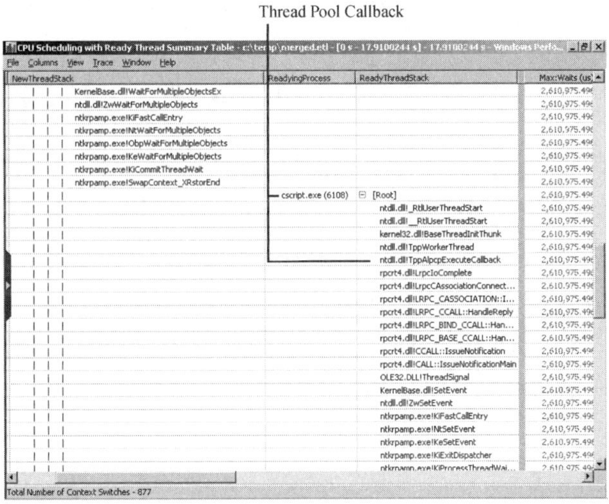

图 13-17 第二个（ole32!CoCreateInstance）"长"等待就绪线程调用栈

要找到导致之前回调被调用的线程，需要查看 cscript.exe 线程池等待（特别是 WaitForWorkViaWorkerFactory 调用）。这揭示了服务宿主进程（svchost.exe）实例中的就绪线程，如图 13-18 所示。

使用 Trace\System Configuration 对话框中的 Windows 服务列表，可以映射该 svchost.exe 实例进程 ID（PID）到 RpcSs COM 激活服务。在本实验中，图 13-18 中的 svchost.exe 就绪进程的 PID 十进制表示为 904，该进程在图 13-19 中显示其承载了 RpcSs 和 RpcEptMapper 服务。

图 13-18　移动一步回到阻塞 COM 激活调用的因果关系链

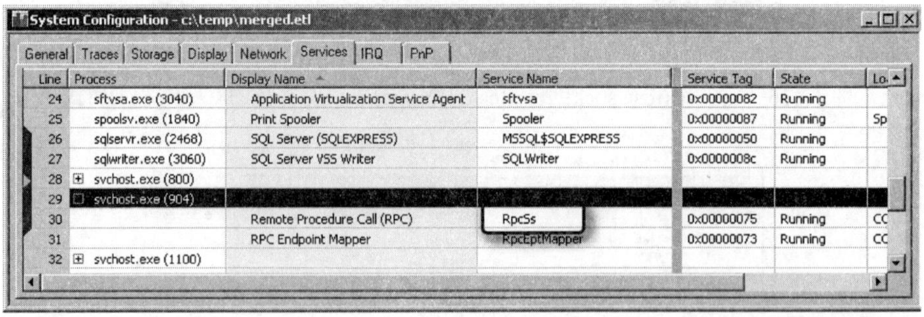

图 13-19　使用 Xperf 中的 System Configuration 对话框识别就绪的 svchost.exe 实例

现在已经知道 COM 激活尝试（间接）等待线程的身份，剩下的工作就是在汇总表中切换到 svchost.exe 进程并展开该线程下的调用栈节点。你会看到大约 2.596 秒的等待紧密地映射到 cscript.exe 进程中的第二个（COM 激活尝试）阻塞时间，如图 13-20 所示。这表示调用栈上的 RpcSs.dll!RemoteActivationCall 调用完全占用了 2.596 秒，表明延迟完全是由远程 COM 激活操作失败引起的。

重建因果关系链的过程是一种常见的方法，就像之前在第二个等待中所实施阻塞分析的那样。这经常需要你向后分析几个步骤，直到确定真正负责观察到执行延迟的操作。

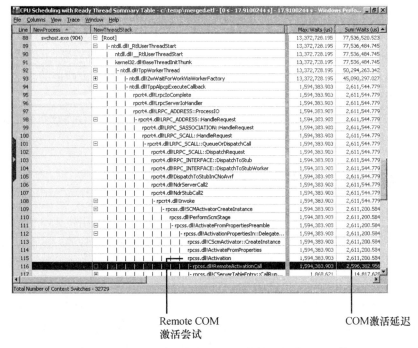

图 13-20　COM 激活服务(RpcSs)中的远程激活调用栈

13.2　分析内存使用

内存使用浪费是在现场生产环境中产生性能问题的常见原因。大多数开发人员都明白长时间等待或者侵略式的 CPU 计算将使他们的应用程序运行速度变得较慢，但是很少能意识到构建消耗尽可能少内存的精简程序的重要性。内存使用同样可以直接影响应用程序的运行速度，主要存在以下几个具有说服力的原因。

- 当操作系统需要为其他应用程序回收物理内存空间以便应用程序在系统上运行时，消耗过多内存（数百兆）的程序会受到很大的影响。当操作系统切换回该应用程序时，之前保存到磁盘的内存页必须重新读取到内存中。应用程序消耗的内存越多，进程将会变得越慢，从而呈现给用户的应用程序也就变得越缓慢。你应该始终牢记，一般来说，磁盘 I/O 的访问速度要比内存访问速度低几个数量级，而访问内存本身也要比直接从 CPU 缓存读取数据慢几个数量级。
- 上面最后一点引出了另一个需要考虑的因素。当程序执行依赖于存储在内存中数据的大量 CPU 操作时，从主内存传输数据到 CPU 的消耗会超过执行 CPU 实际计算的消耗，从而内存成为主要瓶颈。在这种情况下，有时候压缩存储数据（如通过使用 bit-map 数据结构，而不是使用字节数组）可能会更好，从而它可以占用较少的内存。当然，这可能需要一些额外的 CPU 指令来解压数据，但是这是一个有益的权衡，如果它允许处理器在其缓存中保持较小的数据，可节省往返于主内存的成本。这个内存位置的影响同样是 C++标准模板库（STL）中使用矢量数据结构的原因。它代表一个连续的内存块，在许多算法中可以比不连续的 STL 列表的数据结构执行得更好。尽管当这些数据结构变满后需要扩展更多的元素，而在腾出空间时需要拷贝矢量的内容，从而会产生一定的消耗。

- 最后，使用过多内存的.NET 程序会为垃圾收集器（Garbage Collector，GC），标记和清除托管对象图形带来更多的工作。垃圾收集器需要遍历的对象越多，通过 CLR 执行引擎定期执行垃圾收集导致托管代码停滞的时间就会越长。这些慢性的停滞可能会成为任何.NET 应用程序的一个严重的性能问题，特别是那些需要高度响应的应用程序（比如游戏应用程序）。

本节将要介绍用于观察内存消耗模式的一些技术，包括用户态内存调查两种最常见的情况：本地（NT 堆）分析和托管（GC 堆）内存分析。

13.2.1 分析目标进程中高级别的内存使用

当测量内存使用时，托管和本地堆分配都被报告为应用程序的私用位元组（private byte）。但是在深入挖掘这些动态分配细节之前，查看高级别内存分类通常是明智的，从而你可以知道要把注意力放在哪些地方。例如 GC 堆分配只代表应用程序全部堆分配的一小部分，在你花时间查看 GC 堆之前首先分析本地分配往往更有意义。

可以使用几个高级别的工具来实现这个初步内存使用检查。资源监视器（resmon.exe）和性能监视器（perfmon.exe）都是相对容易使用的工具，可以帮助你观察应用程序中总体内存使用趋势。但是这里推荐使用的工具为 VMMap，该工具在 Sysinternals 套件中。这个工具有一个方便的用户界面，提供了目标进程虚拟内存的详细分类，包括动态（GC 和本地）分配、栈内存使用以及加载代码（映像）到目标进程的地址空间所消耗的内存。

VMMap 可以转储正在运行进程的内存使用快照。可以在 VMMap 主窗口中使用 F5 快捷键触发刷新，并捕获目标进程生命周期统计数据的更新。图 13-21 显示了使用 VMMap 观察目标进程内存消耗的主用户界面。这种情况下的屏幕截图主要显示使用该工具查看 LoadXml.exe 示例程序的内存快照，该程序将在本节后面章节给出。

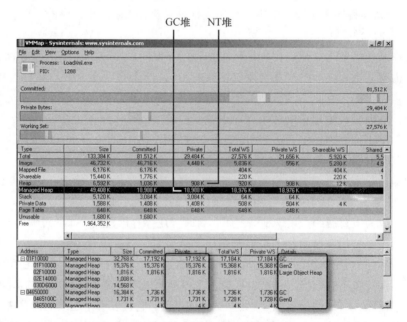

图 13-21　VMMap 显示的进程内存使用分类

请注意，该工具提供了目标进程中所有内存分配类型的方便分类，还提供了托管（GC）堆的细粒度分类，包括每个 GC 代（gen0、gen1 或者 gen2）的大小和大对象堆（LOH）的大小。该高级别分析是有用的，从中可以知道是否存在需要进一步分析的任何内存使用异常。它还可以帮助你确定调查中的下一个目标区域，包括进程虚拟地址空间的 NT 堆区域和 GC 堆区域。

13.2.2　分析 NT 堆内存使用

第 8 章介绍了 Windows 系统中一些内存管理的基础知识。在"调试堆损坏"一节中还解释了几个常见的用户态分配器之间的关系。一个特别重要的一点是，很多分配器构建在 NT 堆分配器的顶部，通过系统 ntdll.dll 层实现。幸运的是，这个分配器也使用 ETW 事件检测，允许你分析应用程序中的堆内存消耗。

尽管 NT 堆 ETW 提供者也在 Windows Vista 中存在，但是直到 Windows 7，操作系统中的 ETW 框架才开始支持用户提供者栈跟踪事件的捕获。如果没有栈跟踪，堆分析将会变得更加困难，因为你不能把观察到的内存使用和应用程序源代码联系起来。

下面的 C++ 例子将在本节中用到，用来说明使用 Xperf 和 ETW 跟踪到应用程序堆内存泄露的调用点位置。正如你所看到的那样，泄露只是内存浪费使用模式的一个极端例子，可以使用相同的技术进行分析。

```
//
// C:\book\code\chapter_13\NTHeapMemory>main.cpp
//
static
HRESULT
LeakOneBuffer()
{
    LPBYTE pMem = NULL;
    DWORD n;

    ChkProlog();

    wprintf(L"Leaking the last buffer in %d allocations.\n", NUM_BUFFERS);
    for (n = 0; n < NUM_BUFFERS; n++)
    {
        if (pMem != NULL)
        {
            delete[] pMem;
        }
        pMem = new BYTE[SIZE_OF_EACH_BUFFER];
        ChkAlloc(pMem);
    }

    ChkNoCleanup();
}
```

使用 Xperf 捕获 ETW 堆跟踪

从根本上讲，ETW 堆跟踪提供者是另一个用户提供者（称为 Heap Trace 提供者）。但是，它具有以下两个特别的方面。

- 它必须在想要分析的目标进程中明确地启用，并且它不会像其他用户提供者那样会全系统启用。
- Xperf紧密支持堆跟踪提供者，并公开了一个特殊的语法用于在新用户会话中启用它。这里不使用启用一个新的用户会话时所使用的-on 命令行选项，而是使用专用的-heap 选项启用它。

在 Xperf 中开启一个堆跟踪会话的语法可以使用以下两种形式之一。

```
xperf.exe [NT Kernel Logger] -start UserSession -heap -pids PID_1 PID_2 ... PID_n
                            [-stackwalk HeapAlloc+HeapRealloc+...]
```

或者

```
xperf.exe [NT Kernel Logger] -start UserSession -heap -pidnewprocess CommandLine
                            [-stackwalk HeapAlloc+HeapRealloc+...]
```

前者的语法允许你跟踪已经在系统中运行程序的堆分配（由这些进程的 ID 确定），而后面的一种形式则是启动目标进程一个新的实例并同时启用堆跟踪。其中，第二种方法存在的缺陷就是新的进程实例作为 xperf.exe 进程的子进程开启，因此它将以完全管理员权限启动。这是因为当你使用 xperf.exe 控制 ETW 并启动会话时，需要以完全管理员权限启动它。该方法的另一个限制就是一些进程如 Windows 服务进程或者 COM 服务器，它们不能直接以这种独立的方式启动。

幸运的是，当目标进程新的实例启动时，有一种更好的方法可以自动启用堆跟踪（至少在 Windows 7 及更高版本可行）。可以通过在映像文件执行选项（IFEO）注册表项下为目标映像设置 TracingFlags 注册表值实现该功能。Xperf 允许通过使用数值为 0 的 PID（数值 0 不是一个有效的进程 ID）来表明你会使用这个替代的方法启用堆跟踪。本实验将使用这个方法来追踪上述示例 C++程序中堆内存泄露的根源。

GFLAGS 工具不支持设置该注册表值，但是本书配套源代码中有一个简单的脚本可以帮助你完成这些操作，而不需要手动地修改注册表，具体如下面的命令所示。请注意，你需要在提升到管理员权限的命令提示符下运行下面的命令。

```
C:\book\code\common\scripts>configure_heap_tracing.cmd -enable leak.exe
```

一旦这个命令成功运行，这个可执行映像的 TracingFlags 值应该设置为 1，如图 13-22 所示。

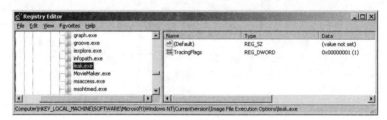

图 13-22　为指定映像启用 ETW 堆跟踪

现在可以通过在 Xperf 命令行使用 PID 值 0 来监视堆分配。本书配套源代码包含了另一个封装好的脚本，该脚本能实现以这种方式自动完成堆跟踪过程启动，如下面的命令序列所示。

```
C:\book\code\common\scripts\start_w32heap_user_trace.cmd -hs HeapAlloc+HeapRealloc
INFO: Invoking xperf to start the heap user sessions...
CmdLine: (xperf.exe -on PROC_THREAD+LOADER -start UserSession -heap -pids 0 -stackwalk
```

```
HeapAlloc+HeapRealloc)

---- Execute the test application ----
C:\book\code\chapter_13\NTHeapMemory\objfre_win7_x86\i386\leak.exe


C:\book\code\common\scripts\stop_user_trace.cmd
INFO: Invoking xperf to stop the kernel and user sessions...
CmdLine: (xperf.exe -stop -stop UserSession -d c:\temp\merged.etl)
```

捕获的 ETW 跟踪包含目标进程上下文中堆调用记录事件。还包含所有的 HeapAlloc 和 HeapReAlloc 操作的栈跟踪事件，这里可以查看目标进程中所有 NT 堆分配的调用点。

在这个阶段，还可以再次禁用目标进程堆跟踪，因为当完成跟踪捕获后，在分析堆跟踪时不需要 TracingFlags IFEO 钩子。

```
C:\book\code\common\scripts\configure_heap_tracing.cmd -disable leak.exe
```

使用 Xper 分析 ETW 堆跟踪

Xperf 也有专用的图形用来可视化显示堆提供者所记录的事件。其中的一个图形叫作 Heap Total Allocation Size，该图形显示目标进程分配数量。图 13-23 显示了分析上述跟踪文件的模式。请注意，使用 view_trace.cmd 帮助脚本所添加的-sympath 参数，它增加符号加上提供的路径到 _NT_SYMBOL_PATH 环境变量中的微软公共符号服务器中。当显示跟踪过程中的栈跟踪时会允许 Xperf 解析应用程序中的函数名称。

```
C:\book\code\common\scripts\view_trace.cmd -sympath C:\book\code\chapter_13\NTHeapMemory
\objfre_
    win7_x86\i386
...
INFO: Invoking xperf to view the trace...
CmdLine: (xperf.exe c:\temp\merged.etl)
```

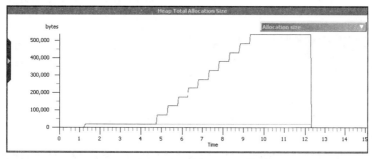

图 13-23 目标进程总的 NT 堆分配

如图 13-17 所示，被跟踪的应用程序消耗了大约 500KB 的 NT 堆内存，并显示它有 10 次迭代，每次分配 50 个大小为 1K 的缓冲区。当然，确切的大小将略大于 500 KB，因为该进程中运行的其他系统代码（如模块加载器等）也会为它们的执行动态分配内存。

上述图形没有考虑释放的内存（每一个迭代过程分配的 50 个缓冲区中有 49 个释放），只是提供计算的 NT 堆大小。当你试图调试疑似 NT 堆内存泄露时，需要查看 Heap Outstanding Allocation Size 图形，它会显示目标应用程序持续增加的"显著"的分配（分配尚未被释放）。这是一个潜在的内存泄露迹象。记住，就像在第 8 章中使用 UMDH 工具调查内存泄露一样，分配的内存可能在进程生命周期的后面被释放。然而在这种情况下，没有这类调用释放堆内存直到目标进程退出，导致一个陡降至 0 字节的曲线，如图 13-24 所示。这是一个强烈的迹象，表明这实际上可能是一个合法的内存泄露。

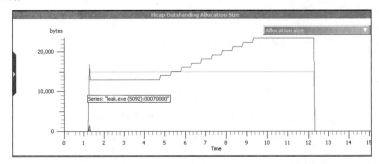

图 13-24　目标进程显著的 NT 堆分配

要找到这些潜在内存泄露分配调用点，可以选择图形中显示周期性峰值的区域，并在图形上右击选择汇总表来调用该时间间隔的堆汇总表，如图 13-25 所示。

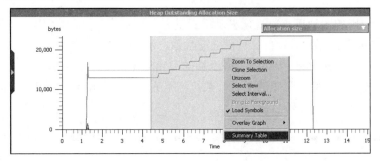

图 13-25　选定时间间隔调用显著堆分配大小汇总表

在图 13-26 所示的堆汇总表视图中，可以看到按类型把栈跟踪分开。AIFO 类型（选择内部分配，选择外部释放）中的分配表明可能存在潜在的泄露调用点，尽管之前并没有确切的证据证明这是一个内存泄露。

Heap Live Allocations - c:\temp\merged.etl - [4.423519155 s - 9.727110184 s] - 5.303591029 s - Windows Perf...

File　Columns　View　Trace　Window　Help

Line	Process	Type	Stack	Size	Count	AllocTime
1	⊟ leak.exe (5092)			540,143	554	
2		AIFI	⊞ [Root]	501,760	490	
3		AIFO	⊟ [Root]	10,240	10	
4			ntdll.dll!_RtlUserThreadStart	10,240	10	
5			ntdll.dll!__RtlUserThreadStart	10,240	10	
6			kernel32.dll!BaseThreadInitThunk	10,240	10	
7			leak.exe!wmain	10,240	10	
8			leak.exe!CMainApp::LeakOneBuffer	10,240	10	
9			leak.exe!MemoryAlloc	10,240	10	
10			ntdll.dll!RtlAllocateHeap	10,240	10	
11				⊟ 1,024	10	
12					⊟ 1	
13						4.798 732 001
14						5.300 667 196
15						5.802 720 142
16						6.304 726 441
17						6.806 865 889
18						7.308 905 702
19						7.810 368 986
20						8.311 946 852
21						8.813 625 259
22						9.315 036 009
23		AOFO	⊞ [Root]	28,143	54	

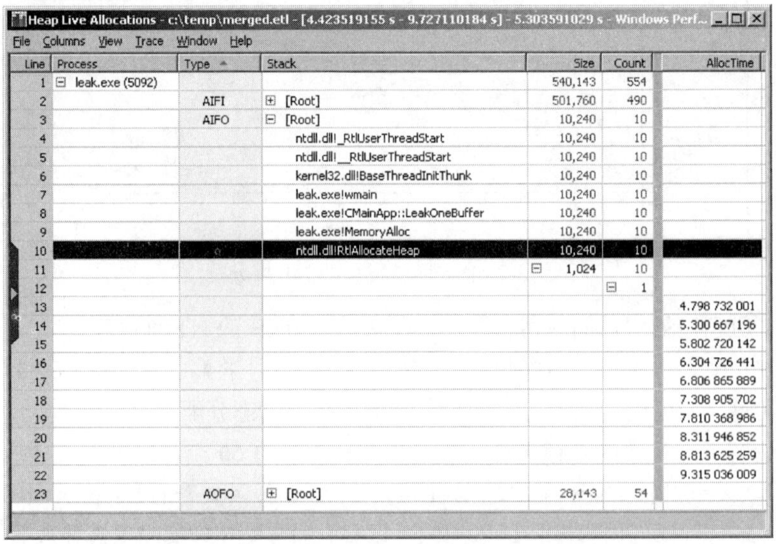

图 13-26　Heap Live Allocations 汇总表窗口

表 13-2 总结了使用 Xperf 工具进行堆分析时会遇到的 4 个类别。

表 13-2　　　　　　　　　　　　　Xperf 堆汇总表中的分配类型

类型	代表	描述
AIFO	Allocated In，Freed Out（内部分配，外部释放）	在选定的时间间隔内部分配，在选择内部没有相应的释放。"外部释放"部分只是在这种情况下的假设。当调试 NT 堆内存泄露时，这类分配是很重要的
AIFI	Allocated In，Freed In（内部分配，内部释放）	在选定的相同的时间间隔内部分配，并有对应地释放
AOFI	Allocated Out，Freed In（外部分配，内部释放）	在选定的时间间隔外部分配，但是在选定时间间隔内部释放
AOFO	Allocated Out，Freed Out（外部分配，外部释放）	分配和释放都发生在选定时间间隔之外

在本例中，AIFO 类别中有 10 个（Count 列的数值）分配都具有相同的调用栈。还可以注意到每个分配为 1KB（1024 字节）的大小（Size 列的数值）。通过在汇总表视图中添加 AllocTime 列，甚至还可以看到每个分配的时间戳。

你所要做的剩余部分工作就是检查应用程序源代码，并检查之前调用栈标记的 leak!CMainApp::LeakOneBuffer 函数中的代码。每一次调用该函数就会泄露最后 1KB 的缓冲区，就像在 Xperf 中执行堆分析时所显示的那样。

13.2.3　分析 GC 堆(.NET)内存使用

GC 堆内存分配并不是建立在 NT 堆层的顶部，所以当需要分析.NET 内存使用模式时，之前使用的 ETW 检测方法是无效的。因为 CLR 调用操作系统直接进行虚拟内存分配和内部管理堆，只有它知道 GC 堆的内部结构。尽管 CLR 也使用 ETW 检测，但是 Windows 7 SDK 版本的 Xperf 没有特别支持这些事件。幸运的是，还有另外一个称为 PerfView 的工具，该工具实现了值得赞许的工作，填补了 Windows 7 SDK 版本的 Xperf 使用 ETW 在跟踪托管代码时的不足。

在本节中，我们将使用本书配套源代码中的下列 C#程序来学习 GC 堆消耗。该代码主要使用 XmlDocument.NET 类打开一个 XML 文件，并显示文档中第一个元素的名称。

```
//
// C:\book\code\chapter_13\GCHeapMemory>LoadXml.cs
//
public static void Main(
    string[] args
    )
{
    XmlDocument document;
    int ticks;

    if (args.Length != 1)
    {
        Console.WriteLine("USAGE: loadxml.exe InputFile");
        return;
    }
    ticks = Environment.TickCount;
    document = new XmlDocument();
```

```
    document.Load(args[0]);
    Console.WriteLine("XmlDocument load took {0} milliseconds",
        (Environment.TickCount - ticks));

    Console.WriteLine("Enter any key to continue...");
    Console.ReadLine();

    Console.WriteLine("Name of the first element in the input document is: {0}",
        document.DocumentElement.ChildNodes[0].Name);
}
```

为了实施这个实验，本书配套源代码中有一个简单的工具用来创建大型 XML 文件以满足测试需求。例如，下面的命令会生成一个含有 100 000 个元素的 XML 文件，为上述程序使用。这样生成的文件将大于 3MB。

```
C:\book\code\chapter_13\GCHeapMemory>CreateLargeXml.exe C:\temp\test.xml 100000
```

本节的目标是找出上述程序只显示 3 MB 的 XML 文件中的第一个元素名称最终要使用多大内存。在第一次运行后，执行这个过程的时间将会缩短，因为应用程序第一次冷运行时从磁盘获取该文件后，该文件将会被 I/O 管理器缓存在内存中。本节将专注于后续的热运行，这样磁盘 I/O 访问将不是一个影响因素，只有 .NET 应用程序的运行时行为（包括程序动态内存消耗）才起作用。

```
C:\book\code\chapter_13\GCHeapMemory>LoadXml.exe C:\temp\test.xml
Xml document load took 234 milliseconds
Enter any key to continue...
Name of the first element in the input document is: name0
```

使用 PerfView 分析 GC 堆内存

和 Xperf 一样，PerfView 也是免费的，而且也可以作为 ETW 的控制器和使用者，但是它对 CLR 中的 ETW 检测有一定的优势。它很容易安装并打包为一个可执行文件，可以在目标机器使用而不需要任何额外的注册要求。这使得它和 Xperf 一样在现场生产环境中可以特别方便地实施性能调查。

虽然 PerfView 在本节中将用来分析 .NET 应用程序中的 GC 堆内存使用，实际上它还可以用作 CPU 采样分析（ETW 的 Profile 事件）、阻塞时间分析（ETW 的 CSwitch 和 ReadyThread 事件）以及许多其他基于 ETW 本地和托管代码的调查。PerfView 的用户界面没有 Visual Studio 和 Windows 性能工具包（WPT）那样优美，但是你会发现它可能是基于 ETW 的托管（.NET）应用程序跟踪调查的最完整的工具。

使用 PerfView 启动 ETW 跟踪是很容易的，如下面的过程所示。

使用 PerfView 收集 ETW 跟踪

1. 在提升到管理员权限的命令提示符下启动 PerfView。PerfView 足够智能，可以识别什么时候需要权限提升，在提示管理员凭据后（或者同意提高，如果你本身就是内置 Administrators 组的一个成员）会以提升的权限重新启动。

2. 使用工具用户界面的 Alt+C（或者在 Collect 菜单中选择 Collect）组合键，单击 Start Collection 按钮，如图 13-27 所示。这样就启动了系统全局的 ETW 日志记录，就像 Xperf 一样。还可以通过选择对话框底部的 Advanced Options 复选框来查看 PerfView 启用的提供者，并确认 CLR 提供者事件（.NET）被默认启用。

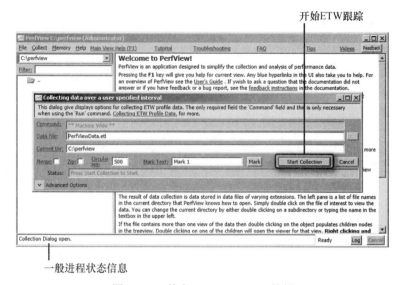

图 13-27　单击 Start Collection 按钮

3．以独立模式运行你的场景。在本实验中为该节开始部分显示的 C#程序。

```
C:\book\code\chapter_13\GCHeapMemory>LoadXml.exe C:\temp\test.xml
```

4．如果想要停止追踪，单击步骤 2 所用的对话框中的 Stop Collection 按钮停止跟踪，如图 13-28 所示。这个过程需要几秒，这是因为要收集 CLR ETW 提供者的纲要信息。PerfView 主窗口底部的状态栏会显示消息来指示当前的进度。

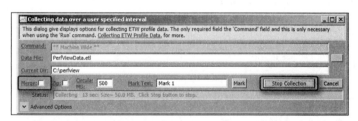

图 13-28　停止跟踪

5．如果你打算在不同的机器上分析保存的跟踪文件，应该在停止跟踪收集之前在上述对话框中选择 Merge 复选框。默认情况下 PerfView 不会把收集的跟踪和内核纲要信息合并在一起。

在 ETW 跟踪停止后，PerfView 会给出一个汇总表来显示跟踪会话期间运行的所有进程。双击某一行会进入选中进程的 CPU 使用视图，而不是你所感兴趣的内存使用。要查看之前跟踪收集的内存视图，首先关闭这个对话框并返回到主窗口，在该窗口中你需要展开代表新跟踪文件的节点，如图 13-29 所示。

启动 GC 内存分析一个很好的开始就是使用 GCStats 视图，该图显示跟踪会话期间所有托管代码进程的 GC 堆统计的一个汇总。本实验的 LoadXml.exe 进程显示占用总 GC 堆分配的近 20M 内存，如图 13-30 所示。这很奇怪，因为输入的 XML 文件大小只有 3 MB，而且所有你想做的事情就是显示该文件中第一个元素的名称。

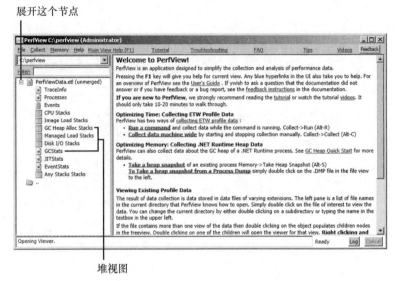

图 13-29　在 PerfView 中展开收集的跟踪节点

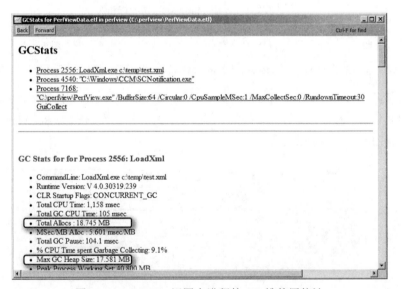

图 13-30　GCStats 视图中进程的 GC 堆使用统计

在同一个 GCStats 视图中，你会近一步发现 GC Events By Time 表格，该表格显示跟踪生命周期期间目标进程发生的每一个 GC 细节，伴随着垃圾收集发生时 CLR 的 ETW 提供者发出的大量有用的信息。图 13-31 显示了本节运行这个实验时见到的 4 代 GC 事件：两个 gen0 回收、一个 gen1 回收和一个更广泛的 gen2 回收。该表还显示每个收集之后的堆大小，并显示跟踪生命周期中 GC 堆大小的增长，直到它达到近 18 MB。

现在你已经知道有出乎意料的 GC 堆内存使用，下一步就是要缩小代码中最有可能负责内存分配的函数列表。PerfView 可以通过提供另一个称为 GC Heap Alloc Stacks 的堆使用视图来实现这一点 。当你在主窗口中的跟踪收集节点下双击该视图时，会看到包含有进程列表的对话框，如图 13-32 所示。

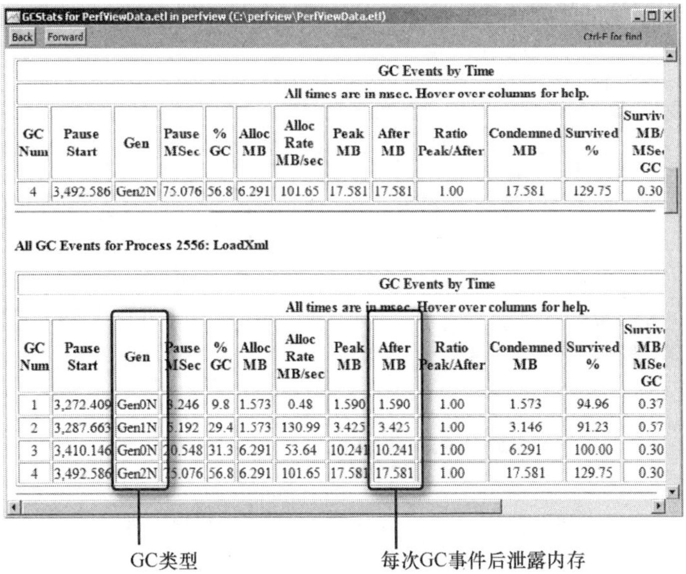

13.2 分析内存使用

图 13-31 GCStats 视图中基于时间的垃圾收集事件

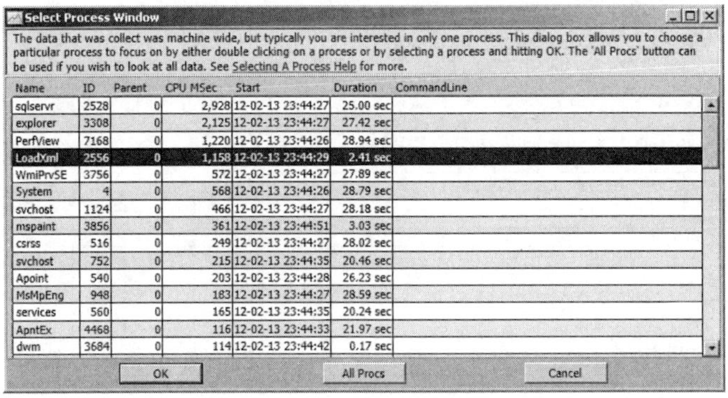

图 13-32 PerfView 进程选择窗口

选择目标进程（LoadXml）对应的行并双击它，会看到堆分配调用栈一个的汇总表。还需要注意一点，PerfView 默认情况下不解析非托管（本地）模块的符号（就像 Xperf 一样），因为这样做会涉及一些消耗，但是你可以简单地选择一行或者多行（函数）并使用 Alt + S 组合键为目标模块下载符号。PerfView 方便地自动添加微软公共符号的 URL 到其搜索路径，所以使用 PerfView 时，只需要配置自己的本地代码路径即可。图 13-33 显示了如何通过使用右击上下文菜单显式地迫使 PerfView 来解析单行的符号，在实践中你会发现 Alt + S 组合键会更加方便。

默认情况下，PerfView 只显示调用栈的子集，它认为这些是你代码中所调用的（[Just my app] 过滤器）。在本实验中可以看到，调用的 XMLDocument.load 负责大部分 GC 堆分配。如果需要对这个函数进行深入查看，首先需要清除 GroupPats 和 IncPats 过滤器并双击函数所在行。这时候你会看到分配发生的分层视图，如图 13-34 所示。

现在你有了 System.Xml.dll 的.NET 程序集确切功能的详细分类，它们消耗了高的 GC 堆内存。单击调用栈的底部（通过选择相应的函数行），会看到一行称为 XmlDocument. Load 调用行，它实现解析整个文档并为所有的名称和字符串节点创建一个文档对象模型（DOM）树。如果需要显示第一个元素的字符串名称，这肯定是一个很大的开销！这也提醒我们，理解使用的 API 和框架函数实现机理的重要性，从而可以确保使用正确的工具来解决软件要解决的问题。

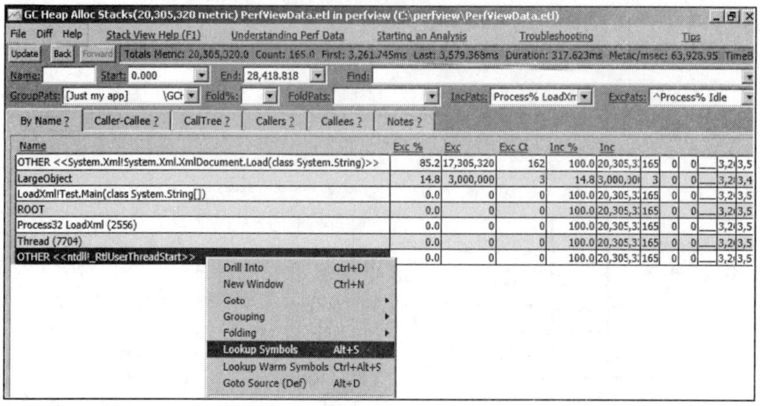

图 13-33　在 PerfView 中解析本地模块符号

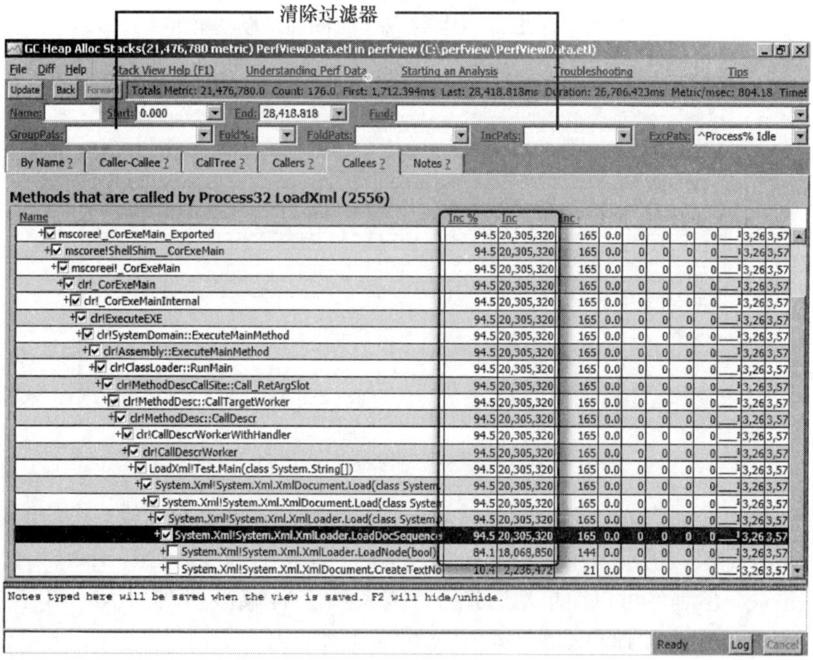

图 13-34　PerfView 中的 GC 分配调用栈

在这种情况下，本书配套源代码中包含一种替代的实现，它基于 XmlTextReader 类，是一个纯粹的 XML 读取器。和 XmlDocument 不同，它同时也支持从目标 XML 中进行插入和删除操作，XmlTextReader 不需要为目标文件建立 DOM 数据结构。这个版本的程序几乎没有使用 GC 堆内存，如图 13-35 所示，该图显示了再次使用 PerfView 捕获 GCStats 信息。和第一个版本程序中的 4 个收集（和几毫秒暂停）相比，它不需要垃圾收集。

```
C:\book\code\chapter_13\GCHeapMemory>LoadXmlWithReader.exe c:\temp\test.xml
```

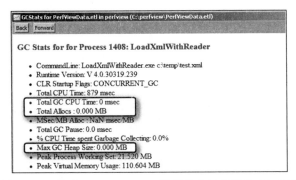

图 13-35　基于 XmlTextReader 的替代方法实现的 GC 分配

本节中的分析依赖于 GCStats 和 GC Heap Alloc Stacks 视图，它们显示了跟踪捕获期间总的分配。在上述情况下，这种方法足够可以诊断问题。因为收集（释放）对象的大小只占总分配大小的一小部分。当需要查看一个稳定的 GC 堆内存快照时，可以在 PerfView 工具的 Memory 菜单中选择 Take Heap Snapshot 选择。另外，还可以使用 SOS 调试扩展来完成同样的目标，这将在接下来的部分进行详细阐述。

使用 SOS 分析 GC 堆内存

如果你不介意冻结要进行调查的目标进程，可以附加一个调试器并使用 SOS 扩展来检查 GC 堆中的对象。例如，可以通过运行之前的 C# 示例程序，该程序加载 XML 文档并且在其等待额外的用户输入时阻塞。

```
c:\book\code\chapter_13\GCHeapMemory>LoadXml.exe c:\temp\test.xml
XML document load took 218 milliseconds
Enter any key to continue...
```

虽然程序暂停，但是可以附加 WinDbg 调试器（使用 F6 快捷键）并使用 !eeheap 命令来转储目标进程 GC 堆的总体统计数据，如下面的清单所示。

```
0:004> .symfix
0:004> .reload
0:004> .loadby sos clr
0:004> !eeheap -gc
Number of GC Heaps: 1
generation 0 starts at 0x0402100c
generation 1 starts at 0x04021000
generation 2 starts at 0x01a71000
ephemeral segment allocation context: none
 segment    begin    allocated   size
01a70000   01a71000  02971054   0xf00054(15728724)
04020000   04021000  041d1ff4   0x1b0ff4(1773556)
Large object heap starts at 0x02a71000
 segment    begin    allocated   size
02a70000   02a71000  02c35300   0x1c4300(1852160)
...
GC Heap Size:           Size: 0x1275348 (19354440) bytes.
```

请注意，上面的命令会显示 GC 堆的每一代开始地址和在中断到调试器时 GC 堆的总大小。还可以通过使用 !dumpheap 命令的 -stat 选项获取 GC 堆中所有对象类型的一个摘要视图，如下面的清单所示。请注意，如果没有-stat 选项，这个命令是很少使用的，因为它的输出太冗长，并会列出 GC 堆上的每一个对象。

```
0:004> !dumpheap -stat
total 0 objects
Statistics:
      MT    Count    TotalSize Class Name
5c1b6524        1           12 System.Nullable'1[[System.Boolean, mscorlib]]
5c1b5938        1            1
System.Collections.Generic.ObjectEqualityComparer'1[[System.Type, mscorlib]]
...
5c166ba8       38      1075004 System.Object[]
597304fc   100000      2000000 System.Xml.XmlText
59730cfc   100022      2000440 System.Xml.NameTable+Entry
59729b44   100001      2800028 System.Xml.XmlElement
597303f0   100001      3600036 System.Xml.XmlName
5c1af92c   200606      6772820 System.String
Total 600936 objects
```

特别要注意，XmlName（元素名称）类型的对象占用大内存（超过 3 MB）以及过多的字符串对象（超过 200 000）。然而，这样高的数值和本实验开始时创建的 XML 中的名称/值对（100 000 行的名称/值）的数量相一致。

和其他基于调试器的技术一样，这里只提供了进程 GC 内存使用的一个快照，而不是跟踪工具所提供的总的视图。但是，当你已经使用跟踪方法定位可能的异常内存使用时，这个方法可能有用。在这种情况下，调试器可以使你控制目标，从而可以更彻底地调查 GC 堆的活动对象。使用这种方法，你还可以找到使这些对象活动的引用（根）。这在跟踪 GC 堆"泄露"的场景下特别有用，其中，对象不像本地程序一样是真正的泄露，但是由于长期活跃的原因使它们远离垃圾收集。

作为一个例子，可以使用!gcroot 命令来验证在这种情况下大多数 GC 堆对象都由程序的主要函数的 XmlDocument 的实例保持活跃。它们一直活跃，是因为显示第一个元素字符串名称时，在 Console.ReadLine 之后使用它。当运行!dumpheap 命令而不使用-stat 选项时，该命令会给出 GC 堆上的所有对象。在下面的列表中，使用 Debug\Break 中断命令，并且使用!gcroot 命令显示对象的一个根（root）被跟踪回程序主函数创建的 XmlDocument 对象中。

```
0:004> !dumpheap
...
01df6f98 597304fc        20
01df6fac 5c1af92c        32
01df6fcc 59730cfc        20
Command cancelled at the user's request.
0:004> !do 01df6fcc
Name:        System.Xml.NameTable+Entry
MethodTable: 59730cfc
...
0:004> !gcroot 01df6fcc
Scan Thread 0 OSTHread 1080
ESP:1bed88:Root:
  01a78710(System.Xml.XmlDocument)->
  01a78a14(System.Xml.DomNameTable)->
  01a787b8(System.Xml.NameTable)->
  02b352d0(System.Object[])->
  01df6fcc(System.Xml.NameTable+Entry)
```

表 13-3 所示为本节描述的有用的 SOS GC 堆检查命令。

表 13-3　　　　　　　　SOS 扩展中的 GC 堆内存检查命令

命令	描述
!eeheap –gc	转储高级别 GC 堆内存统计信息，包括堆中每一段的开始和结束以及 GC 堆的总大小
!dumpheap - stat	转储当前存在于 GC 堆中对象类型的摘要以及每种类型对象的数目
!gcroot <object_address>	查找 GC 堆中对象根的列表。该命令在托管代码内存"泄露"调查时比较有用。这时候对象通过其他的根在 GC 堆中保持活跃，而没有必要增加 GC 堆的总体规模

13.3　跟踪作为一个调试辅助

除了作为性能分析的一个重要组成部分，当调查程序异常或者学习系统内部机制时，跟踪还可以用作调试器的补充，尽管调试器允许放大和精确分析系统状态快照（当使用内核态调试时）和给定的用户态进程（当使用用户态调试时）。例如，在开发交互式应用程序时一个常见的问题是当主用户界面出现偶尔的冻结时会感觉该软件反应变得迟钝，在你有机会附加调试器前只能捕获到现场快照。这是一个很好的例子，尤其是在跟踪提供的时间轴比调试器提供的静态视图更有效时。

使用调试器的第二个问题是当运行你感兴趣的场景时，你可能不知道哪些代码路径和函数将被调用。如果没有这些初步的知识，将会很难设置有效的断点并在调试器中分析程序行为。在这种情况下，获取一个 ETW 跟踪作为开始是有很用的，这样在使用调试器分析程序之前可以事先获取时间消耗位置的近似顺序（例如，使用 CSWITCH 和 PROFILE 事件结合对应的栈跟踪），从而可以在场景的整个生命周期实施更侵入性的检查。

最后，同一个场景在调试器的控制下执行可能会出现错误不能重现的问题。跟踪技术在本质上侵入性较小，有时候可以让你更有效地研究这些问题。本节的第一个例子将给出这种情况的一个实际说明。

13.3.1　跟踪错误代码失败

从理论上讲，如果在代码的每个函数退出时使用自定义 ETW 检测记录其返回代码，就可以跟踪任何失败的调用点。幸运的是，在调试调查中不需要做这么多，因为可以经常使用操作系统现有的 ETW 检测。例如，可以使用 CSWITCH 和 PROFILE 事件（和它们对应的栈跟踪事件）来获取跟踪会话期间运行线程的详细信息，这些信息可以缩小被跟踪程序代码的执行路径，并帮助获取场景中可能导致失败的调用点。在 Win32 API 情况下，还可以使用 SYSCALL 事件，这样每当系统发生系统调用时就会记录这一事件，从而可以帮助你确定发生在 Win32 API 调用内核一侧的错误而不需要使用调试器。但是，你应该记住一点，SYSCALL 内核提供者会以非常高的速率生成事件，所以启用它后最好不要超过几秒，否则跟踪文件将会变得非常大。

当可以使用调试时，为什么还要使用跟踪

在第 7 章介绍了一个巧妙的方法。该方法通过使用内部 ntdll!g_dwLastErrorToBreakOn 变量实现 Win32 API 低级别错误的调试。但是，该技术需要附加一个调试器到发生错误的进程中，从而可以在内存中编辑该全局变量的值。但是在某些情况下，一个用户态调试器的存在可能会改变目标进程的执行环境，会导致产生和调试器之外运行场景不同的执行结果。

这种情况在第 5 章已经给出过一个例子，该例子中 NT 全局标志会根据用户态调试器启动的系统进程自动地进行调整，并启用调试堆设置。当在用户态调试器的控制下运行时，内存破坏错误会更容易发生。在这一特殊情况下，调试器更好地使行为发生变化，也可以这么说，帮助表面的错误在调试器之外很难重现。另外相反的错误也是可能发生的，也就是发生在调试器之外的错误有时候在你附加一个调试器运行时不会重现（幸运的是，这只在极少的情况下发生）。

你可以参考本书配套源代码中的下列 C++ 程序。该程序试图模仿 Windows 调试器安装包中的 kill.exe 实用工具的功能，强制结束系统正在运行的进程（由它们进程 ID 标识）。

```
//
// C:\book\code\chapter_13\Kill>kill.cpp
//
static
HRESULT
KillProcess(
    __in DWORD dwProcessId
    )
{
    CHandle shProcess;

    ChkProlog();
    shProcess.Attach(::OpenProcess(
        PROCESS_TERMINATE,
        FALSE,
        dwProcessId
        ));
    ChkWin32(shProcess);

    ChkWin32(::TerminateProcess(shProcess, 0));

    ChkNoCleanup();
}
```

可以使用上面的 C++ 程序终止相同用户身份下运行的任何进程，但是你会注意到使用该程序不能结束 Windows 服务进程，即使在提升到管理员权限的命令提示符下执行也不能结束。要在实践中看到这一现象，可以使用一个提升到管理员权限的命令提示符并启动 trusted installer 服务，当交付微软 Windows 更新到目标机器并作为 LocalSystem 服务（系统最高级别）运行时会使用该服务。

```
net start trustedinstaller
tlist.exe -p trustedinstaller
708
```

当使用之前相同的 C++ 程序试图杀死 trusted installer 服务的新实例时会失败，如下面的命令所示，这里使用 tlist 工具获取的 PID。

> **警告**：每一次实验运行的服务会有不同的进程 ID（PID），所以一定要使用上一步中 tlist 获得的 PID，这样才不会杀死系统上的一个关键进程。

```
C:\book\code\chapter_13\Kill\objfre_win7_x86\i386\kill.exe 708
HRESULT: 0x80070005
```

HRESULT（0x8007005）返回值表示 Win32 的 "access denied" 错误代码，它通常表示一个失败的访问检查。如果在用户态调试器下运行这个程序来试图调试到发生错误的调用点，你会看到上面的行为不再重现，trustedinstaller 服务可以成功被结束而且没有发生任何错误。

```
0:000> vercommand
command line: '"c:\Program Files\Debugging Tools for Windows (x86)\windbg.exe"
c:\book\code\chapter_13\Kill\objfre_win7_x86\i386\kill.exe 708'
0:000> $ Run the target process to completion
0:000> g
0:000> $ Terminate the session
0:000> q
```

在上述场景运行之后，可以使用 tlist.exe 工具来确认 trusted installer 进程确实已经消失，如下面的列表所示，显示进程 ID（PID）的值为-1，表示系统中没有指定进程实例。

```
tlist.exe -p trustedinstaller
-1
```

这一神奇现象背后的原因是，终止一个服务进程需要 SeDebugPrivilege 安全权限。尽管内置管理员组成员拥有这种权限，默认情况下系统没有启用它们的访问令牌。正如第 3 章介绍的那样，Windows 用户态调试器则启用了这一权限（在用户安全上下文中可用），从而可以自由地打开和调试以不同用户标识运行的进程。但是，作为一个意想不到的副作用，在上述实验中，作为调试进程子进程启动的目标进程继承了这一相同的访问令牌，包括启用的调试权限！这就解释了观察到的行为在用户态调试器的控制下不能重现的原因。

避免这种干扰的一个方法是在目标已经启动后附加一个用户态调试器。另一种方法是使用 ETW 跟踪实施非侵入式的程序行为跟踪，从而获取代码失败的调用栈。下面将对第二种方法进行介绍。

> **注意**：如果在提升到管理员权限的命令提示符下使用 .NET Process 类的 System.Diagnostics 命名空间来杀死运行在不同用户身份下的进程，你会惊喜地看到，在这种情况下该代码会成功执行。
>
> ```
> C:\book\code\chapter_13\KillManaged>net start trustedinstaller
> C:\book\code\chapter_13\KillManaged>kill.exe trustedinstaller
> ```
>
> 原因在于，.NET 类会为当前进程自动启用 SeDebugPrivilege 特权（当用户拥有这种特权时）。因此，之前运行在完全提升权限的管理员身份的程序可以结束机器上任何用户进程，就如同本地使用 Windows 调试器安装包所附带的 kill.exe 程序一样。

跟踪系统调用失败

由于 ETW 和 Xperf 的非侵入特性，一旦你发现附加一个用户态调试器会改变观察到的程序行为，就可以使用 ETW 和 Xperf 跟踪上述例子。要做到这一点，可以启动一个跟踪会话并启用 SYSCALL 内核标志和 SyscallExit stack-walk 选项，这样在跟踪会话期间会在每一个系统调用的出口（返回）处记录栈跟踪事件。下面的清单给出了这些命令序列，需要在提升到管理员权限的命令提示符下运行。

```
net start trustedinstaller
tlist.exe -p trustedinstaller
4328


C:\book\code\common\scripts\start_kernel_trace.cmd -kf SYSCALL -ks SyscallExit
INFO: Invoking xperf to start the session...
CmdLine: (xperf.exe -on PROC_THREAD+LOADER+SYSCALL -stackwalk SyscallExit)

---- Execute the kill.exe test program ----
C:\book\code\chapter_13\Kill\objfre_win7_x86\i386\kill.exe 4328
HRESULT: 0x80070005


C:\book\code\common\scripts\stop_kernel_trace.cmd
INFO: Invoking xperf to stop the session...
CmdLine: (xperf.exe -stop -d c:\temp\merged.etl)
```

现在可以使用 Xperf 查看器用户界面查看生成的 ETW 跟踪日志文件。SYSCALL 提供者并不经常使用，所以它没有专用的图形，与其相关的栈跟踪信息在 Stack Counts By Type 图形中。该图形的汇总表显示了跟踪会话期间每一个进程产生的所有系统调用。

当展开 kill.exe 进程上下文调用栈时，你会发现在 MainHR 中没有执行 Win32 API TerminateProcess 系统调用。还会看到 MainHR 函数调用了 OpenProcess，如图 13-36 所示。这实质上已经跟踪 "access denied" 失败根源到 Win32 API 的 OpenProcess 函数了，该函数一定返回了这个错误。

```
C:\book\code\common\scripts\view_trace.cmd -sympath
C:\book\code\chapter_13\kill\objfre_win7_x86\i386
...
INFO: Invoking xperf to view the trace...
CmdLine: (xperf.exe c:\temp\merged.etl)
```

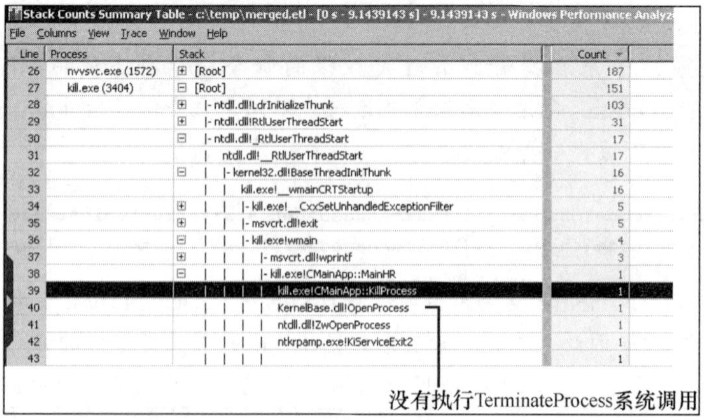

图 13-36　Xperf 查看器用户界面中的系统调用栈跟踪

13.3.2 跟踪系统内部机制

当使用调试器研究系统功能和组件时，ETW 跟踪也可以作为它的一种有效补充。特别是进程事件和加载器内核事件在研究系统内部机制时非常有用，因为它们可以让你获取跟踪场景所涉及组件宏观层面的理解。本节将演示一种方法，该方法主要通过展示 ETW 跟踪的一个实际应用来实现对 Windows Vista 和更高版本 Windows 系统 UAC 权限提升序列内部机制的剖析。

制定一个探索策略

在 Windows Vista 中，微软引入 UAC 机制来解决在执行常规任务时用户经常以完全管理权限运行的问题，如浏览互联网，这并不需要如此高的权限。这一机制与微软在过去十年时间一直努力跟踪和推荐的行业整体安全理念相符，该理念主要宣扬"纵深防御（defense-in-depth）"概念和以尽可能的"最小特权（least privileges）"运行。

UAC 可以让用户以管理员或者最好是普通用户运行，只有当应用程序需要执行管理员任务时才会提升到完全管理员权限访问令牌。UAC 的主要好处之一是，它可以迫使所有 Windows 开发人员在设计、编写和测试他们的应用程序时考虑安全性。在过去（Windows XP 和更早版本）经常会发生应用程序草率地发布，而没有在"普通用户"场景中进行适当的测试，迫使他们的最终用户要以管理员权限运行，使用户面临高风险的互联网病毒威胁。这种情况下，病毒可以利用管理员权限，从而导致更大的破坏。

你可以合理地猜测在 UAC 提升序列中需要在某个地方调用一个足够高权限的进程，从而可以安全地促成 Windows shell 进程（explorer.exe）从较低的完整性级别（Medium）到较高的完整性级别（High）权限提升的 cmd.exe 命令提示符进程转换。第 9 章关于完整性级别和它们在 Windows 安全模型中的角色有一个很好的介绍，所以如果你想要清楚 UAC 和完整性级别相互之间的关系，一定要阅读该章节的内容。

幸运的是，系统内置的 ETW 检测（使用 PROC_THREAD 内核标志启用）可以允许你查看跟踪会话期间启动的每一个新进程的创建调用栈。这通常是所有系统跟踪探索的第一步。观察系统内部机制一个常见的策略是逐步启用提供者，从而可以获得场景内部机制更多的知识，而且需要更多的事件来确认形成的场景工作机制的假设。下面的方法是相当普遍的策略。

- 启用 PROC_THREAD 和 LOADER 内核标志，从而你可以观察跟踪会话期间进程、线程和映像加载等信息。
- 启用 CSWITCH 和 PROFILE 内核标志，从而你可以观察跟踪会话期间系统每个 CPU 核心上运行的线程，以及它们消耗 CPU 时间的采样。
- 前两个步骤提供了跟踪会话中每个进程执行代码路径的一个良好的近似。你还可以通过选择启用更多的提供者来观察场景。例如，如果你想观察场景中的通信模式，可以启用远程过程调用（Remote Procedure Call，RPC）或 TCP/IP 用户提供者。还可以使用 REGISTRY 和 FILE_IO_* 内核标志来更仔细地观察注册表和文件 I/O 访问等。

使用内核 ETW 事件观察场景

遵循上述策略，你可以启动一个 ETW 跟踪会话并启用 PROC_THREAD、LOADER、PROFILE

和 CSWITCH 内核提供者，如下面的命令所示。而且还可以启用几个 stack-walk 选项，从而场景中的关键栈跟踪也可以记录到跟踪文件中。

```
C:\book\code\common\scripts\start_kernel_trace.cmd -kf CSWITCH+PROFILE -ks
ProcessCreate+CSwitch+Profile
INFO: Invoking xperf to start the session...
CmdLine: (xperf.exe -on PROC_THREAD+LOADER+CSWITCH+PROFILE -stackwalk
ProcessCreate+CSwitch+Profile)
```

启动上述会话之后，通过右击开始菜单中的命令提示符并选择以管理员身份运行来请求 UAC 权限提升，如图 13-37 所示。

图 13-37　为 cmd.exe 启动 UAC 权限提升序列

在你同意权限提升请求后，新的 cmd.exe 进程最终被创建，你可以停止 ETW 跟踪并和往常一样合并跟踪文件。

```
C:\book\code\common\scripts\stop_kernel_trace.cmd
INFO: Invoking xperf to stop the session...
CmdLine: (xperf.exe -stop -d c:\temp\merged.etl)
```

现在可以在 Xperf 查看器用户界面中分析上述跟踪所捕获的事件。你会在 Process Lifetimes 图形中发现一个有趣的进程，该进程为 consent.exe。这个进程似乎在新的 cmd.exe 进程实例创建之前运行了几秒并退出，如图 13-38 所示。该进程就是在创建提升权限目标进程实例之前询问你是否同意 UAC 权限提升请求用户界面对话框的所有者。

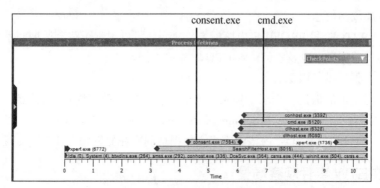

图 13-38　跟踪会话期间的进程生命周期

由于在启动 NT 内核日志记录会话时启用了 ProcessCreate 的 stack-walk 选项，所以跟踪文件中包含 consent.exe 进程实例的创建调用栈，该调用栈代表了 UAC 提升序列中一个有趣的检查点。具体地说，它揭示了 consent.exe 进程是由 AppInfo（AppInfo!RaiLaunchAdminProcess）服务所创建的。如图 13-39 所示，该图为上述 Process Lifetimes 图形的汇总表。

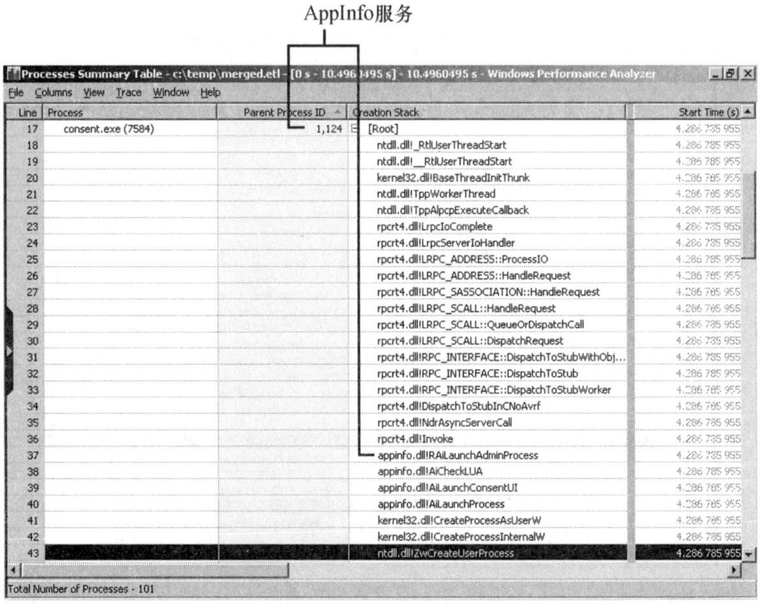

图 13-39　Xperf 进程生命周期汇总表中关于 consent.exe 进程的创建调用栈

上述调用栈在创建者（父）进程上下文中记录，它们的进程 ID（PID）也包含在 ETW 的 ProcessCreate 事件载荷中。根据本实验的情况，该 PID 的值为 1124。从 System Configuration 对话框中查看服务选项卡，该 PID 可以被追踪到一个 svchost.exe 实例，它管理并共享 AppInfo 服务，如图 13-40 所示。这就解释了图 13-39 从调用栈中所观察到的 appinfo.dll 的调用帧。

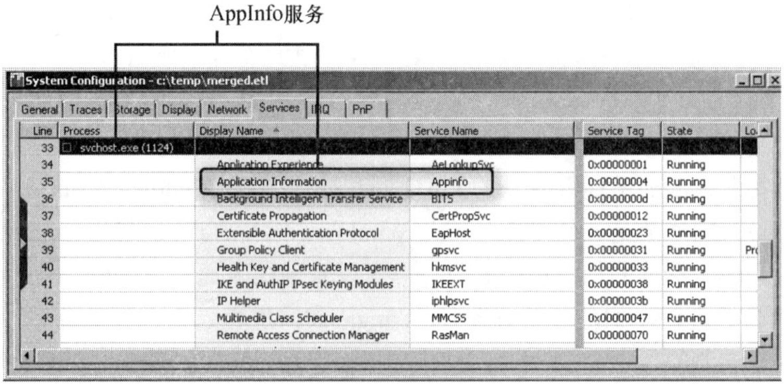

图 13-40　Windows 的 AppInfo（应用信息）服务

AppInfo 服务在强大的 LocalSystem 账户下运行，它是 UAC 提升序列中的中间代理。由于它是 LocalSystem 权限，这种服务可以启动任何完整性级别的进程，前提当然是用户同意权限提升请求。事实证明，该服务不但创建 consent.exe，而且在 UAC 提升序列结束时创建权限提升的

cmd.exe 进程。

现在你已经了解了该场景的高级别，可以通过使用之前会话记录的 CSWITCH 和 PROFILE 事件来展开分析，并确定调用 AppInfo!RAiLaunchAdminProcess 函数创建 consent.exe 进程，以及后续调用它创建 cmd.exe 进程所作的工作。这些栈跟踪事件在 Stack Counts By Type 汇总表中显示，如图 13-41 所示。

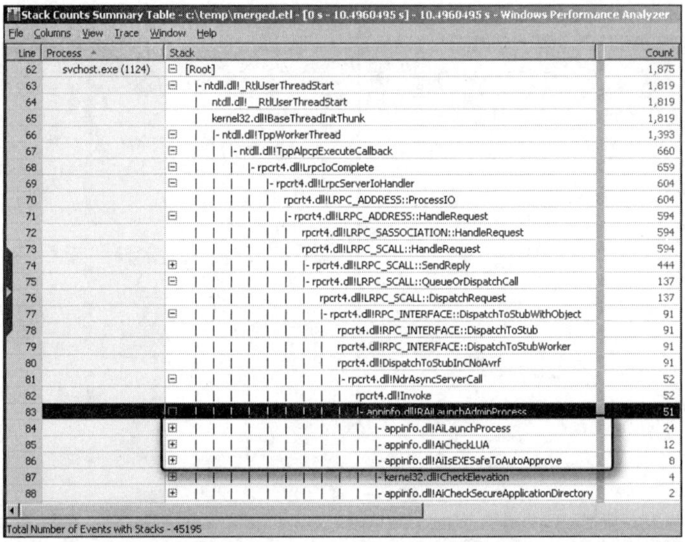

图 13-41　在跟踪会话期间记录的 CSwitch 和 Profile 的 stack-walk 事件

首先，调用 AppInfo!AiIsEXESafeToAutoApprove 以确定该进程是否已经请求自动批准，而不需要弹出是否同意用户界面，如下面的调用栈所示。

```
---- stack traces going from caller to callee, per the Xperf convention ----
...
appinfo.dll!RAiLaunchAdminProcess
appinfo.dll!AiIsEXESafeToAutoApprove
appinfo.dll!AipCheckFusion
kernel32.dll!CreateActCtxW
KernelBase.dll!MapViewOfFile
...
```

Windows 7 中 UAC 一个重要的变化是引入了微软签名的系统安全二进制文件白名单，白名单程序可以自动提升权限而不需要额外的 UAC 同意提示。在 Windows Vista 系统中，UAC 提示用户（包括管理员）的次数是非常多的，因此 Windows 7 引入自动权限提升来帮助解决管理员面临的这一问题（当然，标准的用户在需要时仍然可以看到权限提升对话框）。在 system32 目录下存在几个微软签名的进程，如任务管理器（taskmgr.exe）进程，在它们的清单（RT_MANIFEST 作为资源存储在二进制映像中）中要求自动权限提升，但是 cmd.exe 进程不在 UAC 白名单列表中，所以导致之前的检查失败。

然后 AppInfo!RAiLaunchAdminProcess 函数继续创建 UAC 同意用户界面，如下面的调用栈所示，这些调用栈也是从上述 Stack Counts By Type 汇总表中获取的。

```
---- stack traces going from caller to callee, per the Xperf convention ----
...
```

```
appinfo.dll!RAiLaunchAdminProcess
appinfo.dll!AiCheckLUA
appinfo.dll!AiLaunchConsentUI
appinfo.dll!AiLaunchProcess
kernel32.dll!CreateProcessAsUserW
...
```

用户同意权限提升后，AppInfo!RAiLaunchAdminProcessf 最终创建权限提升的 cmd.exe 进程。

使用用户 ETW 事件观察场景

前一节所示的 AppInfo!RAiLaunchAdminProcess 进程创建调用栈似乎是一个远程过程调用（RPC）的结果（服务器端）。

```
---- stack traces going from caller to callee, per the Xperf convention ----
...
ntdll.dll!TppWorkerThread
ntdll.dll!TppAlpcpExecuteCallback
rpcrt4.dll!LrpcIoComplete
rpcrt4.dll!LrpcServerIoHandler
rpcrt4.dll!LRPC_ADDRESS::ProcessIO
rpcrt4.dll!LRPC_ADDRESS::HandleRequest...
rpcrt4.dll!NdrAsyncServerCall
rpcrt4.dll!Invoke
appinfo.dll!RAiLaunchAdminProcess
appinfo.dll!AiLaunchProcess
kernel32.dll!CreateProcessAsUserW
kernel32.dll!CreateProcessInternalW
ntdll.dll!ZwCreateUserProcess
...
```

使用上述 ETW 跟踪会话，可以确定检查点之后，新的权限提升命令提示符进程最终创建之前的关键函数调用。剩下的唯一的难题就是确定这个检查点之前发生了什么，更具体地说就是 RPC 通信的客户端发生了什么。其中一种方法就是捕获另一个关于 UAC 权限提升序列的 ETW 跟踪，但是这次需要启用 RPC 用户提供者，如下面的命令序列所示。

```
C:\book\code\common\scripts>start_user_trace.cmd -kf CSWITCH+PROFILE -ks
ProcessCreate+CSwitch+Profile -up Microsoft-Windows-RPC:::'stack'

---- Launch a new elevated cmd.exe process instance ----

C:\book\code\common\scripts>stop_user_trace.cmd
```

通过查看在 consent.exe 进程创建时刻前后时间间隔内所记录的 RPC 事件，可以发现 RPC 通信的客户端。这些信息在图 13-42 中给出了显示，在 Generic Events 图形中以 consent.exe 进程创建事件的时间间隔为中心选择 RPC 客户端调用。

```
C:\book\code\common\scripts>view_trace.cmd
```

图 13-43 是通过上述步骤打开的汇总表，显示了 RPC 请求 Windows shell 进程（explorer.exe）初始化的 AppInfo 服务，这是可预期的，因为此处开始提升 UAC 权限。

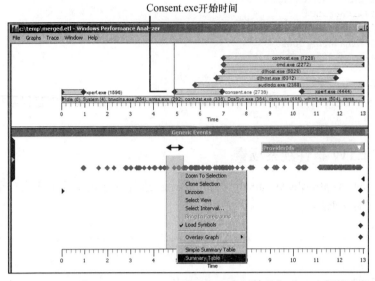

图 13-42 使用 Generic Events 图形和它的汇总表查看 RPC 事件

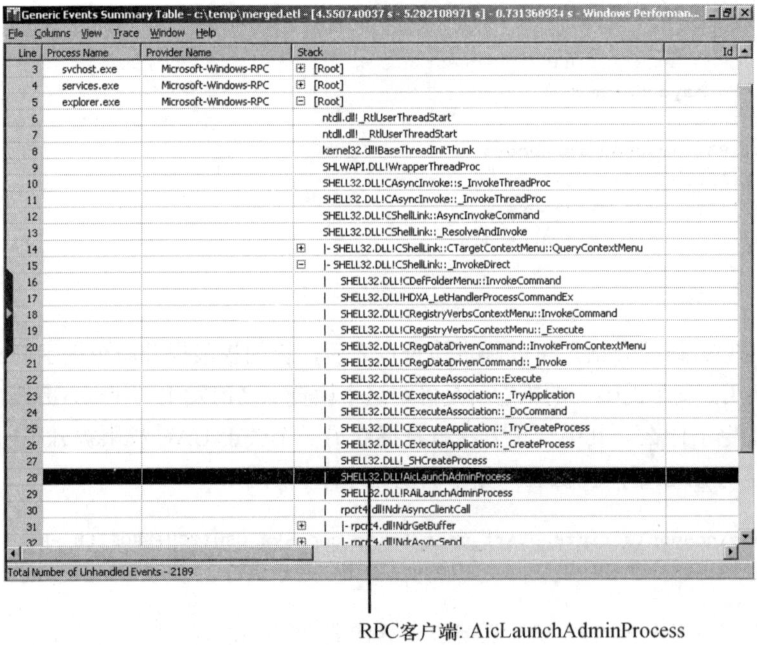

RPC客户端: AicLaunchAdminProcess

图 13-43 从 explorer.exe 的 AppInfo 服务发起的 RPC 客户端调用

explorer.exe 进程调用 shell32!AicLaunchAdminProcessf 函数作为 appinfo!RAiLaunchAdminProcess 远程过程调用的客户端。反过来创建这个线程,用来完成右击鼠标选择以管理员身份运行并初始化 UAC 权限提升序列时,实现 Windows shell 进程调用 shell32!ShellExecuteW 函数。

图 13-44 概括了这个案例研究示例中描述的架构,从 explorer.exe 进程调用 ShellExecute 时开始(该图中的步骤1),到 AppInfo 代理服务以高完整性级别创建新的命令提示符的进程实例(步骤4)结束,其中需要询问用户是否同意 UAC 权限提升请求(步骤2和3)。

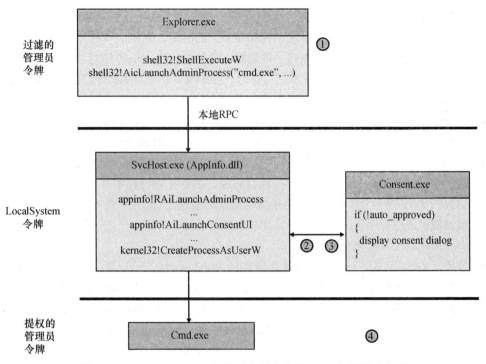

图 13-44　Windows Vista 及其更高版本中的 UAC 权限提升序列

13.4　小结

本章介绍了几种常见的跟踪需求，并演示了进行调查的一些技巧。为要完成的任务选择最合适的工具往往是实施高效和成功调查的关键因素。这就是为什么本章给出的工具列表刻意地保持精炼，只给出每个任务最好的工具。事实证明，本章使用的跟踪工具基本上都是基于 ETW 的（VMMap 除外），每一个工具都试图在易用性和支持先进的跟踪需求能力之间保持平衡。

在结束本章之前，这里给出一些建议来帮助你针对每一个场景选择正确的工具或者工具集。

- 性能延迟不会自己标记其延迟的原因，因此需要通过查看资源利用率（一般来说为 CPU 和磁盘）来开始你的调查。Xperf 可以选择进行磁盘 I/O 的调查，因为它有专用的图形，允许你以很高的精度来查看文件级别和磁盘级别的活动。
- 如果事实证明场景为计算密集型，CPU 采样分析将帮助你确定瓶颈的调用位置。Xperf 和 PerfView 都能很好地支持这类任务。但是如果跟踪托管（.NET）代码，这里应该使用 PerfView 工具。
- 如果执行延迟是由于线程间的依赖关系而不是活动的 CPU 使用，必须进行一次"阻塞时间"的调查。Visual Studio 2010 中的并行性能分析器（PPA）具有最方便的可视化用户界面，它可以帮助你查看什么时候线程会阻塞，并给出线程在等待什么。然而，PPA 实际上是针对相同进程的并行分析，它还需要 Visual Studio，这无形中排除了现场服务调查的这一应用场景。对于跨进程依赖或者生成中的跟踪，可以使用 Xperf 或者 PerfView。其中，PerfView 可以再次被选中用于.NET 的调查。
- 内存分析是性能分析理解较少的领域，这也意味着它常常会被开发者所忽视，直到由于负载较重产生严重的性能问题。VMMap 有一个其他工具不具有的独特能力，它可以让你轻松地看到进程中内存使用（堆、栈和映像）的故障。例如，一旦使用 VMMap 缩小内存使用问题为本地或者托管代码的堆问题，就可以使用 Xperf 进行 NT 堆分析或者使用 PerfView 进行 GC 堆分析。在本书写作时，PerfView 不支持 NT 堆分析，而且 Windows 7 SDK 中的 Xperf 也没有托管代码集成。

- Xperf 也可以用来跟踪 NT 堆内存泄露，这只是 NT 堆内存浪费使用的极端情况。Xperf 所提供的图形往往使用这种方法比第 8 章介绍的 UMDH 命令行工具使用起来更方便。
- PerfView 也可用于 GC 堆"泄露"的调查，可以使用它从目标（运行的）进程捕获 GC 堆的一个转储，从而可以分析堆中的托管对象。尽管托管内存本身不会泄露，长时间存活的.NET 程序的一个常见问题是由于其他活动的引用使 GC 堆中的对象一直保持活跃。SOS 调试器扩展也可用于这一目标，并且非常适用于这个特定的任务，但它和 PerfView 用户界面相比缺乏可视化和分组功能。
- 最后，Xperf 工具——Windows 8 系统中的 Windows 性能记录器（WPR）和 Windows 性能分析器（WPA）——仍然是系统级跟踪工具的首选。和 Windows 调试器安装包一样，Windows 性能工具包在微软操作系统的开发过程中也被 Windows 开发组内部使用，所以它经常使用 ETW 框架最新添加的功能。同样地，PerfView 在微软会被.NET 小组内部使用，所以它是生成环境中托管代码跟踪工具的首选。

附录 A
WinDbg 用户态调试快速启动

本附录为最常见的用户态调试任务以及如何使用 WinDbg 调试器完成用户态调试提供了基本综述。请注意，这并不意味着对调试命令的穷举，而是一个以任务为中心的小结，可以作为开始用户态调试分析参考使用。

启动用户态调试会话

为了在 WinDbg 调试器下直接启动一个用户态进程，可以将其路径作为命令行参数，如下面的清单所示，在 windbg.exe 下启动了文本编辑器 notepad.exe 的新实例。

```
windbg.exe notepad.exe
...
0:000> $ Display the command line of the windbg.exe debugging session
0:000> vercommand
command line: 'windbg.exe notepad.exe'
```

或者，可以使用 WinDbg 中的 F6 快捷方式调试一个正在运行的用户态进程。这个操作称为将调试器附加到目标进程。

修复符号路径

将微软公共符号服务器路径添加到调试器符号搜索路径的最快方法是使用调试命令 .symfix。一旦这么做，就可以要求调试器使用新的路径查找符号并使用 .reload 命令重新加载它们，如下面的清单所示。

```
0:000> .symfix
0:000> $ The current symbols search path now contains the Microsoft public symbols server
0:000> .sympath
Expanded Symbol search path is: cache*;SRV*http://msdl.microsoft.com/download/symbols
0:000> .reload
Reloading current modules..................
```

还可以通过使用 .sympath+ 命令添加其他路径来帮助调试器定位额外的符号，例如那些与你自己的库对应的符号。

```
0:000> .sympath+ F:\book\code\chapter_02\HelloWorld\objfre_win7_x86\i386
Expanded Symbol search path is:
```

```
cache*;SRV*http://msdl.microsoft.com/download/symbols;F:\book\code\chapter_02\HelloWorld
\objfre_
   win7_x86\i386
```

修复源文件路径

如果在编译应用程序的相同机器上运行该程序，WinDbg 将根据 PDB 符号文件自动定位源文件位置。尽管如此，有些时候源代码仍会位于远程机器上。在这些情况下，你需要帮助调试器找到需要单步跟踪的源文件。例如，如果构建一个使用标准模板库（STL）的 C++程序，想要进行源代码级调试而该程序（以及 STL）源文件存放在不同的服务器上，就需要在调试器中显式地设置源文件路径。请记住，STL（C++模板库）的发布形式是一套头文件实现，它在编译时一并集成到你的二进制文件中，因此它的源代码可以供你稳定地单步调试，前提是调试器知道在哪里定位它。

```
0:000> vercommand
command line: '" c:\Program Files\Debugging Tools for Windows (x86)\windbg.exe"
c:\book\code\chapter_05\StlSample\objfre_win7_x86\i386\stlsample.exe'
0:000> .srcpath
Source search path is: <empty>
0:000> $ Add the paths to the program and STL code locations to the WinDbg search path
0:000> .srcpath+ \\SourceServer\book\code\chapter_05\stlsample
0:000> .srcpath+ \\SourceServer\ddk\7600.16385.1\inc\api\crt\stl70
...
```

假设正确设置了源文件路径，你就可以在查看调用栈（k 命令）时列举源代码行、当前源文件行（lsc 命令）或者当前指令指针地址附近的代码（lsa），如下面的清单所示。

```
0:000> k
ChildEBP RetAddr
000df8a0 00ed192c
stlsample!std::basic_string<char,std::char_traits<char>,std::allocator<char>,_STL70>::end
[\\SourceServer\ddk\7600.16385.1\inc\api\crt\stl70\xstring @ 1187]
000df8d8 00ed1982 stlsample!CMainApp::MainHR+0x2c
[\\SourceServer\book\code\chapter_05\stlsample\main.cpp @ 16]
000df8dc 00ed1de0 stlsample!wmain+0x5
[\\SourceServer\book\code\chapter_05\stlsample\main.cpp @ 32]
...
0:000> lsa .
   1183:           return (_STRING_CONST_ITERATOR(_Myptr()));
   1184:       }
1185:
   1186:       iterator __CLR_OR_THIS_CALL end()
>  1187:           { // return iterator for end of mutable sequence
   1188:           return (_STRING_ITERATOR(_Myptr() + _Mysize));
   1189:       }
   1190:
   1191:       const_iterator __CLR_OR_THIS_CALL end() const
   1192:           { // return iterator for end of nonmutable sequence
0:000> lsc
Current: \\SourceServer\ddk\7600.16385.1\inc\api\crt\stl70\xstring(1193)
```

显示目标进程的命令行

除了别的内容之外,用户态进程的进程环境块(PEB)还包括它的启动命令行。例如,调试扩展命令!peb 可用于查找用户态调试会话中的目标进程命令行。

```
0:000> vercommand
command line: '" c:\Program Files\Debugging Tools for Windows (x86)\windbg.exe" notepad.exe'
0:000> .symfix
0:000> .reload
0:000> !peb
PEB at 7ffd5000
    InheritedAddressSpace:    No
    ReadImageFileExecOptions: No
    BeingDebugged:            Yes
    ImageBaseAddress:                  00150000
...
    ProcessParameters: 00221710
    WindowTitle:  'C:\Windows\system32\notepad.exe'
    ImageFile:    'C:\Windows\system32\notepad.exe'
    CommandLine:  'notepad.exe'
...
```

控制流命令

你可以控制目标进程执行,决定每次中断返回之前调试器单步跳过多少条指令。表 A-1 列举了完成这一功能最有用的一些方法。

表 A-1　　　　　　　　　　　　　　控制流命令

调试命令	WinDbg 快捷方式	描述
p	F10	单步跨过函数调用(源码级调试)或指令(汇编级调试)
pc	无	单步跨过直到下一个函数调用
t	F11	单步进入(跟踪)函数调用(源码级调试)或回避那指令(汇编级调试)
gu	Shift+F11	单步跳出当前函数并返回到它的调用者
g	F5	继续执行目标
g[address]	无	调试命令 g 的一个有用的不变式,它让目标一直执行到[address]指示的地址上的指令

列举已加载模块及版本

例举由正被调试的用户态目标进程加载的 DLL 模块通常很有用,这可以通过使用 lm("列举模块")命令来实现。

```
0:000> lm
start    end       module name
00150000 00180000  notepad    (deferred)
73c70000 73cc1000  WINSPOOL   (deferred)
743b0000 7454e000  COMCTL32   (deferred)
74ba0000 74ba9000  VERSION    (deferred)
75ac0000 75b0a000  KERNELBASE (deferred)
75b60000 75c01000  RPCRT4     (deferred)
75c60000 75dbc000  ole32      (deferred)
75ed0000 75fa4000  kernel32   (deferred)
...
776c0000 777fc000  ntdll      (pdb symbols)          c:\Program Files\Debugging Tools
for Windows (x86)\sym\ntdll.pdb\120028FA453F4CD5A6A404EC37396A582\ntdll.pdb
...
```

为找到关于特定模块的扩展信息，可以使用 m 选项来为该命令指定一个额外的模块参数。请注意，该模块名不应该包括.dll 后缀，正确的用法如下面的清单所示（附加到 lm 的 v 用来请求更长的输出）。

```
0:000> $ Do not include the extension in the module name used with the lm command!
0:000> lmv m ntdll.dll
start    end       module name
0:000> lmv m ntdll
start    end       module name
776c0000 777fc000  ntdll      (pdb symbols)          c:\Program Files\Debugging Tools
for Windows (x86)\sym\ntdll.pdb\120028FA453F4CD5A6A404EC37396A582\ntdll.pdb
    Loaded symbol image file: C:\Windows\SYSTEM32\ntdll.dll
    Image path: ntdll.dll...
    File version:      6.1.7601.17514...
    CompanyName:       Microsoft Corporation
    ProductName:       Microsoft® Windows® Operating System...
    FileVersion:       6.1.7601.17514 (win7sp1_rtm.101119-1850)
    FileDescription:   NT Layer DLL
    LegalCopyright:    © Microsoft Corporation. All rights reserved.
```

解析函数地址

当需要查找某个已知函数或全局变量驻留的地址时，可使用 windbg.exe 调试器的 x 命令。在尝试设置代码断点时这个转换往往很有用。为了实现这一点，包含该函数或全局符号的模块（DLL 或主 EXE）应该已经加载到目标进程中。请注意，这个命令还支持宽字符（*），这通常便于发现与指定模式相匹配的变量符号（函数或全局变量）名称。

```
0:000> x notepad!*main*
00151320 notepad!_imp____getmainargs = <no type information>
00151405 notepad!WinMain = <no type information>
00153689 notepad!WinMainCRTStartup = <no type information>
0:000> x notepad!g_*
0015c00c notepad!g_ftOpenedAs = <no type information>
0015e040 notepad!g_ftSaveAs = <no type information>
0015c100 notepad!g_wpOrig = <no type information>
```

设置代码（软件）断点

可以使用 bp 命令以及函数符号名或直接的十六进制虚拟内存地址来设置代码断点。然后 Bl 和 bd 命令可以分别用来列举和禁用活动代码断点。已禁用的断点可使用 be 命令恢复。当不在需要一个断点时，可以使用 bc 命令来从 WinDbg 维持的断点列表中永久移除它。

```
0:000> x notepad!*main*
00581320 notepad!_imp____getmainargs = <no type information>
00581405 notepad!WinMain = <no type information>
00583689 notepad!WinMainCRTStartup = <no type information>
0:000> $ Set a breakpoint using the address of the WinMain function
0:000> bp 0x00581405
0:000> $ Set the same breakpoint using the symbolic name (notepad!WinMain) of the function
0:000> bp notepad!WinMain
breakpoint 0 redefined
0:000> $ Breakpoint #0 (first one) is enabled ("e")
0:000> bl
 0 e 00581405     0001 (0001) 0:**** notepad!WinMain
0:000> bd 0
0:000> $ Breakpoint #0 is now disabled ("d")
0:000> bl
 0 d 00581405     0001 (0001) 0:**** notepad!WinMain
0:000> $ Clear the breakpoint (remove it permanently)
0:000> bc 0
0:000> $ No registered breakpoints exist in the debugging session now
0:000> bl
```

还可以使用 bu 命令来设置未解析的断点。如果试图在模块中的某个函数设置断点，而该模块尚未加载或可能已经卸载且后面会被重新加载，那么该命令是有用的。通过 bp 命令，断点会随着当前模块卸载而丢失。通过 bu 命令，断点会在模块卸载转换到一个未解析的状态，并在模块重新加载时再次自动变为激活状态。然而，即便使用 bu 命令，仍然建议大家至少使用一次（在模块加载之后）x 命令来验证你是否为断点提供了正确符号名。设置代码断点的第 3 个选择是 bm 命令。与 bp 和 bu 不同，bm 命令设置与命令使用的符号名相匹配的断点，因此可以使用它为特定函数的所有重载一次性设置断点。此外，bm 命令支持常规表达式。这允许你使用宽字符，例如，以便一次设置多个断点。然而，bm 命令要求私有符号，这意味着不能使用它设置系统代码断点，而只能在你自己的代码中设置。

设置数据（硬件）断点

可以在某个虚拟地址被 CPU 读取、写入或执行的任何时候设置断点。这些类型的断点称为数据断点，它们可以使用调试命令 ba（"访问时中断"）插入。例如，下列清单显示了如何设置一个读数据断点（"r"），使得一旦目标进程从其 PEB 中读取 NT 全局标志（4 字节整数）时就在调试器中停下。这个例子中，伪寄存器$peb 用于引用当前进程 PEB 结构的地址。要了解更多伪寄存器和数据断点，请参考第 5 章。

```
0:000> vercommand
command line: '" c:\Program Files\Debugging Tools for Windows (x86)\windbg.exe" notepad.exe'
0:000> .symfix
0:000> .reload
0:000> $ The NT global flag field is a 4-byte integer at offset +0x068 from the start of the PEB
0:000> dt ntdll!_PEB @$peb NtGlobalFlag
   +0x068 NtGlobalFlag : 0x40470
0:000> ba r4 @$peb+0x068
0:000> g
Breakpoint 0 hit
ntdll!RtlGetNtGlobalFlags+0xc:
0:000> k
ChildEBP RetAddr
0017edf4 778ceb45 ntdll!RtlGetNtGlobalFlags+0xc
0017eecc 778f5ae0 ntdll!RtlpAllocateHeap+0xbec
0017ef50 77965eab ntdll!RtlAllocateHeap+0x23a
0017ef9c 7792a376 ntdll!RtlDebugAllocateHeap+0xb5
0017f080 778f5ae0 ntdll!RtlpAllocateHeap+0xc4
0017f104 779007eb ntdll!RtlAllocateHeap+0x23a
...
```

请注意该断点会命中很多次，大多数是在系统模块 ntdll.dll 中，例如 NT 堆管理器函数。一旦你不再需要该数据断点，禁用它的方式与禁用常规代码断点的方式完全相同，即使用 **bd** 命令以及该断点号（这个例子中是 0）。

```
0:000> bd 0
0:000> g
```

线程间切换

在用户态调试器中使用~命令（不带任何额外的参数）会显示目标进程中可用的线程。

```
0:001> $ List current threads in the process
0:001> ~
   0  Id: d30.20c Suspend: 1 Teb: 7ffde000 Unfrozen
.  1  Id: d30.17c0 Suspend: 1 Teb: 7ffdd000 Unfrozen
```

然后，可以通过使用线程号和~命令的 s 后缀将当前上下文切换到任何线程，如下面的清单所示。

```
0:001> ~0s
0:000> $ Notice the debugger prompt now indicates thread #0 (0:000 instead of 0:001)
```

显示调用栈

k 命令可用于显示目标进程中任何线程的调用栈。默认情况下，该命令显示当前线程的栈跟踪。可以在该命令后附加一个后缀 n 来显示调用栈上每个函数后面的帧序号。例如，下列命令显示在附加到 notepad.exe 进程的运行实例之后的中断线程调用栈（以及帧序号）。

显示调用栈

```
0:001> kn
 # ChildEBP RetAddr
00 00ebf924 7775f161 ntdll!DbgBreakPoint
01 00ebf954 75f1ed6c ntdll!DbgUiRemoteBreakin+0x3c
02 00ebf960 777237f5 kernel32!BaseThreadInitThunk+0xe
03 00ebf9a0 777237c8 ntdll!__RtlUserThreadStart+0x70
04 00ebf9b8 00000000 ntdll!_RtlUserThreadStart+0x1b
```

还可以显示进程中所有线程的栈跟踪而不需要首先切换到该线程的上下文，通过为 k 命令加上前缀~符号和目标线程序号来实现这一点。

```
0:001> ~
   0  Id: 7d0.12c0 Suspend: 1 Teb: 7ffdf000 Unfrozen
.  1  Id: 7d0.744 Suspend: 1 Teb: 7ffde000 Unfrozen
0:001> $ Current thread is thread #1. Display the stack trace for thread #0
0:001> ~0k
ChildEBP RetAddr
000ef8b4 7600cde0 ntdll!KiFastSystemCallRet
000ef8b8 7600ce13 USER32!NtUserGetMessage+0xc
000ef8d4 00fe148a USER32!GetMessageW+0x33
000ef914 00fe16ec notepad!WinMain+0xe6
...
```

还可以使用宽字符（*）来一次性转储目标进程中所有线程的栈跟踪。

```
0:000> ~*k
.  0  Id: d30.20c Suspend: 1 Teb: 7ffde000 Unfrozen
0013f860 758acde0 ntdll!KiFastSystemCallRet
0013f864 758ace13 USER32!NtUserGetMessage+0xc
0013f880 00ab148a USER32!GetMessageW+0x33
0013f8c0 00ab16ec notepad!WinMain+0xe6
...
#  1  Id: d30.17c0 Suspend: 1 Teb: 7ffdd000 Unfrozen
01a4ff18 7709f161 ntdll!DbgBreakPoint
01a4ff48 757eed6c ntdll!DbgUiRemoteBreakin+0x3c
01a4ff54 770637f5 kernel32!BaseThreadInitThunk+0xe
01a4ff94 770637c8 ntdll!__RtlUserThreadStart+0x70
01a4ffac 00000000 ntdll!_RtlUserThreadStart+0x1b
```

当你的调用栈已经非常深了，例如在.NET 应用程序中，你可能还需要通过 k 命令显式提供帧的数量来查看完整的调用栈，如果它的深度刚好超过了 WinDbg 调试器显示的默认大小（20 帧）。这种使用模式如下面的清单所示。

```
0:001> $ Display up to 50 frames from thread #0's call stack
0:001> ~0k 50
ChildEBP RetAddr
000ef8b4 7600cde0 ntdll!KiFastSystemCallRet
000ef8b8 7600ce13 USER32!NtUserGetMessage+0xc
000ef8d4 00fe148a USER32!GetMessageW+0x33
000ef914 00fe16ec notepad!WinMain+0xe6
...
```

显示函数参数

当调试你自己的代码时，可以通过使用 kP 命令来显示调用栈上函数的参数。后缀 P 告诉调试器还需要打印调用栈上函数的参数值。

```
0:000> vercommand
command line: '" c:\Program Files\Debugging Tools for Windows (x86)\windbg.exe"
c:\book\code\chapter_08\RefCountDB\objfre_win7_x86\i386\RefCountDB.exe'
0:000> .symfix
0:000> .reload
0:000> bp RefCountDB!CRefCountDatabase::AddRef
0:000> g
Breakpoint 0 hit
0:000> kP
ChildEBP RetAddr
0014f718 00c0211a RefCountDB!CRefCountDatabase::AddRef(
    void * pObj = 0x00225478) [c:\book\code\chapter_08\refcountdb\reftracker.h @ 174]
0014f724 00c021a0 RefCountDB!CRefCountDatabase_AddRef(
    void * pObj = 0x00225478)+0x14 [c:\book\code\chapter_08\refcountdb\reftracker.h @ 359]
0014f730 00c02217 RefCountDB!CIUnknownImplT<1>::CIUnknownImplT<1>(void)+0x11
[c:\book\code\chapter_08\refcountdb\reftracker.h @ 39]
0014f738 00c02290 RefCountDB!CRefCountObject::CRefCountObject(void)+0xa
0014f74c 00c022de RefCountDB!CMainApp::MainHR(void)+0x1f
[c:\book\code\chapter_08\refcountdb\main.cpp @ 44]
0014f754 00c0246f RefCountDB!wmain(void)+0x14 [c:\book\code\chapter_08\refcountdb\main.cpp @ 70]
...
```

当只使用公共符号调试系统代码时，查找调用栈中函数的参数稍微复杂一些，因为它需要你理解每个函数的调用约定。当使用微软二进制文件的公共符号时，关于调用约定的描述以及如何找到函数参数，请参考第 2 章。

显示局部变量

dv 命令（或者 WinDbg 中的 View\Local 菜单操作）可用于显示局部变量，尽管该命令只在你具有正调试模块的私有符号代码时才起作用。在前一节的例子中，当目标停止在 AddRef 函数时，该命令显示下面的输出。

```
0:000> dv
         this = 0x00c04020
         pObj = 0x00225478
     spObjRef = class ATL::CComPtr<CRefCountDatabase::CObjRef> { 00000000 }
```

显示本地类型的数据成员

最重要的调试命令之一是 dt（"转储类型"）命令，它允许显示 C/C++结构和类的字段，其功能也可以在 View\Watch 界面窗口中访问。例如，在前一节的例子中，可以使用调试器显示当前类实例（对象指针 this）的内部字段。还可以使用 dt 命令的-r 选项来递归显示每个字段的子类型，如下面的调试器清单所示。

```
0:000> dt this
Local var @ ecx Type CRefCountDatabase*
   +0x000 m_objs          : ATL::CAtlMap<unsigned
long,ATL::CComPtr<CRefCountDatabase::CObjRef>,ATL::CElementTraits<unsigned
long>,ATL::CElementTraits<ATL::CComPtr<CRefCountDatabase::CObjRef> > >
   +0x030 m_cs            : _RTL_CRITICAL_SECTION
   +0x048 m_bInited       : 0n1
   =00c00000 MAX_CAPTURED_STACK_DEPTH : 0n9460301
0:000> dt -r this
Local var @ ecx Type CRefCountDatabase*
   +0x000 m_objs          : ATL::CAtlMap<unsigned
long,ATL::CComPtr<CRefCountDatabase::CObjRef>,ATL::CElementTraits<unsigned
long>,ATL::CElementTraits<ATL::CComPtr<CRefCountDatabase::CObjRef> > >
      +0x000 m_ppBins          : (null)
      +0x004 m_nElements       : 0
      +0x008 m_nBins           : 0x11
      +0x00c m_fOptimalLoad    : 0.75
      +0x010 m_fLoThreshold    : 0.25
      +0x014 m_fHiThreshold    : 2.25
      +0x018 m_nHiRehashThreshold : 0x26
      +0x01c m_nLoRehashThreshold : 0
      +0x020 m_nLockCount      : 0
      +0x024 m_nBlockSize      : 0xa
      +0x028 m_pBlocks         : (null)
      +0x02c m_pFree           : (null)
   +0x030 m_cs            : _RTL_CRITICAL_SECTION
...
```

当调试系统代码而调试器无法推断出符号的类型信息时，还可通过 dt 命令获得显式的类型。例如，下面的清单列出了如何使用$peb 伪寄存器作为虚拟地址（结构的存储地址）别名来显示目标进程的 PEB 结构。

```
0:000> r @$peb
$peb=7ffd5000
0:000> dt ntdll!_PEB 7ffd5000
   +0x000 InheritedAddressSpace : 0 ''
   +0x001 ReadImageFileExecOptions : 0 ''
   +0x002 BeingDebugged    : 0x1 ''
...
   +0x010 ProcessParameters : 0x003d2ad8 _RTL_USER_PROCESS_PARAMETERS
```

dt 命令中使用的类型的内存地址可以在类型本身之前或之后出现。例如，下面的命令是等价的。

```
0:000> dt 0x003d2ad8 _RTL_USER_PROCESS_PARAMETERS
0:000> dt _RTL_USER_PROCESS_PARAMETERS 0x003d2ad8
```

在调用帧之间导航

可以使用 WinDbg 中的 View\Call Stack 窗口在线程调用栈的帧之间导航,并双击你想切换到的帧。或者,可以使用 kn 命令获取帧序号,然后使用 .frame 命令来轻松地跳转到那个帧的上下文(源代码、局部变量等),如下面的调试器清单所示。

```
0:000> kn
# ChildEBP RetAddr
00 0014f718 00c0211a RefCountDB!CRefCountDatabase::AddRef
[c:\book\code\chapter_08\refcountdb\reftracker.h @ 174]
01 0014f724 00c021a0 RefCountDB!CRefCountDatabase_AddRef+0x14
[c:\book\code\chapter_08\refcountdb\reftracker.h @ 359]
02 0014f730 00c02217 RefCountDB!CIUnknownImplT<1>::CIUnknownImplT<1>+0x11
[c:\book\code\chapter_08\refcountdb\reftracker.h @ 39]
03 0014f738 00c02290 RefCountDB!CRefCountObject::CRefCountObject+0xa
04 0014f74c 00c022de RefCountDB!CMainApp::MainHR+0x1f
[c:\book\code\chapter_08\refcountdb\main.cpp @ 44]
05 0014f754 00c0246f RefCountDB!wmain+0x14 [c:\book\code\chapter_08\refcountdb\main.cpp @ 70]
...
0:000> $ Switch from frame #0 to the context of frame #2 in the call stack
0:000> .frame 2
02 0014f730 00c02217 RefCountDB!CIUnknownImplT<1>::CIUnknownImplT<1>+0x11
[c:\book\code\chapter_08\refcountdb\reftracker.h @ 39]
```

请注意,如何键入最后一个命令也会自动地改变源代码在 WinDbg 调试器中的位置,以指向调用栈中第二个帧对应的函数(假设你在调试器中正确设置了源文件路径或者正在编译某个程序的机器上调试它),这给了你一个容易的方式来快速导航调用栈上的函数源代码。还可以使用 dv 命令来显示调用帧的位置。但要注意的是,dv 命令可能显示不正确的局部变量值,因为调试器可能无法自动为你从栈上提取那些值。第 2 章详细描述了堆调用约定和它们如何影响局部变量及参数在不同 CPU 架构上的存储位置。

列举函数反汇编

可以使用 uf 命令查看函数完整的反汇编。无论你是否有二进制文件的符号,该命令都会起作用,尽管你在缺乏符号时需要使用函数的原始十六进制虚拟地址。

```
0:000> vercommand
command line: '" c:\Program Files\Debugging Tools for Windows (x86)\windbg.exe" notepad.exe'
0:000> uf notepad!WinMain
notepad!WinMain:
00051405 8bff            mov     edi,edi
00051407 55              push    ebp
00051408 8bec            mov     ebp,esp
...
```

也可以使用 u 命令解码指定内存位置后面的反汇编代码。特殊的"."参数可作为指令指针寄存器中内存地址的别名。

```
0:000> k
ChildEBP RetAddr
001df93c 77740dc0 ntdll!LdrpDoDebuggerBreak+0x2c
001dfa9c 77726077 ntdll!LdrpInitializeProcess+0x11a9
001dfaec 77723663 ntdll!_LdrpInitialize+0x78
001dfafc 00000000 ntdll!LdrInitializeThunk+0x10
0:000> u .
ntdll!LdrpDoDebuggerBreak+0x2c:
777604f6 cc              int     3
777604f7 8975fc          mov     dword ptr [ebp-4],esi
...
```

尽管 u 命令允许解码紧随某个内存位置后面的反汇编，有时可能还需要找到指定内存位置前面的反汇编指令，即向后向解码一些反汇编。调试器允许通过使用该命令的变种 ub 来实现这一点，让你在分析调试中断时会很方便。在那些情况下，这个命令允许你快速查看是哪些指令执行导致中断，尽管当向后遍历时，解码可能因为字节流在若干 CPU 架构上有不同的解释而比较模糊。调试器可能最终提取了错误的解释，因此如果你怀疑它可能是错误的，仍需要使用 uf 命令来验证 ub 命令输出内容的合法性。

```
0:000> ub .
ntdll!LdrpDoDebuggerBreak+0x19:
77d704e3 5e              pop     esi
77d704e4 56              push    esi
77d704e5 e87e5bfaff      call    ntdll!NtQueryInformationThread (77d16068)
77d704ea 3bc3            cmp     eax,ebx
77d704ec 7c1c            jl      ntdll!LdrpDoDebuggerBreak+0x40 (77d7050a)
...
0:000> $ Notice that the "uf" output matches the decoding from "ub" in this case
0:000> uf ntdll!LdrpDoDebuggerBreak
...
77d704e3 5e              pop     esi
77d704e4 56              push    esi
77d704e5 e87e5bfaff      call    ntdll!NtQueryInformationThread (77d16068)
77d704ea 3bc3            cmp     eax,ebx
77d704ec 7c1c            jl      ntdll!LdrpDoDebuggerBreak+0x40 (77d7050a)
...
```

显示与修改内存及寄存器的值

可以使用 WinDbg 界面中的 View\Memory 和 View\Registers 窗口查看内存和寄存器的值。或者，可以使用 r 命令来查看当前存储在 CPU 寄存器中的值，并使用 d*（"转储"）命令来转储内存中的值。内存显示命令最常见的后缀如表 A-2 所示。

表 A-2　　　　　　　　　　　内存显示命令的后缀

后缀	调试命令	描述
d	dd[address]	将[address]后面的内存作为 4 字节值数组进行转储

续表

后缀	调试命令	描述
b	db[address]	将[address]后面的内存作为单字节值数组进行转储
p	dp[address]	将[address]后面的内存作为指针大小值数组进行转储(4字节或8字节，依赖于目标CPU架构)
u	du[address]	将[address]后面的内存作为UNICODE字符串进行显示
a	da[address]	将[address]后面的内存作为ASCII字符串进行显示

在下面的例子中，伪寄存器$peb 用来引用当前 PEB 结构的内存位置，并分别用 dd 和 db 命令显示。

```
0:000> $ Dump the memory location where the PEB is stored as a series of DWORD values
0:000> dd @$peb
7ffd3000 08010000 ffffffff 00320000 770d7880
0:000> $ Dump the memory location where the PEB is stored as a series of bytes
0:000> db @$peb
7ffd3000 00 00 01 08 ff ff ff ff-00 00 32 00 80 78 0d 77  ..........2..x.w
```

还可以在 WinDbg 中使用 e*（"编辑"）命令直接重写内存值，使用的后缀与 d 命令相同。当想要在调试器内存调整程序行为时这往往是很有用的。下面的例子强制性重写目标进程 PEB 结构中的 BeingDebugged 字节，使它表现得好像不再被用户态调试器所调试。要获得 PEB 的 BeingDebugged 字段的更详细信息以及它在调试条件下的实用性，请参考第 7 章。

```
0:000> $ Overwrite the ntdll!_PEB.BeingDebugged field and set it to 0
0:000> $ Edit the byte at offset 2 from where the PEB structure starts in memory
0:000> eb @$peb+2 0
0:000> $ Ctrl-Break (Debug\Break) to break-in after 'g'...
0:000> $ Notice how the break-in gets delayed as if the app isn't being debugged anymore!
0:000> g
Break-in sent, waiting 30 seconds...
WARNING: Break-in timed out, suspending.
         This is usually caused by another thread holding the loader lock
```

类似地，可以使用 f 命令来用你选择的值填充一些内存。（请注意，这个命令并不与~[线程号]f 命令相关，后者需要在用户态调试器中冻结线程。）当需要编辑更多字节时这是有用的，典型的例子是在你需要禁用调试器中的一系列指令时。下面的清单显示了如何使用 f 命令在函数调用位置插入 NOP 指令（x86 和 x64 指令集中是 0x90）。请注意，这个清单中的程序不会显示原本将在退出前输出到控制台的字符串 "Hello World!"。

```
0:000> vercommand
command line: '" c:\Program Files\Debugging Tools for Windows (x86)\windbg.exe"
c:\book\code\chapter_02\HelloWorld\objfre_win7_x86\i386\HelloWorld.exe'
0:000> .symfix
0:000> .reload
0:000> bp HelloWorld!wmain
0:000> g
Breakpoint 0 hit
0:000> uf .
...
  28 004611b8 8b356c104600    mov     esi,dword ptr [HelloWorld!_imp__wprintf (0046106c)]
```

```
    28  004611be 68bc104600        push    offset HelloWorld!'string' (004610bc)
    28  004611c3 ffd6              call    esi
    35  004611c5 c70424d8104600    mov     dword ptr [esp],offset HelloWorld!'string' (004610d8)
...
0:000> du 004610bc
004610bc  "Hello World!."
0:000> f 0x004611c3 0x004611c4 0x90
Filled 0x2 bytes
0:000> uf .
HelloWorld!wmain [c:\book\code\chapter_02\helloworld\main.cpp @ 24]:
    24  004611b5 8bff              mov     edi,edi
    24  004611b7 56                push    esi
    28  004611b8 8b356c104600      mov     esi,dword ptr [HelloWorld!_imp__wprintf (0046106c)]
    28  004611be 68bc104600        push    offset HelloWorld!'string' (004610bc)
    28  004611c3 90                nop
    28  004611c4 90                nop
    35  004611c5 c70424d8104600    mov     dword ptr [esp],offset HelloWorld!'string' (004610d8)
    35  004611cc ffd6              call    esi
    35  004611ce 59                pop     ecx
    37  004611cf 33c0              xor     eax,eax
    37  004611d1 5e                pop     esi
    38  004611d2 c3                ret
0:000> $ Notice that "Hello World!" is not displayed on the console before the program exits!
0:000> g
```

最后，还可以使用调试命令 r 重写寄存器的值。下面的例子修改从某个 Win32 API 调用的返回代码（x86 上存储在 eax 中），以便在调用该函数的应用程序代码路径中强制引发一个故障。

```
0:000> bp kernel32!CreateFileW
0:000> g
Breakpoint 1 hit
kernel32!CreateFileW:
0:000> $ Shift-F11 to step-out and return to the caller (or 'gu')
0:000> gu
eax=00000001 ebx=757efed4 ecx=0025f32c edx=770470b4 esi=00000104 edi=75866620
0:000> $ eax is 1 (indicating TRUE was returned by the API); overwrite with FALSE (0)
0:000> r eax=0
0:000> r
eax=00000000 ebx=757efed4 ecx=0025f32c edx=770470b4 esi=00000104 edi=75866620
```

结束用户态调试会话

可以在任何时候使用 q 命令，或者更常见的（如果你还打算同时结束目标进程）是使用 qd 命令（直接从调试器剥离并让目标进程在不被动态调试的情况下继续执行）结束用户态调试会话。

```
0:000> $ Exit the debugging session, but let the target process continue running
0:000> qd
```

附录 B
Windows 内核态调试快速启动

本附录对最常见的内核态调试任务以及如何使用 WinDbg 调试器完成它们进行综述。就像在附录 A 中的用户态调试引用，本附录不打算穷举内核态调试命令。相反，只是进行简单小结来支持你快速开始内核态调试实验而没有复杂细节。

前面附录中所有的用户态调试命令也可以在内核态调试器中起作用，因此你能以完全相同的方式使用它们，尽管在内核调试中，~和 lm 命令有不同的语义。还有一些只工作在内核调试器中的新命令，你很快就会看到。

启动一个内核态调试会话

参考第 2 章，它详细介绍了建立内核调试环境的不同方式。

在 CPU 上下文之间切换

如果处于内核态调试会话的目标计算有多个处理器，可以在主机内核调试器中使用~命令来改变处理器上下文。与用户态调试器中该命令用于控制目标进程的当前线程上下文不同，在内核态调试器中，它用于控制当前处理器的上下文。

```
1: kd> $ Switch to processor #0 (first CPU)
1: kd> ~0
0: kd> $ Switch back to processor #1 (second CPU)
0: kd> ~1
1: kd> $ This machine has 2 processors only
1: kd> ~2
2 is not a valid processor number
```

显示进程信息

扩展命令!process 是最重要的内核态调试命令之一。它用于列举系统中的进程并显示与它相关的执行进程对象信息。在它最常见的使用模式中，该命令带两个参数。第一个参数是进程 ID，第二个参数是一个用于控制命令输出详细等级的位掩码。

```
1: kd> !process <Process> <Flags> [<Image Name>]
```

该命令的输出返回了关于进程的重要细节，例如它的名称、会话 ID 和进程客户 ID（Cid），Cid 与微软 Windows 任务管理器显示的进程 ID（PID）相同。依靠该命令使用的标志，还可以获得更详细的进程信息，例如进程的安全访问令牌、运行时间和进程中包含的线程栈跟踪。

当第一个参数设置为 0 时，该命令会灵活显示系统中所有进程的列表，包括 system "进程"，它表示操作系统内核/执行体而不是真正的用户态进程。（这个特殊"进程"的 Cid 恒为 4）。

```
1: kd> !process 0 0
**** NT ACTIVE PROCESS DUMP ****
PROCESS 88e92ae8  SessionId: none  Cid: 0004   Peb: 00000000  ParentCid: 0000
    DirBase: 00185000  ObjectTable: 8c801cb8 HandleCount: 608.
    Image: System
PROCESS 89fd9af0  SessionId: none  Cid: 0150   Peb: 7ffdd000  ParentCid: 0004
    DirBase: 3eec5020  ObjectTable: 90896e60 HandleCount: 30.
    Image: smss.exe
...
PROCESS 892958b0  SessionId: 1     Cid: 08d8   Peb: 7ffdd000  ParentCid: 0c80
    DirBase: 3eec56c0  ObjectTable: 8d84d758 HandleCount: 741.
    Image: explorer.exe
PROCESS 89165030  SessionId: 1     Cid: 1204   Peb: 7ffdf000  ParentCid: 10f0
    DirBase: 3eec5700  ObjectTable: b55676d8 HandleCount: 8.
    Image: HighCpuUsage.exe
```

还可以将-1 作为灵活的快捷方式，来指示中断发生时运行在处理器上的当前进程。

```
1: kd> !process -1 0
PROCESS 89165030  SessionId: 1  Cid: 1204    Peb: 7ffdf000  ParentCid: 10f0
    Image: HighCpuUsage.exe
```

为找到系统中特定进程名的所有实例，还可以在该命令中使用进程名。例如，下面的清单列举了 Widnows 客户端/服务器子系统（csrss.exe）进程的所有实例。

```
1: kd> $ Each session (session 0, session 1, and so on) has its own csrss.exe process
1: kd> !process 0 0 csrss.exe
PROCESS 8a44f308 SessionId: 0  Cid: 01a4    Peb: 7ffdb000  ParentCid: 019c
    Image: csrss.exe
PROCESS 8a32ec78 SessionId: 1  Cid: 01e0    Peb: 7ffdf000  ParentCid: 01cc
    Image: csrss.exe
```

如果你已经知道了进程 ID 或进程内核对象（nt!_EPROCESS 结构）的地址，可以使用那些值来约束对特定进程的搜索。

```
1: kd> !process 0x01e0 0
Searching for Process with Cid == 1e0
Cid handle table at 8c801238 with 917 entries in use
PROCESS 8a32ec78  SessionId: 1  Cid: 01e0   Peb: 7ffdf000  ParentCid: 01cc
    Image: csrss.exe
1: kd> $ Try the same command, except using the address of the executive object this time...
1: kd> !process 8a32ec78 0
PROCESS 8a32ec78  SessionId: 1  Cid: 01e0   Peb: 7ffdf000  ParentCid: 01cc
    Image: csrss.exe
```

该命令的第二个参数特别重要，因为它允许控制命令显示信息的详细程度。使用 0（清除所有位）表示最小的详细级别。另一个方面，使用 7 表示该命令应该显示进程的扩展信息，包括它所有线程的栈跟踪。后一种形式是实践中扩展命令!process 最常见的使用方式之一。

```
1: kd> !process 8a32ec78 7
PROCESS 8a32ec78  SessionId: 1  Cid: 01e0    Peb: 7ffdf000  ParentCid: 01cc
    Image: csrss.exe
    VadRoot 8a43a268 Vads 83 Clone 0 Private 322. Modified 844. Locked 0.
    DeviceMap 8c8050a0
    Token                             9899d268
    ElapsedTime                       2 Days 19:52:57.552
    UserTime                          00:00:00.000
    KernelTime                        00:00:00.046
...
        THREAD 8a57b8c8  Cid 01e0.01ec  Teb: 7ffdd000 ...
        ChildEBP RetAddr  Args to Child
        8dadbae8 828a7c25 8a57b8c8 807c9308 807c6120 nt!KiSwapContext+0x26
        8dadbb20 828a6523 8a57b988 8a57b8c8 8a57bafc nt!KiSwapThread+0x266
        8dadbb48 828a040f 8a57b8c8 8a57b988 00000000 nt!KiCommitThreadWait+0x1df
        8dadbbc0 828efc66 8a57bafc 00000011 8a57b801 nt!KeWaitForSingleObject+0x393
        8dadbbe8 82aaf0ce 8a57bafc 8a57b801 00000000 nt!AlpcpSignalAndWait+0x7b
...
```

显示线程信息

正如你刚刚看到的，!process 命令可以用于为进程中的每个线程获得内核对象的虚拟地址。一旦有了这些地址，还可以用它们结合内核态调试命令!thread 来直接显示线程信息。如在下面的清单所看到的，当第二个参数设置了扩展信息位（7）时，!thread 命令会输出一些扩展命令!process 显示的信息，只是它仅显示单个线程而不是进程中的所有线程，因为它的输出往往比更冗长的!process[Process] 7 命令的输出更容易浏览。

```
1: kd> !thread 8a57b8c8
THREAD 8a57b8c8  Cid 01e0.01ec  Teb: 7ffdd000 Win32Thread: ffb21978 WAIT: (WrLpcReply) UserMode
Non-Alertable
    8a57bafc  Semaphore Limit 0x1
Waiting for reply to ALPC Message 9ddaae78 : queued at port 8a3486b0 : owned by process
8a5f0d40
    Not impersonating
    DeviceMap                 8c8050a0
    Owning Process            8a32ec78       Image:         csrss.exe
    Attached Process          N/A            Image:         N/A
    Wait Start TickCount      15379785       Ticks: 2170 (0:00:00:33.906)
    Context Switch Count      306            IdealProcessor: 0
    UserTime                  00:00:00.000
    KernelTime                00:00:00.000
    Win32 Start Address 0x75c63ee1
    Stack Init 8dadbfd0 Current 8dadbad0 Base 8dadc000 Limit 8dad9000 Call 0
    Priority 15 BasePriority 15 UnusualBoost 0 ForegroundBoost 0 IoPriority 2 PagePriority 5
    ChildEBP RetAddr Args to Child
    8dadbae8 828a7c25 8a57b8c8 807c9308 807c6120 nt!KiSwapContext+0x26 (FPO: [Uses EBP] [0,0,4])
    8dadbb20 828a6523 8a57b988 8a57b8c8 8a57bafc nt!KiSwapThread+0x266
    8dadbb48 828a040f 8a57b8c8 8a57b988 00000000 nt!KiCommitThreadWait+0x1df
    8dadbbc0 828efc66 8a57bafc 00000011 8a57b801 nt!KeWaitForSingleObject+0x393
    8dadbbe8 82aaf0ce 8a57bafc 8a57b801 00000000 nt!AlpcpSignalAndWait+0x7b
```

```
8dadbc0c 82aa514f 8a57b801 8dadbc78 00000000 nt!AlpcpReceiveSynchronousReply+0x27
...
```

调试器显示的线程 Cid 是线程对象唯一的标识符。调试器以 PID 为前缀显示它，后面跟踪.符号和进程相关的实际线程 ID。(在前面的清单中，显示线程 ID 为 0x1ec，所在的进程 PID 为 0x1e0。)

切换进程和线程上下文

可以在内核态调试器中使用.thread 命令隐式切换线程上下文（接近于用户态调试器中的~[线程号]命令）。这还允许你使用 k 命令而不是扩展命令!thread 来转储指定线程的栈跟踪。

```
1: kd> .thread 8a57b8c8
Implicit thread is now 8a57b8c8
1: kd> k
  *** Stack trace for last set context - .thread/.cxr resets it
ChildEBP RetAddr
8dadbae8 828a7c25 nt!KiSwapContext+0x26
8dadbb20 828a6523 nt!KiSwapThread+0x266
8dadbb48 828a040f nt!KiCommitThreadWait+0x1df
8dadbbc0 828efc66 nt!KeWaitForSingleObject+0x393 ...
```

类似地，可以使用.process 命令来隐式设置进程上下文。这个命令获得内核进程对象的地址（/p 选项），当需要分析系统中其他进程状态时这会很有用。它还允许你为命令中使用的目标进程重载用户态符号（/r 选项）。

```
1: kd> !process 0 0 csrss.exe
PROCESS 8a44f308  SessionId: 0  Cid: 01a4   Peb: 7ffdb000  ParentCid: 019c
    Image: csrss.exe
PROCESS 8a32ec78  SessionId: 1  Cid: 01e0   Peb: 7ffdf000  ParentCid: 01cc
    Image: csrss.exe
1: kd> .process /r /p 0x8a32ec78
Implicit process is now 8a32ec78
.cache forcedecodeuser done
Loading User Symbols
..................
1: kd> !process 0x8a32ec78 7
```

最后，.process 命令的/i 选项用于导致一个侵入式的进程切换并改变调试器默认的进程上下文。该命令要求目标在中断回到主机内核调试器的同时默认进程上下文改变到.process /i 命令中指定的进程之前运行。

```
1: kd> !process -1 0
PROCESS 89165030  SessionId: 1  Cid: 1204   Peb: 7ffdf000  ParentCid: 10f0
    Image: HighCpuUsage.exe
1: kd> $ Switch over to the context of session #1's csrss.exe instance
1: kd> .process /i 0x8a32ec78
You need to continue execution (press 'g' <enter>) for the context
to be switched. When the debugger breaks in again, you will be in
the new process context.
1: kd> g
Break instruction exception - code 80000003 (first chance)
```

```
1: kd> $ Verify that the current process context is indeed that of csrss.exe after the break-in
1: kd> !process -1 0
PROCESS 8a32ec78  SessionId: 1  Cid: 01e0    Peb: 7ffdf000  ParentCid: 01cc
    Image: csrss.exe
```

列举加载模块及其版本

lm 命令（"列举模块"）命令用于显示系统中的模块信息，包括驱动程序、用户态可执行文件和动态链接库（DLL）映像。然而，为列举用户态进程或 DLL 相关的信息，你可能首先需要为目标进程重新加载用户态符号。

```
0: kd> !process 0 0 explorer.exe
PROCESS 892958b0  SessionId: 1  Cid: 08d8    Peb: 7ffdd000  ParentCid: 0c80
    Image: explorer.exe
0: kd> .process /r /p 892958b0
Implicit process is now 892958b0
Loading User Symbols...................
0: kd> lmv m explorer
start    end        module name
00350000 005d0000   Explorer   (deferred)
    Image path: C:\Windows\Explorer.EXE
...
    FileDescription:  Windows Explorer
    LegalCopyright:   © Microsoft Corporation. All rights reserved.
```

或者，可以使用调试命令.process 的/i 开关来执行侵入式切换，然后使用.reload 命令和/user 开关在计算机切换到目标进程之后重新加载默认进程上下文中的用户态符号。

```
0: kd> .process /i 892958b0
0: kd> g
Break instruction exception - code 80000003 (first chance)
0: kd> .reload /user
Loading User Symbols.................
0: kd> lmv m explorer
start    end        module name
00350000 005d0000   Explorer   (deferred)
    Image path: C:\Windows\Explorer.EXE
...
```

最后请注意，如果你想获得给定用户态进程中的加载 DLL 列表，还可以使用内核态调试器的一个命令。近似于用户态调试器中 lm 命令的实际作用。它就是调试扩展命令!dlls，如下面的清单所示。

```
1: kd> !process 0 0 explorer.exe
PROCESS 892958b0  SessionId: 1  Cid: 08d8    Peb: 7ffdd000  ParentCid: 0c80
    Image: explorer.exe
1: kd> .process /p 892958b0
Implicit process is now 892958b0
.cache forcedecodeuser done
1: kd> !dlls
0x001a1d90: C:\Windows\Explorer.EXE
```

```
            Base    0x00350000     EntryPoint   0x0037a8df    Size       0x00280000
            Flags   0x00004000     LoadCount    0x0000ffff    TlsIndex   0x00000000
                    LDRP_ENTRY_PROCESSED
0x001a1e10: C:\Windows\SYSTEM32\ntdll.dll
            Base    0x77aa0000     EntryPoint   0x00000000    Size       0x0013d000
            Flags   0x80004004     LoadCount    0x0000ffff    TlsIndex   0x00000000
                    LDRP_IMAGE_DLL
                    LDRP_ENTRY_PROCESSED
...
```

在内核态代码中设置代码（软件）断点

在内核态代码中设置断点是直接的，可以使用用户态调试器下设置断点相同的方法来实现。

```
1: kd> x nt!*insertprocess*
82abca67            nt!PspInsertProcess = <no type information>
0: kd> bp nt!PspInsertProcess
0: kd> g
Breakpoint 0 hit
0: kd> $ Disable the new breakpoint (breakpoint #0)
0: kd> bd 0
0: kd> g
```

在用户态代码中设置代码（软件）断点

在内核态调试器中设置用户态代码断点会稍微复杂一些，因为用户态虚拟地址是相对于进程（调试器中断时处于活动状态）解释的。为了设置不同进程中的用户态代码断点，首先需要使用 .process 命令的 /i 开关。一旦中断回到调试器中，就可以使用 bp 命令来设置想要的断点。下面的例子显示了如何在服务控制器（SCM）中设置系统代码断点，每次目标计算机上一个新的 Windows 服务启动后都会中断进调试器。

```
0: kd> x services!*
                ^ Couldn't resolve 'x services'
0: kd> !process 0 0 services.exe
PROCESS 8a59ed40  SessionId: 0  Cid: 0248   Peb: 7ffd4000  ParentCid: 01d4
    Image: services.exe
0: kd> .process /i 8a59ed40
0: kd> g
Break instruction exception - code 80000003 (first chance)
0: kd> .reload /user
Loading User Symbols..............
0: kd> x services!*startservice*
004388ac            services!ScStartService = <no type information>
...
0: kd> $ Break into the debugger each time a new Windows service is started
0: kd> bp services!ScStartService
0: kd> g
```

设置数据（硬件）断点

可以在内核态调试会话中使用 ba 命令设置所有 3 种类型的数据断点（执行、读和写），其语法与用户态调试情况下相同。唯一的差异是你可以设置在目标机上任何进程都能命中的全局断点。第 5 章给出了几种实用的演示来介绍如何在内核调试分析中使用这项技术。下面的清单展示了如何设置读断点，以便你能跟踪系统中的所有访问 NT 全局标志值的内核代码路径。

```
0: kd> x nt!NtGlobalFlag
829bd928          nt!NtGlobalFlag = 0x40400
0: kd> ba r4 nt!NtGlobalFlag
0: kd> g
Breakpoint 0 hit
1: kd> !process -1 0
PROCESS 86abd030  SessionId: 0  Cid: 06ac    Peb: 7ffd6000  ParentCid: 0248
    Image: vmicsvc.exe
1: kd> .reload /user
1: kd> k
ChildEBP RetAddr
92b85aa8 82a78c66 nt!ObpInitializeHandleTableEntry+0x1c
92b85b00 82a79288 nt!ObpCreateHandle+0x29c
92b85ca0 82a791af nt!ObInsertObjectEx+0xd0
92b85cbc 82a967d1 nt!ObInsertObject+0x1e
92b85d18 828931fa nt!NtCreateEvent+0xba
92b85d18 770170b4 nt!KiFastCallEntry+0x12a
00c3fd14 770155b4 ntdll!KiFastSystemCallRet
00c3fd18 751f78c6 ntdll!ZwCreateEvent+0xc
00c3fd58 751f7916 KERNELBASE!CreateEventExW+0x6e
00c3fd70 00d5b5d8 KERNELBASE!CreateEventW+0x27
...
```

请注意这个断点将会命中很多次，因为带有 NT 全局标志调试钩子的不同系统组件都会试图读这个全局值，并明确是否设置了它们的对应 bit。一旦你不再需要这个断点，可以分别使用 bd 或 bc 命令来禁用或清除（删除）它。

```
1: kd> bd 0
1: kd> g
```

结束内核态调试会话

可以在任何时候通过直接退出主机上的调试进程来结束内核态调试会话。然而请注意，在这样做之前应该首先让目标机继续运行（使用 g 命令）；否则，目标机将会保持冻结状态，只有通过重新附加内核调试器并使用 g 命令才能解除阻塞（恢复执行）。